KSAA 사단법인 한국항공운항학회 추천도서

항공운항학 개론

박원태, 조영진, 이동식, 김영록, 윤동국, 임세훈, 전승준,
유태정, 김현덕, 박성식, 정원경, 이준세, 이장룡, 박윤미 지음

BM (주)도서출판 성안당

항공운항학 개론

2025. 8. 12. 초 판 1쇄 인쇄
2025. 8. 20. 초 판 1쇄 발행

지은이 │ 박원태, 조영진, 이동식, 김영록, 윤동국, 임세훈, 전승준,
　　　　 유태정, 김현덕, 박성식, 정원경, 이준세, 이장룡, 박윤미
펴낸이 │ 이종춘
펴낸곳 │ **BM** ㈜도서출판 **성안당**

주소 │ 04032 서울시 마포구 양화로 127 첨단빌딩 3층(출판기획 R&D 센터)
　　　 10881 경기도 파주시 문발로 112 파주 출판 문화도시(제작 및 물류)
전화 │ 02) 3142-0036
　　　 031) 950-6300
팩스 │ 031) 955-0510
등록 │ 1973. 2. 1. 제406-2005-000046호
출판사 홈페이지 │ www.cyber.co.kr
ISBN │ 978-89-315-7578-1 (93550)
정가 │ **32,000원**

이 책을 만든 사람들
책임 │ 최옥현
진행 │ 최창동
본문 디자인 │ 인투
표지 디자인 │ 박원석
홍보 │ 김계향, 임진성, 김주승, 최정민, 이해솜
국제부 │ 이선민, 조혜란
마케팅 │ 구본철, 차정욱, 오영일, 나진호, 강호묵
마케팅 지원 │ 장상범
제작 │ 김유석

■ **도서 A/S 안내**

성안당에서 발행하는 모든 도서는 저자와 출판사, 그리고 독자가 함께 만들어 나갑니다.
좋은 책을 펴내기 위해 많은 노력을 기울이고 있습니다. 혹시라도 내용상의 오류나 오탈자 등이
발견되면 **"좋은 책은 나라의 보배"**로서 우리 모두가 함께 만들어 간다는 마음으로 연락주시기
바랍니다. 수정 보완하여 더 나은 책이 되도록 최선을 다하겠습니다.
성안당은 늘 독자 여러분들의 소중한 의견을 기다리고 있습니다. 좋은 의견을 보내주시는 분께는
성안당 쇼핑몰의 포인트(3,000포인트)를 적립해 드립니다.

잘못 만들어진 책이나 부록 등이 파손된 경우에는 교환해 드립니다.

　항공운항 분야의 시작은 1903년 라이트 형제의 플라이어호 유인동력비행 성공이었다. 이 소식은 때마침 항공에 관한 관심이 고조되어 있던 유럽에도 전해지며 항공운항 분야 발전에 대한 공감대가 폭발하는 계기가 되었다.

　자가 동력을 사용하여 조종이 가능한 비행의 첫 성공은 미국에서 먼저 기록되지만, 20세기 초반 프랑스를 위시한 유럽의 비행 기술과 활용 문화가 열기구와 비행선을 중심으로 미국보다 다소 앞서 있었다. 그뿐 아니라 라이트 형제가 비행 성공에 앞서 다양한 도전과 실험을 진행하고 있을 때, 프랑스, 영국, 독일, 이탈리아 등 유럽 주요 국가에서 유사한 형태의 비행 관련 다양한 실험과 도전이 행해지고 있었다.

　그러므로, 라이트 형제의 유인동력비행은 전혀 생소한 환경에서 이룩된 독보적인 성공이라기보다, 당시 유럽과 미국의 항공에 대한 도전정신이 폭넓게 형성된 상황에서 상대적으로 한발 앞선 성취라고 보는 것이 타당할 것이다. 유럽으로 전해진 라이트 형제의 성공은 동시대에 항공에 관한 다양한 도전과 실험을 하고 있던 국가들이나 도전가들에게 자극과 희망을 주면서 동반 발전하는 계기가 되었다.

　라이트 형제가 비행에 성공한 1903년과 제1차 세계대전이 발발한 1914년 사이의 10여 년 동안 항공 기술은 전쟁에 실험적으로 투입되면서 기능과 용도, 성능 등에서 혁신적인 발전을 가져왔다. 이러한 발전 속에서 전쟁에서 사용하는 초기 역할은 정찰이었다. 하늘에서 유유히 적진을 내려다보며 적 부대의 위치, 배치 상황 등을 정찰하고 적진의 탄착점들을 관측하여 신호를 통해 아군을 돕는 임무였다. 1915년 이후 항공정찰은 정교함이 더해졌다. 수신호, 빛총 신호 등 원시적 방식에서 무선통신을 활용한 정보교환 기체에 카메라를 장착하여 촬영하는 정찰 방식의 도입 등이었다.

　민간 항공기 분야에서는 제1차 세계대전이 종료되고 1년여 후인 1919년 전후 국제항공 질서의 태동을 알리는 파리조약이 체결되었다. 이때 형성된 국제항공 질서의 필요성과 "국제항공운항의 질서있는 자유"에 대한 기본 정신은 제2차 세계대전 이후 국제민간항공기구(ICAO, International Civil Aviation Organization)의 설립으로 이어지며 이후 UN의 설립과 더불어 국제민간항공기구는 현재까지도 국제항공의 질서를 주도하고 있다.

이 책은 항공운항 분야를 어느 정도 이해하는 학생부터 항공운항을 바탕으로 항공운항업무를 수행하는 운항승무원 및 관련 인원과 객실관리를 수행하는 객실승무원 및 관련 인원들, 그리고 항공교통관리요원까지 항공운항학에 관한 사항을 체계적으로 이해할 수 있도록 가능한 한 쉽게 집필하고자 노력하였다.

앞선 설명에서도 언급하였듯이 항공운항 분야는 국제민간항공기구의 정책 및 내용들과 모든 주요 내용을 같이 하고 있다. 때문에, 이 책에서는 국제민간항공기구의 전반적인 내용을 먼저 서술하고 이후 대한민국에서 국제민간항공기구에서 정한 표준과 권고에 대한 사항을 어떻게 적용하고 있는지에 대한 형태로 독자들에게 알기 쉽게 설명하도록 하였다.

이 책은 다음과 같이 구성하였다.

첫째, 독자들에게 쉽게 다가설 수 있도록 내용을 쉽게 다루었다. 항공운항 관련 대학생, 조종사, 정비사, 객실승무원, 항공교통관리요원 등 항공운항 관련 인원들에게 쉽게 접근하고 이해가 편하도록 제시하기 위함이다.

둘째, 대학에서 한 학기 동안 교재로 다룰 수 있도록 구성하였다. 교재의 내용이 지나치게 많거나 너무 부족하지 않도록 구성하여 교육의 내실을 기하도록 하였다.

셋째, 항공운항 분야에 임하는 구성원들이 전문성을 갖추도록 내용을 설명하였다. 항공운항과 관련된 중요한 이슈들은 생략 또는 논리적인 비약이 없도록 하였다.

이런 고려에도 불구하고 부족한 점은 많이 있으리라고 생각하며, 부족한 점은 독자들의 발전적인 비판과 의견을 구하고자 한다.

집필진 일동

제3장 항공규칙

제4장 국제 항공항행 기상업무

제5장 항공기 운항

제6장 항공기 감항성

제7장 항공교통업무

제8장 항공기 사고에 따른 수색 및 구조

제9장 항공기 사고 조사

제10장 비행장

제11장 항공정보업무

제12장 항공보안

제13장 항공안전관리

제14장 항공 객실업무

제1장 항공운항학 소개

박원태 청주대학교 항공운항학과 교수, 한국항공운항학회 정회원

제1차 세계대전 동안 항공기가 전쟁에 실험적으로 투입되면서 기능과 용도, 성능 등에서 혁신적인 발전을 가져왔고, 제2차 세계대전에서의 항공기는 미래 전쟁에 주효 수단으로 등장하였음을 입증하는 계기가 되었다. 세계대전 이후 급격히 발전한 항공기 제작 기술과 대량 생산된 항공기가 동 시간대에 하늘에서 다수 항공기가 운항하게 되는 환경을 맞이하면서, 항공기 운항규칙에 대한 표준과 운용절차에 대한 세분화가 필요하게 되었다. 이에 따라 항공기의 안전 운항을 보장하기 위한 규칙의 중요성을 인식하고 항공기 간 충돌방지 및 비상상황 대응 방법과 항공교통관제와의 원활한 통신을 통한 운항 관리를 목적으로 ICAO에서는 항공규칙의 표준을 수립하고 체약국에 권고하게 된다.

이러한 ICAO 항공규칙을 참고하여, 대한민국 내에서는 국내 법규를 제·개정하여 항공기 운항을 안전하게 관리한다. 대표적으로 항공규칙 일반 사항, 인명과 재산의 보호, 충돌 방지, 비행계획서, 신호, 항공교통관제업무를 제공한다.

INTRODUCTION TO AERONAUTICAL OPERATIONS

1 항공운항학의 정의

항공운항을 사전적으로 정의하면 '항공기가 정해진 노선을 다님'이라고 할 수 있다. 항공운항에 입문하는 사람들은 항공운항에 대해 정확하게 인식하고 개념을 정의하여야 한다. 즉, 항공기에 대해 정확하게 이해하고 정해진 노선을 다님을 두 가지로 구분하여 이해하여야 한다. 추가로 현대에서의 항공운항은 안전을 매우 중요시하게 여기고 있다. 이러한 이유로 국제적으로 통일된 항공운항의 안전관리 제도, 즉 국제민간항공기구 부속서의 내용을 기반으로 항공운항을 정의하며, 이를 연구하는 학문이 항공운항학이다.

2 항공운항의 역사와 이해

대부분의 사람은 비행의 역사를 설명할 때, 그리스의 신화에 나오는 다이달로스(Daedalus)와 그의 아들 이카로스(Icarus)의 신화적인 내용에 관해 이야기한다. 아니면, 14~15세기를 대표하는 이탈리아의 예술가 레오나르도 다 빈치(Leonardo da Vinci)가 비행의 가능성을 스케치로 표현하여 개념적으로 비행을 영웅적 서사시처럼 묘사하여 설명을 시작하기도 한다.

실제 유인 비행을 성공한 예로 프랑스 몽골피에 형제(Joseph and Etienne Montgolfier)의 기구 형태의 비행이나 독일 릴리엔탈 형제(Otto and Gustav Lilienthal)의 글라이더 활공비행에 대해 비행의 선각자 서사시를 묘사하여 설명한다.

그렇지만 사람들 뇌리에 각인된 사건은 1903년 12월 17일 오전 10시 35분경, 라이트 형제(Wilbur and Orville Wright)가 만든 플라이어에 의해 일어났다. 그것은 미국 노스캐롤라이나주(North Carolina) 키티호크(Kitty Hawk) 해변 부근 공중에서 일정 시간 동안 지속적으로 조종되는 동력비행의 성공이었다. 이 비행이 중요한 이유는 공중에서 일정 시간, 그리고 지속적으로 조종되는 동력비행이었다는 점이다. 이때 비행은 4회 이루어졌는데 최초 비행은 12초 동안, 마지막 4번째 비행은 59초 동안 공중 비행에 성공하였다.

이 비행의 성공을 계기로 인류는 하늘을 날 수 있게 되었다. 라이트 형제는 비행기를 제어할 수 있느냐가 비행의 성공 여부를 결정하는 본질임을 간파하였다. 그래서 라이트 형제는 비행과 관련된 공기역학적 요인을 파악하고자 세계 최초의 풍동실험 등을 통하여 비행기를 제어할 수 있는 승강타(Elevator), 방향타(Rudder)를 만들어 자신들의 비행기에 적용하였다. 앞서 항공운항의 정의에서 말한 항공기의 초기 버전이 라이트 형제에 의해 발명된 것이다.

이후, 항공기는 세계대전을 통하여 발전을 거듭하게 된다. 제1차 세계대전이 발달하자 각국은 사거리 확장을 위해 항공기를 개발하였다. 폭격기를 만들어 폭격하는 사거리를 확장하게 되었고, 이를 격추하고자 전투기를 개발하였다. 이러한 과정을 통하여 각국의 항공기 산업과 항공 관련 과학기술은 비약적으로 발전하게 된다.

제1차 세계대전 이후 유럽 각국은 전쟁에 사용되었던 불필요해진 군용기들을 항공운송에 투입하고자 하였고, 이는 민간항공운송산업이 발전하는 계기가 되었다. 찰스 린드버그(Charles Lindbergh)는 1927년 5월 21일 최초로 대서양 무착륙 단독 횡단비행에 성공하였다.

뉴욕에서 파리까지의 비행시간은 총 33시간 30분 30초였지만, 그의 대서양 논스톱 횡단비행 이후 1년 만에 전 세계의 비행기 대수가 4배, 승객수는 30배로 증가한 것을 분석해 보면 세계 항공산업의 발전에 지대한 영향을 미친 것이라고 할 수 있다. 찰스 린드버그의 대서양 논스톱 횡단은 비행기도 대륙 간 도시들을 이어줄 수 있다는 사실을 보여준 사례가 되었고, 국토가 대륙 국가인 미국은 비행기를 통한 우편물 수송을 활발하게 하였다.

이러한 발전들은 유럽제국이나 미국이 비행기로 승객이나 화물을 운반하는 항공운송 분야를 본격적으로 육성하는 계기가 되었다. 이러한 결과로 비행기 개발은 실용성과 적재량 향상에 대한 개발 경쟁으로 이루어졌고, 그 결과 보잉(Boeing), 맥도널 더글러스(McDonnell Douglas), 록히드(Lockheed) 등과 중소형 항공기 제작사인 세스나(Cessna), 파이퍼(Piper) 등이 만들어지고 성장하는 계기가 되었다.

또한 상업용 항공기가 새로운 교통수단으로 자리 잡게 되면서 에어프랑스(Air France), 유나이티드항공(United), 독일루프트한자(DLH), 영국항공(British Airway) 등 많은 항공운송사 설립의 계기가 되었다.

3 대한민국 항공운항 역사와 이해

우리나라의 항공운항을 이해하기 위해 근현대 항공 역사를 살펴본다. 우리나라에서 최초 동력 비행기의 비행 기록은 1913년 일본해군 기술 장교의 나라하라 4호 비행이다. 이는 미국 라이트 형제가 최초 동력비행을 성공한 해보다 10년 후이다. 우리나라 사람들에 의한 진정한 비행은 1920년 대한민국 임시정부 한인비행학교 설립 이후이다. 당시 대한민국 임시정부 초대 군무총장이었던 노백린 장군은 재미동포 김종림 선생의 자금지원을 받아 1920년 7월 미국 캘리포니아주 윌로우(California Willows) 근처 농장에 한인비행학교를 설립하였다.

우리나라 내에서 최초로 비행한 한국인 비행사는 안창남이다. 1920년 일본의 오쿠리 비행학교에 입학하여 모국 방문 비행 기회를 가지고, 1922년 12월 5일 금강호로 여의도 백사장에 착륙하였다. 대한민국 최초의 여성 비행사는 권기옥이다. 권기옥은 1923년 임시정부의 추천을 받아 운남(雲南, 윈난) 육군 항공학교에 입학하여 1925년 한국인 최초의 여자 비행사가 되었다.

국내에서의 최초 비행학교는 1930년 여의도에 설립한 조선비행학교이다. 대한국민항공사 사장을 역임한 신용욱은 사재 5,000원을 들여 1928년 10월 여의도에 학교 건물을 준공하고 미국에서 주문한 비행기 1대를 가지고 1930년 5월 15일 정식 개교하였다.

대한민국 민간항공의 역사는 해방 후부터 시작된다. 1945년 해방 이후 1948년 대한국민항공사(KNA, Korea National Air)가 설립되었다. 대한국민항공사는 1961년까지 적자 운영되다가, 1962년 11월 해산되었다. 대한민국 정부에서는 1962년 6월 19일 대한항공공사법을 제정하고 대한항공공사로 자본금 50억 원을 기반으로 지명 전환하였다. 최초의 국영항공사였던 대한항공공사도 적자 운영되었고, 이후 정부는 1969년 대한항공공사법을 폐지하고 민영화를 추진하여 한진그룹 계열사로 편입시켜 현재의 대한항공이 되었다.

출처 : https://www.flickr.com/photos/34076827@N00/13117272264/(CC BY-SA 2.0)

4 항공운항학 개론 책자 구성

앞서 항공기의 발달과 운항사의 태동, 그리고 발전을 살펴보았다. 항공운항학을 이해하기 위해서는 항공기와 운항사를 알아보고, 정해진 노선을 살펴보아야 한다.

정해진 노선이란 항공의 특성상 공역(영공)의 이용에서 살펴보아야 한다. 공역(영공)은 항공기가 비행할 수 있는 공간으로 이 공간의 사용에 대해 국제적으로 많은 논의가 있어 왔다. 앞서 살펴보았듯이 항공기는 세계대전을 통해 발전되었고, 공역(영공)의 사용에 국가마다 많은 의견 차이가 있었다. 그럼에도 각 국가에서는 이러한 공역(영공)의 사용에 대한 필요성을 인식하고 사용에 대한 논의가 계속되었다.

1944년 제2차 세계대전 당시 미국의 시카고에서 민간항공기에 대한 국제민간항공조약을 채택하였다. 국제민간항공조약(시카고 조약)의 주된 내용은 영공(領空)에 관한 국가의 주권, 공역 상공을 비행할 권리, 항공기의 국적, 항공기가 가지고 다녀야 할 서류, 국제민간항공기구의 조직 등을 정했다. 이 조약에 우리나라는 1952년에 가입했다. 시카고 협약에 따라 1947년 유엔(UN, United Nation) 산하에 국제민간항공기구(ICAO, International Civil Aviation Organization)를 국제 항공운송 분야에서의 안전, 효율성, 규제 촉진을 위해 설립하였다. 캐나다 몬트리올에 본부를 둔 ICAO는 국제 항공운송의 원칙과 안전 기술을 개발하고 국제항공운항의 표준을 체계화하여 성장을 지원한다. ICAO의 핵심 임무는 국제 항공운송의 안전성을 향상하기 위한 국제표준과 권고를 제정하고 촉진하는 것이다. 이를 위해 ICAO는 다양한 분야에서 표준과 권고안을 채택하는 위원회를 구성하고 있다. 항공운항, 기반 시설, 비행 점검, 불법 간섭 방지, 국제 민간항공의 국경횡단 절차 등에 대한 규제를 마련하고 국가 간 항공 사고 조사 프로토콜을 정의하며, 국제적인 항공 분쟁을 중재하거나 조정한다.

따라서 이 책에서 추구하는 항공운항학의 개념은 국제표준과 권고의 실제적 문서인 ICAO 부속서를 기반으로 정의하고, 국내 ICAO 회원국으로서 국내에서 부속서와 같이 일관되게 운영되는 사항을 항공운항에 입문하거나 관심을 가지는 인원들이 쉽게 이해하도록 정리하여 제시하고자 한다.

1 ICAO Annex 이해

ICAO Annex는 ICAO에서 발표하는 표준규정으로 국제 항공 운영에 관련된 표준과 규정이다. ICAO Annex의 중요한 목적은 국가들이 자국의 항공 규정을 개발하고 운용할 때 참고하고 준수해야 하는 규정들을 제시하여 항공산업 전반의 안전, 효율성, 환경 보호를 촉진하고자 하는 것이다.

표 1.1 ICAO Annex 중요 목적

중요 목적	중요 목적 설명
국제 항공 운영의 일관성 유지	ICAO Annex는 국가 간에 항공 운영에 대한 일관성 있는 기준을 제공하여 국제 항공 운영의 안전성과 효율성을 증진
항공안전 강화	항공 운영 중 안전 문제를 방지하고 관리하기 위한 표준을 제공하여 공중에서의 안전을 보장
국가 간 협력 강화	모든 국가가 공통된 기준을 공유함으로써 국가 간 협력을 강화하고 국제 항공 운영을 원활하게 함
환경 보호	일부의 Annex는 항공의 운영이 환경에 미치는 영향을 관리하고 최소화하기 위한 규정을 제공

2 ICAO Annex 구성

ICAO Annex의 구성은 항공종사자 면허, 항공규칙, 국제항공항행용 기상업무, 항공지도, 공중 및 지상업무에 사용하기 위한 측정 단위, 항공기 운항, 항공기 국적 및 등록기호, 항공기 감항성, 출입국 간소화, 항공 통신, 항공교통업무, 수색 및 구조, 항공기 사고 조사, 비행장, 항공정보업무, 환경 보호, 항공 보안, 위험물 항공수송, 안전관리 총 19개로 되어 있다.

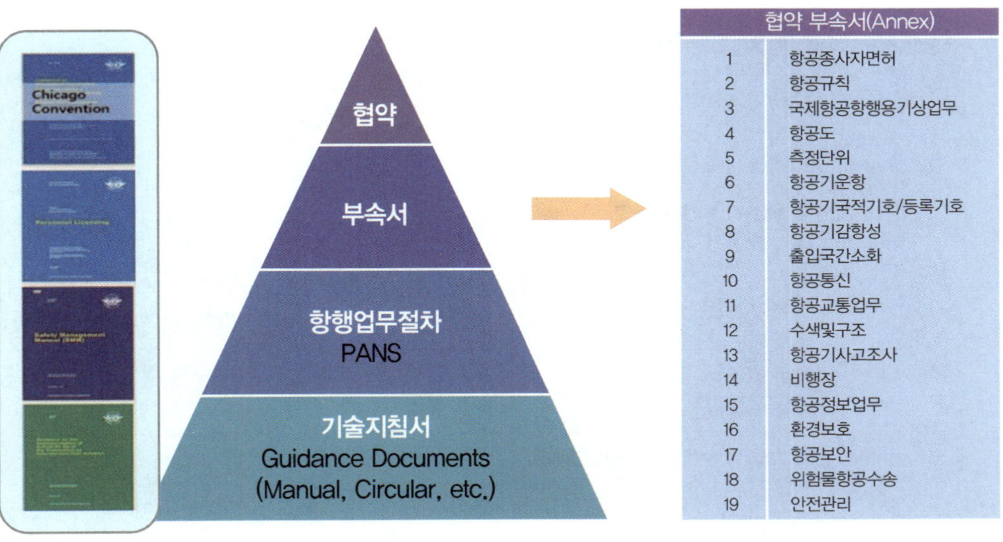

ICAO Annex의 구성과 제공되고 있는 내용은 앞서 제시한 중요한 목적에 부합하도록 각각의 분야에서 안전도를 고려하여 다음과 같은 표준과 규정의 형태로 제시하고 있다.

표 1.2 ICAO Annex 구성 및 내용(파란색 표시 : 본 항공운항학 개론에서 다룸)

ICAO Annex 구성	ICAO Annex 구성별 내용 설명
1. Personnel Licensing(항공종사자면허)	항공기 승무원의 자격과 자격증명 발급에 관한 기준 정의
2. Rules of the Air(항공규칙)	항공기 비행 중 기본적인 규칙과 절차(비행계획, 제출, 기상서비스 등)
3. Meteorological Service for International Air Navigation(국제항공항행용기상업무)	국제 항공에 필요한 기상 서비스와 기상정보교환에 관한 규정
4. Aeronautical Charts(항공도)	항공지도에 대한 세부 규칙, 진입도, 비행장도 등 규정
5. Units of Measurement to be used in Air and Ground Operations(측정단위)	항공 및 지상에서 사용되는 측정 단위 관련 국제화 규정(고도, 거리, 경도, 위도 등과 표준과 기호 등)
6. Operation of Aircraft(항공기운항)	항공기 운영 관련 기장의 직무, 항공기 운영의 한계, 항공기 계기장비, 비행기록 등
7. Aircraft Nationality and Registration Marks(항공기국적및등록기호)	항공기의 국적, 등록 기호에 대한 표준 제공
8. Airworthiness of Aircraft(항공기감항성)	항공기 감항증명과 그 표준방식, 항공기와 부품의 감항성 기준
9. Facilitation(출입국간소화)	항공기, 여객, 승무원, 화물의 출입국 통과 수속의 간소화
10. Aeronautical Telecommunications(항공통신)	무선항법시설, 통신장치, 무선주파수 등에 관한 규정

ICAO Annex 구성	ICAO Annex 구성별 내용 설명
11. Air Traffic Services(항공교통업무)	항공교통관제업무, 비행정보업무에 대한 표준 제시로 비행안전성과 효율성 향상
12. Search and Rescue(수색및구조)	항공기 사고 시 수색 및 구조에 관한 규정
13. Aircraft Accident and Incident Investigation(항공기사고조사)	항공기 사고 및 사건 조사에 관한 규정
14. Aerodromes(비행장)	표점, 표고, 온도 등의 비행장 자료, 활주로, 착륙대 등의 물리적 특성, 장애물 제한표면 등에 관한 규정
15. Aeronautical Information Services(항공정보업무)	항공로, 항행안전시설, NOTAM과 항공정보 통보 등에 관한 규정
16. Environmental Protection(환경보호)	비행기의 소음 제한, 소음 평가 단위 등에 관한 규정
17. Security(항공보안)	항공기 납치 등 항공기 불법행위에 대응하기 위한 조직과 협력 등 규정
18. The Safe Transport of Dangerous Goods by Air(위험물항공수송)	위험물의 정의, 구분, 표시 수송의 제한 등
19. Safety Management(안전관리)	안전관리시스템에 대한 표준 제공으로 항공기 운영자들의 안전 향상을 지원

앞서 설명하였듯이 ICAO Annex의 구성은 총 19개로 구성되어 있다. 이 책에서는 항공운항에 입문하는 인원 중에서 특히 항공종사자 면허, 부속서 2 항공규칙, 부속서 3 국제항공항행용 기상업무를 포함시켜 항공운항 분야에 입문하는 인원을 중점적으로 지원하고자 한다. 따라서 이 책의 구성은 총 19개 중에서 부속서 4 항공지도와 부속서 5 공중 및 지상업무에 사용하기 위한 측정 단위, 부속서 7 항공기 국적 및 등록기호는 지면의 제한, 내용의 방대성을 고려하여 포함시키지 않았다.

또한, 부속서 6 항공기 운항, 부속서 8 항공기 감항성을 포함시키고, 부속서 9 출입국 간소화, 부속서 10 항공 통신도 지면의 제한과 내용의 방대성을 고려하여 포함시키지 않았다. 부속서 11 항공교통업무, 부속서 12 수색 및 구조, 부속서 13 항공기 사고 조사, 부속서 14 비행장, 부속서 15 항공정보업무를 포함시켰고, 부속서 16 환경 보호는 포함시키지 않았다. 부속서 17 항공 보안, 부속서 19 안전관리는 포함시켰고, 부속서 18 위험물 항공수송은 포함시키지 않았다. 또한 최근의 항공승무원의 개념이 객실 승무원과 팀의 형태로 운영되고 객실 업무의 중요성이 강조되는 점을 고려하여 객실 업무에 관련된 사항을 추가하였다.

제3절 대한민국 항공운항 적용

1 국제민간항공기구와 국내 법령

대한민국의 항공 법령은 항공안전법, 항공사업법, 공항시설법, 항공보안법, 항공·철도 사고 조사에 관한 법률, 인천국제공항공사법, 한국공항공사법, 항공안전기술원법, 공항소음 방지 및 소음대책지역 지원에 관한 법률이 있으며, 이 중 모법은 항공안전법이다.

표 1.3 항공 법령과 그 목적들

항공 법령	항공 법령의 목적들
항공안전법	「국제민간항공협약」 및 같은 협약의 부속서에서 채택된 표준과 권고되는 방식에 따라 항공기, 경량항공기 또는 초경량비행장치의 안전하고 효율적인 항행을 위한 방법과 국가, 항공사업자 및 항공종사자 등의 의무 등에 관한 사항을 규정
항공사업법	항공 정책의 수립 및 항공 사업에 관하여 필요한 사항을 정하여 대한민국 항공 사업의 체계적인 성장과 경쟁력 강화 기반을 마련하는 한편, 항공 사업의 질서유지 및 건전한 발전을 도모하고 이용자의 편의를 향상시켜 국민경제의 발전과 공공복리의 증진에 이바지함
공항시설법	공항·비행장 및 항행안전시설의 설치 및 운영 등에 관한 사항을 정함으로써 항공산업의 발전과 공공복리 증진에 이바지함
항공보안법	「국제민간항공협약」 등 국제협약에 따라 공항시설, 항행안전시설 및 항공기 내에서의 불법행위를 방지하고 민간항공의 보안을 확보하기 위한 기준·절차 및 의무사항 등을 규정
항공·철도 사고 조사에 관한 법률	항공·철도사고조사위원회를 설치하여 항공사고 및 철도사고 등에 대한 독립적이고 공정한 조사를 통하여 사고 원인을 정확하게 규명함으로써 항공사고 및 철도사고 등의 예방과 안전 확보에 이바지함
인천국제공항공사법	인천국제공항공사를 설립하여 인천국제공항을 효율적으로 건설 및 관리·운영하도록 하고, 세계적인 공항 전문기업으로 육성함으로써 원활한 항공운송과 국민 경제 발전에 이바지함
한국공항공사법	한국공항공사를 설립하여 공항을 효율적으로 건설·관리·운영하고, 항공산업의 육성·지원에 관한 사업을 수행하도록 함으로써 항공수송을 원활하게 하고, 나아가 국가 경제 발전과 국민복지 증진에 이바지함

항공 법령	항공 법령의 목적들
항공안전기술원법	항공안전기술원을 설립하여 항공안전에 필요한 항공안전기술 전문인력의 양성, 항공사고 예방에 관한 인증·시험·연구·기술개발 등을 전문적으로 수행하게 함으로써 항공안전을 확보하고, 항공산업 발전에 이바지함
공항소음방지 및 소음대책지역 지원에 관한 법률	공항소음을 방지하고 소음대책지역의 공항소음대책사업 및 주민지원사업을 효율적으로 추진함으로써 주민의 복지증진과 쾌적한 생활환경을 보장하고, 항공교통 활성화에 이바지함

대한민국 항공법의 모법인 항공안전법 제1조 목적에서 "「국제민간항공협약」 및 같은 협약의 부속서에서 채택된 표준과 권고되는 방식에 따라 항공기, 경량항공기 또는 초경량비행장치의 안전하고 효율적인 항행을 위한 방법과 국가, 항공사업자 및 항공종사자 등의 의무 등에 관한 사항을 규정함을 목적으로 한다."라고 명시하고 있다. 또한, 항공보안법이나, 공항시설법 등에서도 「국제민간항공협약」 및 국제협약을 준수하는 것으로 강조하고 있다. 이는 ICAO에서 정하는 Annex는 우리나라의 항공법규와 동일하게 적용한다는 의미로도 해석할 수 있다. 따라서 대한민국 내에서 항공운항은 ICAO Annex를 정확하게 이해하고 적용해야 한다는 것이다.

표 1.4 항공안전법 구성 및 내용

항공안전법 목차	목차 구성별 내용 설명
제1장 총칙	목적, 정의, 적용 특례, 항공안전정책기본계획 수립 등
제2장 항공기 등록	항공기 등록/국적, 소유권, 증명서 발급, 등록기호표 부착 등
제3장 항공기 기술기준 및 형식증명 등	항공기 기술기준, 형식증명, 제작증명, 감항증명 및 감항성 유지, 소음기준 적합증명, 기술표준품 형식승인, 항공기 등의 검사 등
제4장 항공종사자 등	항공종사자 자격증명, 시험의 실시 및 면제, 항공신체검사증명, 건강증진 활동계획, 항공영어구술능력증명, 항공기 조종/교통관제연습, 전문교육기관, 항공전문의사 등
제5장 항공기의 운항	무선설비의 설치·운용, 항공계기 등의 설치·탑재 및 운용, 운항승무원의 비행 경험, 승무원 등의 피로관리, 주류 등의 섭취·사용 제한, 항공기 내 흡연금지, 국가항공안전프로그램, 항공안전 의무/자율보고, 한공안전 데이터 등, 기장의 권한/운항자격, 운항관리사, 이·착륙 장소, 비행 규칙, 비행 중 금지 행위, 긴급항공기, 위험물 운송, 운항 승인, 운항 기술기준 등
제6장 항공교통관리 등	국가항행계획의 수립·시행, 공역 등의 지정, 비행 제한, 항공교통업무의 제공 등, 항공교통 흐름관리, 항공교통관제 업무 지시의 준수, 항공교통 업무증명 등, 수색·구조 지원계획의 수립·시행, 항공정보의 제공 등
제7장 항공운송사업자 등에 대한 안전관리	항공운송사업자의 운항증명/과징금의 부과/운항규정 및 정비규정/안전개선명령, 항공기사용사업자에 대한 안전관리, 항공기정비업자에 대한 안전관리 등

항공안전법 목차	목차 구성별 내용 설명
제8장 외국항공기	외국항공기의 항행/국내 사용, 증명서 등의 인정, 외국인국제항공 운송사업자에 대한 운항증명 승인/준수사항/운항의 정지 등
제9장 경량항공기	경량항공기 안전성 인증, 경량항공기조종사 자격증명/조종사 업무 범위/자격증명의 한정/자격증명 시험의 실시 및 면제/항공신체검사증명, 경량항공기 조종연습/전문교육기관의 지정/이·착륙 장소/무선설비 등의 설치·운용의무, 조종사 준수사항 등
제10장 초경량비행장치	초경량비행장치 신고/안전성 인증/조종자증명/전문교육기관지정/비행승인/구조지원장비 장착 의무/조종자준수사항, 초경량비행장치 사용사업자에 대한 안전개선명령 등
제11장 보칙	항공안전 활동, 정보의 공개, 안전투자의 공시, 청문 등
제12장 벌칙	항행 중 항공기 위험 발생의 죄, 감항증명을 받지 아니한 항공기 사용 등의 죄, 전문교육기관 지정 위반의 죄, 운항증명 위반에 관한 죄 등

2 국내 항공운항과 관련된 법령들

1) 군용항공기 운용 관련

앞서 국내 항공 법령의 모법인 항공안전법 제3조 군용항공기 등의 적용 특례에서는 '군용항공기와 이에 관련된 항공업무에 종사하는 사람에 대해서는 이 법을 적용하지 아니한다.'라고 하고 있으며, '세관업무 또는 경찰업무에 사용하는 항공기와 이에 관련된 항공업무에 종사하는 사람에 대하여는 이 법을 적용하지 아니하고 있다. 다만, 공중 충돌 등 항공기 사고 예방을 위하여 제51조, 제67조, 제68조 제5호, 제79조 및 제84조 제1항을 적용한다.'라고 명시하고 있다.

이러한 이유로 군용항공기 등에 대한 항공기 운영에 대해서는 따로 법률로 정하고 있으며, 경찰 항공기도 군용항공 등과 관련된 법률을 준용하고 있다. 이러한 법률은 군용항공기 운용 등에 관한 법률, 군용항공기 비행안전성 인증에 관한 법률, 그리고 군사기지 및 군사시설보호법이다.

표 1.5 군용항공기 운용 관련 법규와 목적

군용항공기 운용 법령	군용항공기 운용 법령의 목적들
군용항공기 운용 등에 관한 법률	군용항공기의 운용 등에 관하여 필요한 사항을 정함으로써 항공작전의 원활한 수행과 군용항공기의 비행 안전을 도모하여 국가안전보장에 이바지함
군용항공기 비행안전성 인증에 관한 법률	군용항공기가 안전하게 비행할 수 있는지를 인증하는 데 필요한 사항을 정하여 군용항공기의 안전성을 확보하고, 군용항공기 수출을 지원하여 항공산업 발전에 기여

군용항공기 운용 법령	군용항공기 운용 법령의 목적들
군사기지 및 군사시설 보호법	군사기지 및 군사시설을 보호하고 군사작전을 원활히 수행하기 위하여 필요한 사항을 규정함으로써 국가안전보장에 이바지함(이 법 안에 항공작전기지를 포함하고 있음)
군용비행장·군사격장 소음 방지 및 피해 보상에 관한 법률	군용비행장 및 군사격장의 운용으로 발생하는 소음을 방지하고, 그 피해에 대한 보상 등을 효율적으로 추진함으로써 주민의 쾌적한 생활환경을 보장하고, 군사 활동의 안정된 기반을 조성하는 데 기여

2) 기타 항공과 연관된 법령들

기타 교통체계 효율화, 드론 운용, 항공박물관, 항공우주산업 개발 촉진, 우주개발/손해배상, 신공항 건설, 군 공항 이전 등에 관한 법령들이 존재하고 있다.

표 1.6 기타 항공과 연관된 법령들과 그 목적들

기타 항공 관련 법령	기타 항공과 연관된 법령의 목적들
국가통합교통체계효율화법	교통체계의 효율성·통합성 및 연계성을 향상하기 위하여 육상교통·해상교통·항공교통 정책에 대한 종합적인 조정과 각종 교통시설 및 교통수단 등 국가교통체계의 효율적인 개발·운영 및 관리 등에 필요한 사항을 정함으로써 국민생활의 편의를 증진하고 국가경제 발전에 이바지함
교통약자의 이동편의 증진법	교통약자(交通弱者)가 안전하고 편리하게 이동할 수 있도록 교통수단, 여객시설 및 도로에 이동편의시설을 확충하고 보행환경을 개선하여 사람 중심의 교통체계를 구축함으로써 교통약자의 사회 참여와 복지 증진에 이바지함
드론 활용의 촉진 및 기반 조성에 관한 법률	드론 활용의 촉진 및 기반 조성, 드론시스템의 운영·관리 등에 관한 사항을 규정하여 드론산업의 발전 기반을 조성하고 드론산업의 진흥을 통한 국민편의 증진과 국민경제의 발전에 이바지함
국립항공박물관법	국립항공박물관을 설립하여 항공문화와 항공산업의 유산을 발굴·보존·연구 및 전시함으로써 항공문화의 진흥과 항공산업의 발전에 이바지함
항공우주산업개발촉진법	항공우주산업을 합리적으로 지원·육성하고 항공우주과학기술을 효율적으로 연구·개발함으로써 국민경제의 건전한 발전과 국민 생활 향상에 이바지함
우주개발진흥법	우주개발을 체계적으로 진흥하고 우주물체를 효율적으로 이용·관리하도록 함으로써 우주공간의 평화적 이용과 과학적 탐사를 촉진하고 국가의 안전보장 및 국민경제의 건전한 발전과 국민 생활 향상에 이바지함
우주손해배상법	우주 손해가 발생한 경우의 손해배상 범위와 책임 한계 등을 정하여 피해자를 보호하고 우주개발 사업의 건전한 발전에 기여

기타 항공 관련 법령	기타 항공과 연관된 법령의 목적들
가덕도신공항 건설을 위한 특별법	가덕도신공항의 신속한 건설에 필요한 사항을 규정함으로써 국토의 균형발전 및 국가경쟁력 강화에 이바지함
군 공항 이전 및 지원에 관한 특별법	군 공항 이전 사업에 대한 지원 및 군 공항 이전 부지 주변 지역에 대한 지원체계를 마련함으로써 군 공항 이전 사업을 원활하게 시행하고, 군 공항 이전 부지 주변 지역 주민의 복리증진에 이바지함

3 ICAO Annex와 대한민국 적용

ICAO Annex인 국제적 기준들을 대한민국 국내 기준에 적용한 구체적인 사항들은 국토교통부 훈령 국제민간항공기구(ICAO) 국제업무 관리지침으로 정하여 관리하고 있다. 또한, 국제민간항공기구(ICAO)가 시행하는 항공안전 상시평가에 대비하여 평가 대응 절차 및 기준, 범정부 차원의 협력체계 구축에 관한 사항 등을 정하여 상시평가에 효율적으로 대응할 수 있도록 하고, 국가 및 항공 관련 산업의 경쟁력과 대외 신인도를 제고하는 데 필요한 사항을 규정하기 위하여 국토교통부 훈령 국제민간항공기구(ICAO) 항공안전 상시평가 대응에 관한 규정으로 정하여 관리하고 있다.

1) 국제민간항공기구(ICAO) 국제업무 관리지침

본 훈령은 「국제민간항공협약」 제37조 및 제38조에 따른 체약국으로서 준수하여야 하는 국제민간항공기구의 국제표준 및 권고사항에 대한 대응 절차를 정하고, 국제민간항공기구와 관련한 국제업무에 필요한 사항을 규정하고 있다. 훈령의 주요 내용은 다음과 같다.

국제업무 관리지침 목차	목차 구성별 내용 설명
제1장 총칙	목적, 정의, 임무와 책임으로 국제기준 이행 및 관리에 관한 사항을 협조토록 함
제2장 국제기준 관련 사항의 접수, 배포 및 관리	체약국 공한으로 체약국 공한 기본 정보를 SMIS에 입력한 후, 업무관리시스템을 통한 메모 보고 또는 이메일로 소관 담당 과장 및 담당자에게 통보(배포)하고 접수한 경우, 그 내용을 검토하고 필요한 경우 관련 부서(기관)와 협력하여 처리한 후, 회신함과 동시에 국제민간항공기구 전략기획팀장과 공유하고, SMIS에 그 사항을 입력
제3장 국제기준 등의 제·개정사항의 검토 및 조치	국제기준 등의 제·개정 사항의 검토, 국제기준 등의 채택/승인에 대한 조치계획 수립, 국내 입법 조치 및 차이점 통보, 대외 기관과의 협력, 항공정보간행물 등재가 있음
제4장 국제기준 등에 대한 심의위원회	심의위원회 구성 및 운영, 의결 등이 있음
제5장 국제표준관리시스템(SMIS)의 유지 및 관리	체약국 공한 처리 및 국제기준 이행관리, 시스템 관리 등이 있음
제6장 국제회의 참석 및 관리	국제회의 참석으로 ICAO 총회, ICAO 항행회의, ICAO 세계항공안전회의, ICAO 세계항공포럼 등 참석 관리
제7장 ICAO 패널 관리	패널 위원 선정/변경, 패널 자문위원 선정, 패널 활동 등 관리
제8장 ICAO 등 국제기구 파견·고용휴직자 경력관리	국제기구 파견·고용휴직자 선정, 국제업무 경력 발전 경로 등이 있음

국토교통부 훈령 국제민간항공기구(ICAO) 국제업무 관리지침에서 정한 ICAO 국제기준 등의 현황 및 소관 연락관 및 유관기관은 다음과 같다.

표 1.8 ICAO Annex 소관 연락관 및 유관기관

번호 및 명칭	소관 연락관	유관기관
Annex 1 Personnel Licensing	항공안전정책과장	
Annex 2 Rules of the Air	항공안전정책과장	
Annex 3 Meteorological Service for International Air Navigation	항공교통과장	항공기상청
Annex 4 Aeronautical Charts	항공교통과장	
Annex 5 Units of Measurement to be used in Air and Ground Operations	항공교통과장	
Annex 6 Operation of Aircraft	항공운항과장	

번호 및 명칭		소관 연락관	유관기관
Annex 7 Aircraft Nationality and Registration Marks		항공기술과장	
Annex 8 Airworthiness of Aircraft		항공기술과장	
Annex 9 Facilitation		항공정책과장	법무부, 외교부, 보건복지부, 농림축산식품부, 관세청
Annex 10 Aeronautical Telecommunications		항행시설과장	
Annex 11 Air Traffic Services		항공교통과장	
Annex 12 Search and Rescue		항공교통과장	소방청, 해양경찰청
Annex 13 Aircraft Accident and Incident Investigation		항공·철도사고 조사위원회 사무국장	
Annex 14 Aerodromes		공항안전환경과장	
Annex 15 Aeronautical Information Services		항공교통과장	
Annex 16 Environmental Protection		항공기술과장	
Annex 17 Security		항공보안과장	
Annex 18 The Safe Transport of Dangerous Goods by Air		항공운항과장	
Annex 19 Safety Management		항공안전정책과장	
PANS–ATM Air Traffic Management(Doc4444)		항공교통과장	
PANS–OPS	Aircraft Operations(Doc8168) VI, III	항공운항과장	
	Aircraft Operations(Doc8168) VII	항공교통과장	
PANS–ABC ICAO Abbreviations and Codes(Doc8400)		항공교통과장	
PANS–TRG Training(Doc9868)		항공안전정책과장	
PANS–AIM Aeronautical Information Management(Doc 10066)		항공교통과장	
PANS–AD Aerodromes(Doc 9981)		공항안전환경과장	
SUPPs Regional Supplementary Procedures(Doc7030)		항공교통과장	

2) ICAO 항공안전 상시평가 대응에 관한 규정

국토교통부 훈령 국제민간항공기구(ICAO) 국제업무 관리지침이 국제민간항공기구의 국제표준 및 권고사항에 대한 대응 절차를 정하고 국제업무에 필요한 사항을 규정하고 있다면, 국제민간항공기구(ICAO)가 시행하는 항공안전 상시평가에 대비하여 평가 대응 절차 및 기준, 범정부 차원의 협력체계 구축에 관한 사항 등은 국토교통부 훈령 국제민간항공기구(ICAO) 항공안전 상시평가 대응에 관한 규정으로 정하여 다음과 같이 관리하고 있다.

표 1.9 ICAO 항공안전 상시평가 대응 규정 구성 및 내용

ICAO 항공안전 상시평가 대응 목차	목차 구성별 내용 설명
제1장 총칙	목적, 정의, 양해각서의 체결, 상시 평가의 총괄, 기본지침으로 구성되며, 국가의 평가 대응 활동을 효율적으로 수행하기 위하여 범국가적인 종합대책을 수립하여 시행토록 함
제2장 합동대책반	운영위원회(설치 및 구성, 임무, 운영), 실무작업팀(설치 및 구성, 임무, 운영)이 있음
제3장 국제기준 이행 관리	체약국 공한의 처리, 국제기준 이행, 차이점 통보 등이 있음
제4장 상시 모니터링 단계	평가자료와 작성 및 관리, 자체 진단, 기술자문, 상시평가 온라인 시스템 관리가 있음
제5장 현장평가 단계	수검준비와 합동 수검대책반 설치 및 구성, ICAO 평가단 협조, 현장평가 후속 조치가 있음
제6장 기타 사항	조사·연구 또는 자문의 의뢰, 수당, 유효기간이 있음

memo

조영진 한서대학교 헬리콥터조종학과 교수, 한국항공운항학회 정회원

제2장 항공종사자 자격증명

이 장에서는 항공종사자 자격증명 제도의 기본 개념과 체계를 이해하는 것을 목표로 한다. ICAO 기준과 국내 제도를 비교하여 조종사, 항공교통관제사, 정비사, 운항관리사 등 항공종사자 유형별 자격의 종류와 응시요건, 자격 유지 조건을 학습한다.

또한, 자격증명별로 요구되는 지식심사 및 기량심사 항목을 이해하고, 각 자격의 실무경험과 교육요건을 파악함으로써 항공종사자 양성과 자격관리의 핵심 요소를 체계적으로 습득하도록 한다.

PERSONNEL LICENCING

<table>
<tr><td>1절</td><td>항공종사자 자격증명(ICAO)</td></tr>
<tr><td>2절</td><td>항공종사자 자격증명(국내)</td></tr>
</table>

제1절 항공종사자 자격증명 (ICAO)

1 항공종사자 자격증명별 항공기 종류 구분

ICAO에서는 항공종사자를 Flight Crew와 Other Personal로 구분하며, 자격증명 중 조종사(Aeroplane, Airship, Helicopter 또는 Powered-lift)의 경우에는 해당 항공기 종류로 구분되며, 나머지 자격증명에 대해서는 별도의 분류 기준이 없다.

표 2.1 항공종사자 자격증명별 해당 항공기 종류

구분	자격증명	해당 항공기 종류
Flight Crew	Private Pilot	Aeroplane, Airship, Helicopter 또는 Powered-lift
	Commercial Pilot	Aeroplane, Airship, Helicopter 또는 Powered-lift
	Multi-Crew Pilot	Aeroplane
	Airline Transport Pilot	Aeroplane, Helicopter 또는 Powered-lift
	Glider Pilot	–
	Free Balloon Pilot	–
	Flight Navigator	–
	Flight Engineer	–
	Remote Pilot	–
Other Personnel	Aircraft Maintenance(Technician/Engineer/Mechanic)	
	Air Traffic Controller	–
	Flight Operations Officer/Flight Dispatcher	–
	Aeronautical Station Operator	–

2 항공종사자 자격증명별 응시자격

항공종사자 자격증명 시험의 응시 자격은 실무 경력과 항공종사자가 반드시 습득해야 할 범위와 내용을 포함하고 있으며, 이를 바탕으로 국가별 특성에 맞는 나이와 신체검사 증명, 응시경력을 선정하고 있다. ICAO 자격증명 시험에서 요구하는 응시 자격은 다음과 같다.

표 2.2 자격증명시험 응시자격

자격증명		나이	신체검사 증명	응시경력(지정전문교육기관)
Private Pilot		17	Class 2	40시간 이상(35시간 이상)
Commercial Pilot	Aeroplane	18	Class 1	200시간 이상(150시간 이상)
	Helicopter	18	Class 1	150시간 이상(100시간 이상)
Multi-Crew Pilot		18	Class 1	(240시간 이상)
Airline Transport Pilot	Aeroplane	21	Class 1	1,500시간 이상
	Helicopter	21	Class 1	1,000시간 이상
Aircraft Maintenance		18	–	4년(2년)
Air Traffic Controller		21	Class 3	Approved Training Course 수료 및 ATC의 감독하에 3개월 이상 및 6개월 이내
Flight Operations Officer/ Flight Dispatcher		21	–	2년 이상 또는 6개월 이내에 Flight Operations Officer 감독하에 90일

3 항공종사자 자격증명별 신체검사 유효기간

항공종사자 자격증명별 신체검사 유효기간은 자격증명 종류와 나이에 따라 다르게 적용되나, 일반적으로 다음과 같은 기준이 적용된다.

표 2.3 자격증명별 신체검사 유효기간

구분	자격증명		신체검사 유효기간
Flight Crew	Private Pilot	Aeroplane, Airship, Helicopter 또는 Powered-lift	60개월
	Commercial Pilot		12개월
	Multi-Crew Pilot	Aeroplane	12개월

구분	자격증명		신체검사 유효기간
Flight Crew	Airline Transport Pilot	Aeroplane, Helicopter 또는 Powered-lift	12개월
	Glider Pilot, Free Balloon Pilot		60개월
	Flight Navigator, Flight Engineer		12개월
	Remote Pilot	Aeroplane, Airship, Glider, Rotorcraft, Powered-lift 또는 Free Balloon	48개월
Other Personnel	Aircraft Maintenance(Technician/Engineer/Mechanic)		–
	Air Traffic Controller		48개월
	Flight Operations Officer/Flight Dispatcher		–
	Aeronautical Station Operator		–

① Single-Crew로 승객 운송 시 Airline Transport Pilot Licences(Aeroplane, Helicopter and Powered-lift)와 Commercial Pilot Licences(Aeroplane, Airship, Helicopter and Powered-lift)는 40세 생일이 경과한 경우 유효기간은 6개월로 단축된다.

② Airline Transport Pilot Licences(Aeroplane, Helicopter and Powered-lift), Commercial Pilot Licences(Aeroplane, Airship, Helicopter and Powered-lift), Multi-Crew Pilot Licences(Aeroplane) 조종사가 60세 생일이 경과한 경우 유효기간은 6개월로 단축된다.

③ Private Pilot Licences(Aeroplane, Airship, Helicopter and Powered-lift), Remote Pilot Licences(Aeroplane, Airship, Glider, Rotorcraft, Powered-lift or Free Balloon, Free Balloon Pilot Licences), Glider Pilot Licences, Air Traffic Controller Licences는 40세 생일이 경과한 경우 유효기간은 24개월로 단축된다.

④ Private Pilot Licences(Aeroplane, Airship, Helicopter and Powered-lift), Remote Pilot Licences(Aeroplane, Airship, Glider, Rotorcraft, Powered-lift or Free Balloon), Free Balloon Pilot Licences, Glider Pilot Licences, Air Traffic Controller Licences는 50세 생일이 경과한 경우 유효기간은 12개월로 단축된다.

이 유효기간 내에 신체검사를 통과해야만 해당 자격증명을 유지할 수 있으며, 유효기간이 만료되기 전에 신체검사를 다시 받아야 한다. 신체검사는 항공종사자의 건강 상태를 평가하여 안전한 항공운항을 보장하기 위해 필수적으로 시행된다.

4 항공종사자 언어숙련도 수준별 유효기간

항공종사자 언어숙련도(Language Proficiency)는 항공업계에서 Pilots(Aeroplane, Airship, Helicopter, Powered-lift), Remote Pilots(Aeroplane, Airship, Glider, Rotorcraft, Powered-lift or Free Balloon), Air Traffic Controllers, Aeronautical Station Operators 등 항공종사자들이 안전하고 효율적인 의사소통을 위해 필요한 언어 능력을 평가하는 기준이다. 국제민간항공기구(ICAO)는 이를 위해 표준화된 언어숙련도 기준을 마련했다.

ICAO 언어숙련도 기준은 다음의 6단계(Level 1부터 Level 6까지)로 구분된다.

① Level 1(Pre-elementary) : 기본적인 언어 지식이 부족하여 의사소통이 거의 불가능한 수준

② Level 2(Elementary) : 제한된 언어 능력으로 단순한 문장만 이해하고 표현할 수 있는 수준

③ Level 3(Pre-operational) : 기본적인 의사소통은 가능하지만, 불확실한 상황이나 예상치 못한 상황에서 문제가 발생할 수 있는 수준

④ Level 4(Operational) : 일상적인 상황에서 원활한 의사소통이 가능하며, 예상치 못한 상황에서도 적절하게 대처할 수 있는 수준. 대부분의 항공사 및 항공 당국에서 요구하는 최소 수준

⑤ Level 5(Extended) : 복잡한 상황에서도 명확하고 유창하게 의사소통이 가능한 수준

⑥ Level 6(Expert) : 모든 상황에서 완벽하게 의사소통이 가능한 수준으로, 모국어 수준의 언어 능력을 가진 경우

이 기준은 주로 영어 능력을 평가하는 데 사용되며, 평가 항목에는 발음, 문법, 어휘, 유창성, 이해력, 상호작용 능력이 포함된다. 항공종사자는 정기적으로 이 숙련도 평가를 받아야 하며, 최소 Level 4 이상을 유지해야 한다. 언어숙련도 평가의 수준과 유효기간은 아래와 같이 구분된다.

① Level 4(Operational Level) : 3년

② Level 5(Extended Level) : 6년

③ Level 6(Expert Level) : 영구

5 조종사 자격증명 및 한정

1) 항공기의 분류

ICAO 기준에 의하면 조종사가 조종할 수 있는 항공기 종류는 비행기(Aeroplane), 4,600㎥ 이상의 부피를 가진 비행선(Airship of a volume of more than 4,600 Cubic metres), 자유기구(Free Balloon), 글라이더(Glider), 헬리콥터(Helicopter), 동력 상승 항공기(Powered-lift) 총 6종류로

한정하고 있다. 이 중 비행기(Aeroplane)는 육상 단발(Single-Engine, Land), 수상 단발(Single-Engine, Sea), 육상 다발(Multi-Engine, Land), 수상 다발(Multi-Engine, Sea) 총 4종류로 등급을 구분하여 한정하고 있다.

비행기(Aeroplane)의 경우 최소 2명 이상의 조종사로 운용되도록 인증받은 항공기, 항공면허당국(Licensing Authority)에서 필요하다고 인정한 항공기, 두 가지 중 하나 이상에 해당할 때 항공기 형식(Type) 한정을 요구하고 있으며, 헬리콥터(Helicopter)와 동력 상승 항공기(Powered-lift)의 경우에는 Single-Pilot Class Rating이 발행된 경우를 제외하고 Single-Pilot 운용을 위한 Helicopter 및 Powered-lift 인증이 필요할 경우 추가적인 항공기 형식(Type) 한정을 요구하고 있다.

표 2.4 항공기의 분류

종류(Category)	등급(Class)	형식(Type)
비행기	육상 단발(Single-Engine, Land)	• 최소 2명 이상의 조종사로 운용되도록 인증받은 항공기 • 항공면허당국에서 필요하다고 인정한 항공기 • 헬리콥터, 동력 상승 항공기의 경우 Single-Pilot Class Rating이 발행된 경우를 제외하고 Single-Pilot 운용을 위한 인증
비행기	수상 단발(Single-Engine, Sea)	
비행기	육상 다발(Multi-Engine, Land)	
비행기	수상 다발(Multi-Engine, Sea)	
헬리콥터, 동력 상승 항공기	–	
4,600㎥ 이상의 부피를 가진 비행선, 자유기구, 글라이더	–	–

2) 조종사 자격증명별 요구 조건

조종사 자격증명을 취득하기 위해서는 자격증명별로 나이, 신체검사 증명, 지식, 기술, 경험 등의 요구 조건을 충족해야 한다.

표 2.5 조종사 자격증명별 나이, 신체검사 증명, 지식, 기술

자격증명	나이	신체검사 증명	지식	기술
학생 조종사	–	Class 2	–	–
자가용 조종사	17세	Class 2	• 항공법규 • 비행 성능, 계획 및 하중 • 인적 수행 능력	• 위협과 오류 인식 및 관리 • 항공기 운용한계 준수 • 부드럽고 정확한 기동 수행

자격증명	나이	신체검사 증명	지식	기술
사업용 조종사, 부조종사	18세	Class 1	• 기상 • 항법 • 운항 절차 • 비행 원리 • 무선 통신	• 좋은 판단력과 Airmanship 발휘 • 항공 지식의 적용 • 항공기 통제 유지
운송용 조종사	21세	Class 1		

표 2.6 조종사 자격증명별 경험

자격증명		경험
자가용 조종사	비행기	최소비행 경험 : 40시간(전문교육기관의 경우 35시간), 이 중 모의비행훈련장치 훈련시간은 최대 5시간 인정
		단독비행 : 두 개의 다른 지점에서의 착륙을 포함하여 총 270Km(150NM) 이상의 단독 야외비행(Cross-country Flight) 5시간을 포함한 10시간 이상
	헬리콥터	최소비행 경험 : 40시간(전문교육기관의 경우 35시간), 이 중 모의비행훈련장치 훈련시간은 최대 5시간 인정
		단독비행 : 두 개의 다른 지점에서의 착륙을 포함하여 총 180Km(100NM) 이상의 단독 야외비행(Cross-country Flight) 5시간을 포함한 10시간 이상
사업용 조종사	비행기	최소비행 경험 : 200시간(전문교육기관의 경우 150시간), 이 중 모의비행훈련장치 훈련시간은 최대 20시간 인정
		단독비행 : 10시간 이상, 이 중 두 개의 다른 공항에서의 완전 착륙(Full Stop)을 포함하여 총 270Km(150NM) 이상의 단독 야외비행(Cross-country Flight) 5시간 포함
		기장 비행시간 : 100시간 이상(전문교육기관의 경우 70시간)
		야외비행 : 두 개의 다른 지점에서의 착륙을 포함하여 총 540Km(300NM) 이상을 충족하는 기장으로서 20시간 이상
		계기비행 : 10시간 이상, 단 5시간은 지상계기교육으로 대체 가능
		야간비행 : 야간비행을 할 경우 5회 이착륙을 포함한 5시간 이상
	헬리콥터	최소비행 경험 : 150시간(전문교육기관의 경우 100시간), 이 중 모의비행훈련장치 훈련시간은 최대 10시간 인정
		단독비행 : 10시간 이상, 이 중 두 개의 다른 지점에서의 착륙을 포함하여 총 180Km(100NM) 이상의 단독 야외비행(Cross-country Flight) 5시간 포함
		기장 비행시간 : 35시간 이상
		야외비행 : 두 개의 다른 지점에서의 착륙을 포함하여 기장으로서 10시간 이상
		계기비행 : 10시간 이상, 단 5시간은 지상계기교육으로 대체 가능
		야간비행 : 야간비행을 할 경우 5회 이착륙을 포함한 5시간 이상

자격증명		경험
부조종사	비행기	실비행 및 모의비행훈련장치를 통해 240시간 이상의 비행 경험 및 최종 역량 표준(Final Competency Standard)의 달성
		실비행 경험은 자가용 조종사의 경험 요건, UPRT, 야간비행, 계기비행 경험 포함
		Advanced 단계에서는 형식 항공기를 이용하여 교관 감독하에 12회 이상의 이착륙 경험이 필요하나, 아래와 같은 경우 12회에서 6회로 축소 가능 • ATO가 이착륙 횟수를 줄이더라도 필수 기량 습득에 부정적 영향을 미치지 않는다는 것을 입증할 수 있을 경우 • 평가에서 시정조치(Corrective action)가 필요한 경우 이를 시정할 수 있는 프로세스가 마련되었을 경우
		시계비행 또는 계기비행 조건에서 최소 2명의 조종사로 운영되는 터빈엔진 항공기 부조종사로서 당국이 승인한 역량 모델(Adapted Competency Model)에 제시된 수준의 비행 기량 확보
		운송용 조종사 자격획득을 위한 비행 기량 요건 • 위협 및 오류 인지·관리(TEM) • 원활하고 정확한 항공기 수동(Manual) 조작 • 적합한 자동화(Automation) 모드 운용 • 정확한 정상, 비정상 및 비상절차 수행 • 체계적 의사결정, 상황인식을 위한 Airmanship • 충분한 CRM 역량, SOP 준수, Checklist 사용
운송용 조종사	비행기	최소비행 경험 : 1,500시간, 이 중 모의비행훈련장치 훈련시간은 최대 100시간 인정
		기장 비행시간 : 감독하에 기장으로서 500시간 또는 기장으로서 250시간, 또는 기장으로서 70시간 이상과 감독하에 기장으로서 필요한 추가 비행시간을 포함하여 250시간
		야외비행 : 200시간, 이 중 기장 또는 감독하에 기장으로서 100시간
		계기비행 : 75시간 이상, 단 30시간은 지상계기교육으로 대체 가능
		야간비행 : 기장 또는 부기장으로 100시간
	헬리콥터	최소비행 경험 : 1,000시간, 이 중 모의비행훈련장치 훈련시간은 최대 100시간 인정
		기장 비행시간 : 기장으로서 70시간 이상과 감독하에 기장으로서 필요한 추가 비행시간을 포함하여 250시간
		야외비행 : 200시간, 이 중 기장 또는 감독하에 기장으로서 100시간
		계기비행 : 30시간 이상, 단 10시간은 지상계기교육으로 대체 가능
		야간비행 : 기장 또는 부기장으로 50시간

3) 조종사 한정 자격별 요구조건

조종사 한정 자격은 크게 계기비행과 조종 교육으로 구분된다. 각 한정 자격을 취득하기 위해서는 신체검사 증명, 지식, 기술, 경험 등 다양한 요구 조건을 충족해야 한다.

표 2.7 조종사 한정 자격별 지식 및 기술

한정 자격	신체검사 증명	지식	기술
계기 비행	Class 1	• 항공법규 • 항공기 일반지식 • 항공기 성능과 비행계획 • 인적수행 능력 • 기상 • 항법 • 운항 절차 • 무선 통신	• 위협 및 오류 인식 및 관리 • 해당 항공기의 종류와 제한 범위 내에서 운용 • 모든 기동을 부드럽고 정확하게 수행 • 좋은 판단력과 Airmanship 발휘 • 항공 지식의 적용 • 항공기 통제 유지
조종 교육	Class 1	• 교수법의 적용 • 학과교육이 제공되는 과목에 대한 학생 성과 • 학습과정 • 효과적인 교육의 요소 • 학생 평가 및 훈련 철학 • 훈련 프로그램 개발 • 교육 계획 • 강의실 교육 기법 • 적절한 모의비행훈련장치를 포함한 훈련보조 장치의 사용 • 학생 오류 분석 및 수정 • 위협 및 오류관리의 원리를 포함한 비행교육과 관련한 인적수행 능력 • 모의비행훈련장치 고장과 항공기 부작동과 관련된 위험	자격을 받고자 하는 항공기에 대한 종류 및 등급에서 비행교관의 권한과 관련하여 비행 전과 후, 지상교육 등을 포함한 훈련이 이루어지는 범위에 대해서 훈련을 진행할 수 있어야 함

표 2.8 조종사 한정 자격별 경험

한정 자격	경험
계기 비행	• 기장으로서 50시간 이상의 야외비행 경험, 이 중 10시간 이상 같은 항공기 종류를 포함 • 40시간 이상의 계기 시간으로 이 중 모의비행훈련장치 20시간 또는 30시간 범위 내에서 승인된 교관의 감독하에의 지상 시간을 인정

한정 자격	경험
조종 교육	• 비행 경험에 대해서 국제민간항공기구 부속서 1은 별도로 요구하고 있지 않음. 다만 '사업용 조종사 자격증명 발급을 위한 요건을 충족해야 한다.'라는 조건만 명시 • 조종교육증명을 위한 비행 훈련은 다음의 각호에 포함된 교육을 공인된 교관으로부터 받아야 함 – 비행조작 시범, 학생 비행실습, 공통적인 학생의 오류 인지 및 수정을 포함하는 비행교육 기술 관련 교육 – 비행과목에 따른 비행조작 및 절차에 관련한 실습

6 항공교통관제사 자격증명 및 한정

항공교통관제사가 되기 위해서는 21세 이상이어야 하며, 항공법, 항공교통관제 장비, 항공기 일반 지식, 인적 수행 능력, 기상학, 항법, 운항 절차에 대한 지식을 갖추어야 한다. 또한, Class 3 Medical Assessment 신체검사 증명서가 필요하다. 반면, 학생 항공교통관제사의 경우에는 Class 3 Medical Assessment 신체검사 증명서만 요구된다.

1) 항공교통관제사 한정 종류

항공교통관제사 자격 한정은 다음과 같은 종류로 구분된다.

① 비행장 관제(Aerodrome Control Rating)

② 접근 관제 절차(Approach Control Procedural Rating)

③ 접근 관제 감시(Approach Control Surveillance Rating)

④ 접근 정밀 레이더 관제(Approach Precision Radar Control Rating)

⑤ 지역 관제 절차(Area Control Procedural Rating)

⑥ 지역 관제 감시(Area Control Surveillance Rating)

2) 항공교통관제사 한정 종류별 요구되는 지식

항공교통관제사 한정 종류별 요구되는 지식은 다음과 같다.

표 2.9 항공교통관제사 한정 종류별 요구되는 지식

한정 자격	별도 지식	공통 지식
비행장 관제 (Aerodrome Control Rating)	비행장의 배치, 물리적 특성 및 시각적 보조 장치	• 공역의 구조 • 적용 가능한 규칙, 절차 및 정보 출처 • 항행 안전시설 • 항공 교통 관제 장비와 그 사용 방법 • 지형과 주요 지형지물 • 항공 교통의 특성과 흐름 • 기상현상 • 비상 상황 및 수색 구조 계획
접근관제절차 및 지역관제절차 (Approach Control Procedural and Area Control Procedural Ratings)	–	
접근 관제 감시, 접근 정밀 레이더 관제 및 지역 관제 감시 (Approach Control Surveillance, Approach Precision Radar Control and Area Control Surveillance Ratings	적용 가능한 ATS 감시 시스템 및 관련 장비의 원리, 사용 방법 및 한계	
	적절한 지형 간격을 보장하기 위한 절차를 포함한 ATS 감시 서비스 제공 절차	

항공교통관제사가 되기를 희망하는 신청자는 승인된 교육과정을 마치고 필요한 역량을 입증해야 한다. 또한, 항공 교통 관제 직무 교육 교관(OJTI)의 감독하에 최소 3개월 동안 실제 항공 교통 관제 업무를 만족스럽게 수행해야 한다. 항공교통관제사 자격 요건에 대한 경험은 이 항목에서 요구하는 경험의 일부로 인정될 수 있다. 한편, 항공 교통 관제 직무 교육 교관으로 활동하려면 적절한 자격을 보유하고 항공 교통 관제 직무 교육 교관으로서의 자격을 갖추어야 한다.

3) 항공교통관제사 한정 종류별 요구되는 경험

항공교통관제사 한정 종류별 요구되는 경험은 다음과 같다.

표 2.10 항공교통관제사 한정 종류별 요구되는 경험

한정 자격	경험
비행장 관제 (Aerodrome Control Rating)	• 해당 부서에서 최소 90시간 또는 1개월(둘 중 더 긴 기간) 동안 비행장 관제 서비스를 제공
접근 관제 절차, 접근 관제 감시, 지역 관제 절차 또는 지역 관제 감시 (Approach Control Procedural, Approach Control Surveillance, Area Control Procedural or Area Control Surveillance Rating)	• 해당 부서에서 최소 180시간 또는 3개월(둘 중 더 긴 기간) 동안 해당 관제 서비스를 제공
정밀 접근 레이더 관제 (Approach Precision Radar Control Rating)	• 해당 부서에서 100회 이하의 레이더 시뮬레이터를 포함하여 최소 200회의 정밀 접근을 수행 * 이 중 최소 50회는 해당 부서 및 장비에서 수행

접근 관제 감시 자격의 경우, 감시 레이더 접근 업무를 포함하는 경우 해당 부서에서 사용 중인 감시 장비로 최소 25회의 계획 위치 표시 접근을 수행하고, 항공 교통 관제 직무 교육 교관(OJTI)의 감독하에 경험을 쌓아야 한다. 자격 신청은 경험을 완료한 후 6개월 이내에 이루어져야 하며, 신청자가 이미 다른 카테고리의 항공 교통 관제 자격을 보유하고 있거나, 다른 부서에서 동일한 자격을 보유한 경우, 자격 부여 기관은 경험 요건을 줄일 수 있는지 판단해야 한다.

7 운항관리사 자격증명

운항관리사가 되기 위해서는 21세 이상이어야 하며, 항공법, 항공기 일반 지식, 비행 성능 계산, 계획 절차 및 탑재, 인적 수행 능력, 기상학, 항법, 운항 절차, 비행 원리, 무선통신에 대한 지식을 갖추어야 한다.

1) 운항관리사에게 요구되는 경험

운항관리사 자격을 얻기 위해서는 다음 세 가지 중 하나 이상의 경험이 요구된다.

① 항공 운송의 항공 승무원, 항공 운송에서 운항 통제를 제공하는 조직의 기상학자, 항공교통관제사 또는 운항관리사, 항공 운송 비행 운항 시스템의 기술 감독자 역할 중 하나 또는 이들의 조합에서 총 2년의 근무 경험을 쌓아야 한다. 조합된 경험의 경우, 각 역할에서 최소 1년의 근무 기간을 포함해야 한다.

② 항공 운송의 디스패치 보조로 최소 1년의 경험을 쌓아야 한다.

③ 승인된 교육과정을 성공적으로 완료해야 한다.

또한, 신청자는 신청 직전 6개월 이내에 최소 90일 동안 운항관리사의 감독하에 근무 경험이 있어야 한다.

2) 운항관리사에게 요구되는 지식

① 운항 상황 및 위험 분석에 필요한 항공데이터를 식별하고 검색하는 능력

② 운항 위험 요소와 잠재적 결과를 식별하고 평가하는 능력

③ 위험, 비행 안전 및 운항의 규칙성을 고려하여 조치를 식별하고 평가하는 능력

④ 운항 매뉴얼에 설명된 책임과 정책을 바탕으로 적절한 행동 방침을 결정하는 능력

⑤ 항공기의 안전 및 운항의 규칙성과 효율성을 위해 운항 매뉴얼에서 표준 및 비표준 절차를 적용하여 비행의 시작, 계획, 지속, 우회 또는 종료를 수행하는 능력

⑥ 정확하고 운항에 관한 수용 가능한 기상 분석을 수행하는 능력, 특정 항로의 기상 조건에 대한 운항에 관한 유효한 브리핑을 제공하는 능력, 목적지 및 대체 비행장에 대한 기상 경향을 예측하는 능력

⑦ 기상, 항공기 상태 및 적절한 항법 절차와 관련된 운항 제한 및 최저 기준을 식별하고 적용하는 능력

⑧ 주어진 구간에 대한 최적의 비행경로를 결정하고, 정확한 수동 또는 컴퓨터 생성 비행계획을 작성하는 능력

⑨ 실제 또는 모의 악천후 조건에서 운항관리사 자격증 소지자의 의무에 적합한 운항 감독 및 기타 모든 지원을 제공하는 능력

⑩ 위협과 오류를 인식하고 관리하는 능력

8 항공정비사 자격증명 및 한정

항공정비사는 항공정비 기술자(Aircraft Maintenance Technician), 항공정비 엔지니어(Aircraft Maintenance Engineer), 항공정비공(Aircraft Maintenance Mechanic)으로 구분한다. 항공정비사가 되기 위한 자격 조건은 18세 이상이며, 조종사나 항공교통관제사와 달리 항공정비사에게는 특정한 언어 숙련도가 요구되지 않는다. 그러나 항공정비 교육생들은 항공정비교범(Maintenance Manual)을 이해하고 사용하는 것이 중요하며, 이는 항공기 제작사(예 Boeing, Airbus)의 정비교범이 영어로 작성되어 있기 때문에 영어 독해 능력이 필요하다는 것을 의미한다.

항공정비사가 되기 위한 교육과정은 항공정비 이론 교육과 정비 경험 교육으로 나뉜다. 이론 교육에서는 항공법과 감항성 요구조건(Air Law and Airworthiness Requirements), 항공정비에 대한 일반적인 지식(Natural Science and Aircraft General Knowledge), 항공기 공학(Aircraft Engineering), 항공기 정비(Aircraft Maintenance), 그리고 인적 요인에 관한 이론 과목인 인적 수행(Human Performance) 등이 ICAO에서 제시한 주요 내용으로 포함된다.

정비 경험 교육은 4년이 필요하지만, 인가된 전문교육기관에서 교육을 받으면 이 기간이 2년으로 단축될 수 있다. 항공정비사 자격을 소지한 경우, 항공기 부품 정비부터 항공기 상태 검사에 이르기까지 모든 정비 업무를 수행한 후 안전한 비행이 가능하다는 감항성 확인 권한이 주어진다.

제2절 항공종사자 자격증명(국내)

항공종사자는 항공업무에 종사하기 위해 국토교통부령에 따라 국토교통부장관으로부터 항공종사자 자격증명을 받은 자를 말한다(항공안전법 제2조 정의, 제34조 항공종사자 자격증명). 항공종사자 자격 증명제도는 특정 항공업무에 대한 전문성을 보유한 자에게 해당 업무수행의 자격을 부여하는 것으로, ICAO 체약국들은 국가별로 자격시험 제도를 두어 업무에 필요한 지식과 기량, 기술 등을 평가하여 자격을 부여하고 있다. 국내에서는 부조종사를 제외한 나머지 자격증명에 대해 항공법규, 공중항법, 항공기상, 비행이론, 항공교통 · 통신 · 정보업무의 5과목을 평가한다. 반면, 부조종사 자격증명의 경우에는 항공법규 1개 과목만을 평가한다.

1 조종사 자격증명

1) 조종사 자격증명별 업무 범위

조종사의 업무 범위는 자격증명에 따라 항공안전법 제36조 및 별표에 의해 구분된다. 또한, 자격증명 취득 후 필요에 따라 한정 자격을 추가할 수 있다. 조종사 자격증명별 업무 범위와 각 자격증명에 따른 한정 자격은 다음과 같이 구분된다.

표 2.11 조종사 자격증명별 업무 범위

자격	업무 범위
운송용 조종사	항공기에 탑승하여 다음 각호의 행위를 하는 것 1. 사업용 조종사의 자격을 가진 사람이 할 수 있는 행위 2. 항공운송사업의 목적을 위해 사용하는 항공기를 조종하는 행위
사업용 조종사	항공기에 탑승하여 다음 각호의 행위를 하는 것 1. 자가용 조종사의 자격을 가진 사람이 할 수 있는 행위 2. 무상으로 운항하는 항공기를 보수를 받고 조종하는 행위 3. 항공기사용사업에 사용하는 항공기를 조종하는 행위

자격	업무 범위
사업용 조종사	4. 항공운송사업에 사용하는 항공기를 조종하는 행위 (1명의 조종사가 필요한 항공기만 해당) 5. 기장 외의 조종사로서 항공운송사업에 사용하는 항공기를 조종하는 행위
자가용 조종사	무상으로 운항하는 항공기를 보수를 받지 아니하고 조종하는 행위
부조종사	항공기에 탑승하여 다음 각호의 행위를 하는 것 1. 자가용 조종사의 자격을 가진 사람이 할 수 있는 행위 2. 기장 외의 조종사로서 비행기를 조종하는 행위

표 2.12 조종사 자격증명의 한정

한정사항	한정사항 종류
항공기 종류 한정	비행기, 헬리콥터, 활공기, 비행선, 항공우주선
항공기 등급 한정	육상단발, 육상다발, 수상단발, 수상다발 (활공기의 경우 상급, 중급)
항공기 형식 한정	비행교범에 2명 이상의 조종사가 필요한 항공기
	국토교통부장관이 지정하는 형식의 항공기
계기비행증명	비행기, 헬리콥터
(초급/선임) 조종교육증명	비행기, 헬리콥터, 활공기, 비행선

조종사 자격증명의 취득 순서는 자가용 조종사 자격증명을 가장 먼저 취득해야 한다. 자가용 조종사 자격증명을 취득한 후, 사업용 조종사와 운송용 조종사 자격증명을 취득하기 위한 요건을 갖추어 응시 자격을 부여받고, 기량심사에 합격하면 단계별로 자격증명을 취득할 수 있다.

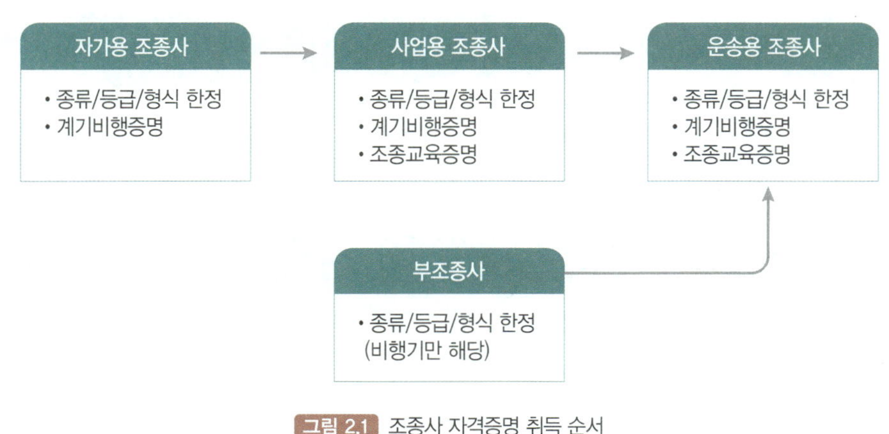

그림 2.1 조종사 자격증명 취득 순서

조종사 자격증명을 자가용 조종사부터 단계적으로 취득할 경우, 기존 자격증명의 효력은 다음과 같다. 사업용 조종사 자격증명을 취득하면, 기존에 소지한 자가용 조종사 자격증명에서 같은 종류의 항공기에 대한 형식 한정과 계기비행증명이 유효하고, 운송용 조종사 자격증명을 취득하면 추가로 조종교육증명이 유효해진다.

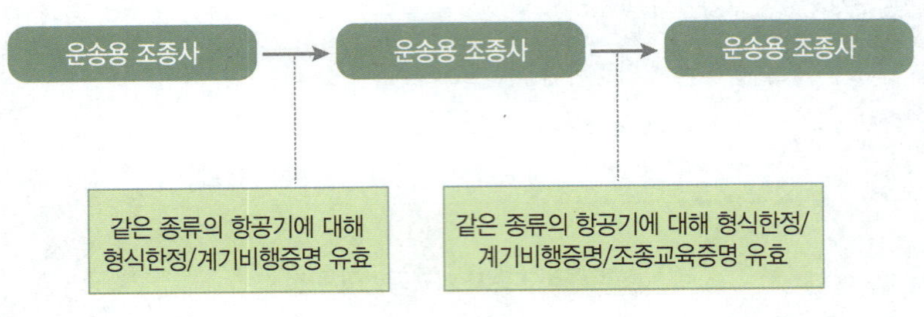

그림 2.2 조종사 자격증명의 효력

조종사 자격증명의 취득 기준은 항공안전법 제38조에 따라 국토교통부 장관이 실시하는 지식심사와 기량심사에 합격해야 하며, 시험은 해당 자격증명에 필요한 지식 및 능력을 평가하는 내용으로 구성된다. 지식심사 및 기량심사에 응시하고자 하는 자는 다음에 명시된 응시 자격을 갖추어야 한다.

표 2.13 조종사 자격증명별 응시 자격

종류	응시 자격		
	구분	비행기	헬리콥터
운송용 조종사	기본 응시 조건	• 연령 21세 이상 • 계기비행증명을 포함한 사업용 조종사 또는 부조종사 자격증명 보유자 • 외국 정부가 발급한 운송용 조종사 자격증명 보유자 • 외국 정부가 발급한 계기비행증명이 포함된 사업용 조종사 또는 부조종사 자격증명 보유자	• 연령 21세 이상 • 사업용 조종사 자격증명 보유자 • 외국 정부가 발급한 운송용 조종사 또는 사업용 조종사 자격증명 보유자
	총 비행 시간	• 1,500시간 • 모의비행훈련장치 100시간 인정 • 다른 종류의 항공기 비행 경력 1/3 또는 200시간 중 적은 시간 인정	• 1,000시간 • 모의비행훈련장치 100시간 인정 • 다른 종류의 항공기 비행 경력 1/3 또는 200시간 중 적은 시간 인정

종류	응시 자격		
	구분	비행기	헬리콥터
운송용 조종사	기장 경력	• 250시간 • 기장 외의 조종사로서 기장의 감독하에 임무 수행 500시간 인정 • 기장으로서 최소 70시간 이상 비행하였을 경우 해당 비행시간의 2배와 500시간과의 차이만큼 기장 외의 조종사로서 기장의 감독하에 기장 임무를 수행한 경력	• 250시간 • 기장으로서 70시간 이상의 비행시간과 기장 외의 조종사로서 기장의 감독하에 기장의 임무를 수행한 비행시간의 합계가 250시간 이상
	야외 비행 경력	• 200시간 • 100시간 이상의 비행 경력 또는 기장 외의 조종사로서 기장의 감독하에 기장의 임무를 수행한 100시간 이상의 비행 경력	• 200시간 • 기장으로서 100시간 이상의 비행 경력 또는 기장 외의 조종사로서 기장의 감독하에 기장의 임무를 수행한 100시간 이상의 비행 경력
	계기 비행 경력	• 75시간 • 30시간 이내의 지방항공청장이 지정한 모의비행훈련장치를 이용한 계기비행 경력 인정	• 30시간 • 10시간 이내의 지방항공청장이 지정한 모의비행훈련장치를 이용한 계기비행 경력 인정
	야간 비행 경력	• 100시간 • 기장 또는 기장 외의 조종사로서의 야간비행 경력	• 50시간 • 기장 또는 기장 외의 조종사로서의 야간비행 경력
사업용 조종사	기본 응시 조건	• 연령 18세 이상 • 자가용 자격증명 보유자 • 외국 정부가 발급한 운송용 조종사 또는 사업용 조종사 자격증명 보유자	• 연령 18세 이상 • 자가용 자격증명 보유자 • 외국 정부가 발급한 운송용 조종사 또는 사업용 조종사 자격증명 보유자
	총 비행 시간	• 200시간(전문교육기관의 교육과정을 이수한 사람은 150시간) • 모의비행훈련장치 10시간 인정 • 다른 종류의 항공기 비행 경력 1/3 또는 50시간 중 적은 시간 인정	• 150시간(전문교육기관의 교육과정을 이수한 사람은 100시간) • 모의비행훈련장치 10시간 인정 • 다른 종류의 항공기 비행 경력 1/3 또는 50시간 중 적은 시간 인정
	기장 경력	• 100시간(전문교육기관의 교육과정을 이수한 사람은 70시간)	• 35시간
	야외 비행 경력	• 20시간 • 기장으로서 20시간이며 총 540km 이상의 구간에서 2개 이상의 다른 비행장에서의 완전 착륙을 포함	• 10시간 • 기장으로서 20시간이며 총 300km 이상의 구간에서 2개 이상의 다른 비행장에서의 완전 착륙을 포함

종류	구분	응시 자격	
		비행기	헬리콥터
사업용 조종사	계기 비행 경력	• 10시간 • 5시간 이내의 지방항공청장이 지정한 모의비행훈련장치를 이용한 계기비행 경력 인정	• 10시간 • 5시간 이내의 지방항공청장이 지정한 모의비행훈련장치를 이용한 계기비행 경력 인정
	야간 비행 경력	• 이륙과 착륙이 각각 5회 이상 포함된 5시간 이상의 기장으로서의 야간 비행 경력	• 이륙과 착륙이 각각 5회 이상 포함된 5시간 이상의 기장으로서의 야간 비행 경력
자가용 조종사	기본 응시 조건	• 연령 17세 이상 • 해당 항공기에 대하여 외국 정부가 발급한 조종사 자격증명 보유자	
	총 비행 시간	• 40시간(전문교육기관의 교육과정을 이수한 사람은 35시간) • 5시간 이내의 지방항공청장이 지정한 모의비행훈련장치를 이용한 계기비행 경력 인정 • 다른 종류의 항공기 또는 경량항공기 비행 경력 1/3 또는 10시간 중 적은 시간 인정	
	기장 경력	• 10시간 • 5시간 이상의 단독 야외 비행 경력 포함	
	야외 비행 시간	• 5시간 • 270km 이상의 구간 비행 중 2개의 다른 비행장에서의 이착륙 경력 포함	• 5시간 • 출발 지점으로부터 180km 이상의 구간 비행 중 2개의 다른 지점에서의 착륙 경력 포함
부조종사	기본 응시 조건	• 연령 18세 이상 • 전문교육기관의 교육과정을 이수	
	총 비행 시간	• 240시간 • 지방항공청장이 지정한 모의비행훈련장치를 이용한 비행훈련시간 200시간 • 실제 비행 경력 40시간	

조종사 자격증명 종류에 따라 지식심사와 기량심사의 과목과 범위는 약간의 차이가 있으며 자세한 내용은 다음과 같다. 지식심사 과목은 대부분 5개(항공법규, 공중항법, 항공기상, 비행이론, 항공교통 · 통신 · 정보업무)로 구성되며, 과목별 세부 범위는 각 자격증명의 업무 범위에 따라 상이하다.

표 2.14 조종사 자격증명별 지식심사 응시과목

종류	응시과목	
	한정	과목
운송용 조종사	비행기 · 헬리콥터	항공법규, 공중항법, 항공기상, 비행이론, 항공교통 · 통신 · 정보업무
사업용 조종사	비행기 · 헬리콥터 · 비행선	항공법규, 공중항법, 항공기상, 비행이론, 항공교통 · 통신 · 정보업무
	활공기	항공법규, 비행이론
자가용 조종사	비행기 · 헬리콥터 · 비행선	항공법규, 공중항법, 항공기상, 비행이론, 항공교통 · 통신 · 정보업무
	활공기	항공법규, 비행이론
부조종사	비행기	항공법규

기량심사 실시 범위는 활공기를 제외하고는 공통적으로 6개(조종기술, 계기비행 절차, 무선기기 취급법, 공지통신 연락, 항법기술, 해당 자격의 수행에 필요한 기술) 범위로 동일하며, 세부 범위는 상이하다.

표 2.15 조종사 자격증명별 기량심사 응시과목

자격증명 종류	한정 종류	실시 범위
운송용 조종사 사업용 조종사 자가용 조종사 부조종사	비행기 헬리콥터 비행선	• 조종기술 • 계기비행 절차(경량항공기 조종사, 자가용 조종사 및 사업용 조종사의 경우는 제외) • 무선기기 취급법 • 공지통신 연락 • 항법기술 • 해당 자격의 수행에 필요한 기술
사업용 조종사	활공기	• 조종기술 • 해당 자격의 수행에 필요한 기술
자가용 조종사	상급 활공기 중급 활공기	• 조종기술 • 해당 자격의 수행에 필요한 기술

항공교통관제사 자격증명을 취득하려면 세 가지 경로 중 하나를 통해 교육을 이수한 후 자격증명 시험에 응시할 수 있다.

① 국토교통부에서 지정한 전문교육기관에서 교육을 이수하는 방법이다. 지정된 전문교육기관으로는 한국항공대학교 항공교통관제교육원, 한서대학교 항공교통관제교육원, 경운대학교 항공교통관제교육원, 한국공항공사 항공기술훈련원, 공군교육사령부 항공교통관제사교육원이 있다.

② 항공교통관제사 자격증을 소지한 사람에게서 9개월 이상 실제로 관제 업무를 교육받거나, 민간항공기가 이·착륙하는 군 공항에서 9개월 이상 실제로 관제 업무를 수행하는 방법이다.

③ 항공교통관제사 지식심사 과목을 교육받고, 6개월 이상 실제로 관제 업무를 수행하는 방법이다.

이러한 경로를 통해 조건을 충족한 사람은 한국교통안전공단이 주관하는 자격증명 시험(지식심사 및 기량심사)에 응시할 수 있으며, 시험에 합격하면 항공교통관제사 자격증명을 취득하게 된다. 전문교육기관에서 교육을 이수한 경우에는 지식심사와 기량심사(시뮬레이터)가 면제된다.

자격증명을 취득한 후 EPTA 4등급 이상을 갖추면 항공교통관제사 채용 응시 자격이 부여된다. 실제 항공교통관제 업무를 수행하기 위한 업무 한정 교육은 국토교통부가 항공교통관제사 채용자를 대상으로 진행하며, 시설별로 배치되어 정해진 기간과 절차에 따라 OJT와 함께 업무한정 교육이 이루어진다. 예외적으로, 외국의 전문교육기관에서 해당 외국 정부가 인정한 교육과정을 이수한 자도 포함되며, 관제 실무는 전문교육기관의 교육과정 이수 전의 관제 실무까지 포함한다. 외국 정부가 발행한 항공교통관제사 자격증명을 소지한 경우도 인정되지만, 실제로 적용된 사례는 아직 없는 것으로 조사되었다.

외국 정부에서 항공교통관제사 자격증명을 받은 사람도 시험 응시가 가능하지만, 대부분의 항공교통관제사는 해당 국가의 정부가 직접 관리 및 운영하므로 해외 자격증명을 취득하기는 제한되며, 취득하였더라도 그 나라의 항공교통관제사로 근무할 수 없는 체계로 되어 있다.

항공교통관제사 자격증명 응시 자격은 다음과 같다.

표 2.16 **항공교통관제사 자격증명시험 응시 자격**

해당 사항	응시 자격
연령 제한	18세 이상(민법 제158조에 따라 생일이 지나야 응시 가능)
전문교육기관 관제사과정	국토교통부 지정 전문교육기관에서 관제사 교육과정 이수+관제 실무경력 3개월 또는 90시간 이상(과정 이수 전 관제 실무 포함) ＊이 경우 경력산정 시 비행장은 90시간, 접근관제절차·접근관제감시·지역관제절차·지역관제감시는 180시간을 의미

해당 사항	응시 자격
관제 실무 경력	자격증명이 있는 사람의 지휘감독하에서 • 관제실무경력 9개월 이상 관제실무경력 인정 범위 : 관제권이 설정된 공항/비행장에 한함 • 민간공항(9개소) : 인천, 김포, 제주, 울산, 여수, 양양, 무안, 울진, 정석 • 군 공항(15개소) : 　– (공군) 예천, 강릉, 중원, 서산, 수원, 성무, 김해, 광주, 사천, 대구, 청주, 원주, 서울 　– (해군) 포항, 목포, 진해 　– (육군) 이천, 논산, 속초 　– (미군) 오산, 군산, 평택 민간항공에 사용되는 군 관제시설에서 관제실무경력 9개월 또는 270시간 이상 • 해당 군 공항 : 김해, 광주, 사천, 대구, 포항, 군산, 청주, 원주, 서울 　(경력산정 시 비행장은 270시간, 접근관제절차·접근관제감시·지역관제절차·지역관제감시는 540시간을 의미함)
외국 자격 보유	외국 정부에서 발행한 ICAO 인정 항공교통관제사 자격증명 소지

3 운항관리사 자격증명

운항관리사는 항공노선 변경 시 항공기의 연료 소모량과 화물 중량 배분을 계산하고 비행계획서를 작성하는 등의 세부 업무를 수행한다. 주요 업무는 다음과 같다.

① 항공노선 변경에 따른 항로 계산 및 추가 연료 소모량 계산

② 항공기에 탑재할 화물의 종류와 수량, 승객 인원을 파악해 중량을 검토하고 운항에 적합한 중량 배분(무게 중심 선정) 산출

③ 운항 거리와 기상 상태를 고려해 급유량 결정

④ 운항 노선, 사용 기종, 출발 시간, 영공 통과 시간, 운항 고도, 비행 속도, 도착지, 운항 예정 시간, 비상 호출 신호, 기장 성명, 항공기 번호 등의 정보를 정리해 비행계획서 작성

⑤ 운항승무원에게 비행계획을 설명하고 관련 내용을 협의

⑥ 운항승무원이 작성한 비행 일지를 검토해 문제점을 확인하고 해결 방안을 분석

운항관리사가 되기 위해서는 대학의 항공운항 관련 학과에서 소정의 과정을 이수하거나 실무 경력을 쌓아야 한다. 운항관리사는 다음 경로를 통해 교육을 받고 경력을 쌓은 후 자격증명 시험에 응시할 수 있다.

① 항공운송사업 또는 항공기사용사업에서 사용되는 항공기의 운항에 대해 2년 이상 조종 또는 기상업무 경력이 있는 사람

② 운항관리사 지식심사 범위의 각 과목을 이수하고 3개월 이상의 운항관리 경력이 있는 사람

③ 항공교통관제사 자격증명을 취득한 후 2년의 관제 실무 경력이 있는 사람

④ 항공운송 사업체에서 운항 관리에 필요한 교육을 이수하고, 응시일 현재 최근 6개월 이내에 90일 이상 운항관리사의 지휘 감독하에 운항관리사 실무를 보조한 경력이 있는 사람

⑤ 외국 정부가 발행한 운항관리사 자격증명을 소지한 사람

⑥ 항공교통관제사 또는 자가용조종사 이상의 자격증명을 취득한 후 2년 이상 항공정보 업무를 수행한 경력이 있는 사람

표 2.17 운항관리사 자격증명시험 응시 자격

구분	해당 사항	응시 자격
공통조건	연령 제한	• 21세 이상(민법 제158조에 따라 생일이 지나야 응시 가능)
1개 충족	조종사로서 운항 업무 무경력	• 조종사 : 항공운송사업 또는 항공기사용사업체에서 발행한 항공기 운항(비행)업무 경력 2년 이상 • 조종업무경력은 항공운송사업 또는 항공기사용사업체에서 운송용조종사 또는 사업용조종사 자격증명을 소지하고 조종 행위를 한 경력을 말함
	항공교통관제사 자격 보유	• 항공교통관제사 자격 보유+관제사 자격 취득 후 2년 이상 관제실무 경력 • 이 경우 항공운송사업 또는 항공기사용사업에 사용되는 항공기의 운항에 관한 업무를 주된 업무로 하는 기관의 경력만 해당
	관련대학 이수	• 대학/전문대학에서 지식심사 범위의 과목 모두 이수+운항관리경력(실습경력 포함) 3개월 이상 • 해당 관련 교육기관 : 한국항공대학교, 한서대학교, 가톨릭관동대학교, 세한대학교, 초당대학교, 신라대학교, 경운대학교, 극동대학교
	전문교육기관 이수	• 국토교통부 지정 전문교육기관에서 운항관리사 과정 이수
	운항관리교육 이수	• 항공운송사업체에서 운항관리에 필요한 교육과정(FDTM) 이수 • 최근 6개월 이내 90일(근무일 기준) 이상 항공운송사업체에서 운항관리사 지휘감독하에 운항관리실무를 보조하여 행한 경력
	기상업무 경력	• 항공운송사업 및 항공기사용사업에 사용되는 항공기의 운항에 관한 기상업무를 주된 업무로 하는 기관의 경력 • 이 경우 기상예보를 직접 발행, 항공운송사업 또는 항공기사용사업에 사용되는 항공기의 운항에 관한 업무를 주된 업무로 하는 기관의 경력만 해당
	외국 자격 보유	• 외국 정부에서 발행한 ICAO 인정 운항관리사 자격 보유

운항관리 업무는 운항관리사 자격증명이 없어도 일부 보조업무를 수행할 수 있다. 따라서 각 기관에서는 운항관리사를 채용할 때, 운항관리사 자격증명이 없는 기상 전공자나 제2외국어 전공자 등 다양한 분야에서 능력을 가진 사람들을 채용한다. 이들은 이후 운항관리 보조업무 경력을 쌓은 후 자격증명을 취득할 수 있도록 한다.

채용은 항공사, 일부 사용사업체, 항공기를 운영하는 국가기관 등에서 이루어진다. 응시 자격에는 연령 제한이 기본적으로 명시되어 있으며, 실무 경력, 관련 대학 과정 이수, 전문교육기관 교육 이수, 운항관리 교육 이수, 외국 자격 보유 등이 포함된다.

4 항공정비사 자격증명

1) 항공정비사 자격증명 종류

항공정비사 자격증명은 항공안전법 제37조 제1항 제2호에 따라 '항공정비사 자격은 항공기 및 경량항공기의 종류와 정비 분야로 한정된다'고 규정하고 있다. 또한, 항공안전법 시행규칙 제81조 제5항에 따르면 항공기의 종류는 비행기와 헬리콥터로 구분되며, 경량항공기는 경량비행기와 경량헬리콥터로 나뉜다.

더불어 항공안전법 시행규칙 제81조 제5항에는 '비행기 분야의 경우, 비행기에 대한 정비 업무 경력이 4년 미만인 사람은 국토교통부 장관이 지정한 전문교육기관에서 비행기 정비 관련 과정을 이수한 경우 2년으로 단축할 수 있으며, 이 경우 최대이륙중량 5,700킬로그램 이하의 비행기로 제한된다'고 명시되어 있다. 헬리콥터 분야에 대해서도 유사한 규정이 적용되며, 헬리콥터에 대한 정비 업무 경력이 4년 미만인 경우, 전문교육기관에서 헬리콥터 정비 과정을 이수한 사람은 2년으로 단축할 수 있으며, 이 경우 최대이륙중량 3,175킬로그램 이하의 헬리콥터로 제한된다(항공안전법 시행규칙 제81조 제5항 제1호 가목 단서, 제5항 제1호 나목 단서, 2020. 2. 28. 개정, 2021. 3. 1. 시행).

마지막으로, 항공안전법 시행규칙 제81조 제6항에서는 '항공정비사의 자격증명의 정비 분야는 전자, 전기 및 계기 관련 분야로 한다.'고 규정하고 있다.

2) 항공정비사 자격증명별 응시자격

항공안전법 시행규칙 제75조에는 '항공안전법 제34조 제1항에 따른 항공종사자 자격증명 또는 같은 법 제34조 제2항에 따른 자격증명의 한정을 받으려는 사람은 같은 법 제34조 제2항의 각호의 어느 하나에 해당하지 않는 사람이면서 별표 4에 따른 경력을 가진 사람이어야 한다.'라고 명시되어 있다. 이는 항공정비사 자격증명을 취득하기 위한 정비업무 경력 조건을 규정한 것이다.

항공안전법 시행규칙 별표 4는 몇 차례 개정을 거치면서 응시 자격이 변경되었다. 특히 주목할 만한 사항은 다음과 같다.

① 항공정비사 자격증명 관련 교육과정을 운영하는 대학, 전문대학 또는 학점인정 직업전문학교 등에서 정비 실습을 인정하여 응시 자격을 부여하던 상황에서 실습 부분이 제외되었다. 이로 인해 많은 항공정비 관련 교육기관의 응시 자격이 상실되었다. 이 개정으로 인해 대학, 전문대학, 직업전문학교 등에서 실시하던 정비 실습이 더 이상 정비업무 경력으로 인정받지 못하게 되었다(국토교통부령 제651호, 2019. 9. 23. 시행).

② 항공안전법 시행규칙 제81조 제5항의 개정(시행일 : 2021. 3. 1. 일부)으로 인해 '정비업무 경력 4년(국토교통부 장관이 지정한 전문교육기관에서 필요한 과정을 이수한 경우 2년)을 기준으로 비행기는 최대이륙중량 5,700킬로그램 이하, 헬리콥터는 최대이륙중량 3,175킬로그램 이하로 제한된다'고 규정되었다.

5 경량항공기 조종사 자격증명

경량항공기는 항공기 외에 공기의 반작용으로 비행할 수 있는 기기를 의미한다. 여기에는 국토교통부령으로 정하는 기준에 해당하는 비행기, 헬리콥터, 자이로플레인, 동력 패러슈트 등이 포함된다. 경량항공기 조종자 자격시험은 전문성을 확보하고 안전 비행, 항공 레저 스포츠 사업 및 초경량비행장치 사용사업을 육성하기 위해 제정되었다.

항공안전법에서는 최대이륙중량, 비행 속도, 기능 등에 따라 항공기, 경량항공기, 초경량비행장치 등으로 구분한다. 항공 관련 조종 기체를 조종하는 자격 명칭은 조종 기체에 따라 다르다. 항공기는 '조종사', 경량항공기는 '경량항공기 조종사', 초경량비행장치는 '초경량비행장치 조종자'로 불리며, '경량항공기 조종사'는 경량항공기에 탑승하여 이를 조종하는 역할을 수행한다.

일반적으로 경량항공기는 조종사를 포함한 탑승 인원이 2인 이하이며, 최대이륙중량은 600kg 이하이다. 초경량 비행장치는 자체 중량이 115kg 이하로 1인승이다. 경량항공기 조종사가 되기 위해서는 응시 자격을 갖춘 자가 교통안전공단에서 시행하는 지식심사와 기량심사에 합격해야 한다. 경량항공기 조종사의 응시 자격은 항공안전법 시행규칙 제75조 및 별표 4에 따라 '비행 경력'이 안정성 인증검사와 비행 승인 등의 적법한 기준 및 절차를 따른 경력을 의미한다.

항공안전법 시행규칙 제75조 및 별표 4의 비행 경력은 다음과 같다.

표 2.18 경량항공기 종류별 조종사 비행 경력

경량항공기 종류	비행 경력
조종형 비행기	• 해당 종류 총 비행 경력 20시간 : 단독 비행 경력 5시간 포함, 야외 비행 경력 5시간 포함(120km 이상 구간 비행 포함) • 자가용/사업용/운송용/부조종사 비행기 자격취득, 해당 종류 총 비행 경력 5시간, 단독 비행 경력 2시간 포함 • 전문교육기관 해당 과정 이수자
체중이동형 비행기	• 해당 종류 총 비행 경력 20시간 : 단독 비행 경력 5시간 포함
경량 헬리콥터	• 해당 종류 총 비행 경력 20시간 : 단독 비행 경력 5시간 포함, 야외 비행 경력 5시간 포함(120km 이상 구간 비행 포함) • 자가용/사업용/운송용/부조종사 헬리콥터 자격취득자, 해당 종류 총 비행 경력 5시간, 단독 비행 경력 2시간 포함 • 전문교육기관 해당 과정 이수자
자이로플레인	• 해당 종류 총 비행 경력 20시간 : 단독 비행 경력 5시간 포함, 야외 비행 경력 5시간 포함(120km 이상 구간 비행 포함) • 자가용/사업용/운송용/부조종사 헬리콥터 자격취득자, 해당 종류 총 비행 경력 5시간, 단독 비행 경력 2시간 포함
동력 패러슈트	• 해당 종류 총 비행 경력 20시간 : 단독 비행 경력 5시간 포함

보통 2종 이상의 운전면허 신체검사 증명서 또는 항공 신체검사증명서를 소지해야 하며, 연령은 17세 이상(생일이 지나야 응시 가능)으로 제한된다.

경량항공기 조종사의 지식심사는 총 4과목으로 구성된다. 과목은 '항공법규, 항공기상, 비행이론, 항공교통법 및 항법'이다. 항공법규 과목에서는 해당 업무에 필요한 항공법규 내용이 출제되며, 항공기상에서는 항공기상의 기초지식과 항공기상 통보 및 기상도의 해독이 다뤄진다. 비행이론 과목에서는 비행의 기초 원리와 경량항공기 구조 및 기능에 대한 기초지식이 출제된다. 마지막으로 항공교통 및 항법 과목에서는 공지통신의 기초지식, 조난 · 비상 · 긴급통신 방법 및 절차, 항공정보업무, 지문항법 · 추측항법 · 무선항법 등이 포함된다. 과목당 25문제가 출제되며, 지식심사에서는 70% 이상의 점수를 받아야 합격할 수 있다.

참고로, 경량항공기 조종사의 시험은 문제은행 방식으로 비공개이므로 기출문제를 통한 준비가 필요하다. 시험은 CBT 방식으로 컴퓨터를 이용해 응시하며, 같은 시험장에서 응시하더라도 문제는 다르게 출제된다.

경량항공기 조종사의 기량심사는 '구술 및 실 비행시험' 방식으로 이루어진다. 시험 과목 및 범위는 '조종 기술, 무선기기 취급법, 공지통신 연락, 항법 기술, 해당 자격의 수행에 필요한 기술'로 구성되어 있으며, 채점 항목의 모든 항목에서 'S등급' 이상을 받아야 합격하게 된다.

무인비행장치 분류 기준별 조종자 자격제도는 항공안전법 제125조(초경량비행장치 조종자 증명)와 항공안전법 시행규칙 제306조(초경량비행장치 조종자 증명 등)를 통해 250g 이상 드론을 운용하기 위해서는 한국교통안전공단으로부터 자격증명을 발급받아야 한다. 드론 조종 자격시험은 기체별 중량으로 분류된 자격 종류에 따라 비행 경력 시간이 차등화되어 있다. 이후 교관과정, 실기평가자 과정을 이수하게 된다.

1) 세부 응시조건

① 비행 경력은 안전성 인증검사, 비행승인 등의 적법한 기준 및 절차를 따른 경력을 말한다.

② 2종 보통 이상의 유효한 운전면허증(운전면허증 내 적성검사기간 또는 갱신기간이 유효한 경우) 또는 이를 발급받기 위한 신체검사증명서

③ 연령 제한 : 만 14세 이상

2) 기본 응시요건

표 2.19 초경량비행장치 조종자 증명 기본 응시요건

자격	응시기준	항공종사자 자격 보유	전문교육 기관 이수
동력 비행장치	• 해당 종류 총 비행 경력 20시간 • (단독 비행 경력 5시간 포함)	• 자가용/사업용/운송용/부조종사 비행기 자격취득 * 조종형 비행기에 한함 • 해당 종류 총 비행 경력 5시간 • 단독 비행 경력 2시간 포함	지정된 곳 없음
회전익 비행장치		• 자가용/사업용/운송용/부조종사 헬리콥터 자격취득 • 해당 종류 총 비행 경력 5시간 • 단독 비행 경력 2시간 포함	
유인 자유기구 (자가용)	5시간 이상의 단독 비행을 포함한 유인 자유기구의 총 비행시간 16시간 이상	해당 사항 없음	
유인 자유기구 (사업용)	5시간 이상의 단독 비행을 포함한 유인 자유기구의 총 비행시간 35시간 이상		
동력 패러글라이더	해당 종류 총 비행 경력 20시간		

자격	응시기준	전문교육 기관 이수
무인비행기	[1종] 해당 종류 총 비행 경력 20시간(2종 무인비행기 자격소지자는 15시간 이상, 3종 무인비행기 자격소지자는 17시간 이상) ＊최대이륙중량이 25kg을 초과하고 연료의 중량을 제외한 자체중량이 150kg 이하인 비행장치	전문교육 기관 해당 과정 이수
	[2종] 1종 또는 2종 무인비행기 비행시간 10시간(3종 무인비행기 자격소지자 7시간 이상) ＊최대이륙중량이 7kg을 초과하고 25kg 이하인 비행장치	
	[3종] 1종/2종/3종 무인비행기 중 어느 하나의 비행시간 6시간 ＊최대이륙중량이 2kg을 초과하고 7kg 이하인 비행장치	
	[4종] 해당 종류 온라인 교육과정 이수로 대체	
무인 헬리콥터	[1종] 해당 종류 비행시간 20시간(2종 무인헬리콥터 자격소지자는 15시간 이상, 3종 무인헬리콥터 자격소지자는 17시간 이상, 1종 무인멀티콥터 자격소지자는 10시간 이상) ＊최대이륙중량이 25kg을 초과하고 연료의 중량을 제외한 자체중량이 150kg 이하인 비행장치	전문교육기관 해당 과정 이수
	[2종] 1종 또는 2종 무인헬리콥터 비행시간 10시간(3종 무인비행기 자격소지자는 7시간 이상, 2종 무인멀티콥터 자격소지자는 5시간 이상) ＊최대이륙중량이 7kg을 초과하고 25kg 이하인 비행장치	
	[3종] 1종/2종/3종 무인헬리콥터 중 어느 하나의 비행시간 6시간(3종 무인멀티콥터 자격소지자는 3시간 이상) ＊최대이륙중량이 2kg을 초과하고 7kg 이하인 비행장치	
	[4종] 해당 종류 온라인 교육과정 이수로 대체	
무인 멀티콥터	[1종] 해당 종류 비행시간 20시간(2종 무인멀티콥터 자격소지자는 15시간 이상, 3종 무인멀티콥터 자격소지자는 17시간 이상, 1종 무인헬리콥터 자격소지자는 10시간 이상) ＊최대이륙중량이 25kg을 초과하고 연료의 중량을 제외한 자체중량이 150kg 이하인 비행장치	
	[2종] 1종 또는 2종 무인멀티콥터 비행시간 10시간(3종 무인멀티콥터 자격소지자는 7시간 이상, 2종 무인헬리콥터 자격소지자는 5시간 이상) ＊최대이륙중량이 7kg을 초과하고 25kg 이하인 비행장치	
	[3종] 1종/2종/3종 무인멀티콥터 중 어느 하나의 비행시간 6시간(3종 무인헬리콥터 자격소지자는 3시간 이상) ＊최대이륙중량이 2kg을 초과하고 7kg 이하인 비행장치	
	[4종] 해당 종류 온라인 교육과정 이수로 대체	

자격	응시기준	전문교육 기관 이수
무인 비행선	해당 종류 총 비행 경력 20시간 *초경량 비행장치 사용 사업으로 등록된 12kg 초과 무인 비행장치의 비행 경력	지정된 곳 없음
패러글라이딩	해당 종류 총 비행 경력 180시간(지도 조종자와 동승 비행 20회 이상 포함)	
행글라이더	해당 종류 총 비행 경력 180시간(지도 조종자와 동승 비행 20회 이상 포함)	
낙하산류	100회 이상의 교육 강하 경력(사각 낙하산의 경우 200회) *최근 1년 내에 20회 이상의 낙하 경험을 포함	

memo

제3장 항공규칙

이동식 경운대학교 항공운항학과 교수, 한국항공운항학회 정회원

제1차 세계대전 동안 항공기가 전쟁에 실험적으로 투입되면서 기능과 용도, 성능 등에서 혁신적인 발전을 가져왔고, 제2차 세계대전에서의 항공기는 미래 전쟁에 주요 수단으로 등장하였음을 입증하는 계기가 되었다. 세계대전 이후 급격히 발전한 항공기 제작 기술과 대량 생산된 항공기가 동 시간대 하늘에서 다수 운항하게 되는 환경을 맞이하면서, 항공기 운항규칙에 대한 표준과 운용절차에 대한 세부화가 필요하게 되었다. 이에 따라 항공기의 안전 운항을 보장하기 위한 규칙의 중요성을 인식하고 항공기 간 충돌 방지 및 비상상황 대응 방법과 항공교통관제와의 원활한 통신을 통한 운항 관리를 목적으로 ICAO에서는 항공규칙의 표준을 수립하고 체약국에 권고하게 된다.

이러한 ICAO 항공규칙을 참고하여, 대한민국 내에서는 국내 법규를 제·개정하여 항공기 운항을 안전하게 관리한다. 대표적으로 항공규칙 일반 사항, 인명과 재산의 보호, 충돌 방지, 비행계획서, 신호, 항공교통관제업무를 제공한다.

RULES OF THE AIR

제1절 ICAO 부속서 제2권 (Rules of the Air)

1945년 10월, ICAO 항공 및 항공교통관제규칙(RAC) 부서는 첫 번째 회의에서 항공규칙에 대한 표준, 시행 및 절차에 대한 권고안을 만들고, 1948년 4월 15일 국제민간항공에 관한 협약(1944년 시카고) 제37조에 따라 위원회에서 항공규칙에 관한 표준 및 시행절차 사항을 채택하여, '항공규칙—국제표준 및 시행절차 권고'라는 제목으로 협약의 부속서 2로 지정하였다. 이 부속서는 그해 1948년 9월 15일부터 발효되어 오늘에 이르고 있다.

ICAO 부속서 2는 국제민간항공의 안전하고 효율적인 운항을 보장하기 위한 기본적인 항공규칙을 규정하고 있으며, 각 회원국은 ICAO의 Annex를 바탕으로 자국의 항공운항 규칙을 수립하고 항공정보간행물(AIP, Aeronautical Information Publication)을 발행하며, Jeppesen과 같은 상업항공정보 제공업체는 각국의 AIP를 참고하여 Airway Manual과 차트를 제작하게 된다(그림 3.1 참조). 그리고 이 매뉴얼과 비행차트는 항공사와 조종사들에게 제공되어 실제 비행 시 활용되게 된다. 이 부속서는 항공기가 전 세계 어디서나 일관된 규칙에 따라 운영될 수 있도록 하는 것을 목표로 하고 있으며, 다음은 ICAO 부속서 2의 주요 내용을 정리한 것이다.

그림 3.1 Jeppesen Airway Manual과 Charts
(출처 : http://airportjournals.com)

1 항공규칙의 적용과 목적

항공규칙은 체약국의 국적 및 등록기호를 부착한 항공기에 대해, 항공기가 통과하는 공역을 관할하는 국가가 공표한 규칙과 상충 되지 않는 범위 내에서 적용됨을 원칙으로 하고 있다.

부속서 2는 전 세계의 모든 민간항공기에 적용되며, 각국은 이를 자국의 법규와 절차에 통합하여 준수해야 한다. 또한 국가별로 자국의 특수한 상황에 맞게 규칙을 조정할 수 있지만, 이러한 차이는 ICAO에 통보하고 승인을 받아야 한다.

이와 같이 부속서 2는 항공기 운항의 기본적인 안전절차를 규정하고 있으며, 전 세계적으로 일관된 항공규칙을 제공함으로써 항공 교통의 안전과 효율성을 보장하는 것을 목적으로 한다.

2 일반규칙(General Rules)

부속서 2에서는 항공규칙에 대한 일반 사항으로 항공기 운용에 대한 책임 소재와 비행계획서 제출에 대하여 명시하고 있다.

1) 책임(Responsibilities)

① 조종사의 책임

항공기의 안전한 운항을 위해 조종사는 ICAO 규정을 준수해야 하며, 여기에는 비행계획의 수립, 기상정보 확인, 항공기 점검 등을 포함한다.

② 운영자의 책임

항공사 및 항공기 운영자는 항공기가 안전하게 운항할 수 있도록 필요한 모든 절차와 지원을 제공해야 하는 책임을 갖는다.

2) 비행계획(Flight Plans)

① 비행계획 제출

모든 항공기의 비행은 출발 전에 비행계획을 수립하고 해당 당국에 제출해야 하며, 비행계획에는 비행경로, 고도, 예상 도착 시간 등이 포함되어야 한다.

② 비행계획 변경

항공기가 비행 중 경로를 변경하거나 예상 도착 시간이 달라질 경우, 조종사는 즉시 항공교통관제기관에 이를 보고하고 승인을 받아야 한다.

조종사가 항공기를 운항하기 위해서는 정해진 규칙에 따라 지상의 참조물 등을 참고하여 비행하는 시계비행 방식이나 항공기에 장착된 계기를 활용하여 비행하는 계기비행 방식으로 운항하는 절차를 준수하여야 한다.

1) 시계비행규칙(VFR, Visual Flight Rules)

시계비행을 적용하기 위한 조건과, 비행 중 유지해야 할 시정과 구름과의 거리 등 비행 중 지켜야 할 절차와 규칙을 명시하고 있다.

① 적용 조건

VFR은 주로 낮시간과 좋은 기상 조건에서 적용되는 규칙을 말하며, 조종사는 시각적 참조를 통해 항공기를 운항하여야 한다.

② 최소 시계 조건

조종사는 비행 중 최소 시정과 구름과의 최소 거리를 유지해야 하는데, 예를 들어 지상으로부터 300m 이상의 고도에서 5km 이상의 시계를 유지해야 한다.

2) 계기비행규칙(IFR, Instrument Flight Rules)

계기비행의 적용 조건, 계기접근 및 출발 절차 등의 구체적인 절차와 규칙을 명시하고 있다.

① 적용 조건

IFR은 야간 또는 악천후 시 적용되며, 조종사는 항공기의 계기를 통해 운항하여야 한다.

② 계기접근 및 출발 절차

IFR은 출발, 경로 비행, 접근 및 착륙 절차를 포함하며, 이는 항공교통관제기관과의 긴밀한 협조하에 이루어진다.

4 항공교통규칙(Air Traffic Rules)

부속서 2의 항공교통규칙에 대한 기준은 부속서 11에 명시한 항행지원절차 기준과 함께 DOC 4444(Procedures for Air Navigation Services — Air Traffic Management : PANS-ATM)와 DOC 7030(Regional Supplementary Procedures)에 항공교통서비스규칙을 세부적으로 명시하여 항공기 운항에 적용하고 있다.

1) 비행장 및 주변 운항(Operations at and in the Vicinity of an Aerodrome)

비행장에서의 이착륙 절차와 지상 이동 규칙 등 비행장 주변에서 안전하게 비행하는 방법을 명시하고 있다.

① 이착륙 절차

항공기는 이착륙 시 정해진 절차를 준수해야 하며, 비행장 주변에서의 안전 운항을 보장해야 한다.

② 비행장 내 이동

조종사는 항공기를 지상 이동 시에도 항공교통관제기관의 지시에 따라 안전하게 이동해야 한다.

2) 비행장 외부 운항(Operations Outside an Aerodrome)

비행장 외부에서의 비행 절차와 항공교통관제기관과의 협력 등 지정된 고도와 비행경로를 유지하는 방법을 명시하고 있다.

① 항공교통관제

비행장 외부에서의 비행은 항공교통관제기관의 지시에 따르며, 다른 항공기와의 충돌을 피하기 위한 규칙을 준수해야 한다.

② 고도 및 경로 유지

조종사는 지정된 고도와 비행경로를 유지하여 다른 항공기와의 충돌 위험을 최소화해야 한다.

5 항공기 분리 및 회피(Aircraft Separation and Avoidance)

항공기를 운항하는 조종사는 정해진 규칙에 따라 비행 중에 다른 항공기와의 충돌을 방지하기 위한 절차를 수행하며 안전하게 항공기를 운항하여야 한다.

1) 충돌 회피(Collision Avoidance)

① 시각적 회피

조종사는 비행 중 다른 항공기와의 충돌을 피하기 위해 시각적 회피 조작을 취해야 한다.

② 전자적 회피 시스템

조종사는 항공기에 장착된 충돌 경고 시스템(TCAS)과 같은 전자적 회피 시스템을 활용하여
충돌을 방지해야 한다.

2) 우선권 규칙(Right-of-Way Rules)

① 우선권

항공기의 유형과 상황에 따라 우선권을 가지는 항공기가 명시되어 있는데, 예를 들어 비상
상황에 있는 항공기는 다른 항공기에 우선하는 운항 권한을 갖는다.

② 양보 규칙

조종사는 우선권을 가진 항공기에게 양보하고, 안전한 거리와 고도를 유지해야 한다.

6 비상절차(Emergency Procedures)

1) 비상상황(Emergency Situations)

① 비상 통보

비상상황이 발생하면 조종사는 항공교통관제기관에 즉시 통보하고, 정해진 비상절차를 따라야
한다.

② 비상착륙

조종사는 필요시 가장 가까운 안전한 장소에 비상착륙을 시도하며, 이를 항공교통관제기관에
통보해야 한다.

2) 수색 및 구조(Search and Rescue)

① 조직 및 절차

항공기가 실종되거나 사고가 발생했을 때 적용되는 수색 및 구조 절차가 명시되어 있어야 한다.

② 협력

국제적인 수색 및 구조 협력 체계를 통해 효과적인 대응이 이루어지도록 노력해야 한다.

7　통신 절차(Communication Procedures)

1) 무선통신(Radio Communication)

① 표준 통신 절차

항공기와 항공교통관제기관 간의 통신은 표준 절차에 따라 명확하고 간결하게 이루어져야 한다.

② 통신 두절 시 대처

비행 중 통신이 두절될 경우, 조종사는 지정된 절차를 따라 항공교통관제기관과 다시 통신 소통을 시도해야 한다.

2) 통신 프로토콜(Communication Protocol)

① 호출 신호

모든 무선 통신은 정확한 호출 신호를 사용해야 하며, 이는 항공기와 관제기관 간의 명확한 식별을 위해 중요하다.

② 응답 절차

통신에 대한 응답은 신속하고 명확하게 이루어져야 하며, 오해나 혼동을 방지하기 위해 반복 확인이 필요할 수 있다.

우리나라의 국토교통부는 ICAO의 Annex를 준수하여 관련 기준과 규칙을 수립하고 있으며, 부속서 2에 명시하고 있는 기준과 규칙에 대한 반영은 항공안전법과 동법 시행규칙 제5장 '항공기의 운항'에 세부적으로 명시되어 운용되고 있다(그림 3.2 참조). 아울러, 이 기준과 규칙은 항공정보간행물(AIP, Aeronautical Information Publication)에 수록되어 발간된다(그림 3.3 참조). 이와 같은 AIP는 항공기 운항에 필수적인 정보를 포함하는 공식 문서 역할을 하며, 주기적으로 개정되어 항공기 운항에 적용되고 있다.

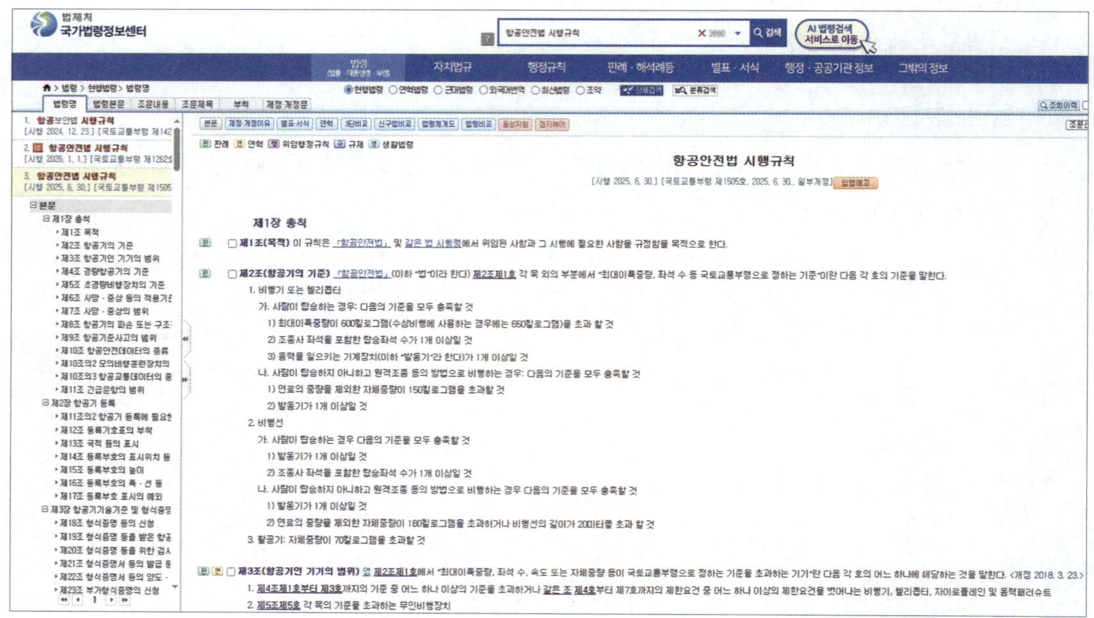

그림 3.2 국가법령정보센터 홈페이지(https://www.law.go.kr/)

그림 3.3 항공정보간행물 홈페이지(https://aim.koca.go.kr/)

1 항공규칙의 국내 적용 절차

ICAO Annex가 개정되고 배포가 되면 우리나라의 국토교통부는 다음과 같은 절차를 통해 ICAO Annex를 우리나라의 항공법규에 반영하여 국제표준에 부합하는 안전한 항공 운영이 이루어지도록 노력하고 있다.

1) 항공규칙의 국내 적용 절차

ICAO로부터 새로 개정된 Annex를 수령한 후, 국토교통부 담당 부서에서는 관련 전문가들과 협력하여 이를 검토하며, 국내 법규와 차이가 있는 경우 기존 법규를 개정하거나 새로운 규정을 제정한다. 이후, 국토교통부는 검토 결과를 바탕으로 항공안전법, 공항시설법 등 관련 법규의 개정안을 마련하며, 입법 예고, 의견 수렴, 법제처 심사 등을 거쳐 최종적으로 개정안을 확정하는 과정을 거치게 된다.

다음 그림 3.4와 같은 과정을 통해 개정된 법규는 관보에 공고되고, 국토교통부 홈페이지 등을 통해 공개되며, 새로운 법규는 정해진 시행일에 맞춰 발효되고 시행이 이루어지게 된다.

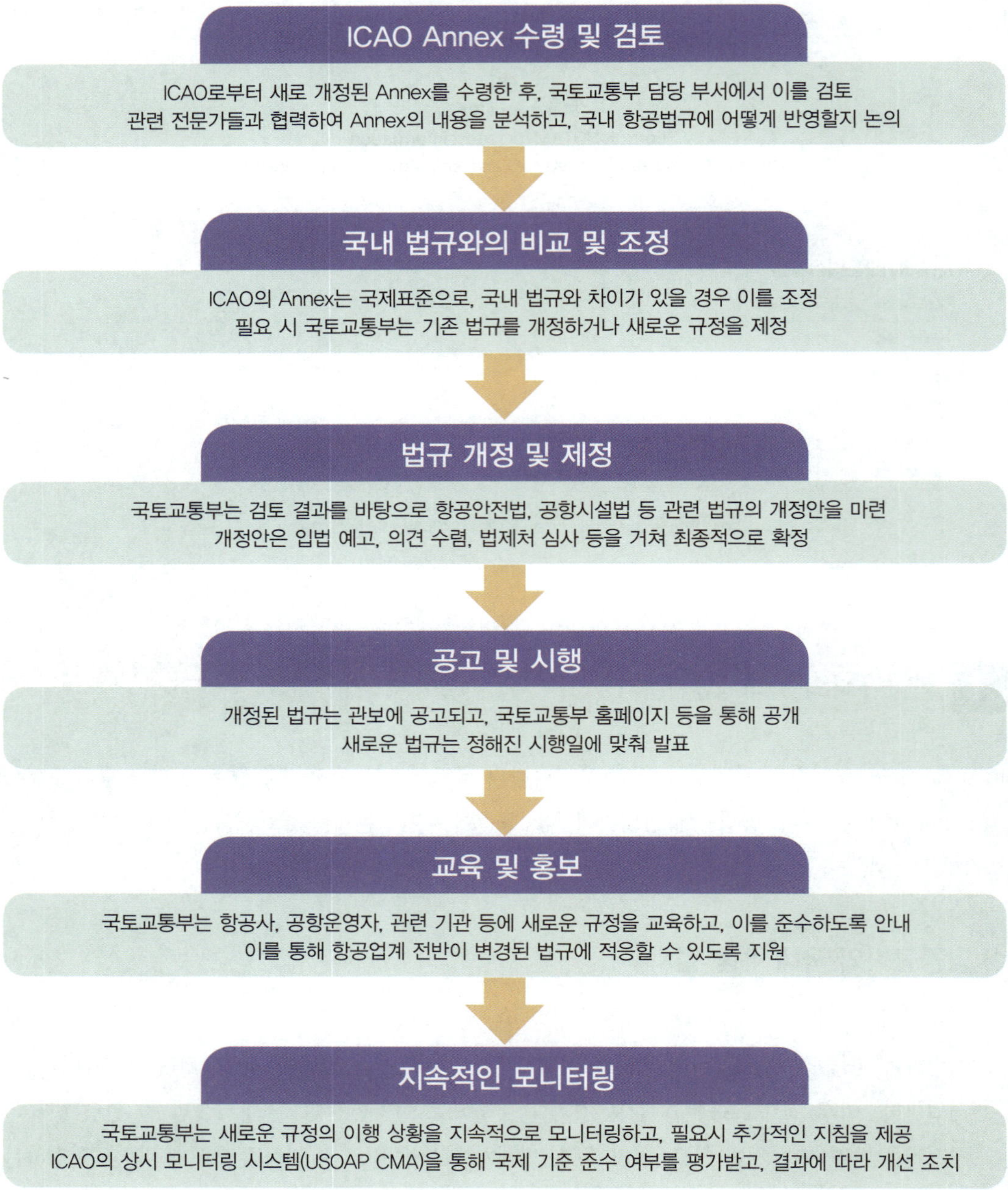

그림 3.4 항공규칙의 국내 적용 절차도

2) 국내 법규 개정 및 시행 절차

표 3.1 국내 법규 개정 및 시행 절차

대상	개정 절차	내용
법	초안 작성 및 검토	국토교통부는 ICAO Annex를 반영한 항공법 개정안을 작성
	내부 검토 및 의견 수렴	관련 부서 및 이해관계자의 의견을 수렴하여 개정안을 수정
	입법 예고	개정안을 입법 예고하여 국민과 관련 기관의 의견을 추가로 수렴
	국회 제출 및 심의	개정안은 국회에 제출되어 소관 상임위원회의에서 심의
	국회 통과	국회의 본회의에서 개정안 의결
	대통령 승인 및 공포	의결된 개정안은 대통령의 승인을 받아 공포
	시행	공포 후 정해진 시행일에 따라 법 시행
시행령	초안 작성 및 검토	국토교통부는 ICAO Annex를 반영한 시행령 개정안을 작성
	내부 검토 및 의견 수렴	관련 부서 및 이해관계자의 의견을 수렴하여 개정안을 수정
	입법 예고	개정안을 입법 예고하여 국민과 관련 기관의 의견을 추가로 수렴
	법제처 심사	개정안은 법제처의 심사를 거쳐 적법성과 타당성을 검토받음
	국무회의 의결	법제처 심사를 통과한 개정안은 국무회의에서 의결
	대통령 승인 및 공포	의결된 개정안은 대통령의 승인을 받아 공포
	시행	공포 후 정해진 시행일에 따라 시행령 시행
시행규칙	초안 작성 및 검토	국토교통부는 ICAO Annex를 반영한 시행규칙 개정안을 작성
	내부 검토 및 의견 수렴	관련 부서 및 이해관계자의 의견을 수렴하여 개정안을 수정
	입법 예고	개정안을 입법 예고하여 국민과 관련 기관의 의견을 추가로 수렴
	법제처 심사	개정안은 법제처의 심사를 거쳐 적법성과 타당성을 검토받음
	국토교통부 승인 및 공포	개정안은 국토교통부 장관의 승인을 받아 공포
	시행	공포 후 정해진 시행일에 따라 시행규칙 시행

2 대한민국 내 항공규칙 일반

제1절에서 설명한 바와 같은 절차를 통해 ICAO Annex가 우리나라의 항공법, 시행령, 시행규칙에 반영되며, 이를 통해 국제표준을 준수하고 안전하고 효율적인 항공기 운항이 보장될 수 있도록 제반 규칙을 시행하고 있다.

1) 항공규칙 준수

비행 중이거나 비행장의 이동 구역에서 항공기의 운항은 일반 규정을 준수해야 하며, 비행 중일 때는 다음 중 하나의 비행 규칙을 준수해야 한다.

① 시계비행규칙(VFR)

시계비행을 적용하기 위한 조건, 비행 중 유지해야 할 시정과 구름과의 거리 등 비행 중 지켜야 할 시계비행 절차와 규칙이다.

② 계기비행규칙(IFR)

계기비행의 적용 조건, 계기접근 및 출발 절차 등의 구체적인 절차와 규칙이다.

2) 항공규칙 준수에 대한 책임

① 기장의 책임

기장은 항공기의 조종 조작 여부와 관계없이 항공기 운항을 항공규칙에 따라 책임져야 하나, 안전을 위해 반드시 필요한 상황에서는 이러한 규칙에서 벗어날 수 있다.

② 비행 전 준비

항공기 기장은 비행을 시작하기 전에 계획된 운항과 관련된 모든 가용 정보를 숙지해야 한다. 비행장을 벗어나는 비행 및 모든 IFR 비행의 비행 전 준비에는 연료 요구량과 비행을 계획대로 완료할 수 없는 경우의 대체 경로를 고려하여 이용 가능한 현재 기상보고 및 예보를 주의 깊게 검토하여야 한다.

3) 기장의 권한

항공기를 조종하는 기장은 조종하는 동안 항공기의 통제에 대한 최종 권한을 갖는다.

3 인명과 재산의 보호

항공규칙에서는 항공기를 부주의하거나 무모한 방식으로 운항하여 타인의 생명이나 재산을 위험에 놓이게 해서는 안 된다고 명시하며 다음과 같은 기준을 제시하고 있다.

1) 최소고도(Minimum Heights)

항공기는 이착륙에 필요한 경우 또는 해당 당국의 허가를 받은 경우를 제외하고는 도시, 마을, 혼잡 지역 또는 사람들이 모인 야외 집회 상공을 비행해서는 안 되며, 비상 상황 발생 시 지상의 사람이나 재산에 과도한 위험 없이 착륙할 수 있는 높이가 아닌 한 비행해서는 안 된다.

2) 순항고도(Cruising Levels)

비행 또는 비행의 일부가 수행되는 순항고도는 다음과 같다.

① 고고도 순항(Flight Levels)

적용 가능한 최저 비행 고도 이상 또는 전이고도 이상의 비행 시 적용한다.

② 저고도 순항(Altitudes)

적용 가능한 최저 비행 고도 이하 또는 전이고도 이하로 비행 시 적용한다.

3) 투하 및 살포(Dropping or Spraying)

해당 당국이 규정하고 관련 정보, 조언 및 해당 항공교통관제기관의 허가를 받은 경우를 제외하고는 비행 중인 항공기에서 어떤 것도 투하하거나 살포해서는 안 된다.

4) 견인(Towing)

해당 당국이 규정하고 관련 정보, 조언 및 해당 항공교통관제기관의 허가를 받은 경우를 제외하고는 항공기 또는 기타 물체를 항공기로 견인해서는 안 된다.

5) 낙하산 강하(Parachute Descents)

비상 강하를 제외한 낙하산 강하는 해당 당국이나 관제기관의 허가를 받지 않고 실시해서는 안 된다.

6) 곡예비행(Acrobatic Flight)

어떠한 항공기도 해당 당국이나 관제기관의 허가를 받지 않고 곡예비행을 해서는 안 된다.

7) 편대비행(Formation Flights)

어떠한 항공기도 비행에 참여하는 항공기의 조종사 간에 사전 합의가 있는 경우를 제외하고는 편대비행을 해서는 안 되며, 통제된 공역에서의 편대비행의 경우 해당 관제기관이 규정한 조건에 따라 비행해야 한다. 이러한 조건에는 다음 사항이 포함된다.

① 편대는 항법 및 위치보고와 관련하여 단일 항공기로 취급한다.

② 비행 중 항공기 간 분리는 비행 리더와 비행 중인 다른 항공기 조종사의 책임이다.

③ 각 항공기는 비행 리더로부터 수평으로 1km(0.5NM), 수직으로 30m(100ft)를 초과하지 않는 거리를 유지해야 한다.

8) 원격조종 항공기(Remotely Piloted Aircraft)

원격으로 조종되는 항공기는 인명, 재산 또는 다른 항공기에 대한 위험을 최소화하는 방식으로 운용되어야 한다.

9) 무인기구류(Unmanned Free Balloons)

무인으로 운용되는 기구류는 인명, 재산 또는 다른 항공기에 대한 위험을 최소화하는 방식으로 운용되어야 한다.

10) 금지 구역 및 제한구역(Prohibited Areas and Restricted Areas)

모든 항공기는 제한 조건에 따르거나 해당 지역을 관할하는 국가의 허가를 받은 경우를 제외하고는 금지 구역 또는 정식으로 공표된 제한구역에서 비행해서는 안 된다.

4 충돌 방지

1) 항공기 간 근접(Proximity)

모든 항공기는 충돌 위험을 초래할 정도로 다른 항공기와 근접하여 운항해서는 안 된다.

① 정면으로 접근 중

두 항공기가 정면으로 접근 중이거나 근접하여 충돌 위험이 있는 경우, 각 항공기는 오른쪽으로 방향을 변경해야 한다.

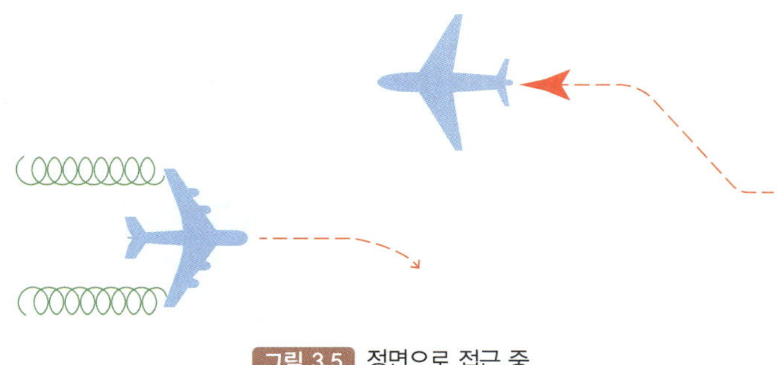

그림 3.5 정면으로 접근 중

② 근접 시

두 항공기가 거의 같은 높이에서 근접하는 경우, 다른 항공기의 오른쪽에 있는 항공기가 우선권을 갖는다. 즉, 다른 항공기를 우측으로 보는 항공기가 진로를 양보한다.

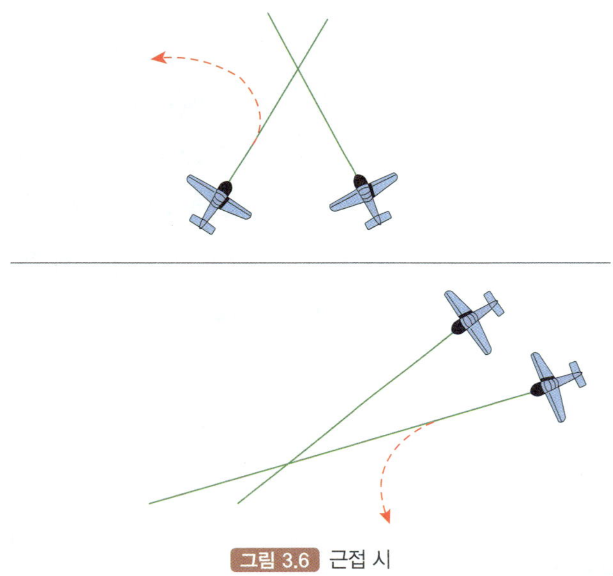

그림 3.6 근접 시

③ 추월 시

다른 항공기의 후방 좌·우 70도 미만의 각도에서 그 항공기를 앞지르기(상승 또는 강하에 의한 앞지르기를 포함한다) 하려는 항공기는 앞지르기 당하는 항공기의 오른쪽을 통과해야 한다. 이 경우 앞지르기하는 항공기는 앞지르기 당하는 항공기와 간격을 유지하며, 앞지르기 당하는 항공기의 진로를 방해해서는 안 된다.

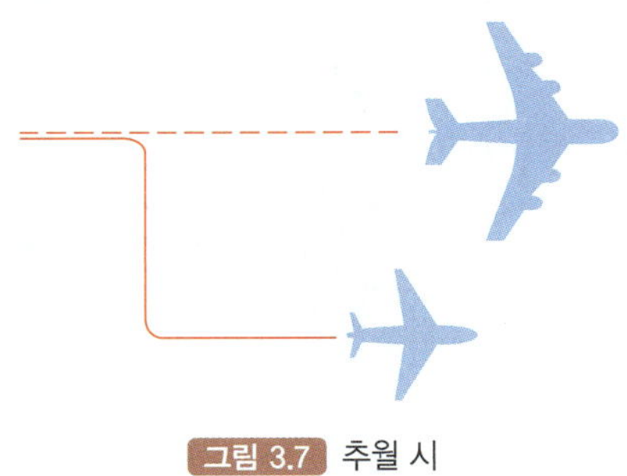

그림 3.7 추월 시

④ 착륙

- 비행 중이거나 지상 또는 수상에서 운항 중인 항공기는 착륙 또는 착륙 접근의 마지막 단계에 있는 항공기에게 양보해야 한다.

- 착륙을 위하여 비행장에 접근하는 항공기 상호 간에는 높은 고도에 있는 항공기가 낮은 고도에 있는 항공기에 진로를 양보해야 한다. 이 경우 낮은 고도에 있는 항공기는 최종 접근단계에 있는 다른 항공기의 전방에 끼어들거나 그 항공기를 앞지르기해서는 안 된다.

- 다른 항공기가 비상 착륙해야 한다는 사실을 인지한 항공기는 해당 항공기에게 양보해야 한다.

- 비행장의 기동구역에서 지상 이동 중인 항공기는 이륙 중이거나 이륙하려는 항공기에 양보해야 한다.

⑤ 항공기의 지상 이동

- 비행장의 기동구역에서 두 항공기가 충돌할 위험이 있는 경우 다음 사항이 적용된다.
  - 두 대의 항공기가 정면으로 또는 거의 비슷하게 접근하는 경우, 각 항공기는 정지하거나 가능한 경우 오른쪽으로 항로를 변경하여 충분한 거리를 유지해야 한다.
  - 두 항공기가 수렴하는 항로에 있는 경우, 오른쪽에 있는 항공기에 우선권이 있다.
  - 다른 항공기를 추월하는 항공기는 우선 통행권을 가지며, 추월하는 항공기는 다른 항공기로부터 충분한 거리를 유지해야 한다.

- 기동구역을 통과하는 항공기는 비행장 관제탑의 별도 승인이 없는 한 모든 활주로 대기 위치에서 정지하고 대기해야 한다.

2) 항로우선권(Right-of-way)

항로우선권을 가진 항공기는 항로와 속도를 유지해야 한다. 아래 명시된 규정에 따라 다른 항공기를 방해하지 않아야 할 의무가 있는 항공기는 다른 항공기의 위, 아래 또는 앞을 통과하지 않아야 하지만, 충분한 거리 및 항적난기류(航跡亂氣流)의 영향을 고려하여 통과하는 경우에는 다른 항공기의 위, 아래 또는 앞을 통과할 수 있다.

- 동력으로 구동되는 무거운 항공기는 비행선, 글라이더, 기구류에 양보해야 한다.

- 비행선은 글라이더와 기구류에 양보해야 한다.

- 글라이더는 기구류에 양보해야 한다.

- 동력 구동 항공기는 다른 항공기나 물체를 견인하는 것으로 보이는 항공기에게 양보해야 한다.

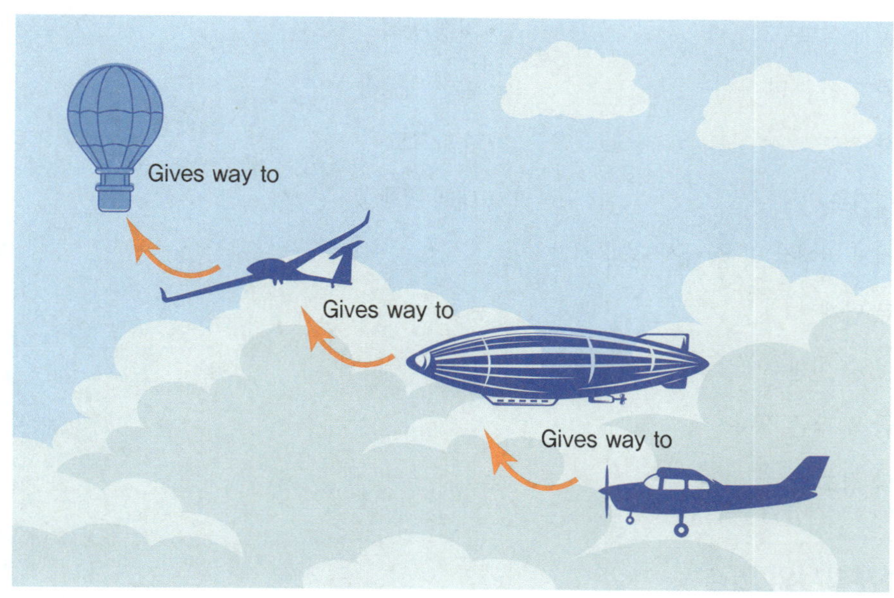

그림 3.8 항로우선권

5 비행계획서(Flight Plans)

비행계획서는 해당 항공교통관제기관이 별도로 정하지 않는 한, 항공기 출발 최소 60분 전에 제출하거나 비행 중에 제출하는 경우에는 항공기가 도착 예정 시간 최소 10분 전에 해당 항공교통관제기관이 수신할 수 있도록 반드시 제출하여야 한다.

1) 비행계획서의 제출 의무

- 항공교통관제업무가 제공되는 모든 항공기
- 권고 공역 내의 모든 IFR 비행
- 비행 정보, 경보 및 수색 및 구조 서비스 제공을 용이하게 하기 위해 해당 항공교통관제기관이 요구하는 경우, 지정된 지역 내 또는 지정된 경로를 따라 비행하는 모든 항공기
- 국경을 넘는 모든 항공기

2) 비행계획서의 내용

비행계획서에는 해당 항공교통관제기관이 관련성이 있다고 간주하는 다음과 같은 항목에 관한 정보가 포함되어야 한다.

- 항공기 식별부호
- 비행 방식
- 항공기 댓수 및 유형
- 출발 비행장
- 순항 속도
- 순항고도
- 비행경로
- 대체 비행장
- 목적지 비행장 및 총 예상 경과 시간
- 연료 탑재량
- 총 탑승 인원수
- 응급 및 생존 장비
- 기타 정보

3) 비행계획서의 변경

계기비행 또는 관제업무 지원하에 운항하는 시계비행을 위해 제출된 비행계획의 모든 변경 사항은 가능한 한 빨리 해당 항공교통관제기관에 보고해야 한다. 또한 VFR 비행의 경우, '출발 전에 제출한 연료 지속 시간 또는 총탑승 인원에 관한 정보가 출발 시 부정확한 경우' 같은 비행계획의 중대한 변경 사항은 가능한 한 빨리 해당 항공교통관제기관에 통보되어야 한다.

4) 비행계획서의 종료

도착 보고는 비행계획이 제출된 모든 항공편이 착륙 후 가능한 한 빠른 시간 내에 도착 공항의 해당 항공교통관제기관으로 직접, 무선 전화 또는 데이터 링크를 통해 이루어져야 한다. 또한 항공기 도착 보고에는 다음 정보가 포함되어야 한다.

- 항공기 식별부호
- 출발 비행장
- 목적지 비행장(대체 비행장 착륙의 경우에만 해당)
- 도착 비행장
- 도착 시간

5) 시간(Time)

비행계획서의 모든 시간은 국제표준시(UTC, Universal Time Coordinated)를 사용하며, 자정을 기준으로 24시간 중 시와 분, 필요한 경우 초로 표시한다. 또한 데이터링크 통신에 따라 시간을 이용하려는 경우에는 국제표준시를 기준으로 1초 이내의 정확도를 유지하고 관리하여야 한다.

6 신호(Signals)

1) 항공기 지상 운용 시

항공기를 지상에서 작동 운용하고자 할 때는 조종사와 항공기 유도원은 절차에 명시된 신호를 사용하여야 한다.

① 조종사

제시된 신호를 수신하는 경우, 필요한 조치를 취해야 한다.

② 항공기 유도원(Signalman)

신호는 표시된 용도로만 사용해야 하며 혼동할 수 있는 다른 신호는 사용하지 않아야 한다. 또한, 신호 요원은 명확하고 정확한 방식으로 항공기에 표준 신호를 제공할 책임이 있다.

2) 조난(Distress) 및 긴급(Urgency)

조난신호는 심각하고 급박한 위험이 발생하여 즉각적인 도움이 요청되는 상황에서 사용하는 신호를 의미하며, 긴급신호는 항공기가 즉각적인 도움이 요구되지는 않지만 착륙할 수밖에 없는 어려움을 알리고자 하는 신호를 의미한다.

① 조난 상황 시

무선전신 또는 모스 부호(SOS : . . . − − − . . .)의 그룹으로 구성된 신호 방식이나 메이데이(Mayday Mayday)라는 음성 단어로 구성된 무선통신 신호를 사용한다.

② 긴급 상황 시

무선전신 또는 모스 부호(XXX : − − . − − . − −)의 그룹으로 구성된 신호 방식이나 팬팬(Pan Pan)이라는 음성 단어로 구성된 무선통신 신호를 사용한다.

3) 요격(Interception) 상황 시

항공비상주파수 121.5MHz나 243.0MHz로 호출하여 요격항공기 또는 요격관계기관과 연락하도록 노력하고 해당 항공기의 식별부호 및 위치와 비행 내용을 통보하며, 트랜스폰더 SSR을 장착하였을 경우에는 항공교통관제기관으로부터 다른 지시가 있는 경우를 제외하고는 Mode A Code 7700을 장입하여야 한다. 또한 피요격항공기는 다음의 표 3.2와 표 3.3 시각 신호를 이해하고 응답하며, 요격항공기의 지시에 따르도록 하여야 한다.

① 요격항공기의 신호 및 피요격항공기의 응신

표 3.2 요격항공기의 신호 및 피요격항공기의 응신

번호	요격항공기 신호	의미	피요격항공기 신호	의미
1	피요격항공기의 약간 위쪽 전방 좌측(또는 피요격항공기가 헬리콥터인 경우에는 우측)에서 날개를 흔들고 항행등을 불규칙적으로 점멸시킨 후 응답을 확인하고, 통상 좌측(헬리콥터인 경우 우측)으로 완만하게 선회하여 원하는 방향으로 향한다.	당신은 요격을 당하고 있으니 나를 따라오라.	날개를 흔들고, 항행등을 불규칙적으로 점멸시킨 후 요격항공기의 뒤를 따라간다.	알았다. 지시를 따르겠다.
2	피요격항공기의 진로를 가로지르지 않고 90° 이상의 상승선회를 하며, 피요격항공기로부터 급속히 이탈한다.	그냥 가도 좋다.	날개를 흔든다.	알았다. 지시를 따르겠다.
3	바퀴다리를 내리고 고정착륙등을 켠 상태로 착륙방향으로 활주로 상공을 통과하며, 피요격항공기가 헬리콥터인 경우에는 헬리콥터착륙구역 상공을 통과한다. 헬리콥터의 경우, 요격헬리콥터는 착륙접근을 하고 착륙장 부근 공중에서 저고도비행을 한다.	이 비행장에 착륙하라.	바퀴다리를 내리고, 고정착륙등을 켠 상태로 요격항공기를 따라서 활주로나 헬리콥터착륙구역 상공을 통과한 후 안전하게 착륙할 수 있다고 판단되면 착륙한다.	알았다. 지시를 따르겠다.

② 피요격항공기의 신호 및 요격항공기의 응신

표 3.3 피요격항공기의 신호 및 요격항공기의 응신

번호	피요격항공기 신호	의미	요격항공기 신호	의미
1	비행장 상공 300m(1,000ft) 이상 600m(2,000ft) 이하[(헬리콥터의 경우 50m(170ft) 이상 100m(330ft) 이하]의 고도로 착륙활주로나 헬리콥터 착륙구역 상공을 통과하면서 바퀴다리를 올리고 섬광 착륙등을 점멸하면서 착륙활주로나 헬리콥터 착륙구역을 계속 선회한다. 착륙등을 점멸할 수 없는 경우에는 사용 가능한 다른 등화를 점멸한다.	지정한 비행장이 적절하지 못하다.	피요격항공기를 교체비행장으로 유도하려는 경우에는 바퀴다리를 올린 후 날개를 흔들고, 항행등을 불규칙적으로 점멸시킨 신호 방법을 사용한다.	알았다. 나를 따라오라.
2	점멸하는 등화와는 명확히 구분할 수 있는 방법으로 사용 가능한 모든 등화의 스위치를 규칙적으로 개폐한다.	지시를 따를 수 없다	날개를 흔든다.	알았다.
3	사용 가능한 모든 등화를 불규칙적으로 점멸한다.	조난상태에 있다.	날개를 흔든다.	알았다.

4) 무선통신 두절 상황 시

비행 중 무선통신 두절 상황에서는 표 3.4에 명시된 신호의 의미를 숙지하고, 그 신호에 항공기 조작을 통해 응신하며 운항하여야 한다.

① 빛총(Light Gun) 신호

표 3.4 빛총 신호

신호 종료	의미		
	비행 중인 항공기	지상에 있는 항공기	차량 / 장비 / 사람
연속 녹색	착륙을 허가	이륙을 허가	
연속 적색	다른 항공기에 진로를 양보하고 계속 선회할 것	정지할 것	정지할 것
점멸 녹색	착륙을 준비할 것(착륙 및 지상유도를 위한 허가가 뒤이어 발부)	지상 이동을 허가	통과하거나 진행할 것
점멸 적색	비행장이 불안전하니 착륙하지 말 것	사용 중인 착륙지역으로부터 벗어날 것	활주로 또는 유도로에서 벗어날 것
점멸 백색	착륙하여 계류장으로 갈 것	비행장 안의 출발지점으로 돌아갈 것	비행장 안의 출발지점으로 돌아갈 것

② 항공기의 응신 방법

㉠ 비행 중인 경우

- 주간 : 날개를 흔든다. 다만, 최종선회 전 구간(base leg) 또는 최종접근 구간(final leg)에 있는 항공기의 경우에는 응신하지 않아도 된다.
- 야간 : 착륙등이 장착된 경우에는 착륙등을 2회 점멸하고, 착륙등이 장착되지 않은 경우에는 항행등을 2회 점멸하여 응신한다.

㉡ 지상에 있는 경우

- 주간 : 항공기의 보조익 또는 방향타를 움직여서 응신한다.
- 야간 : 착륙등이 장착된 경우에는 착륙등을 2회 점멸하고, 착륙등이 장착되지 않은 경우에는 항행등을 2회 점멸하여 응신한다.

1) 항공교통관제 허가(Air Traffic Control Clearances)

국제민간항공기구 협약 및 국내 항공안전법에 따라 관제비행을 하려는 사람은 관할 항공교통관제기관으로부터 항공교통관제 허가를 받고 운항을 시작하여야 한다. 또한 관제비행장에서 비행하는 항공기는 관제지시를 준수하여야 하며, 관제 허가를 받지 아니하고 기동지역을 이동하여서는 안 되며, 이러한 허가는 항공교통관제기관에 비행계획서를 제출하여 요청해야 한다.

2) 비행계획서의 준수(Adherence to Current Flight Plan)

항공기는 비행 시 제출된 비행계획을 지켜야 한다. 다만, 비행계획의 변경에 대하여 항공교통관제기관의 허가를 받은 경우, 또는 긴급한 조치가 필요한 비상상황이 발생한 경우에는 예외로 한다. 이 경우 비상상황의 발생으로 비행계획을 지키지 못하였을 때는 긴급 조치를 완료한 즉시 이를 관할 항공교통관제기관에 통보하여야 한다.

① 비행계획에서 벗어난 경우

- 항공로 이탈 : 항공기가 항공로를 벗어난 경우, 가능한 한 빨리 정상 항로를 회복하기 위해 항공기의 방향을 조정하는 조치를 즉시 취해야 한다.
- 비행 속도/시간에서 벗어나는 경우 : 해당 항공교통관제기관에 즉시 통보해야 한다.
- 마하수/실제 공기 속도 편차 : 순항 수준에서 지속 마하수/실제 공기 속도가 현재 비행계획에서 마하 0.02 이상 또는 실제 공기 속도가 19km/h(10kt) 이상 차이가 나는 경우, 해당 항공교통관제기관에 알려야 한다.
- 예상 시간 변경 : ADS-C 서비스가 제공되는 공역에서 ADS-C가 활성화되어 서비스가 가능한 경우를 제외하고, 다음 해당 보고 지점, 비행정보구역 경계 또는 목적지 비행장 중 먼저 도래하는 지점에 대한 예상 시간이 이전에 항공교통서비스에 통보한 시간보다 2분을 초과하여 변경되는 경우 또는 해당 ATS 기관 또는 지역 항공운항협약에 따라 규정된 기타 기간에 해당하는 조종사는 가능한 한 빨리 해당 항공교통관제기관에 통보해야 한다.

② 변경 요청

현재 비행계획을 변경 요청하고자 할 때는 아래에 명시된 정보가 포함되어야 한다.

- 순항고도 변경 : 항공기 식별, 새로운 순항고도 및 해당 고도에서의 순항 마하수/실제 속도 요청, 후속 보고 지점 또는 비행 정보 구역 경계에서의 수정된 예상 시간
- 마하 번호/실제 공기 속도 변경 : 항공기 식별, 요청된 마하 번호/실제 항공기 속도

- 경로 변경

  - 목적지 미변경 : 항공기 식별, 비행 규정, 요청된 경로 변경이 시작될 위치부터 시작되는 관련 비행계획 데이터를 포함한 새 비행경로 설명, 수정된 예상 시간, 기타 관련 정보
  - 목적지 변경 : 항공기 식별 정보, 비행 규정, 요청된 경로 변경이 시작되는 위치부터 시작하여 관련 비행계획 데이터를 포함한 변경된 목적지 공항까지의 변경된 비행경로 설명, 변경된 예상 시간, 대체 비행장, 기타 관련 정보

3) VMC 이하의 기상 악화로 VMC 비행이 불가능할 경우

현재 비행계획에 따른 VMC 비행이 불가능할 것이 명백한 경우 조종사는 다음의 사항과 같이 조치하여야 한다.

- 목적지 비행장 또는 교체비행장으로 시계비행 기상 상태를 유지하면서 비행할 수 있도록 관제 허가의 변경을 요청하거나, 관제공역을 이탈하여 비행할 수 있도록 관제 허가의 변경을 요청할 것
- 위와 같은 관제 허가를 받지 못할 경우에는 시계비행 기상 상태를 유지하여 운항하면서 관제공역을 이탈하거나 가까운 비행장에 착륙하기 위한 조치를 할 예정임을 관할 항공교통관제기관에 통보할 것
- 관할 항공교통관제기관에 특별시계비행 방식에 따른 운항 허가를 요구할 것(관제권 안에서 비행하고 있는 경우만 해당한다)
- 관할 항공교통관제기관에 계기비행 방식에 따른 운항 허가를 요구할 것

4) 위치보고(Position Reports)

관제업무하에 비행하는 항공기는 정해진 위치보고 지점에서 가능한 한 신속히 다음과 같은 사항을 관할 항공교통관제기관에 보고하여야 한다. 그러나, 레이더에 의하여 관제를 받는 경우에 관할 항공교통관제기관이 별도로 위치보고를 요구하지 않는 경우에는 생략할 수 있다.

① 보고사항

- 항공기의 식별부호
- 해당 위치통지점의 통과시각과 고도
- 그 밖에 항공기의 안전항행에 영향을 미칠 수 있는 사항

5) 통신(Communication)

관제비행으로 운항하는 항공기는 관제 비행장에서 비행장 교통의 일부를 구성하는 항공기에 대해 해당 ATS 당국이 규정하는 경우를 제외하고 해당 항공교통관제기관의 적절한 통신 채널에서 지속적인 공중-지상 음성 통신 교신을 유지하고 필요에 따라 양방향 통신을 설정해야 한다.

① 통신 장애

통신 장애가 발생한 항공기는 다른 모든 가용 수단을 사용하여 적절한 항공교통관제기관과 통신을 시도해야 하며, 관제업무 중인 비행장에서는 시각 신호로 발령될 수 있는 지시를 주시해야 한다.

㉠ 시계비행 시 통신 장애

시각적 기상 조건에 있는 경우 항공기는 다음과 같이 해야 한다.

- 시각적 기상 조건에서 계속 비행하고, 가장 가까운 적절한 비행장에 착륙하며, 가장 신속한 방법으로 해당 항공 교통 서비스 부서에 도착 보고를 한다.
- 바람직하다고 판단되는 경우에는 계기비행 방식으로 비행을 완료한다.

㉡ 계기비행 시 통신 장애

- 지역항공항행협정에 근거하여 달리 규정되지 않는 한, 항공교통관제업무에 레이더를 사용하지 않는 공역에서는 항공기가 의무보고지점 상공에서 위치를 보고하지 않은 후 20분 동안 마지막으로 지정된 속도와 고도 또는 더 높은 경우 최소비행고도를 유지하고 그 이후에는 신고한 비행계획에 따라 고도 및 속도를 조정해야 한다.

㉢ 레이더 관제공역 비행 시 통신 장애

- 필수 위치보고 지점에서 위치보고를 할 수 없는 항공기

  항공교통업무용 레이더가 운용되는 공역의 필수 위치보고 지점에서 위치보고를 할 수 없는 항공기는 아래 항목에서 명시한 시간 중 가장 늦은 시간부터 해당 비행로의 최저비행고도와 관할 항공교통관제기관으로부터 최종적으로 지시받은 고도 중 높은 고도를 유지하고 관할 항공교통관제기관으로부터 최종적으로 지시받은 속도를 7분간 유지한 후, 비행계획에 명시된 고도와 속도로 변경하여 비행하여야 한다.

  - 최종지정고도 또는 최저비행고도에 도달한 시간
  - 트랜스폰더 코드를 7600으로 조정한 시간이거나 자동종속감시시설(ADS-B) 송신기에 통신두절을 표시한 시간
  - 필수 위치통지점에서 위치보고에 실패한 시간

- 허가한계점(Clearance Limit)을 지정받지 아니한 항공기

  레이더에 의하여 유도되고 있거나 허가한계점(Clearance Limit)을 지정받지 아니한 항공기가 지역항법(RNAV)으로 항공로를 이탈하여 비행 중인 경우에는 최저비행고도를 고려하여 다음 위치보고 지점에 도달하기 전에 비행계획에 명시된 비행로에 합류하여야 한다.

- 무선통신이 두절되기 전에 관할 항공교통관제기관으로부터 최종적으로 지정받거나 지정 예정을 통보받은 비행로(지정받거나 지정 예정을 통보받지 아니한 경우에는 비행계획에 명시된 비행로)를 따라 목적지 비행장의 항행안전시설이나 위치통지점(FIX)까지 비행한 후 체공하여야 한다.

- 무선통신이 두절되기 전에 관할 항공교통관제기관으로부터 최종적으로 지정받은 접근 예정시간(접근 예정시간을 지정받지 아니한 경우에는 비행계획에 명시된 도착 예정시간)에 목적지 비행장의 항행안전시설이나 위치통지점(FIX)으로부터 강하를 시작하거나, 착륙할 비행장의 계기접근 절차에 따라 접근을 시작하여야 한다.

- 가능한 한 항공교통관제기관으로부터 최종적으로 지정받은 접근 예정시간과 도착 예정시간 중 더 늦은 시간부터 30분 이내에 착륙하여야 한다.

6) 불법적인 간섭(Unlawful Interference)

불법 간섭을 받고 있는 항공기는 해당 항공기에 우선권을 부여하고 다른 항공기와의 충돌을 최소화하기 위해 현재 비행계획에서 벗어나는 모든 사항을 해당 ATS 부서에 통보하도록 노력해야 하며, 기장은 항공기의 상황을 고려하여 달리 지시하지 않는 한 가장 가까운 적절한 비행장 또는 해당 당국이 지정한 전용 비행장에 가능한 한 빨리 착륙을 시도해야 한다.

제3절 시계비행규칙(VFR, Visual Flight Rules)

시계비행규칙은 ICAO 부속서 2의 기준과 권고에 근거해서 항공안전법 시행규칙 제172조부터 제175조까지 세부적으로 명시하여 운용되고 있으며, 시계비행 방식으로 비행하는 항공기는 지표면 또는 수면 상공 900m(3,000ft) 이상을 비행할 경우에는 규정(항공안전법 시행규칙 별표21)에 따른 순항고도에 따라 비행하여야 한다. 다만, 관할 항공교통업무기관의 허가를 받은 경우에는 예외로 하고 있다.

1 시계비행규칙 일반

조종사는 비행 중 최소 시정과 구름과의 최소 거리를 유지해야 하는데, 예를 들어, 지상으로부터 300m 이상의 고도에서 5km 이상의 시계를 유지해야 한다(그림 3.9 참조). 이처럼 시계비행규칙 일반에서는 시계비행을 적용하기 위한 조건과, 비행 중 지켜야 할 절차와 규칙을 명시하고 있다.

1) 관제구역 내

항공교통관제기관의 허가를 받은 경우를 제외하고 VFR 비행기는 해당 비행장의 운고(구름 밑부분 고도를 말한다)가 450m(1,500ft) 미만 또는 지상시정이 5km 미만인 경우에는 관제권 안의 비행장에서 이륙 또는 착륙하거나 관제권 안으로 진입할 수 없다.

2) 시계비행 금지

해당 항공교통관제기관의 승인이 없는 한, 항공기는 다음 항목의 어느 하나에 해당하는 경우에는 시계비행을 금지하고 기상 상태와 관계 없이 계기비행 방식에 따라 비행해야 한다.

① 평균해면으로부터 6,100m(FL 200)를 초과하는 고도로 비행하는 경우

② 천음속 또는 초음속으로 비행하는 경우

③ 사람 또는 건축물이 밀집된 지역의 상공에서는 해당 항공기를 중심으로 수평거리 600m 범위 안의 지역에 있는 가장 높은 장애물의 상단에서 300m(1,000ft)의 고도 미만

④ 상기 밀집지역 외의 지역에서는 지표면·수면 또는 물건의 상단에서 150m(500ft)의 고도
   미만

3) 시계비행 기상 상태 시정과 구름으로부터의 최소 이격거리

시계비행 방식으로 비행하는 항공기는 표 3.5에 따른 비행시정 및 구름으로부터의 이격거리
미만인 기상 상태에서 비행하여서는 안 된다. 그러나, 특별시계비행 방식에 따라 비행하는
항공기는 예외로 적용할 수 있다.

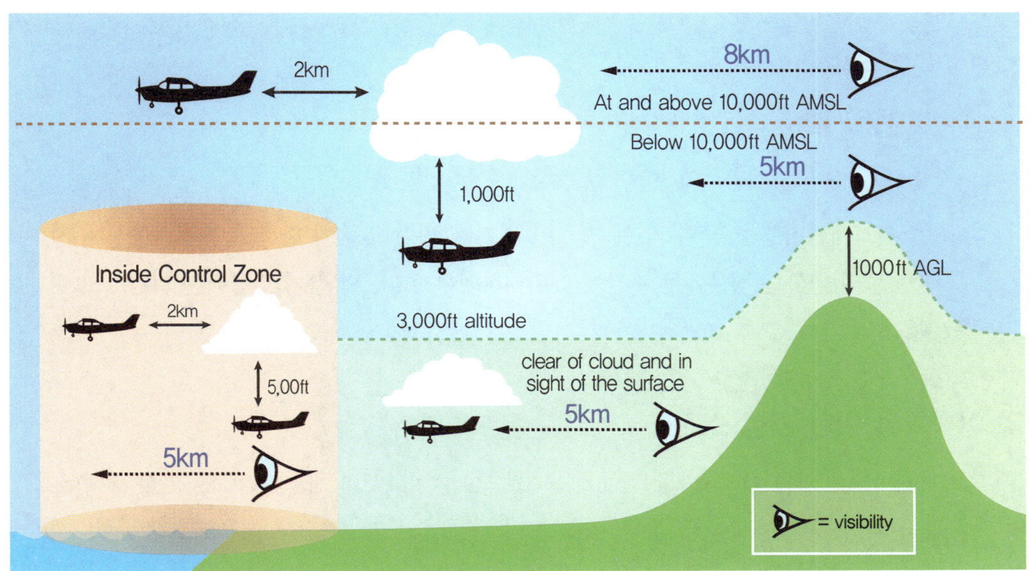

그림 3.9 시계비행규칙(출처 : http://aviationknowledge.wikidot.com/aviation:visual-flight-rules, 작성자 플톱스)

표 3.5 요구시정과 이격거리

고도	공역등급	시정	구름으로부터의 거리
해발 3,050m(10,000ft) 이상	A~G	8km	수평으로 1,500m 수직으로 300m(1,000ft)
해발 900m(3,000ft) 이상부터 해발 3,050m(10,000ft) 이하	A~G	5km	수평으로 1,500m 수직으로 300m(1,000ft)
해발 900m(3,000ft) 이하 또는 300m(1,000ft) 지형 위 중 더 높은 고도	A~ E	5km	수평으로 1,500m 수직으로 300m(1,000ft)
	F, G	5km	구름이 없고 지표면이 보이는 경우

조종사가 항공기 운항 중에 예측할 수 없는 급격한 기상의 악화 등에 조우하여 부득이한 사유로 관할 항공교통관제기관으로부터 허가받은 시계비행 운항을 말한다.

1) 준수사항

특별시계비행 허가를 받은 항공기의 조종사는 다음 준수사항 기준에 따라 비행하여야 한다.

① 허가받은 관제권 안을 비행할 것

② 구름을 피하여 비행할 것

③ 비행시정을 1,500m 이상 유지하며 비행할 것

④ 지표 또는 수면을 계속하여 볼 수 있는 상태로 비행할 것

⑤ 조종사가 계기비행을 할 수 있는 자격이 없거나 법적 기준에 따른 항공계기를 갖추지 아니한 항공기로 비행하는 경우에는 주간에만 비행하여야 한다. 다만, 헬리콥터는 야간에도 비행할 수 있다.

2) 이착륙을 위한 기상 조건

특별시계비행을 하는 경우에는 다음과 같은 항목의 조건에서만 이륙하거나 착륙할 수 있다.

① 지상시정이 1,500m 이상일 것

② 지상시정이 보고되지 아니한 경우에는 비행시정이 1,500m 이상일 것

제4절 계기비행규칙(IFR, Instrument Flight Rules)

계기비행규칙은 ICAO 부속서 2의 기준과 권고에 근거해서 항공안전법 시행규칙 제177조부터 제181조까지 세부적으로 명시하여 운용되고 있다.

1 계기비행규칙 일반

IFR은 야간 또는 악천후 시 적용되며, 조종사는 항공기의 계기를 통해 운항하여야 한다. IFR은 출발, 경로 비행, 접근 및 착륙 절차를 포함하며, 이러한 계기비행은 항공교통관제와의 긴밀한 협조하에 이루어진다.

1) 항공기 장비

계기비행 하려는 항공기는 적절한 계기 및 비행경로에 적합한 항법장비를 장착해야 한다.

2) 최저비행고도

이착륙을 위해 필요한 경우 또는 항공교통관제기관이 특별히 승인한 경우를 제외하고, 계기비행은 해당 영공에 있는 국가가 설정한 최저 비행 고도로 비행해야 한다.

① 산악지역에서는 항공기의 예상 위치에서 8km 이내에 위치한 가장 높은 장애물 위 최소 600m(2,000ft) 높이에서 비행하여야 한다.

② 그 외 경우, 항공기의 예상 위치로부터 8km 이내에 위치한 가장 높은 장애물로부터 최소 300m(1,000ft) 높이에서 비행하여야 한다.

3) 계기비행에서 시계비행으로 변경

① 비행계획 변경 통보

계기비행에서 시계비행으로 비행 방식을 변경하려는 항공기는 비행계획이 제출된 경우 해당 항공교통관제기관에 계기비행이 취소되었음을 구체적으로 통보하고 현재 비행계획의 변경 사항을 알려야 한다.

② 비행계획 변경 불가의 경우

계기비행 방식으로 비행 중인 항공기가 시계비행 기상 상태가 상당한 시간 동안 유지되지 아니할 것으로 예상되는 경우에는 계기비행 방식에 의한 비행을 취소해서는 아니 된다.

2 관제공역 내에서의 계기비행규칙

계기비행하는 항공기는 관제공역 내에서 비행할 경우에는 다음의 사항을 준수하여야 한다.

1) 변경사항 통보

비행계획에 포함된 순항고도, 순항속도 및 항공로에 관한 사항을 변경하려는 항공기는 해당 정보를 관할 항공교통관제기관에 통보하여야 한다.

① 순항고도의 변경

항공기의 식별부호, 변경하려는 순항고도 및 순항속도(마하수 또는 진대기속도), 다음 보고지점 또는 비행정보구역 경계 도착 예정시간

② 순항속도의 변경

항공기의 식별부호, 변경하려는 속도

③ 항공로의 변경

㉠ 목적지 비행장 변경이 없을 경우 : 항공기의 식별부호, 비행의 방식, 변경 항공로, 변경 예정시간, 그 밖에 항공로의 변경에 필요한 정보

㉡ 목적지 비행장 변경이 있을 경우 : 항공기의 식별부호, 비행의 방식, 목적비행장까지의 변경 항공로, 변경 예정시간, 교체비행장, 그 밖에 비행장·항공로의 변경에 필요한 정보

2) 순항고도

관제공역 내에서 계기비행 방식으로 비행하려는 항공기는 규정에 따른 순항고도로 비행하여야 한다.

3) 통신

관제비행을 하는 항공기는 관할 항공교통관제기관과 공중 대 지상 양방향 무선통신을 유지하고 그 항공교통관제기관의 음성통신을 경청해야 한다. 무선통신을 유지할 수 없는 항공기('통신두절 항공기')는 다음의 기준에 따라 비행하여야 한다.

㉠ 항공교통업무용 레이더가 운용되지 아니하는 공역의 필수 위치통지점에서 위치보고를 할 수 없는 항공기는 해당 비행로의 최저비행고도와 관할 항공교통관제기관으로부터 최종적으로 지시받은 고도 중 높은 고도로 비행하여야 하며, 관할 항공교통관제기관으로부터 최종적으로 지시받은 속도를 20분간 유지한 후 비행계획에 명시된 고도와 속도로 변경하여 비행할 것

㉡ 항공교통업무용 레이더가 운용되는 공역의 필수 위치통지점에서 위치보고를 할 수 없는 항공기는 다음 각 항목의 시간 중 가장 늦은 시간부터 해당 비행로의 최저비행고도와 관할 항공교통관제기관으로부터 최종적으로 지시받은 고도 중 높은 고도를 유지하고 관할 항공교통관제기관으로부터 최종적으로 지시받은 속도를 7분간 유지한 후, 비행계획에 명시된 고도와 속도로 변경하여 비행할 것

- 최종지정고도 또는 최저비행고도에 도달한 시간

- 트랜스폰더 코드를 7600으로 조정한 시간이거나 자동종속감시시설(ADS-B) 송신기에 통신두절을 표시한 시간

- 필수 위치통지점에서 위치보고에 실패한 시간

㉢ 레이더에 의하여 유도되고 있거나 허가한계점(Clearance Limit)을 지정받지 아니한 항공기가 지역항법(RNAV)으로 항공로를 이탈하여 비행 중인 경우에는 최저비행고도를 고려하여 다음 위치통지점에 도달하기 전에 비행계획에 명시된 비행로에 합류할 것

㉣ 무선통신이 두절 되기 전에 관할 항공교통관제기관으로부터 최종적으로 지정받거나 지정 예정을 통보받은 비행로(지정받거나 지정 예정을 통보받지 아니한 경우에는 비행계획에 명시된 비행로)를 따라 목적비행장의 항행안전시설이나 위치통지점(FIX)까지 비행한 후 체공할 것

㉤ 무선통신이 두절 되기 전에 관할 항공교통관제기관으로부터 최종적으로 지정받은 접근 예정시간(접근 예정시간을 지정받지 아니한 경우에는 비행계획에 명시된 도착 예정시간)에 목적지 비행장의 항행안전시설이나 위치통지점(FIX)으로부터 강하를 시작하거나, 착륙할 비행장의 계기접근 절차에 따라 접근을 시작할 것

㉥ 가능한 한 위 사항에 따른 접근 예정시간과 도착 예정시간 중 더 늦은 시간부터 30분 이내에 착륙할 것

4) 위치보고

관제비행을 하는 항공기는 지정된 위치통지점에서 가능한 한 신속히 다음의 사항을 관할 항공교통업무기관에 보고(이하 '위치보고'라 한다)하여야 한다. 그러나, 레이더에 의하여 관제를 받는 경우로서 관할 항공교통관제기관이 별도로 위치보고를 요구하지 아니하는 경우에는 예외로 할 수 있다.

- 항공기의 식별부호

• 해당 위치통지점의 통과시각과 고도

• 그 밖에 항공기의 안전항행에 영향을 미칠 수 있는 사항

① 관제비행을 하는 항공기는 비행 중에 관할 항공교통업무기관으로부터 위치보고를 요청받은 경우에는 즉시 위치보고를 하여야 한다.

② 위치통지점이 설정되지 아니한 경우에는 관할 항공교통업무기관이 지정한 시간 또는 거리 간격으로 위치보고를 하여야 한다.

③ 관제비행을 하는 항공기로서 데이터링크통신을 이용하여 위치보고를 하는 항공기는 관할 항공교통관제기관이 요구하는 경우에는 음성통신을 이용하여 위치보고를 하여야 한다.

3 관제공역 밖에서의 계기비행규칙

1) 순항고도

항공교통관제업무가 제공되지 아니하는 공역에서 계기비행 방식으로 비행하려는 항공기는 규정에 따른 순항고도로 비행하여야 한다. 다만, 관할 항공교통관제기관으로부터 해발고도 900m(3,000ft) 이하의 고도로 비행하도록 지시를 받은 경우에는 예외로 할 수 있다.

2) 통신

관제공역 밖이지만 해당 항공교통관제기관이 지정한 지역 또는 항로를 따라 운항하는 계기비행 항공기는 관할 항공교통관제기관과 공중 대 지상 양방향 무선통신을 유지하고 그 항공교통관제기관의 음성통신을 경청해야 한다.

3) 위치보고

관제공역 밖이지만 해당 항공교통관제기관이 지정한 지역 또는 항로를 따라 운항하는 계기비행 항공기는 관할 항공교통관제기관이 요구하는 경우에는 비행계획을 제출하고 관제공역 내 계기비행 절차에 명시된 대로 위치를 보고해야 한다.

4 계기비행 방식에 의한 접근 및 착륙

계기비행 방식으로 착륙하기 위하여 접근하는 항공기는 다음의 기준에 따라 비행하여야 한다.

① 해당 비행장에 설정된 계기접근 절차를 따를 것

② 기상 상태가 해당 계기접근 절차의 착륙기상 최저치 미만인 경우에는 결심고도(DH) 또는 최저강하고도(MDA)보다 낮은 고도로 착륙을 위한 접근을 시도하지 아니할 것. 그러나, 다음의 요건에 모두 적합한 경우에는 착륙을 위한 접근을 시도할 수 있다.

- 정상적인 강하율에 따라 정상적인 방법으로 그 활주로에 착륙하기 위한 강하를 할 수 있는 위치에 있을 것

- 비행시정이 해당 계기접근 절차에 규정된 시정 이상일 것

- 다음 중 어느 하나 이상의 해당 활주로 관련 시각참조물을 확실히 보고 식별할 수 있을 것(정밀접근방식이 제2종 또는 제3종에 해당하는 경우는 제외한다)

  - 진입등시스템(ALS) : 조종사가 진입등의 구성품 중 붉은색 측면등(red side row bars) 또는 붉은색 최종진입등(red terminating bars)을 명확하게 보고 식별할 수 없는 경우에는 활주로의 접지구역 표면으로부터 30m(100ft) 높이의 고도 미만으로 강하할 수 없다.

  - 활주로시단(threshold)

  - 활주로시단표지(threshold marking)

  - 활주로시단등(threshold light)

  - 활주로시단식별등

  - 진입각지시등(VASI 또는 PAPI)

  - 접지구역(touchdown zone) 또는 접지구역표지(touchdown zone marking)

  - 접지구역등(touchdown zone light)

  - 활주로 또는 활주로표지

  - 활주로등

③ 다음의 어느 하나에 해당이 되거나 최저강하고도 이상의 고도에서 선회 중 비행장이 육안으로 식별되지 않는 경우에는 즉시 실패접근을 실시하여야 한다.

- 최저강하고도보다 낮은 고도에서 비행 중인 때

- 실패접근의 지점(결심고도가 정해져 있는 경우에는 그 결심고도를 포함)에 도달할 때

- 실패접근의 지점에서 활주로에 접지할 때

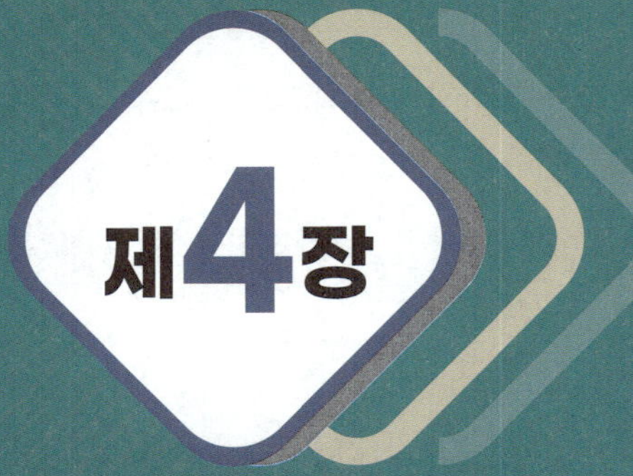

제4장

국제 항공항행 기상업무

김영록 신라대학교 항공운항학과 교수, 한국항공운항학회 정회원

국제항공운항을 위한 기상서비스의 주요 목적은 국제항공운항의 안전성, 정규성, 그리고 효율성을 증진하는 것이다. 대한민국 기상청은 우리나라를 대표하는 기상 당국으로서 국제민간항공기구(ICAO) 협약 규정에 따라 항공 기상정보를 제공하고 있다. 이 정보의 활용 책임은 이용자에게 있다.

INTERNATIONAL AIR NAVIGATION WEATHER SERVICE

제1절 일반규정

1 기상서비스의 목적, 결정 및 규정

항공기상업무는 항공기 운영에 필요한 기상정보를 생산하고 제공함으로써 항공기 운항의 안전성, 정규성, 효율성을 보장하기 위한 것이다. 기상정보 이용자에는 항공교통업무기관, 수색구조업무기관, 공항관리자, 항공운송사업자, 운항승무원 등이 포함된다. 이들은 각자의 업무 수행에 필요한 항공기상정보를 정확하고 신속하게, 효율적으로 제공받아야 한다.

각 체약국은 국제항공운항의 요구를 충족하기 위해 제공해야 할 기상서비스를 결정해야 한다. 이러한 결정은 ICAO 부속서 3권과 지역항공운항협정(Regional Air Transport Agreement)에 따라 이루어져야 하며, 해당 국가의 영토 밖 공해나 다른 영역에서의 국제항공운항을 위한 기상서비스 제공에 관한 결정도 포함된다. 이렇게 지정된 기상 당국에 대한 세부 사항은 체약국 항공정보간행물(AIP, Aeronautical Information Publication)에 수록되어야 한다. 더하여, 국제항공운항을 위한 기상서비스 제공 및 기상정보에 영향을 미치는 사안에 대해 제공자와 이용자는 서로 긴밀한 연락을 유지해야 한다.

제2절 전 지구 시스템, 지원 센터, 그리고 기상관서

1 세계공역예보시스템의 정의와 목적

세계공역예보시스템(WAFS, World Area Forecast System)은 세계공역예보센터에서 통일된 표준 형식으로 항공 기상 항로 예보를 제공하는 전 지구적 시스템을 의미한다. 이 시스템의 목적은 기상 당국과 기타 이용자에게 디지털 형식으로 전 지구 항공기상항로예보를 제공하는 것이다. 이러한 목적은 포괄적이고 통합적이며, 가능한 한 실행 가능한 균일한 체제를 통해 달성되어야 하며, 발전하는 기술을 최대한 활용하여 비용 효율적인 방법으로 달성되어야 한다.

1) 세계공역예보센터

세계공역예보센터(WAFC, World Area Forecast Center)는 인터넷 기반 항공고정통신업무(AFS, Aeronautical Fixed Service)를 이용하여 체약국에 직접 제공하는 전 지구적 기반에서 중요 기상예보와 상층예보를 디지털 형태로 준비하고, 발표하도록 지정된 기상센터이다.

WAFS 체제 내에서 세계공역예보센터(WAFC)의 운영 책임을 수락한 체약국은 그 센터를 위해 다음과 같은 조치를 취해야 한다.

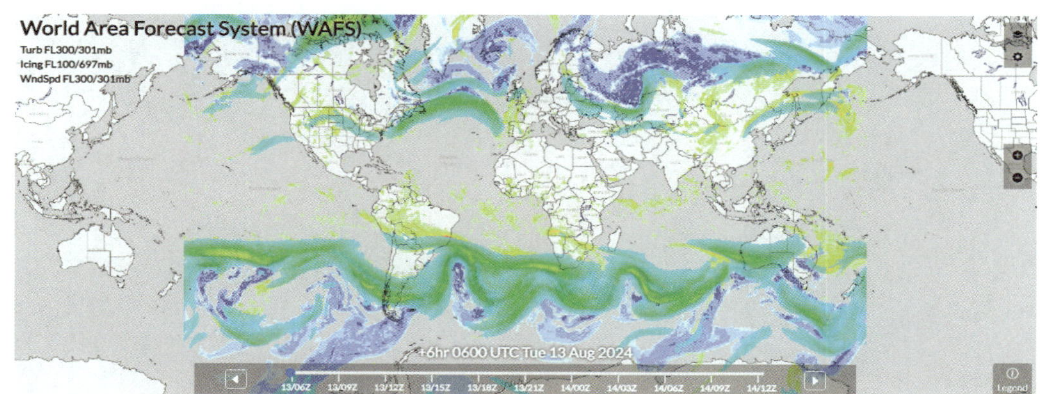

그림 4.1 WAFS 예시(출처 : 미국 상무부 항공기상센터(https://aviationweather.gov/wafs/))

2) 공항기상관서

각 체약국은 하나 이상의 공항기상관서 또는 기타 기상관서를 설치해야 한다. 이들은 국제항공운항에서 요구하는 기상서비스를 제공하기에 적합해야 한다. 설치된 공항기상관서는 요구를 충족시키기 위해 다음 각호의 기능 전부 또는 일부를 수행할 수 있어야 한다.

만약 공항기상관서가 설치되지 않은 비행장은 관련 기상 당국이 필요에 따라 기상정보를 제공할 하나 이상의 공항기상관서를 지정해야 하며, 관할 당국은 이러한 정보가 관련 비행장에 제공될 수 있는 수단을 구축해야 한다.

3) 기상감시소

기상감시소는 특정 책임구역 내에서 항공기 운항의 안전에 영향을 미칠 수 있는 특정 항로상 기상현상 및 기타 대기 중 현상에 관한 정보를 제공하기 위해 지정된 기관이다. 비행정보구역(FIR) 또는 관제구역 내에서 항공교통서비스 제공 책임을 수락한 체약국은 지역항공운항협정에 따라 하나 이상의 기상감시소를 설치하거나, 다른 체약국이 그러한 업무를 수행할 수 있도록 주선해야 한다.

제3절 기상관측 시스템 및 정보제공 서비스

1 항공기상청

민간항공에 대한 기상지원 책임기관은 기상청 소속 항공기상청이다. 이 기관은 대한민국의 기상 당국으로서, 민간항공 운항에 필요한 모든 항공기상 업무를 총괄한다. 항공기상청은 국제항공운항을 위한 기상정보 제공의 책임 기관으로, 항공기상정보의 생산, 교환, 제공에 관한 모든 사항을 총괄하고 조정한다. 또한 기상 감시소로서의 임무를 수행하고, 해당 공항에 대한 항공 기상 예보 및 특보를 작성하여 제공한다.

항공기상청은 운항과 관련된 관측, 예보 및 기타 관련 정보를 준비하고 수집하며, 운항승무원과 기타 항공 종사자에 대한 브리핑과 자문을 제공한다. 비행 예보철을 제공하고, 항공 이용자에게 기상정보를 제공함으로써 그들의 항공운항을 지원한다. 또한, 항공기상청은 타 국가 및 지역 항공기상센터와의 기상정보 교환을 담당하며, 세계공역예보시스템(WAFS) 자료를 수신하고 분배하는 업무도 수행한다.

1) 우리나라 기상관측 시스템

기상예보를 생산하기 위해 가장 우선되어야 하는 것은 현재의 기상 상태를 정확하게 파악하는 것이다. 이를 위해 기상청은 시시각각 변하는 기압, 습도, 풍속 등을 측정하여 대기의 상태를 파악한다. 기상청은 지상 기상관측을 비롯하여 지표면, 고층 기상, 해양 표면, 항공기, 인공위성 등 다양한 분류별 기상관측을 수행하고 있다.

지표면 기상관측은 전국 639개소에서 이루어진다. 이 중 종관기상관측장비(ASOS)가 98개소, 방재기상관측장비(AWOS)가 541개소이며, 황사관측 장비는 36개소를 운영하고 있다. 고층 기상관측은 라디오존데 7개소를 이용하여 지상부터 30km 이상 상공까지의 기상을 하루 4회 관측한다. 연직 바람 관측 장비 14개소를 운영하여 지상에서 고도 5km까지의 바람 및 대기 상태를 측정한다.

해양 기상관측은 해양기상부이 31개소, 파고부이 73개소, 선박 기상관측 장비 22개소, 연안 기상관측 장비 18개소, 해양 안개관측 장비 100개소와 해양 기상관측선(기상 1호) 1척을 운영하여 이루어진다. 항공기 관측은 조종사 기상보고(PIREP)와 관측용 항공기를 이용한 항공기상보고(AIREP)를 통해 이루어진다. 인공위성 기상관측은 정지궤도 기상위성인 천리안위성 1호와 천리안위성 2A호를 통해 수행된다. 천리안위성 2A호는 전 지구를 10분마다, 한반도 주변 지역을 2분마다 관측한다. 기상위성은 해양을 포함한 지상에서 관측이 어려운 지역에서 기상자료를 생산한다. 또한, 기상청은 기상레이더 10개소, 낙뢰관측 장비 21개소, 항공기상관측 장비 8개소, 지진관측 장비 265개소 등의 관측 업무도 수행하고 있다.

• 파고부이 : 해양기상부이보다 근해에 설치되어 파고, 파주기, 수온을 관측해 값을 알려준다(출처 : 기상청 날씨누리).

2 항공기상청 정보제공 서비스

항공종사자 또는 항공기상정보 이용자가 원하는 기상정보를 이용하기 위해서 항공기상청에서 운용하는 '항공날씨'(https://global.amo.go.kr)에 접속할 수 있다.

그림 4.2 항공기상청의 '항공날씨' 홈페이지 메인화면

그림 4.3 항공날씨 홈페이지 상단 메뉴

메인화면에서 오른쪽 상단 '관측/기후'를 선택하면 원하는 공항의 METAR와 SPECI를 이용할 수 있다.

그림 4.4 관측/기후 예시 'METAR/SPECI'

파란색은 항공기상청에서 생산 또는 수집한 민간항공기 취항 공항의 METAR(RKJK는 미군 비행장)를 표시한 것이며, 회색은 항공기상청에서 수집한 국토부 비행장의 METAR이다. 초록색은 항공기상청에서 수집한 군 비행장의 METAR(RKSO는 미군 비행장)이며, 빨간색은 각 지점의 특수 전문(SPECI, 수정 전문 등)을 표시한 것이다.

1) 기상관측 및 보고

항공기상관측은 항공기의 안전 운항에 필요한 기상정보를 생산·제공하기 위해 공항 내 기상상태를 측정하는 업무를 의미하며, 공항 내에서 사용하는 보고와 공항 밖으로 통보되는 보고로 구분된다. 각 체약국은 필요하다고 판단될 경우, 자국 영토 내 비행장에 기상관측소를 설치해야 하며, 항공기상관측소는 별도의 독립된 기관일 수도 있고, 종관기상대가 그 역할을 겸할 수도 있다.

항공기상관측은 정해진 시간 간격을 두고 실시하는 정시관측과 특정 기준에 해당하는 변화가 있을 때 실시하는 특별관측, 관제기관 등의 요청이나 항공기 사고 시 실시하는 수시관측으로 나뉜다. 정시관측은 지상풍, 시정, 활주로 가시거리, 현재 일기, 구름 및 기온에 대해 이루어지며, 이러한 요소들에 명시된 변화가 발생할 때는 특별관측으로 보충된다.

표 4.1 기상관측

정시관측	• 정시관측보고(METAR)
	• 국지정시관측보고(MET REPORT)
특별관측	• 특별관측보고(SPECI)
수시관측	• 항공교통업무기관의 요청이 있을 때
	• 항공기 사고관측보고

참고

- METAR : Meteorological Aerodrome Report
- MET REPORT : Meteorological Report
- SPECI : Special Weather Report

① 정시관측 및 보고

비행장 정시관측은 기상 당국, 관계 ATS(항공교통서비스) 당국, 관련 운항자 간에 달리 합의되지 않은 한, 매일 24시간 내내 실시되어야 한다. 정시관측은 1시간 간격으로 수행되어야 하며, 만약 지역항공운항협정(Regional Air Transport Agreement)에 의해 그렇게 결정되었다면 30분 간격으로 실시될 수 있다. 기타 항공기상관측소들의 정시관측은 항공교통업무 담당 기관과 항공기 운항상의 요구를 고려하여 기상 당국이 결정한다.

정시관측의 통보는 다음 형태로 보고된다.

- 정시관측보고(METAR) : 공항 내외에서 전파, 주로 항공 운항 계획, VOLMET 방송 및 D-VOLMET을 위해 사용된다.
- 국지정시관측보고(Met Report) : 특정 공항에 전파되어야 하며, 주로 이·착륙하는 항공기를 위해 사용된다.

② 특별관측보고

특별관측은 정시관측 사이에 지상풍, 시정, 활주로 가시거리, 현재 일기, 구름, 기온에 관한 특정 기준값 이상의 변화가 있을 때 실시하는 관측이다. 이 관측은 국제 규정에 정해진 특정 기준값이나 항공기상청, 항공교통업무당국, 운항자 및 기타 관련자들과 협의하여 정한 값에 따라 수행된다.

특별관측보고(SPECI)는 국제 규정에 따라 다음 기준에 해당할 때 발표된다(단, 인천공항의 정시관측은 30분 간격으로 이루어지므로 특별관측보고는 생략된다). 당해 공항 내외로 전파되며, 주로 운항계획, VOLMET방송 및 D-VOLMET을 위해 사용된다.

- 평균풍향이 가장 최근에 보고한 풍향보다 60° 이상 변화하고, 변화 전과 변화 후의 평균풍속이 10kt(5m/s) 이상일 때

  (예 10009KT→16010KT(○), 16011KT→10009KT(○), 10010KT→17011KT(○),
  10004KT→ 16009KT(×))

- 평균풍속이 가장 최근에 보고한 평균풍속보다 10kt(5m/s) 이상 변화할 때

- 평균풍속의 변동(gust)이 가장 최근에 보고한 값보다 10kt(5m/s) 이상 변화하고, 변화 전이나 후의 평균풍속이 15kt(7.7m/s) 이상일 때

  (예 10006G16KT→10016G26KT(○), 10006KT→10016G26KT(○),
  10016KT→10016G26KT(○), 10006G16KT→10015G25KT(×))

- 시정이 호전되면서 다음 기준치 중 하나 이상의 값과 같아지거나 경과할 때 또는 악화되면서 기준치 중 하나 이상의 값을 경과할 때

  - 기준치(m) : 800, 1500, 3000 또는 5000

- 활주로가시거리가 호전되면서 다음 기준치 중 하나 이상의 값과 같아지거나 경과할 때 또는 악화되면서 기준치 중 하나 이상의 값을 경과할 때

  - 기준치(m) : 50, 175, 300, 550 또는 800

- 다음의 기상현상이 시작, 종료 또는 강도의 변화가 발생할 때

  - 어는 강수   - 보통 또는 강한 강수(소낙성 포함)

  - 뇌우(강수 포함)   - 먼지폭풍

  - 모래폭풍   - 깔때기구름(토네이도 또는 용오름)

- 다음의 기상현상이 시작 또는 종료될 때

  - 어는 안개   - 뇌우(강수 없음)

  - 낮게 날린 먼지, 모래 또는 눈

  - 날린 먼지, 모래 또는 눈

  - 스콜

- BKN 또는 OVC인 최하층 구름고도(운고)가 상승하면서 다음 기준치 중 하나 이상의 값과 같아지거나 경과할 때 또는 하강하면서 다음 기준치 중 하나 이상의 값을 경과할 때

  - 기준치(ft/m) : 100/30, 200/60, 500/150, 1000/300, 1500/450

• 1,500ft(450m) 미만의 높이에 있는 운량이 다음과 같이 변할 때

  – SCT 이하에서 BKN 또는 OVC로 변화

  – BKN 또는 OVC에서 SCT 이하로 변화

• BKN : Broken의 약자. 전체 하늘에서 구름이 5/8~7/8(5~7 Oktas) 차지할 때, 구름 많음
• OVC : Overcast의 약자. 전체 하늘에 구름이 8/8(8 Oktas) 가득 찼을 때, 흐림
• SCT : Scattered의 약자. 전체 하늘에서 구름이 3/8~4/8(3~4 Oktas) 차지할 때, 구름 조금
• FEW : Few, 전체 하늘에서 구름이 1/8~2/8(1~2 Oktas) 차지할 때, 맑음

• 하늘이 차폐되고 관측된 수직시정이 호전되면서 다음 기준치 중 하나 이상의 값과 같아지거나 경과할 때 또는 악화되면서 기준치 중 하나 이상의 값을 경과할 때

  – 기준치(ft/m) : 100/30, 200/60, 500/150 또는 1000/300

③ 항공기상관측보고

항공기상관측보고는 국제규정 형판에 맞게 작성하며 WMO에서 규정한 부호 형식과 평문 약어를 이용하여 제공한다. 항공기상관측에 포함해야 하는 사항은 다음과 같으며, 나열된 순서대로 포함한다.

• 보고 형태 지시자 : METAR / SPECI / MET REPORT / SPECIAL

• 위치 지시자 : 공항의 ICAO 위치 식별자

  ※ 지시자는 Location Indicatiors(Doc 7910)에 규정

• 관측시각 : 관측 수행 시각, 월의 일/시/분으로 구성(UTC)

• 자동 관측(AUTO) 또는 누락된 보고(NILL) 식별부호(해당하는 경우)

• 지상 풍향과 풍속

• 시정

• 활주로 가시거리(해당하는 경우)

• 현재 일기

• 운량, 운형(적란운과 탑상적운인 경우), 운저고도 또는 수직시정

• 기온, 이슬점온도

• QNH, QFE(국지정시보고 및 국지특별보고만 포함)

• 보충정보(필요한 경우)

• RMK(비고란, 국제규정에 해당하는 사항은 아니나 항공기 운항 지원을 위하여 필요시, 추가)

④ 전문

〈METAR 전문 예시〉

> METAR RKSI 040600Z 15005KT 110V200 6000 FEW025 BKN055 28/22 Q1006 NOSIG

- METAR : 보고 형태의 식별부호

- RKSI : 위치 지시자를 표시한 것으로 ICAO의 4자리 지명표시를 사용한다.

- 040600Z : 관측 시각을 표시한 것이다. 앞 두 자리는 그달의 날짜, 뒤의 네 자리는 시간을 기입하며, UTC를 사용하고, 끝에 Z(zulu)를 붙인다.

- 15005KT 110V200 : 지상 풍향과 풍속은 진북 기준으로 10° 단위로 반올림한 3단위 숫자로 표기하며, 바로 뒤에 풍속을 표기한다. 풍속의 단위는 knot로 한다. 풍속이 1kt 미만(calm)인 경우에는 '00000'으로 표기한다. 100kt 이상인 풍속인 경우 지시자 'P'를 사용하여 풍속을 '99'로 표기한다(예 140P99KT). 관측시간 바로 전 10분 동안에 평균풍속으로부터의 변동폭(gust)이 평균풍속값의 10KT 이상일 때, 풍향풍속 뒤에 문자 'G'(gust)를 표시하고, 최대순간풍속(fmfm)을 2자리로 표기한다(예 12006G18KT). 평균풍속이 3kt 이상이며, 관측시간 바로 전 10분 동안에 풍향이 60° 이상 180° 미만으로 변하면 평균풍향풍속을 표기하고 양극단의 풍향을 양방향 사이에 'V'자를 넣어서 시계방향 순서로 표기한다(예 02010KT 350V070). 평균풍속이 3kt 미만이며, 관측하기 바로 전 10분 동안에 풍향의 변동이 60° 이상 180° 미만으로 변하면 문자 'VRB' 뒤에 평균풍속을 표시하고, 평균풍향을 표시하지 않는다(예 VRB02KT). 풍향의 변동이 180° 이상이거나 평균풍향의 결정이 불가능할 경우(예를 들면, 뇌우가 공항을 통과할 때)에는 문자 'VRB'(Variable)로 표기한다(예 VRB03KT).

- 6000 : 우세시정을 4자리의 숫자를 사용하여 m 단위로 보고한다(예 4000(시정 4,000m), 0350(시정 350m)). 10분간 평균값을 사용하며, 10분 동안에 현저한 불연속이 발생한 경우에는 불연속 이후에 발생한 값만을 사용한다. 시정의 현저한 불연속이란 시정이 급격하고 지속적으로 변화하여 SPECI 보고의 발표 기준에 도달하거나 경과하여 최소한 2분간 지속될 때이다. 시정이 10km 이상이며, CAVOK를 사용할 조건인 때를 제외하고는 '9999'로 보고한다. 시정이 다른 방향에서 동일하지 않고 최단시정이 1,500m 미만이거나, 우세시정의 50% 미만이고 5,000m 미만일 때 우세시정과 최단시정을 모두 보고한다. 이때 가능하다면 최단시정값에는 공항의 위치를 기준으로 방향(8방위)을 표기한다. 급격한 변동으로 우세시정을 결정할 수 없는 경우 방향표시 없이 최단시정을 보고한다(예 2000 1200NW, 0800 0450S, 6000 2800E). 최단시정이 한 방향 이상에서 관측될 때는 운항상 중요한 방향의 최단시정을 보고한다(예 4000 1400N).

※ 국지정시/국지특별보고와 항공교통업무기관의 영상출력장치는 1분간 평균값을 사용한다.

- 활주로가시거리(RVR)는 시정 또는 RVR이 1,500m 미만일 때는 그 기간 내내 m 단위로 보고한다. RVR은 관측된 활주로와 함께 m단위로 보고한다. 400m 미만인 경우 25m 단위로, 400m 이상 800m 미만인 경우 50m 단위로, 800m 이상은 100m 단위로 보고한다. 측정값이 보고 단위와 일치하지 않을 경우 낮은 쪽으로 절삭해야 한다.

※ 국제민간항공협약 부속서 3에서는 활주로 가시거리의 하한치는 50m, 상한치는 2,000m로 권고하고 있다.

활주로 운영등급별 활주로가시거리 보고는 다음과 같은 내용으로 구성되어야 하는데, 활주로가시거리는 운영등급 II 및 III의 계기접근 및 착륙 시 이용되는 모든 활주로에 대해 산정되어야 하며, 산정치는 다음과 같은 기준에 따라 이루어진다.

- 비정밀 접근 또는 운영등급 I의 계기접근 및 착륙 시 이용되는 활주로의 항공기 접지구역에 대한 것이다.

- 운영등급 II의 계기접근 및 착륙 시 이용되는 활주로의 항공기 접지구역과 중간지점이 포함된다.

- 운영등급 III의 계기접근 및 착륙 시 이용되는 활주로의 접지구역, 중간지점, 종단지점이 포함된다.

활주로가시거리의 약어인 RVR은 'R'이라는 문자로 표시되며, 이후에는 활주로 지시자가 붙고 '/' 다음에 m 단위의 RVR 값이 보고된다(예 'R32/0400'은 32방향 활주로가시거리 400m를 나타낸다).

활주로가시거리가 상한치인 2,000m를 초과하거나 장비로 측정할 수 있는 상한값보다 클 경우에는 문자 'P'를 사용하여 보고한다(예 'R15/P2000'은 15방향 활주로가시거리가 2,000m를 초과함을 의미한다). 반면, 하한치인 50m 미만이거나 측정할 수 있는 하한값보다 작을 경우에는 문자 'M'을 사용하여 보고한다(예 'R15/M0050'은 15방향 활주로가시거리가 50m 미만임을 나타낸다).

접지구역의 대푯값만 보고해야 하며, 활주로상 위치 표시는 하지 않아야 한다. 착륙 가능한 활주로가 두 개 이상일 경우에는 활주로 위치를 명시하여 접지구역 활주로가시거리 값을 최대 4개까지 보고할 수 있다(예 'R16LL/0650 R16L/0500 R16R/0450 R16RR/0450'은 각각의 활주로가시거리를 나타낸다).

관측 시작 직전 10분간의 활주로가시거리 변동은 다음과 같이 보고된다. 활주로가시거리가 10분 동안 뚜렷한 경향성을 보일 경우, 상승 또는 하강 경향에 따라 각각 'U'(up) 또는 'D'(down)를 표시하며, 경향성이 없을 경우 'N'(neutral)을 사용한다. 경향 표시가 불가능할 때는 생략할 수 있다(예 'R12/1100U', 'R26/0550N', 'R20/0800D'와 같은 방식으로 보고된다).

- 현재 일기는 필요에 따라 관측되고 보고되어야 한다. 다음의 일기현상, 즉 비, 이슬비, 눈, 어는 강수(강도 포함), 연무, 박무, 안개, 어는 안개, 그리고 뇌우(비행장 부근의 뇌우 포함) 등 각각은 최소한 구분되어 관측 및 보고가 이루어져야 한다.

표 4.2 현재일기 약어 출처 : 항공기상서비스 사용자 안내서 4차 개정판(항공기상청)

수식어		일기현상		
강도	상태	강수	장애	기타
− 약함 보통 (수식어 없음) + 강함 (잘 발달된 먼지/ 모래 소용돌이와 깔대기 구름) VC 인접	MI 얇은 BC 산재한 PR 부분적인(공항의 일부를 덮고 있을 때) DR 낮게 날린 BL 높게 날린 SH 소낙성의 TS 천둥번개의 FZ 어는(과냉각)	DZ 이슬비 RA 비 SN 눈 SG 쌀알눈 PL 얼음싸라기 GR 우박 GS 싸락 우박 또는 눈싸라기 UP 알려지지 않은 강수	BR 박무 FG 안개 FU 연기 VA 화산재 DU 널리퍼진 먼지 SA 모래 HZ 연무	PO 먼지/모래 소용돌이(회오리바람) SQ 스콜 FC 깔대기구름(토네이도 또는 용오름) SS 모래폭풍 DS 먼지폭풍

- FEW025 BKN055 : 운저고도는 10,000ft까지 100ft 간격으로 보고해야 하며, 예를 들어 'SCT010'은 운량 SCT와 운고 1,000ft를 나타낸다. 항공기상청과 항공교통관제기관의 합의에 따라 저시정 운영 절차가 마련된 곳에서는 운저고도를 250ft(75m)까지는 50ft(15m) 간격으로, 300ft(90m)부터 10,000ft(3,000m)까지는 100ft(30m) 간격으로 보고한다.

사용 활주로가 둘 이상일 경우, 운저고도가 계기로 측정될 때 활주로별로 운저고도를 보고해야 하며, 각 값에 해당하는 활주로가 표시되어야 한다. 운저고도 100ft 미만의 구름이 관측되었을 경우 'NSNSNS000'으로 보고해야 한다. 산악지대에서 구름이 관측지점의 고도보다 낮을 경우, 구름은 'NSNSNS///'로 보고해야 한다. 관측지점에서 강수 또는 시정장애로 구름을 관측할 수 없을 때는 수직시정을 관측하여 보고해야 한다(**예** 'VV001', 'VV002'와 같이 보고한다). 운고계가 없는 공항에서 수직시정 관측이 불가능할 경우 'VV///'로 보고하고, 운고계가 있는 공항에서는 운고계를 참고하여 관측해야 한다.

운량, 운저고도, 운형의 순서로 보고한다. 구름의 운량에 따라 FEW(1~2oktas), SCT(3~4oktas), BKN(5~7oktas) 또는 OVC(8oktas)의 약어를 사용하여 보고해야 한다. 운저고도가 비슷한 운층의 구름은 동일 고도로 간주하여 운량을 보고해야 한다. 한 층의 구름이 적란운, 탑상적운, 보통의 구름으로 구성될 경우 운형은 적란운으로, 운량은 동일 고도에 있는 모든 운량의 합으로 보고해야 한다. 운형의 경우 중요한 대류운인 CB(적란운) 및 TCU(탑상적운) 이외의 구름 형태는 식별하지 않는다.

- CAVOK(Ceiling And Visibility OK) : 항공기 운항에 영향을 줄 수 있는 기상현상이 일정 기준 이상인 경우에는 그 현상의 명칭 또는 관측값을 구체적으로 명시하는 대신 'CAVOK'라는 용어를 사용하고 있다. 다음과 같은 상태가 동시에 관측되었을 경우 모든 보고에는 시정, 활주로가시거리, 현재 일기, 구름정보 대신 'CAVOK'라는 용어를 사용한다.

  – 시정 10㎞ 이상

  – 운항상 중요한 구름이 없을 때

  – 강수, 대기물 먼지현상, 뇌우 등의 중요일기가 없을 때

- NSC(Nil Significant Cloud) : 운항상 주요한 구름이 없고 수직시정에 제한이 없으나 'CAVOK' 약어 사용이 적절하지 않을 경우 사용한다.

  – 28/22 : 기온과 이슬점 온도를 기입한 것으로, 섭씨로 측정되고 보고되어야 한다.

  – Q1006 : METAR/SPECI 보고에서 기압의 경우, 항공기 기상보고에서는 QNH만 사용한다. QNH는 4자리 정수의 hPa로 보고하며, 반올림이 적용된다(예 Q1013 → 1012). QNH를 보고 시 'Q'를 4자리 정수값 앞에 붙여서 보고해야 한다(예 1012 → Q1012).

⑤ SPECI 전문

〈SPECI 예문〉

> SPECI RKSI 211025Z WIND RWY 27 TDZ 240/16KT MAX27
> MNM10 END 250/14KT VRB BTN220/ AND 300/

- 국지관측에서 지상풍을 보고할 때는 WIND라는 명칭을 먼저 기록하고, 그 뒤에 풍향과 풍속에 관한 정보를 기록해야 한다.

- 풍향은 진북기준 10도 단위로 반올림한 3단위 숫자로 표기하며, '/' 뒤에 풍속을 표기해야 한다. 풍속의 단위는 knot 또는 초당 m로 표기한다.

  예 WIND 240/8kt

출발 항공기를 위해 사용될 때, 이들 보고의 지상풍 관측값은 해당 활주로 상태를 나타낸 값이어야 하고, 도착 항공기를 위해 사용될 때, 이들 보고의 지상풍 관측값은 항공기 접지구역의 상태를 나타낸 값이어야 한다.

2) SIGMET 및 AIRMET 정보

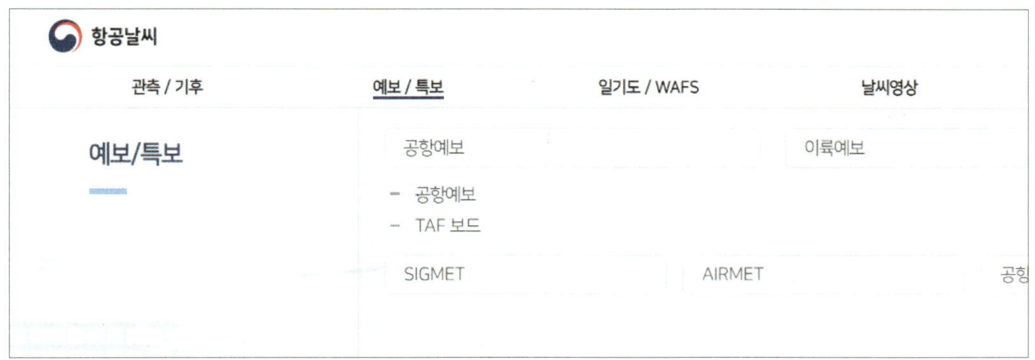

그림 4.5 항공날씨 홈페이지 상단 메뉴

오른쪽 상단 두 번째에 위치한 '예보/특보'를 선택하면 공항예보, 이륙예보, SIGWX, SIGMET/AIRMET, 공항 급변풍 경보, 태풍정보를 이용할 수 있다.

그림 4.6 예보/특보 예시 '공항예보'

① SIGMET 정보

- SIGMET 정보는 항공기 안전운항에 영향을 미칠 수 있는 특정의 항공상 기상현상과 기타 대기 중 현상의 시·공간적인, 발생하거나 발생이 예상될 때, 기상감시소에 의해 국제적으로 합의된 약어를 사용하여 서술하는 것이다.

- SIGMET 정보는 기상감시소(항공기상청)에 의해 발표되어야 하며, SIGMET 정보는 해당 공역에서 해당 기상현상이 더 이상 발생하지 않거나 발생이 예상되지 않을 때 해제되어야 한다.

• SIGMET 전문의 유효기간은 4시간을 초과하지 않아야 한다. 다만, 화산재 구름과 열대저기압과 같은 특별한 경우에 발표되는 SIGMET 전문은 12시간 이내에 발표해야 하며, 유효기간은 6시간까지 연장되어야 한다.

② 전문형식

> CCCC SIGMET [n]nn VALID YYG1G1g1g1/YYG2G2g1g1 C1C1C1C1-

• 작성 예 : RKRR SIGMET A05 VALID 221215/221600 RKSI

• 해석 예 : 22일 0000UTC 이후 항공기상청(기상감시소 : RKSI)이 인천비행정보구역(항공교통센터 : RKRR)에 대하여 5번째로 발표하는 SIGMET 전문으로 22일 1215UTC에서 22일 1600UTC까지 유효하다.

– 식별군은 ICAO 지명 약어, 보고형태 지시자, 유효시간 및 SIGMET 발표기상관서 지시자순

– 지명 약어(CCCC) : ICAO에 의해 규정된 네 자리 부호로서 항공고정국의 지명을 나타낸다.

– 보고형태 지시자 및 일련번호 : SIGMET 발표번호

– 유효시간(YYG1G1g1g1/YYG2G2g1g1) : SIGMET의 유효시간으로 YYG1G1g1g1부터 YYG2G2g1g1까지이다.

– 기상감시소 지명 약어(C1C1C1C1) 및 연자부호(-) : SIGMET을 작성 발표하는 기상감시소의 ICAO 지명약어와 본문을 구별하기 위한 연자부호

③ SIGMET 전문

본문의 맨 앞에는 발표하는 SIGMET에 관련된 비행정보구역(FIR) 또는 그 명칭을 표시한다. 발생 또는 발생이 예상되는 기상현상과 상태는 그에 따른 약어를 사용하여 표현한다.

㉠ 뇌우(TS, Thunderstorm)

• OBSC(obscured) : 뇌우(필요할 경우 뇌우를 동반하지 않는 CB 포함)가 연무 또는 연기에 의해 차폐되거나 어둠에 의해 쉽게 보여질 수 없는 경우

　예 OBSC TS

• EMBD(embedded) : 뇌우(필요할 경우 뇌우를 동반하지 않는 CB 포함)가 구름층에 묻혀있고 쉽게 인식될 수 없는 경우

　예 EMBD TS

• FRQ(frequent) : 그 구역 안에서 현상에 의해 영향을 받거나 영향을 받을 것으로 예보되는 지역의 75%보다 큰 최대 공간 범위를 가지며, 인접한 뇌우 간의 분리가 작거나

분리가 없는 뇌우 구역(정시에 또는 유효기간 동안).

　　예 FRQ TS

- SQL(squall line) : 각각의 구름 사이 간격이 작거나 없는 선을 따라 있는 뇌우를 표현

　　예 SQL TS

- GR(hail) : 필요에 따라 뇌우의 한층 더 심화된 표현으로 사용

　　예 OBSC TSGR, EMBD TSGR, FRQ TSGR, SQL TSGR

ⓛ 태풍(TC, Tropical Cyclone)

- 10분간의 지상풍 평균풍속 17m/s(34kt) 이상인 태풍을 표현한다.

　　예 TC(+태풍 이름+위치 CB), TC GLORIA PSN N3500 W12800 CB

ⓒ 난류(TURB, Turbulence)

- 심한 난류(TURB)는 강한 지상풍과 관련된 저층 난류, 두루마리 흐름, 또는 구름 안 또는 구름 안에서 발생하지 않은 난류(CAT)로, 대류 운과 연관하여 사용하지 않아야 한다.

- 심한 난류 : EDR 최댓값이 0.45 이상일 때

　※ EDR(Eddy Dissipation Rate) : 와도 소실률

　　예 SEV TURB

ⓔ 착빙(ICE, Icing)

- 심한 착빙(대류운 속 착빙 제외), 어는 비(FZRA)는 어는 비를 발생시키는 심한 착빙 조건을 적용한다.

　　예 SEV ICE; SEV ICE(FZRA)

ⓜ 먼지폭풍 또는 모래폭풍(DS 또는 SS, Duststorm 또는 Sandstorm)

- 강한 먼지폭풍 또는 강한 모래폭풍을 표현한다.

- 심함 : 시정이 200m 미만이고, 하늘이 차폐되었을 때

- 보통 : 시정이 200m 미만이고 하늘이 차폐되지 않았을 때, 또는 시정이 200m에서 600m 사이일 때

　　예 HVY DS, HVY SS

ⓗ 산악파(MTW, Mountain wave)

- 심한 산악파를 표현. 심함 : 3.0m/s(600ft/min) 이상의 하강기류를 동반 또는 심한 난류가 관측되거나 예상될 때

　　예 SEV MTW

ⓐ 화산재(VA, Volcanic ash)

  • 화산재에 대해 표현하며, 화산의 이름을 알고 있는 경우 그 이름을 표현한다.

  예 VA

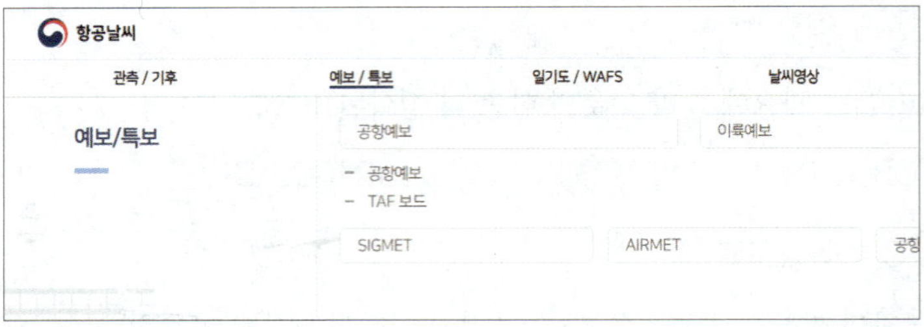

그림 4.7 항공날씨 홈페이지 상단 메뉴

3) 예보

예보(Forecast)는 특정 시간 또는 기간 및 특정 지역 또는 공역에 대해 예상되는 기상조건에 대한 서술을 말하며, 항공기의 안전 운항을 목적으로 공항, 항공로, 비행정보구역에 대하여 발표한다. 공항기상정보란 기상현황과 전망, 원인, 날씨변동 가능성 등 예보와 경보의 관련 사항에 대해 이해하기 쉽도록 정기적으로 또는 수시로 설명하는 정보를 말한다.

단, 예보 이용 시 공항기상관서에 의해 정규 비행장예보 같은 예보가 새로 발표된다는 것은 동일한 장소와 동일한 유효기간 또는 일부 기간에 대하여 앞서 발표된 어떠한 예보도 자동 취소된다는 것으로 이해되어야 한다. 예보의 종류에는 비행장 예보, 착륙예보, 이륙예보, 저고도 비행 지원용 공역예보가 있다.

① 비행장 예보

비행장예보(TAF, Terminal Aerodrome Forecast) 구역은 해당 공항의 비행장 표점(ARP, Aerodrome Reference Point, 비행장 표점) 기준 반경 8km(단, 구름 예보는 16km) 이내 지역을 말한다. 유효기간 시작이 1시간 미만 남은 어느 특정 시각에 발표되어야 하며, 일정 기간 동안 비행장에서 예상되는 기상조건에 대한 간결한 서술로 구성되어 있다. 비행장 예보와 이에 대한 수정예보는 'TAF'로 발표되어야 하고, ②항에서 나열된 순서대로 포함해야 한다.

② 전문

〈TAF 전문 예시〉

```
TAF RKSS 121100Z 1212/1318 21007KT 3500 BR SCT030 BKN120 TEMPO 1217/1220
2300 – TSRA FEW010CB BKN030 OVC070
BECMG 1223/1224 6000 NSC
BECMG 1311/1312 4200 BR=
```

- TAF : 예보 종류의 식별용어. 예보를 수정했을 때는 'TAF AMD'를 사용하고, 정정했을 때는 'TAF COR'을 사용한다.

- RKSS : 위치 지시자를 표시한 것으로 ICAO의 4자리 지명표시를 사용한다.

- 121100Z : 예보 발표 시각. 앞 두 자리는 날짜, 뒤 네 자리는 시각을 나타낸다.

- 1212/1318 : 예보 일자 및 유효기간을 기입한 것으로, 앞 두 자리는 날짜, 뒤 두 자리는 시각을 나타낸 것이다(12일 12시부터 13일 18시까지 적용되는 예보).

- 21007KT : 지상풍을 기입한 것이다. 앞부분은 10° 단위 풍향 3자리와 풍속 2자리를 공백 없이 표시하고, 마지막에 풍속의 측정 단위(kt)를 쓴다.

- 3500 : 시정을 기입한 것이다. 시정은 VVVV로 우세시정을 4자리 숫자로 표시하고, 우세시정으로 예보할 수 없을 때는 최단시정으로 표현한다. 시정이 10km 이상으로 예상될 때는 CAVOK가 적용되는 경우를 제외하고는 '9999'로 표현한다. AVOK는 시정, 일기, 구름군을 모두 포함한 의미이므로 5,000ft 이내에 운항상 중요 구름이 없거나, 중요 일기현상이 없을 경우에만 사용할 수 있다.

- BR : 일기현상을 나타낸 것이다. 만약 일기현상이 복합적으로 발생할 것으로 예상되는 경우, 최대 3개 현상까지 예보한다. 일기현상의 종료가 예상되면 'NSW'로 표현한다(다음의 일기 현상 중 한 개 이상, 최대 3개까지 또는 이들의 복합 현상이 비행장에서 발생할 것으로 예상될 때는 각각의 특성과 가능하다면 강도까지 예보되어야 한다.).

- SCT030 BKN120 : 구름은 8분위(okta) 운량 3자리와 100ft 단위 운고 3자리를 공백 없이 표시한다. 운량은 전체 하늘에 대해 구름이 차지하고 있는 부분을 FEW(1~2oktas), SCT(3~4 oktas), BKN(5~7 oktas), OVC(8 oktas) 4단계로 표현한다.

- TEMPO, BECMG : 예보 유효기간 동안 하나 이상에 대해 변화가 예상될 때 사용하는 변화지시자이다. 변화군에 사용하는 변화 지시자는 BECMG, TEMPO, FM 등이 있다.

> **참고**
>
> - CAVOK : 시정, 구름 및 현재 기상이 규정된 값이나 상태보다 양호('KAV–OH–KAY'로 발음)
> - BR : 박무(mist)
> - BECMG : BECOMING의 약자
> - FM : FROM의 약자

③ 현재일기 종류

다음의 현재일기 현상이 발생하였을 때는 보고해야 하며, 각 요소별 개별적 약어, 보고 관련 기준 및 특성은 다음과 같다.

ㄱ) 강수

- 이슬비(Drizzle) DZ : 직경 0.5㎜ 미만의 아주 작은 물방울들이 내리는 강수. 얼핏 보면 공중에 떠 있는 것 같이 보이며, 대기가 약간만 움직이더라도 따라 움직이는 것을 볼 수 있다. 이슬비는 보통 연속된 두꺼운 층운(ST)에서 내리며, 시정은 비가 내릴 때 보다 더욱 나쁜 것이 특징이다.

- 비(Rain) RA : 직경 0.5㎜ 이상의 물방울로 된 강수로, 빗방울 크기는 보통 안개비 입자보다 크다. 그러나 강우역의 가장자리에서는 빗방울이 떨어지는 도중에 증발하기 때문에 안개비의 입자와 같은 정도의 작은 입자로 관측될 수 있다. 그런 경우에는 빗방울의 입자가 분산해서 내리게 되므로 안개비와 구별된다.

- 눈(Snow) SN : 얼음결정으로 된 강수로서 결정형태는 침상(針), 각주상(角柱), 판상(板 : 樹板狀을 포함) 등이 있고, 이러한 결정들이 규칙적으로 결합한 것도 있으며, 불규칙하게 결합한 덩어리를 이룬 것도 있다. 눈은 대기 중에서 수증기가 승화된 것이 모체가 되며, 여기에 과냉각된 물방울이 부착하여 빙결된 것과 다소 물기를 포함하고 있는 것도 있다. 이와 같은 것들이 불규칙하게 흩어져 내리기도 하며, 어떤 때는 여러 개가 결합하여 눈송이를 이루어 내릴 때도 있다. 구름 속에서 떨어지는 단일 또는 덩어리로 된 빙정이 고체 형태로 떨어지는 것을 말한다.

- 쌀알눈(Snow Grains) SG : 이슬비가 언 것으로 매우 작은 불투명한 흰색 얼음 입자이다. 이러한 입자는 매우 납작하거나 길쭉하며 직경은 대체로 1㎜ 미만이다. 소낙성 강수 형태로 내리지 않으며 과냉각된 층운(stratus)이나 안개에서 내린다.

- 얼음싸라기(Ice Pellets) PL : 쉽게 부서지지 않는 투명 또는 반투명의 얼음 입자로 직경이 5㎜ 이하이며 빙결된 빗방울이나 커다란 녹은 눈송이로부터 형성된다. 고층운 혹은 난층운에서 내리며 빙결과정은 지면 부근에서 일어나므로 심한 착빙 위험을 가져온다. 입자가 지면에 부딪치면 소리를 내고 튀어 오른다.

- 우박(Hail) GR : 투명하거나 부분 또는 전부가 불투명하고 일반적으로 5~50㎜ 이내의 직경을 갖는 얼음조각(우박)을 말한다. 최대 직경이 5㎜ 이상일 때 사용하며, 1㎏ 이상의 하중을 갖는 매우 큰 우박이 관측된 적도 있다. 우박은 강한 천둥번개에 동반하여 비에 섞여 내리는 수가 많다.

- 싸락 우박/눈싸라기(Small Hail and/Snow Pellets) GS : 최대 우박의 직경이 5㎜ 미만일 때 사용하며, 약어 GS는 두 가지 다른 형태의 강수를 보고하는 데 사용해야 한다.
  - 싸락 우박(Small Hail) : 단단한 지면에 떨어져 튀는 소리를 들을 수 있는 직경 5㎜ 이하의 투명한 얼음 입자이다. 전체 또는 부분적인 얼음층으로 둘러싸인 눈싸라기로 구성되며, 눈싸라기와 우박의 중간 단계이다.

– 눈싸라기(Snow Pellets) : 희고 불투명하며 거의 둥근 형태의 얼음 입자로 0℃ 근처에서 눈과 함께 내린다. 직경은 보통 2~5㎜이며 단단한 지면에 떨어질 때 쉽게 부서지며 튀어 오른다. 지상 기온이 0℃ 전후일 때 눈싸라기는 소낙성 강수로서 눈에 선행하여 내리는 수가 많다. 또 눈이나 빗방울과 섞여서 내리는 경우도 있다.

> **참고**
>
> 거대한 적란운은 우박이 생성되는 주요 구름이다. 구름이 매우 높이 발달하며, 얼음 입자들을 충분히 성장할 수 있게 하기 위해 구름 속에서 매우 활발한 상승작용이 필요하다.

ⓛ 시정장애 현상(대기물현상)

- 안개(Fog) FG : 매우 작은 물방울 또는 얼음 입자가 공기 중에 부유하는 것으로 수평 시정이 1,000m 미만으로 감소한다. 안개 속에서의 대기는 습하고 차갑게 느껴지며 상대습도는 100%에 가깝다. 대체적으로 백색이지만, 공업지대에서는 연기와 먼지로 인하여 회색이나 황색을 띠게 된다.

  – 'MI', 'BC', 'PR' 또는 'VC'로 수식하는 경우를 제외하고는 시정이 1,000m 미만일 때 보고

- 박무(Mist) BR : 지극히 미세한 물방울이나 젖은 흡습성 입자가 공기 중에 부유하는 것으로 수평 시정이 1,000~5,000m로 감소되며, 상대습도가 80% 이상이 된다. 박무가 낀 때의 대기는 안개처럼 습하고 차갑게 느껴지지는 않는다.

  – 시정이 1,000m 이상 5,000m 이하일 때 보고

ⓒ 시정장애 현상(대기먼지 현상)

다음의 시정장애 현상은 대기먼지 현상에 의해 시정이 5,000m 이하일 때만 사용되어야 한다('DRSA' 및 'VA'는 5,000m 초과 시에도 사용 가능)

- 모래(Sand) SA : 지면에서 솟아오르는 조그만 모래 입자의 부유로 인하여 수평 시정이 5,000m 이하로 감소한다.

- 먼지(넓게 퍼진)(Dust(widespread)) DU : 지면에서 솟아오르는 조그만 먼지 입자의 부유로 인하여 수평 시정이 5,000m 미만으로 감소한다.

- 연무(Haze) HZ : 눈에 보이지 않는 지극히 미세하고 건조한 입자가 공기 중에 부유하는 것으로 수평 시정을 5,000m 이하로 감소시키는 유백광의 입자가 공기 중에 무수히 많다.

- 연기(Smoke) FU : 연소에 의해 발생하는 조그만 입자가 공기 중에 부유하는 것으로 수평 시정이 5,000m 이하로 감소한다. 만약 부유하는 물방울이 없고 상대습도가 약 90% 이하이면 수평 시정 1,000m 미만에서 연기가 사용되어야 한다.

- 화산재(Volcanic Ash) VA : 활화산에서 유래한 크기가 상당히 다양한 대기 중의 먼지나 입자로, 조그만 입자는 종종 성층권까지 올라가서 장기간 떠다닌다. 큰 입자는 대기권에 남아서 바람에 의해 지구 여러 지역에 도달할 수 있으며, 비와 중력에 의하여 결국은 대기 중의 화산재가 제거된다. 집중된 큰 입자나 조그만 입자는 엔진을 포함하여 항공기에 상당한 손상을 가져올 수 있다.
- 황사(DU) : 황사가 예상될 때, 관측자 시야의 전방위에 대한 시정이 혼탁해지고 하늘이 옅은 황갈색을 보이거나, 황사관측 장비의 관측값이 기준지점별 기준 농도값 이상 시에 황사현상의 발생으로 한다(지상기상관측지침).

ㄹ 기타현상

- 먼지/모래 회오리(Dust/Sand Whirls(Dust Devil)) PO : 지면에서 솟아오른 먼지나 기타 가벼운 물질이 건조하고 먼지가 많거나 모래가 많은 지면 위에서 급격하게 회전하는 직경 수m의 공기기둥이다. 보통 수직으로 200~300ft 이하로 솟구치지만 매우 뜨거운 사막 지역에서는 2,000ft까지 솟구치는 경우도 있다.
- 스콜(Squall) SQ : 갑자기 발생한 강한 바람으로, 일반적으로 적어도 1분 이상 지속되며, 스콜의 더 긴 지속시간으로 인해 돌풍(Gust)과 구별된다. 갑자기 발생한 강한 바람의 풍속은 적어도 16kt(8m/s) 이상 증가하여 그 속도가 22kt(11m/s) 이상 도달하고 적어도 1분 이상 지속된다. 스콜은 수평적으로 수㎞, 수직적으로 수천ft까지 확장되는 규모가 큰 적란운 및 격렬한 대류활동과 종종 연관된다.
- 깔때기 구름(토네이도, 용오름)(Funnel Cloud(Tornado or Waterspout)) FC : 적란운으로부터 아래로 드리워지나 지면까지는 도달하지 않는 기둥 또는 깔때기 형태의 구름으로 표시되는 격렬한 소용돌이 현상으로 직경이 수m에서 수백m까지 다양하다. 지상에서 발달한 깔때기구름을 토네이도라 칭하며, 수면 위에서 발달한 것을 용오름이라 한다. 격렬한 토네이도는 풍속이 약 300kt(150m/s)에 이를 수도 있다.
- 먼지폭풍(Duststorm) DS : 강하고 급격한 바람에 의하여 왕성하게 상승된 먼지 입자의 총체로 보통 뜨겁고 건조하며 바람이 부는 조건, 특히 구름이 없는 왕성한 한랭전선의 전면에서 발생한다. 먼지 입자의 직경은 전형적으로 0.08㎜ 미만이며 결과적으로 모래보다 훨씬 더 높이 상승할 수 있다.
- 모래폭풍(Sandstorm) SS : 강하고 급격한 바람에 의하여 왕성하게 상승된 모래 입자의 총체로 모래 폭풍의 전면 부분은 넓고 높은 벽과 같은 모양을 갖는다. 상승하는 모래의 높이는 풍속과 불안 정도에 따라 증가한다.

④ 변화지시자

- 예보 유효기간 동안 하나 이상에 대해 변화가 예상될 때 사용하는 변화지시자이다.

⑤ BECMG

- 특정 기간 동안 기상요소(바람, 시정, 구름, 일기현상)가 규칙적 또는 불규칙적으로 변하여 특정값이 도달할 것으로 예상할 때 사용한다.

- 구름은 여러 개의 구름군 중 하나만 변화해도 모든 구름군을 포함하여 표현한다. 만일 변화군이 더 이상 사용되지 않는다면 주어진 기상현상이 정해진 시간 이후부터 예보기간 종료 시까지 지속되는 것으로 이해해야 한다. 변화기간은 보편적으로 2시간을 초과할 수 없으며 어떠한 경우라도 4시간을 초과할 수 없다.

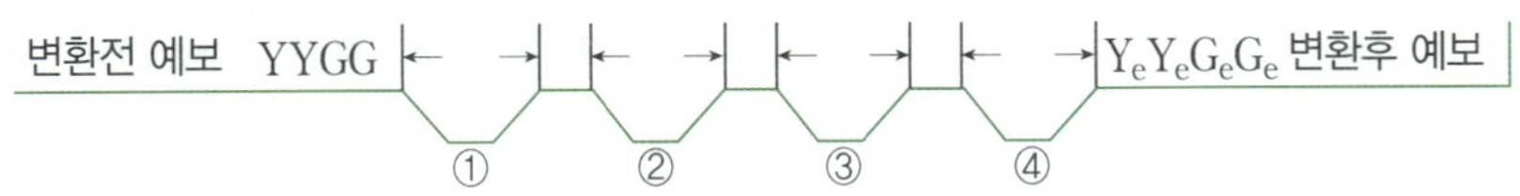

그림 4.8 BECMG 출처 : 항공기상청 공항기상 예보지침

- BECMG 0518/0519 7000 NSW NSC

  05일 1800UTC에서 1900UTC 사이에 시정이 7,000m이고, 강수 없고, 운항상 중요한 구름이 없다.

⑥ TEMPO

- 특정 기간 동안 일시적으로 기상요소(바람, 시정, 구름, 일기현상)가 변할 것으로 예상할 때 사용한다. 단, 기상현상 변화의 지속시간은 매 경우 1시간 미만 동안 변화했다 회복했다 해야 하고, 각 기상 변동시간의 합이 TEMPO 발령 시간의 1/2 미만일 것으로 예상될 때 사용한다. 만약 매 경우 일시적 변동시간이 1시간 이상 지속되거나 각 변동시간의 합이 1/2 이상 될 것으로 예상되면 변화지시자 'BECMG'를 사용한다.

그림 4.9 TEMPO 출처 : 항공기상청 공항기상 예보지침

- TEMPO 0521/0523 0400 FG

  05일 2100UTC에서 2300UTC 사이에 일시적으로 시정이 안개로 인해 400m가 될 때가 있을 것으로 예상된다.

⑦ FM

- 특정 시간(YYGGgg)에 기상현상이 다른 기상현상으로 뚜렷하게 변화할 것으로 예상될 때 사용한다. FM 이후에는 모든 예보 요소를 표현해야 하며, FM 시간군(YYGGgg : 일, 시, 분) 이전에 주어진 모든 현상은 FM 시간군 이후에 표현된 현상으로 대체된다.

변환전 예보   YYGGgg
변환후 예보

그림 4.10 FM 출처 : 항공기상청 공항기상 예보지침

- FM 060500 20010KT 4000 SHRA BKN030 OVC070

  06일 0500UTC부터는 200° 방향 바람이 10kt로 불고 소나기로 인해 시정이 4,000m, 3,000ft에서 5~7oktas, 7,000ft에 구름으로 완전 차폐될 것으로 예상된다.

⑧ 확률지시자(PROB)

- PROB(probability)는 특정 기간(YYGG/YeYeGeGe)에 예상되는 기상현상의 발생확률이 30% 또는 40%일 때 사용한다. 기상현상의 변화에 대한 확신이 높지 않지만, 변화가 예상되는 기상요소가 항공기 운항에 중대한 영향을 줄 것으로 예상되면 사용한다. 변화 예상 확률이 30% 또는 40%만을 사용할 수 있다. PROB뒤에는 항상 시간을 나타내는 표현이 붙는다.

- 예보 요소에 대한 발생확률이 30% 미만일 때는 운항상 중요하지 않으므로 언급하지 않는다. 예보 요소에 대한 발생확률이 50% 이상이며, 그에 대한 확신이 크면 BECMG, TEMPO 또는 FM 중 적절한 것을 사용하여 표현한다. 일시적 변동에 대한 확률 표시를 위해 PROB를 'TEMPO' 앞에 사용 가능하다.

- PROB30 TEMPO 0610/0612 +TSRA BKN015CB OVC070

  06일 1000에서 1200UTC 사이에 때때로 강한 강도의 비를 동반한 뇌전과 1,500ft에 운항 5~7oktas의 적란운, 7,000ft에 완전 차폐가 예상되지만, 발생확률은 30%이다.

⑨ AIRMET 정보

- 관할 비행정보구역 또는 그 하위 공역에서의 저고도 비행용으로 이미 발표한 공역예보에 포함되지 않았으며, 저고도 비행 항공기 운항의 안전에 영향을 미치는 발생하였거나 발생할 것으로 예상되는 특정의 항로상 기상현상에 대한 정보로서 기상감시소가 발표하는 정보이다.

- AIRMET은 승인된 ICAO의 약어와 명확한 의미를 가진 수치를 사용하여 간략하게 약어로 작성한다. 또한, 불필요한 설명 자료를 포함시키지 않으며, 뇌전 또는 적란운과 관련된 AIRMET은 난류와 착빙에 관련된 사항을 포함시키지 않는다. FL100(산악지형에서 FL150,

필요할 경우 그 이상의 고도까지) 이하의 저고도 운항 항공기에 영향을 미칠 수 있는 기상현상을 포함한다.

⑩ **전문형식**

> CCCC AIRMET [n]nn VALID YYG1G1g1g1/YYG2G2g1g1 C1C1C1C1-

- 작성 예 : RKRR AIRMET A05 VALID 221215/221600 RKSI
- 해석 예 : 22일 0000UTC 이후 항공기상청(기상감시소 : RKSI)이 인천비행정보구역(항공관제소 : RKRR)에 대하여 5번째로 발표하는 AIRMET 전문으로 22일 1215UTC에서 22일1600UTC까지 유효하다.
- 지명 약어(CCCC) : ICAO에 의해 규정된 네 자리 부호로서 항공고정국의 지명을 나타낸다.
- 보고형태 지시자 및 일련번호 : AIRMET 발표번호
- 유효시간(YYG1G1g1g1/YYG2G2g1g1) : AIRMET 정보의 유효시간으로 YYG1G1g1g1부터 YYG2G2g1g1까지이다.
- 기상감시소 지명 약어(C1C1C1C1) 및 연자부호(-) : AIRMET을 작성 발표하는 기상감시소 ICAO 지명 약어와 본문을 구별하기 위한 연자부호

⑪ **AIRMET 본문**

본문의 맨 앞에는 발표하는 AIRMET에 관련된 비행정보구역(FIR) 또는 그 명칭을 표시한다. 발생 또는 발생이 예상되는 기상현상은 다음의 약어를 사용하여 표현한다.

- 지상풍(SFC WIND, Surface Wind Speed) : 평균풍속이 30kt(15m/s) 이상 예상되는 지역에 대하여 사용단위와 함께 표현한다. **예** SFC WIND 35KT
- 지상시정(SFC VIS, Surface Visibility) : 5,000m 이하의 시정장애를 야기하는 하나의 기상현상 또는 복합현상 중 하나를 표현한다.

  예 SFC VIS 0800 FG

- 뇌우(TS, Thunderstorm)
- OCNL(occasional)
  - 우박을 동반하지 않고, 현상에 의해 영향을 받거나 받을 것으로 예상하는 구역에 대해, 최대 50~75% 이상의 공간을 차지할 것으로 예상될 때 사용하며, 다음과 같이 표현한다.

    예 OCNL TS

- 우박을 동반하고, 현상에 의해 영향을 받거나 받을 것으로 예상하는 구역의 최대 50~75% 이상의 공간을 차지할 것으로 예상될 때 OCNL(occasional)을 사용하며, 다음과 같이 표현한다.

  예 OCNL TSGR

- ISOL(Isolated)

  - 우박을 동반하지 않고, 현상에 의해 영향을 받거나 받을 것으로 예상하는 구역에 대해, 최대 50% 미만의 공간을 차지할 것으로 예상될 때 ISOL(Isolated)를 사용하며, 다음과 같이 표현한다.

    예 ISOL TS

  - 우박을 동반하고, 현상에 의해 영향을 받거나 받을 것으로 예상하는 구역에 대해, 최대 50% 미만의 공간을 차지할 것으로 예상될 때 ISOL(Isolated)를 사용하며, 다음과 같이 표현한다.

    예 ISOL TSGR

- 산악차폐 : 산악지대가 연무 또는 연기에 의해 차폐되거나 어둠으로 쉽게 볼 수 없을 때 OBSC(Obscured)를 사용하며, 다음과 같이 표현한다.

  예 MT OBSC

- 구름

  - 지상 위 1,000ft(300m) 미만의 운저고도를 갖는 BKN 또는 OVC의 구름구역을 운저고도, 운정고도 및 단위와 함께 표현한다.

    예 BKN CLD 400/3,000FT

  - 예상되는 구역에 최대 50% 미만의 공간을 차지할 정도의 적란운 또는 탑상적운이 끼었거나 낄 것으로 판단될 때는 ISOL(Isolated)을 사용하며, 다음과 같이 표현한다.

    예 ISOL CB(또는 TCU)

  - 예상되는 구역에 최대 50~75% 이상의 공간을 차지할 정도의 적란운 또는 탑상적운이 끼었거나 낄 것으로 판단될 때는 OCNL(Occasional)을 사용하며, 다음과 같이 표현한다.

    예 OCNL CB(또는 TCU)

  - 예상되는 구역에 최대 75% 이상의 공간을 차지할 정도의 적란운 또는 탑상적운이 끼었거나 낄 것으로 판단될 때는 FRQ(Frequent)를 사용하며, 다음과 같이 표현한다.

    예 FRQ CB(또는 TCU)

- 착빙(ICE, Icing) : 보통 착빙(대류운 속 착빙 제외

  예 MOD ICE

- 난류(TURB, Turbulence) : 강한 지상풍과 관련된 저층 난류, 두루마리 흐름 또는 구름 안 또는 구름 안에서 발생하지 않은 난류(CAT)로, 대류운과 연관하여 사용하지 않아야 한다(보통 난류 : EDR 최댓값이 0.20 이상이고 0.45 미만일 때).

  예 MOD TURB

- 산악파(MTW, Mountain Wave) : 보통 산악파를 표현한다.

  – 보통 : 1.75~3.0m/s(350~600ft/min)의 하강기류를 동반하거나 보통 난류가 관측 또는 예상될 때

    예 MOD MTW

  – 관측 또는 예측되는 정보 및 지속시간은 다음의 약어를 사용하여 표현한다. 약어 'OBS' 또는 'FCST'는 기상현상의 관측 또는 예상되는 기상현상을 UTC 기준의 시간과 함께 표현한다.

    a) 전문형식 : OBS(AT nnnnZ) 또는 FCST

    b) 전문 예 : OBS AT 1210Z

    c) 해석 예 : 12시 10분에 관측됨

  – 위치는 위도/경도 또는 국제적으로 잘 알려진 위치로 표시

    a) 전문형식 : WI Nnn[nn] Ennn[nn] – Nnn[nn] Ennn[nn]

    b) 전문 예 : WI N3400 E12625–N3400 E12800 – N3310 E12800 – N3230 E12730 – N3230 E12650 – N3100 E12600 – N3230 E12600 – N3400 E12625

    c) 해석 예 : N34°00′ E126°25′ – N34°00′ E128°00′ – N33°10′ E128°00′ – N32°30′ E127°30′ – N32°30′ E126°50′ – N31°00′ E126°00′ – N32°30′ E126°00′ 사이에 위치

  – 기상현상의 발생 또는 예상되는 고도를 표현한다.

    a) 전문형식 : TOP FLnnn 또는 FLnnn/nnn 또는 SFC/FLnnn

    b) 전문 예 : FL350/400

    c) 해석 예 : 비행고도 35,000ft에서 40,000ft 사이

  – 이동 또는 예상이동, 정체 정보를 16방위와 kt 또는 km/h의 속도 단위 중의 하나로 표시하며 기상현상의 예상되는 강도 변화를 표현한다.

    a) 전문형식 : MOV NW(nnKT)또는 STNR/INTSF

    b) 전문 예 : MOV E 20KT WKN

c) 해석 예 : 20kt의 속도로 동쪽으로 이동 중이며 강도는 약화 되고 있음 / INTSF(intensify)
: 강해지는, 강화되어지는 / WKN(weaken) : 약해지는 / NC(no change) : 변화 없는

⑫ **화산활동의 관측과 보고**

화산의 분출 전 활동, 분출, 화산재 구름의 발생 시 이는 관련 항공교통업무기관, 항공정보서비스기관, 그리고 기상감시소에 지체 없이 보고되어야 한다. 이 보고는 다음 정보를 포함하는 화산활동보고 형식에 따라 아래 열거된 순서대로 작성되어야 한다.

- 전문 유형, VOLCANIC ACTIVITY REPORT
- 관측소 식별부호, 위치 지시자 또는 관측소명
- 전문의 날짜/시간
- 화산의 위치 그리고 알고 있다면 화산명
- 화산활동의 강도, 분출의 발생과 날짜 및 시간 그리고 화산재 이동 방향과 높이와 함께 그 지역 내의 화산재 구름의 존재를 적절하게 포함되는 현상의 간결한 설명

4) 활주로 실시간 기상정보 확인

공항기상관측 장비인 AMOS(Aerodrome Meteorological Observation System)를 활용하여 활주로상의 풍향, 풍속, 시정, 활주로 가시거리, 운고, 기온, 이슬점 온도, 기압 및 강수량 등 기상상태를 자동으로 측정하고 관측한다. AMOS로 측정한 기상정보는 항공기상청에서 운영하는 항공날씨 시스템에서 원하는 공항을 선택하여 기상정보를 확인할 수 있다.

제4절 항공기 관측 및 보고

1 항공기 관측이란

비행 중인 항공기에서 생성되는 하나 이상의 기상 요소 측정값을 의미하며, 항공기 운항은 기상 상태에 따라 영향을 받는다. 공항에서는 실시간 관측 자료가 생산되지만, 항공기가 운항하는 공역의 경우 실시간 기상 상태를 확인하기는 어렵다. 특히 대양 상공을 비행할 때는 상층 일기도와 예상도를 통해 풍향, 풍속, 기온, 강풍 축의 위치를 예상할 수 있으나, 착빙, 난류 현상 등은 사전에 정확히 예측하기 어려울뿐만 아니라 예상과 실제 상황이 차이가 나는 경우도 있다.

운항 중인 항공기가 항공기 안전 운항에 영향을 줄 수 있는 중요한 기상현상을 관측하거나, ICAO에서 지정한 주요 보고 지점을 통과할 때는 각 체약 국가에 등록된 항공기가 관측을 수행하고, 관측을 기록하며 보고하도록 조정해야 하며, 다음과 같은 항공기 관측이 이루어져야 한다.

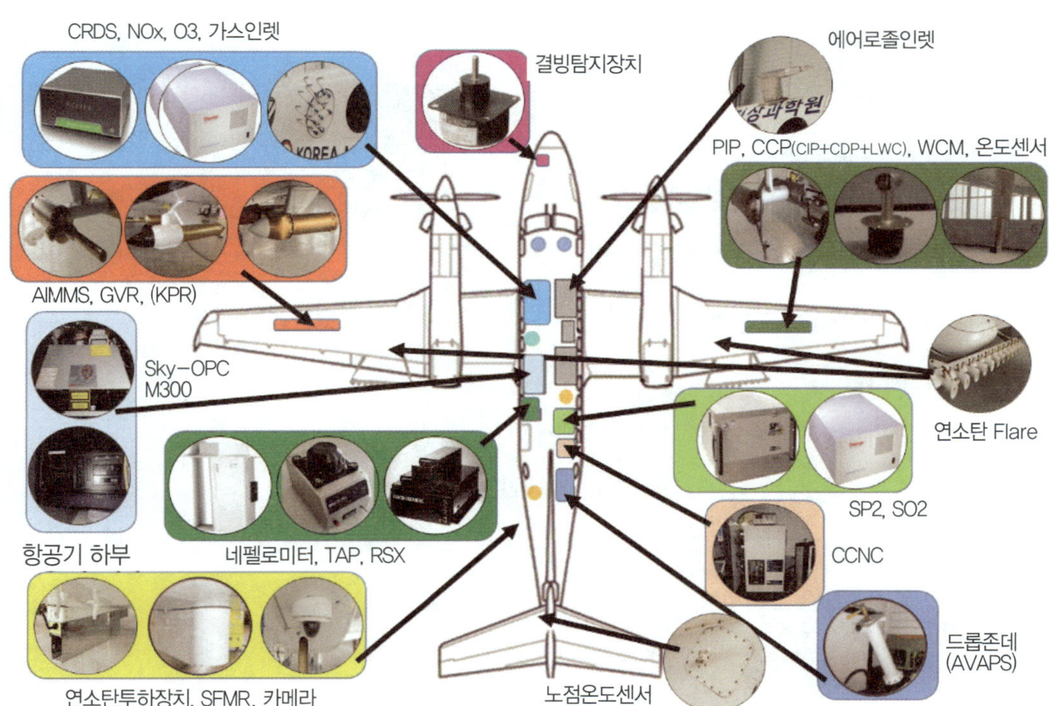

그림 4.11 항공기상청 관측용 항공기 출처 : 국립기상과학원

• 항로상 운항 중이거나 이륙 후 상승 단계 동안 이뤄지는 정규 항공기 관측

• 비행의 모든 단계에서 특별 및 기타 비정규 항공기 관측

1) 정규 항공기관측 – 지정

공대지 데이터 링크를 사용하고 협정형 자동종속감시장비(ADS-C, Automatic Dependent Surveillance-Contract) 또는 2차 감시레이더(SSR, Secondary Surveillance Radar) Mode S를 적용하는 항공기는 이륙 후 상승 단계인 첫 10분 동안 30초마다, 항공로 비행 단계 동안에는 15분마다 정규 항공기 관측을 실시해야 한다. 공대지 데이터 링크 시스템을 설치하지 않은 항공기는 정규 항공기 관측에서 제외된다.

항공 교통량 밀도가 큰 항공로의 경우에 약 1시간 간격으로 정규 항공기 관측을 실시하도록 각 비행고도를 운항하는 항공기 중 한 대를 지정해야 하고, 지정 절차는 지역항공항행협정에 따른다. 또한, 이륙 후 상승 단계에서 항공기 관측을 보고하는 경우에 각 공항에서 약 1시간 간격으로 정규 항공기 관측을 실시하도록 항공기 한 대를 지정해야 한다. 해상구조물에 있는 비행장을 왕복하는 헬리콥터 운항을 위해 항공기상청과 관련 헬리콥터 운항자 사이에 합의된 지점과 시간에 대하여 정규 항공기 관측을 실시해야 한다.

공대지 데이터 링크를 사용하지만, ADS-C와 SSR Mode S를 적용하지 않은 항공기는 다음 요소를 보고해야 한다.

• 전문 형태 지시자

• 위치정보(항공기 식별부호, 위치 또는 위도와 경도, 시각, 비행고도 또는 고도, 다음 위치와 그 소요시간, 뒤이은 중요 지점)

• 운영정보(도착 예정시간, 총 비행시간)

• 기상정보(기온, 풍향, 풍속, 난류, 착빙, 습도(가능한 경우))

공대지 데이터 링크를 사용하는 항공기는 다음 기준에 따라 기상 요소를 보고해야 한다.

• 풍향 : 단위는 진북 도(°)이고 정수로 반올림

• 풍속 : 단위는 m/s 또는 kt이고 정수로 반올림

• 바람품질표 : 회전각(roll angle)이 5도보다 작으면 0, 크면 1

• 기온 : 단위는 ℃ 이고 소수점 첫째 자리까지 표기

• 습도 : 상대습도로 표기하고 단위는 %이고 정수로 반올림

• 난류 : 맴돌이 소산율(EDR, Eddy Dissipation Rate)로 보고

2) 특별 항공기관측

조종사는 항공기 운항 중에 다음 현상을 관측하였을 경우 항공교통업무기관에 특별 항공기 보고를
실시해야 한다.

- 보통 또는 심한 난류

- 보통 또는 심한 착빙

- 심한 산악파

- 우박을 동반하지 않은 번개로, 연무 또는 연기에 의해 모호하거나 어두워 쉽게 볼 수 없는 경우,
  구름층 내에 끼어 있어 쉽게 인식할 수 없는 경우, 넓게 분포된 뇌우 또는 스콜라인 속의 뇌우

- 우박을 동반하는 뇌우로, 어두워 쉽게 볼 수 없는 경우, 구름층 내에 끼어 있어 쉽게 인식할 수
  없는 경우, 넓게 분포된 뇌우 또는 스콜라인 속의 뇌우

- 심한 먼지폭풍 또는 심한 모래폭풍

- 화산재 구름

- 분출 전 화산활동 또는 화산 분출

- 보고된 만큼 좋지 않은 활주로 제동 상태

조종사는 위에 열거되지 않은 기타 현상(예 급변풍(wind shear))으로 인해 다른 항공기의 안전 및
경제 운항에 중대한 영향을 줄 수 있다고 판단할 경우에 가능한 한 신속하게 항공교통 업무기관에
그 내용을 보고해야 한다.

조종사는 가능하면 관측된 시각 또는 관측된 직후에 보고해야 한다. 다만 이런 보고가 어려운
경우에는 항공기 착륙 후에 항공교통업무기관이나 공항기상관서(예보과, 기상대, 기상실)로
보고해야 한다.

항공교통업무기관은 특별 항공기 보고를 접수하면 즉시 공항기상관서(예보과, 기상대, 기상실)에
보고해야 한다.

공대지 데이터 링크를 사용하는 항공기는 다음 기준에 따라 기상 요소를 보고해야 한다.

- 풍향 : 단위는 진북 도(°)이고 정수로 반올림

- 풍속 : 단위는 m/s 또는 kt이고 정수로 반올림

- 바람품질표 : 회전각(roll angle)이 5도보다 작으면 0, 크면 1

- 기온 : 단위는 ℃ 이고 소수점 첫째 자리까지 표기

- 습도 : 상대습도로 표기하고 단위는 %이고 정수로 반올림

- 난류 : 맴돌이 소산율(EDR, Eddy Dissipation Rate)로 보고

3) 기타 비정규 항공기관측

급변풍과 같이 '특별 항공기관측'에 열거되지 않은 기상현상을 만날 경우와 기장의 의견에 따라 다른 항공기 운항의 안전에 영향을 주거나 효율성에 현저한 영향을 줄 수 있는 경우에 기장은 관계항공교통업무기관에 가능한 신속하게 알려야 한다. 현재는 착빙, 난류, 급변풍 등은 지상에서 충분히 관측될 수 없는 요소이며, 따라서 이들 현상에 대해서는 대부분 항공기관측이 유일한 증거가 된다.

2 특별 기상 요소의 보고 요건

1) 난류 관측 보고

- 정규 항공기 관측의 비행 단계에서 난류는 비행 중에 보고해야 하며, 관측 직전 15분 동안 발생한 것을 보고한다. 난류의 평균값과 최댓값을 모두 관측해야 하며, 난류의 평균값과 최댓값은 최댓값이 발생한 시점과 가장 가까운 시각을 함께 명시해야 한다. 최댓값의 발생 시각을 보고해야 한다. 항공기 이륙 후 상승 단계에서 난류는 처음 10분 동안 보고해야 하며 관측 직전 30초 이내 발생한 것을 보고해야 한다.

- 특별 항공기 관측에서 난류는 EDR 최댓값이 0.20 이상일 때마다 비행의 임의 단계 동안 보고해야 한다. 난류의 평균값과 최댓값을 모두 관측해야 하며, 난류에 관한 특별 항공기 보고는 관측 직전 1분 기간을 참조해야 한다. 평균값과 최댓값은 EDR 값으로 보고해야 하며, EDR의 최댓값이 0.20 아래로 떨어지는 시각까지 명시해야 한다.

- 난류에 관한 EDR 값은 다음과 같이 해석한다. EDR은 항공기에 의존하지 않는 난류 측정값이다. 그러나 EDR 값과 난류 탐지 간 관계는 항공기 기종(종류 및 외형), 항공기의 질량, 고도, 항속 등의 함수이다. 다음 EDR 값은 전형적인 비행 상황(즉, 고도, 대기속도, 무게)에서 중간 크기의 수송기에 대한 강도를 나타낸다.

    - 심함 : EDR 최댓값 $\geq$ 0.45

    - 보통 : 0.20 $\leq$ EDR 최댓값 $<$ 0.45

    - 약함 : 0.10 $\leq$ EDR 최댓값 $<$ 0.20

    - 없음 : EDR 최댓값 $\leq$ 0.10

2) 화산활동 관측 보고

- 분출 전 화산활동, 화산 분출 또는 화산재 구름에 대한 특별 항공기 관측은 별도의 양식으로

기록해야 한다. 항공기상청은 항공기가 화산재 구름의 영향을 받을 수 있는 항공로로 비행할 것이 예상되면, 비행예보철에 특별 항공기 관측 보고의 복사본을 포함하여 제공해야 한다.

- 항공기가 공항에 도착하면 운항자 또는 비행승무원은 화산활동에 대한 완성된 보고서를 즉시 공항기상관서에 전달해야 하며, 공항기상관서에 직접 전달하기 어려운 경우에는 공항기상관서(예보과, 기상대, 기상실)와 운항자 간의 국지적 합의에 따라 처리해야 한다.

- 공항기상관서(기상대, 기상실)는 전달받은 화산활동에 대한 보고서를 예보과로 즉시 송신 해야 한다.

- 화산활동 관측의 기록과 보고에 대한 자세한 사항은 Air Traffic Management(ICAO Doc 4444) Appendix 1을 참고한다.

3) 급변풍 관측 보고

- 비행 중 상승과 접근 구간에서 경험한 급변풍의 항공기 관측을 보고할 때는 항공기 기종을 포함해야 한다.

- 비행 중 상승 또는 접근 구간에서 급변풍 상황이 보고 또는 예보되었으나 실제로 경험하지 않은 경우에 기장은 여건이 닿는 한 신속하게 관계 항공교통업무기관에 알려야 한다.

3 조종사관측보고(PIREP, Pilot Report)

비행 중인 항공기 조종사가 관측한 기상현상을 지상관제기구에 보고하는 것으로 이를 기상관측 전문으로 작성하여 관련 부서 및 인원에게 전파하는 것이다. PIREP는 긴급(UUA)과 정기(UA)로 나누고, 긴급(UUA) PIREP는 다음에 관한 정보를 포함한다.

- 토네이도, 깔때기 구름 또는 용오름

- 심각하거나 극단적인 난기류(CAT(Clear Air Turbulence) 포함)

- 심한 착빙

- 우박

- 지상의 2,000ft 이내의 LLWS(Low Level Wind Shear), LLWSPIREPS는 조종사가 10kts 혹은 그 이상의 바람 속도 변화를 보고한다면 UUA로 분류된다. 바람 속도 변화가 보고되지 않고, LLWS가 보고했다면 PIREP는 UUA로 분류된다.

- 화산재 구름

- 비행 조작에 위험하거나 위험 가능성을 보고자에 의해 검토된 기타 기상현상이 보고된다.

제5절 예보

1 착륙예보

공항에서 향후 2시간 동안에 예상되는 바람, 시정, 일기현상, 구름의 중요한 기상변화에 대한 정보로 도착 공항으로부터 1시간 이내의 비행거리에 있는 항공기 운항에 주로 활용되며, 정시관측보고 및 특별관측보고에 포함하여 발표한다. 착륙예보는 경향예보 형식으로 준비되어야 하는데, 경향예보는 그 비행장의 기상조건에서 예상되는 중요한 변화에 대한 간결한 서술로 구성되어야 하며, 국지정시보고, 국지특별보고, METAR, SPECI에 덧붙여진다. 경향예보의 유효기간은 보고 시각으로부터 2시간이다.

2 이륙예보

항공기 최대허용탑재중량을 고려한 항공기의 안전한 이륙을 지원하기 위한 예보로서 활주로에 예상되는 바람, 기온, 기압(QNH)에 대한 정보를 제공하며, 이륙예보는 출발예정시각 3시간 전에 요청에 따라 운항자 및 운항승무원에게 제공되어야 한다.

3 저고도 비행 지원용 공역예보

FL100 미만(산악지역은 FL150까지, 필요에 따라 그 이상)을 운항하는 교통량이 이러한 운항을 위한 공역예보의 정기적인 발표 및 전파가 필요하다고 인정될 때, 발표 주기와 형식, 이들 예보의 지정 시각, 기간, 이들 예보의 수정 기준은 기상 당국이 이용자와 협의하여 결정되어야 한다.

항공기를 위한 AIRMET 정보를 지원하기 위한 것이며, FL100 미만에서 운항하는 교통량을 고려하여 AIRMET 정보의 발표가 필요하다고 인정될 때, 이러한 운항을 위한 공역예보가 관련 체약국의 기상 당국들 간에 합의된 형식으로 작성되어야 한다. 평문 약어가 사용될 때는 승인된 ICAO 약어 및 수치를 사용한 'GAMET 공역예보'로 작성되어야 하고, 차트 형식이 사용될 때는 상층풍과 상층기온 예보와 'SIGWX 현상예보'로 작성되어야 한다. 공역예보는 지면과 FL10(산악지역은 FL150까지, 필요에 따라 그 이상) 사이의 층을 모두 포함하도록 발표되어야 하며, 여기에는 AIRMET 정보 발표를 지원하기 위해 저고도 비행에 위험한 항로상의 일기현상과 저고도 비행에 필요한 보충 정보가 포함되어야 한다.

1) GAMET 공역예보

비행정보구역 또는 그 하위공역에서의 저고도비행을 위해 약어를 사용하고 평이한 언어로 된 공역예보는 관련 기상 당국에 의해 지정된 기상관서로부터 준비되고 관련 기상 당국 간 합의를 통해 인접한 비행정보구역 내 기상관서와 교환된다.

2) 중요기상(SIGWX) 예보

중요기상예보의 제공 기준은 ICAO Annex 3 및 WAFS/WMO 지침서에 따라, 항공기의 운항에 중대한 영향을 줄 수 있는 기상 현상으로, 저고도 및 중고도 중요기상예보는 항공기상청에서 발표한다.

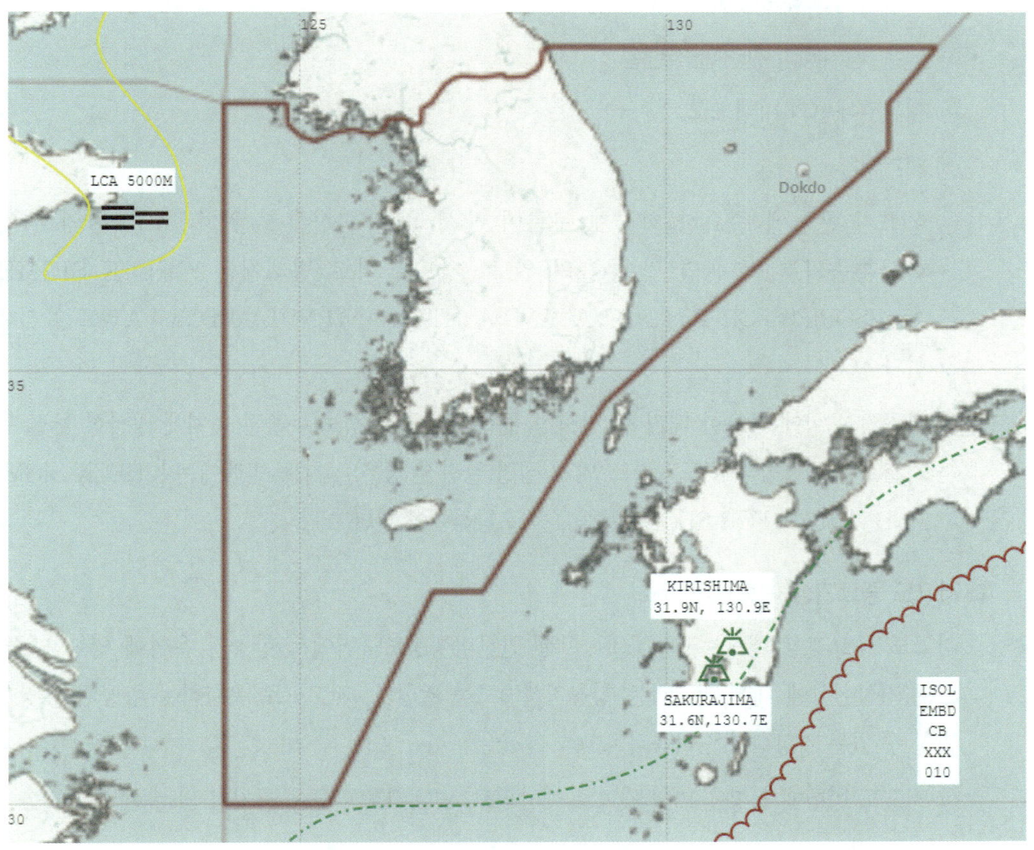

그림 4.12 SIGWX (출처 : 항공기상청 '항공날씨')

① **고고도 중요기상 예보 발표요소**

고고도 중요기상 예보는 공역예보센터(WAFC Washington, London)의 발표 자료에서 인천비행 정보구역이 포함된 ICAO Area M 자료를 추출하여 제공하며, 필요에 따라 ICAO Area A~K 구역도 추출하여 제공할 수 있다. 인천비행정보구역 FIR 내 FL250에서 FL630을 운항하는 항공기에 영향을 줄 수 있는 기상현상의 발생이 예상될 때 국제적으로 합의된 기호를 사용하여 표현한다. 고고도로 운항하는 항공기에 영향을 미칠 수 있는 기상현상(중고도 기상예보와 동일하다)은 다음과 같다.

㉠ 10분 평균 지상 풍속의 최대가 34kt(17m/s) 상 예상되는 열대저기압

㉡ 강한 스콜선

㉢ 보통 또는 심한 난류

㉣ 보통 또는 심한 착빙

㉤ 광범위한 모래폭풍 또는 먼지폭풍

㉥ 뇌우, ㉠~㉤과 관련된 적란운

㉦ 대류권계면의 비행고도

㉧ 제트기류

㉨ 항공기 운항에 중요한 화산재 구름이 생성 되는 화산분출 위치정보(화산의 위치에 화산분출기호, 화산명 및 분출의 위도 · 경도). 차트 범례에는 'CHECK SIGMET, ADVISORIES FOR TC AND VA, AND ASHTAM AND NOTAM FOR VA'라고 표시해야 한다.

㉩ 항공기 운항에 중요한 대기 중 방사성 물질 누출 위치정보(누출된 위치에 방사성 물질 누출 기호, 누출 지점의 위도 · 경도 및 지점명(알려진 경우)), 차트 범례에는 'CHECK SIGMET AND NOTAM FOR RDOACT CLD'를 포함하여야 한다.

② **저고도 중요기상 예보 발표요소**

저고도 중요기상 예보는 10,000ft 이하 인천비행정보구역에서 항공기 운항에 영향을 줄 수 있는 기상현상에 대해 발표하는 항공기상예보를 말한다. 저고도로 운항하는 항공기에 영향을 미칠 수 있는 기상현상은 다음과 같다.

㉠ 저고도 비행에 영향을 미칠 것으로 예상되고, SIGMET 발표에 근거가 되는 현상

㉡ 지상풍(30kt(15㎧) 이상 예상될 때)

㉢ 지상시정(5,000m 미만이 예상될 때(시정장애의 원인이 된 기상현상과 함께 표기))

㉣ 중요기상(천둥번개, 심한 모래폭풍과 먼지폭풍, 화산재)

ⓜ 산악차폐

ⓗ 구름(운저고도가 1,000ft(300m) 미만이고, 운량이 BKN 이상의 구름, 또는 적란운(CB), 또는 탑상적운(TCU))

ⓢ 착빙(대류성 구름에서 발생하거나, 이미 SIGMET이 발표된 심한 착빙, 난류는 제외)

ⓞ 난류(대류성 구름에서 발생하거나, 이미 SIGMET이 발표된 심한 착빙, 난류는 제외)

ⓩ 산악파(이미 SIGMET이 발표된 산악파 제외)

ⓣ 기압중심과 전선, 예상되는 이동경로와 발달

ⓚ 빙결고도

ⓔ 해수면 온도, 해면 상태(지역 항행 요구 시)

ⓟ 화산분출(화산명 포함)

제6절 공항경보, 그리고 급변풍 경보 및 경고

1 공항경보

공항경보란 주기 중인 항공기를 포함한 지상의 항공기와 비행장 시설 및 업무에 악영향을 미칠 수 있는 기상현상이 관측되거나 발생이 예상되는 경우 발표하는 경보를 말한다.

1) 공항경보의 종류와 발표 기준

공항경보는 다음의 기상현상이 발생했거나 발생할 것이 예상되는 경우 발표한다.

표 4.3 공항경보의 발표 기준 출처 : 항공기상청 공항경보 및 급변풍 경보 지침

종류	기준
태풍	• 태풍으로 인하여 강풍 및 호우 등이 경보 기준에 도달할 것으로 예상될 때
뇌우	• 뇌우가 발생 또는 예상될 때
우박	• 우박이 발생 또는 예상될 때
대설	• 24시간 평균풍속이 25KT 이상 또는 최대순간풍속이 35KT 이상인 현상이 발생 또는 예상될 때
강풍	• 10분간 평균풍속이 25KT 이상 또는 최대순간풍속이 35KT 이상인 현상이 발생 또는 예상될 때
호우	• 다음 각호의 기준 중 어느 하나의 기준에 도달하거나 도달할 것으로 예상될 때 1. 1시간 누적강우량 30mm 이상 2. 3시간 누적강우량 50mm 이상
구름고도(Ceiling) 저시정(低視程)	• 해당 공항의 공항기상관서, 항공교통업무기관 및 항공기 운항자 간 협의에 따른 기준치 이하로 발생 또는 예상될 때
먼지 또는 모래보라	• 먼지 또는 모래보라가 발생 또는 예상될 때
어는 강수	• 어는 강수가 발생 또는 예상될 때
서리	• 서리가 발생 또는 예상될 때
화산재	• 화산재가 발생 또는 예상될 때

2) 공항경보의 내용 및 형식

공항경보는 관련 기상 당국에서 지정한 공항기상관서에 의해 발표되어야 하고, 공항경보의 종류와 정량적인 기준은 공항기상관서와 경보 이용자 간의 합의에 따라 정한다. 공항경보의 내용에 포함해야 할 사항은 다음과 같다.

- 공항위치 표시자
- 전문형식 및 일련번호
- 유효시간
- 기상현상
- 기상현상의 관측 또는 예보

3) 공항경보의 전문

식별군은 지명약어, 공항경보 지시자 및 경보번호, 유효시간 등의 순서로 작성한다.

```
nnnn AD WRNG n
VALID nnnnnn/nnnnnn
FREE TEXT, 기상현상
OBS [AT nnnnZ] or FCST
[INTSF or WKN or NC] =
RKSI AD WRNG 6
VALID 082150/082400
```

- 08일 6번째로 발표하는 인천공항경보. 유효시간 08일 2150UTC~09일 0000UTC
- nnnn : 공항의 지명 약어
- AD WRNG 6 : 공항경보 지시자 No. 경보번호
- VALID nnnnnn/nnnnnn : 공항특보의 유효시간으로 nnnnnn부터 nnnnnn까지
- OBS [AT nnnnZ] or FCST : 관측 또는 예상 기상현상
- INTSF or WKN or NC : 예상되는 강도의 변화가 필요한 경우 사용

2 급변풍 경보(Wind Shear Warnings) 및 경고

급변풍에 관한 지침은 「Manual on Low-Level Wind Shear」(ICAO Doc 9817)에 수록되어 있고, 〈주〉 급변풍 정보는 국지정시관측보고 및 국지특별관측보고와 정시관측보고 및 특별관측보고에 포함해야 한다. 급변풍 경고는 급변풍 경보를 보완하기 위한 것이며, 모두 급변풍 상황 인지를 강화하기 위한 것이다. 급변풍 경보는 관련 항공교통업무기관과 운항자 간의 국지 협약에 따라 급변풍이 중요한

요소로 고려되는 공항에 대해 기상 당국이 지정한 공항기상관서에 의해 마련되어야 한다. 급변풍 경보는 활주로 표면으로부터 고도 1,600ft(500m) 사이에서 접근 또는 이륙하거나 선회 접근 중인 항공기와 착륙 또는 이륙을 위해 활주로를 주행 중인 항공기에 영향을 줄 수 있는 급변풍이 발생하거나 예상되는 경우, 간략한 정보를 제공해야 한다. 국지 지형에서 활주로 표면으로부터 고도 1,600ft(500m) 이상의 높이에서 중요한 급변풍이 발생할 때는 1,600ft(500m)로 제한하지 말아야 한다.

급변풍 경보는 다음 기준에 해당할 때 발표한다.

- 급변풍 탐지 장비(LLWAS, TDWR)를 활용하여 바람의 변화 경향(Loss 또는 Gain)이 15kt 이상으로 관측(경고)되거나, 지속할 것으로 예상할 때 발표한다. 다만, 변화 경향이 15kt 미만의 경고가 발생한 경우, 활주로의 정풍/배풍의 변화가 15kt 이상일 때 발표한다.

- 지상 급변풍 탐지 장비(LLWAS)에서 변화 경향이 Loss 30kt 이상의 마이크로버스트 경고가 발생한 경우에는 공항 주변의 대류 활동(CB, CU 등)을 참고하여 마이크로버스트 정보를 포함하여 발표하며, 원격 탐지 장비(TDWR 등)로 관측된 마이크로버스트는 즉시 발표한다. 또한, 위 조건에 대해 급변풍이 발생할 것으로 예상될 때 발표한다.

급변풍 탐지 장비가 없는 공항의 경우 'AMOS 기반 급변풍 탐지 시스템'을 통해 15kt 이상의 정풍/ 배풍의 변화가 수반되어 급변풍이 탐지 또는 예상될 경우 급변풍 경보를 발표할 수 있다. 단, 군 공항의 급변풍 경보는 해당 군과의 사전 협의 후 발표 또는 해제할 수 있다. 접근 및 이륙 항공기 조종사로부터 급변풍 정보를 받는 경우 항공기 기종이 포함된 급변풍 경보를 발표한다. 급변풍 경보의 발효 시간이 종료된 이후에도 기상현상이 지속될 것으로 예상되는 경우 연장 발표한다. 급변풍 경보의 일련번호는 해당일 0001UTC(09:01KST) 이후부터 새롭게 갱신된다.

급변풍 경보는 다음 기준에 해당될 때 해제한다.

- 경보 유효 시간 중 급변풍 탐지 장비에서 바람의 변화 경향(Loss 또는 Gain)이 1시간 이상 지속해서 급변풍 경고가 정풍/배풍 변화가 15kt 미만으로 내려갈 때

- 급변풍이 더는 발생하지 않을 것으로 예상될 때

- 조종사로부터 급변풍 정보를 제공받은 후 1시간 동안 추가로 조종사 보고가 없을 때

1) 급변풍 경보 내용과 형식

조종사 보고나 지상 급변풍 탐지 장비 혹은 원격 탐지 장비에 의해 마이크로버스트가 관측된 곳에서 급변풍 경보와 경고에는 마이크로버스트에 대한 특별 언급이 포함되어야 한다. 따라서 마이크로버스트를 명시한 급변풍 경보는 다음의 기준을 참고하여 발표한다.

- 공항 주변에 대류 활동(CB, CU 등)이 관측되고, 지상 급변풍 탐지 장비(LLWAS)에서 마이크로버스트가 탐지되었을 경우 발표하며, 원격 탐지 장비(TDWR 등)의 마이크로버스트는 즉시 발표한다.

- 마이크로버스트가 탐지된 활주로에 대해서만 경보를 발표한다. 유효 시간은 1시간 이내로 한다. 단, 태풍의 경우 그 특성을 고려하여 유효 시간을 예보관 판단에 따라 조절할 수 있다.

급변풍 경보를 마련하거나 기존 경보를 확인하기 위해 항공기 보고가 사용될 때 항공기 기종을 포함한 항공기 보고가 국지 합의에 따라 바꾸지 않고 관련 기관에 전파되어야 한다. 도착하고 출발하는 항공기가 조우하여 보고한 것에 따라 두 개의 서로 다른 급변풍 경보가 있을 수 있으며, 하나는 도착하는 항공기에 대한 급변풍 경보이고, 다른 하나는 출발하는 항공기에 대한 급변풍 경보일 수 있다. 급변풍 강도를 보고하기 위한 규격은 아직 개발 중이지만, 조종사가 급변풍을 보고할 때 마주친 급변풍 강도를 매우 주관적으로 평가한 범위에 근거하여 적합한 용어인 'moderate(보통)', 'strong(강함)', 또는 'severe(심함)'을 사용할 수 있다.

2) 급변풍 경보의 내용 및 형식

```
RKSI WS WRNG 1
211230 VALID 211230/211530
WS APCH RWY05
OBS AT 1220=
```

- 해석 : 21일 1230UTC에 발표된 인천국제공항의 첫 번째 급변풍 경보, 21일 1220UTC에 급변풍 관측된다. 유효기간은 211230UTC부터 211530UTC까지이다. 05번 방향 활주로의 착륙지역에 급변풍의 발생이 예상

표 4.4 급변풍 경보 전문 예시 출처 : 항공기상청 공항경보 및 급변풍 경보 지침

종류	예시
급변풍	RKSI WS WRNG 1 211230 VALID 211230/211530 WS APCH RWY05 OBS AT 1220=
마이크로버스트가 포함된 급변풍	RKSI WS WRNG 2 211230 VALID 211230/211530 MBST APCH RWY26 OBS AT 1220=
연장 발표	RKSI WS WRNG 2 VALID 211530/212400 EXTENDED WS WRNG 1 211230/211530=
발표 해제	RKSI WS WRNG 2 VALID 211400/2111530 CNL WS WRNG 1 211230/211530=

제7절 항공기후정보

1 항공기후정보

항공기상정보란 현재 및 예상되는 공항기상 상황에 대하여 관제 및 운항 관련 기관 등에 알려주는 정보를 말한다. 항공기후정보에 포함되어야 할 사항은 다음과 같다.

- 기상상황 및 전망
- 특이기상현상, 기상상황변화 등 관제 및 운항 관련 기관에 알려야 할 기상 관련 내용 항공기후정보는 일 2회 제공하며 필요에 따라 수시로 제공할 수 있다.

2 비행장 기후표

각 체약국은 필요한 관측 자료의 수집과 유지를 위한 조치를 강구해야 하며, 다음의 능력을 갖춰야 한다.

- 자신의 영토 내에 있는 각각의 정규 및 대체 국제공항의 비행장기후표 작성
- 기상 당국과 관련 이용자 간 합의에 따라 한 기간 내에 항공 이용자가 기후표를 이용할 수 있도록 준비

memo

항공기 운항

윤동국 세한대학교 항공운항학과 교수, 한국항공운항학회 정회원

항공기 운항(Operation of Aircraft)은 운영되는 항공기 및 노선에 따라서 분류되며, 국제민간항공협약의 부속서에서는 국제상업항공운송-비행기(International Commercial Air Transport-Aeroplanes), 국제일반항공-비행기(International General Aviation-Aeroplanes), 국제운용-헬리콥터(International Operations-Helicopters)로 구분하고 있다. 주요 내용으로는 기장의 직무, 항공기 운항의 한계, 비행기의 계기, 장비 및 비행 기록, 승무원 및 운항관리자 등을 서술하고 있다. 이와 관련하여 우리나라의 경우 관련 법규로는 항공안전법 시행규칙 제5장, 제7장이 있으며, 주요 행정규칙은 운항 기술기준을 적용하여 항공기의 안전한 운항을 위한 세부 기준을 적용하고 있다.

1절 ICAO 부속서 제6권에 대한 이해

2절 항공기 운항 관련 국내 법규(규정)

제1절 ICAO 부속서 제6권에 대한 이해

국제민간항공기구 부속서 6(ICAO Annex 6) 정의에 따르면 항공기(Aircraft)는 지구 표면에 대한 공기의 반작용 이외의 공기의 반응에서 대기 중 지지력을 얻을 수 있는 모든 기계라고 정의하고 있으며, 비행기(Aeroplane)는 동력으로 구동되는 공기보다 무거운 항공기로 비행 중 양력은 주로 주어진 비행 조건에서 고정된 표면의 공기역학적 반응에서 비롯된다고 정의하고 있다. 국제민간항공기구 부속서 6은 항공기의 운항에 관하여 3가지 파트(Part)로 구분하고 있으며, 파트 1은 국제선을 운항하는 상업용 비행기(International Commercial Air Transport – Aeroplanes), 파트 2는 국제선을 운항하는 일반 항공 비행기(International General Aviation – Aeroplanes), 파트 3은 국제선을 운항하는 회전익(International Operations–Helicopters)으로 구분하여 관련 규정을 적용하고 있다. 이 장에서는 국제선을 운항하는 상업용 비행기를 중심으로 항공기 운항에 관한 사항 및 규정 등에 대하여 다루고자 한다.

1 Annex 6의 발전, 구성 및 주요 내용

1) Annex 6의 발전

국제민간항공기구(ICAO, International Civil Aviation Organization)는 유엔(UN)의 전문 관청의 지위를 갖는 기구로써, 항공산업에 있어서 통일성(Uniformity)을 추구한다. 시카고 협약(Chicago Conventions)으로 불리는 1944년 12월 7일 체결된 국제민간항공협약(Convention on International Civil Aviation)에서 전 세계 관행에 대한 지침 역할을 하기 위해 12개의 기술 부속서 초안이 완성되었고, 이후에 ICAO 이사회가 공식 채택한 후 국가들이 수락했다. 이러한 통일성을 모든 항공사에 적용하기 위한 '지침' 또는 '기준'이 필요했고, 이것이 '국제표준 및 권고관행(SARPs, Standards And Recommended Practices)'이며, 앞에 International이 생략된 표현이다. 국제표준 및 권고(SARPs)는 시카고 협약으로도 약칭되는 국제민간항공협약의 부속서(Annexes) 형식으로 ICAO가 발행하지만, 법적 구속력은 없다.

표 5.1 시카고 협약의 최초 부속서 12종

시카고 협약의 최초 부속서 12종 (Twelve original Annexes to the Chicago Convention)	
A	항공로 체계 Airways Systems
B	통신 절차 및 체계 Communications Procedures and Systems
C	항공규칙 Rules of the Air
D	항공교통관제 관행 Air Traffic Control Practices
E	운용 및 정비 인력의 자격증명을 규율한 표준 Standards Governing the Licensing of Operating and Mechanical Personnel
F	항공일지 요구도 Log Book Requirements
G	국제항공항행에 종사하는 민간항공기에 관한 감항성 요구도 Airworthiness Requirements for Civil Aircraft Engaging in International Air Navigation
H	항공기 등록기호 및 식별부호 Aircraft Registration and Identification Marks
I	국제항공의 기상보호 Meteorological Protection of International Aeronautics
J	항공지도 및 항공 차트 Aeronautical Maps and Charts
K	세관 절차 및 적하목록 Customs Procedures and Manifests
L	탐색구조 및 사고 조사 Search and Rescue, and Investigation of Accidents

ICAO 부속서의 근원지라고 할 수 있는 항공항행위원회(ANC, Air Navigation Commission)와 항공운송위원회(ATC, Air Transport Committee)는 체약국의 전문가와 국제민간항공에 관심을 가진 기구의 참관인으로 구성되었으며, 항공항행위원회(ANC)에서 각 부문의 작업을 검토한 후 이사회에서 채택되고 최종적으로 체약국으로 제출되면서, 표준의 상태에 큰 변화를 주었다. 이처럼, 표준이 개발되면서, 부속서 주제가 분리되거나 신규 부속서가 고안되면서 초기 부속서의 제목이 대부분 개정되었다.

또한, 부속서를 식별해 주던 영어 알파벳의 문자 체계가 다른 언어와 혼동을 유발할 수 있으므로, 숫자 문자 체계로 변경되기도 했다. 이런 과정을 겪으며, 1944년 12종에서 시작했던 시카고 협약 부속서는 제2차 세계대전을 겪으면서 항공산업 기술은 비약적인 발전을 이룩하였고 이런 발전된 기술과 운용 기법이 반영된 결과로 1953년에는 15종으로 늘어났으며, 이러한 일련의 과정을 통해서 현재의 Annex 6로 발전하였다.

표 5.2 1953년 이전과 이후의 부속서 변화

No.	1953년까지 채택된 시카고 협약 부속서 (Annexes to the Chicago Convention as adopted by 1953)	1953년 이후부터 변경된 제목(Titles changed over the years since 1953)
1	항공조사자 자격증명 Personnel Licensing	
2	항공규칙 Rules of the Air	
3	기상코드 Meteorological Codes	국제항공항행에 관한 기상업무 Meteorological Service for International Air Navigation
4	항공지도 Aeronautical Charts	
5	공대지 통신에서 사용되는 Dimensional Units to be used in Air-Ground Communications	공중 및 지상 운용에 사용되는 측정 단위 Units of Measurement to be Used in Air and Ground Operations
6	Operation of Aircraft – Scheduled International Air Services	항공기 운용 Operation of Aircraft
7	항공기 국적 및 등록 기호 Aircraft Nationality and Registration Marks	
8	항공기 감항성 Airworthiness of Aircraft	
9	국제항공운송의 출입국간소화 Facilitation of International Air Transport	출입국간소화 Facilitation
10	항공통신 Aeronautical Telecommunications	
11	항공교통업무 Air Traffic Services	
12	수색구조 Search and Rescue	

13	항공기 사고 조회 Aircraft Accident Inquiry	항공기 사고사건 조사 Aircraft Accident and Incident Investigation
14	비행장 Aerodromes	
15	항공정보업무 Aeronautical Information Services	

2) Annex 6 구성 및 주요 내용

항공기는 여러 가지로 구분되며, 국제민간항공기구는 이런 항공기의 운항과 관련하여 Annex 6은 총 3개의 파트(part)로 구분하고 있다. 국제민간항공기구는 항공기의 운항과 관련하여 통일성을 중요시 하였고, 이는 '안전'을 최우선 목표로 하고 있다. 이에 모든 항공기의 운항에 있어서 안전을 바탕으로 그 기준을 명확이 하고 있고, 보다 안전을 필요로 하는 항공기 운항인 국제상업항공운송–비행기(International Commercial Air Transport – Aeroplanes)와 관련된 부분을 Part 1로, 국제일반항공–비행기(International General Aviation–Aeroplanes)의 운항과 관련된 부분을 Part 2로, 국제운용–헬리콥터(International Operations–Helicopters) 운항을 Part 3으로 구분하여 관련 운항의 기준 및 규정 등을 제시하고 있다. 이 책에서는 Part 1에 대하여 중점적으로 살펴보겠다.

표 5.3 Annex 6의 구분

구분	해당 항공기 운항
Part 1	국제상업항공운송–비행기(International Commercial Air Transport–Aeroplanes)
Part 2	국제일반항공–비행기(International General Aviation–Aeroplanes)
Part 3	국제운용–헬리콥터(International Operations–Helicopters)

현재 Annex 6 Part 1은 2022년 개정되어 12차 개정판이며, 총 15개의 Chapter 1, 2는 0개의 별첨(Appendix) 그리고 9개의 첨부(Attachment)로 구성되어 있다. Chapter 1, 2는 각종 정의와 적용 범위를 적시하고 있고, Chapter 3은 일반 사항에 대하여, Chapter 4는 비행 운영, Chapter 5는 항공기 성능 운영 제한, Chapter 6은 비행 계기, 장비 그리고 비행 서류에 대한 내용들이다. Chapter 7은 비행에 필요한 통신, 항법 그리고 생존 장비, Chapter 8은 비행기의 지속적인 감항에 대하여 이야기하고 있다. Chapter 9는 운항승무원에 대하여, Chapter 10은 비행 운항 통제실 및 비행 디스패쳐, Chapter 11은 비행 관련 매뉴얼, 로그 및 기록에 대한 내용이다. Chapter 12는 객실 승무원에 대한 내용이며, Chapter 13은 보안과 관련된 내용이다. Chapter 14는 위험물에 대한 내용, Chapter 15는 화물칸 안전에 대한 내용으로 구성되어 있다.

Annex 6 Part 1은 국제상업항공운송에 관한 내용으로 다른 Annex의 내용들을 일부 포함하고 있지만 그 내용이 충분하지 않아, 필요시 관련 Annex를 참고해야 한다.

각 파트(Part)의 컨텐츠 구성은 아래와 같다.

CONTENTS

Abbreviations and symbols
Publications
Foreword

CHAPTER 1. Definitions
CHAPTER 2. Applicability
CHAPTER 3. General
CHAPTER 4. Flight operations
CHAPTER 5. Aeroplane performance operating limitations
CHAPTER 6. Aeroplane instruments, equipment and flight documents
CHAPTER 7. Aeroplane communication, navigation and surveillance equipment
CHAPTER 8. Aeroplane continuing airworthiness
CHAPTER 9. Aeroplane flight crew
CHAPTER 10. Flight operations officer/flight dispatcher
CHAPTER 11. Manuals, logs and records
CHAPTER 12. Cabin crew
CHAPTER 13. Security
CHAPTER 14. Dangerous goods
CHAPTER 15. Cargo compartment safety

APPENDIX 1. Lights to be displayed by aeroplanes
APPENDIX 2. Organization and contents of an operations manual
APPENDIX 3. Additional requirements for approved operations by single-engine turbine-powered aeroplanes at night and/or in instrument meteorological conditions (IMC)
APPENDIX 4. Altimetry system performance requirements for operations in RVSM airspace
APPENDIX 5. Safety oversight of air operators
APPENDIX 6. Air operator certificate (AOC)
APPENDIX 7. Fatigue risk management system requirements
APPENDIX 8. Flight recorders
APPENDIX 9. Location of an aeroplane in distress
APPENDIX 10. Article 83 bis agreement summary

ATTACHMENT A Medical supplies
ATTACHMENT B. Air operator certification and validation
ATTACHMENT C. Minimum equipment list (MEL)
ATTACHMENT D. Flight safety documents system
ATTACHMENT E. Additional guidance for approved operations by single-engine turbine-powered aeroplanes at night and/or in instrument meteorological conditions (IMC)
ATTACHMENT F. Rescue and fire fighting service (RFFS) levels
ATTACHMENT G. Dangerous goods
ATTACHMENT H. Location of an aeroplane in distress
ATTACHMENT I. Guide to current flight recorder provisions

그림 5.1 Annex 6 국제상업항공운송 – 비행기 구성

CONTENTS

Abbreviations and symbols
Publications
Foreword

SECTION 1. GENERAL

CHAPTER 1.1 Definitions
CHAPTER 1.2 Applicability

SECTION 2. GENERAL AVIATION OPERATIONS

CHAPTER 2.1 General
CHAPTER 2.2 Flight operations
CHAPTER 2.3 Aeroplane performance operating limitations
CHAPTER 2.4 Aeroplane instruments, equipment and flight documents
CHAPTER 2.5 Aeroplane communication, navigation and surveillance equipment
CHAPTER 2.6 Aeroplane continuing airworthiness
CHAPTER 2.7 Aeroplane flight crew
CHAPTER 2.8 Manuals, logs and records
CHAPTER 2.9 Security

APPENDIX 2.1 Lights to be displayed by aeroplanes
APPENDIX 2.2 Altimetry system performance requirements for operations in RVSM airspace
APPENDIX 2.3 Flight recorders
APPENDIX 2.4 General aviation specific approvals
APPENDIX 2.5. Article 83 bis agreement summary

ATTACHMENT 2.A Carriage and use of oxygen
ATTACHMENT 2.B Guide to current flight recorder provisions

SECTION 3. LARGE AND TURBOJET AEROPLANES

CHAPTER 3.1 Applicability
CHAPTER 3.2 Corporate aviation operations
CHAPTER 3.3 General
CHAPTER 3.4 Flight operations
CHAPTER 3.5 Aeroplane performance operating limitations
CHAPTER 3.6 Aeroplane instruments, equipment and flight documents
CHAPTER 3.7 Aeroplane communication, navigation and surveillance equipment
CHAPTER 3.8 Aeroplane continuing airworthiness
CHAPTER 3.9 Aeroplane flight crew
CHAPTER 3.10 Flight operations officer/flight dispatcher
CHAPTER 3.11 Manuals, logs and records
CHAPTER 3.12 Cabin crew
CHAPTER 3.13 Security

ATTACHMENT 3.A Company operations manual
ATTACHMENT 3.B Minimum equipment list (MEL)
ATTACHMENT 3.C Guide to current flight recorder provisions
ATTACHMENT 3.D Authorizations

그림 5.2 Annex 6 국제일반항공 – 비행기 구성

CONTENTS

Abbreviations and symbols
Publications
FOREWORD

SECTION 1. GENERAL

CHAPTER 1. Definitions
CHAPTER 2. Applicability

SECTION II. INTERNATIONAL COMMERCIAL AIR TRANSPORT

CHAPTER 1. General
CHAPTER 2. Flight operations
CHAPTER 3. Helicopter performance operating limitations
CHAPTER 4. Helicopter instruments, equipment and flight documents
CHAPTER 5. Helicopter communication, navigation and surveillance equipment
CHAPTER 6. Helicopter continuing airworthiness
CHAPTER 7. Helicopter flight crew
CHAPTER 8. Flight operations officer/flight dispatcher
CHAPTER 9. Manuals, logs and records
CHAPTER 10. Cabin crew
CHAPTER 11. Security
CHAPTER 12. Dangerous goods

SECTION III. INTERNATIONAL GENERAL AVIATION

CHAPTER 1. General
CHAPTER 2. Flight operations
CHAPTER 3. Helicopter performance operating limitations
CHAPTER 4. Helicopter instruments, equipment and flight documents
CHAPTER 5. Helicopter communication, navigation and surveillance equipment
CHAPTER 6. Helicopter continuing airworthiness
CHAPTER 7. Helicopter flight crew

APPENDICES

APPENDIX 1. Safety oversight of air operators
APPENDIX 2. Additional requirements for operations of helicopters in performance Class 3 in instrument
meteorological conditions (IMC)
APPENDIX 3. Air operator certificate (AOC)
APPENDIX 4. Flight recorders
APPENDIX 5. General aviation specific approvals
APPENDIX 6. Article 83 bis agreement summary
APPENDIX 7. Fatigue risk management system (FRMS) requirements
APPENDIX 8. Contents of an operations manual

ATTACHMENTS

ATTACHMENT A. Medical supplies
ATTACHMENT B. Minimum equipment list (MEL)
ATTACHMENT C. Air operator certification and validation
ATTACHMENT D. Flight safety documents system
ATTACHMENT E. Additional guidance for operations of helicopters in performance Class 3 in instrument
meteorological conditions (IMC)
ATTACHMENT F. Guide to current flight recorder provisions
ATTACHMENT G. Dangerous goods

그림 5.3 Annex 6 국제운항 – 헬리콥터 구성

2 항공기 운항 관련 법률, 규정 및 절차

Annex 6 이외에도 항공기 운영자는 항공기 운영 및 조종사의 업무 수행과 관련하여 해당 국가의 관련 법률, 규정 및 절차를 준수하고 있는지 확인해야 한다. 또한 항공기 운영 통제와 관련된 규정을 바탕으로 비행 운영 통제 및 감독 방법에 관하여도 관련 규정을 준수해야 한다. 항공기 또는 사람의 안전을 위협하는 비상 상황으로 인해서 지역 규정 또는 절차를 위반하는 조치를 취해야 하는 경우, 기장은 지체 없이 적절한 지역 당국에 통보해야 한다.

표 5.4 항공기 운항과 관련된 법률, 규정 및 절차

관련 규정	관련 내용
Doc 8168, Volume I	조종사 및 비행 운영 인력을 위한 비행 절차 매개변수 및 운영 절차에 대한 정보
Doc 8168, Volume II	시각 및 계기 비행 절차의 구성 기준
Doc 8335	운영 통제 조직 및 비행 운영 책임자/비행 파견자의 역할에 대한 지침
Doc 9376	비행 운영 책임자/비행 파견자의 승인, 의무 및 책임에 대한 자세한 지침

제2절 항공기 운항 관련 국내 법규(규정)

Annex 6에서 항공기 운영자는 항공기 운영 및 조종사의 업무 수행과 관련하여 해당 국가의 관련 법률, 규정 및 절차를 준수하고 있는지 확인해야 한다고 명시하고 있다. 이와 관련하여 우리나라는 항공안전법 및 같은 법 시행규칙 제5장 '항공기의 운항' 및 제7장 '항공운송사업자 등에 대한 안전관리'에 관한 법률이 있으며, 주요 행정규칙은 운항 기술기준을 적용하여 항공기의 안전한 운항을 위한 세부 기준을 적용하고 있다.

1 항공안전법

우리나라 항공안전법 제1조(목적)는 '이 법은 「국제민간항공협약」 및 같은 협약의 부속서에서 채택된 표준과 권고되는 방식에 따라 항공기, 경량항공기 또는 초경량비행장치의 안전하고 효율적인 항행을 위한 방법과 국가, 항공사업자 및 항공종사자 등의 의무 등에 관한 사항을 규정함을 목적으로 한다'라고 명시하고 있다.

항공안전법 제5장은 항공기 운항과 관련된 규정들을 명시하고 있으며, 제51조 무선설비의 설치·운용 의무부터 제77조 항공기의 안전운항을 위한 운항 기술기준으로 구성되어 있다. 항공안전법은 관련 전체적인 부분만 규정하고 있고, 세부 사항은 항공안전법 시행규칙을 확인해야 한다. 예시로 항공안전법 제51조(무선설비의 설치·운용 의무)는 '항공기를 운항하려는 자 또는 소유자 등은 해당 항공기에 비상위치 무선표지설비, 2차감시레이더용 트랜스폰더 등 국토교통부령으로 정하는 무선설비를 설치·운용하여야 한다.'고 명시하고 있다. 위에서 설명했듯이 항공안전법은 관련 전체적인 부분만 명시하고 있으며, 이와 관련된 세부 사항은 시행규칙에서 확인해야 한다.

2 항공안전법 시행규칙

항공기의 운항과 관련한 항공안전법 시행규칙은 항공안전법의 내용을 세부 사항으로 명시하고 있으며, 제107조 무선설비부터 제220조 안전운항을 위한 운항 기술기준 등으로 구성되어 있다. 그 내용은 항공안전법에서 정한 법을 세부화하고 있다.

3 운항 기술기준

항공기의 안전운항을 위한 운항 기술기준은 항공안전법 제5장에 명시되어 있으며, 제77조에 관련 내용을 담고 있다. 국토교통부장관은 항공기 안전운항을 확보하기 위하여 이 법과 「국제민간항공협약」 및 같은 협약 부속서에서 정한 범위에서 항공기 운항 등의 사항이 포함된 운항 기술기준을 정하여 고시할 수 있다고 명시하고 있다. 운항 기술기준은 '고정익항공기를 위한 운항 기술기준'과 '회전익을 위한 운항 기술기준'으로 구성되어 있으며, 본 장에서는 고정익항공기를 위한 운항 기술기준을 참고하도록 하겠다. 항공기 운항과 관련한 내용은 고정익항공기를 위한 운항 기술기준 제8장에 포함되어 있다.

4 항공기 운항 관련 국내 규정

1) 무선설비

① 무선설비

무선설비란 항공기국과 항공국 간 또는 항공기국 상호 간의 무선통신업무를 위한 설비로 항공기의 운항과 관련하여 항공운송사업에 사용되는 항공기에는 아래의 무선설비를 설치·운용해야 한다.

표 5.5 무선설비 기준

순번	무선설비
1	비행 중 항공교통관제기관과 교신할 수 있는 초단파(VHF) 또는 극초단파(UHF) 무선전화 송수신기 각 2대
2	기압고도에 관한 정보를 제공하는 2차 감시 항공교통관제 레이더용 트랜스폰더(Mode 3/A 및 Mode C SSR transponder. 다만, 국외를 운항하는 항공운송사업용 항공기의 경우에는 Mode S transponder) 1대
3	자동방향탐지기(ADF) 1대(무지향표지시설(NDB) 신호로만 계기접근 절차가 구성되어 있는 공항에 운항하는 경우만 해당한다.)
4	계기착륙시설(ILS) 수신기 1대(최대이륙중량 5천 700킬로그램 미만의 항공기와 헬리콥터 및 무인항공기는 제외한다.)
5	전방향표지시설(VOR) 수신기 1대
6	거리측정시설(DME) 수신기 1대

순번	무선설비
7	다음 각 목의 구분에 따라 비행 중 뇌우(雷雨) 또는 잠재적인 위험 기상조건을 탐지할 수 있는 기상레이더 또는 악기상 탐지장비 가. 국제선 항공운송사업에 사용되는 비행기로서 여압장치가 장착된 비행기의 경우 : 기상레이더 1대 나. 국제선 항공운송사업에 사용되는 헬리콥터의 경우 : 기상레이더 또는 악기상 탐지장비 1대 다. 가목 외에 국외를 운항하는 비행기로서 여압장치가 장착된 비행기의 경우 : 기상레이더 또는 악기상 탐지장비 1대
8	다음 각 목의 구분에 따라 비상위치지시용 무선표지설비(ELT). 이 경우 비상위치지시용 무선표지설비의 신호는 121.5메가헤르츠(MHz) 및 406메가헤르츠(MHz)로 송신되어야 한다. 가. 2대를 설치하여야 하는 경우 : 다음의 어느 하나에 해당하는 항공기. 이 경우 비상위치지시용 무선표지설비 2대 중 1대는 자동으로 작동되는 구조여야 하며, 2)의 경우 1대는 구명보트에 설치해야 한다. 　1) 승객의 좌석 수가 19석을 초과하는 비행기(항공운송사업에 사용되는 비행기만 해당한다.) 　2) 비상착륙에 적합한 육지(착륙이 가능한 섬을 포함한다.)로부터 순항속도로 10분의 비행거리 이상의 해상을 비행하는 제1종 및 제2종 헬리콥터, 회전날개에 의한 자동회전(autorotation)에 의하여 착륙할 수 있는 거리 또는 안전한 비상착륙(safe forced landing)을 할 수 있는 거리를 벗어난 해상을 비행하는 제3종 헬리콥터 나. 1대를 설치하여야 하는 경우 : 가목에 해당하지 아니하는 항공기. 이 경우 비상위치지시용 무선표지설비는 자동으로 작동되는 구조여야 한다.

위의 표에서 명시하고 있는 무선설비는 관련하여 충분한 성능을 발휘해야 한다. 무선전화 송수신기는 비행장 또는 헬기장에서 관제를 목적으로 한 양방향 통신이 가능해야 하며, 이와 관련하여 각 2대 중 각 1대가 고장이 나더라도 나머지 각 1대는 고장이 나지 아니하도록 각각 독립적으로 설치해야 한다. 비행 중 계속하여 기상정보를 수신할 수 있는 성능을 발휘해야 하며, 또한 운항 중 항공기국과 항공국 간 또는 항공국과 항공기국 간 양방향 통신이 가능해야 한다. 비상 상황에 대비하여 항공비상주파수(121.5㎒ 또는 243.0㎒)를 사용하여 항공교통관제기관과 통신이 가능해야 한다.

항공운송사업용 비행기에 장착해야 하는 기압고도에 관한 정보를 제공하는 2차 감시 항공교통관제 레이더용 트랜스폰더는 고도 7.62미터(25피트) 이하의 간격으로 기압고도정보(pressure altitude information)를 관할 항공교통관제기관에 제공할 수 있어야 하며, 해당 비행기의 위치(공중 또는 지상)에 대한 정보를 제공할 수 있어야 한다.

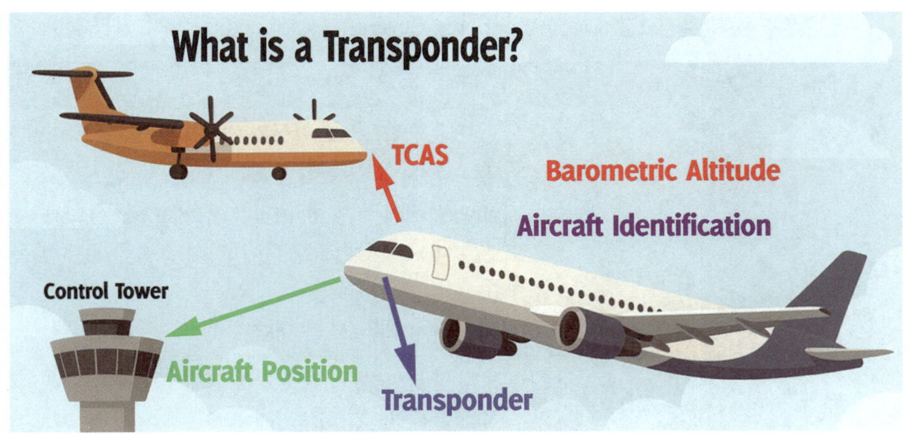

그림 5.4 트랜스폰더

2) 사고예방장치 및 구급용구 등

항공기 운항과 관련하여 사고예방 및 사고 조사를 위하여 항공기에는 관련 장치를 갖추어야 한다. 이와 관련된 가장 대표적인 사고예방장치는 공중충돌경고장치(ACAS, Airborne Collision Avoidance System)와 지상접근경고장치(GPWS, Ground Proximity Warning System)이며, 사고 조사를 위해서 비행기록장치(FDR, Flight Data Recoder)와 음성기록장치(CVR, Cockpit Voice Recorder)를 장착해야 한다. 또한 사고에 대비하여 구급용구 등도 준비되어야 한다.

① 공중충돌경고장치(ACAS, Airborne Collision Avoidance System)

국제민간항공협약 부속서 10에서 정한 바에 따라 항공운송사업에 사용되는 모든 비행기는 공중충돌경고장치를 1기 이상 장착해야 한다. 다만, 소형 항공운송사업에 사용되는 최대이륙중량이 5천 700킬로그램 이하인 비행기로서 그 비행기에 적합한 공중충돌경고장치가 개발되지 아니하거나 공중충돌경고장치를 장착하기 위하여 필요한 비행기 개조 등의 기술이 그 비행기의 제작자 등에 의하여 개발되지 아니한 경우에는 공중충돌경고장치를 갖추지 아니할 수 있다. ACAS의 방식 중 하나로 TCAS(Traffic alert and Collision Avoidance System)가 채택되어 있는 형태였다. 즉 원래 의도로는 ACAS 쪽이 상위 개념이다. 그러나 공중 충돌 방지를 담당하는 시스템이 사실상 거의 TCAS가 유일하기에 점차 둘을 혼용해 부르게 되었다. 보통은 TCAS가 더 잘 알려져 있지만, ACAS라고 해도 이해하는 데 크게 문제가 없다.

항공기는 비행하는 동안 트랜스폰더(발신기)를 통해 주변의 항공기에게 지속적으로 해당 항공기의 운항 정보를 요청한다. 이를 수신한 항공기는 정보를 제공하며(응답) 이 정보를 종합하여 조종사에게 트래픽 접근 정보를 제공한다.

표 5.6 공중충돌경고장치(ACAS, Airborne Collision Avoidance System) 제공 정보

구분	내용
Traffic Advisory(TA)	• 단순한 트래픽 접근으로 항공기 간 거리가 6km 이내일 경우 • 조종사는 주변을 둘러보며 주의를 기울여야 함 • 6km라는 거리가 굉장히 길다고 생각할 수 있는데, 항공기의 속도로는 40초 이내에 충돌이 일어날 수 있는 아주 가까운 거리임 • 더 가까워지는 경우 RA를 내림
Resolution Advisory(RA)	• 항공기 간 충돌이 25초 안에 가능할 경우로 회피 기동이 필요함 • TCAS는 다가오는 두 비행기에게 한쪽에는 상승, 다른 한쪽에는 하강 지시를 내리고 조종사는 RA가 제공되는 즉시 이에 따라야 하며, 이에 상반되는 관제사의 지시가 있더라도 RA의 지시를 따라야 함 • 평균적으로 4km가 채 안 되는 거리 • 항공안전법상 RA가 울리는 것은 항공안전장애로 분류되며, 해당 항공기를 관제 중이던 관제시설에서는 두 비행기가 부딪히기 직전의 상황인 만큼 항공기 간 분리 실패로 간주하여 난리가 남
Clear of Conflict(CC)	• 경보 해제

이러한 TCAS는 트래픽 정보와 회피 기동 제공 여부에 따라 3가지로 구분된다.

표 5.7 TCAS의 종류

종류	제공 정보
TCAS I	• 단순 트래픽 정보만 제공하는 기본적인 장비
TCAS II	• 단순 트래픽 정보 제공에서 진화해서 회피 기동도 안내 • 수직 방향만 안내하며 필요하면 현재 고도를 유지하라는 안내도 함 • 현재 가장 널리 쓰이는 방식
TCAS III	• 현재 개발 중 • 수직 방향 기동뿐만 아니라 수평 방향 기동 안내도 포함

관제사의 지시와 TCAS의 지시가 서로 상반되는 경우 무조건 TCAS의 지시만을 이행하도록 규정되어 있다. 사실 TCAS 경고가 발령되는 경우 조종사가 관제사에게 통보를 하기 때문에 지시가 상반될 가능성은 매우 희박하지만, 실제로는 관제사의 판단 착오같은 휴먼 에러나, 통신 불량, 혹은 관제 장비의 이상으로 관제사와 TCAS의 지시가 상반되는 경우가 발생할 수 있기 때문에 규정된 것이다.

표 5.8 공중충돌경고장치(ACAS, Airborne Collision Avoidance System) 장착 기준

구분	기준
1	• 항공운송사업에 사용되는 모든 비행기 • 다만, 소형 항공운송사업에 사용되는 최대이륙중량이 5천 700킬로그램 이하인 비행기로서 그 비행기에 적합한 공중충돌경고장치가 개발되지 아니하거나 공중충돌경고장치를 장착하기 위하여 필요한 비행기 개조 등의 기술이 그 비행기의 제작자 등에 의하여 개발되지 아니한 경우에는 공중충돌경고장치를 갖추지 아니 할 수 있음
2	• 2007년 1월 1일 이후에 최초로 감항증명을 받는 비행기로서 최대이륙중량이 1만5천킬로그램을 초과하거나 승객 30명을 초과하여 수송할 수 있는 터빈발동기를 장착한 항공운송사업 외의 용도로 사용되는 모든 비행기
3	• 2008년 1월 1일 이후에 최초로 감항증명을 받는 비행기로서 최대이륙중량이 5,700킬로그램을 초과하거나 승객 19명을 초과하여 수송할 수 있는 터빈발동기를 장착한 항공운송사업 외의 용도로 사용되는 모든 비행기

② 지상접근경고장치(GPWS, Ground Proximity Warning System)

비행기에는 그 비행기가 지표면에 근접하여 잠재적인 위험상태에 있을 경우, 적시에 명확한 경고를 운항승무원에게 자동으로 제공하고 전방의 지형지물을 회피할 수 있는 기능을 가진 지상접근경고장치(GPWS, Ground Proximity Warning System) 1기 이상 장착해야 한다. 대표적으로 최대이륙중량이 5,700킬로그램을 초과하거나 승객 9명을 초과하여 수송할 수 있는 터빈발동기를 장착한 비행기가 여기에 해당하며, 이때 해당 비행기는 아래의 경우에 대하여 추가적으로 경고를 제공해야 한다.

표 5.9 지상접근경고장치(GPWS, Ground Proximity Warning System)의 추가 경고 제공 경우

구분	경우
1	• 과도한 강하율이 발생하는 경우
2	• 지형지물에 대한 과도한 접근율이 발생하는 경우
3	• 이륙 또는 복행 후 과도한 고도의 손실이 있는 경우
4	• 비행기가 다음의 착륙형태를 갖추지 아니한 상태에서 지형지물과의 안전거리를 유지하지 못하는 경우 – 착륙바퀴가 착륙위치로 고정 – 플랩의 착륙위치
5	• 계기활공로 아래로의 과도한 강하가 이루어진 경우

지상접근경보장치(GPWS, Ground Proximity Warning System)는 비행기가 지상에 접근할 때 이를 감지하고 정보를 분석하여 경보를 울리는 장치로, 항공기가 착륙할 때 꼬리 부분이 지상과 더 가깝다는 점에서 항공기의 꼬리 밑부분에 설치한다.

초기 GPWS는 항공기가 지상을 향해 전파를 쏘고, 그것이 반사되어 되돌아오는 데 걸리는 시간을 계산하여 지상으로부터 얼마나 떨어져 있는지를 피트(서구), 미터(공산권 및 구공산권) 단위로 불러준다. 최근의 EGPWS(Enhanced GPWS/TAWS)는 GPS와 전 세계 지형 데이터의 연동을 통한 현재 위치 및 진로의 지형 파악으로 전파고도계가 미리 감지하지 못하는 산 같은 급격한 지형변화에도 선제적으로 알람을 날려줄 수 있도록 기능이 개선되었다.

표 5.10 지상접근경보장치(GPWS, Ground Proximity Warning System) 장착 기준

구분	기준
1	• 최대이륙중량이 5,700킬로그램을 초과하거나 승객 9명을 초과하여 수송할 수 있는 터빈발동기를 장착한 비행기
2	• 최대이륙중량이 5,700킬로그램 이하이고 승객 5명 초과 9명 이하를 수송할 수 있는 터빈발동기를 장착한 비행기
3	• 최대이륙중량이 5,700킬로그램을 초과하거나 승객 9명을 초과하여 수송할 수 있는 왕복발동기를 장착한 모든 비행기

③ 비행기록장치(Flight Recoder)

블랙박스(Black Box) 또는 비행기록장치(Flight Recorder)는 비행기의 사고에 중요하게 여겨지는 장비이다. 비행기록장치는 항공 사고 및 사고 조사를 용이하게 하기 위해 항공기에 장착되는 전자 기록 장치이다. 현재는 사고 후 복구를 돕기 위해 밝은 주황색으로 칠해야 한다.

비행기록장치에는 두 가지 유형이 있다. 비행 데이터 기록 장치(FDR)는 초당 여러 번 수집된 수십 개의 매개변수를 기록하여 최근 비행 이력을 보존하고, 조종석 음성 녹음기(CVR)는 조종사의 대화를 포함하여 조종석에서 발생한 소리의 최근 기록을 보존한다. 두 장치는 단일 장치로 결합될 수 있고, FDR과 CVR은 함께 항공기의 비행 이력을 객관적으로 문서화하므로 향후 조사에 도움이 될 수 있다.

두 개의 비행 기록 장치는 국제 민간항공 기구가 감독하는 국제 규정에 따라 심각한 항공기 사고 시 직면할 수 있는 조건에서 생존할 수 있어야 한다. 이러한 이유로 일반적으로 3,400g의 충격과 1,000℃(1,830℉) 이상의 온도를 견딜 수 있도록 지정되었다. 이는 1967년부터 미국 상업용 항공기의 필수 요구사항이었다.

그림 5.5 비행기록장치

표 5.11 비행기록장치 장착 기준

구분	기준	비행기록장치	
		비행자료	조종실 음성자료
1	항공운송사업에 사용되는 터빈발동기를 장착한 비행기	25시간 이상	2시간 이상
2	최대이륙중량이 2만 7천킬로그램을 초과하는 비행기	25시간 이상	25시간 이상
3	승객 5명을 초과하여 수송할 수 있고 최대이륙중량이 5,700킬로그램을 초과하는 비행기 중에서 항공운송사업 외의 용도로 사용되는 터빈발동기를 장착한 비행기	25시간 이상	2시간 이상

④ 구급용구 등

항공기의 소유자 등이 항공기에 갖추어야 할 구명동의, 음성신호발생기, 구명보트, 불꽃조난신호장비, 휴대용 소화기, 도끼, 손확성기(메가폰), 구급의료용품 등은 비상 상황 또는 필요시 해당 위치에 있어야 한다.

ㄱ 구급용구

- 구급 용구는 항공기 종류에 따라 수상비행기 및 육상비행기로 구분하여 필요로 하는 품목과 수량이 결정되며, 여기에서는 육상비행기를 기준으로 명시한다.
- 수륙양용 비행기를 포함한 육상비행기와 관련된 구급용구는 다시 착륙에 적합한 해안으로부터의 거리, 즉 활공하여 해안가에 착륙할 수 있는지 또는 장거리 해상 비행을 하는지에 따라 구분되며, 이는 다시 발동기 개수에 따라 구분된다.
- 구명동의 또는 이에 상당하는 개인부양 장비는 생존위치표시등이 부착된 것으로서 각 좌석으로부터 꺼내기 쉬운 곳에 두고, 그 위치 및 사용 방법을 승객이 명확히 알기 쉽도록 해야 한다.
- 구명보트의 수는 탑승자 전원을 수용할 수 있는 수량이어야 한다. 이 경우 구명보트는 비상시 사용하기 쉽도록 적재되어야 하며, 각 구명보트에는 비상신호등·방수휴대등이 각 1개씩 포함된 구명용품 및 불꽃조난신호장비 1기를 갖춰야 한다. 다만, 구명용품 및 불꽃조난신호장비는 구명보트에 보관할 수 있다.

ㄴ 소화기

- 화재 발생 시 즉각적인 화재 진압을 위해 소화기를 조종실 및 조종실과 분리되어 있는 객실에 이동이 간편한 휴대용 소화기를 갖춰 두어야 한다. 다만, 소화기는 소화액을 방사 시 항공기 내의 공기를 해롭게 오염시키거나 항공기의 안전 운항에 지장을 주는 것이어서는 안 된다.

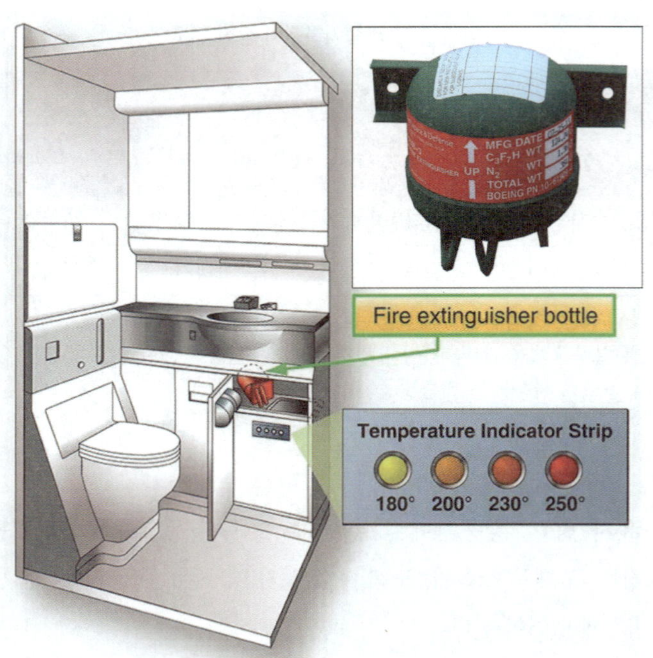

그림 5.6 비행기 화장실 내 붙박이 형태의 소화기 및 휴대용 소화기

그림 5.7 조종실 내부 소화기

- 이러한 소화기는 항공기의 승객 좌석 수에 따라서 갖춰야 하는 소화기의 수량이 정해져 있으며, 그 내용은 다음과 같다.

표 5.12 객실 비치용 소화기 개수

승객 좌석 수	소화기 수량
6석부터 30석까지	1
31석부터 60석까지	2
61석부터 200석까지	3
201석부터 300석까지	4
301석부터 400석까지	5
401석부터 500석까지	6
501석부터 600석까지	7
601석 이상	8

ⓒ 도끼

항공운송사업용 항공기에는 사고 시 사용할 도끼 1개를 갖추어야 한다.

ⓔ 손확성기

항공운송사업용 여객기에는 비상상황 시 사용해야 하는 손 확성기를 갖춰 두어야 하며, 이는 승객 좌석 수에 따라 다르다.

표 5.13 항공운송사업용 비행기에 갖춰 두어야 하는 손확성기

승객 좌석 수	손확성기의 수
61석부터 99석까지	1
100석부터 199석까지	2
200석 이상	3

3) 항공기 탑재 서류, 산소 저장 및 분배장치

① 항공기 탑재 서류

- 항공기 운항 관련 항공기에 탑재하여야 하는 서류가 존재하며, 이는 항공기 운항 및 안전을 위해 필요로 하는 서류들이다.

- 항공기등록증명서, 감항증명서, 탑재용 항공일지, 운용한계 지정서 및 비행교범, 운항규정, 항공운송사업의 운항증명서 사본 및 운영 기준 사본, 소음기준적합증명서, 각 운항승무원의 유효한 자격증명서 및 조종사의 비행기록에 관한 자료, 무선국 허가증명서, 탑승한 여객의 성명, 탑승지 및 목적지가 표시된 명부, 해당 항공운송사업자가 발행하는 수송화물의 화물목록(cargo manifest)과 화물 운송장에 명시되어 있는 세부 화물신고서류(detailed declarations of the cargo)(항공운송사업용 항공기만 해당한다), 해당 국가의 항공 당국

간에 체결한 항공기 등의 감독 의무에 관한 이전협정서요약서 사본(법 제5조에 따른 임대차 항공기의 경우만 해당한다), 비행 전 및 각 비행단계에서 운항승무원이 사용해야 할 점검표, 그 밖에 국토교통부장관이 정하여 고시하는 서류들이 필요하다.

② 산소 저장 및 분배장치

- 항공기 운항 관련 항공안전법에는 고고도(高高度) 비행을 하는 항공기는 호흡용 산소의 양을 저장하고 분배할 수 있는 장치를 장착하여야 한다고 명시하고 있다.

- 항공 생리학과 관련하여 고고도(高高度)란 평균해수면(Mean Sea Level) 위 10,000피트(3000m)의 고도로서, 이 고도 이상에서는 동맥산소포화도가 급격히 감소하며 저산소증(Hypoxia)을 야기시킨다.

- 저산소증은 호흡곤란, 두통 및 의식 장애 등의 증상을 발생시켜 안전 운항에 큰 영향을 미친다. 이러한 이유로 고고도로 비행하는 항공기는 관련 산소 저장 및 분배장치를 장착하여야 한다. 관련하여 여압장치가 없는 비행기와 여압장치가 있는 비행기에 대하여 각각 필요로 하는 산소 요구량이 명시되어 있다.

표 5.14 고고도(高高度) 비행을 하는 항공기의 호흡용 산소 장치

대기압	여압장치 유무	산소 요구량
700hPa 미만	무	• 기내의 대기압이 700hPa(10,000ft) 미만 620hPa(hPa) 이상인 비행고도에서 30분을 초과하여 비행하는 경우에는 승객의 10퍼센트와 승무원 전원이 그 초과되는 비행시간 동안 필요로 하는 양 • 기내의 대기압이 620hPa(13,000ft) 미만인 비행고도에서 비행하는 경우에는 승객 전원과 승무원 전원이 해당 비행시간 동안 필요로 하는 양
700hPa 이상	유	• 기내의 대기압이 700hPa(hPa) 미만인 동안 승객 전원과 승무원 전원이 비행고도 등 비행 환경에 따라 적합하게 필요로 하는 양 • 기내의 대기압이 376hPa(25,000ft) 미만인 비행고도에서 비행하거나 376hPa(25,000ft) 이상인 비행고도에서 620hPa(13,000ft)인 비행고도까지 4분 이내에 강하할 수 없는 경우에는 승객 전원과 승무원 전원이 최소한 10분 이상 사용할 수 있는 양

- 여압장치가 있는 비행기로서 기내의 대기압이 376헥토파스칼(hPa) 미만인 비행고도로 비행하려는 비행기에는 기내의 압력이 떨어질 경우 운항승무원에게 이를 경고할 수 있는 기압 저하 경보장치 1기를 장착하여야 한다.

- 항공운송사업에 사용되는 항공기로서 기내의 대기압이 376헥토파스칼(hPa) 미만인 비행고도로 비행하거나 376헥토파스칼(hPa) 이상인 비행고도에서 620헥토파스칼(hPa)의

비행고도까지 4분 이내에 안전하게 강하할 수 없는 경우에는 승객 및 객실승무원 좌석 수를 더한 수보다 최소한 10퍼센트를 초과하는 수의 자동으로 작동되는 산소분배장치를 장착하여야 한다.

- 여압장치가 있는 비행기로서 기내의 대기압이 376헥토파스칼(hPa) 미만인 비행고도에서 비행하려는 비행기의 경우 운항승무원의 산소마스크는 운항승무원이 산소 사용이 필요할 때에 비행 임무를 수행하는 좌석에서 즉시 사용할 수 있는 형태여야 한다.

- 산소마스크는 비행고도에 따라 필요로 하는 형태가 달라진다. 18,000피트까지는 Cannula, 18,001피트~25,000피트까지는 Re-Breather mask, 25,001피트~40,000피트까지는 Diluter-Demand, 40,001피트 이상부터는 Pressure Demand 타입의 산소마스크를 사용해야 한다.

그림 5.8 승객 및 객실승무원 산소분배장치

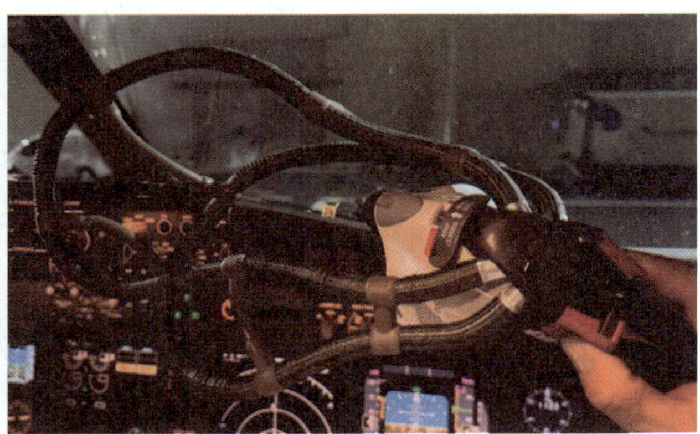

그림 5.9 운항승무원의 산소마스크

4) 항공기 계기장치 등과 연료 및 오일

① 항공기 계기장치 등

- 항공기 운항과 관련하여 비행 방식에 따라 시계비행 또는 계기비행에 의한 비행을 하는 항공기에 갖추어야 할 항공계기기 있다. 또한 비행기인지 헬리콥터인지 그리고 그 비행기 또는 헬리콥터가 항공운송사업용인지 아닌지에 따라 필요로 하는 항공계기의 기준이 있다.

표 5.15 항공운송사업용 비행기의 항공계기 기준

비행 구분	계기명	비행기 항공운송사업 수량
시계 비행 방식	나침반(MAGNETIC COMPASS)	1
	시계(시, 분, 초의 표시)	1
	정밀기압고도계(SENSITIVE PRESSURE ALTIMETER)	1
	기압고도계(PRESSURE ALTIMETER)	–
	속도계(AIRSPEED INDICATOR)	1
계기 비행 방식	나침반(MAGNETIC COMPASS)	1
	시계(시, 분, 초의 표시)	1
	정밀기압고도계(SENSITIVE PRESSURE ALTIMETER)	2
	기압고도계(PRESSURE ALTIMETER)	–
	동결방지장치가 되어 있는 속도계(AIRSPEED INDICATOR)	1
	선회 및 경사지시계(TURN AND SLIP INDICATOR)	1
	경사지시계(SLIP INDICATOR)	–
	인공수평자세지시계(ATTITUDE INDICATOR)	1
	자이로식 기수방향지시계(HEADING INDICATOR)	1
	외기온도계(OUTSIDE AIR TEMPERATURE INDICATOR)	1
	승강계(RATE OF CLIMB AND DESCENT INDICATOR)	1
	안정성유지시스템(STABILIZATION SYSTEM)	–

- 야간에 계기비행 방식으로 비행하고자 하는 비행기는 계기비행 방식으로 비행 시 갖추어야 하는 항공계기 이외에 추가로 항공기에 조명 설비를 갖추어야 한다. 항공운송사업에 사용되는 항공기에는 2기 이상, 그 밖의 항공기에는 1기 이상의 착륙등이 필요하며, 소형 항공운송사업에 사용되는 항공기로서 해당 항공기에 착륙등을 추가로 장착하기 위한 기술이 그 항공기 제작자 등에 의해 개발되지 아니한 경우에는 1기의 착륙등을 갖추고 비행할 수

있다. 충돌방지등 1기도 필요하다. 착륙등과 충돌방지등은 주간에 비행하려는 항공기에도 갖추어야 한다.

- 이외에도 항공기의 위치를 나타내는 우현등, 좌현등 및 미등, 그리고 운항승무원이 항공기의 안전운항을 위하여 사용하는 필수적인 항공계기 및 장치를 쉽게 식별할 수 있도록 해주는 조명설비, 객실조명설비, 운항승무원 및 객실승무원이 각 근무 위치에서 사용할 수 있는 손전등(Flashlight)이 필요하다.

- 동결방지장치가 되어 있는 속도계(Airspeed Indicator)와 관련하여 마하수(Mach number) 단위로 속도제한을 나타내는 항공기에는 마하수 지시계(Mach number Indicator)를 장착하여야 한다. 다만, 마하수 환산이 가능한 속도계를 장착한 항공기의 경우에는 그러하지 아니하다.

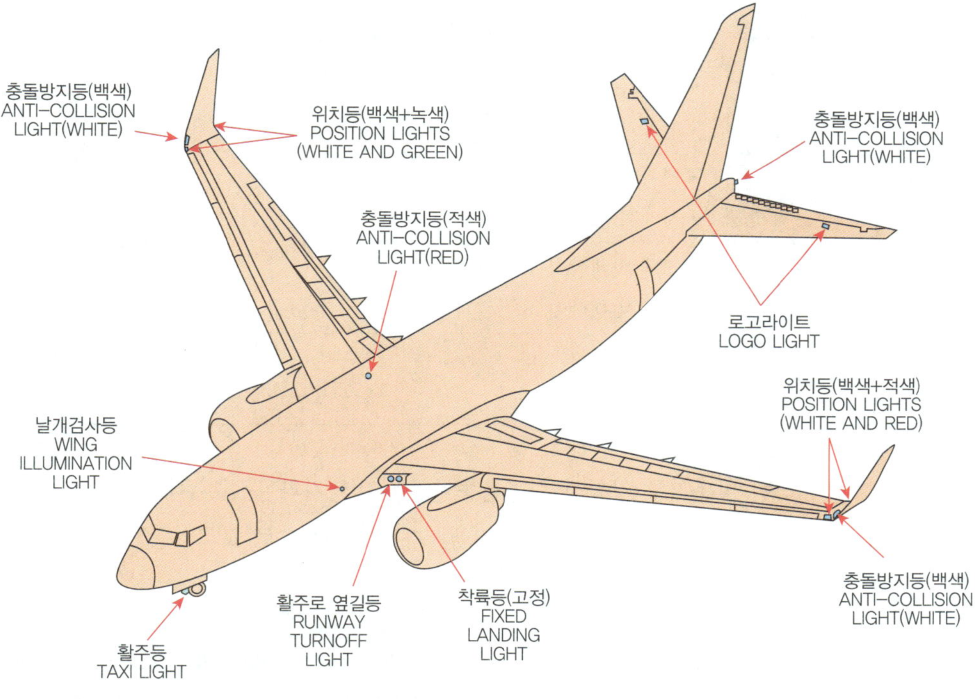

그림 5.10 항공기 조명설비

② 항공기 연료 및 오일

- 항공연료는 항공기 운항과 관련하여 항공기의 엔진을 가동시키는 데 사용되는 연료이다. 항공연료는 항공기의 엔진 형태에 따라 AVGAS(Aviation Gasoline)와 Jet Fuel로 구분한다.

- AVGAS(Aviation Gasoline)는 세스나와 같은 경비행기가 주로 사용하는 왕복엔진용 연료이며, Jet Fuel은 여객기 등 가스터빈 엔진용 연료이다. 이 장에서는 상업용 여객기에 주로 사용되는 Jet Fuel에 대하여 알아본다.

- Jet Fuel이란 가스터빈 엔진용 연료로서, 제트엔진뿐 아니라 터보프롭, 터보샤프트도 가스터빈이라 이쪽 계열 연료를 넣어야 한다. 겉보기에 터보프롭과 터보샤프트는 프로펠러가 돌아가니 AVGAS를 연료로 사용할 것 같지만, 속은 제트엔진과 동일하기 때문에 KT-1의 경우에도 터보프롭엔진이기 때문에 Jet Fuel을 사용한다. 등유를 기반으로 얼지 않도록 각종 첨가제를 넣어 만든다.

- 항공기에 실어야 할 연료의 양은 항공운송사업용 및 항공기사용사업용 비행기 그리고 이외의 비행기로 구분하며, 계기비행을 하는지 또는 시계비행을 하는지에 따라 달라진다. 계기비행은 또 교체비행장이 요구되는 경우와 그렇지 않은 경우에 따라 항공기 연료의 양이 달라진다. 또한 발동기의 종류에 따라서 달라진다.

표 5.16 항공기에 실어야 하는 연료의 양과 관련된 요인

구분	내용
사업 형태	• 항공기운송사업용 및 항공기사용사업용 비행기 • 항공기운송사업용 및 항공기사용사업용 비행기 외의 비행기
비행 구분	• 계기비행 • 시계비행
교체 비행장	• 교체 비행장이 요구될 경우 • 교체 비행장이 요구되지 않을 경우
발동기	• 왕복 발동기 • 터빈 발동기

본 장에서 터빈 발동기를 장착한 항공운송사업용 비행기와 관련된 내용으로 항공기 연료의 양에 대하여 알아본다. 항공운송사업용 비행기가 계기비행으로 교체비행장이 요구될 경우, 그 비행기는 다음의 연료를 필요로 한다.

표 5.17 터빈 발동기를 장착한 항공운송사업용 비행기에 실어야 할 연료의 양

구분	연료의 양
계기비행으로 교체비행장이 요구될 경우	다음 각호의 양을 더한 양 1. 이륙 전에 소모가 예상되는 연료(taxi fuel)의 양 2. 이륙부터 최초 착륙예정 비행장에 착륙할 때까지 필요한 연료(trip fuel)의 양 3. 이상사태 발생 시 연료 소모가 증가할 것에 대비하기 위한 것으로서 법 제77조에 따라 고시하는 운항 기술기준(이하 이 표에서 '운항 기술기준'이라 한다)에서 정한 연료(contingency fuel)의 양 4. 다음 각 목의 어느 하나에 해당하는 연료(destination alternate fuel)의 양

구분	연료의 양
계기비행으로 교체비행장이 요구될 경우	가. 1개의 교체비행장이 요구되는 경우 : 다음의 양을 더한 양 　1) 최초 착륙예정 비행장에서 한 번의 실패접근에 필요한 양 　2) 교체비행장까지 상승비행, 순항비행, 강하비행, 접근비행 및 착륙에 필요한 양 나. 2개 이상의 교체비행장이 요구되는 경우 : 각각의 교체비행장에 대하여 가목에 따라 산정된 양 중 가장 많은 양 5. 교체비행장에 도착 시 예상되는 비행기의 중량 상태에서 표준대기상태에서의 체공속도로 교체비행장의 450미터(1,500피트)의 상공에서 30분간 더 비행할 수 있는 연료(final reserve fuel)의 양 6. 그 밖에 비행기의 비행 성능 등을 고려하여 운항 기술기준에서 정한 추가 연료의 양
계기비행으로 교체비행장이 요구되지 않을 경우	다음 각호의 양을 더한 양 1. 이륙 전에 소모가 예상되는 연료의 양 2. 이륙부터 최초 착륙예정 비행장에 착륙할 때까지 필요한 연료의 양 3. 이상사태 발생 시 연료 소모가 증가할 것에 대비하기 위한 것으로서 운항 기술기준에서 정한 연료의 양 4. 다음 각 목의 어느 하나에 해당하는 연료의 양 　가. 제186조 제3항 제1호에 해당하는 경우 : 표준대기상태에서 최초 착륙예정 비행장의 450미터(1,500피트)의 상공에서 체공속도로 15분간 더 비행할 수 있는 양 　나. 제186조 제3항 제2호에 해당하는 경우 : 제5호에 따른 연료의 양을 포함하여 최초 착륙예정 비행장의 상공에서 정상적인 순항 연료소모율로 2시간을 더 비행할 수 있는 양 5. 최초 착륙예정 비행장에 도착 시 예상되는 비행기 중량 상태에서 표준대기상태에서의 체공속도로 최초 착륙예정 비행장의 450미터(1,500피트)의 상공에서 30분간 더 비행할 수 있는 양. 다만, 제4호 나목에 따라 연료를 실은 경우에는 제5호에 따른 연료를 실은 것으로 본다. 6. 그 밖에 비행기의 비행 성능 등을 고려하여 운항 기술기준에서 정한 추가 연료의 양
시계비행을 할 경우	다음 각호의 양을 더한 양 1. 최초 착륙예정 비행장까지 비행에 필요한 양 2. 순항속도로 45분간 더 비행할 수 있는 양

5) 조종사 운항 자격

운항승무원은 항공기 운항에 필수적인 임무를 수행하는 자로 항공기 운항에 필요한 자격증명은 물론 지속적인 안전운항 임무 수행을 위한 전문지식 및 기량을 습득함은 물론 숙달 및 유지가 필요하다. 이에 따라 항공기의 조종사는 다음과 같은 두 가지 종류의 자격이 요구된다.

첫째, 항공 당국이 주관, 발급, 관리하는 것으로 ICAO Annex 1에 규정하고 있는 사업용조종사 자격증명, 운송용조종사 자격증명 및 형식 한정 등과 같은 조종사의 기본적인 자격증명(Licence)이 요구된다.

둘째, 운영자인 항공사가 관장하는 것으로 ICAO Annex 6에 규정하고 있는 조종사 운항자격(Qualification)이 요구된다. ICAO Annex 1에 의거 자격증명을 보유한 자가 실제 비행을 안전하게 수행하기 위해 필요한 주기적인 교육훈련, 최근 비행 경험, 기량심사와 같은 운항 자격이 요구된다. 기본적으로 조종사는 자격증명 및 운항 자격을 취득 및 유효한 상태로 유지해야 하며 요건을 충족하지 못하면 비행 임무를 수행할 수 없다.

6) 순항고도 및 기압고도계 수정

① 순항고도

- 항공기는 관련 비행 규칙에 따라 비행해야 하며, 항공기가 관제구 또는 관제권을 비행하는 경우에는 국토교통부장관 또는 항공교통업무증명을 받은 자가 지시하는 이동 · 이륙 · 착륙의 순서 및 시기와 비행의 방법에 따라야 한다.

- 이 외에는 일반적으로 사용되는 순항고도를 지켜야 한다. 수직분리축소공역(RVSM)으로 정하여 고시한 공역의 경우에도 정한 순항고도를 지켜야 한다.

- 비행 규칙에는 여러 가지가 있지만 크게 시계비행과 계기비행으로 구분할 수 있고, 이런 비행 규칙에 따른 순항고도가 정해져 있다.

② 기압고도계 수정

- 전이고도 이하의 고도로 비행하는 경우에는 비행로를 따라 185킬로미터(100해리) 이내에 있는 항공교통관제기관으로부터 통보받은 QNH(185킬로미터(100해리) 이내에 항공교통관제기관이 없는 경우에는 비행정보기관 등으로부터 받은 최신 QNH를 말한다.)로 수정해야 한다. 전이고도를 초과한 고도로 비행하는 경우에는 표준기압치(1,013.2 헥토파스칼)로 수정한다.

- 기압고도계(Sensitive Altimeter)는 비행하고 있는 항공기 주위의 정압(Static Pressure)을 측정하여 고도계의 기압계 창(Altimeter Setting Window)에 맞추어진 기압 면으로부터 항공기까지의 높이를 Feet나 Meter로 나타내는 계기이다. 고도계 기압창을 Kollsman Window라 하는데, Kollsman Window에 Setting할 수 있는 기압치의 범위는 28.00~31.00 inHg(948~1,050 hpa)이다.

- 고도계의 내부에는 29.92inHg의 기압이 채워져 있는 주름진 청동 아네로이드(Aneroid Wafers)가 있으며, 아네로이드의 수축, 팽창에 따라 고도를 지시하는 바늘이 연결되어 있다.

고도계 내부는 비행하고 있는 항공기 주변의 공기압력이 전달되도록 정압공(Static port)과 연결되어 있고, 이를 통해 고도계 내부로 전달되는 항공기 주변의 대기압과 아네로이드의 압력이 같아지도록 수축, 팽창을 하게 된다. 예를 들어 고도가 증가하면 고도계 내부의 정압은 감소되고 상대적으로 압력이 높은 아네로이드는 고도계 내부의 공기압과 같아지기 위해 팽창하고 바늘을 움직여 고도가 증가하도록 가리킨다. 이러한 바늘의 움직임을 바탕으로 항공기의 고도를 확인할 수 있다.

표 5.18 고도의 종류

종류	내용
진고도 (True Altitude)	고도계 기압 창에 그 지역의 평균해수면 기압치를 맞추었을 때 지시되는 고도로서 평균해수면(Mean Sea Level)으로부터 항공기까지의 높이
기압고도 (Pressure Altitude)	고도계의 기압 창에 그 지역의 기압치 대신 29.92inHg 혹은 1013.2hPa를 setting 하였을 때 지시되는 고도로서, 대기압이 29.92inHg(1013.2 hPa)인 곳에서부터 항공기까지의 높이
절대고도 (Absolute Altitude)	절대고도는 지표면 혹은 장애물로부터 항공기까지의 높이(QFE 방법)
밀도고도 (Density Altitude)	항공기 성능은 공기밀도에 크게 영향을 받으므로 항공기 이착륙 거리, 상승 성능 등을 계산하기 위해 필요한 고도로서 기압고도에서 공기의 비표준 온도를 수정한 고도

- 고도계에 오차가 발생하므로, 이를 숙지해야 한다. 고도계의 오차는 크게 기계적인 오차(Mechanical Error)와 고유 오차(Inherent Altimeter Error)로 구분할 수 있으며, 고유 오차는 다시 외기 온도에 따른 오차 및 비표준 기압에 따른 오차가 있다.

7) 단계별 계기비행(출발, 항로, 접근) 절차

시계비행 방식으로 비행하는 항공기는 관할 항공교통관제기관의 허가를 받은 경우를 제외하고 해당 비행장의 운고(구름 밑부분 고도를 말한다)가 450미터(1,500피트) 미만 또는 지상시정이 5킬로미터 미만인 경우에는 관제권 안의 비행장에서 이륙 또는 착륙하거나 관제권 안으로 진입할 수 없다. 이처럼 시계비행 방식으로 비행할 수 없을 때 비행기는 계기비행을 통해 목적지를 향해서 출발한다. 계기비행이란 '항공기의 자세·고도·위치 및 비행 방향의 측정을 항공기에 장착된 계기에만 의존하여 비행하는 것'을 말하며, 계기비행 방식이란 '계기비행을 하는 사람이 항공교통업무증명을 받은 자가 지시하는 이동·이륙·착륙의 순서 및 시기와 비행의 방법에 따라 비행하는 방식'을 말한다.

① 계기 출발 절차

- 원활한 계기 출발을 위해서 출발 절차를 수립했으며, 이를 출발 절차(DP, Departure Procedure)라고 한다. 계기 출항 절차는 터미널 구역에서 적절한 항로 시설까지의 장애물 회피를 보장하고 조종사가 공항을 출발하여 항로 시설까지 안전하게 출항할 수 있는 방법을 제공하는 사전 계획된 IFR 절차이다. 미국의 경우 14 CFR Part 91에서는 조종사들에게 DP를 이용할 수 있을 때 이에 따라 계획하고 비행할 것을 강력히 권장한다.

- 계기 출발 절차가 가장 중요한 이유는 IMC에서 장애물로부터의 보호이다. 두 번째는 복잡한 공항에서 무선통신과 비행인가 지연을 감소시킨다. 이러한 계기 출발 절차는 이륙 후 첫 번째 Fix, 항법시설, 항로 단계의 Waypoint에서 종료된다.

- 각 SID는 약어 이름과 숫자로 식별되고, 그 뒤에 종료 또는 전환 수정의 이름이 붙는다(예 MOLEN8,MOLEN). 절차에 상당한 변경이 발생하면 절차 번호가 1씩 증가하고, 시퀀스가 9에 도달하면 다음 개정 번호는 1로 매겨진다. SID에 대한 허가는 ATC의 선택에 따라 발급되며, 절차를 수행하기 위해서는 관련 차트가 필요하다. SID를 사용하지 않으려면 비행계획서의 비고란에 'SID 없음(NO SID)'을 표시하면 된다.

- SID는 Pilot Navigation SID와 Vector SID로 구분할 수 있다. Pilot Navigation SID에는 일반적으로 모든 항공기에 적용되는 초기 지침 세트가 포함되어 있으며, 경로 구조 내에서 적절한 수정점으로 항해하기 위한 하나 이상의 전환 경로를 보여줄 수도 있다. 많은 Pilot Navigation SID에는 SID에 가입하는 데 도움이 되는 레이더 벡터 세그먼트가 포함되어 있다. 두 차트 모두 초기 이륙 및 전환 절차에 대한 텍스트 설명과 경로의 그래픽 또는 평면도를 포함한다.

- 또 하나의 SID는 Vector SID로 Vector SID 동안 ATC는 이륙 직후에 시작하여 지정된 경로나 차트에 표시된 수정점 중 하나에 도달할 때까지 계속되는 레이더 벡터를 제공한다. Vector SID 차트에는 출발 경로나 전환이 표시되지 않는다. 차트에는 일반적으로 비행 방향과 초기 상승 고도와 같은 초기 지침 세트가 포함되며, ATC가 레이더 접촉을 설정하면 관제사는 차트에 표시된 여러 수정점 중 하나에 벡터를 제공한다. Vector는 무선통신에 의존하기 때문에 Vector SID 차트에는 비표준 통신 손실 절차가 포함된다. 두 차트 모두 SID 절차를 수행하는 데 필요한 동일한 정보를 많이 포함하고 있다.

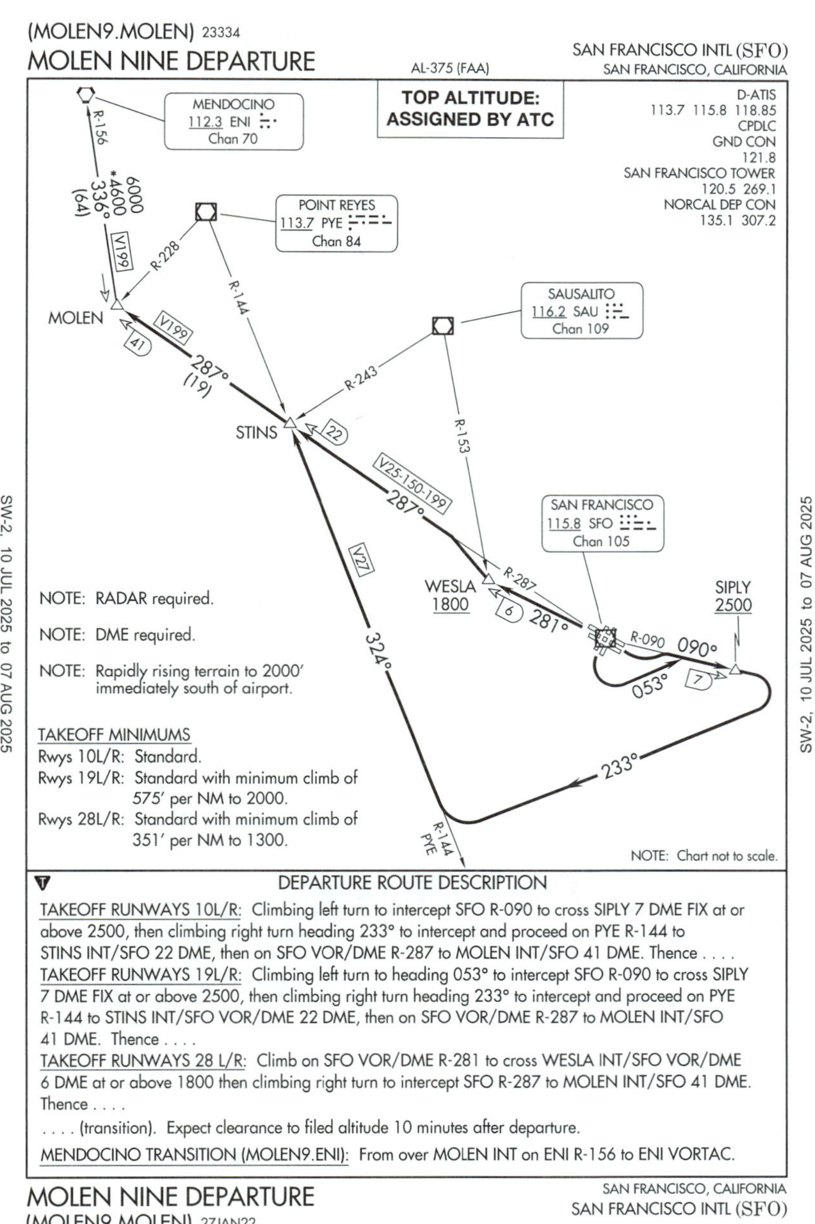

그림 5.11 Pilot Navigation SID의 예시

② 항로 절차

- 항로 비행 절차는 계획된 경로, 교통 환경, 항공교통관제 기관 등에 의하여 다양하게 이루어질 것이다. 출항부터 입항 시까지 레이더 감시하에서 관제가 이루어지는 항공기들이 있는 반면에, 또 다른 항공기들은 완전히 조종사의 자체 항법 비행으로 이루어지기도 한다. 관할권이 없는 곳에서의 ATC는 IFR 인가를 부여하지 못하며, 이 경우에는 관제를 하지도 않고 조종사는 다른 항적으로부터의 분리 업무도 제공받지 못한다.

- 모든 조종사는 예상하지 못한 악기상이나 비행 안전에 관련되는 정보 사항을 ATC에 보고해야 한다. 관제공역 내에서 IFR 비행 중인 조종사는 다음과 같은 탑재 장비의 고장 시에도 즉시 ATC에 보고하여야 한다.

표 5.19 보고해야 하는 탑재 장비의 고장

구분	사항
장비 고장	• VOR, TACAN 또는 ADF 수신기의 고장 • ILS 수신기의 부분 또는 완전 고장 • 무선통신기기의 고장각 보고 시 조종사는 호출부호, 해당 장비, 계기비행 지속 가능 정도, ATC로부터의 요청 사항 등

- ATC 레이더와 교신이 되지 않았다면 조종사는 보고 지점(Reporting Points)에서 위치보고(Position Report)를 해야 한다. 위치보고는 항로상의 각 의무보고지점(▲) 상공에서 고도, VFR-On-Top Clearance에 상관없이 이루어져야 한다.

- 모든 계기 비행 항공기들은 비행경로를 명확하게 하기 위해 경로상의 모든 보고 지점 상공에서 보고가 이루어져야 한다. 비의무보고지점(△)에서의 보고는 ATC의 요청이 있을 때만 이루어진다. 위치보고 시 다음의 내용이 포함되어야 한다.

표 5.20 위치보고 사항

위치보고 사항	
(1) 항공기 호출부호	Cessna 1230 Alpha
(2) 위치	at HARWL intersection
(3) 비행 형태(AFSS에 보고가 이루어졌을 때)	IFR
(4) 다음 보고 지점에서의 ETA	15(minutes after the hour)
(5) 경로상의 다음 보고 지점 명칭	SEL VOR
(6) Remarks	(If necessary)

- 일부 보고는 ATC와 레이더 접촉(Radar Contact) 여부와 관계없이 항상 해야 하지만, 다른 보고는 레이더 접촉이 끊어지거나 종료된 경우에만 필요하다.

표 5.21 RADAR/NONRADAR Reports

RADAR/NONRADAR Reports
1) 새로 지정받은 고도를 위하여 이전에 지정받았던 고도를 떠나는 경우 　예 'Cessna 45132, leaving 8,000, climb to 10,000.' 2) VFR-On-Top Clearance 하에서 비행 중 고도 변화 시 　예 'Cessna 45132, VFR-on-top, climbing to 10,500.'

RADAR/NONRADAR Reports

3) 최소 500fpm의 속도로 상승/하강할 수 없을 때

　예 'Cessna 45132, maximum climb rate 400feet per minute.'

4) 실패접근 시(다른 대체 공항이나 접근 인가 등을 요청한다.)

　예 'Cessna 45132, missed approach, request clearance to Chicago.'

5) 비행계획서에 제출된 진대기속도(TAS)의 평균값이 5% 또는 10knot 중 큰 값으로 변화할 때

　예 'Cessna 45132, advises TAS decrease to 140knots.'

6) 체공 대기 지점이나 인가된 지점 도착 시의 시간과 고도

　예 'Cessna 45132, FARGO Intersection at 05, 10,000, holding east.'

7) 지정된 체공 대기 지점을 떠날 때

　예 'Cessna 45132, leaving FARGO Intersection.'

8) 관제공역에서 VOR, TACAN, ADF, 저주파 항법 수신기 기능의 손실, 설치된 IFR 인증 GPS/ GNSS 수신기를 사용하는 동안의 GPS 이상, ILS 수신기 기능의 전체 또는 부분 손실 또는 공중/지상 통신 기능의 손상 시

　예 'Cessna 45132, ILS receiver inoperative.'

9) 항공기 안전과 관련된 정보

　예 'Cessna 45132, experiencing moderate turbulence at 10,000.'

• ATC와 레이더 접촉이 되지 않는 경우 몇 가지 추가 보고를 해야 한다.

표 5.22 NON-RADAR Reports

NON-RADAR Reports

1) 최종접근을 위해 Final Approach Fix(FAF)를 떠날 때

　예 'Cessna 45132, outer marker inbound, leaving 2,000.'

2) 보고되었던 시간과 3분 이상의 차이가 있을 경우

　예 'Cessna 45132, revising SCURRY estimate to 55.'

• 항공기 간에 필요한 공간의 확보·유지를 위한 속도 조절 지시는 최소한으로 하여야 하며, 속도 조절 지시를 할 때, 감속과 증속을 번갈아 가며 요구하는 것은 피해야 한다. 앞서 지시한 속도 조절이 더 이상 필요치 않을 때, 조종사에게 정상 속도로 복귀할 것을 지시한다. 지시받은 속도 조절이 항공기 비행 성능상 적합하지 않거나 과도하다고 판단될 경우, 조종사는 속도 조절 지시를 거부할 권한 및 책임이 있다.

• 항공교통량과 기상 상황에 의하여 체공 대기(Holding)가 필요한 경우도 있다. 체공 대기(Holding)는 ATC로부터의 차기 비행 인가를 기다리는 동안 항공기를 지정된 공역 내에 유지시키기 위한 조작이다. 체공 대기는 다음과 같은 상황하에서 ATC 지시가 발부될 것이다.

표 5.23 체공 지시 상황

구분	상황
체공	• 1시간 이상의 지연이 예상될 때 • EFC 시간이 수정될 때 • 여러 종류의 항법 시설물(Navigation Aids)과 접근 절차가 있는 공항구역에서는 어떤 접근 절차가 이루어질지에 대해서 비행 인가에 명확하게 언급되지 않을 수도 있다. 최초 교신 시 또는 그 이후 접근관제소에서 예상되는 접근 형태에 대해 조종사에게 조언할 것이다. • 기상이 해당 공항에 설정된 가장 높은 'circling minimums' 이하일 경우에, 시정이나 운고가 보고된다. ATC는 필요시 현재 기상과 기상변화 상태를 통보할 것이다. • 체공 대기를 하면서 접근 인가를 기다리는 동안 보고된 기상 조건이 비행 운영 최저치라고 조종사가 보고하였다면, ATC는 기상이 호전되기를 기다리면서 체공 대기를 하거나 다른 공항으로 회항하든지 하는 적절한 지시를 발부할 것이다.

• 비행 인가 지점에 도착할 때까지 이후에 대한 인가를 받지 못했다면 조종사는 ATC가 최종적으로 지시한 고도를 유지하여 차트에 도시된 대로의 체공 대기 장주를 유지하여야 한다. 체공 대기 장주가 표시(Charted)되지 않았다면, 픽스에 진입한 경로로의 표준 체공 대기 장주를 유지하면서 차기 비행 인가를 빨리 요청하여야 한다. 일반적으로 지연이 예상되지 않을 경우, ATC는 픽스 도착 최소한 5분 이전에 체공 대기 지시를 발부해야 한다. 체공 대기 장주가 표시(Charted)되거나 그렇지 않은(Not Charted) 경우에 ATC의 인가에는 다음과 같은 지시를 포함할 것이다.

표 5.24 체공 대기 장주 지시 사항

구분	내용
Charted	• 8방위(N, NE, E, SE, etc.) 용어를 사용한 픽스로부터의 체공 대기 방향 • 체공 대기 픽스(비행 인가 내용 중 비행 인가 한계 지점으로 포함되었다면 픽스는 생략될 수 있음) • Expect-Further-Clearance(EFC) 시간과 기타 추가적인 지연 정보 사항
Not Charted	• 8방위(N, NE, E, SE, etc.) 용어를 사용한 픽스로부터의 체공 대기 방향 • 체공 대기 픽스(비행 인가 내용 중 비행 인가 한계 지점으로 포함되었다면 픽스는 생략될 수 있음) • 항공기가 체공 대기하게 될 래디얼(Radial), Course, Bearing, Airway, 또는 Route • DME나 Area Navigation(RNAV)이 사용될 경우 경로 길이(경로 길이는 조종사 요청이나 관제사 판단에 의해 시간(분)으로 지정될 수도 있다.) • 선회 방향(좌선회가 요구된다면) • Expect-Further-Clearance(EFC) 시간과 기타 추가적인 지연 정보 사항

- 체공 대기 픽스의 ETA 3분 이내에 체공 대기속도로 감속해야 한다. 이렇게 체공 대기속도로 미리 감속하는 이유는 체공 대기 장주가 서로 인접한 곳에서 다른 체공 대기 구역으로 침범하는 것을 방지하기 위한 것이다. 보고한 ETA의 3분 이내에 지정된 체공 대기속도로 픽스에 도착했다면 속도를 줄이는 정확한 시간은 중요하지 않다. 감속을 하고 픽스의 위치 식별, 항법 및 통신 장비 조절, 체공 대기 장주 진입, 보고 등을 완료하는 데 3분 이상 소요된다고 판단될 경우에는 이에 대한 필요한 시간을 고려해야 한다. 모든 항공기의 최대 체공 대기속도는 해당 고도에서 다음과 같다.

표 5.25 고도에 따른 최대 체공 대기속도(FAA)

Level	All Aircraft
MHA~6,000ft 이하	200kts
6,000ft 이상~14,000ft 이하	230kts
14,000ft 이상	265kts

③ 접근 절차

- 도착 차트는 경로 구조와 바쁜 터미널 구역 간의 원활한 전환을 제공하여 복잡한 허가를 간소화하고 조종사와 관제사 모두에게 예상되는 행동 계획을 제공한다.

- 표준 도착 절차를 비행계획에 통합하는 방법을 알면 가장 혼잡한 공역으로 IFR로 더 자신 있게 비행할 수 있다.

- 도착 차트는 다른 IFR 차트와 많은 기능과 기호가 공통적이지만 몇 가지 중요한 차이점이 있다. 출발 절차에서 SID를 사용했다면, 접근 절차에서는 표준 터미널 도착 경로(STAR, Standard Terminal Arrival Route)를 사용하며, 이는 경로 구조와 목적지 사이를 연결하는 다리 역할을 하며, STAR는 허가 전달 절차를 간소화하기 위해 설정된다. STAR는 일반적으로 계기 또는 시각적 접근 절차로 종료되며, 종종 단순히 도착이라고도 한다. 전환은 서로 다른 방향의 트래픽을 하나의 STAR로 가져오는 여러 경로 중 하나이다.

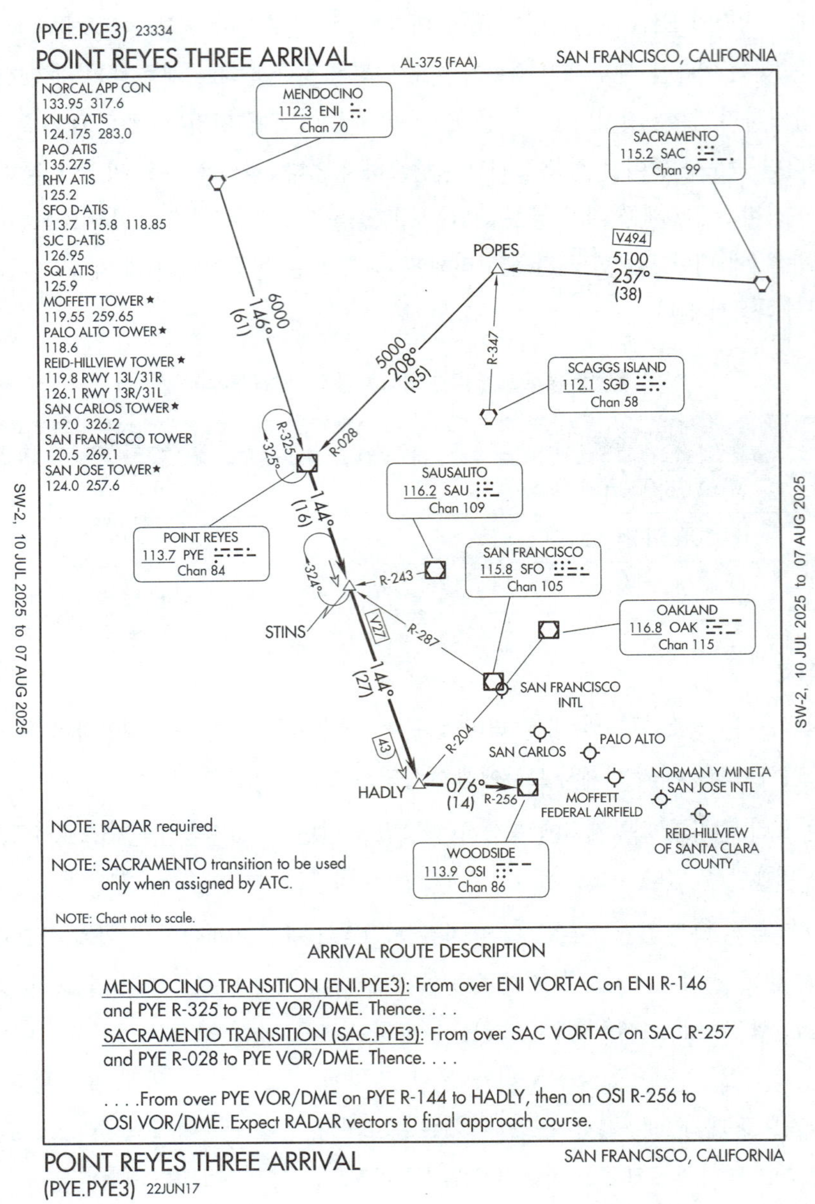

그림 5.12 표준 터미널 도착 경로(STAR, Standard Terminal Arrival Route) 예시

- 제목에 'RNAV'를 포함하면 RNAV STAR를 식별할 수 있다. 미국의 경우, AC 90-100, 미국 터미널 및 노선 지역 탐색(RNAV) 운영은 미국 RNAV 노선 및 IFR 출발 및 도착 절차에 대한 지침을 제공한다. 비행기는 RNAV STAR를 비행하기 위해 특정 장비 및 성능 표준을 충족해야 하는데, 장비 유형 및 성능 표준 요구사항은 STAR 차트에 표시되어 있다. 많은 경우 비행기에 GPS 장비가 없는 경우 DME/DME/IRU 업데이트를 사용해야 하며, 이를 위해서는 두 개의 DME 장치와 관성 기준 장치(IRU)가 필요하다.

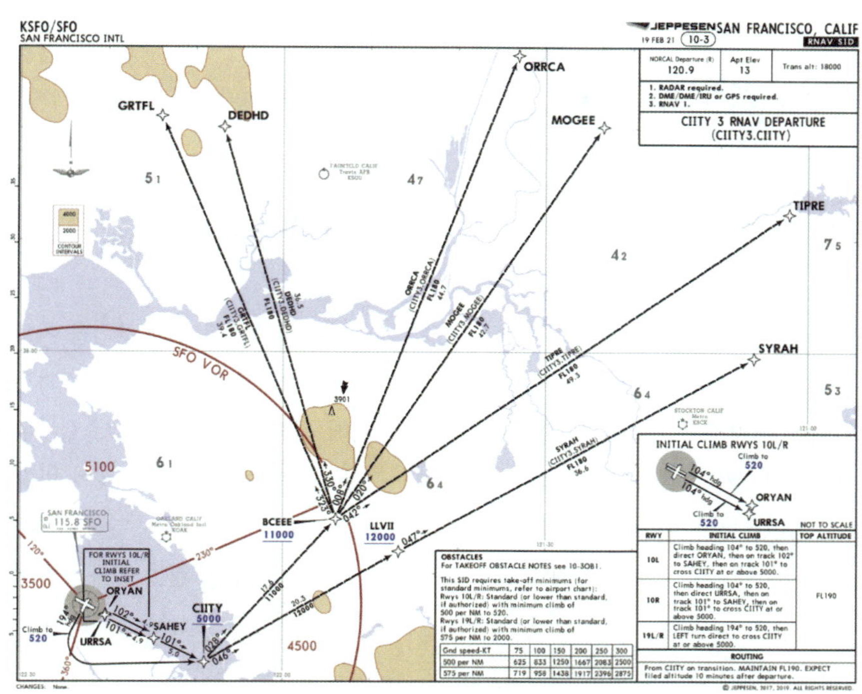

그림 5.13 RNAV 표준 터미널 도착 경로(RNAV STAR) 예시

- 계기접근 절차에는 정밀 접근 방식(PA, Precision Approach), 수직 유도 방식(APV, Approach with Vertical guidance), 비정밀 접근 방식(NPA, Non-Precision Approach) 세 가지 유형이 있다. 이러한 유형은 제공된 최종 접근 경로 지침을 기반으로 하며 기본 항법 시스템에 따라 추가로 분류된다.

- 정밀 접근 방식(PA, Precision Approach)은 비행기를 활주로와 정렬하기 위한 측면 지침과 활주로에 대한 안정화된 수직 하강에서 비행기를 유지할 수 있도록 활주로 경사 표시 형태의 수직 지침을 제공한다. 정밀 접근 방식은 가장 정확한 지침을 제공하며 정밀도 및 무결성 제한의 특정 표준을 충족해야 한다.

- 수직 유도(APV, Approach with Vertical guidance)가 있는 접근 방식은 비행기를 활주로와 정렬하기 위한 측면 유도와 활공 경로 디스플레이 형태의 수직 유도를 제공한다. APV는 수직 유도를 제공하지만 정밀 접근 방식으로 분류되는 기준을 충족하지 못한다.

- 비정밀 접근 방식(NPA, Non-Precision Approach)은 비행기를 활주로와 정렬하기 위한 측면 유도만 제공한다. 다르게 지시받지 않는 한, 공항으로의 계기비행 강하를 위해서는 해당 공항의 표준 계기접근 절차를 수행하여야 한다. 계기접근 절차(IAP)는 TPP의 IAP 차트에 도시되어 있고, ATC 접근 절차는 공항의 이용 가능한 시설물, 수행될 계기접근 형태, 기상 상황에 의하여 영향을 받는다. ATC 시설, 항법 시설물(NAVAIDs), 각각의 표준 계기접근에 필요한 해당 주파수는 접근 차트에 명시되어 있다.

표 5.26 계기접근의 구분 및 종류

구분	종류
정밀 접근 방식(PA, Precision Approach)	ILS, PAR, GLS 등
수직 유도(APV, Approach with Vertical guidance)	RNAV, RNP 등
비정밀 접근 방식(NPA, Non-Precision Approach)	VOR, LOC, VOR-DME 등

- 계기접근을 할 때는 직선 진입 착륙 또는 선회 접근으로 절차를 완료하고 접근 차트에서 해당 착륙 최솟값을 사용한다. 직선 진입 착륙 최솟값은 일반적으로 최종 접근 코스가 활주로에서 30° 이내에 위치하고 비행기를 활주로에 맞추기 위해 최소한의 기동이 필요할 때 지정된다. 최종 접근 코스가 적절하게 정렬되지 않았거나 다른 활주로에 착륙하는 것이 바람직한 경우 선회 접근(Circling Approach)을 수행하고 선회 최솟값을 적용할 수 있다. 대부분의 접근 절차는 직선 진입 및 선회 기동에 대한 착륙 최솟값을 제공하지만, 일부 절차는 선회 최솟값만 제공한다.

- 최종 접근 코스에 대한 레이더 벡터(Radar Vectors)는 게시된 계기접근 절차에 따라 가로채고 진입하는 방법을 제공하며, 도착하는 동안 일반적으로 공항이나 도착 경로에 적합한 외측 고정 지점(Outer Fix)으로 허가된다. 접근 제어로 인계된 후 마지막 경로 허가에 따라 공항이나 고정 지점으로 진입한다. ATC는 ATIS에 해당 정보가 포함되어 있지 않은 한 특정 접근 절차에 대한 최종 접근 코스로 레이더 벡터를 예상하라고 조언하며, ATC가 레이더 벡터를 제공하는 경우 게시된 코스 역전이 필요하지 않다.

memo

제6장

항공기 감항성

임세훈 한서대학교 헬리콥터조종학과 교수, 한국항공운항학회 정회원

항공기 감항성(Airworthiness)은 항공기가 안전하게 비행할 수 있는 능력을 의미한다. 감항인증은 Airworthiness Certification이라고도 하며, 우리나라에서 사용하는 감항인증(堪航認證)의 용어는 견딜 감(堪), 비행 항(航)의 합성어로 항공기가 안전하게 비행을 견뎌낸다는 의미로 사용한다. 여기에 인증은 국가가 증명하는 행위를 의미하여, 감항인증은 해당 항공기가 감항성이 있다는 것을 정부가 인증하는 것을 의미한다.

감항성은 항공안전의 핵심 요소로 이를 통해 항공기와 승객의 안전을 보장할 수 있고, 감항성이 보장된 항공기는 비정상 상황에서도 안전하게 운항할 수 있으며, 이는 항공 사고를 예방하고 항공산업 전반의 신뢰성을 높인다. 국제 감항성 표준의 목표는 각국의 권한 있는 당국이 다른 국가의 항공기가 자국 영토로 비행할 때 감항성 증명을 인정하기 위한 최소 기준을 정의하는 것이다. 국제민간항공기구(ICAO, International Civil Aviation Organization)는 Annex 8을 통해 항공기 감항성에 대한 국제표준 및 권고방식(SARPs)을 제공하고 있으며, 각국의 항공 당국은 이를 기반으로 자국의 감항성 기준을 설정한다.

감항성은 항공기의 설계(Design), 제조(Manufacturing), 유지보수(Maintenance), 그리고 운용(Operation) 과정에서 항공기가 규정된 안전 기준을 충족하고 있음을 보장하는 것을 포함한다. 또한 감항성은 항공기의 수명주기(Life Cycle) 전반에 걸쳐 평가되고 관리되어야 하므로 감항성이 보장된 항공기는 구조적 강도, 시스템의 신뢰성, 비행 성능, 안전성 등 다양한 측면에서 엄격한 기준을 만족해야 한다. 따라서 항공기 제작사, 항공사, 유지보수 업체, 그리고 항공 당국 모두는 항공기 감항성 유지를 위해 지속적인 노력을 통해 안전한 항공산업 발전을 도모할 수 있다.

본 장에서는 항공기 감항성에 대해 ICAO 부속서 제8권 Airworthiness of Aircraft, 항공기 감항성에 관한 국내 법규, 항공기 감항성 인증 절차로 나누어 항공기 감항성을 유지하기 위한 기준과 개략적인 내용을 다루고자 한다.

AIRWORTHINESS OF AIRCRAFT

제1절 ICAO 부속서 제8권 Airworthiness of Aircraft

1 역사적 배경

1949년 3월 1일 국제민간항공협약(시카고 협약, 1944년) 제37조의 규정에 따라 ICAO 이사회는 항공기 감항성에 대한 표준 및 권고방식(SARPs)을 채택하고, 이를 협약의 부속서 8로 지정하였다.

1953년 7차 총회에서는 이사회와 항공항행위원회(Air Navigation Commission)에서 국제 감항성에 대한 ICAO 정책의 근본적인 연구를 시작하였다. 이 연구에는 국제 전문가 그룹인 '감항성 패널'이 참여하여 국제 감항성에 대한 수정된 정책이 개발되었고, 1956년 이사회에 의해 승인되었다. 이 새로운 정책에 따라 ICAO에서는 국가 당국이 적용할 수 있는 광범위한 기준이 부속서 8에 포함되었다. 이는 각국이 다른 국가의 항공기가 자국 영토로 비행할 수 있도록 감항증명을 상호 인정하기 위한 최소한의 국제적 기준을 정의한 것이다.

1970년 11월과 12월에 열린 제9차 회의에서 감항성 위원회(Airworthiness Committee)는 '감항성 기술 매뉴얼(Airworthiness Technical Manual)'을 준비하고 발행할 것을 권고했고 이사회는 이를 승인하여 현재의 국제 감항성 정책을 확립하였다.

2000년 6월 6일 ICAO 항공항행위원회(Air Navigation Commission)는 형식증명(Type Certificate) 개념을 도입하였다. 형식증명은 항공기의 설계가 감항성 기준을 충족함을 공식적으로 확인하는 증명서이다. 2003년 10월 7일에는 최대이륙중량이 750kg을 초과하고 5,700kg 이하인 소형 항공기에 대한 감항성 기준을 제시하였다. 이후 2013년에는 최대이륙중량 750kg 이하인 소형 항공기도 감항성 기준을 추가하여 2021년부터 적용되도록 하였다.

ICAO의 감항성 정책은 국제 항공의 안전성을 보장하기 위해 각국이 최소한의 국제 기준을 따르도록 유도한다. 이러한 기준은 광범위한 표준 및 권고방식을 제공하여 국가별로 세부적인 감항성 규정을 설정할 수 있도록 하며 다양한 항공기 유형에 맞게 지속적으로 개정되고 있다.

2 ICAO 항공기 감항성

ICAO 부속서 8 Airworthiness of Aircraft에서는 항공기 감항증명(Airworthiness Certification)과 감항성 검사를 위한 통일된 절차를 규정하고 있다. 이 부속서는 항공기 안전성을 보장하기 위한 국제적인 기준을 제시하며 이를 통해 항공기 운항의 일관성과 안전성을 확보하는 데 목적을 두고 있다.

부속서 8의 제2부는 모든 항공기에 적용되는 일반적인 감항 형식을 포함하고 있다. 그리고, 제3부에서는 감항증명을 이미 보유하고 있거나 취득하려는 항공기에 대해 설정된 국제민간항공기구(ICAO) 범위 내에서 적용되는 최소한의 감항 기준을 제시한다. 이 기준들은 항공기 성능 규정에 대한 권고사항을 포함하고 있으며, 더 나아가 감항성 위원회는 국제민간항공기구 내에서의 감항증명에 관한 권고사항들을 제정한다. 또한, 체약국(Contracting States)의 감항 당국이 타국의 항공기가 자국의 영토 내에서 비행하는 것을 허용할 목적으로 적용 시 해당 타 국가가 감항증명을 승인하기 위한 완전한 최소한의 국제 기준을 정의하고 있는 표준을 포함하고 있다. 이는 각국의 규칙을 대체하기 위한 것이 아니라, 항공기의 감항증명에 대한 기준으로서 각 국가가 필요하다고 생각하는 완전한 범위의 국내 감항성 상세 규정이 필요하다는 인식에 기반한다.

따라서 각국은 자국의 광범위하고 상세한 감항성 규정을 제정하거나, 타 체약국이 제정한 광범위하고 상세한 규정을 채택해야 한다. 이러한 표준은 필요한 경우 '적합성 검증 방법(Means of Compliance)'에 보완된 기준으로 제시된다. 이 과정에서 ICAO는 '감항성 기술교범(Doc 9760)'이라는 감항성 매뉴얼을 발표하여 전 세계적으로 일관된 감항성 기준을 유지하고 강화한다.

결론적으로 ICAO 부속서 8은 항공기 감항성을 보장하기 위한 국제표준을 제공하며 각국이 이를 바탕으로 자국의 규제를 강화하거나 타국의 규정을 채택하여 항공기 운항의 안전을 보장할 수 있도록 돕는 것이다.

ICAO Annex 8과 관련된 항공기 감항성 증명 및 유지 절차는 항공기의 종류에 따라 구분되며, 각각의 항목 관련 규정이 명확히 구분되어 있다. 이 규정은 대형 비행기, 헬리콥터, 소형 비행기, 엔진, 프로펠러, 그리고 원격조종 항공기(Remotely Piloted Aircraft)와 관련된 항목들을 포함한다.

각 항목은 다음과 같이 구성되며 각 항공기의 특성과 용도에 따라 구체적인 기준과 절차가 설정되어 있다. 대형 비행기와 헬리콥터, 소형 비행기 등 유인 항공기의 경우, 설계와 제작뿐만 아니라 시스템 및 장비, 운영 한계, 내추락성 등을 포함한 포괄적인 항목이 감항성 유지에 있어 중요한 요소로 다루어진다.

형식증명서는 항공기, 엔진, 프로펠러의 설계가 안전 기준을 충족한다는 것을 공식적으로 인정받는 인증서로 항공기 운항 관련 신뢰성 확보에 중요한 역할을 한다. 이 과정은 항공기 안전성을 보장하기 위한 필수적인 절차이며, 모든 설계 및 개조 작업은 감항성 요구도를 충족하도록 철저히 관리되어야 한다.

1) 적용 범위

이 규정은 2004년 3월 2일 이후 설계 국가에 형식증명(Type Certification) 신청이 제출된 항공기와 1960년 6월 13일 이후 체약국에 인증 신청이 제출된 모든 항공기 형식들에 적용된다. 일반적으로 형식증명 신청은 해당 항공기에 대한 연속 생산의 의향이 있는 경우, 항공기 제작자에 의해 제출된다.

2) 설계 요건

항공기 설계는 예상된 운항 상황에서 불안전을 초래하는 기능이나 특성을 가지지 않아야 한다. 만약 감항성 요구도나 표준의 설계 관점에서 부적절함이 드러나는 경우, 최소한 동등한 안전 수준을 확보하기 위해 체약국에 의해 추가적인 요구도가 적용될 수 있다. 이와 관련하여 감항성 매뉴얼(Doc 9760)이 ICAO에 의해 발간된 지침 자료를 포함하고 있다.

3) 설계 승인 절차

항공기의 설계를 정의하고, 설계 측면에서 해당 감항성 요구도의 충족함을 입증하는 데 필요한 도면, 규격서, 보고서 및 증빙 서류가 모두 준비되면 설계에 대한 승인이 이루어져야 한다. 일부 국가에서는 설계 조직을 승인함으로써 설계에 대한 승인을 대신할 수 있다.

4) 검사 및 시험

체약국은 항공기가 해당 감항성 요구도의 설계 측면에서 충족됨을 입증하기 위해, 검사 및 지상, 비행 시험 등의 절차가 필요할 수 있다.

5) 개조, 설계, 부품의 수리 및 교체 승인

개조나 설계 변경, 부품의 수리 또는 교체에 대해 승인서를 발행하는 체약국은 항공기가 형식증명서 발행에 사용되거나, 해당 국가에 의해 결정된 형식증명서에 대한 개정 또는 추후 해당 감항성 요구도를 충족한다는 충분한 증거를 기반으로 해야 한다. 일부 국가에서는 항공기에 대한 개조 설계 승인이 부가 형식증명서(Supplemental Type Certificate)나 개정 형식증명서의 발행을 의미하기도 한다.

6) 형식증명서 발행

설계국은 항공기 형식이 해당 감항성 요구도의 설계 측면을 충족한다는 충분한 증거를 받으면, 설계를 정의하고 해당 항공기 형식의 설계 승인을 의미하는 형식증명서를 발행한다. 일부 체약국에서는 엔진과 프로펠러에 대해서도 형식증명서를 발행한다.

이 과정은 항공기 안전성을 보장하기 위한 필수적인 절차이며, 모든 설계 및 개조 작업은 감항성 요구도를 충족하도록 철저히 관리되어야 한다. 형식증명서는 항공기, 엔진, 프로펠러의 설계가 안전 기준을 충족한다는 것을 공식적으로 인정받는 중요한 인증서로, 항공기 운항과 관련된 신뢰성 확보에 중요한 역할을 한다.

4 생산

제작 국가는 하도급 계약자를 포함한 모든 생산 단계에서 승인된 설계와의 일치를 보장해야 하며, 이를 통해 항공기의 안전성과 신뢰성을 확보할 수 있다. 품질 관리 시스템은 이러한 목표를 달성하기 위한 핵심 도구로, 생산 과정 전반에 걸쳐 지속적인 통제와 기록 유지가 필요하다. 이러한 절차는 항공기와 그 부품이 설계 승인에 따라 정확하게 제작되고 있음을 확인하기 위한 중요한 관리 메커니즘을 제공한다.

1) 제작 국가의 책임

제작 국가는 하도급 계약자들에 의해 제작되는 부품들을 포함하여 각 항공기가 승인된 설계와 일치하도록 보장해야 한다. 이는 항공기 제작 과정에서 모든 부품과 조립이 설계 승인하에서 이루어지며, 그 과정에서 승인된 설계와의 일관성이 유지되도록 하는 것이다.

2) 부품 생산 관련 조약 국가의 책임

설계 승인하에서 제작된 부품들의 생산에 책임을 지는 조약 국가는 해당 부품들이 승인된 설계와 일치함을 보장해야 한다. 이 과정에서 조약 국가는 부품이 설계 규격에 맞게 제작되고 있음을 확인하고, 품질 관리 체계를 통해 이를 통제해야 한다.

3) 생산 승인 및 품질 관리

항공기나 항공기 부품의 생산을 승인하는 경우, 조약 국가는 제작 및 조립 과정이 만족스럽게 이루어지도록 하는 품질 시스템의 사용을 포함하여, 모든 과정이 통제된 방법으로 이행되는지 보장해야 한다. 이러한 품질 시스템은 설계와 생산 과정의 일치성을 유지하고, 안전하고 신뢰할 수 있는 제품이 생산되도록 관리하는 데 핵심적인 역할을 한다.

4) 기록 유지 및 식별

항공기 및 부품이 승인된 설계와 함께 적절하게 식별되고, 생산 과정에서의 일관성과 품질이 유지될 수 있도록 기록이 철저히 유지되어야 한다. 이러한 기록은 생산된 항공기 및 부품이 설계와 부합하는지 확인할 수 있는 중요한 증거로 항공기 안전을 보장하는 데 필수적이다.

5 감항증명

1) 일반

감항증명서는 항공기의 안전한 비행을 보장하기 위한 인증서이며, 국제적인 항공 운항에 있어 각 국가 간의 상호 신뢰를 기반으로 유효성을 인정받는다. 각 체약국은 감항증명서의 발행 및 유효성을 유지하기 위한 절차를 철저히 준수해야 하며, 이를 통해 항공기의 지속적인 감항성을 확보해야 한다.

감항증명서(Airworthiness Certificate)는 항공기가 적절한 감항성 요구사항의 설계 측면을 준수한다는 만족스러운 증거를 바탕으로 체약국(Contracting State)에 의해 발행되어야 한다. 이는 항공기가 안전하게 비행할 수 있는 상태임을 공식적으로 증명하는 문서로, 국제적인 민간항공 운용에서 필수적인 역할을 한다.

체약국은 항공기가 적절한 감항성 요구사항을 준수하고 이 부속서(Annex 8)의 적용 가능한 표준을 충족한다는 충분한 증거가 있을 때, 국제민간항공협약 제33조에 따라 감항증명서를 발행하거나 갱신할 수 있다. 이 과정에서 감항증명서의 유효성을 유지하기 위해 항공기는 주기적인 검사를 통해 지속적인 감항성(Continuing Airworthiness)을 확인받아야 한다. 이 검사는 항공기의 서비스 유형 및 시간의 경과에 따라 적절한 간격으로 수행되며, 국가 승인 시스템에 의해 동등한 결과를 보장하는 방법으로도 대체될 수 있다. 만일, 한 체약국이 발행한 감항증명서를 보유한 항공기가 다른 체약국의 등록부에 새로 등록될 경우, 새로운 등록국(State of Registry)은 이전의 감항증명서를 해당 부속서의 적용 가능한 표준을 준수한다는 만족스러운 증거로서 전부 또는 부분적으로 고려할 수 있다. 이 과정에서 새로운 등록국은 항공기 감항성을 확인하고, 기존의 감항증명서가 여전히 유효한지를 검토한다.

> **참고**
>
> 일부 체약국은 항공기가 다른 국가로 이전될 때 '수출 감항증명서(Export Certificate of Airworthiness)' 또는 유사한 문서를 발행하여 이 과정을 용이하게 한다. 이 수출 감항증명서는 비행 목적으로는 유효하지 않으나, 수출국이 최근에 해당 항공기 감항성 상태를 만족스럽게 검토했음을 확인해 준다. '수출 감항증명서' 발행에 대한 자세한 지침은 감항성 매뉴얼(Doc 9760)에 포함되어 있다.

등록국이 자체적으로 감항증명서를 발행하는 대신, 다른 체약국이 발행한 감항증명서를 유효하게 인정할 때, 등록국은 그 감항증명서를 동등한 것으로 수락하는 적절한 권한을 부여해야 하며, 그 유효성을 확립해야 한다. 이 경우, 감항증명서의 유효성은 발행된 기간을 초과하지 않아야 하며, 등록국은 항공기의 지속적인 감항성이 결정되도록 보장해야 한다.

2) 표준 감항증명서 양식 및 감항성 상실

감항증명서는 항공기가 안전하게 비행할 수 있음을 증명하는 문서로, 영어 이외의 언어로 발행 시 영어 번역본이 반드시 포함되어야 한다. 국제민간항공협약(Article 29 of the Convention on International Civil Aviation) 제29조는 국제운항항공기에 감항증명서를 탑재할 것을 요구한다. 각 항공기는 승인된 제한 사항과 추가 지침을 포함한 비행 매뉴얼 등을 제공해야 하며, 이 문서들은 항공기 내에서 쉽게 접근할 수 있어야 한다. 감항성이 유지되지 않으면 운항이 중단되며, 문제 해결 후에만 운항이 재개된다. 2026년부터 원격 조종 항공기에 대한 새로운 감항증명서 형식이 도입될 예정으로, 항공기 운영자들은 이에 맞는 서류를 준비해야 한다.

항공기가 타국에서 손상을 입으면, 해당 국가는 비행을 중지시킬 권리가 있으며, 등록국에 이를 통보해야 한다. 등록국이 감항성을 유지할 수 없다고 판단하면, 항공기는 문제 해결 전까지 비행이 금지된다. 예외적으로 등록국이 특정 조건으로 비행을 허용할 수 있지만, 제한 사항을 고려하여 결정해야 한다. 손상이 감항성에 영향을 미치지 않는다고 판단되면 비행이 재개될 수 있으며, 이는 감항성 요구사항을 충족하는지에 따라 결정된다.

3) 지속 감항성 유지

설계국은 의무적으로 지속 감항성 정보를 제공해야 하며, 특히 대형 항공기의 경우 구조적 건전성을 유지하기 위한 계획을 수립하고 시행해야 한다. 엔진과 프로펠러 설계국도 지속 감항성 정보를 항공기 설계국과 공유하여, 항공기의 전반적인 안전성과 감항성을 보장하는 데 기여한다. 지속 감항성은 모든 항공기, 엔진, 프로펠러 및 관련 부품에 적용된다. 이를 통해 항공기와 그 구성 요소들이 안전하게 운항될 수 있도록 유지 관리하는 것이 목표이다.

① 항공기 설계국(State of Design)의 의무

항공기 설계국은 지속 감항성을 보장하기 위해 다음과 같은 역할을 한다.

ⓧ 필수 감항성 유지 정보 제공

설계국은 항공기를 등록한 체약국 및 요청하는 다른 체약국에 항공기, 엔진 및 프로펠러의 지속 감항성과 안전 운항을 위해 필요한 일반적으로 적용 가능한 정보를 전달해야 한다. 이러한 정보는 '필수 감항성 유지 정보'로 불리며 여기에는 형식 인증의 정지 또는 취소에 대한 통지도 포함된다.

ⓒ 지속적인 구조 건전성 유지 계획

설계국은 최대인증이륙중량이 5,700kg을 초과하는 비행기에 대해 지속적인 구조 건전성 유지 계획을 보장해야 한다. 이 프로그램에는 부식 방지 및 통제에 관한 구체적인 정보가 포함되어야 하며, 이를 통해 항공기 감항성을 지속적으로 유지할 수 있도록 한다.

② 엔진 및 프로펠러 설계국의 의무

엔진이나 프로펠러의 설계국과 항공기 설계국이 다른 경우, 엔진 또는 프로펠러의 설계국은 지속 감항성 정보를 항공기 설계국 및 요청하는 다른 체약국에 전달해야 한다. 이는 항공기의 설계국이 해당 정보를 기반으로 전체 항공기의 지속 감항성을 유지할 수 있도록 지원하기 위함이다.

4) 등록국(State of Registry)과 모든 체약국(All Contracting States)

등록국과 모든 체약국은 항공기 감항성을 유지하기 위해 긴밀하게 협력해야 한다. 등록국은 항공기의 등록 사실을 설계국에 통지하고, 항공기 감항성을 지속적으로 평가하며, 필요한 경우 감항성 유지 요구사항을 개발하여 채택해야 한다. 또한, 모든 체약국은 대형 항공기와 헬리콥터의 운영자와 관련 조직이 감항성에 영향을 미치는 정보를 항공기 감항성 당국에 보고할 수 있도록 명확한 절차를 수립해야 한다. 이를 통해 항공기의 안전성과 감항성을 효과적으로 관리하고 유지할 수 있다.

등록국(State of Registry)은 항공기 감항성을 유지하고 관리하기 위해 다음과 같은 중요한 책임을 지닌다.

① 설계국에 등록 사실 통지

특정 유형의 항공기를 처음 등록하고 이 부속서의 3.2에 따라 감항증명서를 발급 또는 유효화할 때, 등록국은 해당 항공기가 등록되었다는 사실을 설계국(State of Design)에 통지해야 한다. 이 절차는 설계국이 해당 항공기에 대한 지속 감항성 정보를 제공할 수 있도록 보장하는 데 중요하다.

② 감항성 유지 여부 판단

등록국은 항공기가 해당 감항성 요구사항을 계속 준수하는지 판단해야 한다. 이는 항공기의 안전한 운항을 위해 항공기의 상태가 규정된 기준을 계속 충족하는지를 평가하는 중요한 역할이다.

③ 지속 감항성 보장

등록국은 항공기의 서비스 수명 동안 지속 감항성을 보장하기 위한 요구사항을 개발하거나 채택해야 한다. 이 요구사항은 항공기 감항성이 운항 중 계속 유지되도록 하는 데 필요한 검사, 유지보수, 수리나 개조 작업을 포함할 수 있다.

④ 보고할 정보 유형 설정

최대인증이륙중량이 5,700kg을 초과하는 항공기 및 3,175kg을 초과하는 헬리콥터에 대해, 각 체약국은 운영자, 형식 설계에 책임이 있는 조직, 그리고 정비 조직이 항공기 감항성 당국에 보고해야 하는 정보의 유형을 수립해야 한다. 이 정보는 항공기 감항성에 영향을 미칠 수 있는 중요 사항들을 포함해야 한다.

⑤ 보고 절차 마련

각 체약국은 이러한 정보를 보고하기 위한 절차를 마련해야 한다. 이 절차는 보고된 정보가 신속하고 정확하게 관련 당국에 전달되어 적절한 조치가 취해질 수 있도록 하는 데 필수적이다.

5) 정비조직인증(Approved Maintenance Organization)

정비조직인증(AMO, Approved Maintenance Organization)은 항공기 및 항공 부품의 유지, 보수, 정비 작업을 수행할 수 있는 조직에 부여되는 인증이다. 이 인증은 항공기 안전과 직결되는 정비 작업이 규제 기관의 기준을 충족하며, 적절하게 관리되고 있음을 보장하는 제도이다.

정비조직인증은 주로 각 국가의 항공 당국(예 미국 FAA, 유럽 EASA, 대한민국 국토교통부 등)에 의해 부여된다. 당국은 정비 조직이 해당 국가나 지역의 항공안전 규정을 준수하는지를 평가하여 승인된 정비 조직은 다음과 같은 필수 정보를 포함한 정비조직승인 증명서를 발급받는다. 정비조직인증을 받기 위해서는 다음과 같이 여러 가지 엄격한 요건을 충족해야 한다. 여기에는 정비 시설의 적합성, 기술적 능력, 적절한 인력 배치, 문서화 절차, 품질 관리 시스템 등이 포함된다.

- 발급 권한 및 증명서 발급자의 이름, 직함 및 서명
- 정비 조직의 이름 및 등록된 주소
- 정비 조직 승인 참조 번호

- 현재 발행 날짜

- 한정 기간의 증명서인 경우, 만료 날짜

- 항공기, 구성 요소 및/또는 전문 정비와 관련된 승인 범위 및 승인에 포함된 항공기 및 구성 요소 유형

- 정비 시설의 위치

인증된 정비 조직은 특정 항공기 모델, 엔진, 부품 등의 유지보수 작업을 수행할 수 있는 범위를 지정받는다. 이는 인증서에 명시되며, 조직이 수행할 수 있는 작업의 한계를 설정한다.

정비 조직은 정비 관련 인력의 사용과 지침을 위해 절차 매뉴얼을 제공해야 하며, 이 매뉴얼을 수립하고 지속적으로 유지해야 한다. 절차 매뉴얼에는 다음 사항이 포함되어야 한다.

- 조직의 승인 조건에 따른 작업 범위에 대한 일반 설명

- 조직의 절차 및 품질 또는 검사 시스템에 대한 설명(정비 절차의 적합성과 준수 여부를 모니터링하거나, 모든 정비 작업이 적절하게 수행되었는지 확인하는 검사 시스템을 포함)

- 조직의 시설에 대한 일반 설명

- 요구되는 인원의 이름과 직무에 대한 설명

- 정비 인력의 능력을 설정하는 절차에 대한 설명

- 정비 기록의 작성 및 보관 방법에 대한 설명

- 정비 해제서(Maintenance Release)를 준비하는 절차와 서명해야 하는 상황에 대한 설명

- 정비 해제서에 서명할 권한이 있는 인력과 그들의 권한 범위 등

정비 조직은 수행할 작업에 적합한 시설과 작업 환경이 있어야 하고 승인된 작업을 수행하는 데 필요한 기술 데이터, 장비, 도구와 자재를 보유해야 한다. 또한, 부품, 장비, 도구와 자재의 손상 및 열화를 방지하고 적절한 보안을 제공하는 저장 조건을 보장할 수 있어야 한다.

정비 조직의 인력은 작업량과 복잡성을 고려하여 적정 수의 인력을 보유하고 수행되는 작업에 대한 적절한 자격, 교육, 경험을 갖추어야 한다. 정비 해제서(Maintenance Release)에 서명하는 사람이 면허가 없는 경우 해당 사람은 Annex 1(항공종사자 면허)에 명시된 자격 요건을 충족해야 한다. 참고로 정비 해제서 서명 후, 요구되는 기록은 최소 1년 동안 보관된다.

정비조직인증은 한 번 취득하면 끝나는 것이 아니라 정기적인 감독과 검토를 통해 유지된다. 인증 기관은 주기적으로 정비 조직을 감사하여 기준을 계속해서 충족하고 있는지를 확인하는 것이다.

6 대형 비행기 인증

ICAO Annex 8에서는 항공기 무게 및 종류에 따라 대형 비행기(Large Airplane), 헬리콥터(Helicopter), 소형 비행기(Small Airplane) 등으로 나뉘어 각 기준이 있는데 일부 유사하고 분량이 방대하므로, 본문에서는 대형 비행기에 대해서만 정리, 제시하였다.

1) 적용 및 운영 한계

최대인증이륙중량이 5,700kg을 초과하는 항공기의 안전성을 보장하기 위한 핵심적인 요건들을 제시하고 있다. 항공기는 최소 두 개의 엔진을 갖추고 있어야 하며, 모든 시스템과 장비의 한계 조건은 높은 수준의 안전 여유를 확보해야 한다. 또한, 항공기는 다양한 운용 조건에서 안전성을 보장할 수 있도록 설계되어야 하며, 이러한 안전성은 철저한 시험과 계산을 통해 입증되어야 한다.

① 엔진 요구사항

항공기는 최소 두 개의 엔진을 가져야 한다. 이는 엔진 하나의 고장에도 항공기가 안전하게 비행을 계속할 수 있도록 보장하는 중요한 안전 요건이다.

② 항공기, 동력 장치, 시스템과 장비의 한계 조건

항공기, 동력 장치, 시스템과 장비의 한계 조건이 설정되어야 하며, 이러한 한계 조건은 항공기가 명시된 한계 내에서 운용된다고 가정하여 설정된다. 이 한계 조건에는 사고 발생 가능성을 극도로 낮게 만드는 안전 여유(10^{-7}에서 10^{-9} 사이)가 포함되어야 한다. 이는 매우 높은 수준의 안전성을 보장하기 위한 것으로, 항공기의 설계 및 운용에서 엄격한 기준을 적용한다.

③ 안전 운용 매개변수의 한계 범위

질량, 무게중심 위치, 하중 분포, 속도, 주변 공기 온도 및 고도와 같은 항공기의 안전 운용을 저해할 수 있는 매개변수의 한계 범위는 모든 관련 표준을 준수하는 것으로 입증될 수 있는 범위 내에서 설정되어야 한다. 이러한 매개변수는 항공기 설계와 운용 중 발생할 수 있는 모든 상황을 고려하여 설정되며, 안전 운항을 보장하는 데 필수적인 요소로 작용한다.

④ 불안정한 특징 및 특성

항공기는 예상되는 모든 운용 조건에서 안전하지 않은 특징이나 특성을 가져서는 안 된다. 이는 항공기가 모든 운항 상황에서 안전하게 동작할 수 있도록 설계되어야 함을 의미한다.

⑤ **충족의 증명**

적절한 감항성 요구사항에 대한 준수는 계산 또는 시험에 기반한 계산에서 나온 증거에 기반해야 한다.

각각의 경우에 달성된 정확도는 직접적인 시험 수행의 경우, 달성될 감항성 수준과 동등한 수준을 보장해야 한다. 이는 항공기의 설계와 시험 과정에서 얻어진 데이터가 실제 운용에서 요구되는 안전성을 충분히 확보할 수 있음을 보장하기 위한 것이다.

2) 비행(Flight)

항공기 감항증명(Certificate of Airworthiness)을 신청할 때, 해당 항공기의 표준 준수 여부는 시험 비행이나 기타 시험을 통해 입증되어야 한다. 이러한 시험은 항공기가 규정된 기준을 충족하는지 평가하는 과정으로, 비행 시험의 결과뿐만 아니라 계산이나 기타 방법을 통해서도 허용된다. 다만, 계산 또는 다른 방법으로 도출된 결과는 실제 비행 시험 결과와 동일한 정확도를 갖거나, 보수적으로 이를 대표해야 한다는 조건이 따른다.

모든 항공기는 다양한 운용 조건에 따른 질량 및 무게중심 위치의 조합에 대해 적합성을 입증해야 한다. 이는 항공기가 실제 운용에서 다양한 상황에 직면했을 때도 안전하게 비행할 수 있음을 보장하기 위한 것이다.

① **성능**

- 항공기 성능 데이터는 비행 매뉴얼에 필수적으로 포함되어야 하며, 이는 운영자가 이륙 시 항공기 최대 총중량을 결정하는 데 필요한 정보를 제공한다. 예를 들어, 이륙 거리, 착륙 거리, 상승률 등의 주요 성능 지표가 포함되며, 이를 통해 비행의 안전성을 판단할 수 있다.

- 성능 데이터는 조종사의 능력 범위 내에서 다룰 수 있는 수준이어야 하며, 조종사에게 과도한 기술이나 경계심을 요구하지 않도록 해야 한다. 또한, 성능 데이터는 항공기 시스템 및 장비의 실제 운영 방식과 일치해야 하며, 모든 영향을 충분히 고려해야 한다.

- 항공기는 최대 이륙 및 착륙 중량 조건에서 성능을 달성해야 하며, 임계엔진(Critical Engine) 고장 시에도 안전하게 이륙할 수 있어야 한다. 이륙 출력이 종료된 후에도 항공기는 남아있는 엔진으로 고도를 계속 상승해야 하며, 착륙 접근 중 임계엔진 고장 시 비행을 지속할 수 있어야 한다. 또한, 모든 엔진이 작동하는 상태에서 착륙 중단 시에도 안전한 상승이 가능해야 한다.

- 이륙 성능 데이터에는 가속–정지거리(Accelerate–stop Distance)와 이륙 경로(Take–off path)가 포함된다. 가속–정지거리는 비상 상황에서 이륙을 중단할 수 있는 거리를 의미하며, 이륙 경로는 초기 상승과 임계엔진 고장 시의 상승 계획을 반영하여 비상 상황에서도 안전한 비행을 보장해야 한다.

② 비행 특성

- 항공기는 모든 온도 조건에서 비행 특성 요구사항을 충족해야 하며, 다양한 운용 조건에서 성능을 발휘해야 한다. 항공기는 조종 가능하고 기동성이 유지되어야 하며, 조종사에게 과도한 기술이나 힘을 요구하지 않아야 한다. 또한, 비상 상황에서도 안전한 조종이 가능해야 하며, 난기류 등 거친 환경에서도 성능 저하가 없어야 한다.

- 이륙과 착륙 시에도 조종사의 통제 하에 안정적으로 움직여야 하며, 임계엔진 고장 시에도 안전한 조종이 가능해야 한다. 이륙 안전 속도는 실속(Stall) 속도보다 충분히 높아야 하며, 엔진 고장 시에도 안전한 속도를 유지해야 한다.

- 항공기의 트림 시스템은 조종사가 과도한 주의나 기술 없이도 안정성을 유지할 수 있도록 해야 한다. 이는 조종사의 피로를 줄이고 비행 안전성을 높인다. 항공기는 적절한 안정성을 유지해야 하지만, 과도한 안정성은 조작을 어렵게 할 수 있어 기동성과 안정성 간의 균형이 필요하다.

- 실속 접근 시 조종사에게 명확한 경고가 주어져야 하며, 실속에서 벗어나기 위한 충분한 조종 능력이 제공되어야 한다. 실속 후 항공기는 신속히 회복될 수 있어야 하며, 속도나 설계 하중을 초과하지 않아야 한다. 각 비행 단계에서 실속 속도를 설정하는 것이 중요하다.

- 항공기는 플러터(Flutter)와 과도한 진동(Vibration)이 없음을 입증해야 하며, 구조적 손상을 유발할 정도의 버핏이 발생해서는 안 된다. 이러한 현상은 항공기의 구조적 안전성과 승무원의 피로에 영향을 미칠 수 있기 때문이다.

> **참고**
>
> - **플러터(Flutter)** : 플러터는 항공기 구조물의 자력진동(self-excited vibration)의 일종으로, 항공기 구조물과 공기역학적 힘 사이의 상호작용으로 인해 발생한다. 플러터가 발생하면 구조물의 진동 진폭이 급격히 증가하여 구조적 손상이나 파괴를 초래할 수 있고, 플러터는 주로 날개, 꼬리날개, 조종면 등에서 발생하며 특정 속도에서 나타난다.
> - **진동(Vibration)** : 진동은 항공기 구조물이 주기적으로 움직이는 현상을 말한다. 진동은 엔진, 로터, 프로펠러 등 회전체의 불균형, 공기역학적 힘, 지상 운동 등 다양한 원인에 의해 발생한다. 과도한 진동은 승무원과 승객의 불편을 초래하고, 구조적 피로를 유발하여 항공기의 수명을 단축시킬 수 있다.
> - **버펫팅(Buffeting)** : 버펫팅은 항공기가 높은 받음각에서 비행할 때, 박리된 기류가 항공기 구조물과 충돌하면서 발생하는 불규칙적인 진동을 의미한다. 버펫팅은 조종사에게 항공기가 실속에 근접했음을 알려주는 중요한 신호로 작용한다.

3) 구조(Structure)

항공기 구조 표준은 질량이 변동되거나 불리한 방식으로 분포되어도 엄격히 준수되어야 한다. 이는 항공기가 다양한 운용 조건에서도 구조적 안전성을 유지해야 한다는 의미다.

항공기 구조는 외부 하중과 관성 하중을 고려해야 하며, 정상 운용 중 견뎌야 하는 한계 하중(Limit Loads)까지 변형이 없어야 한다. 또한, 비상 상황에서의 궁극 하중(Ultimate Load)도 견딜 수 있도록 설계되어야 하며, 설계 비행 속도는 난기류 등 돌발 상황에서도 안전을 유지할 수 있도록 충분히 높아야 한다. 한계 비행 속도는 설계 비행 속도를 기반으로 설정되며, 안전 여유를 포함해 낮게 설정된다.

모든 구조 요소는 최대 하중을 견딜 수 있어야 하며, 난기류나 부식 등의 요소로부터 보호되어야 한다. 항공기는 구조적 고장이나 충돌 시에도 탑승자를 보호할 수 있어야 하며, 비상 상황에서 최대한의 안전을 보장하는 설계 기준을 충족해야 한다. 또한, 항공기는 손상 허용 원칙에 따라 제작되어야 하며, 특정 구조물은 특별한 설계와 검사를 통해 안전성을 보장해야 한다.

4) 설계 및 제작

항공기 설계 및 제작은 모든 부품이 예상되는 운용 조건에서 신뢰성 있게 작동할 수 있어야 하며, 이는 시험과 검증 절차를 통해 보완된다. 설계 과정에서는 인간공학적 원칙도 고려되어야 하며, 관련 지침은 '인적요인 훈련 매뉴얼(Human Factors Training Manual, Doc 9683)'에서 확인할 수 있다.

필수 부품의 기능은 모든 운용 조건에서 올바르게 작동하는지 시험을 통해 입증되어야 한다. 사용되는 재료는 승인된 사양을 준수해야 하며, 제작 및 조립 방법은 항공기의 구조적 강도와 신뢰성을 유지하도록 설계되어야 한다. 항공기 구조는 날씨, 부식, 마모 등으로 인한 손상 방지를 위한 보호 조치가 필요하며, 유지보수 시 부품 교체와 점검이 용이하게 설계되어야 한다.

항공기 제어장치와 시스템은 우발적 작동을 방지하고 조종사의 통제를 유지할 수 있도록 설계되어야 한다. 특히 대형 항공기는 구조적 손상 발생 시에도 안전한 비행과 착륙이 가능하도록 설계되어야 한다. 또한, 비행 승무원 환경의 설계는 오류를 최소화하도록 이루어져야 하며, 충분한 시야를 제공하는 조종석 설계가 필수적이다.

비상 상황 대비 설계에는 시스템 고장을 자동으로 방지하거나 승무원이 상황을 처리할 수 있도록 하는 수단이 포함되어야 한다. 화재 방지 및 진압을 위한 설계도 필수적이며, 연기 및 유독 가스 발생을 최소화해야 한다. 탑승자 보호를 위해 객실 감압이나 유독 가스 발생을 방지하고 비상 착륙 시에도 화재와 충격으로부터 탑승자를 보호하는 설계가 필요하다. 또한, 비상 착수 시 탑승자의 안전을 보장하는 조치가 포함되어야 하며 지상 취급 중 발생할 수 있는 손상도 최소화해야 한다.

5) 엔진

항공기에 장착되는 모든 엔진은 안전을 보장하기 위해 엄격한 설계, 제작, 시험 절차를 거쳐야 한다. 엔진과 부속품은 항공기에 적절히 설치되고 필요한 경우 프로펠러와 함께 장착되어 다양한 운용 조건에서도 신뢰성 있게 작동해야 한다. 운용 한계를 철저히 준수해야 하며 정격출력과 대기 조건, 운용 제한 사항이 명확히 명시되어야 한다. 이러한 조건들의 타당성은 시험을 통해 검증된다.

첫째, 출력 보정시험은 엔진이 새것일 때와 운용 후에도 성능이 유지되는지를 확인하며 출력이 과도하게 감소하지 않아야 한다.

둘째, 운용 시험은 시동, 가속, 진동 등 다양한 조건에서 문제없이 작동하는지 확인하고 엔진 폭발, 엔진 감속, 서지(Surge)와 같은 유해한 상황에 대비해 여유 마진을 확보했는지 평가한다.

마지막으로, 내구성 시험은 엔진이 장기간 다양한 조건에서 작동할 수 있음을 입증하고 극한 조건에서도 신뢰성 있게 작동할 수 있는지 확인하는 중요한 과정이다.

그림 6.1 항공기 엔진

6) 프로펠러

항공기에 사용되는 모든 유형의 프로펠러는 안전한 운용을 위해 엄격한 설계, 제작 및 시험 과정을 거쳐야 한다. 프로펠러는 엔진과 함께 항공기에 적절히 설치되었을 때, 예상되는 운용 조건 내에서 신뢰성 있게 작동하도록 설계되고 제작되어야 한다.

프로펠러의 정격출력과 운용을 관리하기 위해 설정된 모든 조건 및 제한 사항은 명확히 명시되어야 하며, 프로펠러가 다양한 운용 조건에서도 안정적이고 효율적으로 작동할 수 있도록 보장하는 중요한 절차이다. 프로펠러가 명시된 정격, 조건 및 제한 사항 내에서 신뢰성 있게 작동할 수 있음을 입증하기 위한 시험도 반드시 수행되어야 한다. 이러한 시험은

첫째, 프로펠러의 강도, 진동 및 과회전 특성이 만족스러운지 확인하고, 피치(pitch) 변경 및 제어 메커니즘이 제대로 작동하는지를 입증하는 운용 시험을 포함한다. 이 과정에서 프로펠러는 예상되는 모든 운용 조건에서 안정적으로 작동할 수 있어야 한다.

둘째, 프로펠러의 신뢰성과 내구성을 입증하기 위해 충분한 기간 동안 지속적인 내구성 시험이 이루어져야 한다. 이 시험은 프로펠러가 다양한 출력, 속도 및 기타 운용 조건에서 장기간 작동할 수 있음을 확인하는 중요한 과정이다. 이러한 철저한 시험 과정을 통해 프로펠러가 실제 운용 중에도 안전하고 신뢰성 있게 작동할 수 있도록 보장하는 것이 필수적이다.

그림 6.2 항공기 프로펠러

7) 항공기 동력 장치의 설치

동력 장치는 엔진과 프로펠러가 예상 운용 조건에서 정상적으로 사용될 수 있도록 설계되어야 한다. 항공기는 비행 매뉴얼에 명시된 조건 내에서 엔진과 프로펠러의 한계를 초과하지 않고 운용되어야 하며, 고장 시 승무원이 엔진 회전을 중지하거나 줄일 수 있는 수단을 제공해야 한다. 또한, 최대 고도에서 엔진을 재시동할 수 있는 수단이 필요하다.

각 엔진은 독립적으로 제어될 수 있도록 배치되어야 하며, 한 엔진의 고장이 다른 엔진에 영향을 미쳐서는 안 된다. 임계엔진 고장 시에도 동력 손실이 더 크지 않도록 설계해야 하며, 프로펠러 진동은 안전한 수준 내에서 관리되어야 한다. 냉각 시스템은 온도를 운용 한계 내에서 유지해야 하며, 최대 및 필요한 경우 최소 외기 온도는 비행 매뉴얼에 명시되어야 한다.

연료, 오일, 공기 흡입구 등의 시스템은 모든 운용 조건에서 안정적으로 엔진에 필요한 작동유체의 공급을 제공해야 한다. 화재 위험이 높은 영역에서는 내화성 재료로 격리해야 하며, 화재 감지기와 소화 시스템을 설치해 신속히 대응할 수 있도록 해야 한다. 또한, 화재가 발생할 경우 승무원이 유체의 흐름을 차단할 수 있는 수단이 제공되어야 하며, 화재 저항성을 통해 항공기 안전이 보장되어야 한다.

8) 계기와 장비

항공기는 예상 운용 조건에서 안전하게 운항할 수 있도록 승인된 계기와 장비를 갖추어야 하며, 이는 승무원이 안전하게 운항할 수 있도록 지원해야 한다. 설계 시에는 인간공학적 원칙을 고려해 승무원이 계기와 장비를 쉽게 이해하고 조작할 수 있도록 해야 한다.

감항증명 발급에 필요한 최소 계기 외에도, 특정 상황이나 경로에서 요구되는 추가 장비는 Annex 6에 규정되어 있다. 비상 상황에서 필요한 안전 장비는 신뢰성이 높고 쉽게 접근할 수 있어야 하며, 작동 방법이 명확하게 표시되어야 한다.

항법등과 충돌방지등은 Annex 2의 기준을 충족해야 하며, 다양한 조명 조건에서 잘 보이도록 적절한 밝기와 색상을 가져야 한다. 특히, 터미널 관제구역에서는 충돌 위험을 고려해 설치되어야 한다.

등화는 승무원의 임무 수행에 방해가 되지 않도록 설계되어야 하며, 외부 관찰자가 눈부심으로 피해를 입지 않도록 해야 한다. 필요시 조종사가 등화의 밝기를 조절할 수 있는 수단을 제공해야 한다.

9) 운영 한계 및 정보

항공기의 안전 운항을 위해 필요한 모든 운영 제한 사항과 정보는 비행 매뉴얼, 표지 및 플래카드 등을 통해 명확히 제공되어야 한다. 이 정보는 항공기 감항성에 대한 기준뿐만 아니라 안전한 운항을 위해 필요한 모든 사항을 포함해야 하며, 이를 통해 승무원이 항공기를 운용할 때 필요한 제한 사항을 쉽게 참조할 수 있도록 해야 한다.

운영 제한 사항은 비행 중 초과할 위험이 있는 제한 사항으로 적절한 단위로 표현되고 측정 오류가 있는 경우 이를 보정해야 한다. 승무원은 계기를 통해 이러한 제한에 도달했는지를 즉시 확인할 수 있어야 한다. 이 제한 사항에는 항공기의 모든 최대 중량, 무게중심 위치, 중량 분포 및 바닥 하중 제한이 포함된다. 또한, 항공기의 비행 특성에서 중요한 모든 속도 제한, 동력 장치와 관련된 모든 제한 사항, 장비 및 시스템에 대한 제한 사항, 항공기 안전에 해로운 모든 제한 사항을 포함해야 한다. 승무원 제한 사항에는 항공기 운항에 필요한 최소 승무원 수가 포함되며, 이들은 필요한 모든 제어 및 계기에 접근할 수 있고 정해진 비상절차를 수행할 수 있어야 한다. 그리고 시스템 또는 엔진 고장 후 항공기의 최대 비행시간이 설정되어야 한다.

운영 정보와 절차에서는 항공기가 적합한 것으로 입증된 운항 유형(Annex 6, Part I 및 II)을 명시하고 아래와 같은 정보가 제공되어야 한다.

- 항공기의 자중(Basic Empty Weight), 무게중심 위치, 참조점과 데이터 라인 등을 포함한 적재 정보
- 정상 및 비상 운항 절차(엔진 고장 시 절차 포함)

- 항공기의 특성 중 중요한 점이나 비정상적인 특성에 관한 정보(실속 속도나 최소 안전 비행 속도 포함)
- 45,500kg 이상의 최대인증이륙중량을 가진 항공기 또는 60석 이상의 승객을 수용할 수 있는 항공기의 경우 폭발물의 영향을 최소화할 수 있는 폭발물 안전 격리구역 위치
- 항공기의 성능 정보(비행 매뉴얼)
- 항공기의 계기, 장비, 제어장치 등에는 필요한 제한 사항이나 정보가 포함된 표지와 플래카드
- 지상 서비스(견인, 급유 등) 중 항공기의 안전이 위협받지 않도록 지상 인원에게 필수적인 정보를 제공하는 표지과 플래카드

10) 지속적 감항성 유지를 위한 정비 정보

지속적 감항성 유지를 위한 정비 정보의 목적은 항공기가 전체 운용 수명 동안 안전하게 비행할 수 있도록 하는 데 필요한 상세한 정보와 지침을 제공하는 것이다.

항공기를 감항성(Airworthiness) 상태로 유지하기 위한 절차를 개발하는 데 필요한 정보가 제공되어야 하는데, 이 정보는 항공기 유지보수를 체계적으로 수행할 수 있도록 하는 데 필수적이며 항공기의 안전 운항을 보장하기 위해 필요한 모든 세부 사항을 포함해야 한다.

유지보수 정보는 항공기의 설명과 유지보수 작업을 수행하는 데 권장되는 방법을 포함해야 한다. 이는 항공기의 각 구성 요소와 시스템에 대한 상세한 설명과 더불어, 결함 진단에 대한 지침을 포함해야 한다. 유지보수 작업 중 발생할 수 있는 다양한 문제를 진단하고 해결 가능한 방법을 제시하여, 유지보수 작업이 효율적이고 정확하게 이루어질 수 있도록 해야 한다.

유지보수 프로그램 정보는 유지보수 작업과 이러한 작업이 수행되어야 하는 권장 정비 주기를 포함하여 항공기의 각 구성 요소에 대해 정기적으로 수행해야 하는 점검 및 수리 작업의 목록과 이를 언제 수행해야 하는지를 명확히 제시함으로써 항공기의 지속적인 안전성을 보장하는 데 도움을 준다.

마지막으로 형식 설계 승인(Type Design Approval)에서 설계 국가(State of Design)에 의해 필수적으로 지정된 유지보수 작업과 그 주기는 반드시 명확히 식별되어야 한다. 이는 특정 작업이 반드시 수행되어야 하는지에 대한 여부와 해당 작업의 빈도가 유지보수 프로그램에서 필수적인 요소임을 강조하기 위함이다.

이 부분에서는 항공기 감항성을 유지하기 위한 일반적인 절차와 방법, 항공기의 상세한 설명과 권장되는 정비 작업 방법, 필요한 정비 작업과 그 권장 주기, 그리고 형식 설계 승인에 따라 의무적으로 수행해야 하는 정비 작업과 그 주기 등을 포함한다. 여기에는 항공기 시스템, 구성품, 구조 등에 대한 상세한 설명뿐만 아니라 정비 작업 수행을 위한 구체적인 지침과 절차, 문제 진단 및 해결을 위한 가이드라인, 정비 주기 및 검사 간격, 특별 검사 요구사항, 부품 교체 주기,

그리고 항공기 제작사가 권장하는 정비 방법 및 기술 등이 포함된다. 이러한 정보는 항공사, 정비 조직, 그리고 관련 당국이 항공기를 안전하게 유지하고 정확한 최신의 정비 정보를 지속적으로 업데이트해야 한다.

11) 보안

항공 보안을 효과적으로 강화하기 위해서는 국내 운항과 국제 운항을 구분하지 않고 모든 상업용 항공기에 동일한 보안 기준을 적용하는 것이 중요하다. 그러므로 ICAO Annex 8은 국제 운항과 관련된 표준과 권고방식이지만 국내 운항에도 이를 적용하는 것을 권고한다.

최대이륙중량이 45,500kg을 초과하거나 60석 이상의 승객을 수용할 수 있는 항공기의 경우 2000년 3월 12일 이후에 인증 신청이 이루어진 항공기 설계 시, 폭탄이 항공기와 탑승자에게 미치는 영향을 최소화할 수 있는 폭발물 안전격리 구역이 고려되었다. 이는 폭발물로 인한 위험을 효과적으로 관리하기 위해 필수적인 설계 요소이다.

조종석 출입 구역은 격벽, 바닥, 천장을 강화하여 소형 무기 발사체와 수류탄 파편에 대한 저항력을 높이고, 강제 침입에 대응할 수 있도록 설계하는 것이 권장된다. 이는 비행 중에 발생할 수 있는 보안 위협으로부터 승무원과 항공기 안전을 보호하기 위한 추가적인 보안 조치이다.

최대인증이륙중량이 45,500kg을 초과하거나 60석 이상의 승객을 수용할 수 있는 항공기의 경우, 2000년 3월 12일 이후에 인증 신청이 이루어진 항공기 설계 시, 무기, 폭발물 또는 기타 위험한 물체를 항공기에 쉽게 은닉할 수 없도록 하는 설계 특징을 고려해야 한다. 또한, 이러한 물체를 탐색하기 위한 절차를 용이하게 하는 내부 설계도 고려되어야 한다. 이는 보안 점검 시 위험 물체를 신속하고 정확하게 발견할 수 있도록 지원하는 중요한 요소이다.

제2절 항공기 감항성 관련 국내 규정

1 일반 사항

민간항공기 인증제도는 항공기의 안전성과 신뢰성을 확보하기 위해 여러 단계의 인증 절차로 구성되어 있으며, 이 중 가장 중요한 세 가지 증명제도는 형식증명(Type Certification), 제작증명(Production Certification), 그리고 감항증명(Airworthiness Certification)이다. 각 증명은 항공기 설계, 생산, 운용에 필요한 법적 요구사항을 충족하는지 확인하는 역할을 한다.

형식증명(Type Certification)은 항공기, 엔진 또는 프로펠러와 같은 항공기 제품의 설계가 안전 기준에 부합하는지를 검증하는 절차다. 이 증명은 항공기 설계가 감항성 기준을 충족하는지를 입증하는 첫 단계로 형식증명을 통해 해당 항공기 제품이 기본적인 설계 안전성을 확보하고 있음을 법적으로 인정받는다.

제작증명(Production Certification)은 형식증명을 받은 설계에 따라 항공기를 대량으로 생산할 수 있는 능력을 검증하는 절차다. 즉, 항공기를 제작하는 과정에서 설계와 동일한 품질을 유지하며 모든 생산된 항공기가 동일한 안전성을 보장할 수 있도록 관리 체계가 잘 갖춰져 있는지를 확인하는 것이다.

감항증명(Airworthiness Certification)은 개별 항공기에 대해 발급되는 증명으로 해당 항공기가 안전하게 운항될 수 있는 상태임을 보장하는 것이다. 감항증명은 항공기의 설계와 제작 과정에서의 안전성을 확인한 후 최종적으로 개별 항공기가 실제 운항에 적합한 상태인지를 평가하여 발급된다. 결국 감항증명은 항공기 인증의 마지막 단계로 감항증명이 없으면 항공기를 운항할 수 없다.

이 외에도 항공기 인증제도에는 부가형식증명(Supplemental Type Certification), 소음기준적합증명(Noise Certification), 기술표준품 승인(Technical Standard Order Approval), 부품제작자증명(Parts Manufacturer Approval) 등이 있다. 이러한 부수적인 증명들도 항공기의 안전성, 환경 적합성 및 기타 규제 요건을 충족시키는 데 중요한 역할을 한다.

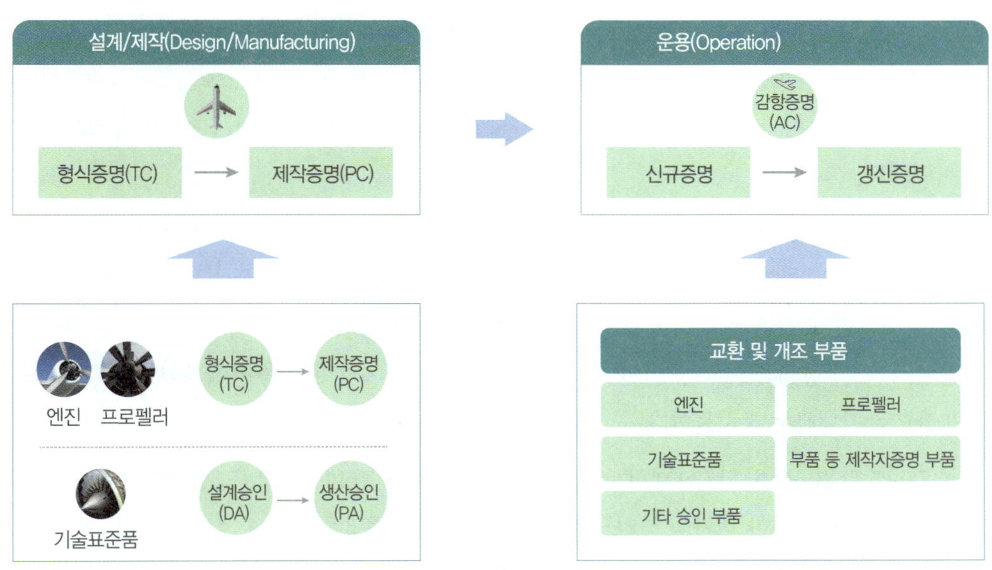

그림 6.3 항공기 인증 개요 [출처 : 항공안전기술원(https://www.kiast.or.kr/kr/sub03_01_01.do)]

2 형식증명(TC, Type Certification)

형식증명은 항공기, 발동기, 프로펠러 등의 설계에 관하여 항공 기술기준에 적합하다는 것을 국토교통부장관으로부터 증명을 받는 것으로 다음과 같은 종류가 있다.

- 형식증명 : 항공기 등의 설계가 항공기기술기준에 적합한 경우

- 제한형식증명 : 산불 진화, 수색 구조 등 특정 업무에 사용되는 항공기의 설계가 업무와 관련된 항공기기술기준에 적합하고 신청인이 제시한 운용 범위에서 안전하게 운항할 수 있음을 입증한 경우

- 부가형식증명 : 형식증명승인을 받은 항공기 등의 설계를 변경하는 경우

1) 형식증명

형식증명(Type Certification)은 항공기 등의 설계가 감항기준(Airworthiness Standards)에 적합하고 안전함을 증명하는 절차로 항공기 제작사만이 취득할 수 있다. 형식증명은 보통 항공기를 설계한 국가의 항공 당국으로부터 먼저 취득하게 된다. 그러나 항공기를 수출하거나 다른 국가에서 운용하려는 경우 그 국가의 항공 관련법에 따라 별도의 형식증명을 다시 받아야 한다. 이러한 절차를 우리나라에서는 형식증명승인(TCV, Type Certification Validation)이라고 한다. 다시 말해서 수입항공기 형식증명승인(TCV)은 해외 감항 당국으로부터 형식증명을 받은 항공기, 엔진, 프로펠러를 우리나라에 수출하고자 하는 제작자는 해당 항공기, 엔진, 프로펠러의 형식별로 외국 정부의 형식증명을 우리나라 항공기기술기준에 적합함을 승인하는 것을 의미하며 부가형식증명승인도 포함한다.

형식증명은 항공기의 기본 설계뿐만 아니라 여러 파생 형식에도 각각 발급된다. 예를 들어, 보잉 737-400과 737-700은 같은 737시리즈라도 다른 형식으로 간주하며, 보잉 747-400과 747-400F 또한 다른 형식으로 취급된다. 따라서 모델명이 유사하다고 해서 같은 형식으로 취급되는 것은 아니다.

우리나라의 형식증명과 관련된 규정은 항공안전법 제20조, 제21조 및 항공안전법 시행규칙 제18조부터 제31조에 걸쳐 규정하고 있다. 또한 항공기기술기준 Part 21에서는 형식증명에 대한 구체적인 요건을 제시하고 있다. 이외에도 항공기 형식증명 지침과 항공기 제한형식증명 지침이라는 훈령이 있는데, 이 지침들은 형식증명과 제한형식증명에 관한 절차와 요건을 구체적으로 안내하는 문서들이다.

항공기나 관련 장비의 설계에 대해 국토교통부장관의 증명을 받으려는 자는 먼저 국토교통부령에서 정한 절차에 따라 국토교통부장관에게 증명을 신청해야 하고, 이는 해당 설계의 변경 시에도 동일하게 적용된다. 국토교통부장관은 이러한 신청을 받으면 해당 항공기 등의 설계가 항공기기술기준에 적합한지 검사하고 그 결과 설계가 기준에 적합하다고 판단될 경우 형식증명서를 발급하게 된다.

2) 제한형식증명(RTC, Restricted Type Certification)

제한형식증명(RTC)이란 감항 분류가 제한 분류인 항공기에 대한 형식증명을 말하며, 특정 목적을 위한 업무를 수행할 수 있도록 지정할 수 있다. 여기서 말하는 특정 목적을 위한 업무란 산불 진화, 수색구조 등 국토교통부령으로 정하는 특정 업무에 사용되는 항공기가 해당하거나 「군용 항공기 비행안전성 인증에 관한 법률」에 따라 형식인증을 받은 군용 항공기가 산불 진화, 수색구조 등 특정 업무를 수행하도록 개조된 경우에도 제한형식증명이 적용된다.

제한형식증명(RTC)은 항공기의 특정 목적을 위해 특별히 인증된 형식증명 절차를 의미한다. 일반적인 형식증명이 모든 유형의 항공기 운용을 위한 기본적인 안전성을 입증하는 데 중점을 둔다면, 제한형식증명은 특정 목적이나 임무를 수행할 수 있도록 제한된 범위 내에서 항공기의 안전성을 입증하는 절차라고 할 수 있다.

제한형식증명이 필요한 이유는 주로 해당 항공기가 일반적인 승객 운송이나 화물 수송처럼 다목적으로 사용되는 것이 아니라, 특정한 임무를 위해 개조되거나 특별히 설계된 경우가 많기 때문이다. 예를 들어, 산불 진화를 위해 사용되는 항공기는 물탱크나 소화장비 등을 탑재하기 위해 구조가 다르게 설계되며 이러한 목적에 맞는 안전성을 인증받아야 한다. 마찬가지로, 수색구조 임무를 수행하는 항공기는 탑재 장비나 성능이 다른 항공기와 달라 이를 위한 별도의 안전성을 확인하는 과정이 필요하다. 특히 군용 항공기의 경우, 전투기나 헬리콥터 같은 기체가 군사적인 용도로 설계되었지만, 비상 상황에서 산불 진화나 인명 구조 등의 민간 임무를 수행할 수 있도록 개조할 수 있다.

이러한 경우에도 제한형식증명이 적용된다. 군용 항공기가 본래의 군사적 임무 외에도 특정 민간 임무를 수행하도록 개조되었을 때, 이 항공기가 안전하게 해당 임무를 수행할 수 있는지를 확인하는 것이 바로 제한형식증명이다.

제한형식증명의 절차는 일반적인 형식증명 절차와 유사하지만, 특정 임무에 맞게 필요한 부분만 검토된다는 점이 다르다. 특별히 정해진 절차가 없는 경우에는 기존의 '항공기 형식증명 지침'에 명시된 형식증명 절차를 그대로 따른다. 따라서 제한형식증명은 항공기의 일반적인 운항 목적 외에 특정 임무를 수행할 때 필요한 안전성과 성능을 보장하기 위해 도입된 제도다.

3) 부가형식증명(STC, Supplemental Type Certificate)

부가형식증명(STC)이란 항공기 등에 대한 인증제도의 하나로서 국가 감항 당국으로부터 이미 형식증명을 받은바 있는 '항공기, 엔진, 프로펠러'의 형식 설계에 대하여 '중대한 변경(Major Change)' 사항을 반영하여 개조하고자 하는 경우에 해당 설계 변경 내용이 기술기준의 요구조건에 적합함을 입증하고 승인을 받는 것을 말한다. 부가형식증명은 개조 자체는 물론 개조로 인해 최초 설계에 미치는 영향성의 승인까지를 포함하는 것이다.

일반적으로 항공기 개조는 '경미한 변경(Minor Change)' 사항과 '중대한 변경(Major Change)' 사항으로 구분할 수 있으며, 미국 연방항공청의 기준에 따르면 중량 및 평형, 구조 강도, 신뢰성, 운용 특성, 감항 특성, 출력, 소음 특성, 연료 및 배기가스의 배출에 심각한 영향을 주지 아니하는 변경사항이 '경미한 변경'에 해당하며, '경미한 변경'을 제외한 모든 변경 사항은 '중대한 변경'으로 간주되고, 이 경우에는 부가형식증명을 받아야 한다.

항공안전법 제20조 제4항 및 항공안전법 시행규칙 제23조에 따라 항공기, 발동기 또는 프로펠러의 형식증명 소지자가 설계를 변경하고자 하거나 이미 형식증명을 받은 항공기 등에 다른 형식의 장비품 또는 부품을 장착하기 위해 설계를 변경하고자 하는 경우에 받아야 할 부가형식증명(STC)의 발급 절차를 규정하고 있다.

그리고 국토교통부 훈령 '항공기 등의 부가형식증명 지침'에는 형식증명을 받은 항공기 등의 형식 설계에 중대한 변경 사항을 반영하여 개조하고자 하는 경우, 변경하고자 하는 사항이 해당 항공기기술기준의 요구조건에 적합함을 증명하는 것을 부가형식증명으로 정의하면서 '단수 부가형식증명'과 '복수 부가형식증명'의 두 가지로 구분하고 있다.

단수 부가형식증명이라 함은 형식증명을 받은 제품의 특정 일련번호 1대에만 적용할 수 있는 것으로서 변경에 관한 설계 및 제작 자료를 사용하여 동일한 제품을 계속적으로 재생산하기에는 부적절한 경우가 단수 부가형식증명에 해당한다. 복수 부가형식증명(multiple STC)이라 함은 당해 형식의 모든 항공기 등에 적용될 수 있는 부가형식증명을 말한다.

3 제작증명(PC, Production Certification)

제작증명(PC)은 항공기 등 또는 항공기 부품을 제작하는 제조업체가 해당 제품을 안전하고 신뢰성 있게 제작할 능력이 있다는 것을 국토교통부로부터 인정받는 증명서이다. 제작증명은 항공기 등 또는 그 부품이 설계된 대로 정확하고 일관되게 제조될 수 있다는 것을 보장하기 위해 필요하며, 제작 과정에서의 품질관리가 잘 이루어지고 있는지 제작 설비와 절차가 적절한지 등을 종합적으로 검증하게 된다.

항공안전법 제22조와 항공안전법 시행규칙 제32조에는 항공기 제작증명에 대한 기본적인 법적 근거를 제공하는데, 이 조항은 항공기 등 제작자가 형식증명 또는 제한형식증명에 부합하는 기술, 설비, 인력, 그리고 품질관리체계 등을 갖추고 있음을 증명하는 절차를 규정하고 있다.

항공기기술기준 Part 21 Subpart G에서는 제작증명에 대한 기술적 기준을 제시한다. 이 기준은 항공기 제작 과정에서 따라야 할 구체적인 기술적 요구사항을 규정하고 있으며, 제작증명을 받기 위해서는 이러한 기술기준을 충족시켜야 한다. 훈령 '제작증명 및 생산승인 지침'과 고시인 '항공기 등의 제작증명 및 생산승인 기준'은 제작증명과 관련된 실무적인 절차와 방법을 구체적으로 설명하고 있어 제작사가 이에 따라 제작증명을 취득하고 유지하기 위해 필요한 모든 절차를 체계적으로 명시하고 있다.

정리하면 제작증명이란 항공기 등 제작사가 형식증명을 받은 설계대로 항공기를 복제하여 양산할 수 있는 시설과 생산 및 품질보증 체제를 갖추었는지를 증명하는 것이고, 제작증명은 형식증명과 달리 보통 제작국가의 항공 당국에서만 발행하므로 우리나라에 수입하는 항공기에 대해서는 제작증명을 요구하지는 않는다.

4 감항증명(AC, Airworthiness Certification)

1) 감항증명

감항증명(Airworthiness Certificate)은 항공기가 안전하게 비행할 수 있는 성능을 갖추고 있음을 증명하는 중요한 절차이다. 형식증명(Type Certificate)과 제작증명(Production Certificate)을 취득한 항공기는 출고 당시 일정한 품질과 안전성을 보장받지만, 이후 운용 과정에서 사용자의 관리와 취급에 따라 안전성을 상실할 수 있다. 이에 따라 항공안전법 제23조에 따라 국토교통부는 모든 항공기의 안전성을 지속적으로 확보하기 위해 감항증명제도를 운영하고 있다.

감항증명은 형식증명과는 달리 개별 항공기 각각에 대해 발행되며(예를 들어 항공기 등록번호별) 정기적으로 갱신되거나 항공기의 안전성에 문제가 있다고 판단되는 경우, 국토교통부는 이를 언제든지 취소하거나 보류할 수 있다. 감항증명은 국제민간항공협약에 따라 항공기 등록 국가의 항공 당국에서 발행된다. 따라서 우리나라에 기반을 두고 운항하려는 항공기는 대한민국 국토교통부에 등록하고 감항증명을 받아야 한다.

감항증명서는 크게 두 가지 종류로 구분되는데, 표준감항증명서(Standard Airworthiness Certificates)와 특별감항증명서(Special Airworthiness Certificates)이다.

첫째, 표준감항증명서는 해당 항공기가 모든 기술기준을 충족함이 입증되었을 때 발급된다. 이 증명서는 항공기가 안전한 운용이 가능하다는 것을 확인한 후 발급되며, 감항 분류는 항공기의 종류에 따라 비행기(Airplane), 비행선(Airship), 활공기(Glider), 헬리콥터(Helicopter)로 구분된다. 또한 이들 항공기는 각각 보통(Normal), 실용(Utility), 곡예(Aerobatic), 커뮤터(Commuter), 또는 수송(Transport)으로 추가적인 용도별 분류가 이루어진다.

둘째, 특별감항증명서는 항공안전법 시행규칙 제37조에 따라 발급되며 항공기가 기술기준을 완전히 충족 못 하는 경우에도 특정 조건에서 안전하게 운용될 수 있을 때 발급된다. 이 증명서는 항공기의 운용 범위나 비행 성능에 일부 제한이 있을 때 발급되며, 주로 제한된 용도로 사용되는 항공기에 적용된다.

특별감항증명서의 용도 분류는 제한(Restricted), 실험(Experimental), 그리고 특별비행 허가(Special Flight Permit)로 구분된다. 이들 분류에 따라 항공기는 제한된 범위 내에서만 안전하게 운용될 수 있다.

표준감항증명서의 유효기간은 1년이며 지방항공청장이 이를 발급한다. 만약 유효기간 만료일 30일 이내에 검사를 받아 합격한 경우, 새로운 유효기간은 이전 감항증명서의 유효기간 만료일 다음 날부터 시작된다. 또한, 항공안전법 시행규칙 제41조에 따라 항공기 감항성을 지속적으로 유지하기 위해 항공기 정비프로그램 또는 항공기 검사프로그램을 인가받아 정비 등이 이루어지는 항공기인 경우, 유효기간이 자동으로 연장되는 표준감항증명서를 발급받을 수 있다.

2) 항공기 감항성 유지

감항성 유지(Continuing Airworthiness)란 항공기가 처음 감항증명을 받은 이후 지속적으로 그 상태를 유지하고 안전하게 운용될 수 있도록 하는 일련의 활동과 절차를 의미한다. 이는 항공기가 운영 중에도 그 설계와 제조 시의 안전 기준을 충족하고 있음을 보장하고 정기적인 점검, 정비, 수리, 그리고 감독 및 기록 관리를 통해 이루어진다.

항공안전법 제23조 제7항부터 제9항까지에 따라 감항증명을 받은 항공기 소유자 등은 해당 항공기를 운항하고자 하는 경우 그 항공기를 감항성이 있는 상태로 유지하여야 한다고 규정되어 있다. 그리고 항공안전법 시행규칙 제44조에는 항공기 감항성을 유지하기 위하여 다음의 세 가지의 방법을 따라야 한다고 명시되어 있다.

첫째, 항공기는 설계와 인증 단계에서 정해진 운용 한계(Operation Limits) 내에서만 운항해야 한다. 이 운용 한계는 항공기의 성능, 구조적 안전성, 그리고 환경적 조건 등을 고려하여 설정된다.

둘째, 항공기 제작사는 해당 항공기의 안전 운항을 위해 정비교범(Maintenance Manual)과 기술문서(Technical Documentation)를 제공한다. 이들 문서에는 정비 주기, 점검 방법, 수리 절차 등이 포함되어 있으며, 항공기의 유지보수에 필수적인 지침을 제공한다. 이와 같은 문서나 국토교통부장관이 정하여 고시하는 정비 방법에 따라 정비를 수행해야 한다.

마지막으로, 국토교통부는 감항성 개선지시(AD, Airworthiness Directives) 또는 그 밖의 검사, 정비 등 명령을 할 수 있는데, 항공기 소유자나 운항자는 이러한 명령을 반드시 이행해야 한다.

3) 감항 승인

감항 승인(Airworthiness Approval)이란 우리나라에서 제작, 운항 또는 정비 등을 한 항공기 등, 장비품 또는 부품을 타인에게 제공하려는 경우에 감항 승인을 받는 것이다. 이는 국내에서 제작 또는 정비된 항공기 및 부품이 해외로 수출되거나 국내에서 다른 사용자가 이를 사용하게 되는 경우, 해당 항공기의 안전성을 보증하기 위한 목적이다. 국토교통부장관은 감항 승인을 할 때 해당 항공기, 장비품, 또는 부품이 항공기기술기준 또는 제27조 제1항에 따른 기술표준품의 형식승인기준에 적합하고 안전하게 운용할 수 있다고 판단되면 감항 승인을 해야 한다.

5 항공기 부품 · 장비품 인증

항공기 안전성은 그 자체의 구조 강도, 공력 특성, 제어 특성뿐만 아니라, 이에 장착되는 엔진이나 부품 및 장비품에 따라서 크게 영향을 받을 수 있다. 형식증명을 받은 항공기에 교체 장착되는 임의의 부품에 대해서는 부품제작자승인(PMA, Parts Manufacturer Approval)을 받고, 감항 당국이 지정 · 고시한 특정한 장비품의 경우에는 기술표준품형식승인(TSOA, Technical Standard Order Authorization)을 받을 수 있다.

1) 기술표준품형식승인(TSOA, Technical Standard Order Authorization)

기술표준품형식승인(TSOA)이란 해당 품목의 감항성(Airworthiness)을 확보하기 위하여 기술표준품 표준서(KTSO)의 인증요건과 해당 품목의 최소성능표준에 대한 설계승인과 제작에 대한 적합성을 평가하는 생산승인을 포함한 승인서이다. 우리나라의 경우에는 항공법 제27조, 항공법 시행규칙 제55조, 그리고 항공기 기술기준 Part 21의 Subpart O에서 기술표준품 형식승인에 관한 요건과 절차를 규정하고 있다.

기술표준품(TSO article)이라 함은 항공기에 사용되는 재료, 부품 또는 장비품 중에서 감항 당국이 기술표준품 표준서(TSO, Technical Standard Order)를 발행하여 이를 고시한 품목을 말한다. 여기서 기술표준품 표준서는 감항 당국이 지정·고시한 그 품목의 최소성능표준(MPS, Minimum Performance Standard)을 규정한 문서를 말한다. 이로써 특정한 기술표준품 표준서의 설계 요건을 만족하고 그 생산시설이 해당 규정에 적합한 경우에 기술표준품형식승인(TSO Authorization)을 받을 수 있다.

2) 부품등제작자증명(PMA, Parts Manufacturer Approvals)

부품등제작자증명(PMA)은 항공기, 엔진, 프로펠러의 형식 설계(Type Design)에 해당하는 장비품 또는 부품을 제작하려는 자에 대하여 개조 및 교환 품목의 설계 및 생산 승인을 의미한다. 부품등제작자증명의 소지자는 형식증명 항공기, 엔진, 프로펠러에 장착(교환)을 목적으로 해당 품목을 제작하여 판매할 수 있다. 우리나라의 경우에는 항공법 제28조, 항공법 시행규칙 제61조, 그리고 항공기 기술기준 Part 21의 Subpart K에서 부품등제작자증명에 관한 요건과 절차를 규정하고 있다.

부품등제작자증명의 경우에는 특정한 항공기용 부품에 대한 설계와 생산을 승인하는 것이므로 그 항공기에 적용된 감항기준(Airworthiness Standard)의 해당 요건을 인증기준으로 한다. 이에 따라서 해당 항공기에 대한 장착 적격성(Eligibility)을 입증하여 그 승인과 동시에 지정된 항공기 형식에 장착할 수 있다.

6 항공기 유지보수

항공기 기술기준에서 정의하는 정비, 수리, 개조의 개념은 항공기의 안전성 및 성능을 유지하기 위한 필수적인 작업들로 각각의 정의와 역할이 명확하게 구분된다. 이를 통해 항공기 감항성(Airworthiness)과 신뢰성을 확보할 수 있다.

먼저, 정비(Maintenance)는 항공기의 지속적인 감항성을 유지하기 위해 수행되는 모든 작업을 의미한다. 여기에는 항공기의 검사, 분해검사, 수리, 보호, 부품 교환, 결함 수정 등이 포함된다. 다만, 조종사가 수행할 수 있는 비행 전 점검 및 예방 정비는 정비의 범위에 포함되지 않는다. 정비의 주요 목적은 항공기 감항성뿐만 아니라 정시성(Timeliness), 쾌적성(Comfort), 그리고 경제성(Economy) 유지에 있다.

수리(Repair)는 항공기나 항공 부품이 감항성 요구 조건에서 정의된 상태로 복구되는 작업을 의미한다. 즉, 항공기나 부품이 고장이나 손상으로 인해 감항성을 잃었을 때 이를 다시 원래의 안전하고 신뢰할 수 있는 상태로 되돌리는 것이 수리의 목적이다.

개조(Alteration)는 항공기, 항공기용 엔진, 또는 프로펠러에 대한 변경 작업을 의미한다. 개조는 크게 대개조(Major Alteration)와 경미한 개조(Minor Alteration)로 구분된다. 대개조는 중량, 평형, 구조적 강도, 성능, 동력 장치의 작동, 비행 특성 또는 기타 감항성에 영향을 미치는 특성에 상당한 변화를 주는 작업을 말하며, 일반적인 운용 절차로는 수행할 수 없는 복잡한 작업이다. 반면, 경미한 개조는 이러한 대개조에 해당하지 않는 보다 단순한 변경 작업을 의미한다. 정비조직인증을 받은 자가 업무 범위를 초과하여 수리나 개조하려면 국토교통부장관의 승인이 필요하다.

1) 정비수리개조(Repair/Modification)

항공기의 소유자 등은 항공기나 관련 장비를 수리하거나 개조할 때 반드시 수리 및 개조 작업이 감항성에 미치는 영향을 정확히 평가하고 적절한 절차와 승인 과정을 거쳐야 한다. 특히, 해당 작업이 국내에서 인증받은 AMO(Approved Maintenance Organization, 정비조직인증)가 아닌 국외 정비사업자에게 위탁된 경우 그 절차는 더욱 중요하다. 우리나라의 경우에는 항공법 제30조, 항공법 시행규칙 제66조, 67조, 그리고 국토교통부 훈령의 항공기 등의 수리 · 개조 승인 지침에서 그 요건과 절차를 규정하고 있다.

항공기의 대규모 개조나 대수리 작업의 경우, 작업이 감항성 기준에 적합한지 여부를 지방항공청이 인가한 설계 데이터에 따라 수행해야 한다. 여기서 '대개조'는 항공기, 발동기(엔진), 프로펠러 및 장비품 등의 설계 변경으로 중량, 평형, 구조 강도, 성능 등에 중대한 영향을 미쳐 감항성에 영향을 줄 수 있는 작업을 의미하며, 간단한 작업으로 끝낼 수 없는 복잡한 개조를 포함한다. 대개조에 해당하는 작업은 반드시 국토교통부의 승인이나 인정을 받은 기술 자료에 의거해 수행해야 한다.

대수리는 항공기나 관련 장비의 고장 또는 결함으로 인해 감항성에 중대한 영향을 미치는 작업을 의미한다. 이러한 수리는 간단하고 기초적인 작업으로는 해결할 수 없으며, 운항 기술기준에 따라 국토교통부의 승인 또는 인정을 받은 기술 자료에 따라 진행되어야 한다.

2) 정비조직인증(AMO, Approved Maintenance Organization)

정비조직인증(AMO)이란 우리나라에 등록된 항공기, 엔진, 프로펠러 및 장비품 · 부품에 대한 정비를 수행하고자 정비조직인증을 신청한 업체의 조직, 인력 및 검사체계 등에 대하여 서류검사 및 현장방문 등을 실시하여 인증기준에 적합한 경우 업무 한정 범위 내에서 정비를 수행토록 인증서를 교부하는 제도이다. 대한민국 국적을 취득한 항공기와 이에 사용되는 발동기, 프로펠러, 장비품 또는 부품 정비 등의 업무 등을 수행하고자 하는 항공기정비업자는 국토교통부장관으로부터 정비조직인증을 받아야 한다. 정비조직인증은 국토교통부장관이 항공기정비업자에게 정비 등의 범위 · 방법 및 품질관리절차 등을 정한 세부 운영 기준과 함께 정비조직인증서를 발급함으로써 이루어진다. 우리나라 정비조직인증 제도는 2001년 9월 항공법령에 처음 도입되었다.

운항 기술기준 6장에서 정비조직인증은 '타인의 수요에 맞추어 항공기, 기체, 발동기, 프로펠러, 장비품 및 부품 등에 대하여 정비 또는 수리·개조 등의 작업을 수행하고 감항성을 확인하거나, 항공기 기술관리 또는 품질관리 등을 지원하기 위하여 항공안전법 제97조에 따라 정비조직 인증을 받고자 하는 자 또는 인증을 받은 자'로 명시되어 있다.

법령에서 정비조직인증에 관한 조문은 항공안전법 제97조를 기준으로 동법 시행규칙 제270조, 제271조 및 제272조에서 정비조직인증을 받아야 하는 대상업무, 정비조직인증의 신청 및 정비조직인증서 발급 등의 기준을 규정하고 별지로 정비조직인증서 서식이 있다. 정비조직인증 업무는 같은 법 시행령 제26조에 따라 국토교통부 소속기관인 지방항공청으로 위임되어 정비조직인증서와 운영 기준은 관할 지방항공청장이 발급한다.

제3절 항공기 감항성 인증 기관 및 절차

1 일반 사항

민간항공기 인증은 항공기의 안전성을 확보하기 위한 법적 절차로 항공기가 설계, 생산, 운용의 전 과정에서 안전성 요구사항에 부합하는지를 기술적으로 평가하여 이를 법적으로 인정하는 과정을 의미한다. 이 인증은 항공기 안전성을 보장하기 위해 필수적이며 이를 통해 항공기가 운항 중에 발생할 수 있는 다양한 위험 요소를 미리 예방할 수 있다.

민간항공기 인증의 주요 목적은 항공기의 안전성을 객관적으로 평가하고 그 결과를 법적으로 인증함으로써 항공기 운항의 신뢰성을 확보하는 것이다. 이를 통해 항공기가 설계 단계에서부터 운용 단계에 이르기까지 모든 과정에서 안전성 기준을 충족하도록 보장할 수 있다.

한편, 민간항공기와 군용 항공기는 각각의 목적과 임무에 따라 서로 다른 인증 기준과 절차를 따르게 된다. 이러한 차이는 두 항공기 유형이 수행해야 할 임무의 특성, 안전성 요구사항, 그리고 운영 환경에서 비롯된다.

민간항공기 인증은 일반 국민의 생명과 재산을 보호하기 위해 필요하다. 항공기는 운송 수단으로서 역할뿐만 아니라, 수많은 승객과 화물을 안전하게 목적지로 운송하는 중요한 책임을 지고 있다. 항공기 사고가 발생하면, 대규모 인명 피해와 경제적 손실이 발생할 수 있기 때문에 항공기 안전성은 절대적으로 보장되어야 한다.

항공기 인증은 항공기 운송산업의 발전을 촉진하는 역할을 한다. 만약 항공기가 안전하지 않다는 인식이 퍼지게 되면, 사람들이 항공기 이용을 기피하게 될 것이다. 이는 항공운송산업에 부정적인 영향을 미치며, 산업의 발전을 저해하는 요인이 될 수 있다. 따라서 항공기 운용의 안전성을 보장하기 위한 인증 과정은 항공운송산업의 신뢰를 유지하고, 산업이 지속적으로 성장할 수 있도록 돕는다.

마지막으로 항공기 인증은 공권력을 가진 국가에서 공익을 위해 수행되는 중요한 공적 절차다. 각국의 정부는 항공기 인증을 통해 자국의 항공기 운송산업을 관리하며, 이를 통해 국민의 안전과 산업의 발전을 동시에 추구한다. 이 과정에서 국제민간항공기구(ICAO)는 중요한 역할을 한다. ICAO는 국제 항공운송산업의 균형 있는 발전을 위해 각국 정부에 민간항공기 인증을 의무화하고 있으며, 이를 통해 전 세계적으로 일관된 안전 기준을 유지하고 있다.

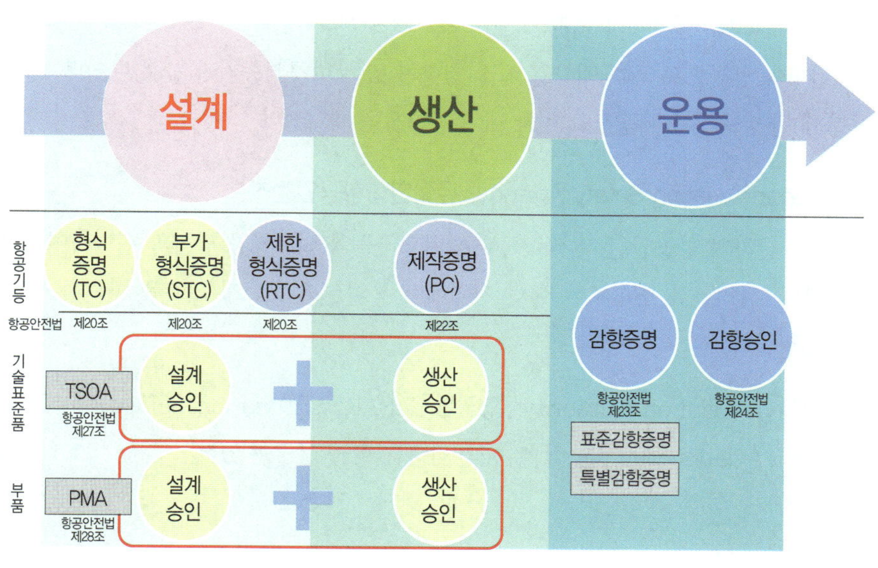

그림 6.4 항공기 인증절차 흐름도

2 인증 기관

민간항공 당국은 각국의 항공안전과 규제를 책임지는 기관으로 항공기의 인증, 운항, 정비, 안전 규정 등을 감독하는 역할을 수행한다. 우리나라는 국토교통부 항공정책실에서 민간항공기 인증 관련 업무를 총괄하고 있다. 다음과 같이 국가마다 민간항공 당국이 있으며, 이들 기관은 자국 내 항공안전을 유지하고 항공기 인증 관련 업무를 수행한다.

① ICAO(International Civil Aviation Organization, **국제민간항공기구**)

유엔(UN) 산하의 국제기구로, 국제민간항공산업의 발전을 목표로 한다. 항공기 인증기관은 아니며 주로 국제 항공 표준과 권고방식을 정한다.

② KOCA(Korea Office of Civil Aviation, **국토교통부 항공정책실**)

대한민국의 민간항공 당국으로 항공기 인증, 운항 허가, 항공안전 규정의 제정 등 항공안전을 총괄한다.

③ KIAST(Korea Institute of Aviation Safety Technology)

대한민국의 항공기 개발과 인증, 항공기 결함분석 등을 위한 기술지원체계 구축 및 안전사고 예방을 위해 항공안전기술원법을 통해 설립되었다. 대한민국 내 민간항공기 감항인증을 주도적으로 수행한다.

④ FAA(Federal Aviation Administration, 미연방항공청)

미국의 민간항공 당국으로, 세계적으로 가장 영향력 있는 항공인증기관 중 하나이다. 항공기 설계, 생산, 운용에 관한 규정을 제정하고 미국 내 항공안전을 책임진다.

⑤ EASA(European Aviation Safety Agency, 유럽연합항공안전청)

유럽연합(EU) 산하의 항공안전 부처로 EASA 가입국들의 민간항공 당국과 협력하여 항공기 인증 및 안전 규정을 관리한다. EASA는 유럽 전역에서 통일된 항공안전 기준을 마련하고 회원국들이 이를 따르도록 한다.

이외에도 CAA(Civil Aviation Authority, 영국), CASA(Civil Aviation Safety Authority, 호주), JCAB(Japan Civil Aviation Bureau, 일본) 등의 각 민간항공 당국이 있다.

3 형식증명 취득 절차

형식증명 절차는 항공기, 엔진, 또는 프로펠러와 같은 항공기 제품이 설계 단계부터 운항까지 안전하고 적합한지 검증하는 과정으로 크게 다음과 같은 단계로 구성된다.

① 신청

형식증명을 받기 위해 먼저 국토교통부(항공안전기술원)에 신청서를 제출한다. 이는 항공기 제조사나 개발자가 형식증명을 받기 위한 첫 번째 단계다.

② 인증 착수

신청이 접수되면 인증 절차가 시작된다. 이 단계에서 국토교통부는 신청된 항공기 제품에 대한 인증 업무를 배정하고 전체적인 적합성을 평가하기 위한 계획을 수립한다.

③ 설계 및 시험

설계와 관련된 모든 자료를 검토하고, 필요시 시험을 진행한다. 이 과정에서는 개발된 제품이 항공기 안전성 기준에 부합하는지를 철저히 평가하며, 설계의 적합성(Means of Compliance)을 확인한다.

④ 신청자의 비행시험

신청자가 직접 비행시험을 수행하며 이 과정에서 항공기의 성능과 안전성을 검증한다. 또한, 항공기의 합치성 검사를 통해 제품이 설계된 대로 정확하게 제작되었는지 확인하고 정비계획의 승인과 비행매뉴얼의 승인이 이루어진다.

⑤ 인증당국의 비행시험

인증을 담당하는 국가의 당국이 독립적으로 비행시험을 실시한다. 이 단계에서는 신청자의 시험 결과를 검증하고 항공기 제품이 인증 기준을 충족하는지를 다시 한번 확인한다.

⑥ 형식증명서 발행

모든 시험과 검토가 완료되고 항공기의 안전성과 성능 기준을 충족한다고 판단되면 최종적으로 형식증명서가 발행된다. 이 증명서는 해당 항공기 제품이 설계 단계에서 요구되는 모든 기준을 충족했음을 공식적으로 확인하는 문서다.

위에서 말하는 '합치성검사(Conformity Inspections)'라 함은 시험대상품/시험장치, 부품, 조립품, 장착, 기능이 설계자료에 합치하는 지를 검증하고 이를 객관적으로 문서화하는 것으로 형식 설계, 운영제한치, 형식인증 데이터 시트(TCDS, Type Certificate Data Sheet) 등을 포함한다.

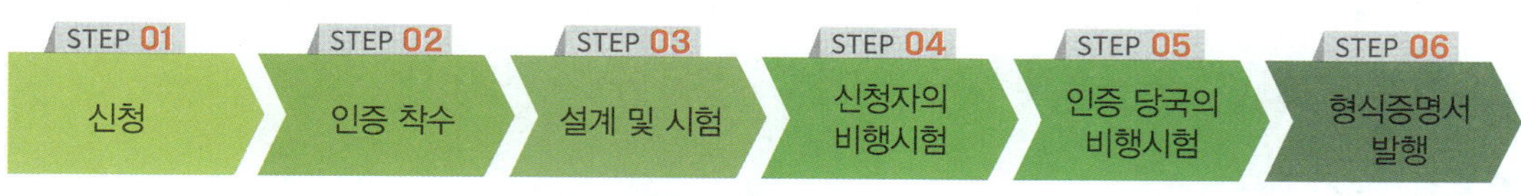

그림 6.5 형식증명 절차

4 제작증명 취득 절차

제작증명(PC)은 항공기 및 관련 부품의 생산 능력을 공식적으로 인정받는 절차이다. 이는 형식증명 또는 제한형식증명을 받은 설계에 따라 항공기 등을 제조할 수 있는 기술적, 시설적, 인적 자원과 품질 관리 시스템을 갖추고 있음을 입증하는 과정이다.

제작증명을 획득하기 위해 신청자는 먼저 품질 관리에 관한 상세 자료를 제출해야 한다. 전문 검사 기관에서는 평가팀을 구성하여 이 자료를 철저히 검토하고, 평가 과정에서는 신청자의 기술력, 생산 설비, 인력 구성, 그리고 품질 관리 체계 등 다양한 측면에 대해 평가하게 된다. 이 과정에서 미흡한 점이 발견되면 신청자에게 개선 조치를 요구하게 되고, 신청자는 지적받은 사항에 대해 근본 원인을 분석하고 적절한 개선 조치를 취해야 한다. 이러한 조치의 적절성은 최종적으로 제작증명위원회에서 검토하고 모든 요구사항이 충족되었다고 판단되면 제작증명이 발급된다. 제작증명 신청에서부터 제작증명서 발급에 이르기까지 세부적인 절차는 다음과 같다.

① 신청(Application)

항공기 또는 관련 부품을 제작하려는 자는 형식증명(TC) 또는 제한형식증명(RTC)에 따라 인가된 설계에 일치하게 제작할 수 있는 능력을 갖추고 있음을 증명해야 한다. 이를 위해 국토교통부령에 따라 정해진 제작증명 및 생산승인 기준에 부합하는 신청서를 제출하는 것이다. 이 단계에서는 신청자격, 신청자, 품질관리 체계 구비 등 필요한 모든 문서와 자료가 제출되어야 한다.

② 신청자료 확인(Application Data Evaluation)

제출된 신청자료는 훈령 제작증명 및 생산승인 지침에 따라 평가된다. 이 단계에서는 제출된 모든 문서가 정확하고 완전한지 그리고 항공기 제작에 필요한 기술적 요건을 충족하는지를 확인한다.

③ 제작증명위원회(PCB, Production Certification Board) 구성

신청자료가 확인되면 제작증명위원회(PCB)가 구성된다. 이 위원회는 항공기 제작 과정의 모든 측면을 평가하고, 최종적인 제작증명 발급 여부를 결정하는 중요한 역할을 한다. 참고로 위원장은 항공기술과장이 맡고 위원은 최대 10명으로 구성된 인증기술, 시험 및 검사 전문가로 이루어진다. 제작증명위원회는 신청자가 제출한 자료와 실제 제작 현장을 평가하며 이 과정에서 발견된 문제점에 대해 시정조치를 요구할 수 있다. 최종제작증명위원회(Final PCB Meeting)는 최종적으로 모든 평가가 완료된 후 최종 회의를 통해 제작증명 발급 여부가 결정된다.

④ 제작증명서 교부

모든 절차가 성공적으로 완료되면 국토교통부장관은 제작증명서를 발급한다. 이 제작증명서는 해당 항공기 또는 부품이 형식증명에 따라 설계된 대로 제작되었음을 공식적으로 인증한다.

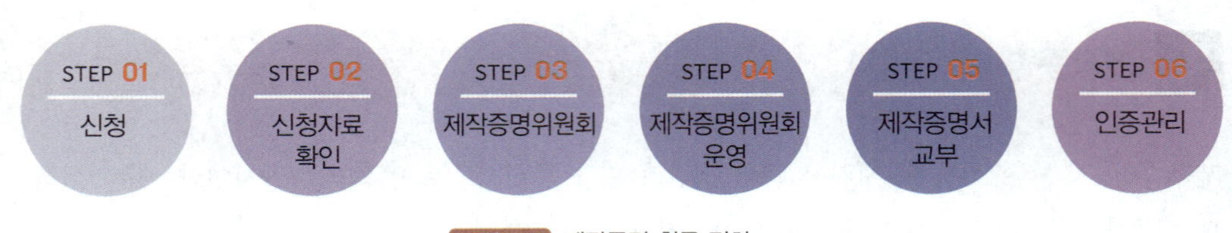

그림 6.6 제작증명 취득 절차

5 감항증명 취득 절차

감항증명은 일반적으로 항공기를 등록한 후 항공기 실물에 대해 검사를 거쳐 발급된다. 이 과정에서 불법 개조 여부, 정비 이력, 운항하지 않은 기간 동안의 정비 여부, 감항성개선지시서(AD, Airworthiness Directive) 이행 여부 등을 철저히 검사한다.

감항증명 업무란 항공기가 안전하게 비행할 수 있는 성능, 즉 감항성을 갖추고 있는지 확인하는 과정이다. 이 업무는 서류검사, 상태검사, 탑승검사 세 가지 주요 절차를 통해 이루어진다.

① 서류검사

정비규정(매뉴얼), 제작사의 기술회보(Service Bulletin), 그리고 감항 당국에서 발행하는 감항성개선지시(AD) 등을 기반으로 수행된다. 이 단계에서는 항공기가 주기적으로 정비 및 점검을 받았는지, 운항 도중 발생한 수리 또는 개조 작업에 대한 기록이 정확하게 유지되고 있는지를 검사한다.

② 상태검사

항공기의 내·외부 상태를 직접 확인하는 과정이다. 이 검사에서는 항공기 외부와 내부의 전반적인 상태를 점검하며, 균열(Cracks)이나 누유(Leakage) 여부를 집중적으로 살펴본다. 또한, 계기(Instrument)와 조종면(Control Surface)의 작동 상태를 지상에서 검사하여 항공기가 정상적으로 작동할 수 있는지를 확인한다.

③ 탑승검사

항공기가 실제 비행 조건에서 안전하게 운항 가능한지를 확인하는 절차다. 이 과정에서는 항공기가 시험비행(Test Flight)을 통해 다양한 비행 조건에서 안정적인 성능을 유지할 수 있는지 점검한다. 탑승검사는 항공기가 이륙, 순항, 착륙 등 모든 비행 단계에서 적절하게 작동하는지를 확인하기 위한 최종 단계로 이상이 없으면 감항증명서가 발행된다.

6 항공기 인증 관련 용어 정의

① 대개조(Major Alteration)

항공기, 발동기, 프로펠러 및 장비품 등의 설계서에 없는 항목의 변경으로서 중량, 평행, 구조 강도, 성능, 발동기 작동, 비행 특성 및 기타 품질에 상당하게 작용하여 감항성에 영향을 주는 것으로 간단하고 기초적인 작업으로는 종료할 수 없는 개조를 말한다.

② 대수리(Major Repair)

항공기, 발동기, 프로펠러, 장비품 등의 고장 또는 결함으로 중량, 평행, 구조 강도, 성능, 발동기 작동, 비행 특성 및 기타 품질에 상당하게 작용하여 감항성에 영향을 주는 것으로, 간단하고 기초적인 작업으로는 종료할 수 없는 수리를 말한다.

③ 오버홀(Overhaul)

인가된 정비 방법, 기술 및 절차에 따라 항공 제품의 성능을 생산 당시 성능과 동일하게 복원하는 것을 말한다. 여기에는 분해, 세척, 검사, 필요한 경우 수리, 재조립이 포함되며 작업 후 인가된 기준 및 절차에 따라 성능시험을 하여야 한다.

④ 재생(Rebuild)

인가된 정비 방법, 기술 및 절차를 사용하여 항공 제품을 복원하는 것을 말한다. 이는 새 부품 혹은 새 부품의 공차와 한계(Tolerance & Limitation)에 일치하는 중고 부품을 사용하여 항공 제품이 분해 · 세척 · 검사 · 수리 · 재조립 및 시험하는 것을 말한다. 이 작업은 제작사 혹은 제작사에서 인정받고 등록 국가에서 허가한 조직에서만 수행할 수 있다.

⑤ 적합성(Compliance) 및 합치성(Conformity)

'적합성(Compliance)'이라 함은 항공법규 및 기술기준 기타 규정 등에 충족되는 것을 말하며, '합치성(Conformity)'이라 함은 생산하고자 하는 제품이나 공정, 시스템, 인적자원이 설계도면, 규격, 시험절차서 또는 안전 · 지정 요건 등에 충족되는 것을 말한다.

⑥ 감항성개선지시서(Airworthiness Directive)

항공안전법 제23조 제8항에 따라 외국으로 수출된 국산 항공기, 우리나라에 등록된 항공기와 이 항공기에 장착되어 사용되는 발동기 · 프로펠러, 장비품 또는 부품 등에 불안전한 상태가 존재하고, 이 상태가 형식 설계가 동일한 다른 항공 제품들에도 존재하거나 발생할 가능성이 있는 것으로 판단될 때, 국토교통부장관이 해당 항공 제품에 대한 검사, 부품의 교환, 수리 · 개조를 지시하거나 운영상 준수하여야 할 절차 또는 조건과 한계사항 등을 정하여 지시하는 문서를 말한다.

7 군용 항공기 인증

1) 일반 사항

군용 항공기는 전투와 생존 능력을 위해 설계되며, 임무 장비 탑재, 무장 장착, 극한 환경 대응 능력이 요구된다. 이로 인해 군용 항공기의 감항인증 및 적합성 검증 절차는 민간항공기와 차이가 있다. 군용 항공기 인증은 작전 능력 강화와 안전성 확보, 국민 생명과 재산 보호, 국가 안보 유지, 국가별 인증 체계 운영, 그리고 군 상호인정을 목적으로 한다. 반면, 민간항공기 인증은 승객 및 승무원 안전 보장에 중점을 두며 ICAO 기준을 따른다.

2) 인증 절차

군용 항공기는 국군이 사용하는 항공기나 군사용으로 국외에 수출되는 항공기를 의미한다. 여기에는 비행기, 회전익항공기(헬리콥터), 무인항공기(UAV), 비행선, 활공기 등 항공기로 사용될 수 있는 기기가 포함된다. 그러나 우주로켓이나 미사일과 같이 일반적인 비행기의 원리를 이용하지 않는 비행체는 항공기에 포함되지 않으며 따라서 군용 항공기 범주에도 들어가지 않는다.

군용 항공기의 감항인증과 관련된 주요 법률은 '군용 항공기 비행안전성 인증에 관한 법'과 이 법의 시행령 및 시행규칙이다. 이 법은 군용 항공기의 감항인증 절차, 전문기관 지정, 주관기관 지정, 민·군 감항인증 업무 협력 등을 규정하고 주요 내용은 다음과 같다.

- 감항인증 절차(법 제4조) : 군용 항공기의 안전성을 보증하기 위한 감항인증 절차를 규정

- 감항인증 전문기관 지정(법 제10조, 영 제8조) : 감항인증을 수행할 전문기관을 지정

- 감항인증 주관기관 지정(법 제11조) : 감항인증 업무를 총괄하는 주관기관을 지정

- 민·군 감항인증 업무 협력(영 제14조) : 민간과 군 간의 감항인증 업무 협력을 규정

- 전문교육기관의 지정(규칙) : 감항인증과 관련된 전문교육기관을 지정

방위사업청 방위산업진흥국(인증기획과)은 감항인증과 관련된 법률과 규정을 제·개정하고 감항성 심사 결과 승인 및 감항 관련 인증서를 발급하는 역할을 한다. 방위사업청은 감항인증심의위원회 심의, 의결을 통해 군용 항공기 감항인증 전문기관을 지정하는데, 2017년에 해군도 감항인증 전문기관으로 지정되면서 공군, 육군, 해군이 모두 감항인증 전문기관을 보유하게 되었다. 따라서 군용 항공기 감항인증 전문기관은 3군(공군, 육군, 해군), 국방과학연구소(국과연), 국방기술품질원(기품원)으로 지정되어 있다.

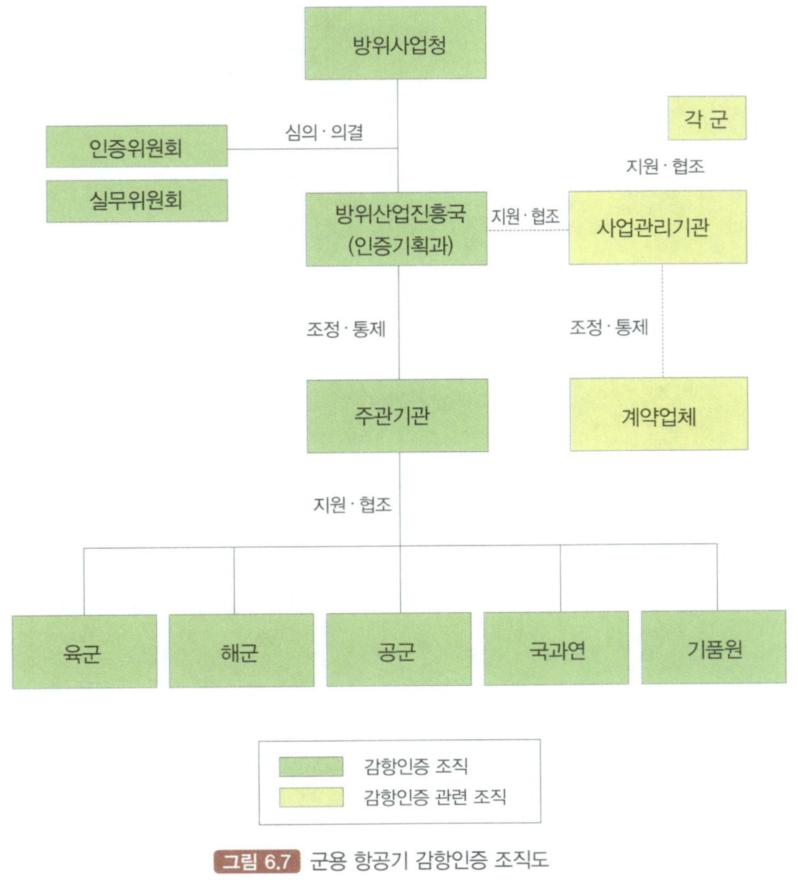

그림 6.7 군용 항공기 감항인증 조직도

memo

항공교통업무

전승준 청주대학교 항공운항학과 교수, 한국항공운항학회 정회원

항공산업은 고도의 기술이 집약되어 있는 첨단산업이라고 할 수 있다. 그 특성인 정시성과 고속성으로 인하여 많은 사람들이 이용하고 있는 교통수단이기도 하다. 특히 항공산업은 국내 항공산업뿐만 아니라 국제 항공산업까지 활발하게 이루어져 국가 간의 이동이 있을 때 자주 이용되는 교통수단이며, 빠른 속도로 전 세계의 사람들이 공간의 한계를 뛰어넘는 생활권 근접에 기여하였다는 점에서 의미를 가지고 있다.

국제민간항공기구(ICAO, International Civil Aviation Organization)는 이러한 폭발적인 항공교통량의 증가에 대하여 수용하고 국제적으로 안전한 항공교통의 발전과 그 산업의 발전에 대한 여러 가지 업무를 수행하기 위하여 설립된 바 있다. 항공산업의 경우 항공기를 비행하는 운항업무뿐만 아니라 항공기의 안전한 비행을 관제하는 관제업무 등 다양한 교통 업무로 구성되어 있다. 특히 ICAO가 제시한 Annex 11을 통해 항공교통업무를 어떻게 적용할 것인지 구체적인 방안을 설명하고 있다. 이에 우리나라도 ICAO가 제시한 지침을 수용하여 항공교통업무에 적용하고 있다. 우리나라 관련 법규로는 항공안전법 제6장 항공교통관리 등 시행규칙 제6장 공역 및 항공교통업무 등에 명시되어 있다.

AIR TRAFFIC SERVICE

제1절 ICAO 부속서 제11권 ATS(Air Traffic Service)

1 ICAO Annex 11의 역사적 배경

1945년 10월 항공규칙 및 항공교통관제분과위원회는 첫 회의 시 항공교통관제용 표준, 방식 및 절차에 대한 권고안을 만들었다.

이 안은 그 후 항공항행위원회가 검토하였으며 1946년 2월 25일 이사회의 승인을 받았다. 이는 1946년 2월에 발간된 Doc 2010의 첫 부분에 '표준, 방식 및 절차에 대한 권고 – 항공교통관제'로 수록되었다.

항공규칙 및 항공교통관제분과위원회는 1946년 12월~1947년 1월의 두 번째 회의 시 Doc 2010을 검토하였으며 항공교통관제용 표준 및 권고를 제안하였다. 그러나 항공규칙 및 항공교통관제분과위원회가 기본원칙을 설정하기 전에 표준에 대한 결말을 지을 수가 없었다. 이는 1948년 4월~5월의 세 번째 회의 시 항공규칙 및 항공교통관제분과위원회에서 제정되었으며, 그 후 부속서(안)가 각국으로 방송되었다. 이는 1950년 5월 18일 이사회에서 국제민간항공협약(시카고, 1944년) 제37조에 따라 채택되었으며, '국제표준 및 권고 – 항공교통업무'란 제목으로 협약의 부속서 11로 지정되었고 1950년 10월 1일 발효되었다. 이 새로운 '제목 – 항공교통업무'는 항공교통관제라는 제목에 우선하는 것으로서, 항공교통관제업무는 비행정보업무 및 경보업무와 같이 부속서 11의 한 부분을 구성한다는 점을 분명히 하기 위한 것이다.

2 ICAO Annex 11의 구성

각 부속서는 다음과 같은 부분으로 구성되어 있으나, 해당하는 부분만으로 구성되어 있는 부속서도 있다.

1) 구성요소

① 표준 및 권고. 조약의 규정에 따라 이사회가 채택한 사항으로서 이는 다음과 같이 구분된다.

- 표준 : 국제항공항행의 안전 및 질서에 필요하기 때문에 일률적인 적용이 인정되고, 체약국이 협약에 따라 이행해야 하는 물리적 성질, 구성, 요소, 성능, 인원 또는 절차, 이행이 불가능할 경우 협약 제38조에 따라 이사회에 필수적으로 통보해야 한다.
- 권고 : 국제항공항행의 안전, 질서 또는 효율성 측면에서 바람직하며, 체약국이 협약에 따라 이행토록 노력해야 하는 물리적 성질, 구성, 요소, 성능, 인원 또는 절차

② 부록

편의상 별도로 구분되어 있으나 이사회에서 채택된 표준 및 권고의 일부분을 구성하고 있다.

③ 정의

사전에 수록되어 있는 의미보다는 표준 및 권고에서 사용되는 용어로서의 의미를 설명하고 있다. 정의는 독자적인 지위를 가지고 있지는 않으나, 용어의 의미가 변경되면 내용에 영향을 미치기 때문에 동 용어가 사용되는 각 표준 및 권고의 필수적인 구성요소이다.

④ 표와 그림

표준 또는 권고에 추가되거나 그림으로 설명하는 것으로서, 해당 표준 및 권고의 일부분을 구성하며 이와 동일한 지위를 가진다.

2) 표준 및 권고와 관련하여 이사회가 발간을 승인한 사항

① 서문

협약 및 채택결의에 따른 표준 및 권고방식의 적용에 관련한 체약국의 의무설명 등 이사회의 조치에 근거한 역사 및 설명사항으로 구성된다.

② 서론

본문의 적용에 대한 이해를 돕기 위하여 부속서의 부, 장 또는 절의 시작 부분에 수록되는 설명

③ 주

표준 및 권고의 일부분을 구성하지는 않으나 실제에 입각한 정보 또는 당해 표준 및 권고에 관계가 있는 참고사항

④ 첨부

표준 및 권고에 대한 보충 또는 적용에 대한 지침으로 구성

1) 항공교통업무 목적

항공교통관제시스템의 목적은 시스템 구역 내 항공기 간 충돌을 방지하고, 기동 지역 내의 장애물과의 충돌을 방지하며, 항공교통의 흐름을 조절 및 촉진함으로써 질서를 유지하는 것이다.

① 효율적이고 안전한 비행에 유용한 정보와 조언 제공에 목적을 둔다.

② 항공교통업무는 항공교통관제업무, 비행 정보 및 경보업무로 구분한다.

2) 항공교통업무 시설

항공교통업무 및 시설과 관련한 내용을 정리하면 다음과 같다.

① 항공교통업무기관은 ATC 업무기관과 비행정보업무기관으로 구분된다.

② 항공교통센터에서는 관제공역 안에서 계기비행규칙으로 비행하는 항공기들에게 지역관제 업무를 수행한다.

③ 접근관제소란 접근 관제업무 제공을 목적으로 설치한 시설을 의미한다.

④ 비행장관제탑에서는 기동지역과 비행장 주변에서 운항 중인 항공기에 비행장관제업무를 수행한다.

⑤ 비행정보센터는 비행정보구역 안에서 비행 정보와 경보업무를 수행한다.

1) 공역의 구분(Airspace Classification)

항공기 활동을 위해 지표면이나 해수면에서 일정 높이의 특정 범위로 정한 공간을 의미한다.

① 비행정보구역

FIR(Flight Information Region)이란 항공기의 효율적이고 안전한 비행과 항공기의 구조 및 수색에 필요한 정보를 제공하고자 설정한 공역을 의미한다.

② 관제공역

항공교통에서의 안전을 위하여 항공기의 비행 순서 및 방법, 시기 등에 대해 항공 당국의 지시를 받아야 하는 공역이며, 관제구와 관제권을 포함하는 공역을 의미한다.

③ 비관제공역

관제공역 외의 공역으로, 항공기를 운항하는 조종사에게 비행에 필요한 조언 및 비행정보 등을 제공하는 공역을 의미한다.

④ 통제공역

항공교통의 안전을 도모하고자 항공기의 비행을 제한 및 금지할 필요가 있는 공역을 의미한다.

⑤ 주의공역

항공기의 비행 시 특별히 조종사의 식별, 주의, 경계 등이 필요한 공역을 의미한다.

⑥ 한국방공식별구역

안보 목적상 비행 물체를 조기에 식별하고자 영공 외곽에 설치 및 운영하는 공중 식별 구역을 의미한다.

⑦ 한국제한식별구역

KADIZ는 평시에 민·군용 항공기 비행 활동의 자유를 보장하고, KADIZ 내에 항공기에 관한 효율적 식별을 도모하고자 설정한 공역을 의미한다.

2) 공역 설정기준(Airspace Standard)

공역 설정기준은 다음과 같다.

① 항공안전과 국가안전보장을 고려할 것

② 항공교통에 대한 서비스 제공 여부를 고려할 것

③ 이용자의 편의에 적합하도록 공역을 구분할 것

④ 공역이 효율적이고 경제적으로 활용 가능할 것

3) 공역의 분류(Airspace Classification)

항공교통업무공역은 A부터 G등급으로 구분 및 지정한다. 각각의 내용을 살펴보면, 다음과 같다.

① A등급-관제공역(Class A - Controlled Airspace)

FIR 중 평균 해면이 2만 피트 초과~6만 피트 이하인 항공로를 의미하며, 국토교통부장관이 공고한 공역이다. 계기비행규칙에 따라 비행하여야 하며, 항공기 조종사는 A등급 공역으로 진입하기 전에 인천 ACC와 무선통신을 한 후 관할 항공교통관제(이하 'ATC')의 허가를 받아야 한다. 또한 A등급 공역에 머무르는 동안 지속해서 무선통신을 유지해야 한다.

② B등급 – 관제공역(Class B – Controlled Airspace)

FIR 중 계기비행 항공기의 운항 및 승객 수송이 특히 많은 공항이나 비행장을 중심으로 관제탑을 운용하고, 레이더 접근관제업무를 제공하는 공항 주변의 공역이다. 이는 국토부장관이 공고한 공역이고, 인천, 김포, 제주 공항을 포함한다. 조종사에게 특별한 자격이 요구되지는 않으나, VFR(Visual Flight Rules) 및 IFR(Instrument Flight Rules) 항공기는 모든 항공기에서 분리 업무를 제공하고, 여기에는 항공교통관제, 교통정보 조언과 안전 경고, 접근 순서와 간격 분리 관제 및 분리 유지 목적의 B 등급 재진입과 공역을 벗어난 경우 항공기에 통보하는 업무 등을 포함한다.

③ C등급 – 관제공역(Class C – Controlled Airspace)

인천 비행정보구역 중에서 승객 수송이 많은 공항이나 계기비행 운항을 하는 공항으로 관제탑을 운용하고, 레이더 접근관제업무를 제공하는 공항 주변의 공역이다. 이는 국토부 장관이 공고한 공역이고, 시계비행 및 계기비행이 모두 가능하다. C등급 공역을 비행하는 항공기는 관할 ATC 기관에서 내린 허가가 없는 경우, 자동 고도 보고 장치와 송수신 무선 통신기를 갖춰야 한다. 제공 업무에는 ATC, 항공기에 순서 배정, 교통 회피 조언 등의 업무가 있다.

④ D등급 – 관제공역(Class D – Controlled Airspace)

인천 비행정보구역에는 국토부 장관이 공고한 공역이 있으며, 다음과 같다.

- 관제탑을 운영하는 공항의 반경 5NM 이내 지표면에서 공항표고 5,000피트 이하로, 각 공항별로 설정한 관제권 상한 고도까지의 공역
- 최저 항공로 고도 이상에서부터 평균 해면 2만 피트 이하 내의 모든 항공로
- 서울 접근관제구역 중에서 B등급 외의 관제공역이며, 평균 해면 1만 피트 초과~1만 8,500피트 이하인 공역

조종사에게 특별한 자격이 요구되지는 않으며, 제공 업무로는 IFR 항공기에 대한 ATC 업무 및 VFR 항공기에 관한 교통정보 제공과 회피 조언, D등급 공역으로 설정된 공항에 착륙하는 항공기 순서 배정, VFR 항공기에 대한 IFR 항공기에 대한 교통정보 제공 등의 업무가 있다.

⑤ E등급 – 관제공역(Class E – Controlled Airspace)

인천 비행정보구역 중 A부터 D 등급까지의 공역 외의 관제공역을 의미하고, 영공에서 해면 혹은 지표면에서의 1,000피트 이상~평균 해면 6만 피트 내가 해당한다. 공해상의 경우, 해면에서 5,500피트 이상~평균해면 6만 피트 이하로 국토부장관이 공고하였다. 제공 업무는 IFR 항공기에 ATC 및 교통정보 제공 업무가 있고, 무선 교신을 하는 경우 VFR 항공기에 교통정보 제공 등이 해당한다.

⑥ G등급 – 비관제공역(Class G – Uncontrolled Airspace)

인천 비행정보구역 중 A부터 E등급까지 외에 해당하는 공역이며, 이는 비관제공역이라 칭한다. 영공에서는 해면 혹은 지표면에서부터 1,000피트 미만, 공해상의 경우 해면에서 5,500피트 미만 및 평균해면 6만 피트 초과의 공역으로 국토부장관이 공고하였다. 제공 업무에는 모든 항공기에 비행정보를 제공하는 업무가 있다.

5 특수사용공역(Special Use Airspace)

특수사용공역이란 특정 비행 활동 제한이나 항공기 운항 제한이 필요한 지역으로 지정된 공역이다.

① 비행금지구역(Prohibited Area)

항공기를 운항할 수 없도록 제한한 공역을 의미한다.

② 비행제한구역(Restricted Areas)

비행을 금지하지는 않았으나 미참여 항공기에게는 위험이 발생할 수 있는 지역으로 제한하는 공역을 의미한다.

③ 경계구역(Alert Areas)

다수의 비행훈련 및 예외적 비행 활동이 나타나는 비행구역이며, 미참여 조종사에게 전달하기 위한 목적으로 항공지도에 'A+숫자' 형태로 표기한다.

④ 군작전구역(MOA, Military Operation Area)

군 훈련 항공기를 IFR 항적으로부터 분리하고자 수직적 횡적 한계로 설정한 공역을 의미한다.

⑤ 경고구역(Warning Area)

미참여 항공기에 위험을 미칠 수 있는 활동을 포함하며, 미국 해안선 3마일 바깥부터 외부로 확장하는 지정된 공간으로 구성된 공역을 의미한다.

항공교통관제 구성 및 운영

1 항공교통관제센터, 접근관제소 및 관제탑

1) 항공교통관제센터(ACC, Air Control Center)

항공관제센터란 해당 관제공역 내에서 IFR 항공기의 안전하고 신속한 운행을 보장하기 위해 항공로 항공교통관제 시스템과 공중/지상 라디오 통신을 운영하는 기관으로 정의한다. ACC는 IFR 허가 발급 및 전국적인 IFR 비행감시를 중점으로 담당한다. 이는 주로 항공로 구간에 적용되며 기상정보 및 다른 운항 서비스를 포함한다.

2) 터미널 레이더 접근관제소(Terminal Radar Approach Control)

접근관제란 책임 지역 안에서 운행하는 모든 계기 비행을 관제하는 책임을 의미한다. 이는 하나 이상의 공항에 서비스를 제공하며, 관제는 대체로 조종사와의 통신 및 공항감시 레이더를 통해 이루어진다.

3) 관제탑(Control Tower)

관제탑에서 관리되는 공항 출발은 관제탑에서 관리되지 않는 공항 출발과 비교했을 때 비교적 간단하다. 일반적으로 조종사는 지상관제소나 허가 발급을 통하여 IFR 허가요청을 한다. 다양한 관제사에 관한 통신 주파수는 출발과 접근, 공항 지도 및 항공정보간행물에 기재되어 있다.

2 공항운영(Airport Operations)

공항은 다양한 형태와 크기를 갖고 있다. 공항에 따라 단단한 표면의 활주로를 가진 공항도 있고, 짧고 풀밭인 활주로를 가진 공항도 있다. 또한 어떤 공항은 지상과 같이 주변 교통을 조절하기 위한 관제탑을 보유하고 있다.

1) 유도로 표시 및 유도로등(Taxiway Markings & Light)

유도로 표시는 노란색이다. 유도로의 중심선은 노란색 실선으로 되어 있으며, 유도로 양쪽 끝은 6인치의 노란 두 실선으로 표시된다. 조종사를 유도하기 위한 유도로에는 다음과 같은 것들이 있다.

- 유도로 양쪽에 있는 2개의 청색등
- 유도로등으로 형성된 녹색 중앙선

2) 활주로 표시 및 활주로등(Runway Markings & Light)

활주로 표지는 운영되는 특정 활주로에 따라 다양하게 구성되어 있다. 정밀 계기접근을 위한 활주로에는 특별한 표식이 있을 수 있다. 이러한 표식으로는 유도로등, 활주로등, 공항 비콘, 접근등, VASI, 중요한 장애물에 대한 적색경보등이 있다.

공항에 접근등과 활주로등을 제어하는 방법은 다음과 같다.

- 관제탑이 운영될 때 관제사에 의해 제어된다.
- 관제탑이 운영되지 않는 지역에서는 FSS가 담당한다(미국의 경우).
- 해당 시설을 조종사가 제어할 수 있는 곳에서는 조종사가 담당한다.

3) 통과선등(Clearance Bar Light)

저시정 하의 대기 지점은 유도로 상의 특정 지점에 설치되어 있으므로 쉽게 인지하고 알아볼 수 있다. 해당 지점은 지속적으로 노란색 빛을 내는 3개의 불빛으로 구성되어 있다.

4) 활주로경계등(Runway Guard Light)

활주로 및 유도로의 교차로에 설치한다. 주목적은 저시정 하에 유도로 및 활주로의 교차 구간 분별력 향상에 있으며, 모든 기상 조건에서 사용할 수 있다.

5) 조종사조절등(PCL, Pilot Controlled Lighting)

미국은 선택한 공항에 ATC 시설을 배치하지 않은 경우, 비행 중에는 공항등을 통신장비로 사용하는 것이 가능하다.

6) 접근등 시스템(ALS, Approach Light Systems)

많은 공항의 접근등 시스템은 숲이나 건물이 있는 지형에서 가능한 경우 활주로 접근 마지막 부분에서 공항의 물리적 경계에 이르는 확장이 이루어진다. 이러한 접근등은 적절한 착륙 지역의 경계를 표시하지 않고, 대신 조종사를 활주로로 안내하는 역할을 수행한다.

7) 시각접근활공지시계(VASI, Visual Approach Slope Indicator)

밤 혹은 약한 시정 상태로 인해 활주로 환경 및 수평선이 명확하게 보이지 않는 경우, 조종사는 활주로의 접지대 지역에서 항공기의 정확한 접근강하경로를 판단하기 어렵다. 이러한 경우 시각적 강하 유도를 제공한다. 때때로 red-on-white 시스템으로도 알려져 있는데, 이에 대한 내용을 정리하면 다음과 같다.

- 접근 시 높은 경우 모두 흰색
- 적절한 강하 경로인 경우 가까운 쪽은 흰색, 먼 쪽은 붉은색
- 낮은 강하 경로인 경우 모두 붉은색

이러한 표시는 전형적인 PVASI에 의해 공급된다. T-VASI는 짧은 범위 내에서 시각 경사 보조등으로, 1. 경사각이 높으면 호박색으로 표시된다, 2. 경사가 맞으면 녹색으로 표시된다, 3. 경사각이 낮으면 붉은색으로 표시된다.

8) 비행장등대(Airport Beacon)

공항 위치와의 거리를 조종사에게 전달하기 위해 만들어진 것이다. 빛의 파장을 전달하며 하나의 색, 혹은 두 개의 색깔이 번갈아 번쩍이며 다음의 사항을 지시한다.

- 민간공항은 녹색, 흰색, 녹색, 흰색 순서
- 군용공항은 녹색, 흰색-흰색, 녹색, 흰색-흰색 순서
- 헬기 착륙장은 녹색, 노란색, 흰색 순서
- 수상 착륙장은 흰색, 노란색 순서

3   **비행계획(Flight Plans)**

1) 비행계획서의 제출(Submission of a Flight Plan)

비행을 시작하기 전에 시계비행 방식(VFR) 및 계기비행 방식(IFR)의 비행계획서를 제출해야 한다.

2) 비행계획서의 내용(Contents of a Flight Plan)

ㄱ 항공기의 식별부호

ㄴ 비행의 방식과 종류

ⓒ 항공기의 대수와 형식, 최대이륙중량등급

ⓛ 탑재장비

ⓜ 출발비행장이나 이륙교체비행장(요구하는 경우)

ⓗ 출발예정시간

ⓢ 순항속도

ⓞ 순항고도

ⓩ 운항 예정 항공로

ⓒ 최초착륙예정비행장 혹은 교체비행장

ⓚ 탑재된 연료로 비행 가능한 최대시간

ⓣ 승무원을 포함한 총 탑승인원

ⓟ 비상 혹은 구명장비

ⓗ 기타정보

3) 비행계획서 양식(Flight plan form)

시간은 UTC 4자리 숫자로 기입해야 하며 규정된 양식과 자료 기술 방식을 준수해야 한다.

4) ATS 기입을 위한 지침서(Air Traffic Service guidebook)

항목 ⓢ부터 ⓗ까지는 정해진 작성 방법에 따라야 하며, 항목번호는 ATS 전문과 일치하긴 하지만, 양식에서 연속적인 순번으로 이어진 일련번호라고 볼 수는 없다.

5) 비행계획의 계획된 재허가(Planned Reclearance)

탑재된 연료 소모에 따라 목적지 변경 가능성이 있지만, 비행계획에 근거하여 법정 탑재 연료량 요건에 충족한 비행계획을 수립한 사람은 항공교통관제기관에 비행계획서를 제출하는 때에 그 가능성을 함께 통보해야 한다.

6) 비행계획서의 변경(Changes to a Flight Plan)

조종사라면 관제기관의 관제하에 비행하는 계기비행 혹은 시계비행을 위하여 기존에 제출한 비행계획서와 달리 변경 사항이 발생하는 경우에는 가능한 빠른 시간 안에 관련 항공교통관제 기관에 변경 내용을 보고해야 한다.

7) 비행계획서의 종료(Closing a Flight Plan)

비행기 기장은 항공교통관제기관에서 자동으로 비행계획서를 종료시키는 경우 외에는 목적 공항에 착륙한 이후 가능한 빠른 시간 내에 인편 및 무선을 통하여 항공교통관제기관에 도착 보고를 해야 한다.

4 **트랜스폰더 운용(Transponder Operation)**

㉠ 조종사는 트랜스폰더 운용절차를 적절하게 이용함으로써, 고속 접근율로 접근하는 상황에서 IFR 항공기나 VFR 항공기에 높은 안전성을 제공한다는 것을 인식해야 한다.

㉡ 항공관제 레이더 비콘 시설은 군의 레이더 비콘 장치와 유사하며, 또한 같이 사용할 수 있다.

㉢ 군항 및 민항공기의 트랜스폰더의 경우, 이륙 전에는 가능한 늦게 'ON' 위치나 정상 동작 위치에 맞춰야 하고, 착륙할 때는 ATV의 요청에 따라서 사전에 'Standby' 위치에 두는 경우가 아니라면, 착륙 활주가 끝난 후에 가능한 한 빨리 'Off'나 'Standby' 위치에 맞춰야 한다.

㉣ 조종사가 IFR 비행 방식으로 비행하는 경우, 목적지 도착 전에 IFR 비행계획을 취소하게 되면 VFR 비행에 따른 트랜스폰더를 맞춰야 한다.

㉤ 만약 관제구역으로 들어오는 비행인 경우에는 조종사가 항공기 호출부호에 'TRANSPONDER'라는 단어를 붙이게 되면 트랜스폰더 장비가 작동 가능하다는 의미가 되므로 이를 레이더 항공관제 시설과 최초 교신하는 상황에 통보해 주어야 한다.

㉥ 모든 ATC 트랜스폰더 사용자는 기대할 수 있는 레이더 포착 범위는 가시선으로 제한되어 있음을 유의해야 한다.

5 **표준공항장주(Standard Airport Traffic Pattern)**

공항에 들어오는 항공기 흐름을 정돈하기 위해, 공항 장주는 방향, 위치, 고도, 진입/진출 절차 등을 고려하여 설정되어 있다. 조종사는 적절한 정보를 받게 되고, 기본 직사각형 장주를 준수하면 비관제공항에서의 충돌 가능성을 낮추는 효과가 있다.

조종사가 표준으로 사용할 용어는 아래와 같다.

㉠ 정풍경로(Upwind Leg) : 착륙방향으로 활주로와 평행한 비행경로

ⓛ 측풍경로(Crosswind Leg) : 비행기가 이륙 후 활주로의 끝을 떠나 착륙 활주로와 직각을 이룬 비행경로

ⓓ 배풍경로(Downwind Leg) : 착륙 방향의 반대 방향을 의미하며, 활주로와 평행한 비행경로

ⓔ 베이스 구간(Base Leg) : 착륙접근 방향과의 각도가 직각이 되며, Downwind Leg의 연장선 및 활주로 중앙선의 연장선을 연결한 비행경로

ⓜ 최종진입(Final Approach) : 기초경로로부터 활주로 방향이며, 활주로의 중앙선 연장선상에 위치하는 비행경로

ⓗ 출발경로(Departure Leg) : 이륙 후에 활주로의 연장선상에 위치하는 비행경로. 진입구간에서는 전체 장주를 잘 확인하고 조종사가 장주 내 항적 및 착륙 접근을 충분히 계획할 수 있는 시간을 확보할 수 있는 길이여야 한다.

6 공항정보자동방송업무(ATIS, Automatic Terminal Information Service)

많은 비행 활동이 나타나는 특정 공항지역에서는 녹음한 비관제정보를 지속적으로 방송한다. 이 목적은 정보가 필수적이지만, 통상적인 것을 자동 반복하여 송신함으로써 관제사의 업무효율을 증가시키고, 또한 주파수 혼잡을 줄이기 위한 것이다.

ATIS 정보에는 최신 기상 보고 시간, 운고, 시정이 5,000피트 이하이며, 시정이 5마일 이하일 때 방송된다. 해당 정보에는 시정 장애물, 기온, 풍향 및 풍속, 계기접근 절차, 기타 관련 비고 사항, 고도계 수정치, 사용하는 활주로 등의 정보를 포함한다.

제3절 이륙과 출발 절차

1 지상 활주

공항에서 항공교통관제탑을 운영하는 동안, 해당 이동 지역에서 항공기나 차량이 이동하기 전에 허가를 받아야 한다. 지상 활주에 대한 ATC 지시는 이미 알려진 항공기 및 공항 입지 조건에 따라 지시된다. 비록 ATC 인가가 지상 활주 목적으로 지시되더라도, 항공안전법에 따라 이동하는 동안 타 항공기와의 충돌을 피하는 것은 조종사가 가지는 당연한 책임이다.

1) 지상 활주 관제절차(Taxi Instructions)

ATC에서 조종사에게 지정한 이륙활주로로 활주를 허가할 때, 별도의 대기 지시가 없는 경우 지정한 이륙활주로를 제외한 모든 활주로를 항공기가 통과하는 것을 허가한다. 그러나 이는 어느 지점에서나 지정된 이륙활주로를 활주하거나 통과할 수 있는 것을 의미하는 것은 아니다. 조종사는 관제사로부터 지상 활주 지시를 받으면 항상 활주로 배정을 확인해야 한다.

활주로의 사용(Declared Distances/Use of Runways)과 관련하여 내용을 정리하면 다음과 같다.

- 활주로의 경우, 중앙선에서부터 방위각의 증가를 가장 가까운 10도 단위 숫자로 표시하고 있다. 관제탑에서 보고되는 바람 방향은 자방향이며, 바람속도는 노트로 표기된다.
- 공항경영자는 'ICAO 특별소음감소계획'에 따른 지역적인 항공기 소음관리계획 수립을 선도해야 한다.

2) 지상 활주 시 추가 요청사항(Additional Taxi Requests)

올바른 운영기술이란 관제사가 의도한 인가사항에 대하여 조종사가 확실하게 이해하는 경우까지 관제사에게 질문을 해야 하며, 이해를 잘못하지 않는 한 모든 활주로의 횡단, 잠시 대기, 또는 이륙 허가는 응답해야 한다. 어떠한 경우일지라도 타 항공기, 지상 차량 및 다른 물체를 효과적, 지속적으로 주시해야 한다.

① 해제 대기(Hold for Release)

ATC에서는 원활한 교통관리를 목적으로 항공기 출발지에서의 지연을 비행인가에 대해 'HOLD FOR RELEASE'라는 지시를 할 수 있다. 이때, 해제 시간은 ATC가 조종사에게 발행하는 출발 제한의 시작점이며 출발할 수 있는 가장 빠른 시간이다.

3) ATC 인가(ATC Clearance)

인가와 관련하여 IFR 비행계획서 제출 조종사는 엔진에 시동을 걸기 전 해당 지상관제 주파수 또는 허가 중계 주파수로 관제탑과 통신하여 엔진 시동 시간, 지상 활주 및 비행 허가 정보를 받아야 한다. 만약 ATC에서 비공개된 경로와 함께 순항 허가를 부여한 경우, 항공기는 고도 정보를 이용할 수 있는 픽스나 항로에 도달하는 경우까지 지면과의 고도 분리를 위하여 적합한 교차 고도를 지정할 것이다. 복잡한 대도시 공항에서 출발 허가를 기다리는 경우, 관제탑에서는 평균적으로 2분당 1대의 출발 항공기를 관제하고, 제트 여객기를 포함한 다수의 항공기는 출발 우선순위가 정해질 것이다. 조종사는 허가를 받기 전에 설정된 항법 시설의 위치, 경로 및 픽스 간 소요시간을 숙지해야 한다.

① 비행인가의 서두(Clearance Prefix)

공지통신국에서는 조종사에게 전달되는 비행인가, ATC 기구에서 통보하는 관제정보 및 정보요청에 'ATC Advises', 'ATC Cears' 혹은 'ATC Requests'라는 용어를 서두에 추가하여 말한다.

② 비행인가 포함 항목(Clearance Items)

이와 관련하여 비행인가에 포함되는 항목을 정리하면 다음과 같다.

㉠ 비행인가 한계점(Clearance Limit)

㉡ 출발 절차(Departure Procedure of SID)

㉢ 비행항로(Route of Flight)

㉣ 고도자료(Altitude Data)

㉤ 체공 대기 지시사항(Holding Instructions)

③ 수정된 비행인가(Amended Clearances)

수정된 비행인가에 대한 내용을 정리하면 다음과 같다.

㉠ 초기 비행인가에 관한 수정사항의 경우, 항공교통관제사가 항공기 사이에 발생할 수 있는 충돌 가능성을 피하고자 필요한 조치로 판단되는 경우 언제든지 통보된다.

㉡ 조종사는 일이 발생하면 항공기의 관제에 관한 설명을 바라지만, 관제사는 바쁜 관제업무로 ATC 통신주파수에 과중한 부담을 줄 수 없다.

ⓒ 조종사는 ATC에서 지시한 비행인가와 다른 비행인가 요청 특전이 부여된 경우에만 그 요청을 할 수 있으며, 이는 조종사가 더 실질적인 다른 대안을 갖고 있거나 회사 절차에 따라 지시된 비행인가를 적용할 수 없는 경우에 해당한다.

④ **비행인가 통보 시 조종사의 책임(Pilot Responsibility Upon Clearance Issuance)**

비행인가 통보 시에 조종사의 책임에 대해 정리하면 다음과 같다.

㉠ ATC 비행인가서의 기록과 관련하여 IFR 비행 중에는 조종사에게 제공된 비행인가를 서면으로 기록하여야 한다.

㉡ ATC 비행인가 및 지시사항의 상호확인을 위해, 상공을 비행 중인 조종사는 ATC 비행인가와 지시사항 중 '숫자' 부분을 복창하여야 한다.

㉢ 통보된 비행인가를 수락하거나 거절하는 것은 조종사의 책임이다.

⑤ **VFR-ON-TOP의 IFR 비행인가**

이와 관련한 내용을 정리하면 다음과 같다.

㉠ VFR 기상조건 내에 운항하는 IFR 비행계획 중 미국에서는 조종사가 VFR on Top 요청이 가능하다.

㉡ 구름, 엷은 안개, 연기 기타 기상 형성 물을 통과하여 상승하려는 경우에는, IFR 비행계획의 취소나, VFR on Top을 운영하고 있는 조종사는 상승을 요청할 수 있다.

㉢ IFR 비행계획인 조종사의 경우 VFR 조건 운항 중 VFR 상황에서의 상승 상태에 대한 요청이 가능하다.

㉣ 조종사가 VFR 운항에 대해 요청하지 않았거나, VFR 조건에서 운항 중이라도 IFR 출발항로의 일부인 경우엔 해당 기관이 승인해 준 소음감소 경로 및 고도에 부합하지 않으면 운항에 대해 승인하지 않는다.

㉤ ATC의 인가는 조종사들에게 기상장애 형성 위로만 운항하도록 제한하려는 것이 아니다.

㉥ VFR on Top/VFR Conditions 운항인 조종사는 다른 관계 IFR이나 VFR 항공기에 관한 교통정보를 ATC로부터 받을 수 있다.

⑥ **시계, 계기비행(VFR, IFR Flights)**

VFR 출발 조종사의 경우, Enroute IFR 인가를 받거나 필요한 때에 항공기의 위치 및 상대적인 지형, 장애물의 위치를 정확하게 인식해야 한다. 만약 조종사가 지형이나 장애물을 피할 수 없는 경우라면 관제사는 조종사가 의도하는 바를 말할 수 있도록 조언해야 한다.

⑦ **비행인가의 준수(Adherence to Clearance)**

비행인가의 준수와 관련한 항목을 정리하면 다음과 같다.

㉠ 항공기의 기장은 VFR 혹은 IFR 비행 규칙 안에서 항공교통 비행인가를 받은 경우, 해당 규정 사항을 위반하지 않는 한, 수정비행인가를 받지 않는다.

㉡ 만약 기수방위가 지정되거나 ATC에 의해 선회가 요구된다면, 조종사는 신속히 선회에 들어가서 선회를 마친 후 별도의 지시가 없는 한, 새로운 기수방위를 유지해야 한다.

㉢ 항공교통관제(ATC) 비행인가에 수록된 고도 정보 중에서 '조종사의 판단에 맡긴다'란 용어는 조종사가 필요한 경우 상승 또는 하강을 시작할 수 있는 권한을 조종사에게 부여한다는 뜻이다.

㉣ ATC가 'At Pilot's Discretion'이라는 용어를 사용하지 않거나 상승 및 하강에 대한 제한을 명시하지 않은 경우, 조종사는 비행인가를 받은 즉시 상승 혹은 하강을 시작해야 한다.

㉤ 만약 항공교통관제를 위해 '강하' 비행인가 중에 고도정보 사항과 관련해 'Cross Fix at or Above/Below(altitude)'라는 항목이 포함된 경우라면 교차고도를 맞추기 위한 강화 방법은 조종사의 판단을 존중한다는 의미이다.

㉥ 최종적으로 ATC 비행인가를 받으면, 앞서 받은 ATC 비행인가보다 우선적으로 적용된다는 것이 지침의 원칙이다.

㉦ 재연소 엔진을 사용하는 터보제트 항공기의 조종사는 항로고도까지 상승할 때 재연소장치를 사용하고자 한다면 이륙 전 ATC에 통보해야 한다.

⑧ **표준 IFR 간격 분리(IFR Separation Standards)**

㉠ 항공교통관제의 경우 다양한 고도를 지정함으로써 수직적으로 항공기의 분리를 유지한다.

㉡ VFR on Top/VFR Conditions의 인가 후 운항 중인 경우 외에는 IFR 비행계획을 바탕으로 운항하는 모든 항공기가 분리된다.

㉢ 레이다가 같은 고도에 있는 항공기 간의 간격 분리를 위해 사용될 때, 레이다 안테나에서 40마일 이내의 비행 중인 항공기 간의 간격 분리 기준은 최소 3마일이며, 안테나로부터 40마일 밖에서는 최소 5마일을 유지한다.

⑨ **속도 조절(Speed Adjustments)**

㉠ 바람직한 간격 혹은 요구한 간격을 유지하고자 ATC는 Radar 관제 내에 있는 항공기의 모든 조종사에게 속도 조절에 대해 지시할 수도 있다.

㉡ ATC에서는 지시 대기속도에 따라 10노트 증가마다 속도 조절을 요구한다.

㉢ 속도 조절에 따른 조종사의 순응은 10노트 안팎이나 마하 0.02 내에서 속도를 유지해야 한다.

㉣ 조종사의 동의 없이 ATC의 속도 조절 지시는 기준 최소 속도에 따라 이루어진다.

ⓜ ATC에서 접근 인가에 대해 통보하기 전, 속도 조절 절차에 대한 필요성이 없다고 판단하면, ATC는 조종사에게 정상 속도로 복귀하도록 통보한다.

ⓗ 조종사는 최소 안전 속도가 특정 운용을 위해 조절 속도보다 높을 때 ATC의 속도 조절을 거부할 권한을 행사한다.

ⓢ 조종사는 항공안전법 시행규칙에 정의된 최대 지시 대기속도를 초과한다고 판단될 때 ATC의 속도 조절을 거부할 책임을 가진다.

ⓞ 250노트의 속도 제한의 경우, 미국 비행정보구역 내 해안선에서부터 12NM 이상 거리가 있는 1만 피트 이하의 E등급 공역 내의 미국 등록 항공기에는 적용하지 않는다.

ⓩ B, C, D 등급 공역의 표면 구역에서 비행하는 항공기에 대해서는 ATC가 해당 구역에서 비행 시 규정된 최대 지시 대기속도보다 높은 속도를 요청하거나 인가할 수 있다.

⑩ **활주로 간격 분리(Runway Separation)**

관제탑 내 관제사는 항공기 사이의 적절한 간격을 유지하기 위해 필요에 따라 공중에 있는 항공기나 지상에서 운영되는 항공기를 조절하여 입/출항하는 항공기의 우선순위를 결정한다.

⑪ **시각 분리(Visual Separation)**

시각 분리란 항공기를 분리시키는 ATC의 방법 중 하나로, 일반적으로 공항구역에서 사용된다. 이는 조종사가 다른 항공기의 뒤를 따르도록 지시를 받거나, 다른 항공기와의 시각적 분리를 유지하는 것은 조종사가 안전한 간격을 유지하기 위해 항공기를 운항하는 것이다. 따라서 다른 항공기의 뒤를 따라 비행하거나 시각적 분리를 유지하도록 조종사에게 지시를 받았을 때, 만약 조종사가 다른 항공기를 시각적으로 포착하지 못하거나 계속 포착하기 어려운 상황이라면, 그리고 조종사가 시각적 분리의 책임을 지지 못할 이유가 있다면, 조종사는 이를 관제사에게 통보해야 한다. 그러나 기상조건이 허용할 때, 조종사는 다른 항공기를 피하는 책임이 있음을 기억해야 한다.

⑫ **레이더 항적정보업무(Radar Traffic Information Service)**

항적 정보의 통보와 관련한 내용은 크게 두 가지로 구분할 수 있다. 각각의 내용을 살펴보면 다음과 같다.

ⓐ 레이더가 식별한 표적이다.

- 시계방향 용어를 사용한 방위
- 나침반의 8방위 기점 용어를 써서 위치로부터 방향 명시
- 표적의 진행 방향
- 항공기로부터의 거리

- 항공기 기종과 고도

ⓛ 조종사가 항적 유지를 위해 편류 수정이 필요한 경우에는 항공기 위치를 나타냄에 있어 발생 가능한 착오를 지적할 수 있다.

⑬ **공중충돌 경보장치(TCAS, Traffic Alert and Collision Avoidance System)**

㉠ 조종사가 침입 항공기를 시각 인지하는 것을 돕기 위하여 근접 경고를 제공한다.

㉡ TCAS 2는 항적 조언과 대응방안 조언을 제공한다.

㉢ TCAS는 비행안전 확인에 대해 조종사의 기본 권한 책임을 대체하거나 감소시키는 등의 행위를 하지 않는다.

㉣ 현재의 항공교통업무 및 처리는 항공기에 위치한 TCAS 장비의 유용성을 기반으로 하지는 않는다.

⑭ **지상 이동 유도 및 관제 시스템(Surface Movement Guidance Control System)**

정기 항공편들이 승인된 운영을 수행하는 공항에서 항공기와 차량의 안전한 이동을 용이하게 하기 위해 개발되었다. SMGCS 저시정 유도 계획은 활주로 신호, 안내, 조명의 향상, 표지를 포함하고, 또한 SMGCS의 저시정 유도 경로 항공지도의 발전을 포함하고 있다. 지리적 위치 표시는 대기 위치나 위치보고에 사용하며, ATC가 항공기와 차량의 위치 파악이 가능하도록 한다.

⑮ **진보된 지상 이동 유도 및 관제 시스템(Advanced Surface Movement Guidance Control System)**

항공기의 이동량이 증가하여 충분한 교통량 수용이 어려워져 FAA는 공항 표면 추적장치와 향상된 지상 이동 유도 및 관제 시스템과 같은 활주로 안전 시스템을 여러 공항에 도입했다.

⑯ **활주로 침범(Runway Incursions)**

항공기가 이륙하거나 이륙을 시도하는 경우 또는 착륙하거나 착륙을 시도하는 경우에 발생할 수 있는 충돌 위험이나 분리 손실을 가져올 수 있는 지상에서의 항공기, 인원, 차량 또는 물체의 발생을 의미한다.

⑰ **활주로 위험지대(Runway Hotspots)**

몇몇 항공 당국 지역 사무소에서는 특정 공항에 위치한 위험한 교차로를 '고위험지역' 또는 'High Alert Areas'라고도 부른다.

1) 운영 기준(Operation Specification)

운영 기준은 상업 운영자에게 발부되는 법과 규정에 따라 적절한 권한, 한계, 운영 장비, 그리고 자격의 유형에 근거한 절차를 정의한다. 운영 사양은 항공 운송 산업의 다양한 변수를 수용하기 위해 비행기 및 장비, 운영자 수용 능력, 그리고 항공 기술의 변화에 따라 조정될 수 있다.

2) 운고와 시정 요구사항(Ceiling and Visibility Requirements)

모든 이륙 및 출발은 절차에 통합한 시정 최소치를 가진다. 운항 승부원들은 출발 전에 항상 운고 및 시정정보를 포함한 기상을 확인해야 한다. 국가 전역에 걸쳐 특정한 공항 내 기상보고센터를 항공정보간행물의 재검토에 따라서 위치할 수 있다.

3) 표준 이륙 최저치(Standard Take off Minimum) 적용

모든 이륙 및 출발은 통합한 시정 최소치를 준수해야 한다. 운항승무원들은 항상 출발 전 기상 조건을 확인해야 하고, 이는 운고 및 시정을 포함한다. 특정 공항의 기상 보고 센터를 재검토하여 국가 전역에서 위치를 결정할 수 있다.

① 표준 이륙 최저치보다 낮은 경우

표준 최저치의 인가 후에 이보다 낮은 수치를 부정하지 않은 활주로에서, 다음 최저치 하에 운영자를 위하여 인가한다.

② 시각 보조물 및 RVR 장비의 이용이 가능한 경우

시각 보조물 및 RVR 장비의 이용이 가능하다면, 접지대 RVR10이나 말단 RVR10, 접지대 RVR 보고가 불가능한 경우라면 RVR 보고가 접지대 보고를 대처할 수 있다.

③ 시각 보조물 및 RVR 장비의 이용 가능한 경우

접지대 RVR 5(이륙활주로의 시작), 중간 RVR 5 및 말단 RVR 5

④ 이륙 유도 시스템(Take-off Guide and System)

RVR 3(이륙활주의 시작), 중간 RVR 3 및 말단 RVR3

㉠ 작동하는 고광도 활주로등

㉡ 작동하는 활주로 중앙선등

㉢ 이용가능한 활주로 중앙선 표식

ㄹ 로컬라이저로부터의 전방 경로 유도

ㅁ 보고한 측풍 성분이 10노트 미만

⑤ **헤드업 안내 시스템(HGS, Head-up Guidance System)**

헤드업 안내 시스템은 진보된 시스템으로 이륙 최소치에 대한 기준을 300피트 RVR에서 가능할 수 있도록 요청한다. 이륙 최소치를 줄이기 위해 헤드업 안내 시스템을 사용할 수 있다.

3 출발 절차(Departure Procedures)

출발 절차의 경우, 출발 공항에서부터 항로 단계로의 이행과 관련하여 제공하는 사전에 예정된 경로이다. 구체적인 내용은 다음과 같다.

㉠ 출발관제는 출발 항공기 사이의 간격 분리를 정확하게 하기 위한 목적으로 책임을 가진 접근관제의 기능이다.

㉡ 레이더 사용 출발관제의 경우, 무선항법보조시설 사용에 대한 출발 절차를 활용해 공항구역에서 항공기를 출발한다.

㉢ 항공기가 이륙하기 전에 관제사는 출발관제 주파수와 트랜스폰더 코드를 조종사에게 전달한다.

㉣ 출발설계 기준과 관련하여 35피트 높이에서는 활주로의 출발 끝 지점을 통과한 후 해상마일당 200피트의 초기 상승에 대해 가정한다. 장애물회피기준(ROC)은 장애물 회피표면과 해상 마일당 200피트의 상승 경사도 기준 사이의 계획된 분리를 의미한다. 하지만 활주로 출발 끝 지점인 35피트 높이의 장애물 표면에 대한 허가는 이전의 기준에 따라서 실시하는 출발 절차가 아직 허용되고 있다.

1) 계기 출발(Instrument Departures)

이는 최근 국제적으로 합의함에 따라서 미국에선 항공교통 관제사의 허가를 전달하기 위해 표준계기출발(SID, Standard Instrument Departures) 및 조종사가 장애물의 회피에 도움을 주는 절차인 장애물 출발 절차(ODP)로 통일하였다. RNAV 출발 절차의 사용에서는 항법 수신기 및 비행정보소를 활용하여 해당 지역에 관해 접근하는 RAIM 이용에 대한 확인이 필요하다. 비 RNAV 출발 절차의 경우 지상 기반 항행안전시설의 사용에 따른 재래식 전자 장비를 장착한 항공기를 위하여 수립되었다.

① 표준계기출발(SID, Standard Instrument Departure)

표준계기출발은 대체로 바쁜 공항지역에서 사용하는 ATC에 의하여 요청 및 개발한 출발 경로이고, 항상 장애물 보호를 SID 설계 관점에서 고려하지만, 주요 목적은 항공로 단계로 부드럽게 이동을 제공함과 동시에 ATC 및 조종사의 업무량을 줄이는 것이 목적이다.

② 장애물 출발 절차(ODP, Obstacle Departure Procedures)

ODP라는 용어는 장애물 회피 제공과 관련한 절차를 정의하고자 사용한다. ODP 설계에서 대체로 강조하는 것은 항로 구조 및 일반적인 출발 경로의 수용을 통해, 랜덤 IFR 비행을 허용하는 고도에서 가장 부담이 적은 비행경로를 사용하는 것이다.

2) 조종사 항법과 벡터 SID(Pilot Nav and Vector SIDs)

SID는 비행기가 이륙하는 데 사용되는 항법의 종류에 따라 구분된다. 이러한 종류는 조종사 항법과 레이더 유도 SID로 나뉜다. 조종사 항법 SID는 최소한의 라디오 통신만으로 비행경로를 제공하기 위해 개발되었다. 반면에 레이더 유도 SID는 이륙 직후부터 배정된 경로나 SID 항공지도에 표시된 지점에 도달할 때까지 ATC에 의해 레이더 유도가 제공된다.

3) 출발 절차 책임(Departure Procedure Responsibility)

출발 절차의 안전한 이행은 ATC와 조종사 양쪽에게 책임이 있다. 조종사는 ATC와 협력하여 운항하거나 IFR 허가를 받은 상황에서 출발 절차를 수행할 때 많은 책임을 진다.

4) ATC에 의해 배정한 절차(Procedures Assigned by ATC)

ATC는 교통 관리 및 운항의 편의를 목적으로 SID 혹은 필요한 레이더 유도를 지정할 수 있다. 조종사의 경우 초기 비행계획 단계에서 SID의 요청이 가능하고, 이에 대한 허가나 거부 여부는 조종사가 다음에 따라 수용하거나 거부해야 한다. 구체적인 내용은 다음과 같다.

㉠ 요청한 이행을 준수할 수 있는 능력

㉡ 최소한 SID의 본문 해석의 소유 유무

㉢ 전체 비행의 SID에 관한 개인적인 이해도

5) ATC에 의해 배정되지 않은 절차(Procedures Not Assigned by ATC)

항공기 분리를 위한 필수적인 상황이 아니라면 ATC에 의해 장애물 출발 절차가 할당되지 않는다. 해당 공항에서 ODP가 발행되었는지 여부를 결정하는 것은 조종사의 책임이다.

6) 관제탑 운영 공항에서의 출발(Departures From Tower-Controlled Airports)

관제탑을 소유한 공항에서의 출발은 관제탑에 의하여 관리하는 공항에서의 출발에 비해 상대적으로 간단한 편이다. 보통 조종사는 지상관제소 및 허가 발부를 통하여 IFR 허가 요청을 하게 된다. 조종사가 운항관리사로부터 데이터링크를 통해 허가받을 수 있도록 하는 출발 전 허가 프로그램은 상업 및 운송용 운영자들에게 이용할 수 있다.

7) 관제탑 운영이 없는 공항에서의 출발(Departures From Airports Without An Operating Control Tower)

미국 전역에는 매일 수백 개의 공항이 관제탑의 도움 없이도 성공적으로 운영되고 있다. 관제탑은 IFR 출발 시 많은 이점을 제공하지만, 다른 출발은 관제탑 없이도 이루어지고 있다. 지상에 있는 비행정보센터에 전화하면 그들이 ATC로부터 허가를 요청해 줄 수 있고, 이륙에 실패한 경우에는 원래의 무효 시간 내에 ATC에 연락해야 한다. 기술 발전을 바탕으로 관제탑이 없는 공항에서의 허가 전달을 위한 방안이 지속해서 발전하고 있는 상황이다.

8) 장애물 회피(Obstacle Avoidance)

이는 IFR 비행에 대한 계획 및 실행에 있어서 안전이 언제나 가장 중요한 고려 사항이다. 인공 장애물 및 지형으로 인한 문제에서 항공기를 보호하고자 공항 및 주변 환경을 검토하고 문서화하는 등의 절차가 진행되는 것은 모두 안전을 목적으로 하는 것이다. 이륙 최소 조건 및 출발 절차에서는 육안 식별 회피 방안과 최소 상승 경사도를 적용한다. 상승 경사도의 경우 설계 절차에 명시한대로 장애물 보호에 대해 보장하고자 출발 절차의 일부로서 개발되었다.

9) 지역 항법 출발(RNAV, Area Navigation Departures)

지역 항법은 지금의 픽스 및 항행안전시설과는 독립적으로 새로운 출발 비행경로를 생성하도록 한다. 새로운 지역 항법 출발 절차가 다수의 관심 안에서 고안되었고, 이 절차는 조종사 및 ATC 사이에 최소한의 레이더 유도 및 통신을 필요하게 만들었다. 지역항법이나 필수항행성능 절차의 요건들을 준수하지 못하는 경우, 조종사들은 가능한 빠르게 ATC에 해당 내용을 전달해야 한다. RNAV 터미널 절차는 웨이포인트로 직접적으로 레이더 유도 및 허가 발부를 통해 ATC에 의하여 수정할 수도 있다.

① RNAV 출발 절차(ODP)

항상 ODP는 그림으로 표시되며, 타 장애물 출발 절차와 같이 이륙 최소 조건 및 IFR 장애물 출발 절차 섹션에 대한 기록은 조종사들에게 비행정보간행물(AIP) 본문에 수록한 장애물 출발 절차 그림 항공지도에 대해 알려준다.

만일 ATC에 의하여 레이더 유도지시를 받는 중간에 라디오 접속이 끊긴다면, 항공지도에 명시한 대로 통신 두절 절차를 따라야 하고, 이때 항공 정보 매뉴얼(AIM)에 기재된 절차를 필히 따라야 할 필요는 없다.

② 레이더 출발(Radar Departure)

이는 공항에서 IFR 비행 출발을 위한 또 다른 옵션을 의미한다. 조종사는 출발 공항이 공표한 출발 절차가 없거나, 출발 절차의 준수가 어려운 경우이거나 비행계획의 일부로 'no SID'를 요청한 경우, 레이더 출발을 선택할 수 있다. 레이더 출발은 모든 실용적인 목적에 있어 가장 간편한 출발 방법 중 하나이며, 비행경로에 사용 가능한 출발 절차가 없는 경우, 공표한 출발 절차가 좋은 대안이 될 수 있다.

③ VFR 출발(VFR Departure)

이는 조종사가 IFR 시스템 내의 타임 슬롯에 대해 기다림 없이 이륙 가능한 방법이나, 공중에서 IFR 허가를 받을 의도로 VFR 출발하는 것은 심각한 위험을 초래할 수 있다. 그러므로 VFR 출발의 경우 조종사와 관제사의 이륙에 관한 책임을 극적으로 변화시킬 수 있다.

④ 이착륙 중 와류 회피 방법(Vortex Avoidance Procedures)

관제사는 무선통신이 가능한 VFR 항공기에게 'Caution Wake Turbulence'와 함께 대형 항공기로부터 나오는 후류요란(Wake Tubulence)에 대한 주의를 통보하며 대형 항공기의 위치, 고도, 비행 방향을 알려준다.

제4절 항공로 운영

1 항공로 항법(En Route Navigation)

조종사는 계기비행규칙 조건의 통제 공역 안에서 항공기 운영을 위하여 비행경로의 정의를 내리며, 항행안전시설 및 픽스를 따라가면서 연방 항로 및 이외의 비행경로에 있는 경우, 중심선을 기준으로 비행해야 한다. 새로운 항법 시스템에 관한 전망이 상당하나, 현재의 항법 시스템 역시 가치 있는 기능을 제공하므로 일정 기간 해당 시스템이 지속될 것으로 본다.

1) 항로(Airways)

항로 운항은 항로라 칭하는 것으로, 사전에 설정한 길을 따라 이루어지는 것이다. 전 세계 대다수의 육상 구역에서 항공기는 출발부터 도착까지의 항로에 따라 비행해야 한다. 이러한 규칙은 항로운항, 표준계기도착절차(STAR), 표준계기출발(SID)을 운영하며, 해당 절차를 지켜야 하는 속도, 고도, 항로에 진입하여 나가는 데에 필요한 절차를 규정한다. 대부분의 항로는, 한국은 10NM, 미국은 같이 8NM의 폭을 지니며, VFR 비행 시 500피트의 항공기 간 수직 간격 분리가 이루어진다.

2) 안전 분리기준(Safe Separation Standards)

이와 관련하여 기준을 정리하면, 수평적 기준은 5마일, 수직적 기준은 1,000피트이며, FL290 이상의 비행 항공기인 경우는 2,000피트를 기준으로 한다.

3) 선호하는 IFR 비행경로(Preferred IFR Route)

IFR 비행경로의 경우, 조종사 및 운항관리사, 운항승무원이 경로 변경을 최소화하며, 연방항로를 이용해 항공교통의 질서를 관리하고자 비행계획에 활용하는 것이다. 이와 같은 IFR 비행경로는 주요 터미널과 항로 비행환경에서의 체계적인 흐름을 제공하기 위하여 설계되었다.

4) 대체 항로 비행 절차(Substitute En Route Flight Procedures)

ATC는 VOR(VORTAC) 기능 장애가 발생할 경우 대체 항로나 비행경로, 그리고 픽스를 지정하는 책임이 있다. 지역 내에서 계획된 시설 정비 작업 일정은 가능한 사전에 대체 경로가 공표되어야 한다. 대체 경로는 보통 적절한 고도에서 사용할 수 있도록 설계되며, 이는 공표된 VOR/VORTAC를 기준으로 한다.

5) 관제탑 항공로 관제(TEC, Tower En Route Control)

항로 구조 아래에서 비행이 가능하도록 조치하고 있다. 관제탑 항공로 관제는 도시 사이에서 접근관제 공역을 남겨두면서 비행계획을 가능하도록 하기 위해 지리적이거나 수직적으로 공역을 재분배하고 있다. 공표한 모든 관제탑 항공로 관제 비행경로의 경우 항로 공역을 피하고자 설계되었으며, 대부분은 레이더 범위 안에 위치하고 있다.

6) 항로와 비행경로 체계(Airway and Route System)

미국은 항행을 위해 세 가지의 고정된 비행경로 체계가 있다. VOR로 구성된 미연방 비행경로, NDB(L/MF) 비행경로체계, 그리고 RNAV 비행경로체계가 있다.

① 항로와 비행경로 묘사

이는 IFR 항로지도에 대한 내용으로, 현재 운영 중인 IFR 무선 항행 안전시설을 모두 묘사한 것이다.

② IFR 저고도 항공지도

미국에서 IFR 저고도 항공지도는 18,000피트 MSL 이하에서 IFR 비행을 하기 위해 필요한 정보를 제공한다. 구체적으로 다음과 같다.

㉠ 항로, RNAV 비행경로, 관제공역의 범위, VHF 항행안전시설정보, 계기접근 절차를 설정한 공항 및 3,000피트 이상에서의 단단한 표면 활주로를 소유한 공항, OROCA, 보고지점, 특수사용공역, 군 훈련 비행경로

㉡ 항로와 MEA, 자북 기준 베어링, 웨이포인트, 웨이포인트 이름, 마일거리, 식별박스, 항로 등을 포함하는 정보는 지도 내에 파란색으로 표시한다.

③ IFR 고(高)고도 항공지도

IFR 고(高)고도 항공지도에서는 FL180 이상의 IFR 비행에 필요한 정보를 제공한다. 이때 제공하는 정보는 항법 참고체계 웨이포인트, 보고지점, 선택한 공항, VHF 무선항법시설(지리적 좌표, 채널, ID, 주파수), RNAV Q 루트, 제트 비행경로 구조가 해당한다.

④ VHF 항로

Victor 항로의 경우, VOR에서 다른 하나로 이어진 특정 VOR 레디얼로 구성한 비행경로이다.

⑤ Victor 항로 항행 절차

Victor 항로 운항 확립을 위한 비행 절차는 근처 VOR로의 직행이나 항로비행을 위해 항로 레디얼로 진입하는 것이다. 조종사는 VOR에서 VOR로 건너뛰어서는 안 되고, 반드시 VOR 간의 지정된 내향 또는 외향 경로를 통해 비행하여야 한다.

⑥ LF/MF항로

기본적인 LF/MF 항로란 항로 중심선에서부터 양쪽으로 각각 4.34NM의 폭을 가진 항로이다.

⑦ VHF 항공로 장애물 회피지역(VHF En Route Obstacle Clearance Areas)

이 지역은 상황 인지를 도우면서 지형 접근 비행을 피할 때에 도움이 된다. 항로 구간의 장애물 회피구역에는 기본구역, 선회구역, 부수구역 등 세 가지 구역으로 분류한다. 기본구역 및 부수구역에 대한 지역 장애물 회피 기준, 항로구역에서의 ATC 분리 절차, 항로 및 비행경로 폭은 비행 절차의 실현 가능성 및 안전성을 목적으로 하는 기능이다.

⑧ 1차 구역(Primary Area)

1차 장애물 회피구역이란 중심선의 양쪽으로 각각 4NM씩 총 8NM의 보호되는 폭을 가진다. 이상적으로 51NM 지점은 조종사가 시설로부터의 항법에서 다음 시설을 향하는 항법으로까지 전환하는 지점에 있지만 이는 거의 이루어지지 않는다. 장애물 회피구역의 또 다른 차이점은 항행안전시설 주파수 변경점 상쇄나 급 커브 구간 영향의 경우이다.

⑨ 2차 구역(Secondary Area)

2차 장애물 회피구역이란 기본구역에서 각 면이 2NM씩 연장된 구역이다. 모든 구역에서 부수 구역에 위치한 산악지형과 산악지형이 아닌 장애물들은 2차 장애물 회피 기준이 항공기 위로 연장된다면 항행의 장애물로 여겨진다.

⑩ 항행안전시설 주파수 변경점(COP, Changeover Point)

항로 비행 시에 조종사는 대체로 이것이 실행되지 않은 경우이지만, 항행안전시설 간의 중간지점에서 주파수를 변경하게 된다. 경로 중간 지점에서 두 번째 VOR에 의해 항법신호를 수신하지 않는다면, 항행안전시설 주파수 변경점이 각 NAVAID까지의 거리를 NM으로 보여준다. 또한, 이러한 지점은 경로구역이나 항로의 같은 부분 안에서 운영하는 다른 항공기가 비행의 방향과 연관성 없이 같은 항법 시설에서 일치하는 방귀각 신호를 받는다는 것을 보장하게 된다.

7) 직행 비행(Direct Flights)

비행경로의 최단화를 위해 개발하는 것으로, 항로 밖을 비행하기 위한 다양한 방법이 있다. 직행 비행을 위한 경로를 생성하기 위해 항로 지도를 사용할 수 있다. 일반적으로 항공 당국 항공지도는 따라갈 직행 경로를 그릴만큼 정확하게 표시되어 있고, 직선 기준선은 가능한 축지선에 가깝게 된다.

8) 공표된 RNAV 비행경로(Published RNAV Routes)

RNAV 시스템은 조종사가 항공지도 내에 표시된 것이나 표시되지 않은 어떠한 경로를 선택하도록 하나, 항로지도는 계속해서 중요하며 RNAV 비행을 위해 필요한 것이다. 항공 당국 항로지도들은 RNAV 비행과정에서 매우 유용하며, 공표한 RNAV 경로가 항공 당국 항로 항공지도에서도 나타날 수 있다. 비행경로 지정 시스템에 관한 주요 목적 중 한 가지는 조종사 및 ATC가 모두 RNAV 항로 및 경로에 관하여 분명히 참조하도록 할 수 있게 한다는 점이다.

① 지정자의 구성(Composition of Designators)

RNAV 지정과 관련해 특별하게 적용하는 앞에 나오는 문자는 다음과 같이 정리할 수 있다.

㉠ 기본 지정자는 하나의 알파벳 문자와 함께 1~999까지의 숫자로 구성한다.

㉡ 해당하는 곳에서, 다음에 정리된 한 개의 보충 문자를 반드시 기본 지정자에 더해야 한다. 먼저 K는 주로 헬기 사용을 위한 저고도 경로, U는 상부의 공역에 수립된 경로, S는 초음속 항공기를 위해 특별히 수립한 경로를 의미한다.

㉢ 보충 문자는 ATS 경로의 기본 지정자 다음에 추가할 수 있으며, 각각의 의미는 다음과 같다.

- F는 조언 업무만 제공되는 경로
- G는 비행정보 업무만 제공되는 경로
- Y는 FL200 이상의 RNP 1경로에 대하여 30도와 90도 사이 경로상의 모든 선회
- Z는 FL190 이하인 RNP 1경로에 관하여 30도와 90도 내의 경로상 모든 선회를 15NM의 반지름으로 정의하는 직선 구간 사이의 탄젠트 호로 정의

② 통신에서의 지정자 사용(Use of Designators in Communications)

음성통신에서는 지정자의 기본 문자에 대해 ICAO 표준 알파벳 기준에 따라 말해야 한다. 다음에 명시한 접두어는 다음과 같이 발음한다.

- K는 'Kopter', U는 'Upper', S는 'Supersonic'이다.
- 명시된 접미사 F, G, Y, Z를 사용하는 곳에서 운항승무원은 음성통신이 이러한 접미사를 사용하도록 요구하면 안 된다.

9) 무작위 RNAV 경로(Random RNAV Routes)

무작위 RNAV 경로란 늘어나는 항공교통시스템 수용 능력 및 안전에 관한 전 세계적 수요를 충족하고자 하는 통합적 해결책이 될 가능성이 있다. 무작위 RNAV 경로란 결과적으로 RNAV 수용 능력에 기인한 직행 경로를 의미하며, 해당 경로는 보통 위도와 경도 좌표 및 각도와 거리 픽스로 정의하는 웨이포인트로 구성한다.

10) 항로 이외 경로(Off Airway Routes)

항로 이외의 경로는 항로나 제트 경로와 같은 기준에 맞춰 동일한 방식으로 수립되었다. 항로 밖 경로는 항공정보간행물에서 확인할 수 있으며, 항로 밖 경로의 적절성과 관련하여 항공기 기종, 항법시스템, 해당 운영 기준 등을 확인하며 결정한다.

① 항로 밖 장애물 허가 고도(OROCA, Off Route Obstruction Clearance Altitude)

이는 비산악지형에서 1,000피트의 완충지역 혹은 미국 내에 지정한 산악지역에서는 2,000피트의 완충지역 내 장애물 회피 제공 목적의 경로 밖 고도를 의미한다. 이 고도는 지상 기반 항법시설, ATC 레이더, 통신 도달 범위로부터 신호 수신 범위를 제공하지 않을 수도 있으며, OROCA는 주로 비상상황이나 상황인지를 위한 조종사의 도구로 생각된다.

11) 웨이포인트(Waypoints)

웨이포인트란 RNAV를 적용한 항공기의 RNAV 경로 및 비행로의 정의를 목적으로 사용하는 명시된 지리적 위치 및 픽스라고 볼 수 있다. Waypoint는 미리 정해진 공표된 Waypoint, 유동 Waypoint, 사용자가 정의하는 Waypoint로 나눌 수 있다.

12) 필수 항행 성능(Required Navigation Performance)

필수 항행 성능이란 운항 중 자체적인 항법 모니터링과 경고를 제공하는 RNAV를 의미한다. 또한 RNP는 특정 공역에서의 비행에 필요한 항행 성능을 의미하기도 한다.

13) 항행 성능 수준(RNP Levels)

RNP 수준 및 타입에 대해서는 지정된 공역이나 비행경로 및 절차에 따라서 다르게 적용한다. RNP 수준은 전형적으로 절차나 비행경로의 중심선으로부터 몇 마일까지 항행 성능을 보장하는지를 나타낸다.

최저 항로고도, 최저 수신고도, 최대 인가고도, 최저 장애물회피고도, 최저 통과고도, 항행안전시설 주파수 변경점은 연방 항로 및 몇몇 항로 외의 비행경로에 따라서 항공법규에 의한 계기 비행을 수립한다.

① **최저 항로고도(MEA, Minimum En route Altitude)**

최저항로고도란 허용 가능한 항법신호의 도달 범위를 보장하며, 장애물 회피 요구사항의 충족을 위한 RADIO 픽스 간에 가장 낮게 규정한 고도를 의미한다.

② **최저 수신고도(MRAs, Minimum Reception Altitude)**

최저 수신고도란 픽스 결정을 위한 코스 외의 NAVAID 시설 및 비행경로에 관하여 항법신호를 수신할 수 있는 최저고도의 설정을 위하여 전체적인 비행경로의 횡단과 관련해 FAA 비행 감시에 의해 발생한 결정이다.

③ **최대 인가고도(MAA, Maximum Authorized Altitude)**

최대 인가고도란 공역 구조 및 경로구간에 관하여 최대 이용이 가능한 비행고도를 나타낸 규정고도를 의미한다.

④ **최저 장애물 회피고도(MOCA, Minimum Obstruction Clearance Altitude)**

이는 전체 비행경로 구간에 관한 장애물 회피 조건의 충족을 기준으로 하는 VOR 항로, 항로 외 경로, 경로구간 상의 픽스 간에 가장 낮게 규정한 고도를 의미한다.

⑤ **최저 선회고도(MTA, Minimum Turning Altitude)**

최저 선회고도란 항행안전시설, 특정 픽스, 웨이포인트 상공 내 선회 기준의 적용을 통해 횡적, 종적 장애물 회피에 대한 보장을 도식화한 고도를 의미한다.

⑥ **최저 통과고도(MCA, Minimum Crossing Altitude)**

최저 통과고도란 더 높은 최저 항로의 IFR 고도 방향으로 진행하는 경우에 항공기가 필히 통과해야 하는 특정 픽스 중 가장 낮은 고도를 의미한다.

⑦ **최저 IFR 고도(Minimum IFR Altitude)**

이는 항공안전법 내에 규정하고 있는 고도이며, 지정한 산악지역에 따라서 가야 하는 경로에서부터 4NM의 수평거리 안에서 가장 높은 장애물의 2,000피트 위, 혹은 산악지역 외에 다른 지역에서는 따라가야 할 코스로부터 4NM의 수평거리 안에서 가장 높은 장애물의 1,000피트 위, 아니면 행정기관 및 ATC에 의하여 배정되는 것을 의미한다.

⑧ **최저 유도고도(MVAs, Minimum Vectoring Altitude)**

최저 유도고도는 ATC 레이더를 사용할 때, ATC에 의해 사용되도록 설정된다. MTA란 비산악지역 내에서 가장 높은 장애물 직선 위 방향으로 1,000피트, 산악지역 내에서는 가장 높은 장애물 직선 위 방향으로 2,000피트의 회피를 제공하는 것이다.

⑨ **IFR 순항고도나 비행고도(IFR Cruising Altitude or Flight Level)**

운항 시계비행 허가에 따라서 18,000피트 MSL 하에 IFR 비행계획을 기반으로 운항하는 경우, MEA와 18,000피트 MSL 간의 비행에 적합한 VFR 순항고도에서 VFR 조건을 유지하고자 비행 허가를 선택할 수 있다.

⑩ **수직분리 최소치 축소(RVSM, Reduced Vertical Separation Minimums)**

RVSM 공역에서는 항공기가 수직 방향으로, 1,000피트에서 분리하는 FL290에서 FL410까지의 공역을 나타낸다. RVSM은 장비에 부당한 요구사항을 부과하지 않고도 기술적으로 실현 가능하다고 밝혀졌다. RVSM은 교통량 증가에 대처하고자 공역 수용능력 증가를 위한 가장 효율적인 방안이며, 각 항공기는 특정 RVSM 기준을 꼭 준수해야 한다.

⑪ **순항인가(Cruise Clearance)**

순항인가란 항공기에게 할당한 고도를 유지하기 위한 상황에서 사용하는 용어를 의미한다. 순항인가를 받게 되면, 할당한 블록 내에서는 상승, 강하 및 level off를 조종사 기준에 따라 마음대로 할 수 있다.

⑫ **최저 사용 가능 고도(Lowest Usable Flight Level)**

미국 18,000피트, 한국 14,000피트 MSL 이상에서, 고도계는 29.92inch Hg(표준 설정)으로 수정해야 한다. 항로 구간을 넘어가면 추가적인 절차가 운영되고 최저 사용 가능 비행고도는 운영지역의 대기압에 의해 결정된다.

3 항공로 보고, 상승 및 강하

1) 보고 절차(Reporting Procedures)

① 위치보고(Position Reporting)

비행안전 및 항공교통관제의 효율성은 정밀한 위치보고 수준에 따라 달라진다. 적절한 간격 분리 및 항공기 이동의 신속성을 위해 항공교통 관제시설에서는 IFR 비행 방식을 채택한 모든 항공기의 비행과정에 대해 정밀한 예측이 가능해야 하고, 이는 비행 안전 및 항공교통관제의 효율에 있어서 중요한 역할을 담당한다.

구체적으로 해당 내용을 정리하면 다음과 같다.

㉠ 위치식별

㉡ 위치보고점

㉢ 위치보고 요구조건(항로비행/직행경로비행),

㉣ 위치보고 항목(항공기식별부호, 위치, 시간, 고도 또는 고도층, 비행계획의 종류, 도착예정시간과 다음 보고지점에 관한 명칭, 항로상에 있는 바로 다음 보고지점을 지나 그 다음 보고지점의 명칭, 관련 비고사항)

② 추가 보고 사항(Additional Reports)

먼저 항상 수행해야 할 보고가 있다. 이는 지정된 보고층을 떠나는 경우, 지정된 대기 픽스나 대기지점에서 떠나는 경우, 대기 픽스 또는 인가한 위치에 도착한 시간 및 고도 또는 고도층, 비행계획서에 계획한 속도에 비해 진대기속도가 5% 또는 10노트까지의 변화가 나타날 때 실패 접근을 하는 경우, 강하하지 못하는 경우, 분당 최소 500피트의 비율로 상승할 때 VFR on top 비행인가로 비행하는 경우에 고도를 변경할 때에 해당한다.

다음으로 레이더 관제하에 있지 않은 경우의 보고가 있다. 이는 이전에 보고한 예정 시간에 비해 3분 이상의 차이가 나타날 때, 최종접근로상에 위치한 FAF(비정밀 접근) 및 외측 마커를 떠나는 경우에 해당한다.

③ 비레이더 위치보고(Non-radar Position Reports)

레이더 접속이 중단되거나 끊어졌을 때, 항공법규의 경우 조종사가 비행경로에 따라서 지정한 VOR과의 교차 지점을 지나게 되면서 ATC에 위치를 보고할 것을 요구하는 것을 기억해야 한다. 의무적인 보고지점의 경우, IFR 항로 항공지도 안에서 완벽한 삼각형 모양으로 나타난다.

2) 항공로 상승과 강하(Climbing And Descending En Route)

ATC가 허가나 지시를 발부할 때, 조종사들은 준비하게 된다. 어떠한 경우에는 ATC가 그들의 예상을 수정하고자 하는 단어를 포함할 수 있다. 예를 들어 지시 및 허가 내에 'Immediately'라는 단어를 사용함으로써 긴급한 상황을 피하거나 긴급한 상황임을 표현하고자 사용한다. 또한, ATC가 'At pilot's discretion'이라는 표현을 사용하지 않거나 어떤 상승 제한도 부여하지 않는 경우라면 조종사는 허가에 관한 승인으로 지체하지 않고 상승할 필요가 있다.

① 항공기 속도와 고도(Aircraft Speed And Altitude)

항로 강하 단계에서는 FMS가 가지는 추가적 이점은 목적지 공항까지의 연료 소비를 최소화하고 강하를 제공하는 것이다. 이는 속도 조정을 목적으로 고도 비행이 필요한 곳 외에 순항고도에서 적합한 최저 IFR 고도까지의 중단되지 않는 강하를 가능하게 한다. 강하 중 다른 때 고도를 벗어나게 되면 ATC에 의하여 관리하는 항공교통에 심각한 영향을 미칠 수도 있다.

4 체공 대기 절차(Holding Procedures)

1) ATC 체공 대기 지시(ATC Holding Instructions)

관제사가 허가 제한이나 픽스에서의 지연을 예상하는 경우에 조종사는 대체로 허가 제한 및 픽스 ETA 5분 전에 체공 대기 허가를 받게 된다. ATC에 의하여 배정한 체공 대기 장주가 적합한 항공지도에 수록된 경우라면, 관제사는 공표한 대로 조종사가 체공 대기 하도록 지시하게 되며, 허가 예상시간 및 픽스명을 포함한 체공 대기 허가를 발부하는 것이다.

2) 최대 체공 대기속도(Maximum Holding Speed)

체공 대기 장주 크기의 경우, 일반적으로 항공기 속도와 비례하게 된다. ATC에 의하여 반드시 보호해야 하는 공역의 양을 제한하고자 최대 체공 대기속도를 노트로 표시하며, 대기속도로 특정 고도 범위에 관하여 지정한다. 그럼에도 불구하고 어떤 체공 대기 장주는 보호구역 외에 항공기가 빠르게 비행하는 것을 막고자 추가 속도 제한을 가진다.

5 성능 기반 항행(PBN, Performance Based Navigation)

1) 성능 기반 항행의 정의

성능 기반 항행(PBN)이란 ATS(Air Traffic Service) 항공로를 의미하며, 계기접근 절차나 지정한 공역을 운항하는 항공기가 가져야 하는 성능 요건을 바탕으로 한 지역항법을 의미한다.

2) 재래식 항행과 지역항법의 비교

① 재래식 항행 방법의 제한 사항

재래식 항행 방법이란 지상에 설치한 항행시설(NDB, DME, VOR 등)에 의존해 비행하기 때문에 항행시설이 설치한 위치에 의해 제한한 경로로만 비행해야 하므로, 이와 같은 항행시설은 전파를 송수신함으로써 항법 정보를 제공하므로 장애물 및 항행시설에서 멀어지면 정확성이 저하되며 설치와 유지 비용이 크게 발생한다.

② PBN의 구분

성능 기반 항행(PBM)의 모든 지역 항법(RNAV) 운항을 전체적으로 포함하는 표현이며, RNAV 및 RNP로 구분한다. RNAV 및 RNP는 비행 방식 측면에서 동일하지만, RNP는 항공기 자체 성능 감시나 경보 기능 및 위성항법(GNSS) 성능을 추가로 요구한다.

③ 성능 기반 항행을 위한 장비요건 및 요구 성능

㉠ 성능 기반 항행을 위한 항공기 탑재 장비 및 시설 요건은 RNAV10,5,2,1, GNSS, INS 등이 해당한다.

㉡ 성능 기반 항행시스템에 요구되는 항법 성능으로, 여기에는 정확성, 무결성, 가용성, 지속성, 기능성이 해당한다.

④ 성능 기반 항행을 위한 항행 장비

㉠ 관성항법장치가 있다. 여기에는 크게 두 가지가 포함되는데, 먼저 INS(Inertial Navigation System)가 있다. INS는 탑재된 장비의 가속도계와 자이로를 이용하여 항공기의 위치, 자세, 속도, 진행 방향 등을 계산하여 항행을 지원하는 시스템이다. 다음으로 IRS(Inertial Reference Systems)이다. IRS는 INS와 같은 항행 정보를 제공하는 독립된 항행 장비로서 INS에서 사용하는 기계식 자이로 대신 레이저 자이로를 이용하여 Roll, Yaw, Pitch 축의 각속도를 감지하고 3축에 선형 가속도와 회전속도를 감지하고 계산하는 장비이다.

㉡ GNSS(Global Navigation Satellite System)이며, 이는 중궤도 내에 위치한 인공위성 및 항공기에 장착한 수신장치를 통해 위치를 확인할 수 있는 항행 시스템을 의미한다. 이는 크게 여섯 가지가 해당한다. GPS(Global Positioning System)는 당초 군사적 목적을 위해 미 국방성에서 개발한 것으로 지구상 어디에서나 인공 위성을 이용하여 기상의 영향을 받지 않고 정밀한 위치 측정을 가능하게 해주는 첨단 항행 시스템이다. 기능은 위치, 위성의 시간정보, 위성으로부터 전송 자료 상태와 정확도 등을 포함하고 있는 전송신호 CA코드를 전송한다. 또한, 이 시스템은 인공위성과 인공위성을 통제하고 관리하는 지상 제어 부분, 그리고 위성으로부터의 정보를 이용하는 사용자 부분으로 나눌 수 있다. 이는 위성 부분과 지상제어 부분, 사용자 부분이 해당한다. 각각의 GPS 위성은 위성에 탑재한 시계의 시각과 오차, 위성의 상태 및 위성과 관련한 궤도 정보 및 상태, 궤도 오차 보정을 위한 계수 등을 포함하는 항행 메시지를 지속해서 방송한다. 이외에도 위성으로부터의 신호의 경우 오차를 포함하므로 정확도를 높이고자 위성신호의 오차 보정이 필요하다. 보정방법에 따라서는 지구 정지궤도 통신위성 기반의 SBAS, GBAS, ABAS 등이 있다. 다만, 제한사항으로 조종사는 GPS가 최신의 자료로 유지되고 있는지 확인하여야 하며, GPS 운용은 POH/AFM이나 비행규정의 정해진 범위 내에서 운용되어야 한다.

⑤ 성능 기반 항행을 이용한 계기접근 비행

크게 세 가지로 구분할 수 있는데, 먼저 일반 사항은 비행계획서 작성과 수직 강하 정보를 제공하는 RNP APCH 절차의 경우 DH(Decision Height)까지의 비행이 가능하고, DH는 250ft 이상이다. 또한, 수신기 자체의 무결성을 감시한다. 다음으로 RNP Approach를 목적으로 하는 GNSS 수신장비의 요건을 갖춰야 하고, GNSS를 이용해 Approach의 Course Guidance 방법을 고려해야 한다.

1 항공로 전환(Transition From En Route)

1) 강하를 시작하는 고도(Top of Descent)

순항단계에서 강화 계획을 내리는 것은 적합한 환경을 설정한 채로 접근 게이트에 도착을 위해 고도 및 속도를 줄여야 하므로 중요하다. 일찍 강하를 시작하는 것은 더욱이 증가한 연료 소비량으로 저고도에서 더 많은 비행을 하게 만들며, 늦게 강하하는 것은 접근에서 속도 및 강하율을 모두 제어해야 하는 문제를 만든다. 접근 게이트는 최종적으로 접근 경로에 따라서 최종적으로 접근 픽스에서부터 1NM에서 설정하고, 착륙 말단에서부터 5NM 밖에 위치하게 된다.

2) 강하 계획(Descent Planning)

비행하기 전에 계획하는 과정에서 목적지 공항에서 특정 계기접근을 목적으로 순항고도부터 접근게이트 고도까지 강하하기 위해 요구하는 연료, 시간, 거리를 철저히 계산해야 한다. 비행 전략 수립 단계에서는 특히 터보제트 동력 항공기에서의 IFR 강하 계획이 중요하다. 상승 및 순항단계에서 조종사는 강하에 필요한 시간, 거리, 연료 조건을 정확하게 판단하기 위해 적절한 성능 항공지도를 활용해야 한다.

3) 순항 허가(Cruise Clearance)

'순항'이라는 표현은 항공기에 공역 구역을 배정하고자 '유지'라는 용어를 대신하여 사용할 수 있다. 순항 허가와 관련하여 조종사는 공역의 해당 구역 안에서 어떤 중간 고도의 수평비행을 가능하게 한다.

4) 체공 대기 장주(Holding Patterns)

체공 대기란 픽스로부터 체공 대기할 래디얼, 코스, 기수방향, 항로, 방향, 체공 대기 할 항공기가 있을 경로를 보유해야 한다. ATC에서 허가를 받기에 앞서 만약 허가 한계점에 도달한다면, 마지막으로 배정한 고도에서 체공 대기가 필요하게 되는 것이다. 체공 대기 장주라고 지정한 지역 외에 비행하는 것은 지형 및 타 항공기와 마주할 확률이 증가하므로 조종사는 체공 대기 장주가 제공하는 보호한 공역 내 크기를 이해할 수 있어야 한다.

5) 항공로 고도로부터 강하(Descending from the En Route Altitude)

목적지에 접근하는 경우, ATC는 강하 지시를 발포하고 그렇기 때문에 조종사는 적합한 고도에 접근 관제 공역에 도착하게 된다. 일반적으로 ATC는 두 가지의 기본적 강하 허가 중 한 가지를 발포하게 된다. 또한, ATC는 조종사에게 특정 고도로 강하하고 유지하는 것을 요청한다. 이후 두 번째 허가에서는 조종사의 재량으로 강하하는 것을 허가하게 된다.

6) 접근 허가(Approach Clearance)

접근 허가란 조종사가 접근 실행이 가능한 위치에 관하여 안내를 제공하고, 조종사에게 해당 접근을 할 수 있도록 허가한다. 만약 하나의 접근 절차만이 운영되거나 ATC가 조종사 선택으로 접근 절차를 실행하도록 허가하였을 경우, 허가는 접근을 허가한다는 의미의 'Cleared for approach'와 같이 간단한 표현으로 전달하게 된다.

7) 현재 위치에서 직행(Present Position Direct)

국가 항공지도와 고고도 및 저고도 항로 항공지도의 도착을 위해 정보 출처로 활용하는 것과 함께, 지역 항공지도들도 상황 인지를 위한 계획 도구로 활용될 수 있다. 접근에 대한 허가를 발부하기 전에 관제사는 일반적으로 조종사에게 글라이드 슬로프와 호환되는 적절한 고도를 지정한다.

2 최종 접근 레이더 유도(Radar Vectors to Final Approach Course)

도착한 항공기는 시각 접근을 위해 유도를 제외한 다음 중 하나가 존재하지 않으면 접근 게이트 바깥쪽으로 최소 2NM에서 대체로 최종 접근 코스로 진입하기 위한 안내를 받게 된다. 정밀 접근과 관련하여 항공기는 글라이드 슬로프 위로 지나가지 않는 고도 및 접근 절차 차트에 표시된 최소 글라이드 슬롭 진입고도 이하로 안내하게 된다.

3 고성능 항공기 도착(High Performance Airplane Arrivals)

IFR 고성능 항공기 도착 관제에 관한 절차가 수립되었으며, 이는 1만 2,500파운드 이상의 모든 터보제트 및 터보프롭 항공기를 포함한다.

비행기가 도착하는 동안에 관제사의 요청에 의해 속도를 조정하는 것에 대해 예상할 필요가 있다. IFR 비행계획을 통해 고성능 항공기를 비행하는 경우, ATC는 조종사에게 적합한 교통 순서 및 간격을 맞추고자 속도 변경을 요청하게 된다. 관제사는 조종사에게 접근할 때 앞이나 뒤에 있는 항공기와 동일한 속도를 유지하도록 요청할 수 있으며, 규정한 대기속도의 ±10 노트를 유지해야 한다. ATC는 조종사에게 속도를 10~20노트 가량 줄이거나 늘리기를 요청할 수 있다.

5　조종상태에서 지형충돌(CFIT, Controlled Flight into Terrain)

도착하는 도중에 부적합한 강하 계획 및 실행은 치명적인 항공기 사고에 영향을 미치는 요인이 된다. CFIT 사고 중에 7.2%가 강하 단계에 나타나며, 이때 CFIT의 기본원칙은 운항승무원의 부족한 상황인지와도 연관성을 가진다. 해당 사고는 계기 기상 상태 및 어둠, 또는 두 가지의 조합과 연관되어 감소한 시정에서 빈번하게 발생한다. 운용지역 내에서 가장 높은 지형 및 장애물의 높이에 관하여 인지하고 있어야 하며, 주변에 높은 지형에 관한 상대적인 항공기 위치를 인지할 필요가 있다.

1) 도착 항법 개념(Arrival Navigation Concepts)

가장 중요한 항법 관련한 요구사항은 안전한 항공기 분리의 필요성이라고 할 수 있다. 비레이더 환경에서의 ATC는 항공교통을 분리할 수 있는 방법을 가지지 않으면 실제 지리적 위치 및 고도를 결정하고자 운항승무원으로부터 받은 정보에 완전하게 의존해야 한다. 레이더 환경인 경우에도 정확한 항법 및 위치보고는 분리 제공의 주요 수단임이 분명하다. 즉, 대체로 ATC는 항공기를 항행하게 할 수 있는 수용 능력 및 책임을 갖지 않는다.

6　표준계기도착절차(STAR, Standard Terminal Arrival Routes)

STAR는 조종사와 ATC 간의 소통의 중요한 형태를 제공한다. 운항승무원이 STAR 허가를 받아들이면, 도착하는 동안 비행해야 할 경로와 관련된 고도나 속도에 대해 관제사와 의사소통을 해야 한다. STAR는 항로 및 접근 구간 간의 전환을 용이하게 만드는 데 매우 도움이 된다.

1) STAR의 해석(Interpreting the STAR)

STAR는 출발과 접근 항공지도와 같은 기호를 다수 사용한다. STAR는 비행 방향이 반대이며, 절차가 접근 픽스에서 종료된다는 것을 제외하면 DP와 유사한 그림처럼 동일하게 느껴질 수 있다. STAR는 공식적으로 보통의 NAVAID, 교차지점, 도착지점에서 다양한 전환이 시작되는 픽스에서 시작한다.

2) 수직 항법 계획

수직항법 계획에 대한 정보는 특정 STAR에 포함된다. 이 정보는 터보프롭 항공기 및 제트기와 같은 고성능 항공기에 관해 저고도 비행시간의 양을 줄이고자 제공하는 것이다.

3) 도착 절차(Arrival Procedures)

조종사는 허가된 범위 안에서 STAR를 수용하거나 비행계획에 한 가지의 절차를 제출해야 한다. 특히 목적지 공항에 가까워진 경우, ATC는 기존 허가와 관련하여 STAR 절차를 추가할 필요가 있다. 만약 STAR를 사용하는 것에 대해 원치 않는다면, 비행계획서의 비고란에 'No STAR'라고 명시할 필요가 있다. 조종사는 ATC에 의하여 언어적으로 전달된 경우 STAR를 거부할 수 있다.

① 도착 준비(Preparing for the Arrival)

STAR는 항로 구조에서 최종 접근 경로로의 전이 및 도착 경로 제공을 위해 사용하는 항법 픽스를 포함하게 된다. 이는 단순하게 규정한 경로 설계이며, 그러므로 이는 ATC에 의하여 구체적으로 발부하는 시기까지 허가의 효력을 가지지 않는다.

7 접근의 검토(Reviewing for the Arrival)

어떠한 접근이 예상되는가를 결정한 후에는 터미널 지역으로 진입하기에 앞서 접근 항공지도를 철저하게 검토할 필요가 있다. 언제든지 실패 접근을 하거나 대체 공항으로 가야 하는 경우가 발생할 수 있기 때문에 연료량 확인 및 예비 연료 소비에 대한 확인이 필요하다.

1) 고도(Altitude)

터미널에 도착하면 ATC는 특정 고도에서 조종사에게 허가를 발부하거나 STAR에 규정한 고도에 따르도록 지시하기 위해 'Descend via' 허가를 통보한다. 그렇게 하기 위한 구체적인 허가를 받지 않는 경우, 마지막으로 배정받은 고도를 떠나지 않아야 한다. ATC는 필요한 경우 추가의 고도, 경로, 대기속도 허가를 배정할 수 있다.

2) RNAV STAR나 STAR 전환

RNAV로 지정한 STAR는 재래식 STAR와 동일한 목적으로 제공히지만, FMS 및 GPS를 장착한 항공기에 한하여 사용한다. RNAV STAR 및 STAR 전환의 경우 일반적으로 Fly-By 웨이포인트를 포함하고, Fly-Over 웨이포인트의 경우 운영상 요구하는 경우에만 사용한다.

제6절 접근 및 착륙

1 접근계획(Approach Planning)

대체로 계기접근의 비행 중에서 계획 단계는 5단계로 구분하여, 해당 단계를 포함해 비행 기준 매뉴얼을 제작하게 된다.

첫째, 착륙공항 활주로의 기상정보, NOTAM, 노면상태 정보 수집

둘째, 접근속도, 항공기 성능 계산, 추력/파워 설정

셋째, 계기접근 절차 검토와 운항승무원에게 IAP 정보 전달

넷째, 운항 상태 검토와 운항승무원에게 관련 정보 전달

1) 기상 고려사항(Weather Considerations)

착륙 예정지에서 기상상황은 운항승무원의 계기접근을 목적으로 계획의 필요 여부를 좌우하고, 대체로 어떠한 접근 방법을 사용할 것인지, 접근 시도가 가능할지에 대해 결정하게 된다. 기상정보의 수집은 접근계획 단계에서 가장 먼저 수행해야 하는 작업이다. 필요한 정보는 활주로 상태, 운도, 고도계 설정, 시정, 운고, 풍향, 풍속 등이다.

2 접근속도와 범주(Approach Speed and Category)

계기접근 계획단계에서 고려해야 하는 중요한 성능 요인이란 항공기 접근 범주 및 계획한 접근 속도를 의미한다. 항공기는 한 가지의 접근 범주로 인증할 수 있으며, 빠른 접근에서는 더 높은 범주를 사용하도록 요구되지만, 느린 접근 카테고리의 최솟값으로 비행할 수는 없다.

1) 운항 고려사항(Operational Considerations)

대다수의 사업 운영자의 경우 FAA 매뉴얼에서 규정한 계기접근 수행기준을 따른다.

2) 접근 항공지도 포맷(Approach Chart Formats)

해당 포맷은 조종사 브리핑에 도움을 주는 논리적 순서로 구성한다.

3 접근관제 통신 및 허가

1) 접근관제 통신(Approach Communication)

접근 항공지도 내 상단에 제공하는 통신 스트립은 운항승무원에게 접근하는 경우 조정해야 하는 주파수를 제공한다. 접근에 필요한 정보를 즉시 획득하는 것은 중요한 비행단계에서 ATC와 승무원 간의 통신연결의 손실 가능성을 줄일 수 있다.

① 접근관제(Approach Control)

접근관제란 해당 책임 지역 안에서 운항하는 모든 계기비행을 관제하기 위한 책임을 진다. 접근관제란 하나 이상의 공항에 서비스를 제공하고 있으며, 관제는 대체로 조종사 및 관제사의 통신 및 공항 감시 레이더를 통하여 이루어진다.

2) 접근허가(Approach Clearance)

① 최종접근코스에 대한 레이더 유도(Vectors to Final Approach Course)

접근 게이트는 항공기를 최종 접근 코스로 유도하기 위해 가상의 점이다. 게이트는 최종 접근로를 따라서 설정하며, 공항 관점에서 FAF에서부터 1마일 떨어지고 착지점으로부터 5마일 이상 떨어진 곳에 설정된다.

② 비 레이더 환경(Non-Radar Environment)

비 레이더 환경에서 계기접근은 IAF에서부터 시작한다. 체공 대기 지점까지 인가된 항공기는 체공 대기지점에 도달하기 전에 접근 절차가 발부된다. 고시하지 않은 항로를 비행하는 항공기의 경우 고시한 항로에 이르거나 IAP에 이르는 경우까지 고도를 배정해야 한다.

4 계기접근 절차(Instrument Approach Procedure)

FAA란 모든 계기 조종사를 RNAV를 이용하게 만들고자, RNAC 절차 개발에 노력하고 있다. 이는 본래 NDM, VOR과 다른 지상의 NAVAID를 폐쇄하고자 계획하였지만, 충분한 백업 시스템을 유지하고 위성항법을 중심으로 통합해 사용하는 것으로 전체적인 전략을 변경한다.

1) 시계접근/컨택접근(Visual and Contact Approaches)

① 시계접근(Visual Approaches)

운항 관점에서 유리한 경우에 ATC는 정해진 IAP를 대신해 공항까지 시계접근을 수행할 수 있도록 조종사에게 허가를 주면 관제사 및 조종사는 시계접근을 시작할 수 있다. 시계접근의 경우 예정한 착륙공항에 IFR 비행계획을 바탕으로 시계상태로 비행하도록 하는 ATC의 권한이라고 본다.

② Contact Approach

해당 절차는 공항에 특별 계기접근 절차의 수립을 바탕으로 하며, 보고한 지상시정이 1SM 이상이고, 접근 중 1SM 이상의 비행시정을 유지하여 구름이 없는 상태를 유지할 수 있다면 기존에 수립한 절차를 대신해 신속한 도착을 위하여 사용할 수 있다.

③ 명시한 시계비행 절차(Charted Visual Flight Procedures)

명시한 시계비행 절차란 관제탑이 있는 공항에서 소음 및 환경문제, 항공교통 운항의 효율성 및 안전을 위하여 필요한 경우 수립된다.

2) RNAV 접근

RNAV를 사용한 모든 접근은 접근 명칭에 RNAV를 포함한다. 이 접근은 두 가지 주요 변화를 통해 만들어졌다.

- RNP 개념의 사용이 단일 성능 표준 개념과 경쟁하여 접근 절차를 설계한다.
- 대부분의 항공사에서 사용되며, RNAV가 계기접근 시스템에 완전히 통합되기 위해 새로운 항법 기준이 필요한 향상된 항법 전자 기기가 있다.

① 터미널 도착구역(TAA, Terminal Arrival Area)

TAA란 RNAV 항로에서 최소한의 ATC 상호작용을 가진 터미널 지역까지의 항공기가 전이되는 방법을 의미한다. 터미널 도착지역은 접근 항공지도의 평면도에 그려지며, 이와 관련된 각 웨이포인트는 다섯 문자로 발음 가능한 이름으로 지정된다.

② RNAV 최종 접근 설계 기준(RNAV Final Approach Design Criteria)

㉠ RNAV는 다양한 항법시스템이 적용되며 그 접근 기준도 다양하며, 이를 정리하면 다음과 같다.

㉡ 기존의 비정밀 접근에 GPS를 더한 접근이다.

㉢ RNAV 접근을 바탕으로 한 DME/VOR이다.

ⓔ 독립형 RNAV(GPS) 접근이다.

ⓜ 수직유도접근(APV)을 제공하는 RNAV(GPS)이다.

ⓗ RNAV(GPS) 정밀접근(LAAS 및 WAAS)이다.

③ 비정밀 접근의 GPS OVERLAY(GPS Overlay of Nonprecision Approach)

본래 GPS의 접근 절차란 지상 NAVAID를 바탕으로 한 비정밀 접근의 수행이 가능하도록 하는 절차를 의미한다. 이와 같은 GPS 비정밀 접근이란 접근기준으로 사용하는 NAVAID 설계기준을 근거로 한다.

④ 독립형 GPS/RNAV 접근(GPS Stand-Alone/RNAV(GPS) Approach)

RNAV(GPS) 접근이란 탑재한 항법 데이터베이스가 접근의 명칭에 따라서 GPS 및 RNAV의 사용이 가능하도록 명칭을 부여한다. 이는 RNAV를 바탕으로 한 DME/VOR와 같은 비GPS 접근 시스템을 요구한다.

3) ILS 접근(ILS Approaches)

RNAV 기술이 시작되었으나 ILS는 접근 NAVAID 중 가장 정확한 방법으로 평가받는다. 대체 비정밀 접근의 경우 ILS에 의해 정밀성 및 유동성을 제공할 수는 없다. 단일 ILS 시스템이 활주로 한 개에 시간당 29개의 착륙이 가능하게 하며, 연속해서 운행하는 둘 혹은 세 개의 평행 활주로의 경우 둘 혹은 세 배의 공항 수용 능력을 가지도록 만든다.

① ILS 접근범주

ILS 접근은 일반적으로 3개의 카테고리(CAT I, CAT II, CAT III)로 분류된다.

② Category 2와 3의 접근

항공사가 CAT II와 III 접근이 가능하기 위한 기본적인 허가와 RVR 최저치는 항공안전법 시행규칙에서 찾아볼 수 있다. CAT II와 III 운항의 경우에 허가한 조종사는 적합한 기상 아래에 계기접근이 가능하게 한다.

4) 평행활주로 ILS 접근(ILS Approaches to Parallel Runways)

① 평행(parallel)

평행 ILS접근이란 활주로 중심선을 최소 2,500피트 간격 이상으로 둔 평행 활주로 공항을 의미한다. 항공기의 경우 평행 활주로에 ILS 접근 비행이 가능하지만, 대각선으로 최소 1.5마일(NM) 정도의 분리가 필요하다.

② 동시(Simultaneous)

동시는 평행 ILS 접근을 활주로 중심선 간격이 4,300피트 및 9,000피트 간에 허가한 공항에서 이루어진다. 시간 차이 없이 접근하기 위해서는 접근에서 분리를 감시할 최종 감시 전용관제사가 필요하다. 공항표고 1,000피트 MSL 이상인 경우에는 세 가지의 동시 평행 접근을 위하여 고해상도의 최종 감시 장비 혹은 최종 감시 장비와 연계한 빠른 업데이트를 위해 RADAR을 이용한 공항 감시 레이더를 필요로 한다.

③ 정밀 활주로 모니터(PRM, Precision Runway Monitor)

근접 평행 ILS 정밀 활주로 모니터 동시 접근은 3,4000피트 이상 4,300피트 이하의 간격으로 평행활주로를 갖춘 공항에서 사용할 수 있게 인가되었다. ILS PRM 접근의 인가를 목적으로 정밀 활주로 감시시스템 및 최종접근경로에서 항공기와 오로지 통신 가능한 최종 감시관제사를 필요로 한다.

④ 이격된 동시 계기접근(SOIA, Simultaneous Off set Instrument Approaches)

SOIA란 750피트 이상 3,000피트 미만 간격을 바탕으로 두 평행 활주로가 동시에 접근이 가능한 것이다. SOIA 절차에서는 한 활주로에 접근하고자 ILS/PRM 접근을 사용하고, 근접 활주로에 위치한 Glide Slope과 함께 LDA/PRM를 사용한다. PRM 기술의 사용을 위하여 이들의 운영이 필요하다.

⑤ 수렴(Converging)

수렴 접근의 경우 활주로 사이에 15와 100도의 각도를 이루고, 각 활주로가 ILS를 가진 공항에 수립하는 접근이다.

memo

항공기 사고에 따른 수색 및 구조

유태정 극동대학교 항공운항학과 교수, 한국항공운항학회 정회원

항공기 사고는 예기치 못한 비상 상황으로 인해 발생하며, 사고 발생 시 승객과 승무원의 생명을 구하고 사고 원인을 조사하기 위해 신속하고 체계적인 수색 및 구조(SAR, Search and Rescue) 활동이 필요하다. SAR은 국제민간항공기구(ICAO)의 Annex 12 및 국제 항공해상 수색구조 매뉴얼(IAMSAR)에 따라 표준화된 절차와 협력 체계를 기반으로 운영된다. ICAO Annex 12는 각국이 자국의 항공정보구역(FIR) 내 SAR 지역을 설정하고, 관련 조직과 장비, 인력을 갖출 것을 규정하고 있다. IAMSAR 매뉴얼은 SAR 계획 수립, 자원 배치, 생존자 지원, 사고 조사 등 전반적인 활동 지침을 제공한다.

국내에서는 「항공안전법」 제88조 및 시행령 제20조에 따라 항공기 조난 시 적용되는 "항공기 수색 · 구조 지원계획"이 항공교통본부에 의해 수립된다. 항공기가 실종되거나 사고가 발생할 경우, 관련 기관은 협조하여 수색 · 구조 활동을 수행한다. 해양에서의 SAR 활동은 해양경찰청이 주관하며, 항공기와 해상 구조선을 활용해 24시간 대응 체계를 운영한다. 육상에서의 SAR은 소방청이 담당하며, 항공구조대와 특수구조대를 통해 신속한 구조 활동을 수행하며, 정기 훈련을 통해 기관 간 협력을 강화하고 있다.

SEARCH AND RESCUE ACCORDING TO AIRCRAFT ACCIDENTS

1절 수색 및 구조(ICAO 부속서 12 설명)

2절 항공운항과 수색 및 구조(국내)

제1절 수색 및 구조 (ICAO 부속서 12 설명)

1 조직

1) 수색구조업무

항공기 사고가 발생한 국가는 단독 혹은 다른 나라와 협조하여 조난 당한 사람에게 도움을 주기 위해 자국 영역 내에 수색구조업무를 개설하고 신속히 제공을 준비하여야 하며, 이 업무는 하루 24시간 제공하여야 한다.

그림 8.1 산악지형 사고 항공기에 대한 탐색 및 구조(이미지 작성 : OpenAI's DALL · E)

공해상 또는 주권 불명의 지역에 대한 수색구조업무의 설정은 지역항공항행협정에 의거 결정해야 한다. 그러한 지역에 대한 수색구조업무 제공 책임을 부담할 것을 수락한 체약국은 단독 혹은 다른 나라와 협조하여 부속서의 규정에 따라 동 업무를 설정하고 제공토록 조치하여야 한다.

수색구조업무의 기본요건에는 법적인 틀, 책임 당국, 조직화된 가용자원, 통신설비와 조정 및 운영 기능에 능숙한 인력이 포함되어야 한다. 수색구조업무는 계획 측면, 국내 · 외 협력 조정 및 훈련을 포함하여 업무 규정을 개선하기 위한 절차를 설정하여야 한다.

조난항공기와 항공기 사고의 생존자에게 도움을 제공하는 데 있어서, 체약국은 발견된 사람의 국적이나 지위 또는 상황에 따라 차별하지 말아야 한다. 수색구조업무를 제공할 책임이 있는 국가는 위험 상태에 있는 항공기나 탑승자를 돕기 위해 수색구조기관과 가용설비를 활용해야 한다.

동일한 지역을 항공 및 해상구조조정센터가 각각 별도로 관장하는 지역에서는 센터들 간에 긴밀한 업무협의가 이루어지도록 해야 한다. 체약국들은 그들의 항공과 해상 수색구조업무 간에 일관성과 협력을 용이하게 해야 하며, 항공 및 해상수색구조 활동을 조정할 수 있는 합동 구조조정센터를 설립해야 한다.

> **참고**
>
> 지역항공항행협정이란, 통상적으로 지역항공항행회의 권고에 따라 ICAO 이사회가 승인한 협정을 말한다.

2) 수색구조구역

체약국은 수색구조업무를 제공할 수색구조구역을 구획하여야 하며, 그러한 구역은 중첩되어서는 안 되고 또한 인접지역은 접해있어야 한다. 수색구조구역은 수색구조업무의 효율적 지원을 위한 적합한 통신인프라, 효과적인 조난경보절차, 적절한 운영조정에 대한 규정을 확보하기 위하여 설정되었다.

수색구조구역의 구획은 기술적 및 운영상의 고려 사항들을 기초하여 결정되고, 국가 간의 경계와는 필수적인 관련이 없다. 수색구조구역은 가능한 한 비행정보구역 및 공해상에 설정된 수색구조구역의 경우, 해상 수색구조구역과 일치하여야 한다.

> **참고**
>
> COSPAS-SARSAT 시스템 : 미국, 러시아, 캐나다, 프랑스의 위성을 통신 매체로 구성하는 시스템으로서, 인공위성(Satellite)과 지상 설비를 이용하여 항공기 또는 선박 등의 조난 시에 SAR 활동을 도울 수 있도록 조난 경보와 위치 정보를 제공한다.

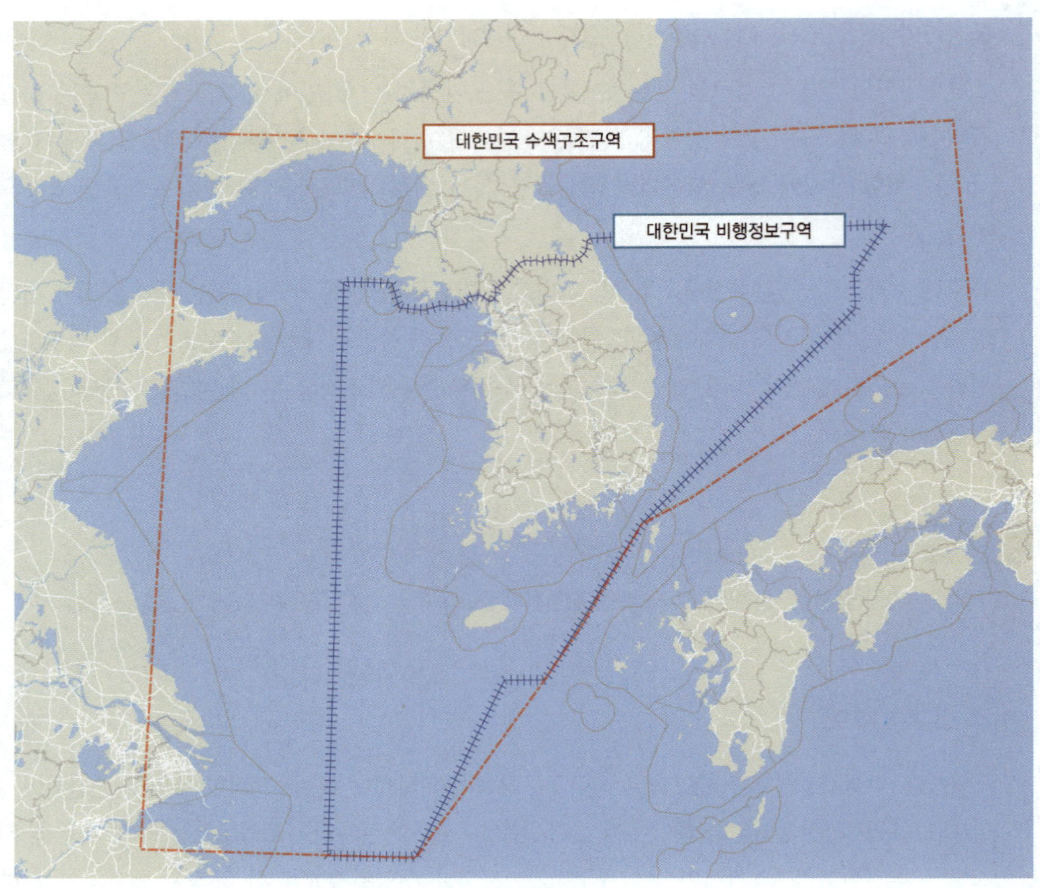

그림 8.2 대한민국 비행정보구역 및 수색구조구역

출처: MapTiler OpensStreetMap contributors

3) 구조조정센터와 구조부조정센터

체약국은 각 수색구조구역에 구조조정센터를 설치하여야 한다. 체약국의 공역 전부 혹은 일부는 다른 체약국의 구조조정센터와 관련된 수색구조구역 내에 포함되며, 이 지역의 국가는 구조조정센터 하부에 구조부조정센터를 설치하여야 하며, 이는 자국 영토 내의 수색구조 활동의 효율성을 증진시킬 수 있다. 체약국은 지역항행 협정에 따라 국가의 영공보다 더 확장된 수색구조구역에 대하여 구조조정센터를 설치할 수 있다.

각 구조조정센터와 구조부조정센터는 무선전화통신에 사용되는 언어에 능숙하게 훈련된 인력에 의해 1일 24시간 근무가 이루어져야 하며, 무선전화통신을 수행하는 구조조정센터 인력은 영어 사용에 능숙해야 한다. 비상항공기를 목격한 사람이 직접 또는 신속히 해당 구조조정센터에 통보하기 위한 공중통신시설이 허용하지 않는 지역에서, 체약국은 경보소로서 적합한 공공 또는 사설업무기관을 지정하여야 한다.

4) 수색구조업무 통신

각 구조조정센터에는 다음 기관과의 신속하고도 신뢰할 수 있는 양방향 통신수단이 있어야 한다.

- 관련 항공교통업무기관
- 관련 구조부조정센터
- 적절한 방향 탐지 및 위치 결정국
- 필요한 경우, 구역 내 선박과 경보 및 통신할 수 있는 해안 무선국들
- 지역 수색구조본부
- 구역 내의 모든 해상구조조정센터 및 인접구역 내의 항공, 해상 또는 합동구조조정센터
- 지정 기상 사무소 또는 기상 감시소
- 수색구조대
- 경보소
- 수색구조구역을 관장하는 Cospas–Sarsat Mission Control Centre

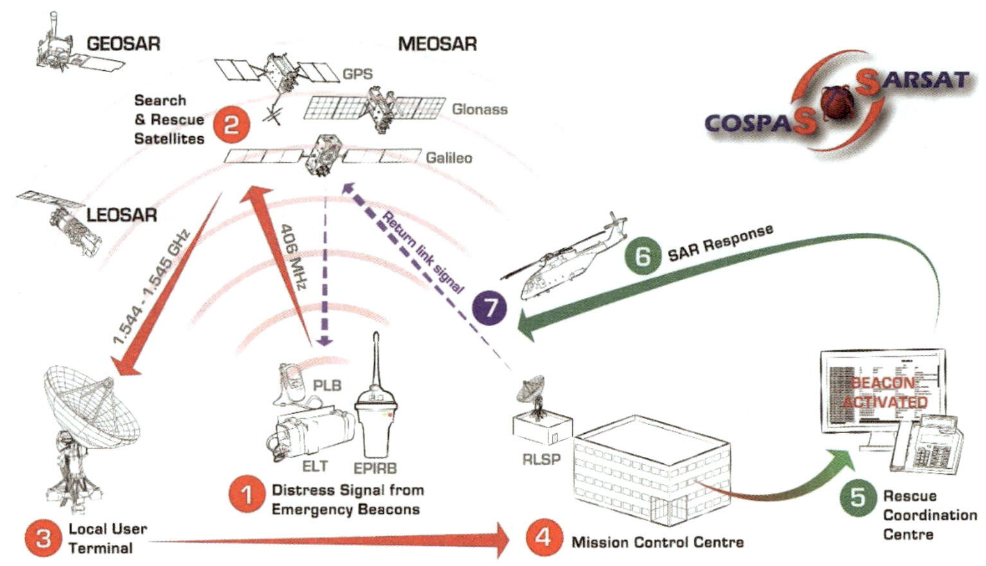

그림 8.3 COSPAS–SARSAT

출처 : 미국 상무부(DOC) · 국립해양대기청(NOAA) (https://www.sarsat.noaa.gov/cospas–sarsat–system–overview/)

> **참고**
>
> AMVER(Automated Mutual–Assistance Vessel Rescue System) : 선박 자동 상호 구조 시스템을 의미하며, 일반 선박으로부터 위치, 침로(針路), 속력 등의 정보를 입수하여 항상 그 선박의 동정을 파악해 두고, 해난이 발생할 경우, 현장 부근을 항해 중인 선박에서 구조를 요청, 조기 구조를 꾀하는 시스템으로, 미국 연안 경비대가 실시하고 있는 선박의 자동 상호 구조 제도 등이 있다.

각 구조부조정센터에는 다음 기관과의 신속하고 신뢰할 수 있는 양방향 통신수단이 있어야 한다.

- 인접구역의 구조부조정센터
- 지정된 기상사무소 또는 기상 감시소
- 수색 및 구조에 동원된 구조대
- 경보소

5) 수색구조대

체약국은 각 수색구조구역 내에 수색구조 활동을 위하여 적절히 위치하고 수색구조용 장비를 갖춘 공공 또는 사설 기관을 수색구조대 분대로 지정하여야 한다. 수색구조구역 내의 수색구조 활동 규정에 따라 필요한 최소한의 기관과 시설은 지역 항공항행협정에 따라 결정되고, 항공항행계획, 시설 및 업무처리 지침에 명시되어 있다.

체약국은 수색구조 활동계획의 일환으로서 구조대로서의 자격은 갖추지 못했지만, 수색구조 활동에 참여할 수 있는 공공 또는 사설기관의 분대를 지정하여야 한다.

6) 구조대의 장비

구조대에는 사고 현장으로 신속히 이동하여 적절한 조력을 제공하는 데 필요한 시설과 장비가 있어야 한다. 각 구조대에는 동일한 활동에 참가 중인 다른 구조대 또는 분대와의 신속하고 신뢰할 수 있는 양방향 통신수단이 있어야 한다. 각 수색구조 항공기에는 항공 조난 및 현장 조치(on-scene) 주파수와 기타 규정된 주파수로 통신할 수 있는 장비가 있어야 한다.

각 수색구조 항공기에는 항공기에 탑재하게 되어 있는 주파수가 121.5MHz인 비상 위치지시용 무선표지설비를 찾아갈 수 있는(Homing) 지향장비가 있어야 한다. 각 수색구조 항공기에는 해양지역 상공에서 사용되고 상선과 통신할 필요가 있을 경우, 그런 선박과 통신할 수 있는 장비가 있어야 한다.

많은 선박은 2,182KHz, 4,125KHz, 그리고 121.5MHz로 항공기와 통신할 수 있으나, 이들 주파수, 특히 121.5MHz는 일상적으로 선박에 의해 모니터링되지 않을 수 있다. 각 수색구조 항공기에는 해양지역 상공에서 사용되고 상선과 통신할 필요가 있을 경우, 그런 선박과 통신 시 언어장애를 극복하기 위한 국제신호법(International Code of Signal) 1부가 있어야 한다.

그림 8.4 캐나다 수색구조대 SAR 훈련(공군 CH-149 및 해양경찰 구조함)
(출처 : https://commons.wikimedia.org/wiki/File:Canada_Search_and_Rescue.jpg)

공중으로부터 생존자에게 공급할 필요가 없는 것으로 알려지지 않는 한, 수색 및 구조 활동에 참가하고 있는 항공기 중 최소한 1대에는 투하 가능 생존 장비가 있어야 한다. 체약국은 관련 비행장에 항공기에 의해서 투하할 수 있게 포장된 생존 장비를 제공하여야 한다.

2 협조

1) 국가 간 협조

체약국은 자국의 수색구조 조직을 인접 국가의 수색구조 조직과 협의하여야 한다. 체약국은 필요한 경우 언제든지 수색구조 활동을 인접 국가의 수색구조 활동, 특히 이러한 활동이 인접한 수색구조구역에 가까울 때는 조정해야 한다. 체약국은 가능한 한 수색구조 활동과 인접 국가의 수색구조 활동과의 조정을 용이하게 하기 위하여 공동의 수색구조 계획 및 절차를 개발하여야 한다.

자국이 정하는 조건에 따라 체약국은 사고 항공기의 위치를 수색하고 그러한 사고의 생존자를 구조하기 위한 다른 국가 수색구조대의 자국 영역 내 긴급출입을 허가 하여야 한다. 수색구조의 목적으로 자국 수색구조대를 다른 체약국의 영역에 출입시키고자 하는 체약국은 계획된 임무에 대한 자세한 세부 내용과 그의 필요성을 관련 국가의 구조조정센터 또는 동 국가의 지정된 당국에 통보하여 출입을 요청하여야 한다. 체약국은 그러한 요청을 수신하면 즉시 회신해야 하며, 가능한 한 신속히 계획된 임무에 대한 수행 조건이 있을 경우를 통지하여야 한다.

체약국은 인접국가와 상대측 수색구조대의 자국 영역 출입 조건에 관하여 협정을 체결하여야 한다. 또한 동 협정의 결과 최소한의 절차만으로 구조대의 출입이 신속하게 이루어져야 한다.

각 체약국은 자국 구조조정센터에 다음과 같은 권한을 부여하여야 한다.

- 다른 구조조정센터에 항공기, 선박, 인원 또는 장비 등 필요한 원조 요청
- 그에 따른 항공기, 선박, 인원 또는 장비의 자국 영역 내 출입을 위한 필요한 허가의 발부
- 그러한 출입을 신속하게 하기 위하여 적절한 세관, 출입국관리, 다른 당국과의 필요한 협조

각 체약국은 자국 구조조정센터에 항공기, 선박, 인원 또는 장비 등을 포함한 원조 요청에 따라 다른 구조조정센터에 제공할 수 있는 권한을 부여하여야 하며, 수색구조 효율을 향상시키기 위하여 자국의 수색구조대, 다른 국가의 수색구조대 및 운영자가 포함되는 합동훈련을 실시토록 필요한 조치를 하여야 한다. 또한, 자국 구조조정센터 및 구조부조정센터 요원들이 인접 국가의 센터를 정기적으로 방문토록 필요한 조치를 하여야 한다.

2) 다른 기관과의 협조

체약국은 수색구조 조직에 속하지 않는 모든 항공기, 선박 및 지역 기관 및 시설에 대한 수색구조 활동 시 수색구조에 충분히 협조하고 항공기 사고의 생존자에게 가능한 모든 원조를 제공토록 조치하여야 한다.

체약국은 가장 유효하고 효율적인 수색구조업무를 위해 항공 및 해상당국 간에 기밀하고 실질적인 조정을 확보해야 한다. 체약국은 자국 수색구조 기관이 사고 조사 기관 및 사고 피해자 구호 책임기관에 협조토록 조치하여야 하며, 사고 조사를 용이하게 하기 위하여 구조대는 가능한 경우 항공기 사고 조사권이 있는 사람을 동행하여야 한다. 각 체약국은 COSPAS-SARSAT 조난정보의 수신을 위해 수색구조 전담팀을 지정해야 한다.

3) 정보의 전파

각 체약국은 다른 국가의 수색구조대가 자국 영역 내를 출입하는 데 필요한 모든 사항을 공표 및 전파하거나, 그렇지 않으면 수색구조업무 협의 내용에 이 정보를 포함시켜야 한다. 이러한 정보가 수색구조업무의 규정에 도움이 될 수 있을 때, 체약국은 구조조정센터 또는 다른 기관을 통해 그들의 수색구조 활동계획에 관하여 이용할 수 있는 정보를 알려줄 수 있도록 하여야 한다.

항공기의 비상 상황이 일반인의 우려를 불러일으키거나 일반적인 비상대응을 필요로 할 수 있다는 믿을만한 근거가 있을 경우, 체약국은 취해지고 있는 조치에 관한 정보를 일반인과 비상 대응 당국에게 충분하고도 실질적으로 최대한 전파해야 한다.

3 사전 준비

1) 준비 정보

각 구조조정센터는 담당 수색구조구역에 관한 다음의 정보를 항상 최신의 상태로 이용이 용이하게 비치해야 한다.

- 수색구조대, 구조부조정센터 및 경보소
- 항공교통업무기관
- 수색구조 활동에 사용할 수 있는 통신수단
- 구역 내 활동에 관계되는 모든 운영자 또는 그의 지정된 대표자의 주소 및 전화번호
- 기타 수색 및 구조에 유용하게 사용될 수 있는 의료 및 수송시설을 포함한 공공 및 개인 자원

각 구조조정센터에는 다음 사항을 포함한 수색구조에 이익이 되는 기타 정보를 항상 최신의 상태로 이용이 용이하게 비치해야 한다.

- 수색구조 활동의 지원에 활용될 수 있는 모든 무선국의 위치, 호출부호, 주파수 및 청수시간
- 무선감시업무를 수행하는 기관의 위치와 감시시간, 및 감시주파수
- 투하 가능 장비 및 생존 장비가 보관되어 있는 위치
- 특히 공중에서 보는 경우, 놓여 있거나 보고되지 않은 잔해로 오인될 가능성이 있는 물체

수색구조구역에 해상지역이 포함된 각 구조조정센터는 그 해상지역 내에서 조난항공기에 도움을 줄 만한 선박의 위치, 진로, 속도, 그리고 연락할 방법에 관한 정보에 접근이 용이하도록 준비해야 한다.

체약국은 개별적 또는 다른 국가와 협조하에 해상당국과 협력을 통해 선박보고 시스템을 개설하거나, AMVER과 통신망을 설치 또는 해상수색구조 활동을 용이하게 하기 위한 지역 선박보고시스템을 준비해야 한다.

2) 활동계획

각 구조조정센터는 담당 수색구조구역 내에서 수색구조 활동을 수행하기 위한 세부 활동 계획을 마련하여야 한다. 수색구조 활동 계획은 운영자 대표, 생존자수가 늘어날 수 있다는 점 등을 고려하여 수색구조업무 제공 또는 그것들로부터 도움을 지원받을 수 있는 다른 공공 또는 사설 업무의 대표와 공동으로 수립되어야 한다.

활동 계획들은 다른 국가의 것을 포함한 수색구조 활동에 동원된 항공기, 선박 및 차량의 수리 및 급유를 위한 대책이 명시되어야 한다. 수색구조 활동 계획들에는 다음 사항을 포함한 수색구조 활동에 관련 기관이 취할 모든 조치에 관한 자세한 사항을 포함시켜야 한다.

- 수색구조구역 내에서 수색구조 활동을 수행하는 방법

- 통신체제 및 시설 사용

- 다른 구조조정센터와 합동으로 취할 조치

- 항로상의 항공기와 해상의 선박에 대한 경보 방법

- 수색구조에 배정된 사람의 의무와 특권

- 기상, 기타 다른 조건으로 인하여 필요한 장비의 배치전환

- 기상보고 및 예보, 항공고시보 등 수색구조 활동에 관계가 있는 중요 정보의 입수 방법

- 다른 구조조정센터로부터 항공기, 선박, 사람 또는 장비를 포함하여 필요한 원조를 얻는 방법

- 선박과 만나기 위하여 불시착하는 조난항공기를 돕는 방법

- 수색구조 항공기 또는 기타 항공기가 조난항공기와 만나도록 돕는 방법

- 불법 간섭을 받거나 받고 있는 것으로 믿어지는 항공기를 지원하기 위한 항공교통서비스 기관과 다른 당국과 함께 취한 협조 조치

수색구조 활동 계획은 연안 공항의 수상지역을 포함하여 공항 부근에 구조업무를 위해 제공하는 공항 비상 계획들과 통합되어야 한다.

3) 수색구조대

각 구조대는 구조대의 임무를 효과적으로 수행하는 데 필요한 활동 계획의 모든 부분을 숙지해야 하며, 구조조정센터에 구조대의 준비상태를 통보한다. 체약국은 수색구조 설비가 필요한 수량만큼 항상 대기상태를 유지해야 하며, 적당한 식량, 의약품, 신호기구 및 기타 생존 및 구조장비 보급품 등을 유지해야 한다.

4) 훈련과 연습

수색구조의 효율성을 최대한으로 유지하기 위하여 체약국은 자국 수색구조 요원을 정기적으로 훈련시켜야 하며, 수색구조 연습을 적절히 실시해야 한다.

5) 잔해

각 체약국은 자국의 영역 내 또는 공해상 혹은 주권 미결정 지역 내에서의 항공기 사고로 인한 잔해물과 책임이 있는 수색구조구역 내의 항공기 사고로 발생한 잔해물은, 그 잔해물의 존재가 위험 요소가 되거나 일련의 수색구조 활동을 혼란스럽게 만들 수 있는 경우, 사고 조사 완료에 따라 이동시키거나 제거 혹은 그 위치를 도표로 도식하여야 한다.

4 운영 절차

1) 비상 관련 정보

항공기가 비상 상태에 있는 것으로 믿을 만한 이유가 있는 기관 또는 수색구조기구의 조직체는 모든 유효한 정보를 즉시 관련 구조조정센터에 통보하여야 한다. 구조조정센터는 비상 항공기에 관한 정보를 접수하는 즉시 그 정보를 평가하여 필요한 활동 범위를 정하여야 한다.

비상 항공기에 관한 정보가 항공교통업무기관이 아닌 다른 곳으로부터 접수되었을 경우, 구조조정센터는 그 상황이 어느 비상단계에 해당하는지를 결정한 후 그 단계에 적절한 절차를 적용하여야 한다. 항공기에 대한 SAR이 요청되는 비상 단계는 아래와 같이 분류한다.

표 8.1 SAR이 요청되는 비상 단계

단계	의미	상황
1. 불확실 단계 (INCERFA/ Uncertainly phase)	항공기와 탑승자의 안전이 불확실한 상황	• 항공기로부터 연락이 있어야 할 시간 또는 그 항공기와의 첫 번째 교신 시도에 실패한 시간 중 더 이른 시간부터 30분 이내에 연락이 없을 경우 • 항공기가 마지막으로 통보한 도착 예정시간 또는 항공교통업무기관이 예상한 도착 예정시간 중 더 늦은 시간부터 30분 이내에 도착하지 아니할 경우. 다만, 항공기 및 탑승객의 안전이 의심되지 아니하는 경우는 제외
2. 경보 단계 (ALERFA /Alert phase)	항공기와 탑승자의 안전에 관한 우려가 있는 경우	• 불확실 상황에서의 항공기와의 교신 시도 또는 관계 부서의 조회로도 해당 항공기의 위치를 확인하기 곤란한 경우 • 항공기가 착륙 허가를 받고도 착륙 예정시간부터 5분 이내에 착륙하지 아니한 상태에서 그 항공기와의 무선교신이 되지 아니할 경우 • 항공기의 비행능력이 상실되었으나 불시착할 가능성이 없음을 나타내는 정보를 입수한 경우. 다만, 항공기 및 탑승자의 안전에 우려가 없다는 명백한 증거가 있는 경우는 제외 • 항공기가 테러 등 불법 간섭을 받는 것으로 인지된 경우
3. 조난 단계 (DETRESFA /Distress phase)	항공기 및 탑승자가 중대하고 절박한 위험에 처해 있거나 긴급한 도움이 필요하다는 상당한 증거가 있는 상황	• 경보상황에서 항공기와의 교신 시도를 실패하고, 여러 관계 부서와의 조회 결과 항공기가 조난당하였을 가능성이 있는 경우 • 항공기 탑재 연료가 고갈되어 항공기의 안전을 유지하기가 곤란한 경우 • 항공기의 비행능력이 상실되어 불시착하였을 가능성이 있음을 나타내는 정보가 입수되는 경우 • 항공기가 불시착 중이거나 불시착하였다는 정보사항이 정확한 정보로 판단되는 경우. 다만, 항공기 및 탑승자가 중대하고 긴박한 위험에 처하여 있지 아니하며, 긴급한 도움이 필요하지 아니하다는 명백한 증거가 있는 경우는 제외

2) 비상단계 중 구조조정센터를 위한 절차

① 불확실 단계

불확실 단계가 발생하면, 구조조정센터는 입수되는 보고를 신속히 평가하기 위하여 항공교통
업무기관 및 기타 적절한 기관과 긴밀히 협조하여야 한다.

② 경보단계

경보단계가 발생하면, 구조조정센터는 즉시 적절한 수색구조대에 경보 및 필요한 조치를
시작해야 한다.

③ 조난단계

조난단계가 발생하면, 구조조정센터는 다음과 같이 조치하여야 하며, 상황이 허용하는 한
아래에 명시된 순서대로 조치하여야 한다.

㉠ 수색구조대로 하여금 적절한 활동 계획에 따라 즉시 조치토록 해야 한다.

㉡ 항공기의 위치를 확인하고, 그 위치의 불확실 정도를 판단한 다음 그 정보와 상황을 토대로
수색할 지역의 범위를 결정해야 한다.

㉢ 가능하면 운항자에게 통보하고, 진행 상황을 계속 알려주어야 한다.

㉣ 도움이 필요할 것 같거나, 또는 활동에 관계될 수 있는 다른 구조조정센터에 통보한다.

㉤ 비상에 관한 정보가 항공교통업무 기관이 아닌 곳으로부터 접수되었을 경우, 관련
항공교통업무 기관에 통보한다.

㉥ 초기 단계에 적절한 활동 계획에 포함되어 있지 않거나 지원할 수 없는 항공기, 선박,
해안국, 그리고 기타 기관에 다음과 같이 요청한다.

- 조난항공기, 생존무선장비, 또는 비상위치지시용 송신기(주파수 121.5MHz와 406MHz)의
전송 내용 청수
- 가능한 한 조난항공기에 원조를 제공
- 진행상황을 구조조정센터에 통보

㉦ 이용할 수 있는 정보를 활용, 필요한 수색 및 구조활동 수행을 위한 세부 조치계획을
작성하고, 그러한 활동 수행을 직접 감독하는 당국에 지침용으로 통보한다.

㉧ 세부 조치계획은 상황의 변화에 따라 수정한다.

㉨ 적절한 사고 조사기관에 통보한다.

㉩ 항공기의 등록국에 통보한다.

④ 위치불명 항공기에 대한 수색구조 조치의 개시

위치가 불명이고 둘 이상의 수색구조구역 중 한 구역에 있을지도 모르는 항공기에 대하여 비상단계가 선언되었을 경우 다음과 같이 조치하여야 한다.

㉠ 한 구조조정센터가 비상단계의 발생을 통보받았을 때 다른 센터가 적절한 조치를 취하고 있는지 알 수 없는 경우, 그 센터는 위 ㉡항에 따른 적절한 조치를 개시할 책임을 지며 즉시 책임을 맡을 한 개의 구조조정센터를 지정하는 문제에 대하여 인접 구조조정센터와 협의해야 한다.

㉡ 관련 구조조정센터 간 합의에 의해 달리 정하지 않는 한 다음의 구역에 대하여 책임을 가지고 있는 센터가 수색구조 조치를 조정하는 구조조정센터가 되어야 한다.

- 항공기가 최종적으로 위치보고를 한 지점이 속하는 구역

- 최종 위치보고 지점이 두 개의 수색구조구역의 분할선 상에 있을 때, 항공기가 진행해 가던 구역

- 적절한 쌍방향 무선통신장비가 탑재되어 있지 않았거나 무선통신을 유지할 의무가 없는 항공기인 경우, 항공기의 목적지가 속한 구역

- Cospas–Sarsat system에 의해서 확인된 조난지역에 속하는 구역

㉢ 조난단계의 선언 후 조정 전반을 책임지는 구조조정센터는 활동과 관련될지도 모르는 모든 구조조정센터에 모든 비상 상황과 진행 상황을 통보하여야 한다. 또한 사고에 관한 정보를 알게 되는 모든 구조조정센터는 전반적인 책임을 지는 구조조정센터에 통보하여야 한다.

⑤ 비상단계가 선언된 항공기에 대한 정보 전달

가능한 한 수색구조 조치의 책임이 있는 구조조정센터는 항공기가 운항 중인 비행정보구역을 관장하는 항공교통업무기관에 취해진 수색구조 조치에 관한 정보를 통보하여 그 정보가 해당 항공기에 전달되도록 해야 한다.

3) 활동책임이 둘 이상의 체약국으로 확대되는 곳에서의 절차

수색구조구역 전체에 대한 활동 책임이 둘 이상의 체약국에 있는 곳에서는, 각 체약국은 그 구역의 구조조정센터가 요청할 때는 적절한 활동 계획에 따라 조치하여야 한다.

4) 현장 책임당국의 절차

활동 수행을 직접 감독하는 당국 또는 그의 기관은 자신의 감독하에 있는 기관에 지시를 내리고 그러한 지시 내용을 구조조정센터에 통보하고, 구조조정센터에 진행 상황을 통보한다.

5) 구조조정센터의 절차 - 활동 종료와 중지

수색구조 활동은 가능한 한 모든 생존자가 안전한 장소로 이송되거나 현실적으로 생존자에 대한 구조 희망이 모두 사라질 때까지 계속되어야 한다. 책임 있는 구조조정센터는 일반적으로 수색구조 활동의 중단 시기를 결정할 책임을 져야 하나, 수색구조 활동 종료를 결정하는 의사결정과정에서 다른 적절한 국가 당국으로부터 의견이 필요할 수 있다.

수색구조 활동이 성공적으로 완료되었을 때나 구조조정센터가 더 이상 비상상황이 존재하지 않다고 간주하거나 통보받았을 때 비상단계는 취소되어야 하고, 수색구조 활동은 종료되어야 하며, 활동해 왔거나 통지받은 당국 또는 기관에 즉시 통보하여야 한다.

수색구조 활동이 현실적으로 불가능해지고 있지만, 구조조정센터가 여전히 생존자가 있을지 모른다고 결론지을 경우, 센터는 추가적인 현장 활동을 일시적으로 중지시키고 이 사실을 활동에 참여해 왔거나 통지받은 당국 또는 기관에 신속히 통보해야 한다. 추후에 접수되는 관련 정보를 평가하여, 정당한 이유와 실효성이 있을 때 수색구조 활동이 재개되어야 한다.

6) 사고 현장에서의 절차

여러 기관이 수색구조 활동 현장에 종사할 때, 구조조정센터나 구조부조정센터는 기관의 능력 및 활동 요구를 고려하여 공중과 표면 운영(Surface Operations)의 안전과 효과를 돕는 모든 활동을 조정하기 위해 하나 또는 그 이상의 기구를 지정해야 한다.

다른 항공기가 조난상태에 있는 것을 목격한 기장은, 가능하고 비합리적이거나 불필요하다고 생각되지 않는 한 다음과 같이 조치하여야 한다.

㉠ 그 현장을 어쩔 수 없이 떠나게 되거나 더 이상 필요가 없다는 구조조정센터의 조언이 있을 때까지 조난항공기 주시

㉡ 조난항공기의 위치 결정

㉢ 다음의 사항을 가능한 한 다수의 해당 구조조정센터 또는 항공교통업무기관에 통보

- 조난 당한 항공기 또는 선박의 종류, 식별부호 및 상태
- 지리적 격자 좌표 형태로 표현되거나 분명한 지상 표식이나 항행안전시설로부터의 거리와 진방위로 나타낸 위치
- 국제표준의 시와 분으로 나타낸 목격시각
- 목격된 사람의 수 - 사람들이 조난 당한 항공기 또는 선박을 포기했는지 여부
- 현장 기상 상태 - 생존자들의 외관상 신체적 상태
- 조난위치로의 외관상 최상의 지상 접근경로

ⓔ 구조조정센터 또는 항공교통업무기관으로부터 지시받은 대로 행동

사고 현장에 도착한 첫 항공기가 수색구조 항공기가 아닐 경우, 그 항공기는 첫 수색구조 항공기가 사고 현장에 도착할 때까지, 뒤이어 도착하는 다른 모든 항공기의 현장 활동을 담당해야 한다. 그동안에 만약 그 항공기가 적절한 구조조정센터 또는 항공 교통 업무기관과 통신이 설정되지 않을 경우, 상호 합의에 따라 첫 수색구조 항공기가 도착할 때까지 그러한 통신을 설정하고 유지할 수 있는 항공기에게 넘겨주어야 한다.

항공기가 생존자 또는 지상 구조대에 정보를 전달할 필요가 있고 쌍방향통신이 되지 않을 경우, 그 항공기는 가능하면 직접 교신이 가능한 통신장비를 투하하거나, 또는 인쇄된 전문을 투하하여 정보를 전달하여야 한다. 지상 신호가 표시되어 있을 경우, 항공기는 방법 또는 이것이 불가능할 경우, 적절한 시각신호를 사용하여 지상신호의 이해 여부를 표시해야 한다. 항공기가 선박을 항공기 또는 선박이 조난 당한 곳으로 보낼 필요가 있을 경우, 그 항공기는 어떤 방법이던 사용하여 정확한 지시를 보내야 한다. 무선통신에 의한 교신이 불가능할 경우 항공기는 적절한 시각신호를 사용해야 한다.

7) 기장의 조난 송신 Intercepting 절차

항공기의 기장에 의해 조난 송신이 Intercepted되었을 때 조종사는 가능하면 다음과 같이 조치해야 한다.

- 조난 송신에 대한 확인
- 조난 당한 항공기 또는 선박의 위치 기록
- 송신 지점의 방위 측정
- 적절한 구조조정센터 또는 항공교통업무 기관에 모든 유용한 정보와 함께 조난송신 내용을 통보
- 지시를 기다리는 동안 조종사의 판단에 따라 송신 지점으로 진행

8) 수색 및 구조신호

① 지상 선박의 신호

ⓐ 항공기가 다음과 같은 기동을 순차적으로 할 경우, 이는 선박을 조난 당한 항공기 쪽으로 유도하고자 하는 것을 나타낸다.

- 한 번 이상 선박 상공을 선회
- 선박의 앞쪽에 근접하여 낮은 고도로 선박의 진행 예정 코스를 횡단하면서 다음과 같이 행동하는 경우
  - 날개 흔들기

- 스로틀 개폐

- 프로펠러 피치 변경

- 선박을 유도코자 하는 방향으로 비행하는 경우

ⓛ 항공기가 다음과 같이 기동할 경우, 이는 그 신호로 가리키는 선박의 도움이 더 이상 필요하지 않음을 나타낸다.

- 선박의 후미에 근접하여 낮은 고도로 선박이 지나온 항적을 횡단하면서 다음과 같이 행동하는 경우

  - 날개 흔들기

  - 스로틀 개폐

  - 프로펠러 피치 변경

- 신호에 대한 응신 요령

  - '신호깃발'(수직의 적색 및 백색 띠)을 게양한다(이해하였다는 뜻).

  - 신호등을 점멸시켜 모르스부호 'T'를 연속적으로 만들어 낸다.

  - 항공기를 따라가기 위하여 선수를 변경한다.

- 이행이 불가능함을 표시

- 국제깃발 'N'(청색 및 백색 바둑판무늬의 정사각형)을 게양한다.

- 신호등을 점멸시켜 모르스부호 'N'을 연속적으로 만들어 낸다.

② 지대공 시각신호

표 8.2 생존자가 사용하는 지대공 시각신호

순번	의미	코드 기호
1	도움 필요	V
2	의료 지원 필요	X
3	아니요 또는 네거티브	N
4	예 또는 긍정	Y
5	이 방향으로 진행	↑

표 8.3 구조대가 사용하는 지대공 시각신호

순번	의미	코드 기호
1	작업 완료	⌞⌞⌞
2	모든 인원을 찾았습니다.	⌞⌞
3	일부 인원만 찾았습니다.	╫
4	계속할 수 없습니다. 기본으로 돌아가기	✕✕
5	두 그룹으로 나눕니다. 각 그룹은 표시된 방향으로 진행한다.	⇄
6	항공기가 이 방향으로 가고 있다는 정보 수신	→→
7	찾을 수 없습니다. 계속 검색하겠습니다.	NN

참고

- 기호는 기다란 천, 낙하산, 나무 조각, 바위 또는 이와 유사한 재료를 이용하거나 지표면을 밟아 표시하거나 물감 등으로 착색하는 등 어떤 방법으로든지 만들 수 있다.
- 위의 신호에 대한 주의를 끌기 위하여 전파, 조명탄, 연기, 빛의 반사 등 다른 방법을 사용할 수 있다.

㉠ 기호의 길이는 2.5미터(8피트) 이상이어야 하며 가능한 한눈에 잘 보이도록 하여야 한다.

③ 공대지 신호

㉠ 항공기에 의한 다음과 같은 신호는 지대공 신호가 이해되었음을 나타낸다.

- 밝을 때 : 항공기의 날개를 흔든다.
- 어두울 때 : 항공기의 착륙등을 두 번 점멸하거나, 또는 착륙등이 없을 경우 강행등의 스위치를 두 번 개폐한다.

㉡ 위의 신호가 없다는 것은 지상신호가 이해되지 않았음을 나타낸다.

위 신호가 사용될 경우, 그에 나타나 있는 의미가 있어야 한다. 그 신호는 지정된 목적용으로서만 사용해야 하며 이와 혼동될 우려가 있는 어떠한 신호도 사용하여서는 아니 된다. 위 신호를 목격하였을 경우, 항공기는 그 부록에 수록된 신호의 의미에 따라 필요한 조치를 취하여야 한다.

9) 기록의 유지

각 구조조정센터는 담당 구역 내 수색구조 조직의 운영 능력을 기록 유지하여야 한다. 각 구조조정센터는 담당 구역 내에서 수행되는 실제 수색구조 제활동에 대한 평가를 하여야 한다. 이 평가에는 사용 절차와 비상 및 생존 장비에 대한 모든 사항과 그러한 절차 및 장비에 대한 개선을 위한 모든 제한이 포함돼야 한다. 평가 내용 중 다른 국가에 참고가 될 만한 사항은 ICAO에 제출하여 적절히 통보 및 전파되도록 하여야 한다.

제2절 항공운항과 수색 및 구조(국내)

항공기에 대한 수색 및 구조는 「항공안전법」 제88조 및 같은 법 시행령 제20조, 국제민간항공협약 부속서 12(수색·구조)에 따라 항공기가 조난되는 경우 항공기 수색·구조 지원 업무에 필요한 사항을 규정함을 목적으로 한다. 운항 중인 항공기가 실종되거나, 조난사고 발생 시 항공교통업무시설의 경보업무 제공 및 국가수색·구조조정협의회와 항공수색·구조지원센터가 수색·구조기관의 항공기 수색·구조업무를 지원할 때에 적용한다.

1 조직 및 임무

우리나라 수색·구조 구역에서 항공기 조난 시 수색·구조 활동에 필요한 정보를 수집, 분석, 전달 및 관련 기관과 협조를 담당하는 기관으로 육상은 「재난 및 안전관리기본법」에 따라 소방청 구조조정본부, 해상은 「수상에서의 수색·구조 등에 관한 법률」에 따라 해양경찰청 구조조정 본부(지방해양경찰청)가 담당한다.

> **참고**
>
> 구조조정본부(Rescue Coordination Center) : 인천비행정보구역 내 육상에서의 수색·구조조정업무를 담당하며, 지역구조조정본부를 지정하고, 이에 대한 운영 절차를 수립·통보하는 기관

항공교통본부장은 「항공안전법」 제88조 및 같은 법 시행령 제20조에 따라 항공기 조난 시 육상 및 해양에서 수색·구조 활동 및 인접국 또는 국제기구와의 협력을 효율적으로 수행하기 위하여 항공교통본부에 협의회를 설치·운영한다.

협의회는 수색·구조업무를 수행 또는 지원하는 항공교통본부, 소방청, 해양경찰청으로 구성하며, 행정 및 운영적 측면에서 수색·구조업무 조정과 항공기 비상업무 제공에 관련된 국내외 기관과의 협력에 관한 사항을 협의한다. 협의회를 통해 수색·구조업무에 사용되는 모든 가용 시설의 효율적 사용을 권고하고 국가 수색·구조계획과 효율적 수색·구조계획에 대한 정보를 교환한다. 또한 협의회는 효율적 수색·구조업무 제공을 위하여 항공, 해상 및 육상 수색·구조 당국 간 협력

체계를 향상하고 우리나라 수색 · 구조구역 내 수색 · 구조업무의 효율적 이행을 위한 협의를 하며, 구조조정본부에 대한 안전감독업무의 효율적 이행을 지원한다.

참고

항공 수색 · 구조지원센터(ASAC, Aeronautical SAR Assistance Center) : 「항공안전법」 제88조 및 같은 법 시행령 제20조와 국제민간항공조약 부속서 12에 따라 우리나라 수색 · 구조 구역에서 항공기 수색 · 구조 지원 업무를 담당하는 기관(항공교통센터)

1) 수색 · 구조 지원체계

항공교통본부장은 우리나라 비행정보구역에서 지원(경보, 감시 등) 업무를 24시간 제공하기 위하여 항공교통본부 내에 ASAC를 설치하고 경보소를 지정 · 운영한다.

① ASAC

ASAC는 항공기 비상상황 발생 시 단계별로 적정한 비상상황 조치를 취하며, 경보소로부터 비상위치지시용 무선표지설비(ELT)의 정보를 접수한 경우에는 내용을 파악하여 상황에 따라 구조조정본부에 통보한다. 항공교통업무시설 및 경보소를 통해 접수된 항공기 조난정보에 대해 통신망 및 구조조정본부에 신속히 통보하고 조치 현황을 상황 종료 시까지 주기적으로 확인한다.

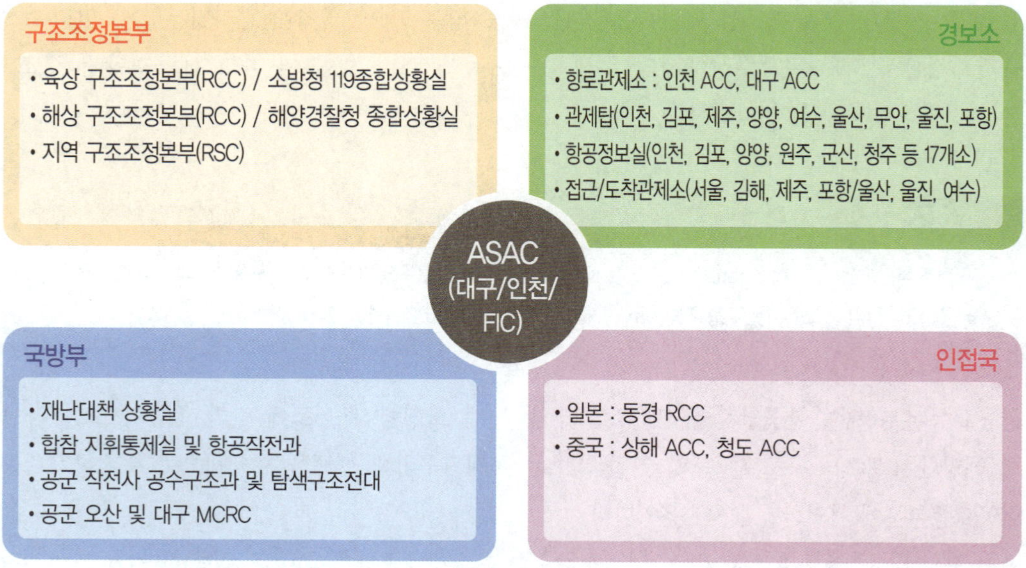

그림 8.5 ASAC 통신망 체계

항공교통업무시설, 레이더, 통신장비 및 사용 가능한 수단을 이용하여 조난항공기의 항적 추정, 정보 수집 · 분석 및 수색 범위 조언 등 구조조정본부의 수색 · 구조 활동지원 관련 정보를 제공한다. 우리나라 또는 외국의 수색 · 구조 관련 기관으로부터 수색 · 구조 지원에 관하여 협조 요청이 있을 경우 적극 협조한다. 수색·구조 항공기가 수색·구조 활동의 안전성 확보를 위하여 항공교통 조언 및 항공기상 등의 정보를 요청할 경우 이를 제공하며, 기타 공역통제, 운항 중인 항공기에 상황전파 및 항공고시보(NOTAM) 발행 등에 관하여 항공교통업무기관과 협의한다.

표 8.4 ASAC 공지통신 주파수

구분	주파수
VHF	126.90MHz, 135.725MHz
UHF	250.80MHz, 317.55MHz
비상 주파수	121.50MHz, 243.00MHz

참고

경보소(Alerting Post) 항공종사자 등으로부터 비상상황의 항공기에 관한 정보를 입수하여 구조조정본부에 통보하고, 구조조정본부를 지원하는 기관

② 경보소

㉠ 경보소 지정

실종 또는 조난항공기에 대한 신속한 정보 획득을 위하여 공항 및 비행장의 관제탑, 지역관제센터, 접근관제소, 도착관제석, 비행정보실, 항공정보실 등의 시설을 경보소로 지정한다.

- 관제탑 : 인천·김포·제주·양양·여수·울산·무안공항, 울진·정석비행장 관제탑
- 지역관제센터 : 대구지역관제센터(Daegu Area Control Center), 인천지역관제센터(Incheon Area Control Center)
- 접근 및 도착 관제소 : 서울, 제주 및 김해 접근관제소, 울산, 여수 및 울진 도착관제석
- 비행정보실 : 대구, 인천·김포·양양·청주·원주·군산·제주·여수·울산·무안·김해·광주·사천·대구·포항공항, 울진비행장

㉡ 경보소의 임무

항공기가 비상상황에 처한 사실을 알았을 때 신속히 〈그림 8.5〉의 통신망과 〈그림 8.6〉의 보고체계를 참조하여 ASAC 및 구조조정본부에 비상상황(불확실 상황, 경보상황, 조난상황)을 통보하고 비상상황별 조치를 취한다.

레이더, 통신장비 및 가용 가능한 수단을 이용하여 조난항공기 항적 등의 관련정보를 수집하여 ASAC 및 구조조정본부에 통보한다. 조난항공기에 대한 추가적인 정보 획득 시 ASAC 및 구조조정본부에 통보하고 수색·구조 지원 업무에 적극 협조한다. 비상위치지시용 무선표지설비(ELT)를 수신하였거나 정보를 접수한 경우에는 ASAC에 통보한다.

SAR 협조 및 보고체계

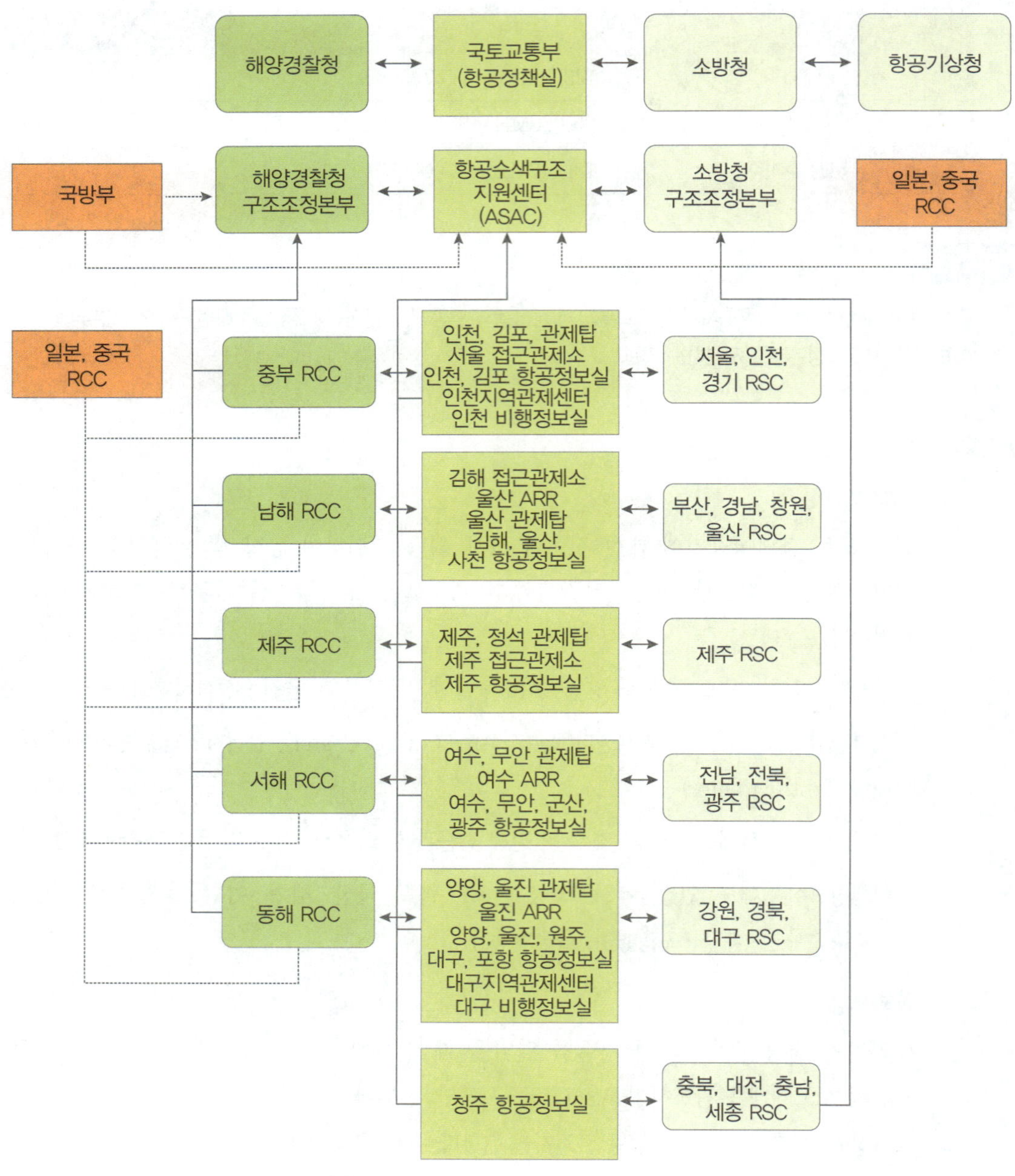

그림 8.6 수색 · 구조 지원기관의 협조 및 보고체계

2) 수색 · 구조 지원 업무 운영 절차

① ASAC의 운영

ASAC는 효율적인 수색 · 구조 지원 업무를 위하여 24시간 운영하여야 하며, ASAC에 종사하는 근무자는 무선통신에 사용되는 언어 및 영어에 능숙하여야 한다. 항공교통본부장은 운영에 필요한 다음 각호의 사항을 갖추어야 한다.

㉠ 다음의 기관과 직접적으로 연락할 수 있는 통신수단

- 경보소
- 구조조정본부(소방청(육상), 해양경찰청 지방해양경찰청(해상))
- 수색 · 구조대 및 관련 기관
- 인접국 지역관제소(ACC)

㉡ AFTN, 녹음되는 전화기

㉢ 수색 · 구조 구역과 수색 · 구조시설의 위치를 표시한 대축척 벽걸이용 지도

㉣ 수색 · 구조 관련 기관 및 수색 · 구조시설의 최신 연락처 및 필요한 정보

㉤ Plotting 시설 : 항공지도, 작도 및 도식기구

㉥ 수색 · 구조와 관련된 법령, 문서, 지침, 양식 및 항공정보간행물(AIP)

㉦ 항공기 위치 파악 및 무선통신을 위한 레이더 및 무선주파수

② 비상상황별 조치

항공교통본부 및 경보소에서는 항공기가 비상상황에 처했다는 정보를 접수한 때는 항공기 비상단계를 결정 · 선포하고, 비상 상황별 조치를 시행한다.

㉠ 불확실 단계

- 불확실 단계가 접수되었을 경우 비상상황에 처해 있는 항공기의 정보를 수집한다.
- 비상용 공지통신주파수를 이용하여 통신수색을 실시하고 항공기의 실제 항로와 계획된 항로를 도식한다.
- 항공기의 비행계획서, 예정항로, 교신기록, 목격정보, 통신수색, 기상정보 등을 토대로 정보를 분석 · 평가하고 항공기 안전에 염려되는 경우에는 경보단계로 진행하여야 한다.
- 다만, 통신수색이나 다른 정보로부터 항공기가 조난상태에 있는 것이 아니라고 확인되면 상황을 종료하고 관련 기관에 전파한다.

㉡ 경보단계

- 경보단계가 접수된 경우 경보소 및 항공교통관제기관에 경보단계가 선포되었음을 통보하고 비상상황에 처해 있는 항공기의 정보를 수집한다.

- 레이더시설, 방향탐지국, 공항 등으로부터 정보를 수집하고 도식하고 새로운 정보의 신속한 평가 및 대처를 위하여 관련 항공교통업무기관 및 수색구조대와 긴밀한 연락체제를 유지한다.
- 항공기의 계획된 항로, 기상, 지형, 가능한 통신 지연, 최종확인 지점, 무선교신 및 조종사 자격 등의 전반적 평가를 실시하고 연료 고갈 시간을 추정하고 악기상(惡氣象) 하의 항공기 성능을 검토한다.
- 마지막으로 항공기 위치 확인이 안 되었거나 연료 고갈, 항공기와 탑승자가 심각한 위험에 처한 것으로 판단되면 조난단계로 진행한다.
- 다만, 항공기가 조난상태에 있지 않다는 정보를 입수했을 때는 상황을 종료하고 관련 기관에 전파한다.

ⓒ 조난단계

- 신속히 구조조정본부에 항공기 조난상황을 통보하고 수색구조를 요청한다.
- 항공기의 최종확인 지점, 수집된 정보 및 상황을 근거로 수색할 구역의 범위를 결정 또는 조정하여 수색구조대에 조언하고 항공기 비상에 관한 정보가 항공교통업무기관이 아닌 곳으로부터 접수되었을 경우, 관련 기관에 통보한다.
- 필요한 경우 인접국가 지역관제센터(ACC)에 통보하고 수색구조 활동에 필요한 정보 및 자료를 수색구조대에 통보한다.
- 외국 국적 항공기의 경우 항공기 등록국에 통보하고 항공·철도사고조사위원회에도 신속히 통보한다.
- 효율적인 수색구조를 위하여 필요한 경우 적절한 항공기 또는 선박을 통제하는 기관에게 조난항공기, 생존무선장비 또는 비상위치지시용 무선표지설비(ELT)로부터의 송신을 수신하였는지 확인을 요청할 수 있다.

3) 국가 간 협조

외국 수색·구조 항공기가 신속한 수색·구조 활동을 위하여 우리나라 수색·구조구역 상공으로의 진입 허가를 요청한 때는 항공교통본부장은 구조조정본부장에게 협의하고 그 결과에 따라 진입 비행 허가를 통보한다. 항공교통본부장은 인접국 항공구조조정본부에서 우리나라의 항공기, 인원 또는 장비 등에 대한 지원요청이 있을 경우 구조조정본부와 협의하고 그 결과를 신속히 통보해야 한다.

항공교통본부장은 인접 비행정보구역에서 발생한 항공기의 추락·실종 등 정보를 입수한 때는 구조조정본부 또는 인접 국가의 지역관제소(ACC)에 신속히 통보하여야 한다. 항공교통본부장은 구조조정본부로부터 요청이 있을 시 관련국 항공구조조정본부에 우리나라 수색·구조대의 진입 허가를 요청하여야 한다.

2 육상에서의 항공기 수색·구조

1) 조직 및 임무

① 구조조정본부

인천비행정보구역 내 육상에서의 항공기 사고 발생 시 신속하고 효율적인 수색·구조 활동을 실시하고, 수색·구조업무의 국제적인 협력을 위하여 소방청에 구조조정본부를 둔다. 구조조정본부의 임무는 다음과 같다.

- 수색·구조 구역 내의 수색·구조운영계획 수립
- 비상상황 발생 시 비상단계를 선포하고, 비상단계별 조치
- 항공기의 항적을 추적하여 수색·구조구역을 해당 지역구조조정본부에 통보
- 지역구조조정본부에 대한 수색·구조업무 조정 및 통제
- 항공 수색·구조 지원센터와 수색·구조업무 및 사고지역 공역통제, 항공고시보 발행요청 등에 관한 사항 협의
- 항공교통업무기관 등 관련 기관과의 협력관계 유지
- 수색·구조 활동의 중단 및 재개의 최종 결정
- 수색·구조업무 관련 외국 구조조정본부와 협조

② 지역구조조정본부

수색·구조구역 내에서 구조조정본부의 수색·구조업무를 지원하고, 해당 관할 지역 내에서 수색·구조 활동을 위한 지역구조조정본부는 다음과 같다.

- 서울, 부산, 대구, 인천, 광주, 대전, 울산, 세종, 창원 소방본부
- 경기남부, 경기북부, 강원도, 충청북도, 충청남도, 전라북도, 전라남도, 경상북도, 경상남도, 제주도 소방본부

지역구조조정본부의 임무는 다음과 같다.

- 수색·구조 구역 내 수색·구조운영계획을 수립한다.
- 비상단계 발령 시 즉시 관할 경보소에 해당 항공기에 대한 정보를 확인 후 결과를 구조조정본부에 통보한다.
- 수색·구조구역 내 관련 기관과의 협력관계를 유지한다.
- 그 밖에 구조조정본부의 요구사항에 적극 협조한다.

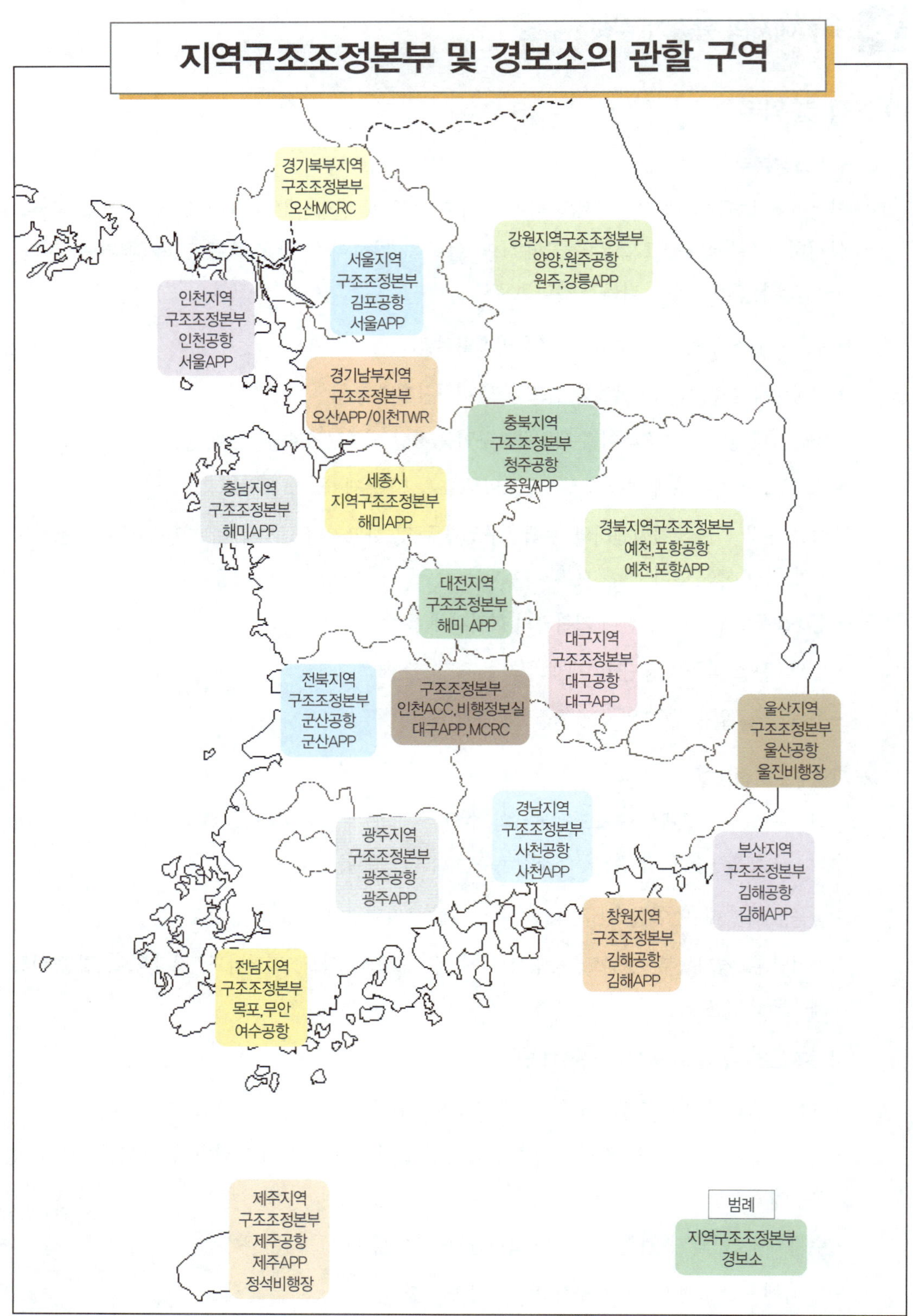

그림 8.7 지역구조조정본부 및 경보소의 관할 구역

③ 경보소 임무

- 항공기 비상상황을 인지한 경우 신속히 구조조정본부에 통보하고, 인접 경보소 또는 인접 관제기관을 통하여 사고 항공기에 대한 정보를 수집한다.
- 사고 항공기에 대한 추가적인 정보 획득 시 구조조정본부에 통보하고, 구조조정본부의 수색·구조지원 업무에 적극 협조한다.
- 사고 항공기의 위치 파악을 위하여 관할 구역을 운항 중인 항공기에 상황을 전파한다.

2) 수색·구조 조정 업무

① 위성수색·구조단말기 운영

- 항공기의 조난신호를 감시하고, 수색·구조업무의 효율성을 증진시키기 위하여 구조조정본부에 위성수색·구조단말기를 설치하여 운영한다.
- 위성수색·구조단말기 상시 가동체제유지를 위하여 24시간 운영하여야 하며, 장비의 유지관리는 본부장의 책임 하에 실시한다.
- 위성수색·구조단말기는 주기적인 점검을 실시하여야 하고, 정기 점검 및 정비 등으로 가동되지 않을 경우에는 해양경찰청 상황실과 협조하여 신속한 경보접수체제를 유지하여야 하고, 가동되지 않은 사유를 관련 기관에 통보하여야 한다.
- ELT를 임의로 작동하여서는 안 되며 정비 및 시험운영 목적으로 ELT를 작동할 경우 시험운영시간을 구조조정본부 및 해양경찰청 상황실에 통보하여야 한다.
- 위성수색·구조단말기의 전시 면에서 조난신호를 식별하게 되면 발생지역을 확인하여 즉시 임무조정관에게 보고하여야 한다.
- 조난신호 발생 상황을 해양경찰청 상황실과 항공교통업무기관에 통보하여 항공기 이상 유무를 확인하고, 해당 지역 구조조정본부에 출동 관제시스템으로 통보하여 추가 정보를 수집한다. 다만, 긴박한 상황일 경우는 유선으로 통보할 수 있다.
- 구조조정본부는 사고 사실을 신속하게 식별하기 위하여 항공교통 업무기관에 비행계획 등의 정보요구를 할 수 있으며, 접수된 정보를 검토하여 분석한다.

② 수색·구조 업무

ㄱ 수색·구조 운영계획 수립

소방청장(구조조정본부)은 수색·구조조정업무 운영 절차 등을 포함한 수색·구조운영계획을 수립하고, 구조조정본부·지역구조조정본부와 경보소 그리고 항공교통업무기관에 통보하여야 한다. 수색·구조운영계획을 수립할 때는 관련 기관과 충분한 협의를 가져야 하며, 다음의 내용이 포함되어야 한다.

• 수색 · 구조구역 내의 수색 · 구조활동 수행 방법

• 가용 통신체계 및 시설의 활용

• 운항 중인 항공기에 대한 경고 방법

• 민 · 관 · 군의 수색 · 구조에 참가한 대원의 임무 및 권한

• 수색 · 구조활동에 필요한 정보의 취득 및 활용 방법

• 추락 위치에 따른 사고 항공기 구조 및 지원 방법

• 불법침입 항공기에 대한 관계기관 협조

• 수색 · 구조 장비에 대한 정비 및 연료 보급 등 지원 대책 등

ⓛ 구조조정본부의 운영

구조조정본부는 효율적인 수색 · 구조지원 업무를 위하여 24시간 운영하여야 하며, 운영
절차는 〈그림 8.8〉 수색 · 구조업무 흐름도와 같다.

ⓒ 항공기 사고정보 입수 시 조치 절차

항공기가 비상상황에 처해 있다고 믿을만한 이유가 있는 정보를 가진 자는 구조조정본부에
정보를 제공하여야 한다. 구조조정본부에서 접수되는 항공기 사고정보는 다음과 같다.

• 위성수색 · 구조단말기로부터 조난신호를 수신하여 항공기 사고가 의심되는 정보

• 해양경찰청 상황실과 항공수색 · 구조지원센터, 경보소, 그리고 지역구조조정본부로부터
  수신한 사고 신고

• 소방상황실에서 수보(신고 접수)한 항공기 사고 정보

• 항공교통업무기관에 접수된 수색 · 구조 목적의 비행계획서 정보

• 인접국 구조조정본부의 수색 · 구조 활동 정보

항공기 사고 정보를 접수한 구조조정본부는 접수 즉시 다음의 절차에 의하여 평가하고,
요구되는 활동 범위와 선포할 비상단계를 검토하여야 한다.

• 조난신호 발생지역을 확인

• 해양경찰청 상황실에 조난신호 검색 여부 재확인

• 항공교통업무기관 등 관련 기관에 항공기 이상 유무를 확인

• 그 밖의 정보 수집

ⓓ 비상단계 선포

구조조정본부장은 항공기가 비상상황에 처했다는 정보를 접수한 때는 상황에 따른
비상단계를 결정하여 선포하여야 한다. 비상단계를 선포한 경우 수색 · 구조 구역별 해당
긴급구조기관 및 긴급구조지원기관에 신속하게 전파하여 수색 · 구조 활동을 전개하여야
한다.

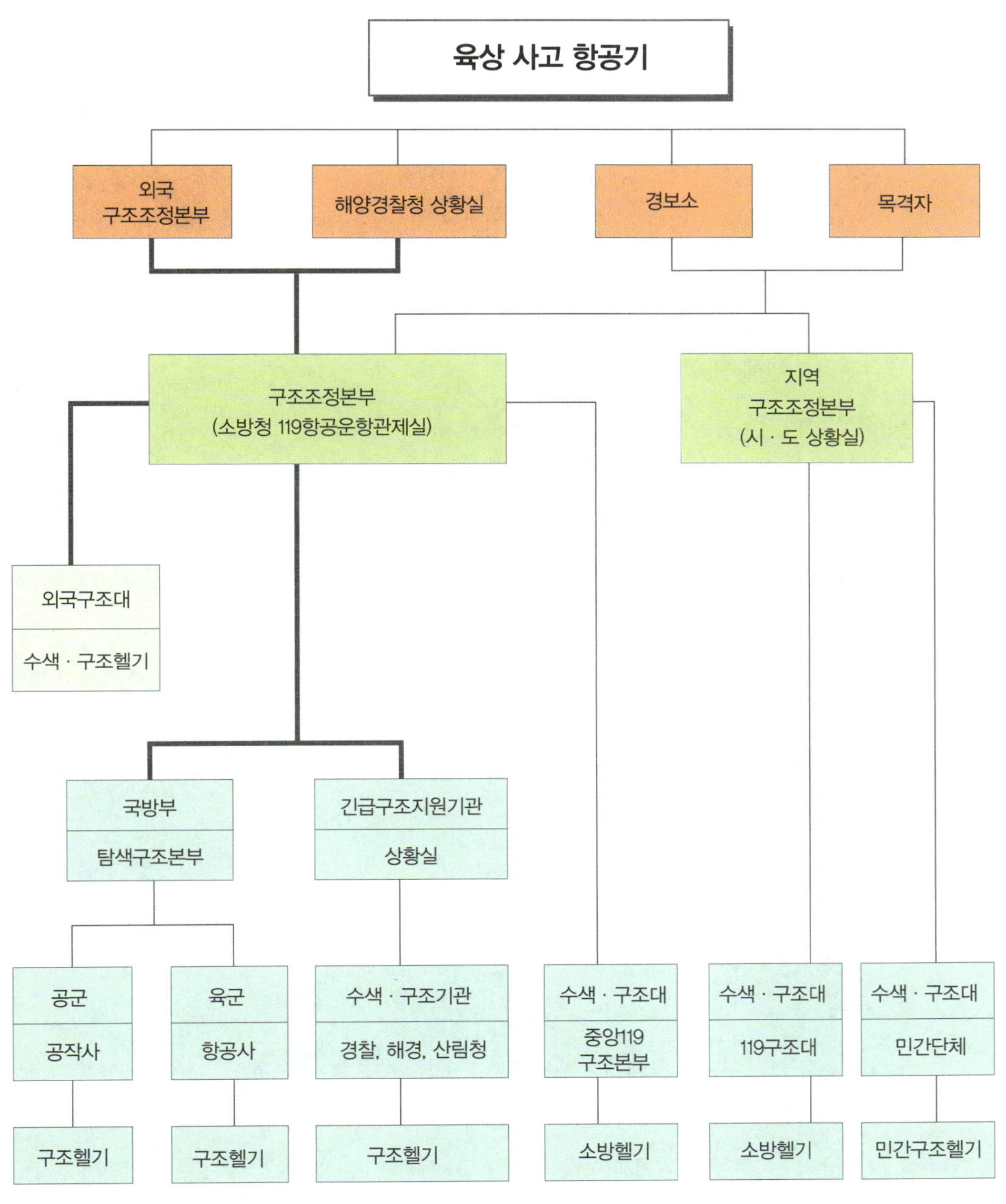

그림 8.8 수색 · 구조업무 흐름도

ⓜ 비상단계별 조치

구조조정본부는 비상단계를 선포하였을 경우 다음과 같이 비상단계별 조치를 수행하여야
한다.

a) 불확실 단계

- 항공수색 · 구조지원센터, 경보소 및 항공교통업무기관에 불확실 단계가 선포되었음을
  통보하고, 비상상황에 처해 있는 항공기의 정보를 수집한다.

- 사고 항공기에 대하여 비상용 공지통신주파수를 이용한 통신수색을 항공수색·구조지원센터와 관할 항공교통업무기관에 요청하고, 교신 결과를 수신한다.
- 항공기 비행계획서의 계획된 항로와 실제 항로, 무전교신기록, 목격정보, 통신수색결과, 기상정보 등을 토대로 정보를 분석·평가한다.
- 사고 항공기를 식별할 수 있는 관련 기관과 긴밀한 협조체제를 유지한다.
- 항공기 안전에 염려되는 경우에는 경보단계로 진행하여야 한다. 다만, 통신수색이나 다른 정보로부터 항공기가 사고상태에 있는 것이 아니라고 확인되면 상황을 종료하고 관련 기관에 전파한다.

b) 경보단계

- 즉시 경보단계가 선포되었음을 소방청 119종합상황실 및 해양경찰청 상황실과 항공수색·구조지원센터, 항공교통업무기관에 통보하고, 긴밀한 협조체제를 유지한다.
- 새로운 정보에 대한 신속한 대처를 위하여 관련 긴급구조기관과 긴밀한 연락체제를 유지한다.
- 항공기의 계획된 항로, 기상, 지형, 통신 가능지역, 최종확인 지점, 무전교신 등의 전반적 분석을 실시한다.
- 항공기가 출발 후 비행으로 연료 고갈 시간을 추정하고, 악기상 악기상(惡氣象) 하의 항공기 성능을 검토한다.
- 항공기 위치 확인이 안 되었거나 연료 고갈, 항공기와 탑승자가 심각한 위험에 처한 것으로 판단되면 조난단계로 진행한다. 다만, 항공기가 사고상태에 있지 않다는 정보를 입수했을 때는 상황을 종료하고, 관련 기관에 전파한다.

c) 조난단계

- 항공수색·구조지원센터, 지역구조조정본부 및 항공교통업무기관에 조난단계가 선포되었음을 통보하고, 수색·구조운영계획에 의한 수색·구조활동을 개시한다.
- 필요시 긴급구조지원기관(국방부, 경찰청, 산림청 등)에 수색·구조를 요청한다.
- 항공기 사고의 경우 항공·철도사고조사위원회에 통보한다.
- 필요한 경우 인접국가 구조조정본부에 통보한다.
- 수색·구조활동에 필요한 정보 및 자료를 당해 지역구조조정본부에 통보한다.

ⓑ 수색·구조구역

구조조정본부의 수색·구조업무를 위한 수색·구조구역은 인천비행정보구역 내의 육상이며, 지역구조조정본부의 수색·구조구역은 소방기본법에서 정하는 각 소방본부 관할 구역 내에서 수색·구조업무를 수행하는 것을 원칙으로 한다. 비상상황 시 본부장은 조난단계가 선포되면 아래와 같이 수색 · 구조구역을 지정하여 관할 지역구조조정본부에 통보하여야 한다.

　a) 핵심구역 : 항공기 사고 및 사고추정지역

- 위성수색 · 구조단말기에 의하여 사고지점으로 위치가 확인된 지역

- 항공기의 위치가 최종 보고된 지역

- 무선통신이 불가할 경우 항공기 도착예정지역

- 항공기의 최종 보고된 위치가 2개의 수색 · 구조구역 경계선에 있을 경우에는 항공기 이동방향지역

　b) 관심구역 : 핵심구역의 외곽지역으로 핵심구역에 인접한 다른 지역구조조정본부의 관할구역

ⓧ 수색 · 구조 항공기

긴급구조기관의 항공기는 신호추적장치(Homing)를 구비하고, 사고 항공기와 교신이 가능한 비상주파수와 사고 현장에서 지정 가능한 다른 주파수와도 통신이 가능한 장비를 갖추어야 한다.

- 장비 목록 : 구조용 탐색장비, 구조인양기, 응급의료장비, 통신장비, 탐조등, 확성기, 휴대용 무전기, 디지털 캠코더, 비상위치지시용 무선표지설비(ELT)

- 구조용 물품 : 팽창식 구명보트, 구명동의, 생존 보호복, 구명 부위, 휴대용 무전기(VHF), 구조 바스켓, 국제신호서 사본, 생존장비, 휴대용 소화기, 신호장비, 구급의료용품, 쌍안경, 메가폰, 구조용 기타 장비

3) 수색 · 구조지원 업무

① 수색 · 구조지원

- 구조조정본부는 수색 · 구조지원을 위한 시설과 적절한 비상식량, 의료품, 신호장비 등 수색 · 구조 및 구호에 필요한 물품 및 장비의 현황을 유지하고, 관계기관과 협조체제를 유지한다.

- 중앙119구조본부 권역별 119특수구조대 및 소방본부 항공구조구급대는 수색 · 구조항공기에서 투하할 수 있도록 포장된 생존장비를 구비하여야 하고, 항공구조구급대별 생존장비의 최신 현황을 항상 유지하여야 한다.

② 수색 · 구조 통신

구조조정본부 · 지역구조조정본부는 긴급구조 관련 기관과의 즉각적인 연락을 위하여 다음 각호의 유 · 무선 통신을 갖추어야 한다.

유선망	무선망
• 직통전화(〈그림 8.9〉 참조) • 위성수색 · 구조단말기(구조조정본부) • 항공고정통신망(구조조정본부) • 팩시밀리 • 일반전화 • 인터넷통신망	• 비상공지통신망(구조조정본부) • 소방통신망(UHF) • 소방항공통신망(VHF) • TRS무선망 • 무선전화 • 위성전화기 • 그 밖에 필요한 무선망

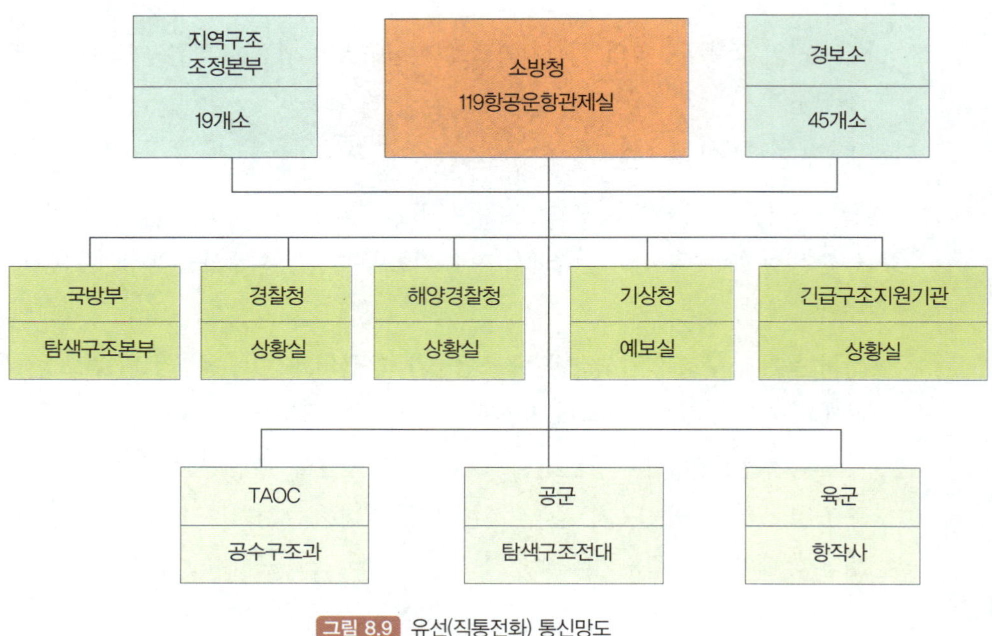

그림 8.9 유선(직통전화) 통신망도

3 수상에서의 수색 · 구조

1) 중앙구조본부 등의 설치

해수면에서의 수난구호에 관한 사항의 총괄 · 조정, 수난구호협력기관과 수난구호민간단체 등이 행하는 수난구호활동의 역할 조정과 지휘 · 통제 및 수난구호활동의 국제적인 협력을 위하여 해양경찰청에 중앙구조본부를 둔다.

해역별 수난구호에 관한 사항의 총괄 · 조정, 해당 지역에 소재하는 수난구호협력기관과 수난구호민간단체 등이 행하는 수난구호활동의 역할 조정과 지휘 · 통제 및 수난 현장에서의 지휘 · 통제를 위하여 지방해양경찰청에 광역구조본부를 두고, 해양경찰서에 지역구조본부를 둔다.

2) 수난구호

해수면에서의 수난구호는 구조본부의 장이 수행하고, 내수면에서의 수난구호는 소방관서의 장이 수행한다. 수난구호협력기관의 장은 수난구호활동을 위하여 구조본부의 장 또는 소방관서의 장으로부터 필요한 지원과 협조 요청이 있을 경우 특별한 사정이 없으면 이에 응하여야 한다. 구조본부의 장 또는 소방관서의 장은 수난구호협력기관의 장과 협의하여 구조대 및 구급대의 합동훈련 또는 합동교육을 실시하거나 구조대 및 구급대에 관한 정보교환 및 상호연락체제를 구축할 수 있다.

특별자치도지사 또는 시장·군수·구청장은 구조된 사람의 보호와 습득한 물건의 보관·반환·공매 및 구호비용의 산정·지급·징수, 그 밖에 사후처리에 관한 일체의 사무를 담당한다. 수상에서 조난사고가 발생한 때는 다음 각 항목 어느 하나에 해당하는 자는 즉시 가까운 구조본부의 장이나 소방관서의 장에게 조난 사실을 신고하여야 한다.

- 조난된 항공기의 기장 또는 소유자
- 수상에서 조난 사실을 발견한 자
- 조난된 항공기로부터 조난신호나 조난통신을 수신한 자
- 조난사고 원인을 제공한 항공기의 기장 및 승무원

항공기의 소재가 불명하고 통신이 두절되어 실종의 위험이 있다고 인정되는 경우에는 그 항공기의 소유자·운항자 또는 관리자는 지체 없이 그 사실을 구조본부의 장이나 소방관서의 장에게 신고하여야 하며, 조난 사실을 신고받거나 인지한 구조본부의 장 또는 소방관서의 장은 그 사실을 지체 없이 조난지역을 관할하는 구조본부의 장이나 소방관서의 장에게 통보하여야 한다.

3) 구조본부의 조치

조난 사실을 신고 또는 통보받거나 인지한 관할 구조본부의 장이나 소방관서의 장은 구조대에 구조를 지시 또는 요청하거나 조난현장의 부근에 있는 선박 등에게 구조를 요청하는 등 수난구호에 필요한 조치를 취하여야 한다. 구조의 지시 또는 요청을 받은 구조대의 장은 구조상황을 수시로 관할 구조본부의 장 또는 소방관서의 장에게 보고하거나 통보하여야 한다.

수난구호를 위하여 필요하다고 인정할 때는 구조본부의 장 또는 소방관서의 장은 수난구호협력기관의 장, 수난구호민간단체에게 소속 구조지원요원 및 선박을 현장에 출동시키는 등 구조활동을 지원할 것을 요청할 수 있다. 이 경우 요청을 받은 수난구호협력기관의 장과 수난구호민간단체는 특별한 사유가 없는 한 즉시 이에 응하여야 한다.

구조본부의 장 또는 소방관서의 장은 생존자의 구조를 위하여 필요한 경우 수중 수색구조 활동을 실시할 수 있다. 다만, 그 업무를 수행하는 사람의 건강이나 생명에 중대한 위험을 초래할 우려가 있다고 판단되는 경우에는 실시하지 아니하거나 중지할 수 있다.

제 9 장 항공기 사고 조사

김현덕 한국항공대학교 항공운항학과 교수, 한국항공운항학회 정회원

항공기 사고 발생 시 적용되는 사고 조사 관련 법규, 절차 및 분석 기법에 대한 기초 지식을 습득하고, 이를 바탕으로 사고의 원인을 체계적으로 규명하며, 재발 방지와 항공안전 향상을 위한 실질적인 개선 방안을 도출할 수 있는 역량을 함양한다.

AIRCRAFT ACCIDENT
INVESTIGATION

항공기 사고 조사(Aircraft Accident and Incident Investigation) 법규

1 국제민간항공협약(Convention on International Civil Aviation)

급속한 과학과 기술 발전에도 불구하고 항공기의 사고는 지속해서 발생하고 있다. 항공기 사고의 원인은 단순한 조종사의 인적오류에 의한 것뿐만이 아니라, 다양한 여러 요인의 복합적인 형태로 발생한다. 또한 항공기 사고는 예측이 어려우며, 그 피해의 규모도 대형화로 교통사고와는 다른 특성이 있다.

현대의 국제항공 운송 산업 발전으로 항공기 교통량은 증가하였고, 이에 따른 항공기 사고도 증가하게 되었다. 항공사고를 발생시킨 항공기 등록 국가, 항공기 제작, 설계한 국가, 항공기 운영 국가, 사고로 피해가 발생한 국가들이 다른 경우, 항공기 사고 조사에 참여하는 국가들은 각각의 이해관계를 가지고 사고 조사에 임하게 된다. 이처럼 참여국의 이해관계로 인한 항공기 사고 조사의 분쟁과 혼란을 방지하기 위해서는 국제적인 표준 절차가 필요하게 되었다.

세계 항공산업 주요국은 제2차 세계대전 이후인 1944년 시카고 국제민간항공 회의를 개최하여, 국제민간항공협약(Convention on International Civil Aviation)을 제정하였다. 이를 근거로 1947년에 국제민간항공기구(ICAO, International Civil Aviation Organization)를 발족하였으며, 국제항공과 관련한 원칙과 기술을 개발하고 안전 규율을 제정할 수 있는 권한을 부여하였다. 대한민국은 ICAO에 1952년 가입하게 되었다.

국제민간항공협약은 4개의 장과 22개의 절, 96개의 조항으로 이루어진 협약 본문과 이를 보충하기 위한 부속서(Annex)로 제1부터 제19까지로 구성되어 있다. 부속서는 협약 본문에 모두 포함할 수 없는 기술적이고 전문적인 세부 사항을 명시하기 위한 것으로, 비행안전과 관련된 각 분야의 국제표준과 기술적인 기준을 명시한 국제규범으로, 국제민간항공협약 일부로서 협약 본문과 동등한 효력을 가진다.

2 부속서(Annex) 13 항공기 사고 조사의 구성

국제민간항공협약 제37조항에 따르면 체약국은 항공기, 인원, 항공로 등과 관련하여 규정, 표준 절차 및 조직에서의 최대한 통일성을 위해 '국제표준과 권고사항(SARPs, Standards And Recommended Practices)'을 준수하여야 하며, 그 세부 규정은 부속서(Annex)에 명시하기로 하였다. 1944년에는 부속서 제12까지 채택하였으며, 1953년에는 부속서 제15까지 확대하였고, 2013년에는 부속서 제19까지 추가되어 현재는 총 19개의 부속서를 마련하고 있다.

그중 부속서 제13은 항공기 사고 조사에 관한 국제표준 및 권고사항을 규정하고 있는 것으로, 항공기 사고 조사의 목적인 사고 예방을 위한 통일된 적용이 필요하다고 인정된 사항을 기술하고 있다. 부속서 13의 구성은 아래와 같다.

표 9.1 부속서(Annex) 13 항공기 사고 조사 구성

순서	내용
Chapter 1. Definitions & Chapter 2. Application	항공기 사고 조사 관련 용어의 정의 및 적용 범위
Chapter 3. General & Chapter 4. Notification	사고 조사의 목적 및 독립성, 증거자료의 확보 및 보존, 사고 관련 국가별 책임과 권한(발생국, 등록국, 운영국, 설계국 및 제작국)
Chapter 5. Investigation	사고조사단 구성 및 조사 수행(정보의 수집, 기록 및 분석)
Chapter 6. Final Report	최종보고서 작성 및 안전권고 발행
Chapter 7. ADREP(Accident/ incident Data Report) Reporting	ICAO 체약국 예비보고서(Preliminary Report) 및 사고/준사고 데이터 보고 규정
Chapter 8. Accident Prevention Measures	사고 예방을 위한 데이터베이스 구축

3 항공기 사고 조사의 목적 및 수행

국제민간항공협약 부속서 13에 명시된 항공기 사고 조사의 목적 및 수행에 관련된 주요 내용은 다음과 같다.

- 제3.1조 항공기 사고 또는 항공안전장애의 조사 목적은 항공기 사고와 항공안전장애의 예방에 있다. 책임소재를 규명하거나 비난하려는 것은 사고 조사 활동의 목적이 아니다.

- 제5.4.1조 이 부속서 조항에 따른 사고 조사는 비난이나 책임소재를 규명하기 위한 모든 사법 또는 행정 절차와 분리되어야 한다.

- 제5.10조 조사시행국은 조사단장과 사법당국 간의 협조가 필요함을 인식해야 한다. 성공적인 조사를 위해, 희생자에 대한 검시 및 식별과 비행기록장치의 해독과 같이 신속한 기록ㆍ분석이 요구되는 증거물에 대해서는 특별한 주의를 기울여야 한다.

- 제5.12조 사고 또는 항공안전장애의 조사시행국은 아래 기록을 조사 이외의 목적으로 이용할 수 없다.

  가) 조종실음성녹음장치(CVR, Cockpit Voice Recorder), 기내 영상기록

나) 사고조사위원회가 다음과 같이 보관 또는 통제하는 기록

 a. 사고조사위원회 조사 과정에서 당사자들로부터 청취한 진술

 b. 항공기 운항승무원과 관계자들 간에 이루어진 통신 기록

 c. 사고 또는 항공안전장애 당사자의 의학적 또는 사생활 정보

 d. 항공교통관제 기관의 음성기록과 동 기록에서 얻은 녹취록

 e. 비행자료기록장치(FDR, Flight Data Recorder) 정보 분석 의견

 f. 사고 조사 최종보고서의 초안

위의 내용과 같이 부속서 13에 기술된 항공기 사고 조사는 비난이나 책임 소재를 규명하기 위한 모든 사법 또는 행정 절차와 분리되어야 하고, 조사 당국이 조사 과정에서 청취하게 된 진술 등은 사고 조사 이외의 목적으로 사용되어서는 안 된다는 것이다. 체약국의 부속서 규정 이행 여부는 항공안전종합평가(USOAP, Universal Safety Oversight Audit Programme) 프로그램에 따라 확인할 수 있고, 규정 불이행의 경우 항공협정에 의거 항공기나 공항 인증, 조종사 등의 기타 자격증 관련된 유효성이 인정되지 않아 외국 영공에서의 항공기 운항이 불가할 수도 있다.

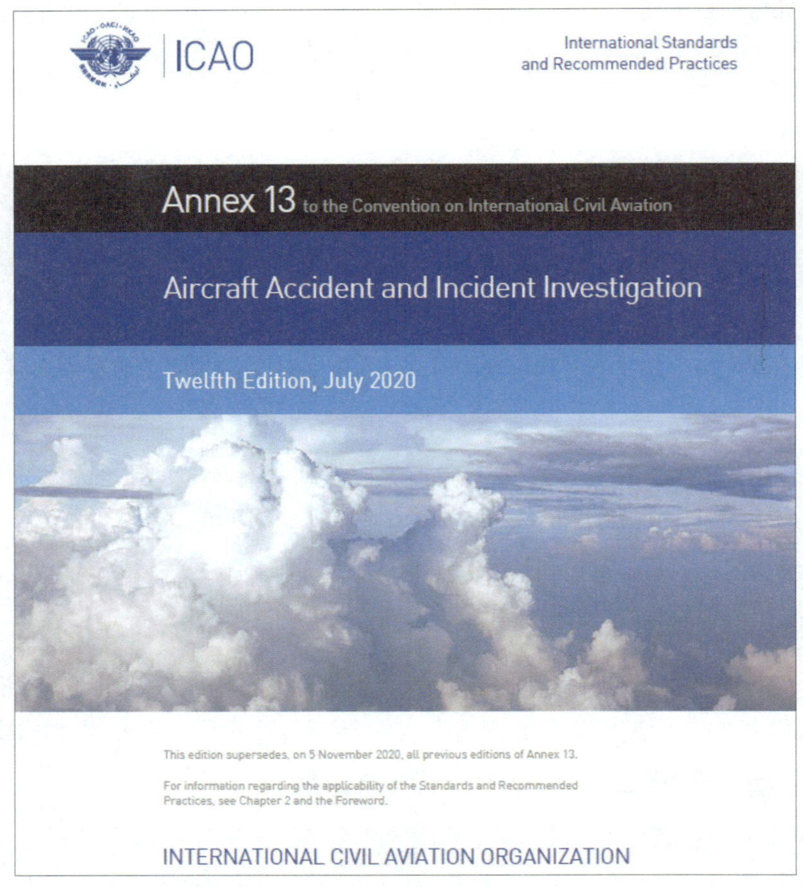

그림 9.1 ICAO Annex 13

제2절 비행기록장치(블랙박스, FDR/CVR)의 사고 조사 분석

1 비행기록장치(Flight Recorder) 정의

비행기록장치란 사고/준사고에 도움을 줄 목적으로 항공기에 장착한 모든 형태의 기록장치를 의미하며, 현대의 항공기는 비행안전의 품질관리와 사고 조사에 필요한 비행 데이터를 취득하기 위해서 비행기록장치를 의무화하고 있다. 또한 비행기록장치는 그림 9.2와 같이 비행자료기록장치(FDR, Flight Data Recorder)와 조종실음성기록장치(CVR, Cockpit Voice Recorder)로 구성되며, 그 모양은 그림 9.3과 같으며 대부분의 항공기 후미에 장착이 되어 있다.

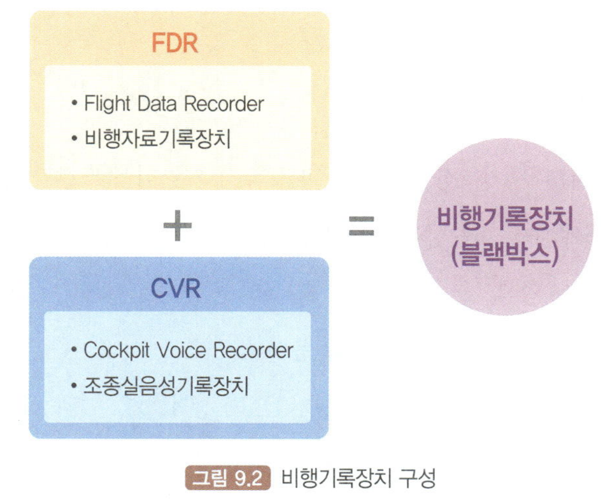

그림 9.2 비행기록장치 구성

그림 9.3 비행기록장치 위치

1) 항공안전법 시행규칙(109조)

아래의 항공기에는 비행자료 및 조종실 내 음성을 디지털 방식으로 기록할 수 있는 비행기록장치 각 1기 이상을 장착해야 한다.

- 항공운송사업에 사용되는 터빈 발동기를 장착한 비행기

- 승객 5명을 초과하여 수송할 수 있고, 최대이륙중량이 5,700킬로그램을 초과하는 비행기로, 항공운송사업 외의 용도로 사용되는 터빈 발동기를 장착한 비행기

    - 비행기록장치 : 25시간 이상 비행자료를 기록

    - 조종실 내 음성기록 : 2시간 이상

- 1989년 1월 1일 이후에 제작된 헬리콥터로서 최대이륙중량이 3,180킬로그램을 초과하는 헬리콥터

    - 비행기록장치 : 10시간 이상 비행자료를 기록

    - 조종실 내 음성기록 : 2시간 이상

2) 운항 기술기준

운항 기술기준에 명시된 비행기록장치의 구조 및 장착 내용은 다음과 같다(7.1.17).

- 비행기 추락과 화재에 대해 저항성을 가져야 한다.

- 밝은 오렌지 또는 밝은 황색

- 빛을 반사하는 성질을 가진 재료 : 위치 수색 용이

- 비 전개식 비행기록장치 : 수중위치전파 발생기(ULB) 장착

- 자동 전개식 비행기록장치 : 비상위치지시용 무선표지설비(ELT) 장착

운항 기술기준의 비행기록장치의 운용에 관한 내용은 다음과 같다(8.1.8.17).

- 기장은 사고 또는 준사고의 조사를 위하여 자료를 보존할 필요성이 있는 경우를 제외하고, 비행 중 비행자료기록장치(FDR) 또는 조종실음성기록장치(CVR)를 부작동 되게 하거나 스위치를 끄거나 기록을 지워서는 아니 된다.

- 사고 및 준사고 발생 시, 비행이 종료된 후 작동 중지

    - 최소장비목록(MEL)에서 정한 요건을 충족

    - 비행자료기록장치 기록(FDR) : 이륙활주 시작~착륙활주 종료

 – 조종실 음성기록장치(CVR) : 출발 전 점검표(Check List)의 절차를 시작한 시점(또는 엔진이 작동해야만 CVR 전원이 공급되는 경우 엔진 작동)~엔진 정지 등 점검표(Check List)의 확인을 종료한 시점

 • ICAO 부속서 13에서 정하는 바에 따라 수거 등의 처분 전 재작동 금지

3 비행자료기록(FDR, Flight Data Recorder)

비행자료기록은 사고 조사의 원인을 밝히기 위한 데이터 분석에 이용할 뿐만이 아니라 각 항공사의 안전관리시스템(SMS, Safety Management System)의 일환으로 이용하여 비행안전을 모니터 하기 위한 운항품질보증(FOQA, Flight Operation Quality Assurance) 프로그램의 QAR(Quick Access Recorder) 데이터의 분석에도 유용하게 사용된다.

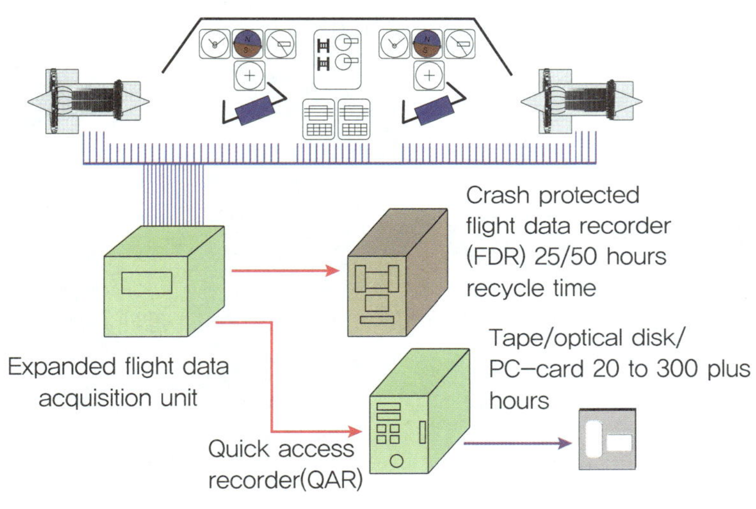

그림 9.4 비행자료기록 시스템

항공기 사고 조사에 필요한 사실 정보의 내용으로는 그림 9.5와 같이 ICAO Annex 13에서 정하는 여러 가지 사항들이 있으며, 모든 사실 정보가 중요하다고 할 수 있다. 그중에서도 조종사의 비행 내용 및 사고 경위, 원인과 관련된 가장 객관적이고 방대한 정보를 제공하는 것이 비행자료기록 시스템이라고 할 수 있다. 예를 들어 사고 항공기의 비행시간, 사고가 발생한 장소, 비행 궤적, 항공기 자세, 조종사의 조작, 항공기 속도, 엔진의 상태, 조종사 간의 대화 내용 등 다수의 데이터를 분석하여 사고의 원인을 객관적으로 규명할 수 있다.

◆ ICAO Annex 13 사실 정보(Factual Information) 사항

비행 경위 History of Flight	인명 피해 Injuries to Persons	항공기 손상 Damage to Aircraft	기타 손상 Other Damage
인적 정보 Personnel Info.	항공기 정보 Aircraft Info.	기상 정보 Meteorological Info.	항행안전시설 Aids to Navigation
통신 Communications	비행장 정보 Aerodrome Info.	비행기록장치 Flight Recorders	잔해 및 충격 정보 Wreckage & Impact Info.
의학 및 병리 정보 Medical & Pathological Info.	화재 Fire	생존 분야 Survival Aspects	시험 및 연구 Test & Research
조직 및 관리 정보 Organization & Management Info.	추가 정보 Additional Info.	유용 또는 효과적 사고조사 기법 Useful or effective Investigation Technique	

그림 9.5 사고 조사 보고서 사실 정보(Factual Information)

비행자료기록장치(FDR, Flight Data Recorder)의 경우는 높은 온도(1,100℃)와 깊은 수심(20,000ft)에서도 일정한 시간 유지가 가능한 장비로서 최근 비행한 25시간 동안의 데이터를 기록할 수 있다.

4 비행자료기록 분석

사고 조사를 위한 비행자료기록(FDR)의 분석 과정은 다음의 그림 9.6과 같이 4단계로 나눌 수 있다.

그림 9.6 비행자료기록장치 분석 프로세스

첫째, 가능한 한 사고 현장에 빨리 출동하여 비행기록장치를 확보하는 것이 중요하다.

둘째, 수거된 비행자료기록(FDR)에 맞는 전용 인출 장비로 데이터를 인출한다.

셋째, 분석프로그램을 이용하여 비행 데이터를 분석한다.

마지막으로, 분석된 비행 데이터를 조사에 필요한 결과물로 생산하는 과정을 거친다.

항공기의 비행자료기록(FDR)에 기록되는 비행 데이터는 연속적인 2진수의 값으로 기록이 이루어진다. 이렇게 기록된 데이터의 정의 및 위치정보 등은 사전에 항공기 제작사에서 매뉴얼(Manual) 형태로 발행되며, 기록된 2진수의 값을 분석가가 인식할 수 있도록 EU(Engineering Unit) 값으로 변환해야 한다.

• 항공기에서 기록되는 Data는 연속적인 2진수 값

```
10001111010111101000000011101 101011010100011110
--------------------10000001011010--------
```

• 각 Data의 2진수 값을 EU(Engineering Uint) 값으로 변환해야 한다.

EU(Engineering Uint) 값 : 사람이 인식할 수 있는 값
예 속도 : 230kt, 기번 : HL 0000, Autopilot : ON 등

비행자료기록(FDR)의 분석을 위해서는 먼저 2진수로 기록되는 비행 데이터의 변환 로직을 설정하여야 하고, 변환된 값을 검증하기 위해서는 상당한 시간이 소요되기 때문에 통상적으로 비행기록장치의 분석에 시간이 오래 걸리는 이유이다.

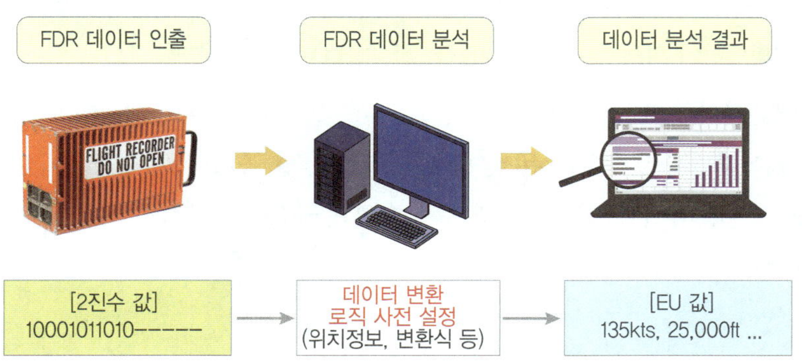

그림 9.7 비행기록장치 FDR 데이터 변환 및 분석

위의 분석시스템을 통하여 분석된 비행 데이터는 통상적으로 500~1,000개 이상으로 항공기 출발부터 도착까지 1초 단위로 기록할 수 있다. 이러한 비행 자료는 리스트 타입(List type), 그래픽 타입(Graphic type) 및 애니메이션(Animation) 형태로 시현된다.

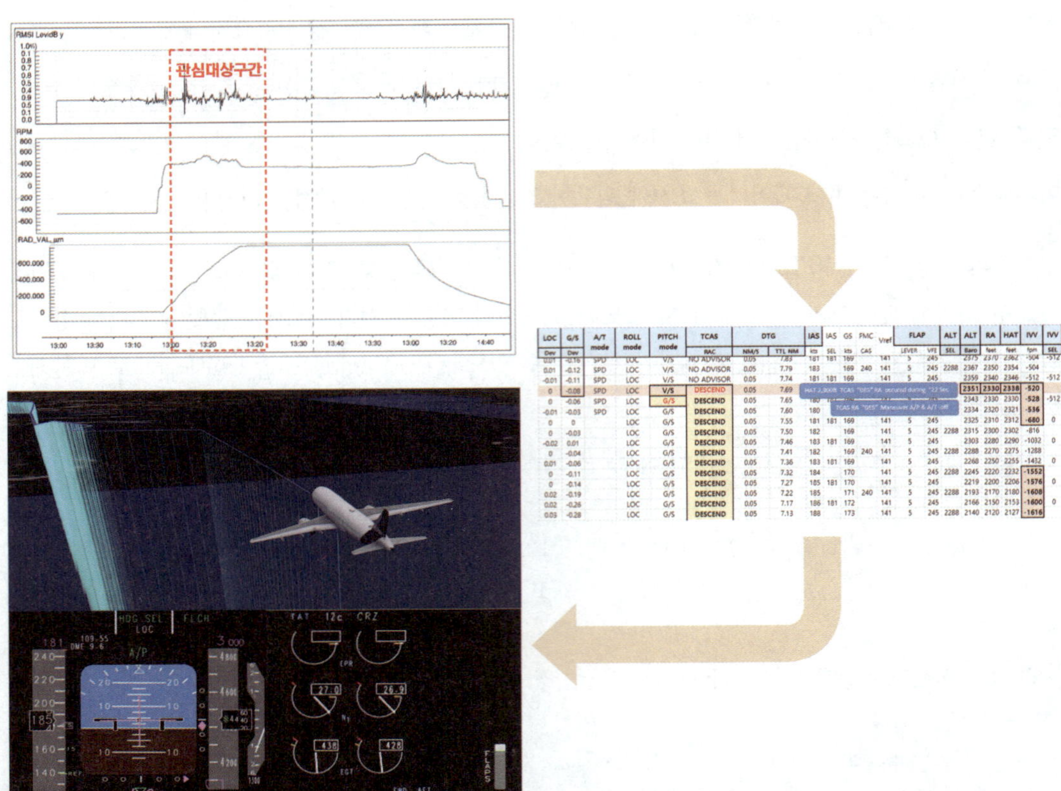

그림 9.8 비행기록장치 FDR 효율적 분석

비행자료기록(FDR)의 분석 데이터 분석에 있어 효율적으로 원하는 자료를 조회하기 위해서는 먼저 분석가가 필요한 시간대의 필요한 데이터에 대한 그래픽(Graphic) 정보를 우선 검토한다. 이후에 관심 있는 특정 부분을 선택하여 리스트 타입 정보를 검토하여 마지막으로 비행 상황을 종합적으로 확인하기 위해서는 애니메이션을 활용한다.

이러한 비행자료기록(FDR) 장치는 일시적인 오류를 발생하기도 하는데, 기록장치에 최종적으로 데이터를 기록하면서 발생하는 문제, 전자기장 또는 열 등에 의해 운항 중 일부 시간대에서 발생하기도 한다. 이 경우에는 기록 오류가 발생한 구간에 대해서는 비행자료 분석 데이터의 활용이 불가하므로, 변환 로직을 수정한 후에 신뢰할 수 있는 정보만 데이터 분석에 활용하여야 한다.

5 조종실 음성기록(CVR, Cockpit Voice Recorder)

조종실음성 기록장치는 항공기에서 해당 이벤트가 왜 발생했는지에 대한 정보를 확보할 수 있는 장비이다. 조종실 내에서의 기장과 부기장의 대화 내용, 조종사와 관제사 간에 주고받은 ATC(Air Traffic Control) 교신 내용, 조종사와 객실 승무원과의 대화 내용, 조종사와 정비사 간의 항공기 정비 관련 내용의 음성기록으로 확인할 수 있다. 아울러 조종석 내에서 발생하는 기재 취급 소리 및 각종 경고음(Master Warning, Engine Fail, Auto-Callout)을 통하여 조종사의 비정상 상황 절차 수행의 적절성과 의사결정 과정을 추론할 수도 있다.

◈ CVR 기록 내용

CH 1 HQ: Observer Audio(30분)

CH 2 HQ: Co-Pilot Audio(30분)

CH 3 HQ: Pilot Audio(30분)

CH 4 HQ: Cockpit Area Mic(30분)

COMB SQ: CH1+CH2+CH3 내용은 120분간 Recording

CAM SQ: CH4 내용은 120분간 Recording

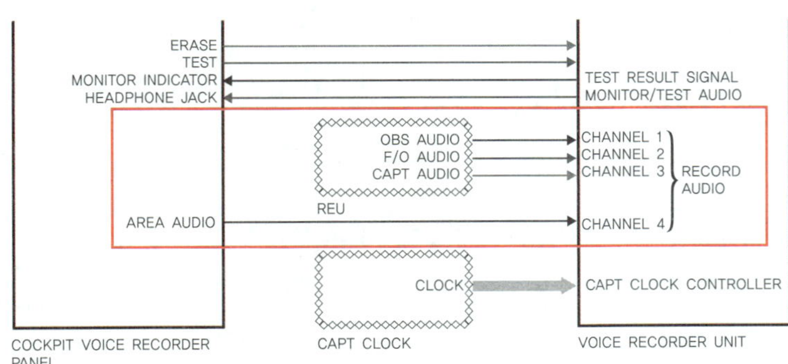

그림 9.9 조종실 음성기록 장치

조종실 음성기록 장치(CVR)는 기장과 부기장, 관숙(Observer) 좌석의 3개의 채널 오디오는 각 30분 분량의 음성이 녹음되고, 3개의 채널을 합친 통합(Combination) 채널은 120분간의 조종실음성을 기록할 수 있다. 2022년 1월 이후의 조종실 음성기록 장치(CVR)는 기존의 4개의 채널 모두 각 120분간의 음성 녹음이 가능하게 변경되었다.

항공기 사고 및 준사고 발생 시 조종실 음성기록 장치(CVR) 장탈 절차에서 운항승무원은 비행이 종료된 후 조종실 음성기록 장치(CVR) Circuit Breaker를 당겨서 작동을 중지시키고, 조종실 내에 음성기록 장치(CVR) Circuit Breaker가 없는 경우에는 정비사에게 음성기록 장치 작동 중지를 요청하여야 한다. 조종실 음성기록 장치의 녹음 시간은 120분이므로 비정상 상황 발생 시의 데이터 보존에 주의를 기울여야 한다.

제3절 항공기 사고 조사 절차의 이해

1 용어의 정의

① **항공기 사고(Accident)(항공안전법 제2조 제6호)**

- 사람이 비행을 목적으로 항공기에 탑승하였을 때부터 탑승한 모든 사람이 항공기에서 내릴 때까지(무인항공기의 경우에는 움직이는 순간부터 비행이 종료되어 발동기가 정지되는 순간까지) 항공기의 운항과 관련하여 발생한 것
  - 사람의 사망, 중상 또는 행방불명
  - 항공기의 파손 또는 구조적 손상
  - 항공기의 위치를 확인할 수 없거나 항공기에 접근할 수 없는 경우

② **항공기 준사고(Incident)(항공안전법 제2조 제9호)**

- 항공안전에 중대한 위해를 끼쳐 항공기 사고로 이어질 수 있었던 것

③ **항공안전장애(Significant Event)(항공안전법 제2조 제10호)**

- 항공기 사고 및 항공기 준사고 외에 항공기 운항 등과 관련하여 항공안전에 영향을 미치거나 미칠 우려가 있었던 것

④ **사망/중상 등의 적용 기준(항공안전법 시행규칙 제6조)**

- 항공기에 탑승한 사람이 사망하거나 중상을 입은 경우. 다만, 자연적인 원인, 자기 자신이나 타인에 의하여 발생, 밀항자 등에게 발생한 경우는 제외
- 항공기로부터 이탈된 부품이나 그 항공기와의 직접적인 접촉 등으로 발생한 경우
- 발동기의 흡입 또는 후류로 인하여 사망하거나 중상을 입은 경우
- 항공기 안에 있던 사람이 항공기 사고로 1년간 생사가 분명하지 아니한 경우

⑤ **사망/중상의 범위(항공안전법 시행규칙 제7조)**

- 사망 : 항공기 사고가 발생한 날부터 30일 이내에 사망한 경우를 포함

• 중상
  – 항공기 사고로 부상을 입은 날부터 7일 이내에 48시간을 초과하는 입원
  – 골절(코뼈, 손가락, 발가락 등의 간단한 골절은 제외)
  – 열상(찢어진 상처)으로 인한 심한 출혈, 신경·근육 또는 힘줄의 손상
  – 2도나 3도의 화상 또는 신체 표면의 5%를 초과하는 화상(7일 이내에 48시간을 초과하는 입원)
  – 내장의 손상
  – 전염 물질이나 유해 방사선에 노출된 사실이 확인된 경우

⑥ 항공기의 파손 또는 구조적 손상의 범위(항공안전법 시행규칙 제8조, 별표 1)

• 항공기 구조물의 강도, 항공기의 성능 또는 비행 특성에 악영향을 미쳐 대수리 또는 해당 구성품(component)의 교체가 요구되는 것

  예 발동기 탈락, 발동기 내부 부품이 탈락하여 관통, 고양력 장치·윙렛 손실, 동체착륙, 여압 조절이 불가한 손상, 레이돔 파손으로 항공기에 중대한 손상을 입힌 경우

2 항공기 사고 조사 절차

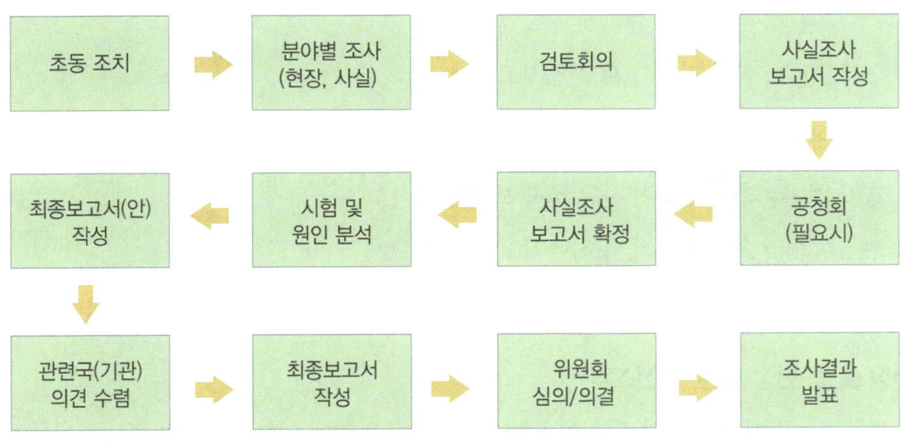

그림 9.10 사고 조사 절차

항공기 사고 조사의 절차는 그림 9.10과 같이 초동 조치를 하고, 분야별 현장조사와 사실조사를 한 후에 사실조사 보고서를 작성하고, 원인분석을 한 후에 최종보고서를 작성하여 조사 결과를 발표하는 순서로 조사가 이루어진다.

① 사고조사단의 구성

- 조사관 또는 사고 조사와 관련된 업무를 수행하는 직원 중에서 위원장이 사고조사단장 (Investigator in Charge)을 임명

- 사고조사단장은 사고 조사에 관한 사무를 총괄하고, 사고조사단의 구성원을 지휘 감독

- 사고조사단은 운항, 객실, 관제, 기체, 시스템, 엔진, 기상 등의 전문가로 구성

- 인적요인(Human Factor), 항공기 성능(Aircraft Performance), 공항(Airport), 블랙박스(FDR/CVR) 등 분야별로 그룹을 구성

- 각 그룹의 장은 사고조사관이 담당

- 그룹원은 항공정책실, 지방항공청, 각국의 신임 대표, 항공사, 제작사 등의 관계자로 구성

- 출동 준비를 위하여 사고조사위원회는 조사관들에게 ICAO의 지침과 국제적 모범 사례에 따라 인원 규모 및 조사 장비를 제공

② 사고 발생 통보

사고조사위원회는 사고 항공기의 운영국, 등록국, 제작국, 설계국, ICAO에 항공기 사고를 통보하여야 한다.

- ICAO에 사고 발생 통보 기준

  - 2,250kg 초과 혹은 터보제트 항공기 사고

  - 5,700kg 이상 항공기 사고/준사고

- ICAO에 사고 조사 보고서 통보 기준

  - 2,250kg 초과 항공기 사고 조사 보고서

  - 5,700kg 초과 항공기 사고/준사고 조사 보고서

- 사고조사위원회는 사고 관련 유용한 정보를 분명하고 간결하게 적시에 통보한다.

③ 현장 출동, 현장 보존, 안전조치

사고조사관은 사고 현장의 잠재적인 위험을 파악하고 이에 대한 대비책을 준비하여야 한다.

- 사고조사위원회는 항공기 사고 현장의 보호를 위한 현장 출입 및 접근 인원, 장비의 통제를 위하여 경찰에 협조를 요청하고, 항공기의 잔해 보존, 잔해 수거, 잔해 유치, 증거기록 유지를 위한 조치가 필요하다.

- 사고 현장 조사

  - 사고 항공기의 비행기록장치(FDR, CVR) 확보

  - 증거 수집을 위한 사진 촬영, 기록, 측정, 격리, 포장 등

  - 진술 조사를 위한 증인 인터뷰는 목격자, 관련자, 수색 구조요원, 소방관, 유가족 등을 대상으로 한다.

  - 사고 현장의 잔해조사는 사고 위치, 사진, 잔해 분포도, 충돌 자국 및 파편 등

  - 사고 현장에 최초 출동한 관계기관(경찰, 소방 등)의 사고 조사 참고 자료 확보

- 사고 현장 조사 시 유의할 점

  - 사고 현장에서는 인명구조 및 재난방지가 최우선이며, 잔해 훼손의 최소화가 필요하다.

    ▶ 생존자 구조 및 사망자 발견 시에는 사진 촬영 및 식별 표식이 필요

  - 사고조사단장은 현장 인수 및 출입 통제를 시행

    ▶ 필요시에는 현장 감독 또는 안전관리자를 임명

    ▶ 현장의 재난통제 및 인명구조 요원과의 협조 관계 유지

    ▶ 항공기 대형사고 시에는 현장 출입증 발급이 필요

    ▶ 사고 현장 취재를 위한 언론, 가족, 고위층 방문을 대비한 면밀한 계획을 수립

  - 현장 보존 : 사고 현장의 사진 촬영, 잔해 분포도 및 표지를 설치

  - 사고 현장의 잔해조사는 전문가팀을 구성하여 실시

    ▶ 독자적인 개인별 잔해조사는 금지

    ▶ 운항그룹(조종사), 정비그룹(정비사), 객실그룹(객실 승무원), 시스템 그룹 등이 합동으로 잔해조사

  - 사고 현장에서 긴급하게 확보되어야 할 물품

    ▶ 블랙박스(FDR, CVR)

    ▶ 비행과 관련된 서류(비행 및 정비일지 등)

- 사실정보 수집

  - 운항 및 객실 승무원, 정비사 인적 사항, 비행 및 정비 이력

  - 항공사의 안전관리(SMS) 조직, 운항승무원 피로관리 현황

  - 사고 발생 시의 기상 및 관제사 관련 정보

  - 항공기 성능(Performance), 중량 배분(Weight & Balance), 위험물 탑재 현황, 승객 탑승 현황

- 사고와 관련된 모의 시험비행 결과

- 인적 요인(Human Factor), 조직의 안전 문화 등

- 기타 사고 조사 원인의 규명에 필요한 정보를 수집

- 현장 안전관리 및 위험관리

  - 사고 현장의 잠재적 위험 요인 파악과 개인보호장비(PPE)의 사용

  - 필요시에는 소방 또는 위험물 전문가에게 지원을 요청

  - 위험물 탑재 여부를 파악하고, 화재 예방 대책을 수립

- 사고 현장의 위험 요소 파악

  - 기계적인 위험 요소(압력용기)

    ▶ 산소탱크의 위치, 비상탈출용 슬라이드의 팽창 여부, 소화기의 위치 – 생물학적 위험 요소

    ▶ B형 간염의 경우 혈액 응고 후에도 약 2주간 바이러스가 살아있으며, 매우 쉽게 감염된다.

    ▶ 면역결핍 바이러스(HIV)의 직접 체액이나 혈액과 접촉할 때 감염된다.

- 개인보호구(PPE, Personal Protective Equipment)

  - 전신 보호 피복(Overall)

  - 라텍스 장갑

  - 보호안경(Goggle)

  - 장화

  - 마스크

  - 기타 필요 장비

- 사고 목격자와 증인 인터뷰(Interview)

  - 사고의 목격자 또는 증인의 면담 조사

  - 필요시에는 인터뷰 내용을 녹음하기 전에 당사자의 동의 필수

  - 목격자는 기억에 의존하여 진술

    ▶ 사고 발생 후 시간 경과로 목격자의 기억 내용은 변화된다.

  - 기억의 한계로 인한 중요 정보 누락

    ▶ 사고 관련한 중요 기억을 끌어내기 위해서는 심리학적 유도 질문 필요

4 분야별(그룹별) 조사

① 그룹별 현장조사

사고조사관들은 개인의 전문성에 따라 해당 전문가 그룹에 속하여 현장조사를 실시한다.

- 비행기록장치(FDR, CVR)의 회수
- 증거 수집
    - 사고 현장 사진 촬영 및 기록, 측정 등
- 면담 조사
    - 사고의 목격자 또는 관련자, 구조요원, 소방관, 유가족 등
- 잔해조사
    - 사고 위치, 잔해 분포도, 항공기 충돌 자국 및 파편 등
- 사고 조사 관련 기관의 참고 자료
    - 소방 및 경찰, 구조대원 등

② 그룹별 사실정보 수집

- 운항승무원, 객실승무원, 정비사 인적사항, 항공기 관련 비행 및 정비 이력
- 항공사의 운영 현황
- 항공기 잔해조사, 항공기 중량 배분, 관련자 진술
- 사고 당시의 기상 및 관제사 관련 정보
- 사고 조사와 관련 모의 비행장치 시험 결과
- 인적 요인 분야
    - 근무환경, 조직문화, 안전문화 등
- 기타 사고 원인 규명에 필요한 정보

5 검토회의

① 분야별 기술회의

- 항공기 제작사, 운영국 등과 사고 내용의 기술적인 협의
- 기술적으로 정확한 사고 원인 규명을 위한 확인 과정

② 전체 검토회의

- 사고의 현장조사 및 사실조사 과정에서 확인된 내용 검토
- 확인 사안에 대한 기술적인 검증과 의견이 일치하는 과정
    - 사실조사 보고서 작성을 위한 관련 내용의 종합
    - 사실조사 보고서에 수록할 내용 확인

6 사실조사 보고서 작성

① 현장조사 결과 보고서 작성

- 조사단장 중심으로 현장조사 단계에서의 부품 검사 및 시험 등에 대한 결과 보고서 작성
- 그룹 구성원별로 내용 및 정확성 완성도를 확인

② 그룹별 사실조사 보고서 작성

- 그룹별 사실조사 보고서(초안) 작성 후 단장에 보고

OOO OOO 사고 현장조사 결과 보고

20.. [보고지]

00.00.00 00:00경, 어디에서, 누가(운영자, 기종, 편명), 어떻게 된 사고에 대한 현장조사 결과 보고입니다.
* 조사단: (구성) 단장 OOO, 단원 OOO, OOO, OOO (기간) 00.00~00.00

□ **개요**
ㅇ [일시·장소]
ㅇ [항공기]
ㅇ [탑승자] 총 OO명 [승객 명, 승무원 명]
ㅇ [사고경위]
ㅇ [피해현황] 인명 피해, 항공기 피해 내용

□ **[주요] 조사 결과**
• 주: 조사내용이 많을 경우 붙임으로 작성, 그룹별 현장조사 결과보고의 경우 붙임에 각 그룹별 사실보고서를 첨부

□ **향후 계획**
※ 붙임 1. [그룹별] 세부 조사내용, 2. 관련 사진자료

그림 9.11 항공 철도사고조사위원회 항공사고 조사 매뉴얼 별지 제11호서식

붙임 1 | **세부 사실[현장]조사 보고서 [Factual Report]**

□ **제목:**　　　　　　　　　　　　　　　　　　　　　[사고번호: AAR2000-000]

　○ 항공기 운영자:

　○ 항공기 제작사:

　○ 항공기 형식:

　○ 항공기 등록번호:

　○ 발생장소:

　○ 발생일시: OOOO년 OO월 OO일 OO:O경[한국표준시각]

　○ 사고개요

□ **비행 경위**

□ **인명 피해**

□ **항공기 손상**

□ **인적 정보**

　○ 기장, 부기장[필요시 사무장, 객실승무원 포함]

□ **항공기 정보**

○ 일반정보	□ **잔해 및 충격정보**
○ 제원	□ **의학 및 병리학적 정보**
○ 중량과 평형	□ **화재**
□ **기상 정보**	□ **생존 분야**
□ **항행안전시설**	□ **시험 및 연구**
□ **통신**	□ **조직 및 관리정보**
□ **비행장 정보**	○ 조직
□ **비행기록장치**	○ 교육훈련
○ 비행자료기록장치	□ **그 밖의 추가 정보**
○ 조종실음성기록장치	

그림 9.12 세부 사실(현장) 보고서

③ XXX그룹 사실조사 보고서 작성

××그룹 사실조사 보고서[또는 현장기록]

1. 사고번호 : ××××[위원회 고유번호]

　장소 : ××××

　일시 : ××××

　항공기 : ××××

2. 그룹원

　그룹장 ××××

　국토교통부 전문가 ××××, 항공사 전문가 ××××, 제작사 전문가 ××××

3. 개요

　– 비행편, 이륙 시간, 사고 시간, 탑승자 수, 부상자, 사망자 등 간략한 사고에 대한 설명

　– 조사활동의 범위, 조사 시간대, 조사장소, 조사내용 등을 설명

4. 조사의 상세내용

　– 그룹별로 확인한 사실, 상태를 적합한 제목으로 기술: 엔진 제작사 조사 결과

　– 확인된 사실 정보, 분석, 결론, 안전권고 제안 사항 등 포함

그림 9.13 항공 철도사고조사위원회 항공사고 조사 매뉴얼 별지 제12호서식

④ 사실조사 보고서 작성

- 조사단장 중심으로 사실조사 보고서 작성

- 그룹별 사실조사 보고서 작성 후 단장에 제출

- 시험 및 연구 기록 내용 작성

- 사실조사 보고서 내용 및 순서

  - 제목, 개요(Synopsis), 비행경위

  - 사실정보

  1. 비행 경위 / 2. 인명 피해 / 3. 항공기 손상 / 4. 기타 손상 / 5. 인적 사항 / 6. 항공기 정보 / 7. 기상정보 / 8. 항행안전시설 / 9. 통신 / 10. 비행장 정보 / 11. 비행기록장치 / 12. 잔해 및 충격 정보 / 13. 의학 및 병리학적 정보 / 14. 화재 / 15. 생존 사항 / 16. 시험 및 연구 / 17. 조직 및 관리 정보 / 18. 추가 정보

7 최종보고서 작성

① 최종보고서 형식

- 최종보고서는 ICAO 부속서 13의 국제기준을 충족하고, 독자가 이해하기 쉽도록 통일된 형식으로 작성한다.

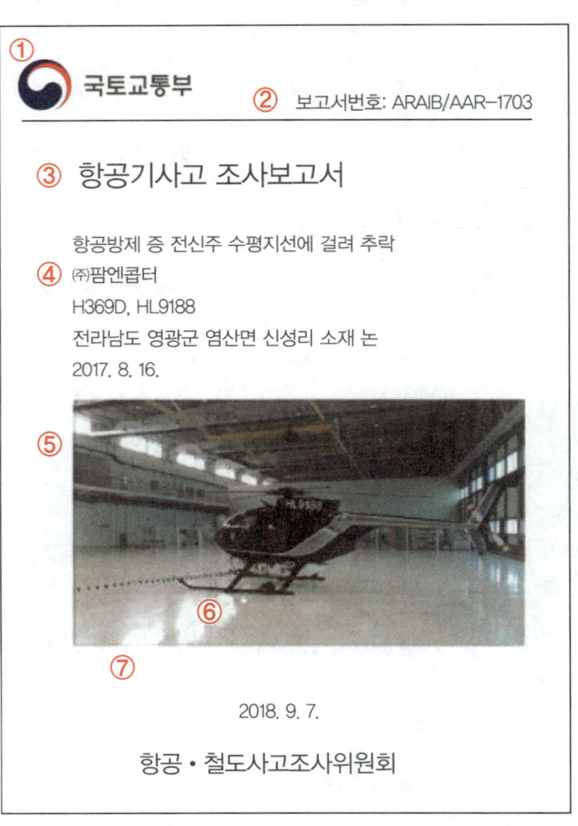

그림 9.14 항공 철도사고조사위원회 항공기 사고 및 준사고 조사 매뉴얼

② 보고서 내용

1. 사실 정보(Factual Information)

- 조사에서 얻어진 사실과 주변 환경에 대한 전반적인 기록
- 사진, 도표, 비행 기록, 해독자료의 해당 부문, 기술 보고서 등을 포함
- 항공사고 등의 발생과 직접적으로 관련된 일들과 상황에 대한 묘사를 포함

1.1 비행 경위(History of Flight)

- 항공사고 등에 앞선 중요한 일들을 시간순으로 작성
- 비행자료 기록, 조종석 음성기록, 항공교통관제 기록 및 증인 진술
- 비행 경위는 제시된 정보는 명확한 사실에 근거해야 한다.
- 지리학적 기준점 및 위도, 경도, 사고 현장 고도, 사고의 발생 시각

1.2 인명 피해(Injuries to Person)

피해 정보	승무원
사망	사고 발생 30일 이내 사망
중상	7일 이내 48시간 이상 입원
경상/무피해	

1.3 항공기 손상(Damage to Aircraft)

- 항공기 손상(파손, 잠재적 손상, 경미한 손상, 손상 없음)에 대한 진술
- 항공기 구성요소 및 시스템 손상에 대한 구체적 기술은 1.12 잔해 및 충격 정보에 포함

1.4 기타 손상(Other Damage)

- 빌딩이나 차량, 항행시설, 비행장 구조물 및 부속물 손상 및 환경에 대한 중대한 손상 내용 포함

1.5 인적 사항(Personnel Information)

- 연령, 성별, 자격증과 한정 자격 유형 및 유효기간, 비행 경험(총 비행시간)
- 운항승무원이 조종한 비행기 형식과 비행시간, 사고 발생 전 24시간, 7일, 90일 동안의 비행시간
- 운항승무원의 최근 훈련 결과, 비행 경험, 72시간 동안 업무시간과 휴식 시간
- 주요 의료 경력 및 의료 검진 내용
- 운항승무원, 객실승무원, 정비사, 항공교통관제사에 대한 자격, 이력에 대한 간단한 설명

1.6 항공기 정보(Aircraft Information)

- 일반적인 정보, 항공기 이력, 정비 이력, 엔진, 연료, 부품, 결함

- 항공기 중량 정보: 최대 허용 이륙중량, 착륙중량, 실제 이륙중량, 사고 당시 중량에 대해 기술
- 항공기 무게중심에 대한 허용한계, 이륙 및 항공사고 등 발생 시의 무게중심

1.7 기상 정보(Meteorological Information)

- 예보 기상, 실제 기상, 강수량, 운고, 시정, 활주로 가시거리(RVR)
- 조종사가 확인한 기상자료, 기상 입수 경위
- 기상 레이더 기록, 위성사진, LLWAS(Low Level Wind Shear Alert System) 자료
- 기상 관련된 항공사고는 예보 및 기상관측을 상세하게 기술

1.8 항행안전시설(Aids Navigation)

- GNSS, VOR, DME, ILS 등 착륙 보조장비에 대한 정보
- 비행에 이용한 시설, 정상적인 작동 여부 포함

1.9 통신(Communication)

- 조종사가 이용할 수 있는 통신시설과 유효성 기술
- 통신 기록, ATS와 기타 비행과 관련된 통신에 관한 기술

1.10 비행장 정보(Aerodrome Information)

- 이착륙 시의 비행장과 시설에 관련 정보
  - 비행장 명, 위치, 기준점, 고도
  - 활주로 명, 활주로 표기, 길이와 경사도, 활주로 길이 및 장애물
  - 활주로 상태, 물, 눈, slush 상태, 얼음, 마찰계수
  - 조명시설: 활주로, 유도로, Stop way 조명, VASIS, PAPI
- 비행장이 아닌 장소에서 이착륙한 경우, 이착륙에 대한 정보
- 출발 및 도착 비행장 정보

1.11 비행기록장치(Flight Recorders)

- 제작사, 형식, 기록된 자료 수, 비행자료 기록에 대한 상세 내용 명시
  - FDR, CVR, QAR, 엔진 Parameter, 비디오 장치, 기타 기록장치
- 화재나 충돌의 경우 기록장치의 조건 기술, 복구 불가능 이유 설명
- 사고에 대한 분석 및 이해에 필수적인 경우에만 조종석 음성기록 첨부

1.12 잔해 및 충격 정보(Wreckage and Impact Information)

- 비행경로의 최종 부분, 충돌 경로, 충돌 순서, 충돌 지형을 포함한 현장

- 충돌 방향, 항공기 위치, 충돌 형태, 잔해 분포도

- 대형사고 시, 기체구조, 동력장치, 조종계통, 파손 잔해 검사, 기술적 조사

- 자재 결함 및 구성품 오작동을 포함한 발생 시기, 고장이나 오작동 내용

1.13 의학 및 병리학적 정보(Medical and Pathological Information)

- 승무원에 대한 의학 및 병리학적 조사 결과 기술

  - 사고와 관련된 승무원, 탑승객, 지상요원도 조사

- 상해, 질병, 산소 결핍, 알코올 및 약물 검사 결과 기술

  - 알코올이나 약물이 검출되면, 의학 전문가가 판단한 수행 능력 영향 언급

- 의학 검진 결과가 수행 능력이 떨어지는 것이 아니면 그 내용 명기

1.14 화재(Fire)

- 화재나 폭발이 발생한 경우

  - 운항 중 혹은 지상 충돌 후 발생 상황 기술

- 지상화재의 경우, 화재 손상 경로와 범위

- 화재 발생이 없는 경우도 내용 기술

1.15 생존에 관한 사항(Survival Aspects)

- 수색 및 활동에 대한 기술: 가능하면 ELT의 효율성 및 효과에 관한 정보 포함

- 승무원, 승객의 상해 관련 사항, 구조물 파손 상황

- 충격 및 화재와 연관해서 승객의 생존 상황

- 대피한 경우 : 사고 최초 보고 및 반응시간, 비상등, 통신, 비상구, 탈출 슬라이드

1.16 시험 및 연구(Tests and Research)

- 조사와 관련해서 수행한 모든 시험 및 연구 결과 기술

  - 시험비행, 모의시험, 항공기 성능시험

  - 분석을 뒷받침하는 세부 연구 내용 포함

- 항공기 및 엔진검사 결과는 1.6(항공기 정보), 1.12(잔해 및 충격 정보)에 포함할 수 있다.

1.17 조직 및 관리 정보(Organizational and Management Information)

- 항공기 운영에 영향을 준 기관 및 관리 정보

  - 운영자, 정비조직, 관제, 공항 행정, 기상 서비스, 항공기 제작사, 감독기관

- 조직 구조 및 기능의 결함이 사고와 관련이 있는 경우

  - 안전교육, 경영 정책 및 실행, 안전감독 및 감독구조

- 운항증명, 허가된 운항 형태, 운항 허가 및 항로 범위 등 운영자 정보

1.18 추가 정보(Additional Information)

- 보고서에서 분석의 전개나 결론에 꼭 필요하지만, 1.1~1.17에 포함되진 않은 정보나 사실을 기재
  - 최종보고서 사실정보에는 분석이나 결론에 필요한 모든 기술정보 포함

1.19 사고조사 과정 중 적용된 특별한 사고조사 기법(Useful or Effective Investigation Techniques)

- 유용하거나 효과적인 조사기법이 조사에 사용된 경우에는 그 기법의 주요 특징과 향후 조사의 관련성에 대하여 기술
  - 사고와 관련해서 얻어진 정보나 결과는 1.1~1.18에 적절히 포함

2. 분석(Analysis)

- 사실정보에 나타난 사실 및 상황의 중요성을 분석
  - 분석은 사실에 대한 반복이나, 새로운 사실의 기술은 안 된다.
  - 분석 목적은 사고 발생에 대한 해답을 제시하는 사실과 결론을 논리적으로 연결해 주는 것
- 분석은 사실 정보에서 제시된 증거의 평가를 포함
- 추론은 논리적, 가설을 만들어 증거를 논의하고 시험 가능
  - 증거가 없는 가설은 삭제하고 그 이유 설명
- 사고의 원인은 아니나, 조사 중에 안전 결함 문제는 분석 필요
- IIC는 분석의 틀과 소제목을 개발하여 그룹별로 분석업무 분담

③ 분석의 소제목 예

- 최저기상 상태에서의 계기접근 중 지상 충돌, 사망 및 상해 발생

  2.1 일반

  2.2 운항

      2.2.1 승무원의 자격, 2.2.2 운항 절차, 2.2.3 기상, 2.2.4 항공교통관제, 2.2.5 통신, 2.2.6 항행안전시설, 2.2.7 비행장

  2.3 항공기

      2.3.1 항공기 정비, 2.3.2 항공기 성능, 2.3.3 중량 배분, 2.3.4 항공기 계기, 2.3.5 항공기 시스템

2.4 인적 요소

    2.4.1 관계자의 심리학적 · 생리학적 요소

2.5 생존 능력

    2.5.1 소방 출동 구조, 2.5.2 사망자와 부상자 분석, 2.5.3 생존 분야

3. 결론(Conclusion)

3.1 조사 결과(Findings)

- 사고의 전후 관계에서 모든 중요한 상황, 사건, 환경에 대해 기술

  - 비난하는 어조로 작성 금지

- 시간 수 및 논리의 순서로 나열

- 사실정보와 그 분석에 근거 : 새로운 사실정보 포함 금지

- 자격증의 유효성, 훈련 및 경력 사항, 파손 상황 기록, 감항성, 정비기록

  - 정비기록은 규정 및 승인된 절차에 따른 정비 내용을 기록

  - 항공기 중량 및 무게중심의 한계 범위, 기체의 파손이나 고장의 선후 언급

- 분석에서 제외하였으나 중요한 사항은 언급

  - 승무원의 피로도, 사고 당시 비행한 기장이나 부기장 기술

3.2 원인(Causes)

- 원인 결정은 증거에 따라 철저, 공정, 객관적 분석을 근거로 작성

  - 원인을 보면 사고 발생에 대한 그림이 나타난다.

- 직접적인 원인 및 심도 있고 체계적인 원인 모두 포함

- 시간순, 논리 순으로 기술 : 새로운 정보가 원인에 나타나면 안 된다.

- 예방적 차원으로 기술되고 안전권고 사항으로 연결

- 증거가 부족한 경우에는 원인이 불명확하다고 언급

- 추정의 경우에도 추정임을 명확하게 표현

④ 원인 관련 구성의 예

- 원인은 세 그룹(운항승무원, 공항 관리, 관제사)으로 구성

  - 비난 목적 금지, 안전 운항에 초점, 안전권고로 예방 수단이 된다.

단일 사고의 동일한 원인	
이 사고의 원인 관련 결과	이 사고의 원인 관련 결과
불량한 활주로 배수를 확인하고 시정하지 못한 공항 관리의 태만	알려지거나 시정되지 않은 활주로 배수 부족
항공교통관제사가 활주로에 물이 고여 있음을 운항승무원에게 알리지 못함	불량한 활주로 상태와 관련하여 ATC와 운항승무원 간의 소통 부족
운항승무원의 항공기 속도에 대한 잘못된 관리	활주로 진입 시 Vref보다 16노트 이상으로 비행
운항승무원의 역 추진기 오작동	역 추진기를 뒤늦게 적용

4. 안전권고(Safety Recommendations)

- 부속서 13에 따라 사고 조사의 유일한 목적은 항공사고의 예방

    - 궁극적으로 안전권고의 결정이 중요

- 항공안전 증진에 필요하면 긴급 안전권고 발행 : 타 국가에도 적용

- 안전 문제를 기술하고 안전조치에 대한 정당성 제공

    - 책임기관 권고의 목적 달성을 위해 해결 방법을 선택할 수 있는 여지 제공

- 사고의 직접 원인은 아니지만 안전상의 문제가 있으면 권고 가능

    - 최종보고서 이외의 방법으로 안전 결함에 대하여 해당 기관에 통지

- 불안정한 상황 제거, 안전기관에 대한 권장 조치, 시간적 여유 제공

- 안전권고 작성 원칙

    - 결론에 바탕, 책임/권한이 있는 자/기관, 충분한 가치 있는지

    - 사고 발생 전에 조치 되었다면 당해 사고 예방 가능 여부, 유사 사례 방지

    - 소요 비용/기술 수준으로 이행 불가능한 권고 불가

8 ## 관련국(자) 의견 수렴

- 관련국 : ICAO Annex 13, 6.3장에 따라 60일 검토 기간 부여

  - 관련국 : 운영국, 등록국, 설계국, 제작국, 조사 참여국

  - 의견의 반영 여부 결정은 사고 조사 수행국이 결정

  - 관련국과 이견 조정 불가 시 관련국 의견을 보고서에 첨부

- 관련자/항공사 : 항공 · 철도사고 조사에 관한 법률 제24조(7일)

  - 의견청취 회의 또는 서면

9 위원회 심의/의결

- 사고 조사 보고서의 적절성 검토 및 검증

- 조사의 정확성, 과학성, 공정성 검토

- 안전권고의 적절성, 필요성, 유효성 심의

- 필요 판단 시, 추가조사 지시
  - 새로운 사실이 발견되거나 조사 내용이 부실한 경우
  - 첨예하게 대립되는 상황에 대한 추가적인 조사 필요시

10 조사 결과 공표(공개)

- 등록국, 운영국, 제작국, 설계국, 조사 참가국, ICAO 등
  - ICAO 배포 : 최대이륙중량 5,700kg을 초과하는 항공기 사고 · 준사고
- 기관, 업체, 관련자에게 사고 조사 보고서 송부
- 인터넷 홈페이지에 게재(http://www.araib.go.kr)

제10장

비행장

박성식 한국교통대학교 항공운항학과 교수, 한국항공운항학회 정회원

항공기가 입·출항을 하고 이·착륙하는 비행장은 안전운항을 담보하는 가장 기본적인 외부적 환경요소이다. 본 장에서는 제1절 ICAO 부속서 14권 Aerodromes(비행장) Vol. 1 Aerodromes Design and Operations(비행장 설계 및 운영), 제2절 공항시설법 순서로 비행장과 관련 내용을 소개하고자 한다.

1절 ICAO 부속서 제14권에 대한 이해

2절 공항 · 비행장시설 관련 국내 주요 규정

제1절 ICAO 부속서 제14권에 대한 이해

1 활주로(Runway)

국제민간항공기구(ICAO) 정의에 따르면 활주로는 '항공기의 이·착륙을 위해 만들어진 육상 비행장의 직사각형 영역'으로, 인위적으로 조성된 표면(아스팔트, 콘크리트 또는 둘의 혼합물 등)이거나 자연적인 표면(잔디, 흙, 자갈, 극지방 빙상(얼음 표면) 등) 일 수 있다. 수상 비행장의 경우 수면에 있는 이·착륙 공간을 활주로라 부르지 않고 수로(Waterway)라고 부른다. 활주로 길이를 측정하는 단위는 미국 등 극히 일부 국가들이 피트(Feet) 단위를 사용하고 대부분의 국가는 미터(Meter)를 사용한다.

1) 활주로 개수 및 방향

공항 운영 당국은 비행장에 필요한 활주로의 개수 및 활주로 방향을 결정하기 위해서는 많은 요인들을 고려해야 한다.

① 활주로 수용량

활주로 개수 및 방향은 활주로가 수용할 수 있는 항공기 수용량에 따라 결정되며, 활주로 수용량은 항공기 총 운항 횟수의 95%를 초과해서는 안 된다.

② 활주로 위치

비행장 활주로의 위치와 방향은 활주로 수용량을 고려했다면, 활주로 위치 및 방향에 따라 결정될 출·도착 비행경로는 주거지역 또는 항공기 소음에 민감한 지역을 최대한 회피해야 한다.

③ 활주로 측풍 분력

다음과 같은 측풍 조건에서는 항공기가 활주로에서 이·착륙을 할 수 없다. 따라서 이러한 측풍 요소를 고려하여 활주로의 방향을 결정해야 한다.

- 37km/h(20knots) : 항공기의 이륙 또는 착륙 거리가 1,500m 이상인 경우 측풍은 37km/h(20knots)를 초과해서는 안 된다.

- 24km/h(13knots) : 항공기의 이륙 또는 착륙 거리가 1,200m 이상인 경우 측풍은 24km/h(13knots)를 초과해서는 안 된다.

- 19km/h(10knots) : 항공기의 이륙 또는 착륙 거리가 1,200m 미만인 경우 측풍은 19km/h(10knots)를 초과해서는 안 된다.

2) 활주로 길이

기본(주) 활주로에 설계되어야 할 실제 활주로 길이(Length)는 다음과 같아야 하며, 활주로를 사용할 항공기의 운용 요구사항을 충족하기에 충분해야 한다. 아울러 본 활주로에서 운용할 항공기의 운영 및 성능 특성에 맞는 활주로 길이는, 활주로가 위치한 지역의 조건에 대한 보정을 통해 계산된 가장 긴 길이보다 짧아서는 안 된다.

① 기본(주) 활주로

활주로 길이를 결정할 때는 항공기의 이륙 및 착륙 요건을 모두 고려해야 한다. 활주로는 기본적으로 양방향으로 운용될 수 있도록 설계되어야 하며, 활주로 설계 시 고려되어야 하는 지역의 조건은 고도, 온도, 활주로 경사, 습도 및 활주로 표면 특성 등이 있다. 활주로를 사용할 것으로 예정된 항공기의 성능 데이터를 파악할 수 없는 경우, 일반적인 보정 계수를 적용하여 기본 활주로의 실제 길이를 결정하는 방법은 ICAO 비행장 설계 매뉴얼(Doc 9157) Part 1에 제시되어 있다.

② 보조 활주로

보조(2차) 활주로의 길이는 다음 사항을 제외하고 1차 활주로와 유사하게 결정된다. 기본 활주로뿐만 아니라 해당 보조 활주로를 사용해야 하는 항공기 운영 및 성능 특성에만 적합하면 된다. 통상적으로 기본 활주로 수용량의 95% 수준을 충족하도록 설계된다.

표 10.1 활주로 구분을 위한 코드 조합

코드 번호	코드 조합-1
	항공기 참조 활주로 길이
1	800m 미만
2	800m 이상~1,200m 미만
3	1,200m 이상~1,800m 미만
4	1,800m 이상

코드 번호	코드 조합-2
	날개폭
A	15m 이하
B	15m 이상~24m 미만
C	24m 이상~36m 미만
D	36m 이상~52m 미만
E	52m 이상~65m 미만
F	65m 이상~80m 미만

3) 활주로 너비

활주로의 너비는 다음에 제시된 표에 명시된 수치보다 작아서는 안 된다. 항공기 주륜 외곽의 폭(OMGWS, Outer Main Gear Wheel Span)은 항공기 좌우 주 랜딩기어의 외측 가장자리에서 측정한 직선거리를 의미한다. 기본 활주로의 실제 너비를 결정하는 데 영향을 주는 다양한 요소들은 ICAO 비행장 설계 매뉴얼(Doc. 9157) Part 1을 참고하면 된다.

표 10.2 OMGWS에 따른 활주로 코드(단위 : 미터)

코드 번호	4.5m 미만	4.5m 이상 ~ 6.0m 미만	6.0m 이상 ~ 9.0m 미만	9.0m 이상 ~ 15.0m 미만
1	18	18	23	–
2	23	23	30	–
3	30	30	30	45
4	–	–	45	45

그림 10.1 보잉 747-8(날개폭 68.4m)

4) 평행 활주로(Parallel Runways) 최소 거리

평행 비계기(Non-Instrument) 활주로를 동시에 사용하는 경우 활주로 간 최소 중심선 사이의 거리는 다음과 같아야 한다. 항공기의 후류요란(Wake Turbulence) 분류 절차와 후류요란에 따른 항공기 이착륙 시 분리 최소(Separation Minima) 값은 PANS-ATM(Doc 4444), 4장, 4.9 및 5장, 5.8에 각각 제시되어 있다.

• 210m : 활주로 코드 번호가 3번 또는 4번인 경우

- 150m : 활주로 코드가 2번인 경우

- 120m : 활주로 코드가 1번인 경우

평행 계기(Instrument) 활주로를 항공기들이 동시에 사용하는 경우 PANS-ATM(Doc 4444) 및 PANS-OPS(Doc 8168), Volume I에 명시된 활주로 중심선 간 최소 분리 거리는 다음과 같아야 한다.

- 1,035m : 독립 평행 접근(Independent Parallel Approach)

- 915m : 종속 평행 접근(Dependent Parallel Approach)

- 760m : 독립 평행 출발(Independent Parallel Departure)

- 760m : 분리 평행 운용(Segregated Parallel Operation)

첫째, 독립 평행 접근(Independent Parallel Approach)은 평행 활주로상에서 2대의 항공기가 각각 상대 항공기의 최종 접근로 상에서 방해되지 않게 횡(Horizontal) 방향으로 동시에 2개 평행 활주로에 착륙하는 것을 의미한다.

둘째, 종속 평행 접근(Dependent Parallel Approach)은 2대의 항공기가 동시에 2개 평행 활주로에 진입하는 과정에서 횡 방향으로 평행하지 않고 비스듬하게 종(Vertical) 방향으로 대각선처럼 거리를 두고 착륙하는 것을 말한다.

셋째, 독립 평행 출발(Independent Parallel Departure)은 2대의 항공기가 2개 평행 활주로에서 동시 이륙하는 것이며, 분리 평행 운용(Segregated Parallel Operation)이란 2개 평행 활주로에서 1개 활주로에는 항공기가 착륙하고 다른 1개 활주로에서는 항공기가 이륙하도록 관제탑에서 활주로를 운용하는 것이다.

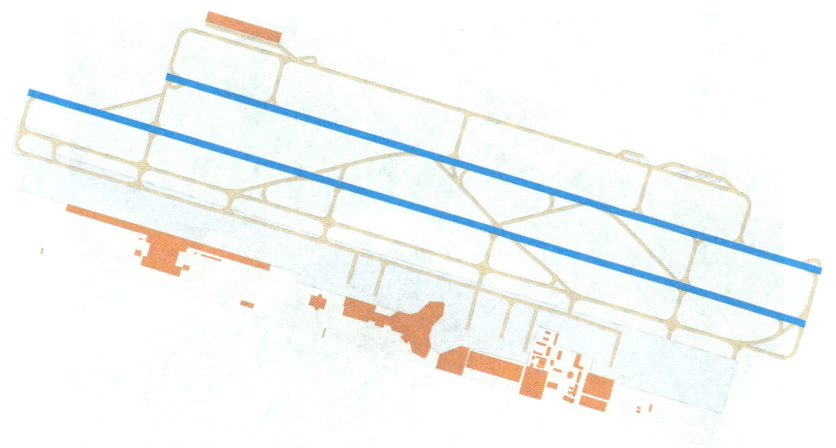

그림 10.2 두바이 국제공항 평행 활주로

5) 활주로 터닝패드(Turning Pad)

지방공항이거나 항공기 운항횟수가 많지 않은 공항에서 활주로 양쪽 끝이 유도로에 연결돼 있지 않을 경우 이곳에서 항공기는 이륙을 위해서 180도 회전, 즉 유턴(U-turn)을 해야 한다. 이를 위해 설치된 곳을 활주로 터닝패드 또는 활주로 항공기 회전구역이라고 부른다. 활주로 코드 번호가 A, B 또는 C이면서 활주로 말단에 유도로가 연결되어 있지 않은 경우, 항공기가 180도 선회를 할 수 있도록 활주로 터닝패드를 설치해야 한다. 터닝패드 구역은 항공기의 지상 이동 시간과 이동거리를 줄이는 데 매우 유용할 수 있다. 일반적으로 항공기 기장(Pilot in Command)이 좌측에 착석하기 때문에 활주로 왼쪽 말단에 터닝패드를 위치시키면 항공기 180도 턴 회전이 용이하게 이루어질 수 있다.

그림 10.3 활주로 말단 터닝패드

그림 10.4 민간항공기 조종석(좌:기장, 우:부기장)

활주로 터닝패드의 포장 강도는 적어도 인접한 활주로의 포장 강도와 같거나 더욱 높아야 한다. 터닝패드에서는 항공기가 활주로에서 이·착륙 시 항공기가 활주할 때보다 천천히 회전하고 상대적으로 오랜 시간 머물기 때문에 심한 회전으로 인해 포장도로에 더 높은 응력이 가해지기 때문이다.

6) 활주로 착륙대(Runway Landing Strip)

활주로가 항공기의 안전한 이착륙을 돕는 역할이라면, 착륙대는 항공기가 이·착륙 도중에 기체가 활주로를 이탈하는 경우를 대비하여 항공기 이탈 시 최대한 빨리 안전하게 정지할 수 있도록 항공기와 승객의 안전을 확보하기 위해 지정한 활주로 좌·우 양옆에 위치한 안전지대인 것이다. 착륙대는 항공기가 빨리 멈출 수 있게 하기 위해 초지(풀밭)로 형성하고, 활주로 양 옆에 위치한 착륙대는 활주로 말단 전까지 또는 활주로 정지로(Stopway) 끝을 초과하여 최소한 다음 거리만큼 연장되어야 한다.

- 60m : 활주로 코드 번호가 2번, 3번 또는 4번인 경우
- 60m : 활주로 코드 번호가 1번이지만 계기(Instrument) 활주로인 경우
- 30m : 활주로 코드 번호가 1번이지만 비계기(Non-Instrument) 활주로인 경우

그림 10.5 활주로 및 착륙대

착륙대의 폭은 정밀접근(Precision Approach), 비정밀접근(Non-Precision Approach) 및 비계기활주로에 따라 다음의 조건으로 구성한다.

① 정밀접근 및 비정밀접근 활주로

- 140m : 활주로 코드 번호가 3번 또는 4번인 경우
- 70m : 활주로 코드 번호가 3번 또는 4번인 경우

② 비계기 활주로

- 75m : 활주로 코드 번호가 3번 또는 4번인 경우

- 40m : 활주로 코드 번호가 2번인 경우

- 30m : 활주로 코드 번호가 1번인 경우

항공기가 실수로 활주로를 이탈한 경우, 항공기가 착륙대에 설치된 배수구 또는 배수로 등에 항공기 기체가 손상되거나 파손될 수 있다. 이런 이유로 공항 운영 당국은 착륙대에 설치된 배수구 또는 배수로의 위치와 설계를 고려해야 한다. 또한 야외 또는 지붕이 있는 빗물 운반 장치(우수관로)가 설치되는 경우 항공기가 활주로 이탈 시 착륙대에서 항공기에 대한 장애물이 되지 않도록 주의를 기울여야 한다.

7) 활주로종단안전구역(Runway End Safety Area)

'활주로종단안전구역'이라 함은 접근활주로의 시단 앞쪽에 착륙하거나 끝단을 지나쳐 버린 항공기의 손상을 줄이기 위하여 활주로 중심선의 연장선에 대칭으로 착륙대 끝단 이후에 설정된 구역을 말한다. 활주로종단안전구역은 항공기가 여러 가지 외부적인 악조건으로 인해 활주로를 과주(Overrun)하거나 시단에 미치지 못하고 착륙하는 경우(Undershoot)를 고려해서 활주로 설계에 참고해야 한다. 항공기가 정밀접근 활주로에 착륙하는 경우 계기착륙시설(ILS, Instrument Landing System) 중 하나인 로컬라이저(LOC) 시설은 조종사에게 장애물로 인식될 수 있기 때문에 이를 고려하여 활주로종단안전구역을 설치한다. 그 외의 경우 항공기가 착륙할 때 활주로 인근 철도, 도로 또는 구릉 등의 자연지형이 조종사에게 장애물로 인식될 수 있기 때문에 공항이 위치한 지역의 자연적 특성까지 모두 고려하여 활주로종단안전구역을 설치해야 한다.

① 활주로종단구역 최대 240m

- 240m : 활주로 코드 번호가 3번 또는 4번인 경우(다만, 활주로 이탈 방지시스템이 설치되어 있는 경우 이보다 감소할 수 있다)

- 120m : 활주로 코드 번호가 1번 또는 2번이고 계기활주로인 경우(다만, 이탈 방지시스템이 설치되어 있는 경우 이보다 감소할 수 있다)

② 활주로종단구역 최소 90m

- 활주로 코드 번호가 3번 또는 4번인 경우

- 활주로 코드 번호가 1번 또는 2번이면서 계기활주로인 경우

③ 활주로종단구역 30m

- 30m : 활주로 코드 번호가 1번 또는 2번이고 비계기활주로인 경우

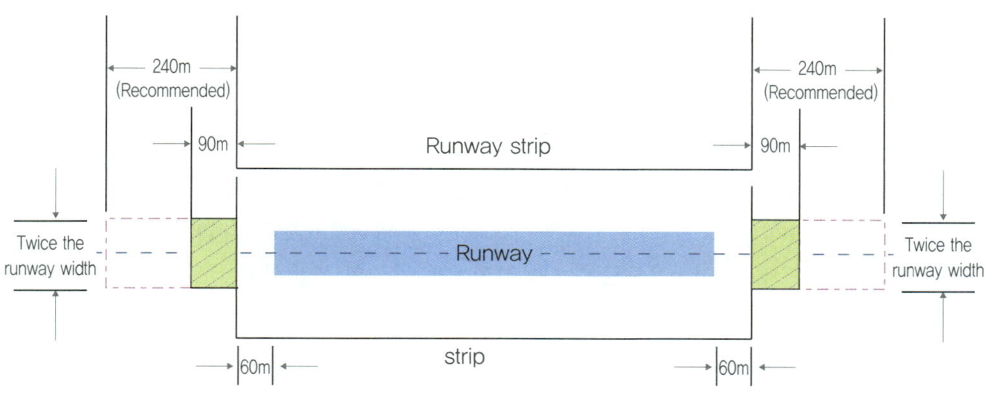

그림 10.6 ICAO 부속서 14권 활주로종단구역(최대 240m)

활주로종단안전구역은 항공기가 활주로 이탈 시 입을 수 있는 피해(항공기 파손 또는 구조적 손상)를 최소화하도록 설계되어야 하기 때문이다. 따라서 활주로종단안전구역의 표면 포장상태는 항공기가 감속할 수 있도록 다소 연성으로 건설되어야 하며, 소방차 및 구급차가 이동 시 버틸 수 있는 정도의 강도를 유지해야 한다.

세계공항협의회(ACI, Airport Council International)는 2021년 홈페이지를 통해 활주로이탈방지시스템 기술을 선보인 바 있다. ACI는, 활주로종단안전구역은 활주로 각 말단에 조종사가 항공기 이착륙 시 안전도를 신뢰할 수 있는 공간을 확보하는 것이라고 언급했으며, 항공기가 활주로 이탈 시 피해를 최소화하는 가장 좋은 방법 중 하나라고 하였다. 하지만 모든 공항들이 ICAO 권고만큼 충분한 활주로종단안전구역을 설치할 토지를 확보하지 못하기 때문에, 공항 특성상 공간적 제약이 있어 활주로종단안전구역의 지리적 확장이 불가능할 수 있다. 그럴 때는 EMAS(Engineered Material Arresting System)를 설치하는 것이 적절한 대안이 될 수 있다고 언급했다(출처 : https://www.aci-asiapac.aero/media-centre/perspectives/runway-safe-addresses-common-challenges-of-runway-excursions).

2 유도로(Taxiway)

공항에서 항공기의 안전하고 신속한 지상 이동이 가능하도록 유도로가 설계되어야 한다. 유도로는 기본적으로 계류장에서 활주로까지 항공기를 연결하는 통로이다. 출발하는 항공기는 계류장, 유도로 및 활주로 순으로 지상 이동하고, 입항하는 항공기는 반대로 활주로, 유도로 및 계류장 순으로 이동한다. 이외에도 유도로는 정비고(Hanger), 제·방빙주기장(De-icing Pad) 및 화물터미널 등 에어사이드 내 다양한 공항시설을 연결하는 항공기 통로 역할을 한다. 조종사와 관제사는 유도로를 ICAO 음성학 알파벳(Phonetic Code)으로 읽고 호출하며 교신한다.

1) 항공기 주륜외곽의 폭(OMGWS)

유도로는 항공기의 안전하고 신속한 지상 이동을 하도록 설계되어야 한다. 유도로는 항공기가 활주로로 신속하게 진입하거나 활주로에서 유도로로 신속하게 빠져나올 수 있도록 해야 하며, 특히 해당 활주로에 항공기 운항횟수 및 항공교통량이 많을수록 공항 운영 당국은 항공기의 신속한 지상 이동 교통 흐름을 담보하기 위해서 고속탈출유도로(Rapid Exit Taxiway) 연결을 고려해야 한다. 유도로는 유도로를 사용하려는 항공기의 조종석이 유도로 중심선(Center Line) 표시 위에 남아서 조종사가 따라갈 수 있도록 설계되어야 한다.

표 10.3 OMGWS와 유도로 외곽선

항공기 주륜과 유도로 외곽선	OMGWS(단위 : 미터)			
	4.5 미만	4.5 이상~6.0 미만	6.0 이상~9.0 미만	9.0 이상 ~15.0 미만
허용 너비(폭)	1.5	2.25	3.0 혹은 4.0	1.5

2) 유도로 너비(폭)

유도로의 폭은 직선 유도로인 경우 최소한 다음의 기준을 따라야 한다. 비행장 유도로의 설계 및 배치 등에 관련한 세부 지침은 비행장 설계 매뉴얼 Doc. 9157, Part 2를 따른다.

표 10.4 OMGWS와 유도로 폭

유도로	OMGWS(단위 : 미터)			
	4.5 미만	4.5 이상~6.0 미만	6.0 이상~9.0 미만	9.0 이상~15.0 미만
너비(폭)	7.5	10.5	15.0	23

3) 유도로 교차로(Intersection)

유도로 교차로에서 항공기의 지상 이동 및 턴을 용이하게 하기 위해 교차점과 교차점에 필렛(Fillet, 유도로 확장부)을 제공해야 한다. 유도로 교차로는 유도로와 활주로, 유도로와 계류장 및 기타 유도로와 유도로의 교차점 등으로 구분할 수 있다. 필렛을 설계할 때 제작사가 제공한 항공기 운동성능 데이터를 고려해야 하며, 필렛 설계 관련 세부 지침은 비행장 설계 매뉴얼(Doc 9157)에 나와 있다.

그림 10.7 유도로 교차로(美호놀룰루 국제공항)

4) 유도로 이격거리

유도로 중심선과 유도로 중심선 사이의 이격거리 또는 유도로 중심선과 활주로 중심선 간 이격거리는 다음의 표에 명시된 최소 거리 이상 이격되어야 한다. 비행장 내 설치된 계기착륙시설(ILS)은 지상 이동하는 항공기와 해당 시설 간 전파 간섭으로 유도로의 위치 결정에 영향을 미칠 수 있다.

표 10.5 유도로 중심선과 활주로 중심선 사이 거리

단위 :미터	유도로 중심선과 활주로 중심선 사이 거리								유도로와 유도로 중심선 거리	주기장 外 유도로와 장애물 거리	주기장, 주기장 중심선 거리	주기장 중심선과 장애물 거리
	계기활주로				비계기활주로							
코드 번호	1	2	3	4	1	2	3	4				
A	77.5	77.5	–	–	37.5	47.5	–	–	23	15.5	19.5	12
B	82	82	152	–	42	52	87	–	32	20	28.5	16.5
C	88	88	158	158	48	58	93	93	44	26	40.5	22.5
D	–	–	166	166	–	–	101	101	63	37	59.5	33.5
E	–	–	172.5	172.5	–	–	107.5	107.5	76	43.5	72.5	40
F	–	–	180	180	–	–	115	115	91	51	87.5	47.5

5) 고속탈출 유도로

고속탈출 유도로에는 일반적인 유도로에 대한 설계 요구사항이 동일하게 적용되고, 항공기가 활주로에 착륙 후 신속하게 활주로를 벗어나기 위한 출구를 제공한다. 고속탈출 유도로의 위치 및 설계에 대한 지침 비행장 설계 매뉴얼(Doc 9157), Part 2에 포함되어 있다. 고속탈출 유도로 커브의 반지름은 다음과 같아야 한다.

• 550m : 활주로 코드 번호가 3번 또는 4번인 경우

• 275m : 활주로 코드 번호가 1번 또는 2번인 경우

다만, 기상상황에 따라 노면이 젖어있는 경우 고속탈출 유도로에서 다음과 같이 항공기의 최대 지상 이동 속도가 제한된다.

• 93km/h : 활주로 코드 번호가 3번 또는 4번인 경우

• 65km/h : 활주로 코드 번호가 1번 또는 2번인 경우

고속탈출 유도로의 곡선 내부에 있는 필렛(유도로 확장 폭)의 반경을 결정할 때는 항공기 조종석에서 조종사가 고속탈출 유도로의 진입구를 조기에 인식하고 재빨리 활주로를 벗어날 수 있도록 유도로 진입구를 충분히 넓게 설계해야 한다. 아울러 고속탈출 유도로는 회전 커브 이후 충분한 직선 거리를 포함해야 한다. 왜냐하면 항공기가 고속탈출 유도로 커브를 벗어난 이후 완전히 정지하도록 하기 위함이다. 일반적으로 활주로와 고속탈출 유도로의 교차각은 25도에서 45도 사이를 유지해야 하며, 30도가 가장 바람직하다.

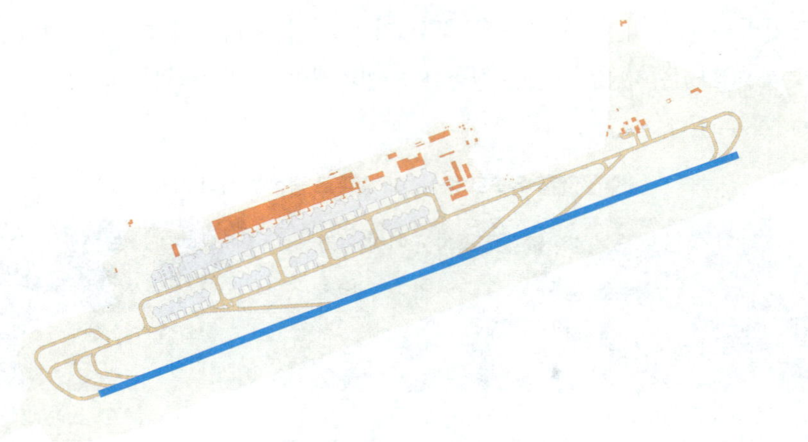

그림 10.8 활주로 및 고속탈출 유도로

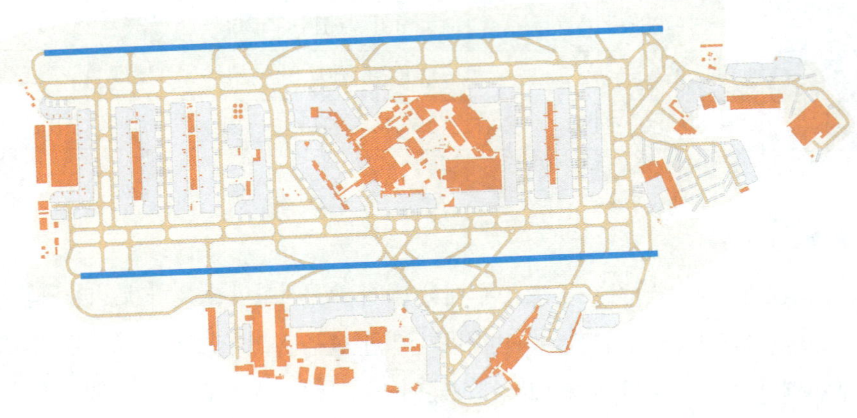

그림 10.9 고속탈출 유도로 및 직각 유도로

6) 활주로 대기선(Runway Holding Position)

활주로 대기선은 통상적으로 유도로 선상에 위치하고, 통상적으로 직선 유도로 선상 또는 유도로 교차로에 설정된다. 현재 대한민국에서는 해당되지 않지만, 교차활주로가 운영되는 해외 공항들에서는 활주로 교차로에도 설정되는 경우도 있다. 특히 지상 이동하는 항공기 또는 지상조업 차량이 해당 비행장의 장애물 제한표면(Obstacle Limitation Surface)을 침범하거나 항행안전시설에 전파 간섭이 될 수 있다고 판단되는 경우, 공항 운영 당국은 유도로 선상에 대기선을 위치시켜야만 한다. 직선 유도로 선상 또는 유도로 교차로에 설정된 활주로 대기선은 활주로 중심선으로부터 충분한 거리가 이격되어야 한다.

활주로 중심선으로부터 대기선까지 이격거리는 다음과 같다. 정밀접근 활주로의 경우 활주로 대기선에 위치하고 있는 항공기가 비행장의 장애물 제한표면 중 내부 전이표면을 간섭하거나 항행안전시설의 전파 간섭을 초래할 수 있기 때문에 공항 운영 당국은 대기선 위치 설정에 세심한 주의를 기울여야 한다.

표 10.6 활주로 중심선과 대기선 이격거리

활주로 구분 (단위 : 미터)	활주로 코드 번호			
	1	2	3	4
비계기	30	40	75	75
비정밀접근	40	40	75	75
정밀접근 CAT-I	60	60	90	90
정밀접근 CAT-II 및 CAT-III	–	–	90	90

표 10.7 활주로 계기착륙등급

계기착륙 등급 (단위 : 피트)	최저결심 고도(DH)	최저활주로 시정(RVR)	비고
CAT-I	200	2,400	
CAT-I	200	1,800	활주로 접지구역 및 중심선 등 설치된 경우
CAT-II	100	1,200	
CAT-IIIa	100	700	
CAT-IIIb	50	150~700	
CAT-IIIc	N/A	제한 없음	

3 주기장(Apron)

항공기 주기장인 Apron 또는 Aircraft Stand는 공항에서 항공기가 출발 후 또는 착륙 후 활주로에서
항공기가 정지하는 장소이다. 계류장(Ramp 또는 Tarmac)은 항공기가 머무는 주기장(Apron)을
포함하는 상위 개념이지만 국내외 주요 공항들에서 구분 없이 혼용되어 사용되고 있다.

1) 주기장의 기능

항공기 주기장에서는 여객이 탑승교(Boarding Bridge)를 통해 탑승 및 하기를 하는 공간이면서
동시에 항공기 수화물, 순화물 및 우편물 등이 탑재 및 하기 되는 공간이기도 하다. 전체 주기장
면적(항공기 주기 면의 개수)은 비행장 항공교통 흐름을 토대로 설계되어야 하는데, 주로 최대
피크타임에 예상되는 공항수용능력을 고려하여 결정된다.

주기장의 각각 면은 주기하는 항공기 교통량을 모두 수용할 수 있어야 한다. 다시 말해서 활주로에
비해 주기장에서 이동하는 항공기 교통량은 단위 시간당 훨씬 더 많으며 더욱 느리게 이동하고
때로는 지상 이동 정체현상이 발생하기도 하기 때문에, 주기장은 활주로보다 더욱 큰 외부 하중을
견딜 수 있도록 단단하게 포장되어야 한다.

2) 주기장 이격거리

주기장에 주기하는 항공기는 다음의 조건에 맞추어 최소 이격거리를 준수해야 한다. 다음에
제시된 거리는 항공기 이동 시 안전을 담보하기 위해 항공기와 항공기, 항공기와 주기장 시설,
항공기와 기타 지상 장애물 간 최소한 이격되어야 하는 거리이다.

- 항공기 코드(A) : 3.0m
- 항공기 코드(B) : 3.0m
- 항공기 코드(C) : 4.5m
- 항공기 코드(D) : 7.5m
- 항공기 코드(E) : 7.5m
- 항공기 코드(F) : 7.5m

하지만, 다음의 특이한 주기장 상황이 있는 경우, 항공기 노즈(Nose)부터 진입하는 주기장의 경우
상기 최소 이격거리는 줄어들 수 있다. 항공기 노즈와 주기장 시설 사이에,

- 승객 이동을 위한 탑승교가 연결되는 경우
- 시각주기유도시스템(VDGS, Visual Docking Guidance System) 관련 시설 일부가 돌출된
  경우 등

3) 제 · 방빙 주기장(De/Anti-Icing Pad)

제 · 방빙 주기장의 경우 항공기가 일반 주기장에 비해 상대적으로 오랜 시간 머물 수 있기 때문에 일반 주기장으로부터 이격하지 않으면 항공기의 지상 이동을 방해할 수 있다. 비행장 내 격리된 공간에 독립적으로 제 · 방빙 주기장이 운영될 수 있도록 설치하여 에어사이드 내 정상적인 항공기 교통 흐름에 문제가 되지 않도록 해야 한다. 이런 이유로 제 · 방빙 주기장은 주기장, 주기시설 또는 여객 · 화물 터미널로부터 최소 100m 이상 이격되어야 한다.

그림 10.10 제방빙 주기장

4 장애물 제한표면(Obstacle Limitation Surface)

장애물 제한표면이란 항공기의 안전한 운항을 위해 비행장 주변에 장애물(항공기의 안전운항을 방해하는 자연적이거나 인공적인 지형 · 지물 등을 의미함)의 설치 등이 제한되는 표면을 말한다. 장애물 제한표면 높이를 초과하는 장애물은 조종사의 계기비행 접근절차 또는 시계비행 선회절차에 영향을 미치게 되어 궁극적으로 항공기의 장애물 회피고도 등에 영향을 주어 항공기의 안전한 입 · 출항에 장애를 줄 수 있다. 장애물 제한표면에서 항공기준 및 절차에 대한 설계는 항행서비스절차 – 항공기 운영(PANS-OPS, Doc. 8168)에 상세히 기술되어 있다. 비행장의 장애물 제한표면은 다음과 같이 구분된다. 진입표면(Approach Surface), 수평표면(Horizontal Surface), 전이표면(Transitional Surface), 원추표면(Conical Surface) 및 착륙복행표면(Balked Landing Surface)으로 구성되어 있다. 장애물 제한표면에 대한 요구조건은 활주로를 어떻게 사용할지, 즉 용도(이륙, 착륙 및 접근절차의 종류)에 따라 다르다. 특히 계기착륙 등급이 높은 공항(또는 비행장)일수록 더욱 엄격한 기준이 적용된다.

1) 비계기(Non-Instrument) 활주로용 장애물 제한표면

- 원추표면
- 진입표면
- 수평표면 및 내부 수평표면
- 전이표면

2) 비정밀접근(Non-Precision Approach) 활주로용 장애물 제한표면

- 원추표면
- 진입표면
- 수평표면 및 내부 수평표면
- 전이표면

3) 정밀접근(Precision Approach) 활주로용(CAT-I) 장애물 제한표면

- 원추표면
- 진입표면
- 내부 수평표면
- 전이표면

4) 정밀접근(Precision Approach) 활주로용(CAT-II 또는 CAT-III) 장애물 제한표면

- 원추표면
- 진입표면 및 내부 진입표면
- 내부 수평표면
- 전이표면 및 내부 전이표면
- 착륙복행표면

5) 항공안전관리감독기관의 역할

장애물 제한표면의 한계(높이)를 초과하여 건설되는 건축물의 경우 건축 관련 인·허가 단계에서부터 항공안전관리감독기관과 반드시 협의해야 한다. 왜냐하면 항공안전관리감독 당국과 사전 협의를 통해 해당 건축물이 비행장에 입·출항하는 항공기의 안전에 영향을 미치는지 항공학적 검토를 해야 하기 때문이다.

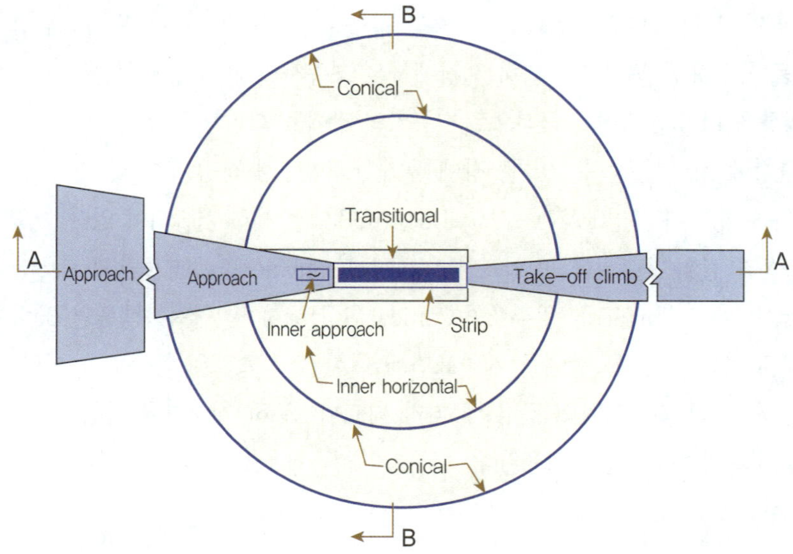

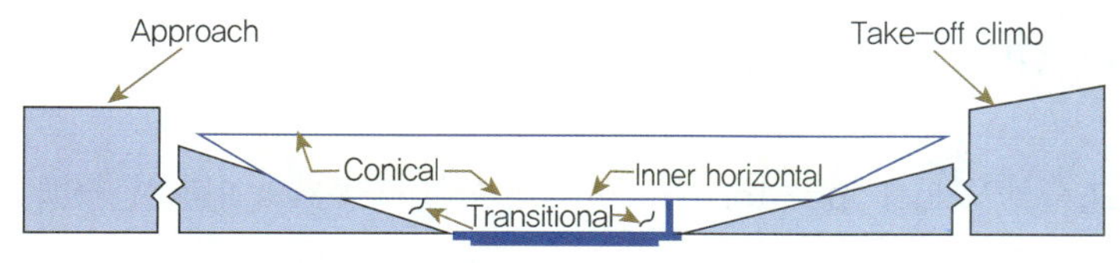

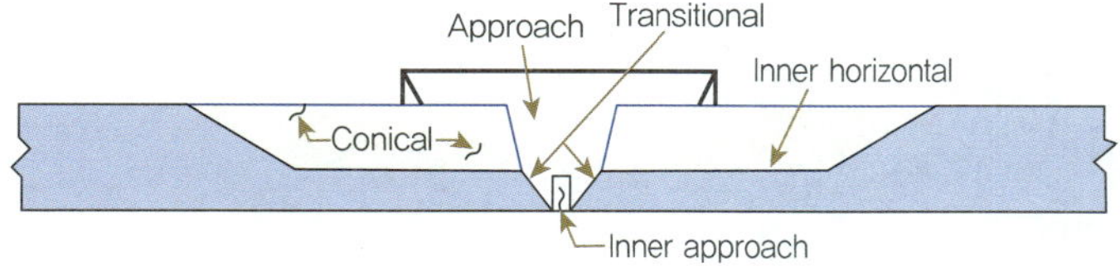

그림 10.11 장애물 제한표면 구성요소(출처 : ICAO 부속서 14권)

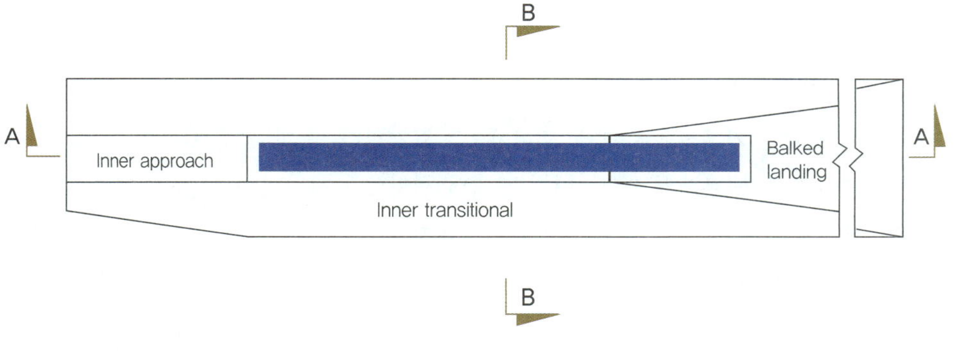

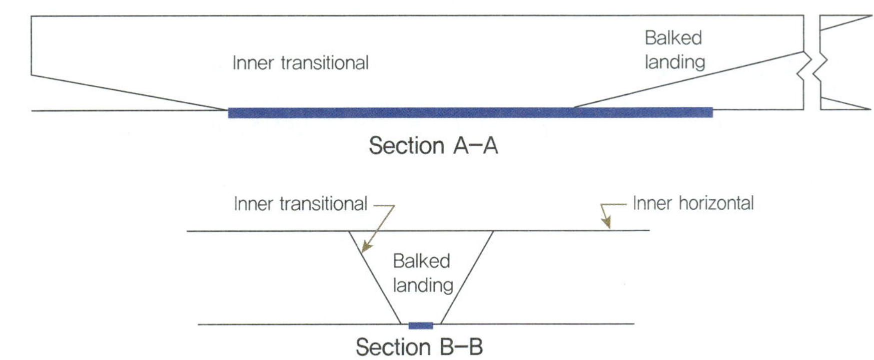

그림 10.12 내부 진입표면, 내부 전이표면 및 내부 수평표면(출처 : ICAO 부속서 14권)

5 　시각보조시설(Visual Aid for Navigation)

공항에서 시각보조시설(Visual Aids for Navigation)이란 항공기의 안전한 항행을 위해 설치하는 시설로서 항공기에 신호를 보내기 위해 사용하는 지향신호등(예 비행장등대), 표지(Markings), 항공등화(Lights), 표지판(Signs) 및 표시물(Markers) 등을 의미한다.

1) 표지(Markings)

① 활주로 표지 개요

- 제한 사항으로 2개(또는 그 이상) 활주로가 교차하는 경우에 가장 중요한 주 활주로의 옆선표지(Runway Side Strip Marking)가 강조되어야 한다. 활주로 옆선표지는 활주로 가장자리의 윤곽을 나타내어 활주로와 착륙대의 구분을 표시해 준다. 활주로 표지 표시와 관련하여 먼저 표지가 표시되어야 하는 활주로 순서는 '정밀접근 활주로→비정밀접근 활주로→비계기 활주로' 순이다.

- 활주로 표지는 기본적으로 백색(White)으로 표시한다. 공항 활주로 표면 포장상태에 따라 포장면이 다소 밝은색일 경우, 백색 표지의 선명도가 향상될 수 있도록 백색 표지 윤곽을 검은색으로 그릴 수 있다. 다만, 유도로 표지, 활주로 터닝패드 표지 및 항공기 주기장 표지는 노란색이어야 한다. 야간 시간대에 항공기가 수시로 이착륙하는 공항에서는 반드시 표지(마킹)의 가시성을 향상시키도록 빛이 반사되는 소재를 사용하여야 한다. 반사 재료에 대한 지침은 비행장 설계 매뉴얼(Doc 9157, Part 4)에 제시되어 있다.

② 활주로 명칭 표지(Runway Designation Marking)

- 활주로 명칭 표시는 두 자리 숫자로 활주로 침로가 명시되어야 하며, 평행 활주로에서는 다음과 같이 단일 알파벳 표시로 구분되어야 한다(L/C/R). 단일 활주로, 이중 평행 활주로 및 삼중 평행 활주로에서는 두 자리 숫자를 사용해야 한다. 항공기가 최종 접근하는 방향에서 조종사가 바라볼 때 자북(Magnetic North)의 1/10에 가장 가까운 정수로 표기한다.

- 4개 또는 더 많은 평행 활주로가 공항에 배치된 경우, 한 세트의 두 개 활주로에는 가장 가까운 1/10 자기 방위각으로 번호가 매겨져야 하며, 인접한 활주로의 다른 세트는 자기 방위각의 1/10에 가장 가까운 다음으로 번호가 매겨져야 한다. 이러한 활주로 침로 넘버링 규칙이 적용되는 경우 활주로 침로에 한 자리 숫자만을 제공해야만 한다면 앞에 0을 기입해야 한다.

- 평행 활주로의 경우 각 활주로 지정 번호에는 다음과 같은 문자가 추가된다. 항공기가 접근하는 방향에서 조종사가 바라볼 때 왼쪽에서 오른쪽으로 표시되는 순서는 다음과 같다.
  - (2개 평행 활주로) : 'L' 'R';

– (3개 평행 활주로) : 'L' 'C' 'R';

– (4개 평행 활주로) : 'L' 'R' 'L' 'R';

– (5개 평행 활주로) : 'L' 'C' 'R' 'L' 'R' 혹은 'L' 'R' 'L' 'C' 'R'

그림 10.13 인천국제공항 2독립 4개 평행 활주로

③ 활주로 끝단 표지(Runway Threshold Marking)

활주로 시단 표시는 균일한 크기의 세로 줄무늬(Strip) 패턴으로 구성되어야 하며, 활주로 폭이 45m인 경우 활주로 중심선을 기준으로 대칭적으로 배치된다. 줄무늬의 수는 다음과 같이 활주로 폭에 따라 상이하다.

표 10.8 활주로 끝단 표지

활주로 폭(단위 : 미터)	세로 줄무늬 갯수
18	4
23	6
30	8
45	12
60	16

④ 활주로 착륙 목표점(Aiming Point)

포장된 계기 활주로의 각 최종접근 시 활주로 끝부분에 착륙을 위한 목표점 표지가 활주로 표면에 표시되어야 한다. 목표점 표시는 다음의 표에 명시된 거리보다 활주로 시단에 더 근접해서는 안 된다. 단, 시각 접근 경사 표시기(VASI, Visual Aid Slope Indicator)를 갖춘 활주로에서는 VASI와 착륙 목표점 표지가 동일선상에 위치해야 한다.

표 10.9 착륙목표점 설치 기준

위치 및 거리	착륙 가용 거리(Landing Distance, 단위 : 미터)			
	800 미만	800 이상 ~1,200 미만	1,200 이상 ~2,400 미만	2,400 이상
시단과 착륙목표점 거리	150	250	300	400
줄무늬 길이	30~45	30~45	45~60	45~60
줄무늬 너비(폭)	4	6	6~10	6~10
줄무늬 내측변 간격	6	9	18~22.5	18~22.5

⑤ 활주로 접지 구역(Touch Down Zone)

활주로 접지 구역 표지는 접지 구역을 중심으로 좌우 대칭으로 배치된 직사각형 표시들로 구성되어 있다. 조종사는 착륙 직전 활주로 표면에 표시된 좌우로 배치된 직사각형 표시들 개수에 따라 이용 가능한 착륙거리 또는 시단과 말단 사이 거리를 파악할 수 있다.

표 10.10 활주로 접지 구역 설치 기준

이용 가능한 착륙거리 또는 시단과 말단 사이 거리	직사각형 표시(쌍) 개수
900m 미만	1
900m 이상~1,200m 미만	2
1,200m 이상~1,500m 미만	3
1,500m 이상~2,400m 미만	4
2,400m 이상	6

그림 10.14 활주로 착륙목표점 및 활주로 접지 구역

⑥ 유도로 중심선 표지(Taxiway Centerline Marking)

유도로 중심선은 활주로 코드 번호가 3번 또는 4번인 비행장에 있는 포장된 유도로, 제·방빙 시설 및 계류장에 표시되어야 한다. 유도로 중심선을 따라 항공기가 활주로 중앙선과 항공기 주기장 사이를 반복적으로 안전하게 지상 이동할 수 있어야 한다. 유도로가 활주로의 출구 역할을 하는 활주로와 고속탈출 유도로의 교차점 활주로에서 유도로 중심선은 활주로 중심선 표시로부터 구부러져 표시되어야 한다. 아울러 유도로 중심선 표시는 활주로 표면에서 중심선 표시와 평행하게 접점 지점을 넘어 최소 60m 이상 연장되어야 한다.

⑦ 활주로 정지 위치 표지(Runway Holding Position Marking)

활주로 정지 위치 표지는 다음과 같이 표시될 수 있다. 2026년 11월 26일까지 활주로 정지 위치 표지는 다음의 그림에서 패턴 A1(또는 A2) 또는 패턴 B1(또는 B2) 중 적절한 것을 택하여 공항 운영 당국이 사용할 수 있다. 하지만 2026년 11월 26일 이후 공항 운영 당국은 활주로 정지 위치 표지를 패턴 A2 또는 패턴 B2로 사용하여야 한다.

그림 10.15 유도로 중심선(굽은 중심선)

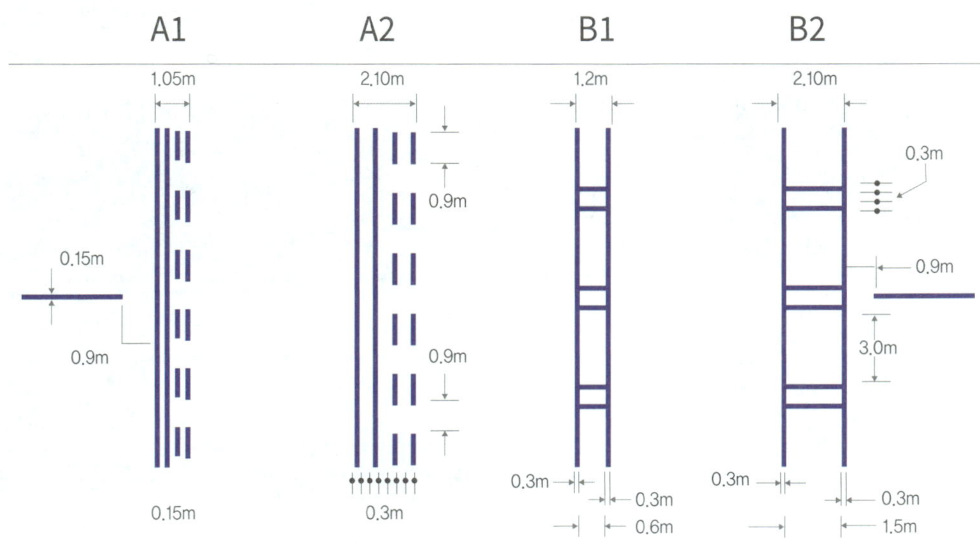

그림 10.16 활주로 정지 위치 표지(ICAO 부속서 14권 인용)

2) 표지판(Signs)

표지판은 고정식 표지판이거나 가변식으로 조종사에게 메시지를 전달할 수 있어야 한다.

표 10.11 표지판 설치 기준

| 활주로 코드 | 단위 : 밀리미터(mm) | | | 유도로 포장 가장자리와 표지판 측면과의 거리 | 활주로 포장 가장자리와 표지판 측면과의 거리 |
	글씨 크기	면(최소)	설치(최대)		
1 또는 2	200	300	700	5~11	3~10
1 또는 2	300	450	900	5~11	3~10
3 또는 4	300	450	900	11~21	8~15
3 또는 4	400	600	1,100	11~21	8~15

① 명령 지시 표지판(Mandatory Instruction Signs)

공항 운영 당국은 항공기가 지상 이동 시 터보프롭 항공기의 프로펠러나 터보제트 항공기의 발동기 덮개에 간섭이 되지 않을 정도로 충분히 낮게 설치해야만 한다. 표지판을 설치할 때는 가로변이 세로변보다 상대적으로 길도록 직사각형 형태로 설치한다. 명령 지시 표지판은 기본적으로 적색(Red) 바탕 상자에 백색(White) 글씨로 표시하며, 표지판에 대한 상세 사항은 부속서 14권 별첨(Appendix) 4에 제시되어 있다. 아울러 에어사이드에 설치되는 모든 명령 지시 표지판은 부서지기 쉬운 재질로 구성되어야 한다.

그림 10.17 명령 지시 표지판

② **정보 표지판(Information Signs)**

공항 운영 당국은 안전하고 효율적인 항공기 지상 이동 및 공항운영에 필요하다고 판단되는 경우 정보 표지판을 설치할 수 있고, 정보 표지판은 방향, 위치, 목적지, 활주로 개방 여부 및 교차활주로에서 중간활주로(남은 이륙거리 표시) 등을 조종사에게 알려준다. 정보 표지판은 기본적으로 황색(Yellow) 바탕 상자에 흑색(Black) 글씨로 구성하며, 공항운영에 필요하여 사용할 경우, 공항 운영 당국은 조종사의 혼돈을 방지하기 위해서 유도로를 표현하는 알파벳 중 I, O, X는 사용하지 말아야 한다. 아울러 에어사이드에 설치되는 모든 정보 표지판은 부서지기 쉬운 재질로 구성되어야 한다.

그림 10.18 정보 표지판

항공법은 1961년 3월 7일 법률 제591호로 공표되면서 법으로 제정되었고, 1961년 6월 8일부터 시행되었다. 항공법은 민간항공(Civil Aviation)의 발전을 지원하는 한편 항공안전과 항공질서를 유지하는 제도적인 틀을 마련했다. (舊)항공법은 항공정책·항공안전·공항시설·항공사업 등 항공 전반에 관한 사항을 방대하게 다루었다. 항공법은 제1장 총칙 등 10개의 장과 총 230여 개 조문으로 구성되었다. 하지만 종전 항공법은 항공과 관련된 모든 내용을 규정으로 담았기 때문에, 항공법에서 다루는 내용이 너무 방대하고 법령체계도 복잡하게 구성되었다. 정부는 담당 부처인 국토교통부가 항공안전업무를 추진함에 있어 전문성과 효율성을 제고하고 국제사회(ICAO, IATA, ACI 등)의 항공운송여건 변화에 탄력적으로 대응하기 위하여 2018년 항공법을 분법화하였다. 그 결과 항공법은 항공안전법, 항공사업법 및 항공시설법으로 분화되었다.

1 공항시설법 주요 내용

1) 장애물 제한표면 설치 요건(공항시설법)

공항시설법에서 장애물 제한표면이란 항공기의 안전운항을 위해 비행장 주변에 장애물(항공기의 안전운항을 방해하는 지형·지물 등)의 설치 등이 제한되는 표면이라고 정의되어 있다. 앞서 ICAO 부속서 14권에서 '항공안전 관리감독기관'을 국내에 적용할 경우, 민간공항은 국토교통부이며 군 공항은 국방부가 될 것이다. 국내 민간 전용 공항(인천, 김포, 제주, 무안, 양양, 여수, 울산)과 국토교통부장관의 허가를 받은 민간비행장(울진, 정석 등)은 공항시설법에 따라 장애물 제한표면이 적용된다. 반면에 군 비행장(김해, 청주, 대구, 광주, 사천, 원주, 포항 등)은 군사기지 및 시설보호법에 따라 비행안전구역이 적용된다.

① 장애물 제한표면 지정

민간공항 또는 비행장에 적용되는 장애물 제한표면은 국토교통부장관(또는 서울/부산/제주지방항공청장)이 고시하여 시·도지사(시·군·구청장)에게 통지한다. 장애물 제한표면을 통지받은 시·도지사(시·군·구청장)가 토지이용계획 확인서에 장애물 제한표면을 등재 후

공고한다. 공항시설법 제34조에 따른 비행장의 설치 또는 변경이 고시된 후에는 그 고시에 표시된 장애물 제한표면의 높이 이상인 건축물·구조물(고시 당시에 건설 중인 건축물 또는 구조물은 제외한다)·식물 및 그 밖의 장애물을 설치·재배하거나 방치하여서는 아니 된다. 다만 가설물이나 그 밖에 국토교통부령으로 정하는 장애물로서 관계 행정기관의 장이 공항시설법 시행규칙 제22조에서 정한 장애물은 비행장설치자(공항 운영 당국 등)와 협의하여 설치 또는 방치를 허가할 수 있다.

② 장애물 제한표면의 종류

공항시설법, 동법 시행령 및 시행규칙에 따라 공항 및 비행장(헬기장 제외)은 수평표면, 원추표면, 진입표면, 내부 진입표면, 전이표면, 내부 전이표면, 착륙복행표면으로 구분된다.

- (진입표면) 착륙대 끝(시점, 폭 300m)에서 3km까지는 1/50, 그 이후 15km까지는 1/40의 경사도(종점, 폭 4.8km, 높이 360m)를 갖는 사다리꼴 표면

- (전이표면) 착륙대의 측변 및 진입표면 측변의 일부에서 수평표면에 연결되는 외측 상방으로 1/7의 경사도를 갖는 복합된 표면(착륙대 측변에서 315m까지, 높이 0~45m)

- (수평표면) 활주로 중심선 끝에서 60m 연장한 지점에서 반경 4km 원호를 그려 형성되고 높이가 45m인 표면

- (원추표면) 수평표면 원주로부터 외측 1.1km까지 상방으로 1/20의 경사도를 갖는 표면(높이 45m~100m)

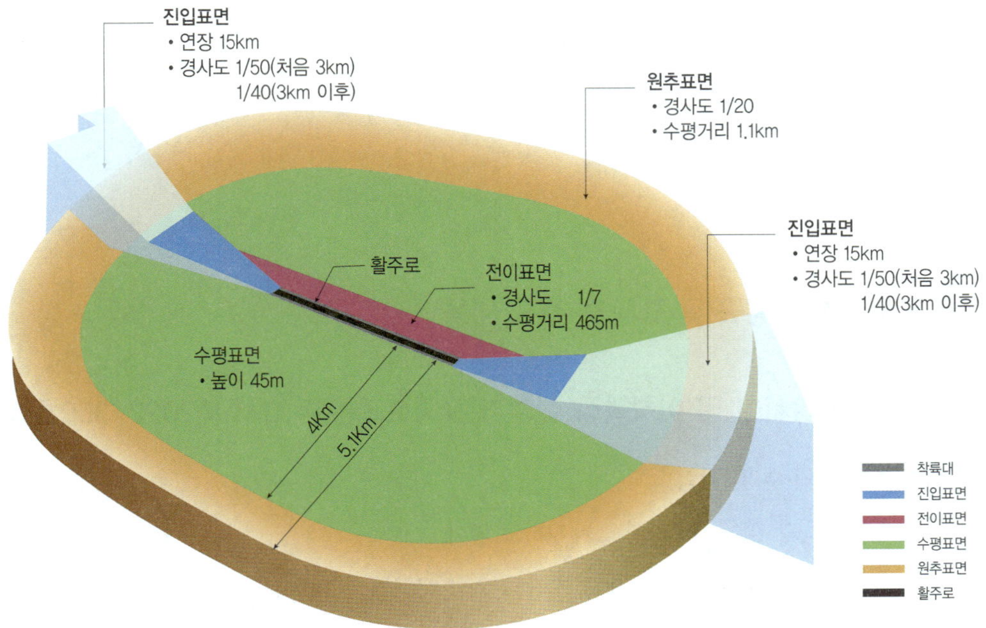

그림 10.19 공항시설법 시행규칙 [별표 2] 장애물 제한표면의 기준

③ 비행안전구역(군사기지 및 군사시설보호법)

• 군사기지 및 군사시설보호법에서 말하는 '비행안전구역'이란 군용항공기의 이착륙에 있어서의 안전비행을 위하여 국방부장관이 제4조 및 제6조에 따라 지정하는 구역을 말한다.

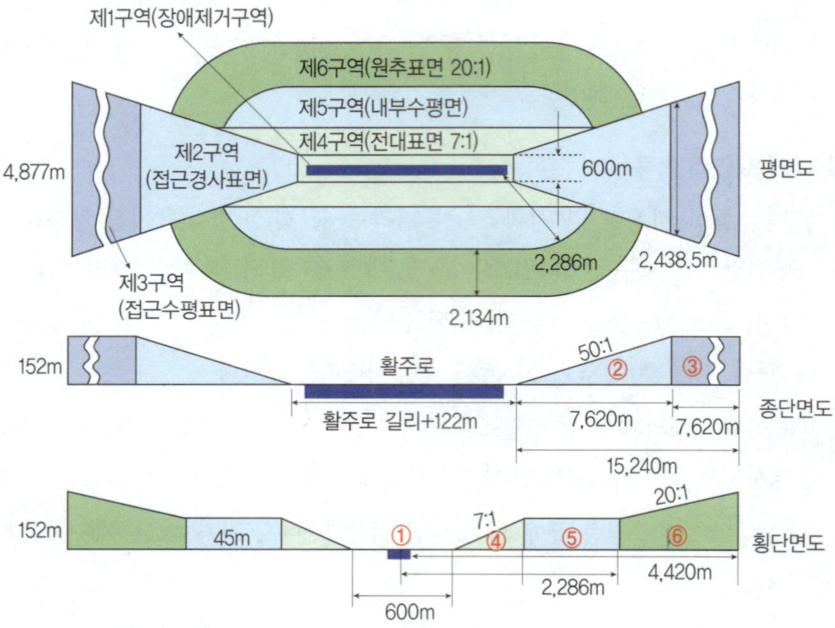

그림 10.20 　전술항공작전기지의 비행안전구역 (군사기지 및 군사시설보호법 [별표 2])

• 국내에서 군이 100% 전용하는 군기지를 제외하더라도 총 8개의 민·군 겸용 공항이 있고, 민·군 겸용 공항 및 주변 공역은 기본적으로 군사기지 및 군사시설보호법의 적용을 받는다. 군사기지 및 군사시설보호법 제6조 1항에 따라 비행안전구역은 항공작전기지의 종류별로 구분한다.

2 국토교통부 예규 및 고시 등 주요 내용

1) 공항·비행장시설 및 이착륙장 설치기준(국토교통부 고시 제2022–350호)

[제5조(활주로의 수 및 방향)]

제5조에서 다음과 같이 5개 조항을 제시하고 있다.

① 비행장에서 활주로의 수는 가장 혼잡한 시간대의 한 시간 동안 수용하여야 하는 항공기의 운항횟수, 항공기 기종별 비율, 도착 및 출발 항공기의 비율 등을 만족시켜야 한다.

② 전체 활주로의 수를 결정할 때는 제1항의 조건을 만족시킴과 동시에 해당 비행장의 이용률도 함께 고려하여야 한다.

③ 비행장에서 활주로의 수 및 방향은 비행장을 이용하고자 하는 항공기에 대해 측풍의 영향을 고려한 비행장 이용률이 95% 이상이 되도록 결정하여야 한다.

④ 주 활주로는 가능한 한 주 풍향과 같은 방향으로 배치하여야 하며 모든 활주로는 이·착륙 지역에 원칙적으로 장애물이 없도록 하여야 한다.

⑤ 미래의 소음 문제를 예방하기 위하여 비행장의 활주로 위치 선정과 방향 선정은 가능한 한 출발하거나 도착하는 항공기가 비행장에 인접한 주거지역이나 다른 소음민감지역(학교, 병원 및 노유자 시설 등)에 대한 영향을 최소화하도록 하여야 한다.

[제6조(활주로 측풍분력)]

제6조의 활주로 측풍분력에서 다음과 같이 3개 조항을 제시하고 있다.

① 제5조 제3항의 규정에 따라 비행장 이용률을 결정할 시에는 측풍분력이 다음의 수치를 초과할 경우에는 항공기가 비행장 이·착륙에 방해를 받는 것으로 간주하여야 한다(종방향 마찰계수가 불충분하여 활주로 제동효과가 빈번히 불량한 경우).

② 비행장 이용률 계산을 위하여 사용되어야 하는 기상관측 자료는 최소한 5년 이상의 신뢰성 있는 통계자료로 하며, 관측은 적어도 1일 8회 같은 시간 간격으로 진행되어야 한다.

③ 비행장으로 사용될 지역의 기상자료를 직접적으로 활용하기 어려운 경우에는 보다 정확한 자료를 습득하기 위하여 예정 부지에 기상측정기를 설치하고 바람에 관한 기록을 수집·분석하여 활용하여야 한다. 단, 시간적 여건이 허용하지 않을 경우에는 인근 기상관측소의 과거 기록을 참조할 수 있다.

[제8조(활주로 길이)]

① 활주로 길이를 산정하기 위해서는 다음과 같은 요소들을 반드시 고려해야 한다.

1. 취항하고자 하는 항공기의 성능 및 운항 시 중량

2. 기후조건, 특히 지상풍 및 기온

3. 경사 및 표면조건 등과 같은 활주로 특성

4. 비행장 위치 : 기압 및 지형적인 장애에 영향을 주는 비행장 표고 등

② 실제 활주로 길이는 동 활주로를 사용하고자 하는 항공기의 운항상 요구조건을 만족하여야 하고 항공기의 운항과 성능을 당해 비행장의 조건에 맞게 보정하여 결정한 최장 길이보다 짧아서는 안 된다. 그러나 활주로의 이용률을 95% 이상 확보하기 위하여 추가로 설치하게 되는 보조활주로는 예외로 한다.

③ 활주로 길이를 결정하고 활주로의 양방향에서 운항상의 필요사항을 결정할 때, 이륙과 착륙 시 요구조건을 모두 고려하여야 한다. 고려해야 할 해당 비행장의 특수조건으로는 표고, 기온, 활주로 경사도, 습도, 활주로 표면 조건 등이 있다.

④ 항공기 이·착륙에 적합한 여러 가지 물리적 거리 및 관련된 정확한 정보는 공시하여야 한다. 공시거리(Declared Distance)는 다음과 같이 정의한다.

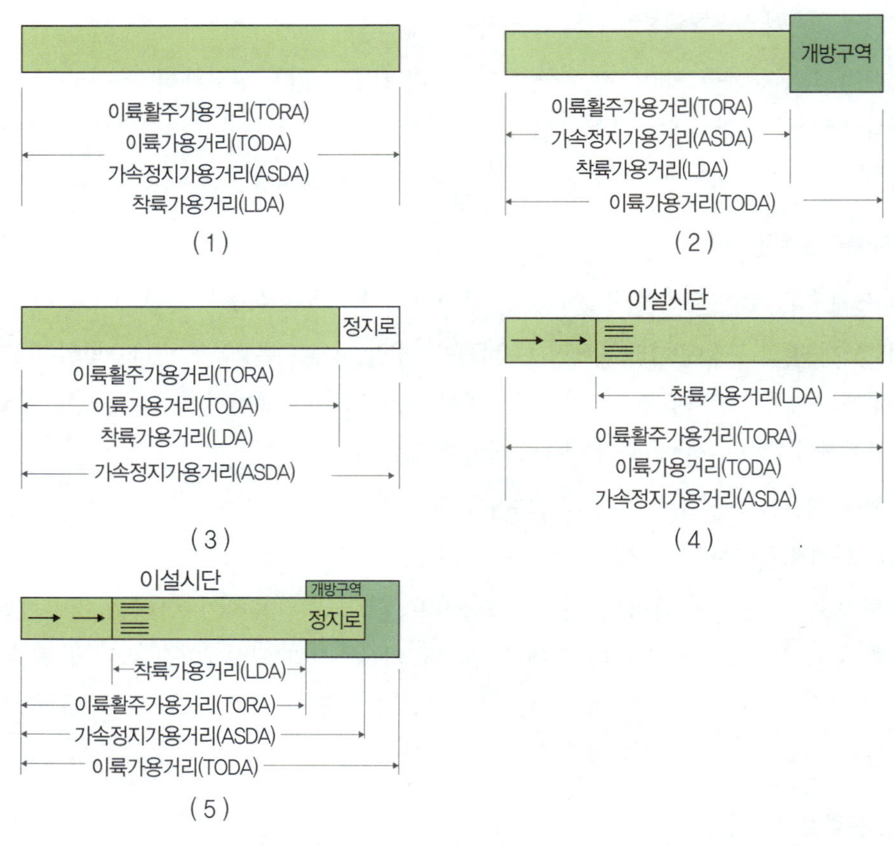

그림 10.21 활주로 종류에 따른 공시거리(국토부 예규)

- 이륙활주가용거리(TORA, Take-Off Run Available) : 이륙항공기가 지상 활주를 목적으로 이용하는 데 적합하다고 결정된 활주로의 길이

- 이륙가용거리(TODA, Take-Off Distance Available) : 이륙항공기가 이륙하여 일정 고도까지 초기 상승하는 것을 목적으로 이용하는 데 적합하다고 결정된 활주로 길이로써, 이륙활주가용거리에 이륙 방향의 개방구역을 더한 길이

- 가속정지가용거리(ASDA, Accelerate Stop Distance Available) : 이륙항공기가 이륙을 포기하는 경우에 항공기가 정지하는 데 적합하다고 결정된 활주로 길이로써, 이용되는 이륙활주가용거리에 정지로를 더한 길이

- 착륙가용거리(LDA, Landing Distance Available) : 착륙항공기가 지상 활주를 목적으로 이용하는 데 적합하다고 결정된 활주로의 길이

2) 공항 · 비행장시설 설계 세부 지침(예규 제36호, 2022)

공항 · 비행장시설 설계 세부 지침 중 제5조 1항부터 3항까지는 활주로 배치에 영향을 미치는 일반 사항, 활주로 운영 형태 및 바람과 관련된 내용이다.

제5조(활주로의 배치, 방향, 수에 영향을 미치는 요소)

① 일반 사항

1. 활주로의 배치, 방향, 수를 결정함에 있어서는 관련 요인을 모두 검토하여야 하며, 최소한 다음 각호의 요인을 검토하여야 한다.

    가. 기상, 특히 바람의 분포(풍향, 풍속) 및 안개 발생에 의한 활주로 · 비행장 이용률(usability factor)

    나. 비행장 부지와 그 주변의 지형(부지 조성, 장애물 제거, 배수 등 감안)

    다. 비행장에서 운영할 항공교통의 형태(type) 및 교통량(항공교통관제 측면 포함)

    라. 항공기 성능에 대한 고려

    마. 환경적인 고려(특히 소음피해, 수질오염, 야생동물에 대한 피해 등)

    바. 활주로 구성별 용량(처리 가능한 운항횟수)

    사. 주변의 공역 이용현황(타 비행장의 공역, 비행금지 및 제한공역)

2. 주활주로는 다른 요인이 허용하는 범위 내에서, 주 풍향과 같은 방향이어야 한다. 모든 활주로는 이 · 착륙지역에 장애물이 없고, 가능한 한 항공기가 직접적으로 주거지역 상공을 지나지 않도록 하여야 한다.

3. 항공교통 수요에 부합 되도록 충분한 수의 활주로가 필요하다. 즉 항공기 운항횟수, 항공기 종류별 혼합율 및 도착 · 출발의 비율(지연시간 등을 고려)이 가장 바쁜 한 시간 동안의 수요에 대비할 수 있어야 한다. 또한 건설하여야 할 활주로의 총 수를 결정함에 있어서는 비행장의 이용률 및 경제성을 고려하여야 한다.

② 활주로 운영형태

1. 비행장을 모든 기상 상태에서 이용할 것인지 또는 시계비행 기상 상태에서만 이용할 것인지와 낮에만 이용할 것인지 또는 낮과 밤 모두 이용할 것인지를 충분히 검토하여야 한다.

2. 새로운 계기활주로를 건설할 경우에는 항공기가 계기접근 및 실패접근 절차에 따라 비행하는 지역에 어떤 장애물이 있는지 또는 운영을 제한하는 요인이 없는지 확인키 위하여 특별한 주의가 필요하다.

---

③ 바람

1. 비행장에서 활주로의 수 및 방향은 비행장을 이용하고자 하는 항공기에 대해 측풍을 고려한 비행장 이용률이 95% 이상이 되도록 결정하여야 한다.

2. 95%의 이용률을 결정할 시에는 측풍분력이 다음 〈표 10.11〉의 수치를 초과할 경우에는 항공기가 비행장 이·착륙에 방해를 받는 것으로 간주하여야 한다.

표 10.11 최대 측풍분력

최소이륙거리	최대측풍분력
1,500m 이상	37km/h(20knot) 24km/h(13knot)
1,200m 이상~1,500m 미만	24km/h(13knot)
1,200m 미만	19km/h(10knot)

주) 종방향 마찰계수가 불충분하여 제동효과가 빈번히 불량할 경우

공항·비행장시설 설계 세부 지침 중 제5조 8항 및 9항은 활주로가 2개 이상 평행하게 배치될 때 공항 운영 당국이 설계에 고려해야 하는 세부 사항을 제시하고 있다.

제5조(활주로의 배치, 방향, 수에 영향을 미치는 요소)

⑧ 평행활주로

1. 방향별로 설치할 활주로 수는 항공기 운항 수요에 따른다(ICAO Doc 9184(Airport Planning Manual) Part 1 참조).

2. 평행활주로를 시계비행 기상 상태에서만 동시 사용할 목적으로 계획할 경우에 활주로 중심선 사이의 최소 간격은 다음과 같이 설정하여야 한다.

　가. 높은 쪽의 분류번호가 3, 4인 경우는 210m 이상

　나. 높은 쪽의 분류번호가 2인 경우는 150m 이상

　다. 높은 쪽의 분류번호가 1인 경우는 120m 이상

3. 2개의 평행활주로를 계기비행 기상 상태에서 동시 사용할 목적으로 계획할 경우에 활주로 중심선 사이의 최소 간격은 다음과 같이 설정하여야 한다.

　가. 독립 평행 접근의 경우(접근/접근)는 1,035m 이상

　나. 종속 평행 접근의 경우(접근/접근)는 915m 이상

　다. 독립 평행 출발의 경우(출발/출발)는 760m 이상

　라. 분리 평행 운영의 경우(출발/접근)는 760m 이상

(1) 분리 평행 운영의 경우는 활주로 끝이 어긋난 거리와 활주로 이용 방법에 따라 다음과 같이 최소 간격이 조정된다.

   (가) 끝이 어긋난 활주로 중 착륙 항공기에 가까운 활주로에 착륙하고, 착륙 항공기에 먼 쪽의 활주로에서 이륙하는 분리 운영의 경우에 어긋난 길이 150m마다 분리 간격은 30m씩 감소시킬 수 있으며, 최소 300m가 될 때까지 감소시킬 수 있다.

   (나) 위의 경우와 반대로 운영하는 경우에는(착륙 항공기에서 먼 활주로에서 착륙하고, 가까운 활주로에서 이륙하는 분리 평행 운영) 어긋난 길이 150m마다 분리 간격은 30m씩 증가시켜야 한다.

   (다) 비행안전 확인에 의거 항공기 안전운항에 지장이 없는 것으로 결정된 경우에는 위에서 규정된 분리 간격보다 작게 적용할 수도 있다.

4. 평행활주로 또는 근접평행 계기활주로에서 동시 운영에 대한 안내는 ICAO Doc 9643 Manual of Simultaneous Operations on Parallel or Near-Parallel Instrument Runways, SOIR)에 포함되어 있다.

⑨ 평행활주로 사이의 터미널 지역

1. 사용 중인 활주로를 횡단하는 항공기의 지상유도를 최소화하고 평행활주로 사이의 지역을 더욱 효과적으로 이용키 위하여 터미널 및 기타 운영지역이 평행활주로 사이에 배치될 수 있다.

2. 이런 사용목적에 부합시키기 위해서는 ⑧의3항에서 규정된 간격보다 더 큰 간격이 필요할 수도 있다(참고 : 평행활주로 사이에 터미널이 배치된 경우에 세계 주요 비행장의 평행활주로 간격은 터미널 지역의 소요면적에 따라 1,500m~3,000m 범위를 나타내고 있다.).

3) 항공등화 설치 및 관리 기준(국토교통부 고시 제2024-87호)

제40조(유도로 안내등) 2항에서 조종사가 항공기 지상 이동 시 공항 에어사이드에서 반드시 준수해야 하는 명령지시표지판 관련 내용은 다음과 같다.

① 명령지시표지판은 항공기 또는 차량이 관제탑의 허가 없이 진행해서는 안 되는 지역을 표시하기 위해 설치되는 것으로 활주로명칭표지판, CAT Ⅰ·Ⅱ 또는 Ⅲ, 정지위치표지판, 활주로정지위치표지판, 도로정지위치표지판 및 진입금지표지판으로 구분하여 다음 각호와 같이 설치되어야 한다.

또한 주변 환경 또는 그 밖의 여건상 표지를 보다 선명하게 나타낼 필요가 있는 경우에는 활주로 분류등급에 따라 분류번호 1·2인 활주로에서는 문자의 바깥쪽에 10mm,

3·4인 활주로에서는 20mm의 검은색 테두리를 부가하여야 하며, 이동지역에서는 명령지시표지판에만 적색을 사용한다. 아울러 제40조 3항에서 조종사에게 현재 위치, 경로, 방향 및 목적지 관련 정보를 제공하는 정보표지판 내용을 설명하고 있다.

② 정보표지판은 특정 신호, 위치 또는 경로(방향 또는 목적지) 정보를 나타내는 것으로 운항상 필요한 곳에 설치하며, 방향표지판, 위치표지판, 목적지표지판, 활주로탈출표지판, 활주로개방표지판, 중간이륙표지판, VOR 체크포인트표지판, 주기장식별표지판으로 구분하여 다음 각호와 같이 설치하여야 한다.

활주로 말단의 활주로 명칭(예)	25	활주로 말단에서 활주로 정지 위치 표시
활주로 양쪽 말단의 활주로 명칭(예)	25-07	활주로 말단 외 유도로·활주로 교차지역에서 활주로 정지 위치 표시
CAT-Ⅰ 정지 위치(예)	25 CAT Ⅰ	활주로 25방향의 시단에서 활주로 CAT-Ⅰ 활주로 정지 위치 표시
CAT-Ⅱ 정지 위치(예)	25 CAT Ⅱ	활주로 25방향의 시단에서 활주로 CAT-Ⅱ 활주로 정지 위치 표시
CAT-Ⅲ 정지 위치(예)	25 CAT Ⅲ	활주로 25방향의 시단에서 활주로 CAT-Ⅲ 활주로 정지 위치 표시
CAT-Ⅱ/Ⅲ 정지 위치(예)	25 CAT Ⅱ/Ⅲ	활주로 25방향의 시단에서 활주로 CAT-Ⅱ/Ⅲ 활주로 정지 위치 표시
CAT-Ⅰ/Ⅱ/Ⅲ 정지 위치(예)	25 CAT Ⅰ/Ⅱ/Ⅲ	활주로 25방향의 시단에서 활주로 CAT-Ⅰ/Ⅱ/Ⅲ 활주로 정지 위치 표시
진입금지	⊖	진입금지를 표시
활주로 정지 위치(예)	B2	활주로 정지 위치 표시

그림 10.22　명령 지시 표지판(항공등화 설치 및 관리 기준)

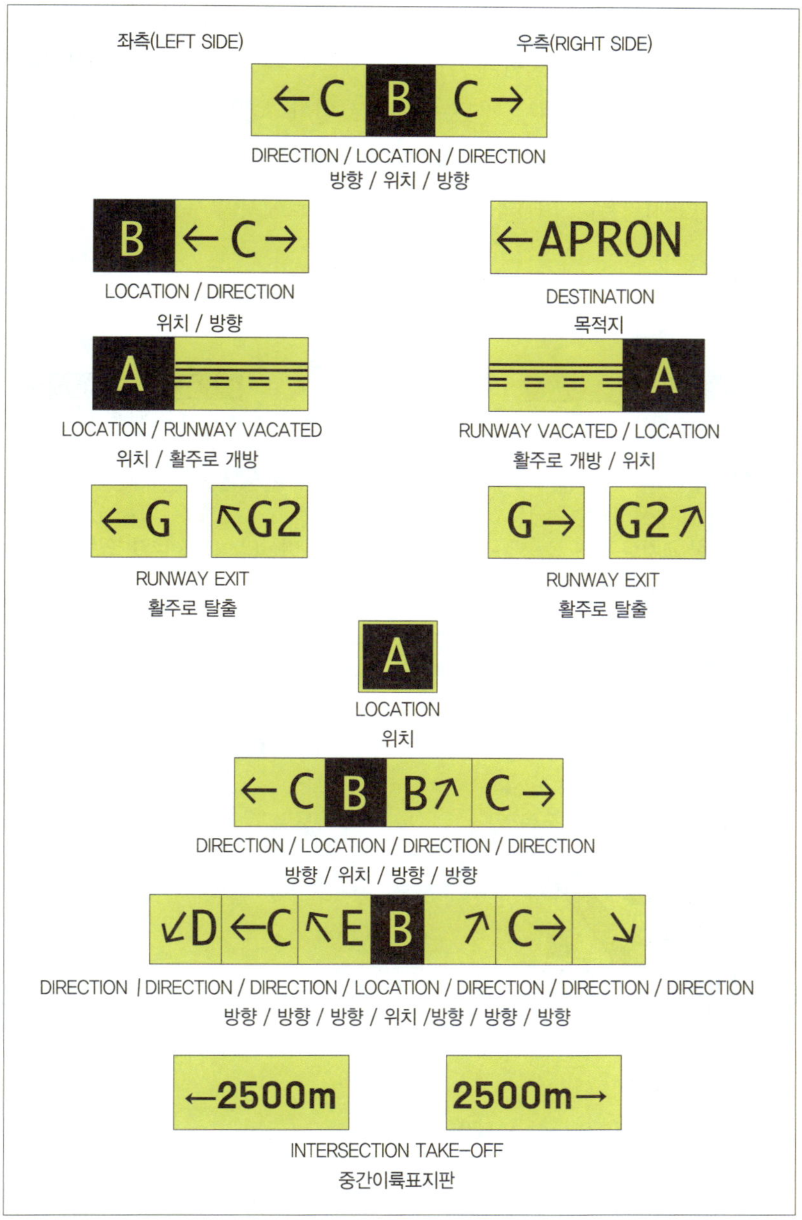

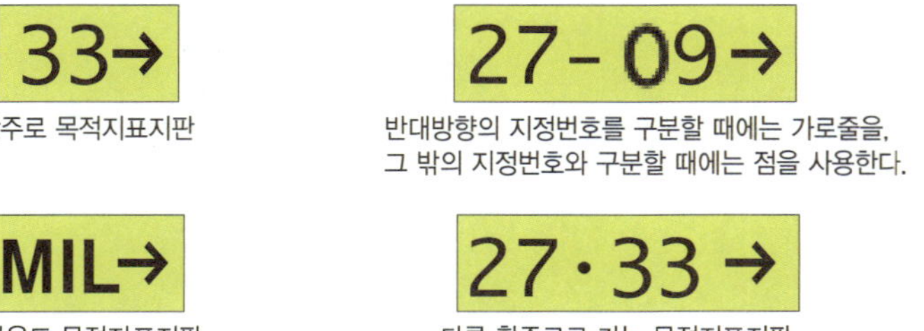

그림 10.23 정보표지판(항공등화 설치 및 관리 기준)

항공등화 설치 및 관리 기준의 그림 10.24에서 유도로 교차지역에서 표지판은 왼쪽에서 오른쪽으로 시계 방향에 따라 배치한다. 좌회전표지판은 유도로 위치표지판의 왼쪽에 배치하고, 우회전표지판은 오른쪽에 배치하는 것을 원칙으로 한다. 다만, (1) 표준 4방향 교차로와 같은 상황이라면 유도로 위치표지판에 두 개의 화살표가 있는 방향표지판을 덧붙인다. 두 개의 화살표가 있는 방향표지판은 그림(1)과 같이 단순한 교차로에서만 사용한다.

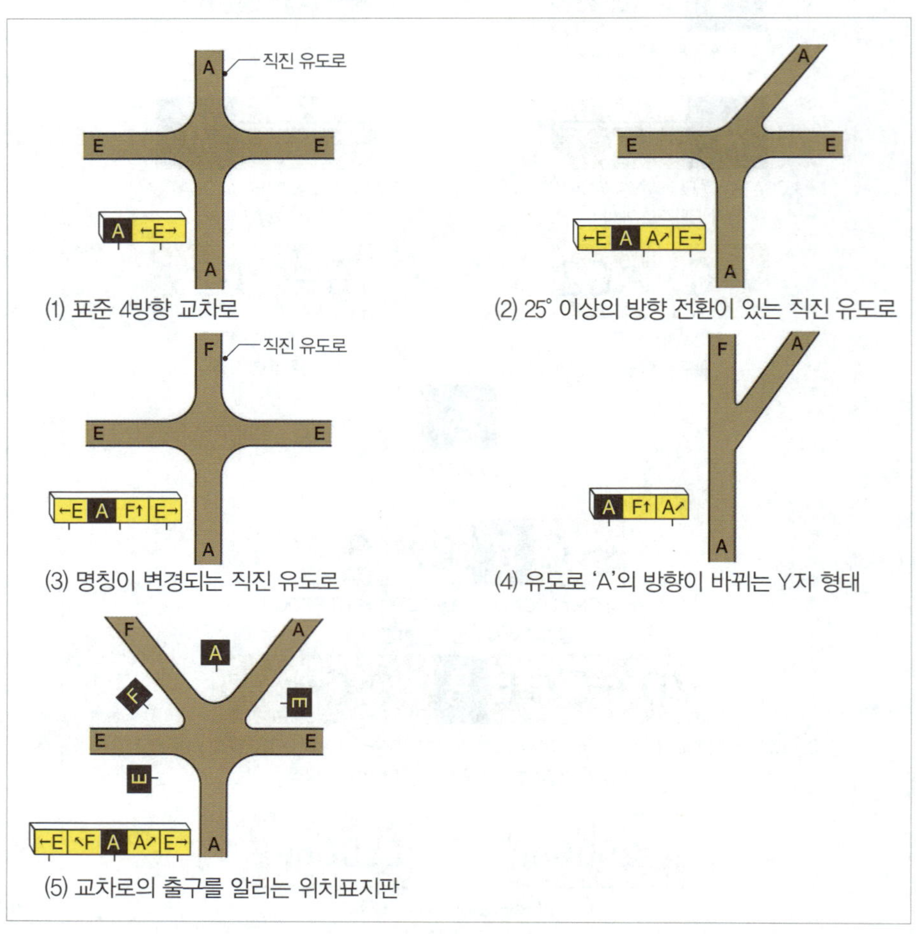

그림 10.24 유도로 교차지역 정보표지판(항공등화 설치 및 관리 기준)

memo

정원경 초당대학교 항공운항학과 교수, 한국항공운항학회 정회원

ICAO는 1953년 초판을 시작으로, 2016년 15판까지 수정하여 국제민간항공협약의 부속서(Annex) 15 Aeronautical Information Service를 제정·시행함으로써 국제적으로 통일된 항공 분야의 안전관리 틀을 마련하였으며, 우리나라도 국제민간항공협약의 부속서(Annex) 15를 준수하여 항공정보업무를 제공하고 있다. 즉 '항공정보업무(AIS, Aeronautical Information Service)'란 지정 관할구역 내에서 항공항행의 안전, 질서 및 효율성을 위해 필요한 항공자료 및 항공정보를 제공하는 업무를 말한다.

AERONAUTICAL INFORMATION SERVICES

1절 ICAO Annex 15 Aeronautical Information Service

2절 항공정보업무 관련 국내 규정

ICAO Annex 15 Aeronautical Information Service

1 개념

항공정보업무(Aeronautical Information Service)의 목적은 전 세계 항공교통 관리 시스템의 안전성, 규칙성, 경제성 및 효율성에 필요한 항공데이터 및 항공정보의 흐름을 환경적으로 지속 가능한 방식으로 보장하는 것이다. 지역 항법(RNAV), 성능 기반 항행, 공중 컴퓨터 기반 항법 시스템, 성능 기반 통신, 성능 기반 감시, 데이터링크 시스템 및 위성 음성 통신의 구현에 따라서 항공데이터와 항공정보의 중요성이 크게 변화했다. 항공데이터 및 항공정보가 손상, 오류, 지연 또는 누락될 경우 잠재적으로 항행 안전에 영향을 미칠 수 있다.

2 배경

항공정보업무에 대한 표준 및 권고는 1953년 5월 15일 국제민간항공협약(시카고 협약 – 1944년)의 제37조 규정에 따라 이사회에 의해 처음 채택되었으며 협약의 부속서 15로 지정되었다(ICAO Annex 15). 현재 제시된 부속서 15는 다음과 같은 개발 과정을 거쳤다. 첫 번째 요건은 항행위원회가 지역 항행 회의의 권고 결과로 개발하였으며, 1947년 1월 항공종사자에 대한 국제 고지를 위한 절차로서의 위원회(PANS-NOTAM, PICAO Doc 2713)에 의해 발표되었다. 1949년 특별 NOTAM 회의는 이러한 절차의 개정을 검토하고 제안하였으며, 이 절차들은 후에 항행서비스 절차(PANS-AIS, Doc 7106)로 발표되었고, 1951년 8월 1일에 적용 가능하게 되었다.

1952년 PANS-AIS는 항공정보업무부의 제1차 회의에서 표준 및 권고사항을 항행위원회가 검토했으며, 1953년 5월 15일 이사회에서 협약의 부속서 15로 첫 번째 표준 및 권고로 채택했다. 본 부속서는 1954년 4월 1일에 적용 가능하게 되었다.

3 적용

본 문서의 표준 및 권고는 항행서비스 절차–항공정보관리(PANS–AIM, Doc 10066) 및 Doc 7030에 포함된 지역 보충절차–항공정보업무에 적용되며, 후자는 지역적 적용을 위한 부속 절차가 될 것이다.

4 항공정보업무(Aeronautical Information Service)

1) 항공정보업무의 책임과 기능

① 항공정보업무는 항행의 안전성, 규칙성 및 효율성의 운영 요건에 적합한 형태로 다음과 같은 사항을 포함하는 항공교통 관리 커뮤니티에 이용 가능하게 보장한다.

- 승무원, 비행계획 및 비행 시뮬레이터를 포함한 항공운항에 관련된 사람
- 비행 정보업무 및 비행 전 정보 서비스를 담당하는 ATS 시설

② 항공정보업무는 항공교통업무의 제공에 대하여 국가가 책임이 있는 공해 지역뿐만 아니라 국가의 전체 영토에 관한 항공데이터 및 항공정보를 수신, 수집 또는 편집, 형식 지정, 출판, 보관 및 배포해야 하며, 항공데이터 및 항공정보는 항공정보 생산물로 제공되어야 한다.

③ 24시간 서비스가 제공되지 않는 경우 AIS의 책임 구역에서 항공기가 비행 중인 전체 시간 동안 서비스를 이용할 수 있어야 하며, 그 기간 전후 최소 2시간 동안 서비스를 이용할 수 있어야 한다. 서비스는 적절한 지상 조직이 요청할 수 있는 다른 시간에도 이용 가능해야 한다.

④ 또한 AIS는 비행 전 정보 서비스를 제공하고 비행 중에 필요한 정보를 충족하기 위하여 항공데이터와 항공정보를 얻어야 한다.

2) 항공데이터와 항공정보의 범위

① 항공정보업무에 의해 수신 및 관리되어야 하는 항공데이터와 항공정보는 적어도 다음과 같은 하위 영역을 포함해야 한다.

- 국가법률, 규정 및 절차
- 비행장 및 헬기장
- 공역
- ATS 항공로
- 계기 비행 절차
- 항행안전무선시설/시스템

• 장애물

• 지형

• 지리정보

② 항공데이터의 결정 및 보고는 항공데이터 최종 사용자의 요구를 충족하기 위해 요구되는 정확도 및 무결성 분류에 따라야 한다.

3) 항공정보생산물과 업무

① 항공정보는 항공정보생산물 및 관련 서비스의 형태로 제공되어야 한다.

② 항공데이터 및 항공정보가 다양한 형식으로 제공되는 경우, 형식 간의 데이터 및 정보 일관성 보장을 위한 프로세스가 구현되어야 한다.

4) 항공정보의 표준화된 표출 형식

① 표준화된 표기방식으로 제공되는 항공정보는 다음과 같다.

• 항공정보간행물(AIP)

• 항공정보간행물 수정판(AIP amendments)

• 항공정보간행물 보충판(AIP supplements)

• 항공정보회람(AIC)

• 항공고시보(NOTAM)

• 항공 차트(Aeronautical Charts)

  − Aerodrome/heliport chart − ICAO

  − Aerodrome ground movement chart − ICAO

  − Aerodrome obstacle chart − ICAO type A/B

  − Aerodrome terrain and obstacle chart − ICAO

  − Aircraft parking/docking chart − ICAO

  − Area chart − ICAO

  − ATC surveillance minimum altitude chart − ICAO

  − Instrument approach chart − ICAO

  − Precision approach terrain chart − ICAO

  − Standard arrival chart(STAR) − ICAO

  − Standard departure chart(SID) − ICAO

- Visual approach chart – ICAO

- 세계항공지도 – 1:1,000,000

- 항공지도 – 1:500,000

5) NOTAM

① General Specification

- SNOWTAM과 ASHTAM을 제외하고, NOTAM은 appendix 3에 명시된 내용을 포함하여야 한다.

- NOTAM 텍스트는 ICAO 약어, 지시자, 식별자, 지정자, 호출부호, 주파수로 보완된 ICAO NOTAM CODE에 할당된 의미 및 균일 축약어로 구성되어야 한다.

- 모든 NOTAM은 영어로 발행되어야 한다.

- NOTAM에서 오류가 발생한 경우, 오류가 발생한 NOTAM을 대체할 새로운 번호의 NOTAM 또는 잘못된 NOTAM을 취소하고 새로운 NOTAM을 발행해야 한다.

- 이전의 NOTAM을 취소하거나 대체하는 NOTAM이 발행된 경우, 이전의 NOTAM의 시리즈와 숫자가 표시되어야 한다. 이때 두 NOTAM의 시리즈, 위치 표시기 및 주제는 동일해야 한다.

- 단 하나의 NOTAM만 취소되거나 다른 NOTAM으로 대체된다.

- 각 NOTAM은 하나의 주제와 조건만을 다루어야 한다.

- 각 NOTAM은 가능한 한 간략하게 작성되어야 하며, 필요 없이 그 의미가 명확해야 한다.

- 영구적인 정보 또는 장기간의 일시적인 정보를 포함하는 NOTAM은 AIP 및 AIP 보충판에 수록되어야 한다.

② NOTAM number and series allocation

- 국제 NOTAM 사무소는 각 노탐에 2자리 수로 이루어진 연혁 및 그 앞에 글자와 4자리 숫자로 이루어진 시리즈를 할당하여야 한다. 4자리 숫자는 연속적이어야 하며, calendar year를 기준으로 한다.

- 문자 S와 T는 NOTAM 계열을 식별하는 데 사용되어서는 안 된다.

- 모든 NOTAM은 사용자 요구에 따라서 주제, 교통 또는 위치 또는 이들의 조합에 따라 직렬로 구분되어야 한다. 국제 항공 교통을 허용하는 비행장에 대한 NOTAM은 국제적 NOTAM 시리즈로 발행되어야 한다.

- 각 NOTAM 시리즈의 내용 및 지리적 범위는 AIP에 자세히 명시되어야 한다.

제2절 항공정보업무 관련 국내 규정

1 배경

1) 항공안전법 제89조(항공정보의 제공 등)

① 국토교통부장관은 항공기 운항의 안전성·정규성 및 효율성을 확보하기 위하여 필요한 정보(이하 '항공정보'라 한다)를 비행정보구역에서 비행하는 사람 등에게 제공하여야 한다.

② 국토교통부장관은 항공로, 항행안전시설, 비행장, 공항, 관제권 등 항공기 운항에 필요한 정보가 표시된 지도(이하 '항공지도'라 한다)를 발간(發刊)하여야 한다.

③ 국토교통부장관은 제1항 및 제2항에 따른 항공정보 및 항공지도 중 국토교통부령으로 정하는 항공정보 및 항공지도는 유상으로 제공할 수 있다. 다만, 관계 행정기관 등 대통령령으로 정하는 기관에는 무상으로 제공하여야 한다. 〈신설 2023.4.18〉

④ 제1항부터 제3항까지에 따른 항공정보 또는 항공지도의 내용, 제공 방법, 측정 단위 등에 필요한 사항은 국토교통부령으로 정한다.

2) 항공안전법 시행규칙 제255조(항공정보)

① 법 제89조 제1항에 따른 항공정보의 내용은 다음 각호와 같다.

- 비행장과 항행안전시설의 공용의 개시, 휴지, 재개(再開) 및 폐지에 관한 사항
- 비행장과 항행안전시설의 중요한 변경 및 운용에 관한 사항
- 비행장을 이용할 때 항공기의 운항에 장애가 되는 사항
- 비행의 방법, 결심고도, 최저강하고도, 비행장 이륙·착륙 기상 최저치 등의 설정과 변경에 관한 사항
- 항공교통업무에 관한 사항
- 다음 각 목의 공역에서 하는 로켓·불꽃·레이저광선 또는 그 밖의 물건의 발사, 무인기구(기상관측용 및 완구용은 제외)의 계류·부양 및 낙하산 강하에 관한 사항
  - 진입표면·수평표면·원추표면 또는 전이표면을 초과하는 높이의 공역

– 항공로 안의 높이 150미터 이상인 공역

– 그 밖에 높이 250미터 이상인 공역

– 그 밖에 항공기의 운항에 도움이 될 수 있는 사항

② 제1항에 따른 항공정보는 다음 각호의 어느 하나의 방법으로 제공한다.

• 비행 전·후 정보(Pre-Flight and Post-Flight Information)를 적은 자료

③ 법 제89조 제2항에 따라 발간하는 항공지도에 제공하는 사항은 다음 각호와 같다.

• 항공정보간행물(AIP)

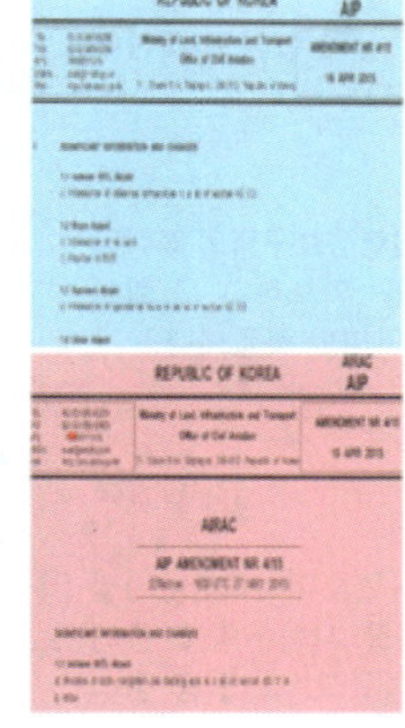
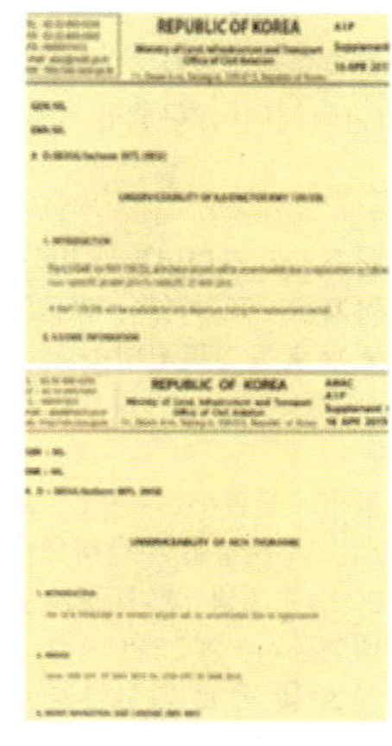

AIP 완본판(3권 1책)   수정판   보충판

그림 11.1 GEN, ENR, AD로 이루어진 3부의 AIP(출처 : 국토교통부 인천항공교통관제소)

• 항공고시보(NOTAM)

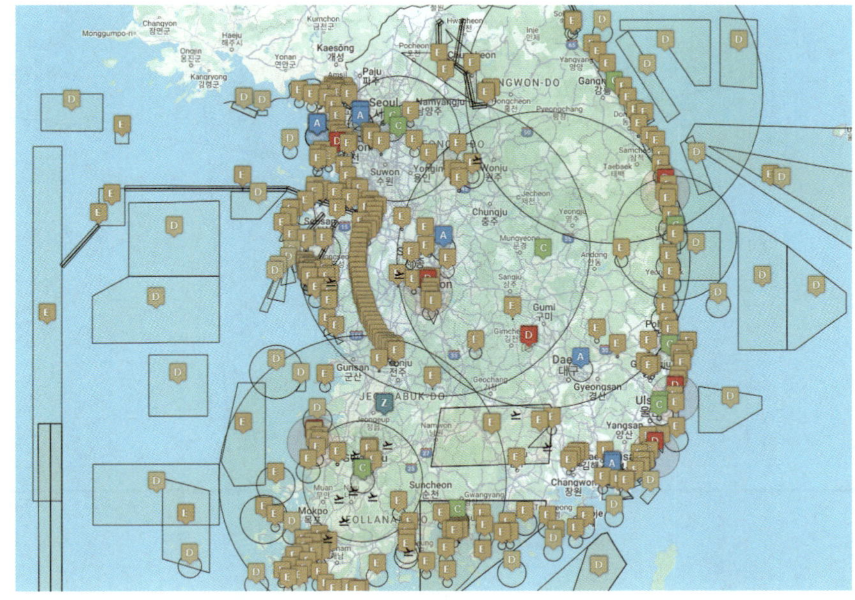

그림 11.2 국내 NOTAM(출처 : AIM 항공정보통합관리)

• 항공정보회람(AIC)

REPUBLIC OF KOREA   **AIC**

TEL : 82-53-668-0286
FAX : 82-53-668-0277
AFS : RKRRYNYX
E-mail : aisd@korea.kr
Web : https://aim.koca.go.kr

Ministry of Land, Infrastructure and Transport
Office of Civil Aviation

11, Doum 6-ro, Sejong-si, 30103, Republic of KOREA

8/23
16 NOV 2023

신규 항공로 레이더 운영에 관한 정보 제공
(New Air Route Surveillance Radar Operation)

항공교통본부는 2023년 12월 신규 항공로 레이더 (한라레이더) 운영을 시작합니다.

신규 한라레이더는 우리나라 비행정보구역의 레이더 탐지를 강화하여 항공안전을 확보하고 신뢰성 있는 항공교통서비스 제공에 기여할 것입니다.

항공교통본부는 지난 2021년부터 신규 항공로 레이더 사업을 시작하였습니다.
2023년 6월 레이더를 설치하였으며 2023년 9월 비행검사, 2023년 9월 ~ 10월 시험운영을 통해 성능 및 운영 안정성을 확보하였고, 12월 중 정식 운영할 예정입니다.

Air Traffic Management Office(ATMO) will begin operating a new air route surveillance radar (HALLA radar) in December 2023.

The new HALLA radar will enhance detection in Incheon Flight Information Region(FIR), contributing to ensuring aviation safety and providing reliable air traffic services.

ATMO began a new radar project in 2021.

Radar was installed in June 2023, performance and operation stability were secured through test flight in September 2023 and stability test from September to October 2023, and is scheduled to be officially operated in December.

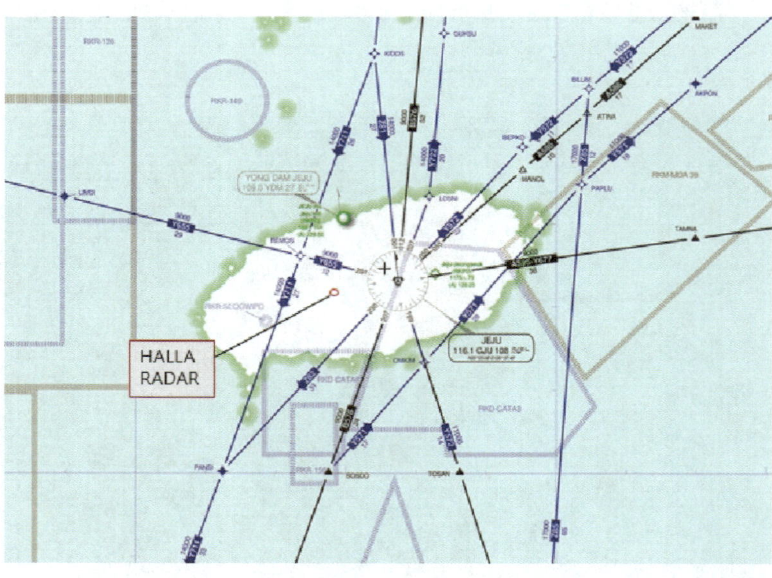

그림 11.3 항공정보회람(AIC) (출처 : AIP)

• 비행장 장애물도(Aerodrome Obstacle Chart) : 최저안전고도 및 높이를 결정 및 이·착륙 중 비상상황 발생 시 사용 절차를 결정하고 장애물 회피 및 표지 기준을 제공한다.

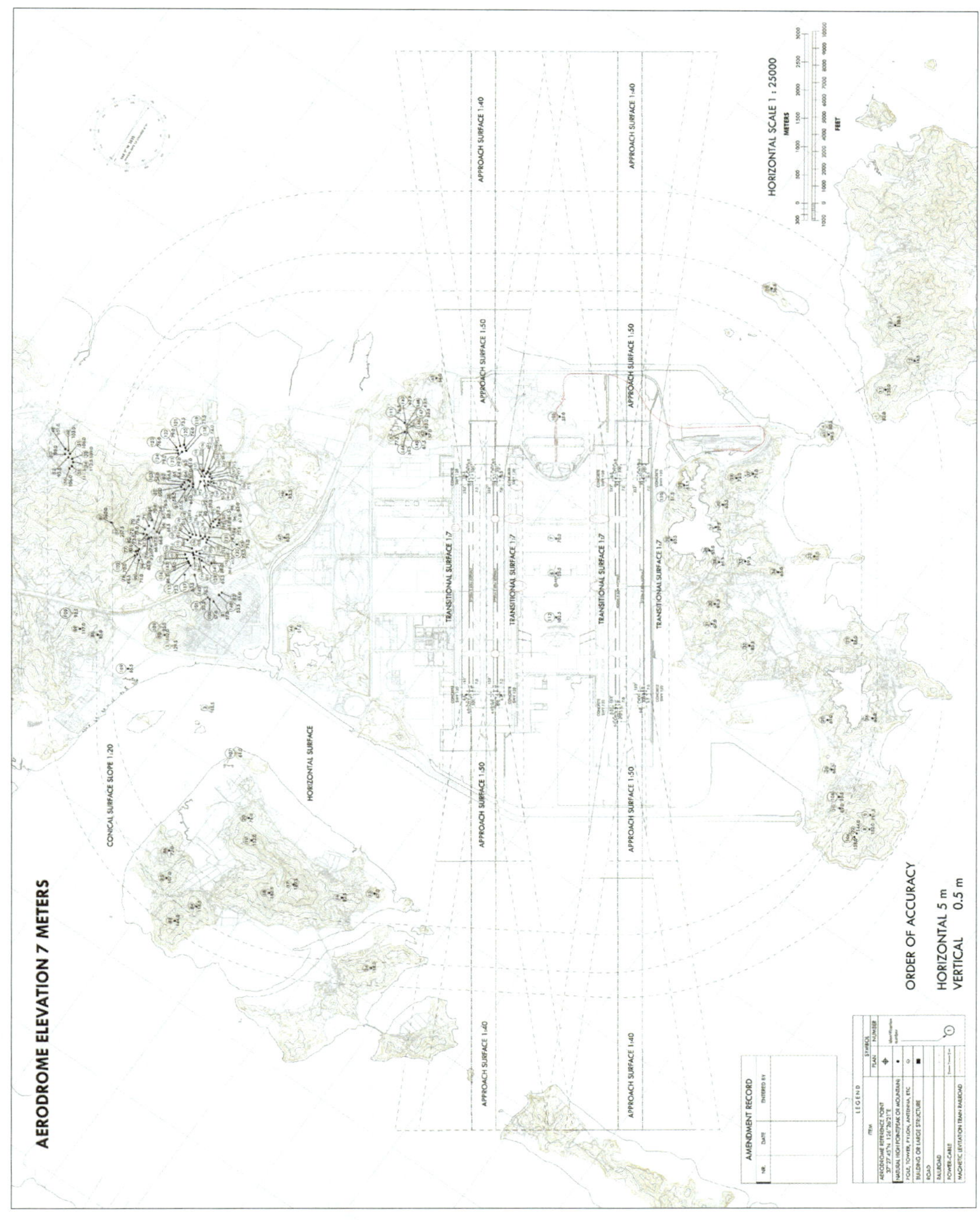

그림 11.4 비행장 장애물도(출처 : AIP)

• 정밀접근지형도(Precision Approach Terrain) : 최종접근의 특정 단계에서 무선고도계를 사용하여 결심고도를 결정하는 데 미치는 지형의 영향을 평가하기 위하여 필요한 세부적인 지형의 측면정보를 제공한다.

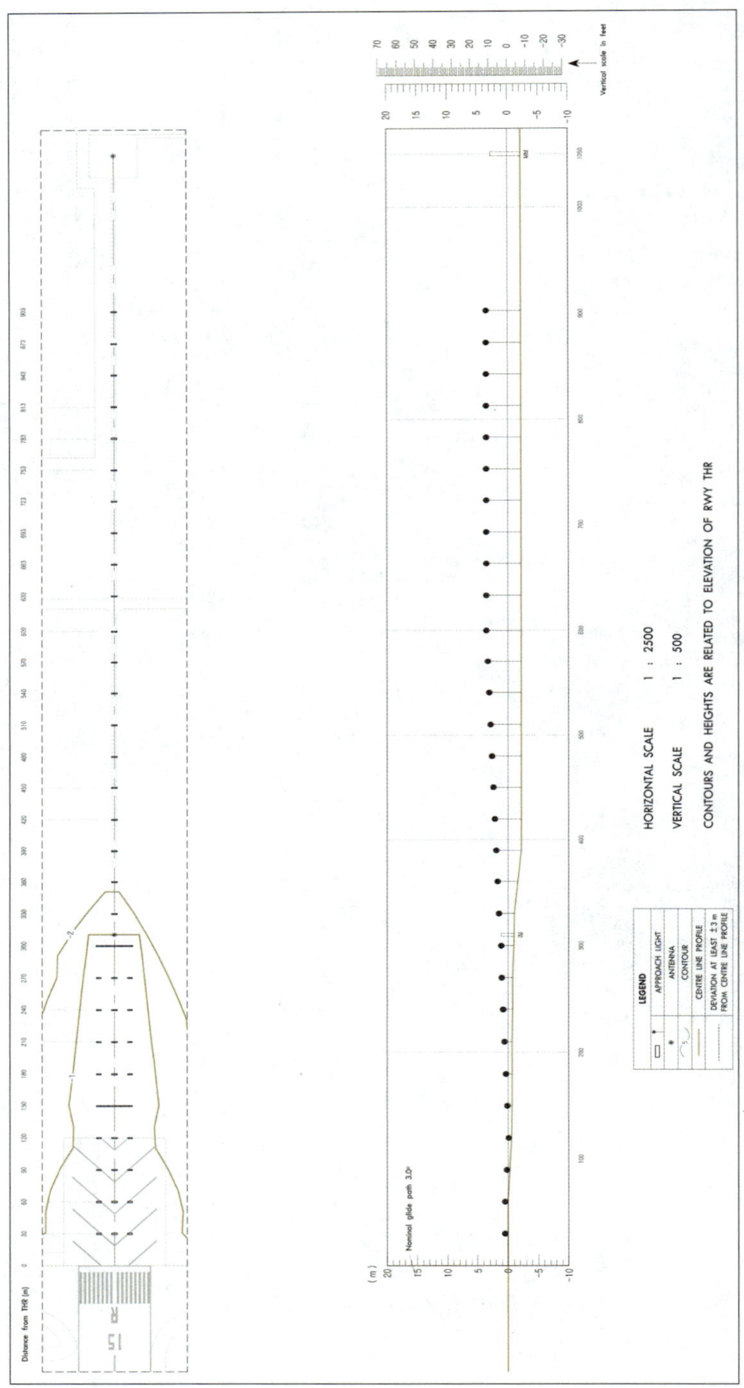

그림 11.5 정밀접근지형도(Precision Approach Terrain)(출처 : AIP)

• 항공로도(En route Chart) : 조종사에게 항공교통업무절차를 준수하여 ATS 항공로를 따라 용이하게 항행할 수 있는 정보를 제공하며, 제작 주기는 1년에 1회 이상이다.

그림 11.6 항공로도(En route Chart)(출처 : AIP)

• 지역도(Area Chart) : 계기비행단계를 용이하게 수행하기 위해 조종사에게 제공하는 정보로,
비행의 항공로 단계와 비행장 접근단계 간의 전환, 이륙/실패접근단계와 순항단계 간의 전환,
복잡한 항공로 또는 공역의 통과비행에 관한 정보를 제공한다.

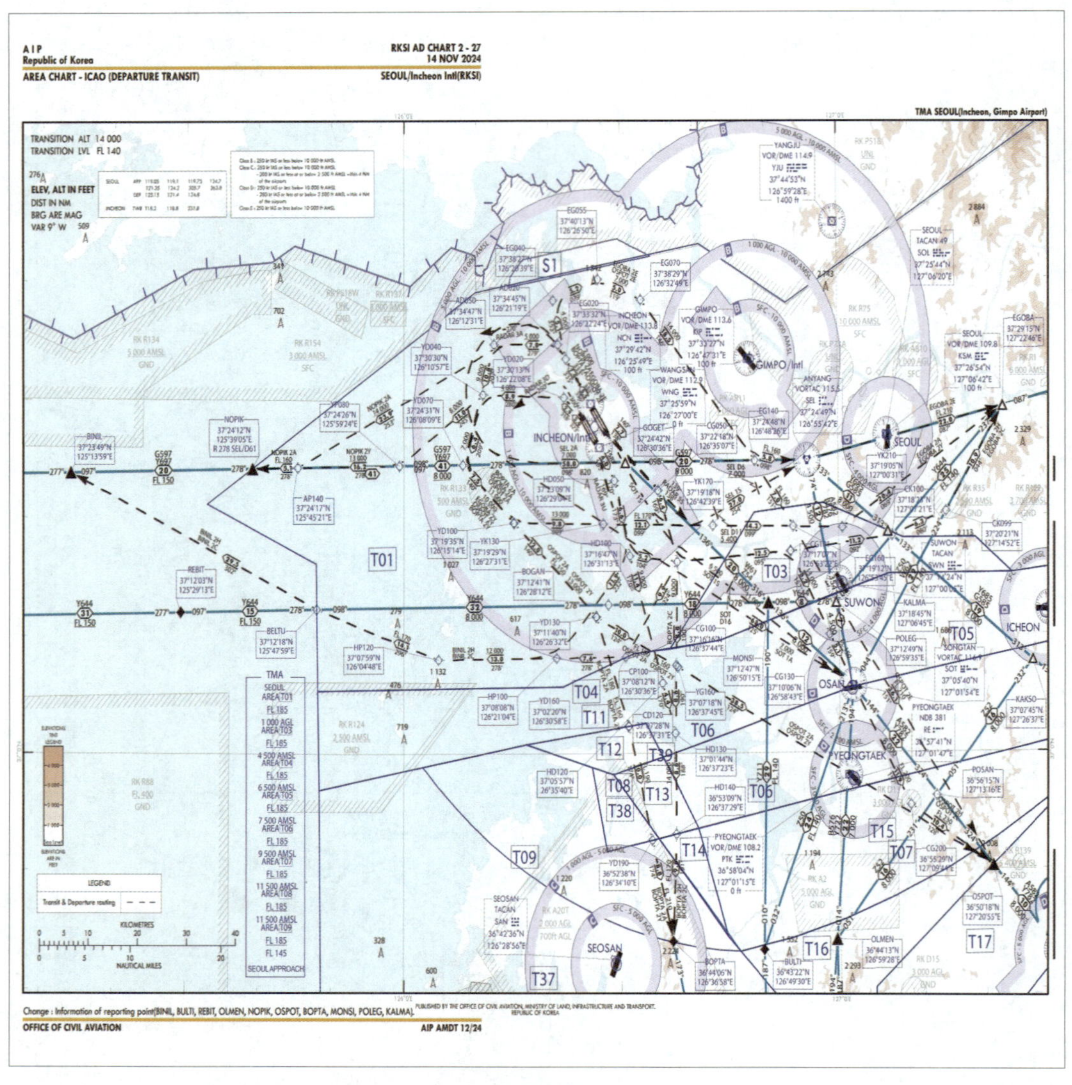

그림 11.7 지역도(Area Chart)(출처 : AIP)

• 표준계기출발도(Standard Departure Chart−Instrument) : 운항승무원이 이륙단계에서 항공로 비행단계까지 지정된 표준계기출발 비행로를 따라 비행하는 데 필요한 정보를 제공한다.

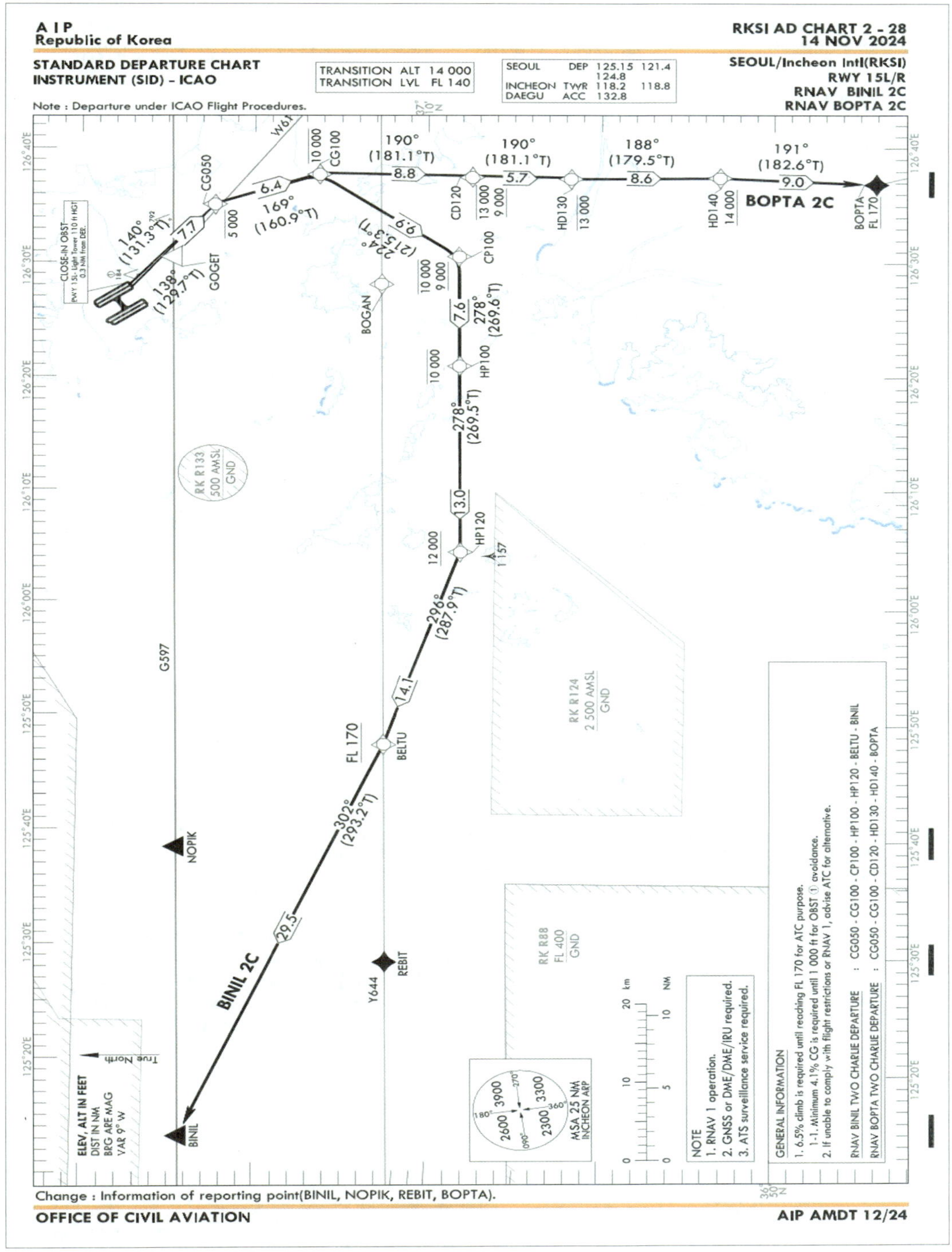

그림 11.8 표준계기출발도(Standard Departure Chart−Instrument)(출처 : AIP)

• 표준계기도착도(Standard Arrival Chart-Instrument) : 항공로 비행단계에서 접근단계 까지 지정된 표준계기도착 비행로를 따라 운항하는 데 필요한 정보를 제공한다.

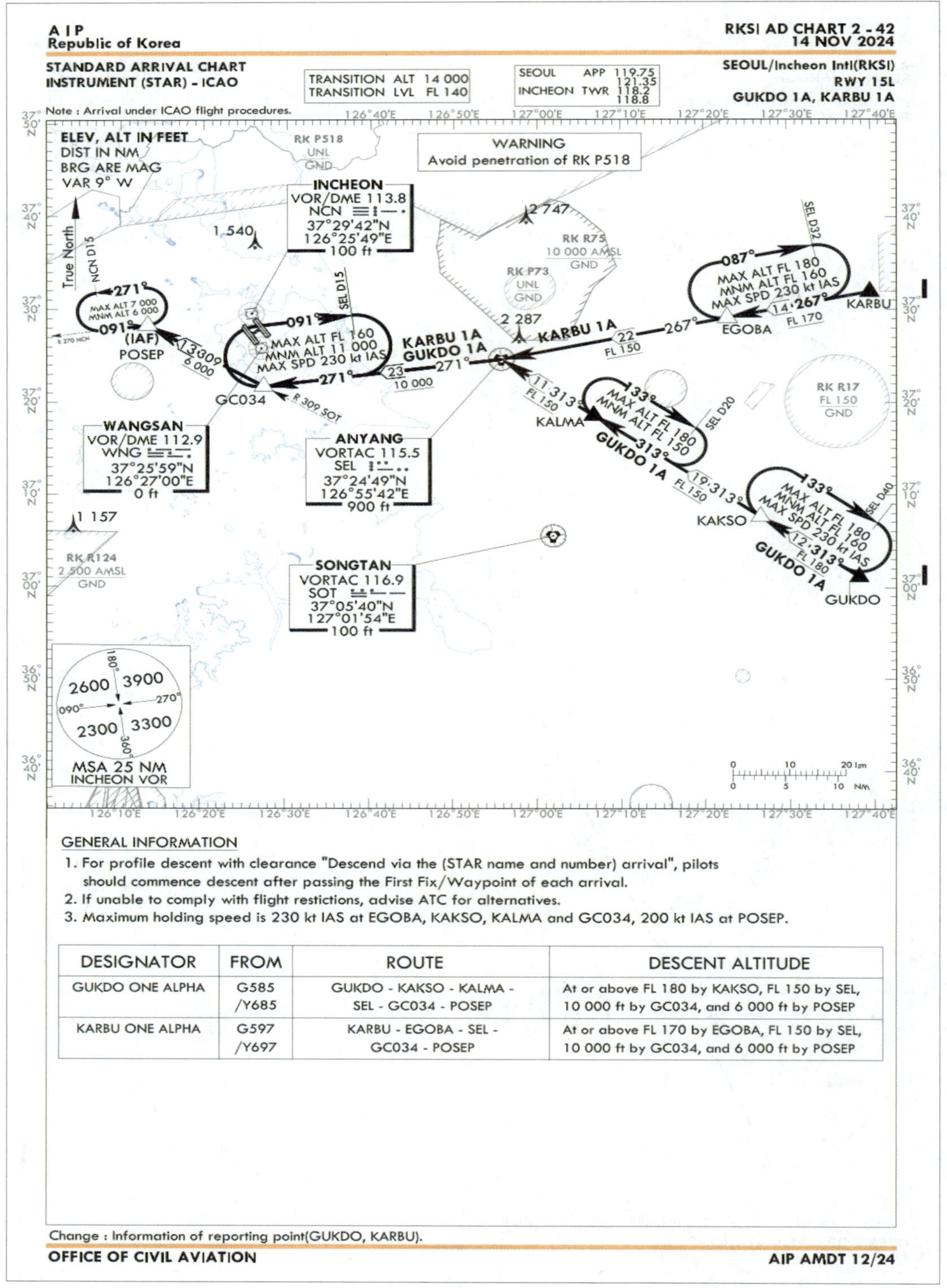

GENERAL INFORMATION
1. For profile descent with clearance "Descend via the (STAR name and number) arrival", pilots should commence descent after passing the First Fix/Waypoint of each arrival.
2. If unable to comply with flight restictions, advise ATC for alternatives.
3. Maximum holding speed is 230 kt IAS at EGOBA, KAKSO, KALMA and GC034, 200 kt IAS at POSEP.

DESIGNATOR	FROM	ROUTE	DESCENT ALTITUDE
GUKDO ONE ALPHA	G585 /Y685	GUKDO - KAKSO - KALMA - SEL - GC034 - POSEP	At or above FL 180 by KAKSO, FL 150 by SEL, 10 000 ft by GC034, and 6 000 ft by POSEP
KARBU ONE ALPHA	G597 /Y697	KARBU - EGOBA - SEL - GC034 - POSEP	At or above FL 170 by EGOBA, FL 150 by SEL, 10 000 ft by GC034, and 6 000 ft by POSEP

Change : Information of reporting point(GUKDO, KARBU).

OFFICE OF CIVIL AVIATION
AIP AMDT 12/24

그림 11.9 표준계기도착도(Standard Arrival Chart-Instrument)(출처 : AIP)

- 계기접근도(Instrument Approach Chart) : 운항승무원에게 착륙하고자 하는 활주로 및 관련 체공 장주까지 실패접근 절차를 포함하여 승인된 계기접근 절차를 수행하는 데 필요한 정보를 제공한다.

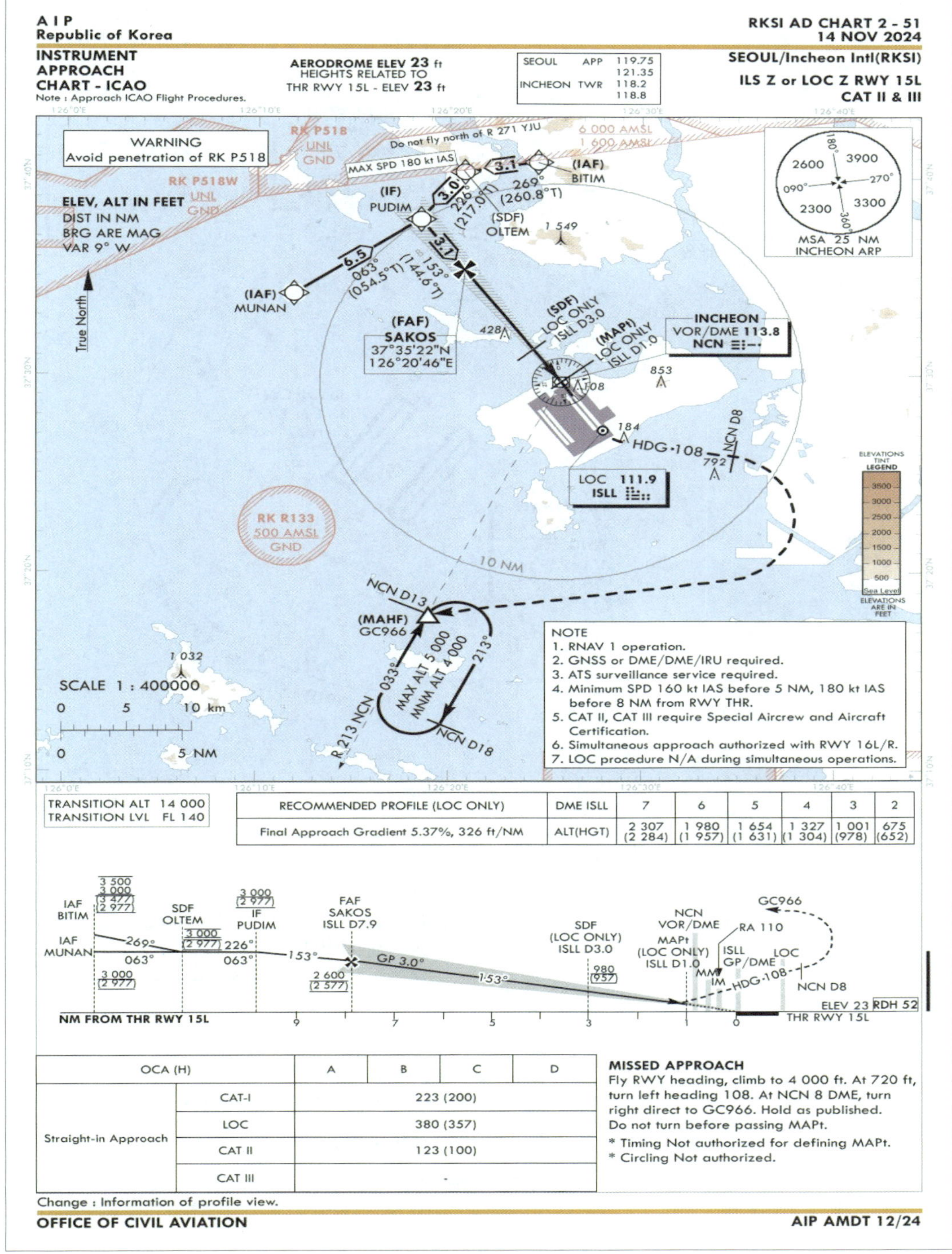

그림 11.10 계기접근도(Instrument Approach Chart)(출처 : AIP)

• 시계접근도(Visual Approach Chart) : 항공로 비행 및 강하 단계로부터 시각 참조에 의하여 착륙하고자 하는 활주로에 접근하기 위한 비행단계의 전환에 필요한 정보를 제공한다.

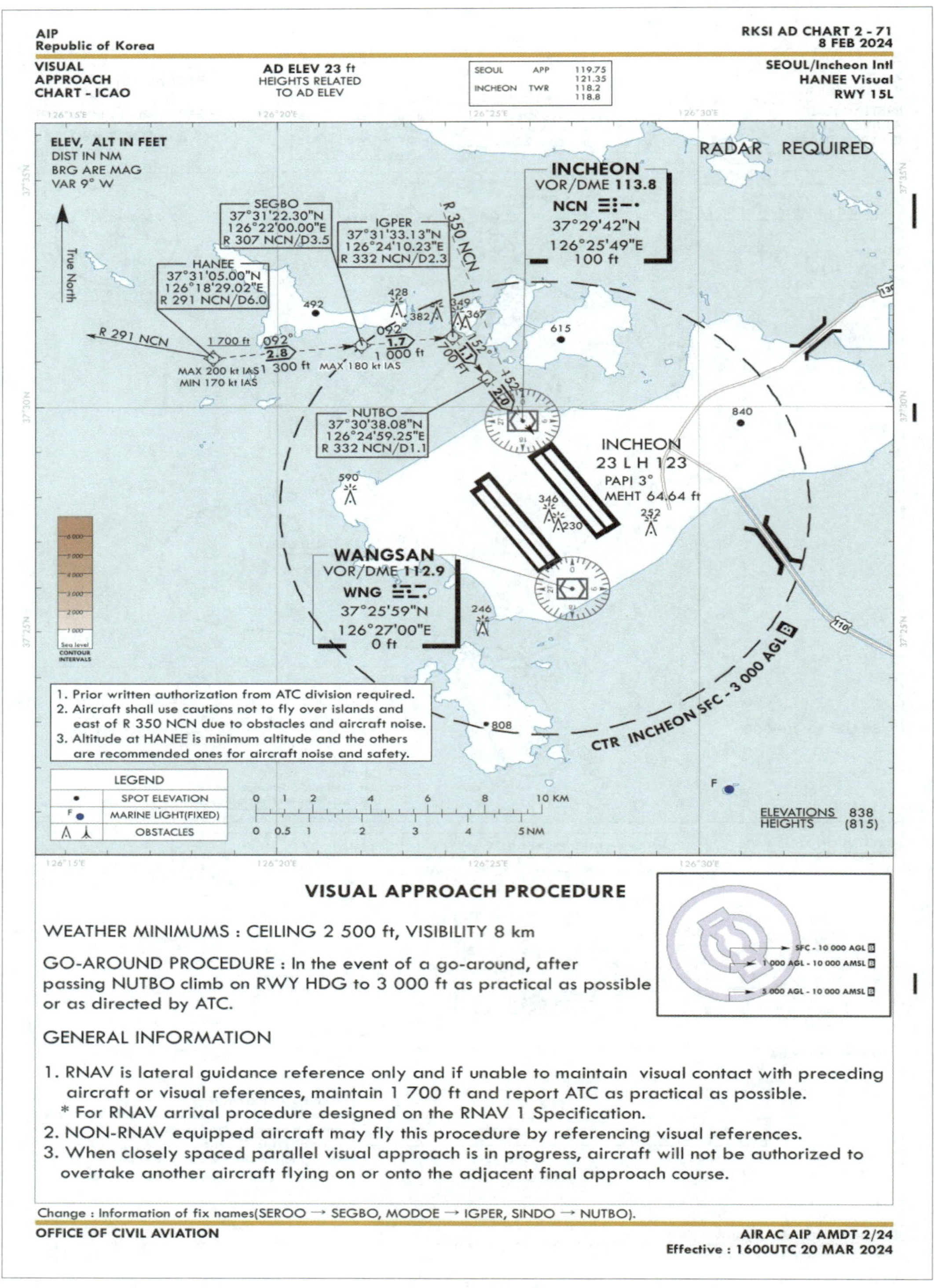

그림 11.11 시계접근도(Visual Approach Chart)(출처 : AIP)

- 비행장 또는 헬기장도(Aerodrome/Heliport Chart) : 조종사에게 항공기 주기장과 활주로 사이 구간에서 항공기의 지상 이동을 용이하게 할 수 있는 정보를 제공한다.

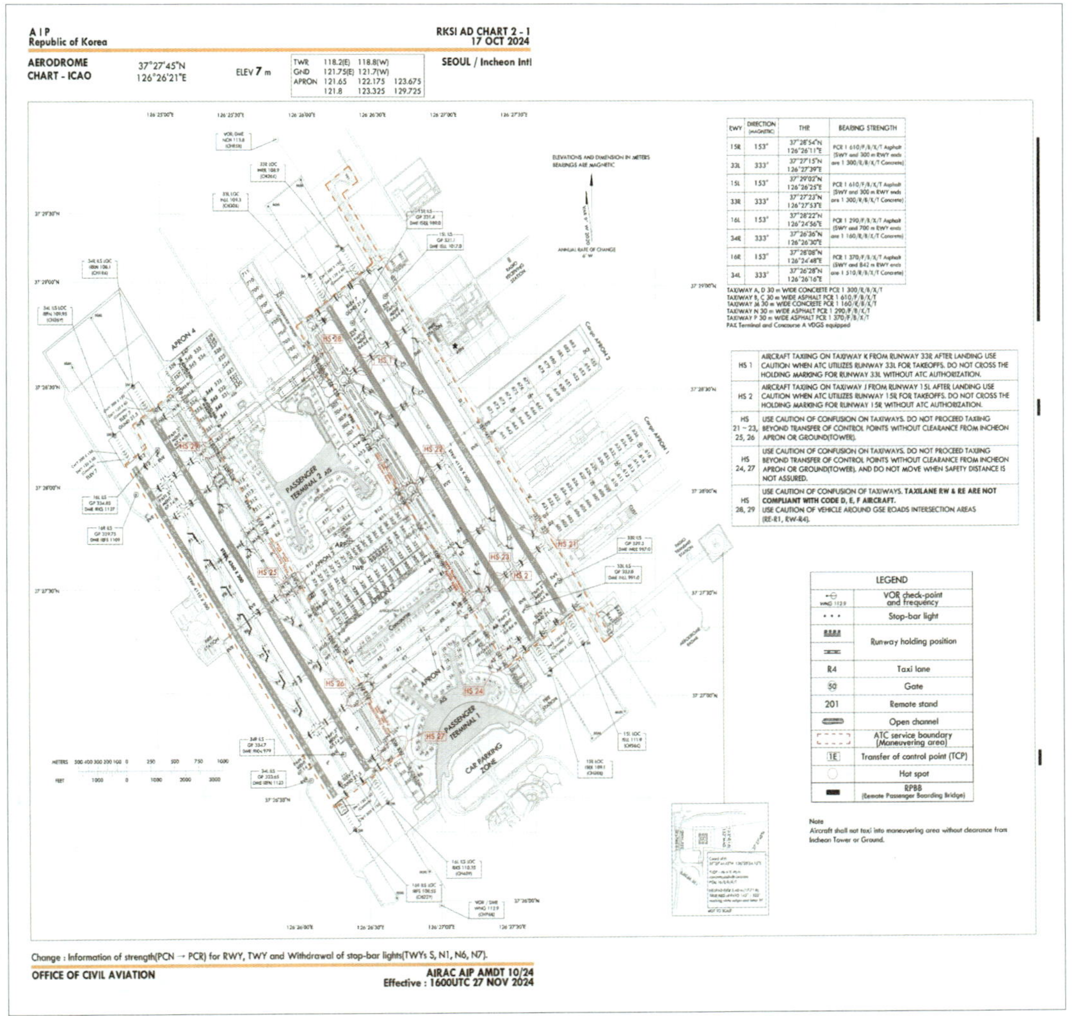

그림 11.12 비행장 또는 헬기장도(Aerodrome/Heliport Chart)(출처 : AIP)

• 비행장 지상 이동도(Aerodrome Ground Movement Chart) : 운항승무원에게 항공기 주기장으로의 지상 이동 및 항공기 주기/접현을 용이하기 수행하기 위한 세부정보를 제공한다.

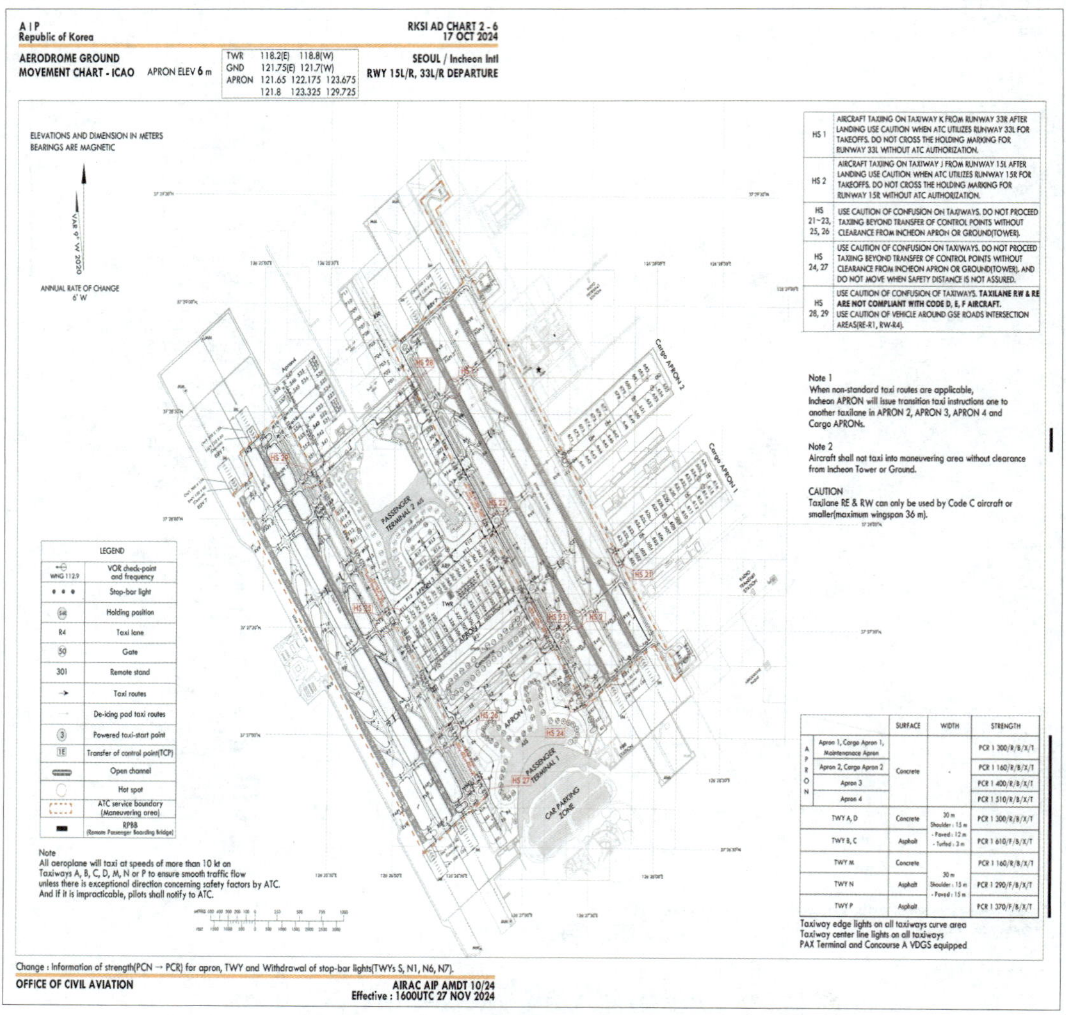

그림 11.13 비행장 지상 이동도(Aerodrome Ground Movement Chart)

- 항공기주기도 또는 접현도(Aircraft Parking/Docking Chart) : 조종사에게 주기 및 접현의 유도로와 항공기 주기 및 접현 간 항공기 지상 이동에 관한 세부정보를 제공한다.

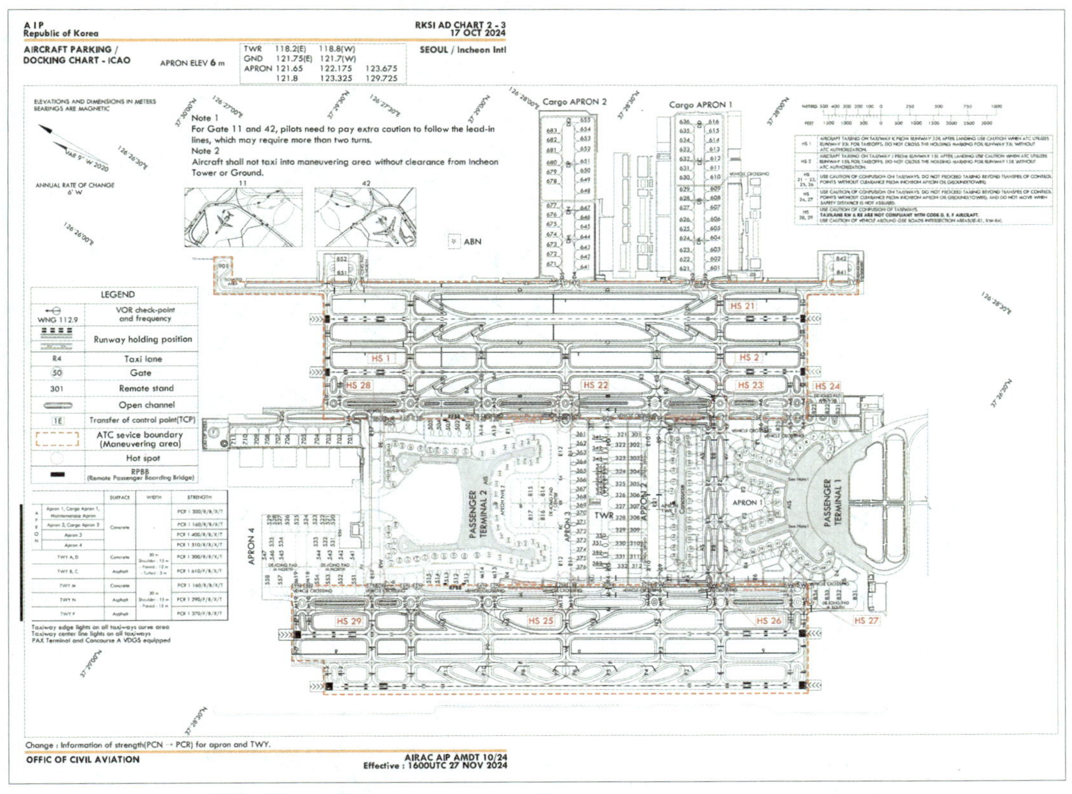

그림 11.14 항공기주기도 또는 접현도(Aircraft Parking/Docking Chart)(출처 : AIP)

- 세계항공도(World Aeronautical Chart)(1:1,000,000) : 시계항행기준을 충족시키기 위한 정보를 제공하여야 하며 기본 항공도로서의 기능 및 비행 전 계획수립용 지도로서 기능한다. 제작 주기는 4년에 1회이다.

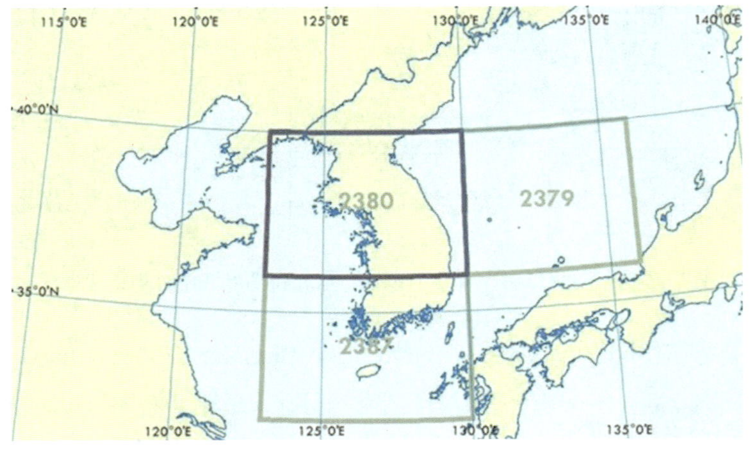

그림 11.15 세계항공도(World Aeronautical Chart)(1:1,000,000)
(출처 : 인천항공교통관제소)

• 항공도(Aeronautical Chart) (1:500,000) : 고고도 이외의 고속에서 저속으로 단거리 및 중거리 시계항법을 수행할 수 있는 정보를 제공하며 기본 항공도로서 조종사, 항법사의 기초 훈련을 위해 필요한 보조 수단 및 비행 전 계획 등에 사용된다. 제작 주기는 4년에 1회이다.

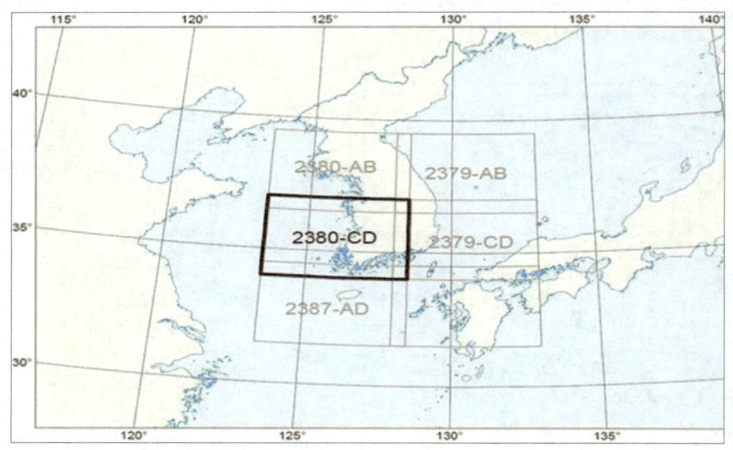

그림 11.16 항공도(Aeronautical Chart)(1:500,000)(출처 : 인천항공교통관제소)

• 항법도(Aeronautical Navigation Chart) : 항법도는 고고도로 장거리 비행을 하는 운항승무원의 공중항법을 지원하고 고고도와 고속에서 시각적인 위치 확인을 위한 광범위한 지역에 대한 확인 지점을 제공한다.

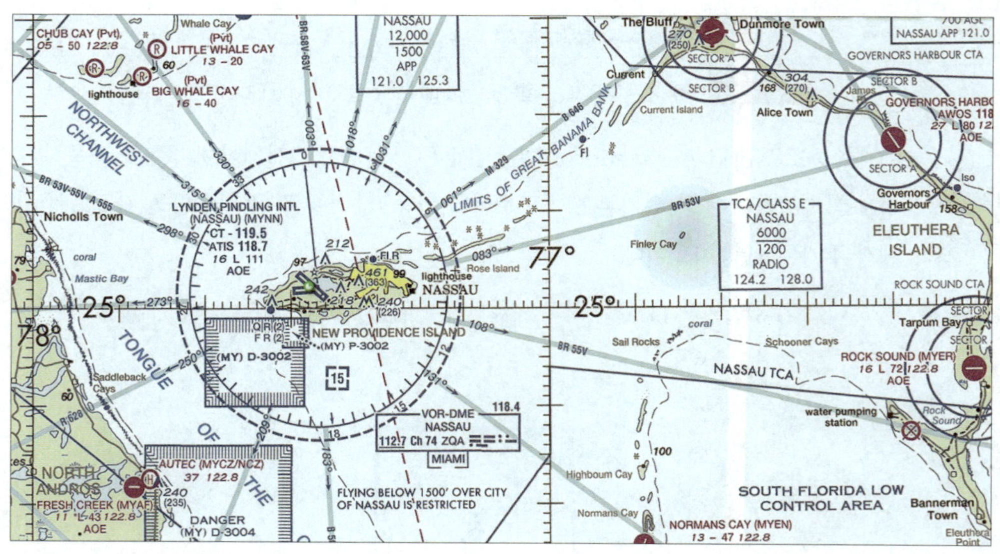

그림 11.17 항법도(Aeronautical Navigation Chart)(출처 : 인천항공교통관제소)

• 항공교통관제감시 최저고도도(ATC Surveillance Minimum Altitude Chart) : 보충지도로서, ATS 감시시스템을 사용하는 관제사에 의해 배정된 고도와 비행승무원이 비교 및 검토할 수 있는 정보를 제공한다.

④ 법 제89조 제4항에 따른 항공정보에 사용되는 측정 단위는 다음 각호의 어느 하나의 방법에 따라 사용한다. 〈개정 2023.10.19〉

- 고도(Altitude) : 미터(m) 또는 피트(ft)
- 시정(Visibility) : 킬로미터(km) 또는 마일(SM). 이 경우 5킬로미터 미만의 시정은 미터(m) 단위를 사용한다.
- 주파수(Frequency) : 헤르쯔(Hz)
- 속도(Velocity Speed) : 초당 미터(㎧)
- 온도(Temperature) : 섭씨도(℃)

2 적용

국내 항공정보업무에 대한 법적 조항이 설립 후, 국토교통부고시 제 2021-1190호 '항공정보 및 항공지도 등에 관한 업무기준'을 통하여 항공정보의 제공 및 항공지도의 발간 및 항공업무에 사용되는 측정 단위 등에 대한 세부 사항을 규정하고 있다. 항공정보업무기관은 항공자료 및 항공정보 제공의 원활한 제공을 위하여 필요한 업무처리절차 등 세부 사항을 정하는 표준운영절차를 수립하여 운영하고 있으며, 표준운영절차의 수립 및 변경 시 해당 절차가 항공안전법령을 준수하는지 여부에 대하여 국토교통부장관의 확인을 받고 있다.

항공정보업무기관은 인천 FIR 내의 모든 항공자료 및 항공정보를 제공할 책임이 있고, 무결성, 적시성 및 요구되는 품질에 부합하는 항공자료 및 항공정보를 제공하여야 하며, 이에 대한 조항은 국토교통부 고시 제14조에서 규정하고 있다.

1) 제3조(적용 범위 등, Applicability)

① 「항공안전법」 제89조 및 같은 법 시행령 제26조 및 같은 법 시행규칙 제255조 「국토교통부와 그 소속기관 직제 시행규칙」 및 「행정권한의 위임 및 위탁에 관한 규정」 제41조 제6항 제5호 및 제54조 제3항 제5호에 따른 이 기준의 적용 범위는 다음 각호와 같다.

- 항공정보업무 및 항공지도업무 규제부서 : 국토교통부 항공정책실 항공교통과
- 항공정보업무 및 항공지도업무 제공 책임기관 : 항공교통본부
- 항공정보업무기관 : 항공교통본부 공역정보과, 항공교통본부 항공교통조정과, 서울지방항공청 항공정보과, 부산지방항공청 항공관제국, 제주지방항공청 항공관제과, 제주지방항공청 안전운항과, 인천항공교통관제소 항공정보과, 김포항공관리사무소 관제통신과, 공항출장소에서 항공정보업무를 취급하는 부서

• 항공지도업무기관 : 항공교통본부 공역정보과, 인천항공교통관제소 항공정보과

• 항공자료제공자 : 비행장설치자 및 공항운영자

② 항공정보업무 및 항공지도업무 제공 책임기관, 항공정보업무기관, 항공지도업무기관 및 항공자료제공자는 이 기준에서 정하지 아니한 사항에 대하여 다음 각호의 규정을 준용할 수 있다.

• 「국제민간항공협약」 및 같은 조약의 부속서에서 채택된 표준과 방식

• 국제민간항공기구(ICAO)에서 발행한 항공정보·항공지도 및 측정 단위 등과 관련된 규정

• 그 밖에 항공정보업무 및 항공지도업무 등을 수행하는 데 필요하다고 항공정보업무 및 항공지도업무 규제부서가 인정하는 규정 등

2) 제3조의2(표준운영절차 수립·운영 등)

① 항공정보업무기관은 항공자료 및 항공정보 제공의 원활한 제공을 위해 필요한 업무처리절차 등 세부 사항을 정하는 표준운영절차를 수립하여 운영하여야 한다.

② 항공정보업무기관은 제1항에 따라 표준운영절차를 수립하거나 변경하는 경우 항행서비스협의회 운영규정(국토교통부훈령)에 따른 항행서비스협의회 심의를 거친 후 해당 표준운영절차의 항공안전법령 준수(Compliance with National Legislation and Procedures) 여부에 대해 국토교통부장관의 확인(Acceptance)을 받아야 한다.

③ 항공정보업무기관은 제2항에 따라 표준운영절차를 수립하거나 변경하는 경우 소속 항공정보업무종사자에게 전파하여야 한다.

④ 항공정보업무기관은 소속 항공정보업무종사자가 항공정보업무 수행에 필요한 다음 각호의 자료를 쉽게 이용 및 열람할 수 있도록 해당 항공정보업무기관의 적당한 장소에 비치하고, 항상 최신의 상태로 유지·관리하여야 한다. 다만, 전자문서 형태의 자료인 경우에는 해당 자료 목록을 작성하여 이용 및 열람이 가능한 컴퓨터 주변에 법제처 18 국가법령정보센터 항공정보 및 항공지도 등에 관한 업무기준을 비치하여야 한다.

• 표준운영절차, 우발계획 등 자체 운영규정

• 합의서(LOA)

• 항공정보간행물(AIP)

• 항공지도(Aeronautical Charts)

• 관계기관 연락처

• 항공정보업무 관련 규정(국토교통부고시·훈령·예규, 국제민간항공협약 부속서 등)

3) 제3조의3(합의서)

① 항공정보업무기관은 관계기관과 항공정보업무 수행에 필요한 합의서를 체결하는 경우 해당 합의서에 다음 각호의 내용을 포함하여야 한다.

- 목적
- 적용 범위
- 책임 한계
- 협조 절차
- 효력 발생일
- 부칙 등

② 항공정보업무기관은 관계기관과 합의서를 체결한 경우 국토교통부장관에게 보고하여야 한다.

4) 제8조(항공정보업무의 목적, Object of the AIS)

① 항공정보업무의 목적은 글로벌 항공교통관리시스템(Global ATM System)에 대하여 환경적으로 지속 가능한 측면에서 안전성·정규성·경제성 및 효율성을 확보하기 위하여 필요한 항공자료 및 항공정보의 흐름을 보장하는 데 있다.

3 항공정보업무(AIS)

1) 항공정보업무가 수신하고 관리하고 있는 항공데이터 및 항공정보의 범위는 다음 각호와 같다.

- 국가법률, 규정, 절차
- 비행장 및 헬기장
- 공역
- 항공교통업무(ATS) 항공로
- 계기비행 절차
- 무선항행안전시설 또는 시스템
- 장애물
- 지형지물
- 지리적 정보
- 기타 항공정보업무기관이 필요하다고 판단하는 정보

2) 항공정보생산물과 항공정보업무

① 일반 사항

- 항공정보는 항공정보생산물 및 관련 업무의 형태로 제공되어야 한다.

• 항공데이터 및 항공정보가 다수의 형식으로 제공되는 경우, 처리과정은 형식 간에 자료 및 정보 일관성을 보장하도록 이행되어야 한다.

② 항공정보의 표준화된 표기

• 표준화된 표출방식으로 제공되는 항공정보에는 항공정보간행물(AIP), AIP 수정판, AIP 보충판, AIC, NOTAM 및 항공지도가 포함되어야 한다.

• AIP, AIP 수정판, AIP 보충판 및 AIC는 종이 또는 전자문서 형태로 제공되어야 하며, 전자문서(eAIP)로 제공될 경우에는 전자장치에 표출할 수 있고 종이로도 인쇄할 수 있는 형식으로 발간하여야 한다.

③ 항공정보간행물(AIP)

항공정보간행물은 다음 각호의 정보를 별표 2에 따라 포함하여야 한다.

• AIP에 수록되어 있는 항행안전시설, 업무 또는 절차에 대한 해당 기관의 설명

• 업무 또는 시설의 국제적인 사용에 필요한 일반적인 조건

• 일정한 양식을 사용하여 국내 규정과 국제표준 및 권고사항 간 중요 차이점을 확인할 수 있는 목록의 작성

• ICAO 국제표준 및 권고사항에 대하여 여러 가지 대체 방안이 제시되어 있는 중요한 사항 중에서 국가가 채택한 방안

④ 항공정보간행물 보충판(AIP Supplement)

본부장은 유효한 AIP 보충판의 대조표를 작성하여 정기적으로 제공하여야 한다.

⑤ 항공정보회람(Aeronautical Information Circulars)

• 항공정보업무기관은 AIP 또는 항공고시보 발간 대상이 아닌 항공정보의 공고를 위하여 필요한 다음 각호의 사항에 대하여 항공정보회람(AIC)를 발행하여야 하며, 세부 사항은 별표 2의 2(항공법)에 따른다.

• 법률, 규정, 절차 또는 시설의 중요한 변경에 관한 장기계획

• 비행안전에 영향을 미칠 수도 있는 단순한 설명 또는 조언에 관한 정보

• 기술적, 법률적 또는 순수하게 행정적인 사항에 관한 설명 또는 조언의 성격을 띠고 있는 정보 또는 통보

• 항공정보회람(AIC)은 AIP 및 NOTAM에 포함될 수 있는 정보에 사용되어서는 안 된다.

• 본부장은 현재 유효한 항공정보회람(AIC)의 유효성을 적어도 1년에 한 번 검토하여야 하며, 유효한 항공정보회람(AIC)을 검토할 수 있는 점검표를 정기적으로 제공하여야 한다.

- 항공정보업무기관은 AIP AD 1.2.2항에 발간되는 제설계획을 동절기 시작 1개월 전에 다음의 정보를 수록하여 계절 정보로 보완하여야 한다.

- 다음 사항을 포함하여 동절기 동안에 제설작업(눈, 진창눈, 얼음, 서리 등 제거작업을 포함한다)이 예상되는 비행장의 목록

    - 활주로와 유도로 체계

    - 활주로 체계에 대한 계획된 제설작업 방법(길이, 폭, 활주로 번호, 관련 유도로 및 에이프론 또는 그 일부 지역)

- 제설작업 진행 상태 및 활주로, 유도로 및 에이프런의 현 상태에 관한 정보를 조정하도록 설치된 대책본부에 관한 정보

- 과도한 항공고시보의 배포를 방지하기 위해 설빙 고시보 배포처 목록에 포함된 비행장/헬기장의 분류

- 필요한 경우 기존 제설계획의 경미한 변경사항에 대한 표시

- 제설장비에 대한 목록

- 보고가 시작될 각 비행장에서 보고 대상으로 간주하여야 할 눈더미의 최소 경사도 목록

⑥ 항공지도(Aeronautical Chart)

- 본부장은 다음 각호의 항공지도를 AIP에 포함시켜야 한다.

    - 비행장도 또는 헬기장도

    - 비행장지상 이동도

    - 비행장장애물도 유형 A

    - 비행장장애물도 유형 B

    - 비행장지형 장애물도

    - 항공기 주기도 그리고/또는 접현도

    - 지역도

    - 항공교통관제 감시 최저고도도

    - 계기접근도

    - 정밀접근지형도

    - 표준계기도착도

    - 표준계기출발도

    - 시계접근도

- 본부장은 항공로도를 AIP의 일부분의 형태 또는 AIP와 별개의 지도로 발간하여야 한다.

• 본부장은 다음 각호의 항공지도를 항공정보생산물로 발간하여야 한다.
  - 세계항공지도(1:1,000,000)
  - 항공지도(1:500,000)
  - 항법지도
  - 항행계획지도

• 전자식 항공지도는 디지털 데이터베이스와 지리정보 시스템의 사용을 기반으로 제공되어야 한다.

• 항공자료의 항공지도 상세 값은 해당 항공지도에서 지정된 상세 값과 동일해야 한다.

• 항공정보업무기관은 AIP의 표 또는 본문을 보완 또는 대체하기 위하여 필요한 경우 도면, 지도 또는 도식 등을 사용하여야 한다.

• 본부장은 적절한 전자매체에 제1항 제5호의 비행장지형장애물도를 포함하기 위하여 AIP에 포켓형 페이지를 사용할 수 있다.

⑦ 유효 항공고시보 대조표 및 목록

• 본부장은 매월 1일 오전 09시 00분, 현재 발효 중인 모든 항공고시보의 대조표 및 목록을 별표 2의3(항공법)의 작성 요령에 따라 시리즈별로 작성한다.

• 본부장은 항공고시보 대조표 작성 시 유효 항공고시보의 구분이 쉽도록 발행된 항공고시보 시리즈와 동일하게 작성하고 최신의 AIP 수정판, AIP 보충판 및 국제적으로 배포된 항공정보회람(AIC)을 표기하며, 대조표라고 표시하여 항공고정통신망(AFTN) 또는 자동화된 시스템 등을 통해 항공고시보를 발행하여야 한다.

• 본부장은 매달 평문으로 인쇄되는 유효 항공고시보 목록에 최신 AIP 수정판, 현재 유효한 AIP 보충판 및 최신 항공정보회람 번호를 표기하여야 하며, 종합항공정보집을 이용하는 모든 수신자에게 지연을 최소화하는 가장 신속한 방법으로 배포되어야 한다.

⑧ 배포업무

• 본부장은 항공정보생산물을 허가된 사용자에게 배포하여야 한다.
  - AIP, AIP 수정판, AIP 보충판 및 AIC는 신속하게 제공되어야 한다.
  - 사용자가 인터넷과 같은 글로벌 통신 네트워크가 실행 가능한 경우 언제든지 항공정보생산물을 제공할 수 있어야 한다.

• 항공정보업무기관은 관련 기관 등이 요청할 경우 항공고시보(NOTAM)를 배포하여야 한다.

• 항공정보업무기관은 항공고시보를 작성할 경우에는 다음 각호와 같이 국제민간항공기구(ICAO) 통신절차에 관한 규정을 준수하여야 한다.

- 항공정보업무기관은 항공고시보를 가능한 한 항공고정통신업무(AFS)를 이용하여 배포할 것

- 항공정보업무기관은 항공고시보를 항공고정통신망(AFTN) 등을 이용한 항공고정통신업무(AFS) 이외의 방법으로 발송할 경우에는 항공고시보 발행일자 및 시간을 나타내는 여섯 단위로 된 일자−시간 숫자 조합과 발행처 식별부호를 본문 앞에 명시할 것

- 본부장은 국제적으로 배포할 항공고시보를 선정하여야 하며, 국제적으로 배포되는 것 이외의 항공고시보의 배포를 승인하여야 한다. 또한 가능한 때에, 선택배포 목록을 지정하여야 한다.

- 본부장은 외국의 국제항공고시보취급소와 상호합의가 이루어졌을 경우 또는 다국적 항공고시보취급소와 상호합의가 이루어졌을 경우에 한하여 다음 각호와 같이 항공고시보의 국제적 교환을 실시하여야 한다. 화산활동에 관한 항공고시보 및 화산재고시보는 항공기의 장거리 운항을 고려하여 외국의 국제항공고시보취급소, 화산재 조언센터 및 지역항행협정에 의해 위성 항공고정통신업무 운영을 지정받은 센터들과 국제적 교환을 실시하여야 한다.

  - 국제항공고시보취급소 간의 항공고시보의 교환할 경우 최소한 항공고시보 시리즈를 국제 운항용과 국내 운항용으로 구분하여 가능한 한 수신하는 국가의 요구에 따라 수행할 것

  - 별표 6(항공법)의 항공고시보 선지정 배포 체제에 따라 항공고정통신망(AFTN) 등을 이용한 항공고정통신업무(AFS)로 항공고시보를 송신할 경우에는 상기 제④항을 적용할 것

⑨ 비행 전 정보업무(Pre−flight Information Service)

- 비행 전 정보를 제공하는 항공정보업무기관은 국제 및 국내 비행장에서 항공로 비행으로 전환하는 비행단계와 관련된 항공정보를 운항승무원을 포함한 비행업무 종사자 및 비행 전 정보 책임기관이 이용할 수 있도록 하여야 한다.

- 항공정보업무기관은 제1항의 규정에 따라 비행 전 계획 목적으로 제공되어야 하는 항공정보에 항공정보생산물의 운영상 중요한 정보를 포함하여야 한다.

- 비행 전 정보게시(Pre−flight Information Service bulletin, PIB)를 발행하는 항공정보업무기관은 운항상 중요한 유효 항공고시보 및 기타 긴급한 성격의 정보에 대한 요약사항을 평문으로 된 비행 전 정보게시(PIB)로 운항승무원이 이용할 수 있도록 하여야 한다. 다만, 국가기관이 인정하는 시스템(FOIS, UBIKAIS, ePIB)으로 비행 전 정보를 제공할 수 있는 경우에는 관련 항공정보에 대한 게시를 생략할 수 있다.

⑩ 항공정보관리절차(AIRAC, Aeronautical Information Regulation and Control)

- 항공정보업무기관은 다음에 명시된 사항의 설정, 폐지 및 사전계획에 의한 중요한 변경은 별표 7에 규정된 발효일자로 발효시켜야 하며, 사전 통보를 위하여 AIRAC 절차에 따라 배포하여야 한다. AIRAC 절차에 따라 공고된 정보는 발효일자로부터 최소 28일 동안은 변경하여서는 아니 된다.

- 다음과 같은 공역의 범위(수평 및 수직), 규칙 및 절차

  가. 비행정보구역

  나. 관제구

  다. 관제권

  라. 조언지역

  마. ATS 항공로

  바. 영구적으로 설정된 위험구역, 비행금지구역 및 비행제한구역(종류 및 발효기간 포함) 및 방공식별구역

  사. 요격 가능성이 있는 영구적인 공역, 비행로 또는 구역

- 항행안전무선시설 및 통신, 감시시설의 위치, 주파수, 호출부호, 식별부호, 운용의 불규칙성 및 정비기간

- 체공절차, 접근절차, 도착 및 출발 절차, 소음 감소 절차 및 기타 적절한 항공교통업무절차

- 전이고도, 최저섹터고도

- 기상방송을 포함한 기상시설 및 절차

- 활주로 및 정지로

- 유도로 및 계류장

- 저시정절차를 포함한 지상운영 절차

- 접근 및 활주로 등화시스템

- 비행장운영최저치

• 항공정보업무기관은 다음에 명시된 상황의 설정, 폐지 및 계획된 중요한 변경사항에 대하여도 필요시 상기 '3.2.10.1'에 따른 AIRAC 발효일을 사용하여 AIRAC 절차에 따라 공고할 수 있다.

  - 항공장애물의 위치, 높이 및 등화

  - 비행장, 시설 및 업무의 운영시간

  - 세관, 입국관리 및 검역업무

  - 임시로 설정된 위험구역, 비행금지구역, 비행제한구역 및 항행에 대한 장애요소, 군 훈련 및 항공기의 대량 이동

  - 요격 가능성이 존재하는 임시로 설정된 공역 또는 비행로 또는 그 일부분

• 항공정보업무기관 또는 항공자료제공자는 항공정보생산물의 구성간행물 등의 발간자료를 별표 7에 따라 본부장에게 통보(제출)하여야 한다.

- 본부장은 AIRAC 발효일자에 발효될 정보가 없는 경우 관련 AIRAC 발효일자로부터 최소한 28일 이전에 NIL(통보사항 없음) 공고를 항공고시보 또는 그 밖의 적절한 수단을 사용하여 발행 및 배포하여야 한다.

- 항공정보업무기관은 도면작업 및 항행 데이터베이스의 갱신을 필요로 하는 사전에 계획된 운영상 중요한 변경에 대해서는 AIRAC 발효일자 이외의 이행일자를 사용하여서는 아니 된다.

- 항공정보업무기관은 AIRAC 시스템으로 제공되는 정보가 발효일자로부터 최소 28일 전까지 수령인에게 전달되도록 발효일자로부터 최소 42일 전에 배포하여야 한다.

- 항공정보기관은 중대한 변경사항이 계획되고 사전 통보가 바람직하며 가능한 경우, 정보를 발효일자로부터 최소 56일 전까지 항공정보업무기관에 배포할 수 있다. 이 경우 다음 각호의 환경에서, 사전에 계획된 주요 변경사항 및 기타 필요하다고 판단되는 주요 변경사항의 설정 시에 적용하여야 한다.

  - 국제공항(계기비행)의 신설
  - 국제공항의 계기비행 활주로의 신설
  - 항공교통업무 항공로망의 설계 및 구조
  - 전체 터미널 비행 절차의 설계 및 구조(자기편차 변경으로 인한 절차 방위의 변경 포함)
  - 국가 전체지역 또는 중요한 지역에 영향을 주거나 국가 간의 협의가 필요한 제36조 제1항에 명시된 사항 및 필요하다고 판단되는 다른 중요한 변경사항

⑪ 항공정보생산물 업데이트

- 본부장은 항공정보간행물의 최신 정보를 유지하기 위해 일정한 간격으로 개정 또는 재발행하여야 한다.

- AIP의 영구적인 변경사항은 AIP 수정판으로 발간되어야 한다.

- 장기간(3개월 이상)의 일시적인 변경사항 및 많은 분량의 본문 또는 그래픽을 포함하는 단기간의 정보사항에 대해서는 AIP 보충판으로 발간하여야 한다.

⑫ 항공고시보(NOTAM)

- 항공정보업무기관은 항공정보의 발표 기간이 일시적이며 단기간이거나 운영상 중요한 사항의 영구적인 변경 또는 장기간의 일시적인 변경사항이 짧은 시간 내에 고시가 이루어질 때는 신속히 별표 3 및 별지 제4호 서식에 따른 항공고시보를 작성, 발행하여야 한다. 다만, 다음과 같은 경우에는 예외로 한다.

  - 항공정보관리절차(AIRAC) 절차에 따라 발간하여야 하는 항공정보
  - AIP 보충판으로 발간되는 항공정보

- 본부장은 항공고시보 발행과 관련한 세부 기준을 수립하여야 하며, 항공정보업무기관은 다음 각호의 사항에 대하여 항공고시보를 발행하여야 한다.

- 비행장(헬기장 포함) 또는 활주로의 설치, 폐쇄 또는 운용상 중요한 변경

- 항공업무(AGA, AIS, ATS, CNS, MET, SAR 등)의 신설, 폐지 및 운영상 중요한 변경

- 무선항행과 공지통신업무의 운영성능의 중요한 변경, 설치 또는 철거. 여기에는 주파수의 간섭이나 운영 재개와 변경, 공고된 업무시간의 변경, 식별부호 변경, 방위 변경(방향성 시설인 경우), 위치 변경, 50 이상의 출력 증감, 방송 스케줄 또는 내용에 대한 변경, 특정 무선항행 운용 및 공지통신업무의 불규칙성 또는 불확실성, 중계국의 운영, 업무, 주파수, 구역에 대한 제한사항 등을 포함

- 시각보조시설의 설치, 철거 또는 중요한 변경

- 비행장등화시설 중 주요 구성요소의 운용 중지 또는 복구

- 항행업무절차의 신설, 폐지 또는 중요한 변경

- 기동지역 내 중요한 결함 또는 장애의 발생 또는 제거

- 연료, 기름 및 산소 공급의 변경 또는 제한

- 수색구조시설 및 업무에 대한 중요한 변경

- 공항시설법에서 정한 항공장애 표시등 및 주간표지의 설치, 철거 또는 복구

- 즉각적인 조치를 필요로 하는 규정 변경

- 이륙/상승지역, 실패접근지역, 접근지역 및 착륙대에 위치한 항공항행에 중요한 장애물의 설치, 제거 또는 변경

- 비행금지구역, 비행제한구역 또는 위험구역의 설정, 폐지 또는 상태의 변경

- 요격의 가능성이 상존하여 VHF 비상주파수 121.5MHz를 계속적으로 감시할 필요가 있는 지역, 항공로 또는 항공로 일부분에 대한 설정 및 폐지

- 지명부호의 부여, 취소 또는 변경

- 비행장(헬기장 포함) 소방구조능력의 중요한 변경 항공고시보는 등급 변경의 경우에만 발행하여야 하며, 등급 변경 사실이 명확히 표시되어야 한다.

- 이동지역의 눈, 진창, 얼음, 방사성 물질, 독성 화학물, 화산재 퇴적 또는 물로 인한 장애상태의 발생, 제거 또는 중요한 변경

- 예방접종 및 검역기준의 변경을 필요로 하는 전염병의 발생

- 태양우주방사선에 관한 관측 및 예보(가능한 경우, 해당 현상의 발생일자, 시간, 영향을 미치는 비행고도 및 구역 등의 정보를 포함)

- 항공기 운항과 관련된 화산활동의 중대한 변화, 화산 분출의 장소, 일시, 이동 방향을 포함한 화산재 구름의 수직/수평적 범위, 영향을 받게 되는 비행고도 및 항공로 또는 항공로의 일부

- 핵 또는 화학 사고에 수반되는 방사성 물질 또는 유독화학물의 대기 중 방출, 사고 발생 위치, 일자 및 시간, 영향을 받게 되는 비행고도 및 항공로 또는 그 일부와 이동 방향
- 항공항행에 영향을 주는 절차 및 제한사항과 더불어 국제연합의 원조 하에 수행되는 구호활동과 같은 인도주의적 구호활동의 전개
- 항공교통업무 및 관련 지원 업무의 중단 또는 부분적인 중단 시 단기간의 우발 대책의 시행

• 항공정보업무기관은 '3.2.12.2'에 규정된 사항 이외에도 항공자료제공자 등이 항공기 운항에 영향을 줄 수 있다고 판단하여 항공고시보의 발행을 요청한 사항에 대해서는 이를 항공고시보로 발행할 수 있다.

• 항공정보업무기관은 다음 각호에 해당하는 경우 항공고시보를 발행하여서는 아니 된다.
- 항공기의 안전 이동에 영향을 미치지 않는 에이프런 및 유도로의 일상적인 보수작업
- 다른 활주로를 이용하여 항공기를 안전하게 운항할 수 있거나 필요한 경우 작업 장비를 제거시킬 수 있는 활주로 표지작업
- 항공기 안전운항에 영향을 미치지 않는 비행장 주위의 일시적인 장애물
- 항공기 운항에 직접적으로 영향을 미치지 않는 비행장 등화시설의 부분적인 고장
- 사용 가능한 대체 주파수가 알려져 있고 운용될 수 있는 일부 공지통신의 일시적인 장애
- 에이프런 유도업무의 부족 및 도로교통 통제에 관한 사항
- 비행장 이동지역 내 위치 표지, 행선지 표지 또는 기타 지시 표지의 고장
- 비관제공역 내에서 시계비행규칙 하에 실시하는 낙하산 강하와 관제공역 내의 공고된 장소, 위험구역 또는 비행금지구역 내에서 실시하는 낙하산 강하
- 지상군에 의한 훈련활동
- 운영상 영향이 없는 경우의 백업 및 보조 시스템의 사용 불능
- 운영상 영향이 없는 공항시설 또는 일반 서비스 제한사항
- 일반항공에 영향을 미치지 않는 국가 규정
- 운영상 영향이 없는 잠재적 제한사항에 관한 발표 또는 경고
- 이미 발표된 정보에 관한 공고
- 공역 및 시설 사용자에 대한 운영상의 영향에 관한 정보를 포함하지 않는 지상활동을 위한 장비의 가용성
- 운영상 영향이 없는 레이저 방출에 관한 정보와 최저비행고도 이하의 불꽃놀이
- 1시간 미만의 사전 협조된 이동지역 부분의 계획된 작업으로 인한 폐쇄
- 비행장/헬기장 운영시간 이외의 시간 동안의 비행장/헬기장 운영/폐쇄 또는 사용 불능 또는 작업
- 기타 이와 유사한 일시적인 상태에 관한 정보

- 본부장은 이미 설정된 위험구역, 비행제한구역 또는 비행금지구역의 운영에 관한 사항과 일시적인 공역제한에 관한 사항은 긴급한 경우를 제외하고는 당해 공역 또는 공역을 운영 또는 제한하고자 하는 날로부터 최소한 7일 이전에 공고하여야 한다. 다만, 대규모 군사훈련 외의 훈련을 위하여 일시적으로 공역을 제한하는 경우에는 최소한 3일(72시간) 전까지 공고하여야 한다.

- 본부장은 '3.2.13.5'에 따른 공고된 활동의 취소 또는 활동시간 또는 공역의 규모 축소에 관한 사항은 가능한 한 24시간 전에 신속히 공고하여야 한다.

- 항공정보업무기관은 항행안전시설 또는 통신업무의 운용 중지에 관한 사항을 항공고시보로 공고할 경우에는 대략적인 운용 중지 기간 또는 운용 재개 예상시간을 표시하여야 한다.

- 본부장은 AIP 수정판 또는 보충판이 AIRAC 절차에 따라 발간되는 경우에는 간략한 내용 설명, 발효일시 및 수정판 또는 보충판 참조번호를 수록한 Trigger NOTAM을 별표 3의2에 따라 AIRAC AIP 수정판 또는 보충판 발간 일자에 발행하여야 한다.

- '3.2.13.8'에 따른 항공고시보는 AIP 수정판 또는 보충판과 동일한 발효일자에 효력을 발생하여야 하며, 비행 전 정보게시(PIB)에 14일 동안 유효하여야 한다.

- 항공정보업무기관은 다음 각호의 항공고시보를 작성하여야 한다.

    - 설빙고시보(SNOWTAM) : 별표 4 및 별지 제5호서식에 따른 이동지역 내 눈, 진창눈, 얼음, 서리 등의 발생 또는 제거에 관한 사항

    - 화산재고시보(ASHTAM) : 별표 5 및 별지 제6호서식에 따른 화산활동, 화산분출 및 화산재 구름의 운영상 중요한 변화에 관한 사항

```
Z0878/24
GG RKZZNAXX
240330 RKRRYNYX
(Z0878/24 NOTAMN
Q)RKRR/QPFCA/I/NBO/E/000/999/3535N12700E999
A)FLOW CTL A5 FLW
1.RTE: G585/Y685 VIA SAPRA
2.ACFT: LANDING RKSI
3.PROC:
- BTN DEP FM JAPAN: 30NM SEPARATION REGARDLESS OF ALT AT SAPRA
- BTN OVERFLT JAPAN: 10NM SEPARATION REGARDLESS OF ALT AT SAPRA)
```

항목	내용
NOTAM번호	Z0878/24 신규
비행정보구역	인천비행정보구역(RKRR)
OCODE	교통흐름관리절차 활성화(DPFCA)
비행방식	계기비행(1FR)
목적	즉각 주의 필요, PIS 포함, 항공기 운항
적용 범위	항공로
고도	지표면~무한대
지리참조기준점(위치)	[북위]35도35분 [동경] 127도 09분
변경	953마일
A항목(지형)	인천비행정보구역(RKRR)
B항목(발효일시)	국제표준시 24년03월24일05시10분(한국표준시 24년03월24일14시30분)
E항목 (NOTAM 본문)	FLOW CTL A5 FLW 1.RTE: G585/Y685 VIA SAPRA 2.ACFT: LANDING RKSI 3.PROC: - BTN DEP FM JAPAN: 30NM SEPARATION REGARDLESS OF ALT AT SAPRA - BTN OVERFLT JAPAN: 10NM SEPARATION REGARDLESS OF ALT AT SAPRA
F항목(하한)	
G항목(상한)	

그림 11.18 국내/외 유효 항공고시보(NOTAM)(출처 : 국토부 AIS)

⑬ 항공지도업무

- 항공지도업무기관은 다음과 같은 비행단계에서 필요로 하는 정보를 제공할 수 있도록 항공지도를 발간하여야 한다.

    - 1단계 : 항공기 주기장에서 이륙지점까지의 지상활주
    - 2단계 : 이륙 및 ATS 항공로까지의 상승
    - 3단계 : ATS 항공로상의 순항
    - 4단계 : 접근을 위한 강하
    - 5단계 : 착륙 및 실패접근을 위한 상승
    - 6단계 : 착륙 및 항공기 주기장까지의 지상활주

- 항공지도업무기관은 해당 지도의 기능 및 목적에 적합한 정보를 제공하여야 하며, 효과적인 사용을 위하여 가능한 한 인적요소원리에 따라 항공지도를 제작하여야 한다.

- 항공지도업무기관은 항공기의 안전하고 신속한 운항을 위하여 비행단계에 적절한 정보를 항공지도로 제공하여야 한다.

- 항공지도업무기관은 다음 사항을 고려하여 항공지도 제작 및 편집을 위한 기준을 수립하여 시행한다.

    - 왜곡 및 난잡의 염려가 없도록, 항공지도에 수록하는 정보는 정확하고 명백하게 표기하여야 하며, 정상적인 운항 상태에서 쉽게 판독할 수 있도록 할 것

    - 항공지도를 제작하는 경우에, 다양한 자연광 및 조명 상태에서도 조종사가 쉽게 판독하여 이해할 수 있는 색상 또는 색조 및 규격을 사용할 것

    - 항공지도에 수록되는 정보를 업무량과 운항조건에 따라 조종사가 빠른 시간 내에 판독할 수 있는 형태로 표기할 것

    - 각 형태의 지도에 제공되는 정보를 비행단계에 맞는 하나의 지도에서 다른 지도로 원활하게 전환이 이루어질 수 있도록 표기할 것

- 항공지도는 진북을 기준으로 제작하는 것을 원칙으로 한다.

- 항공지도의 기본용지 규격은 210×148mm로 제작하는 것을 원칙으로 한다. 다만, 지도의 수록 범위, 축척 등으로 인하여 이 규격을 준수할 수 없는 경우에는 각 지도 제작 기준에서 정하는 대로 제작할 수 있다.

- 항공지도업무기관은 인천 FIR에 대한 관련 항공지도를 용도에 맞게 제작하여 항상 이용 가능하도록 하여야 하며, 항공지도의 수정 및 발간주기는 별표 11의 기준에 의하여 제작할 수 있다. 다만, 항행에 영향을 주는 지도 수록 내용의 중요한 변경이 발생될 것으로 예상되는 경우에는 변경이 발생하기 전에 제작하여 AIRAC 절차에 따라 발행하여야 한다.

- 항공지도 업무기관은 항공정보간행물(AIP)에 수록된 항공지도에 대하여 종이 및 전자지도의 형식으로 항공지도를 발간하여야 한다.

- 항공지도업무기관은 적절하고 정확한 항공지도를 발간하여야 하고, 최신의 정보가 유지되도록 하여야 한다.

4 항공정보간행물 수록기준

1) 제1부–일반 사항(GEN)에 수록된 항목 및 세부 항목에 대한 목록

① GEN 1. 국내 규정 및 기준(National Regulations and Requirements)

- GEN 1.1 지정 기관(Designated Authorities) : 기관별로 다음 사항을 포함한 국제항공항행(민간항공, 기상, 관세, 입국, 보건, 항공로 및 비행장·헬기장 사용료, 농산물 검역 및 항공기 사고 조사)의 촉진과 관련된 지정 기관의 주소

  - 지정 기관   - 기관 명칭
  - 우편주소   - 전화번호
  - 팩스번호   - 전자우편주소(E-mail)
  - 항공고정통신업무(AFS) 주소   - 웹사이트 주소(이용 가능할 경우)

- GEN 1.2 항공기의 입국, 통과 및 출국 : 국제선 항공기의 입국, 통과 및 출국에 대한 사전 통보 및 허가신청 규정 및 기준

- GEN 1.3 승객 및 승무원의 입국, 통과 및 출국

- GEN 1.4 화물의 입국, 통과 및 출국 : 화물의 입국, 통과 및 출국 관련 규정(관세를 포함한 사전 통보 및 허가신청 기준)

- GEN 1.5 항공기 계기, 장치 및 비행서류 : 다음 사항을 포함한 항공기 계기, 장치 및 비행서류에 관한 간략한 설명

  - 부속서 6, 제1부, 제6장 및 제7장에 규정된 기준 및 특별기준을 포함하여 항공기에 탑재되는 계기, 장치(항공기 통신, 항법장비 및 감시 장비 포함) 및 비행서류

  - 지역항공항행회의에서 결정되었을 경우. 지정된 육상지역을 비행하는 항공기가 탑재하여야 할 부속서 6, 제1부, 6.6항 및 제2부, 6.4항에 제시된 비상위치지시용 무선표지설비(ELT), 신호장치 및 구명장비

- GEN 1.6 국내 규정 및 국제협정·협약에 대한 요약 : 국가가 비준한 국제협정·협약의 목록과 항공항행에 영향을 미치는 국내 규정의 제목 및 참고사항과 가능한 경우 동 국내 규정의 요약

- GEN 1.7 국제민간항공기구 표준, 권고방식 이행절차의 차이점 : 다음 사항을 포함한 국내 규정 및 기준과 관련 국제민간항공기구 규정과의 중요한 차이점의 목록

  - 해당 규정(부속서, 개정판 번호 및 조항)

  - 차이점에 대한 설명 : 모든 중요한 차이점은 동 세부 항목에 기록되어야 한다. 부속서와 차이점이 없을 경우에도 모든 부속서를 번호 순서대로 나열하여야 하며, 이 경우 'NIL(차이점 통보 내용 없음)'을 표시하여야 한다. 국내 규정의 차이 및 지역보충절차(SUPPS)의 미적용의 정도는 보충절차와 관련된 해당 부속서에 통보하여 기록되어야 한다.

② GEN 2 도표 및 부호

- GEN 2.1 측정 단위, 항공기 표식, 공휴일

- GEN 2.1.1 측정 단위

- GEN 2.1.2 시간참조기준

- GEN 2.1.3 수평참조기준

- GEN 2.1.4 수직참조기준

- GEN 2.1.5 항공기 국적 및 등록기호

- GEN 2.1.6 공휴일

- GEN 2.2 항공정보업무 관련 간행물에 사용된 약어

- GEN 2.3 지도 도식

- GEN 2.4 지명약어

- GEN 2.5 무선항행안전시설의 목록

- GEN 2.6 측정 단위의 환산

- GEN 2.7 일출/일몰

③ GEN 3 업무

- GEN 3.1 항공정보업무

- GEN 3.1.1 책임기관 : 항공정보업무(AIS) 및 주요 구성요소에 관한 설명

- GEN 3.1.2 책임구역(Area of Responsibility) : 항공정보업무 제공에 대한 책임구역

- GEN 3.1.3 항공정보 간행물(Aeronautical Publications) : 다음 사항을 포함한 종합항공정보집의 구성요소에 대한 설명

  - 항공정보간행물 및 관련 수정판

  - 항공정보간행물 보충판

- 항공정보회람

- 항공고시보 및 비행 전 정보 게시

- 유효 항공고시보 대조표 및 목록

- 구독 방법

• GEN 3.1.4 AIRAC 시스템(AIRAC System) : 현재 및 향후 AIRAC 일자를 수록한 표를 포함하여 AIRAC 시스템에 대한 간략한 설명

• GEN 3.1.5 비행장/헬기장에서의 비행 전 정보업무

• GEN 3.1.6 디지털 데이터 세트

• GEN 3.2 항공지도

• GEN 3.2.1 책임기관

• GEN 3.2.2 지도의 관리

• GEN 3.2.3 구매 방법

• GEN 3.2.4 이용 가능한 항공지도의 종류

• GEN 3.2.5 이용 가능한 항공지도의 목록

• GEN 3.2.6 세계항공도-ICAO 1:1,000,000의 색인

• GEN 3.2.7 지형도(Topographical Charts)

• GEN 3.2.8 항공정보간행물에 수록되지 않은 지도의 수정

• GEN 3.3 항공교통업무

• GEN 3.3.1 책임기관

• GEN 3.3.2 책임지역

• GEN 3.3.3 업무의 종류

• GEN 3.3.4 운영자와 항공교통업무기관과의 협조

• GEN 3.3.5 최저비행고도

• GEN 3.3.6 항공교통업무기관 주소목록

• GEN 3.4 통신 및 항행업무

• GEN 3.4.1 책임기관

• GEN 3.4.2 책임구역

• GEN 3.4.3 업무의 종류

• GEN 3.4.4 기준 및 조건

• GEN 3.4.5 기타

- GEN 3.5 기상업무
- GEN 3.5.1 책임기관
- GEN 3.5.2 책임지역
- GEN 3.5.3 기상관측 및 보고
- GEN 3.5.4 업무의 종류
- GEN 3.5.5 운영자에게 요구되는 통지 관련 사항
- GEN 3.5.6 항공기 관측보고
- GEN 3.5.7 VOLMET 업무
- GEN 3.5.8 SIGMET 및 AIRMET 업무
- GEN 3.5.9 기타 자동화 기상업무
- GEN 3.6 수색구조
- GEN 3.6.1 책임기관
- GEN 3.6.2 책임지역
- GEN 3.6.3 업무의 종류
- GEN 3.6.4 수색구조 관련 협정
- GEN 3.6.5 이용 조건
- GEN 3.6.6 사용 절차 및 신호

④ GEN 4 업무

- GEN 4 비행장, 헬기장 및 항공항행업무 사용료
- GEN 4.1 비행장 및 헬기장 사용료
- GEN 4.2 항공항행업무 사용료

2) 제2부-항공로(ENR)

항공정보간행물이 별도의 수정판(Amendments)과 보충판(Supplements)을 가진 2권 이상으로 발간하려는 경우에는 별도의 머리말(Preface), 항공정보간행물 수정판 기록표(Record of AIP Amendments), 항공정보간행물 보충판 기록표(Record of AIP Supplements), 항공정보간행물 페이지 대조표(Checklist of AIP pages) 및 최신 수기(手) 수정 목록(List of Current Hand Amendments)을 각 권에 포함하여야 한다. 1권으로 발간되는 항공정보간행물의 경우에는 각각의 상기 세부 항목에 대해 'not applicable' 주석을 입력하여야 한다.

① ENR 1 일반 규칙 및 절차

- ENR 1.1 일반 규칙

- ENR 1.2 시계비행규칙

- ENR 1.3 계기비행규칙

- ENR 1.4 항공교통업무 공역 등급 및 설명

- ENR 1.4.1 항공교통업무 공역 등급

- ENR 1.4.2 항공교통업무 공역 설명

- ENR 1.5 체공, 접근 및 출발절차

- ENR 1.5.1 일반

- ENR 1.5.2 도착 비행

- ENR 1.5.3 출발 비행

- ENR 1.5.4 기타 관련 정보 및 절차

- ENR 1.6 ATS 감시 업무 및 절차

- ENR 1.6.1 제1차 레이더

- ENR 1.6.2 제2차 감시레이더(SSR)

- ENR 1.6.3 자동종속감시시설

- ENR 1.6.4 기타 관련 정보 및 절차

- ENR 1.7 고도계 수정절차

- ENR 1.8 지역보충절차

- ENR 1.9 항공교통 흐름관리 및 공역관리

- ENR 1.10 비행계획 : 다음의 사항을 포함하여 계획한 비행을 준비할 수 있도록 사용자를 지원하는 비행계획 단계와 관련된 제한사항, 규제 또는 권고사항에 대한 정보

  - 비행계획 제출절차

  - 반복비행계획 시스템

  - 제출된 비행계획의 변경

- ENR 1.11 비행계획 전문의 수신처 지정 : 다음의 사항을 표시하는 비행계획에 할당된 표 형태의 수신처 목록

  - 비행 방법(계기비행규칙, 시계비행규칙 또는 양자 모두)

  - 비행로(비행정보구역 및 국지관제구역으로 진입 또는 경유하는)

  - 전문의 수신처

- ENR 1.12 민간항공기에 대한 요격 : 국제민간항공기구 규정의 적용 여부 및 적용되지 않을 경우 차이점에 대한 명확한 표시와 더불어 사용되는 요격절차 및 시각신호
- ENR 1.13 불법 간섭 : 불법적인 간섭이 있는 경우 적용할 관련 절차에 대한 설명
- ENR 1.14 항공교통 장애 : 항공교통 장애 보고시스템에 대한 설명

② ENR 2 항공교통업무공역

- ENR 2.1 비행정보구역, 고고도 비행정보구역, 국지관제구역 및 관제구역 : 비행정보구역(FIR), 고고도 비행정보구역(UIR) 및 관제구역[국지관제구역(TMA)을 포함한 관제구역(CTA)]에 대한 세부 설명
- ENR 2.2 기타 통제공역

③ ENR 3 ATS 항공로

- ENR 3.1 재래식항법 항공로
- ENR 3.2 지역항법 비행로
- ENR 3.3 기타 비행로
- ENR 3.4 항공로 체공

④ ENR 4. 무선항행안전시설/시스템

- ENR 4.1 무선항행안전시설–항공로용
- ENR 4.2 특수항행시스템
- ENR 4.3 광역항행위성시스템
- ENR 4.4 중요 지점에 대한 명칭–부호 지정어
- ENR 4.5 항공항행지상등화–항행용

⑤ ENR 5 항행경고

- ENR 5.1 비행금지구역, 비행제한구역 및 위험구역
- ENR 5.2 군 연습 · 훈련공역 및 방공식별구역
- ENR 5.3 기타 위험한 활동 및 잠재된 위험
- ENR 5.3.1 기타 위험한 활동
- ENR 5.3.2 기타 잠재 위험
- ENR 5.4 항공항행장애물
- ENR 5.5 항공스포츠 및 레저활동
- ENR 5.6 조류 이주 및 보호 서식지

⑥ ENR 6 항공로 지도

3) 제3부 - 비행장(AD, AERODROMES)

항공정보간행물이 수정판과 보충판으로 1권 이상 발간할 경우에는 별도의 서문, 항공정보간행물 수정판 기록표, 항공정보간행물 보충판 기록표, 항공정보간행물 페이지 대조표 및 최신 수기 수정 목록을 각 권에 포함시켜야 한다. 항공정보간행물을 1권으로 발행할 경우 '미적용(not applicable)'이라는 표기를 위에서 언급한 각 항목에 기록하여야 한다.

① AD 1 비행장ㆍ헬기장 - 소개

- AD 1.1 비행장ㆍ헬기장 - 운영 및 이용조건
- AD 1.1.1 일반 사항 : 다음의 사항을 포함하여 국가가 지정한 비행장ㆍ헬기장 책임 당국에 대한 간략한 설명
  - 비행장ㆍ헬기장 및 관련 시설 이용에 대한 전반적인 조건
  - 업무제공의 근거가 되는 국제민간항공기구 규정 및 차이점이 존재할 경우 동 사항이 수록된 항공정보간행물의 관련 항목
- AD 1.1.2 군기지 사용
- AD 1.1.3 저시정절차
- AD 1.1.4 비행장운영최저치
- AD 1.1.5 기타 정보
- AD 1.2 구조, 소방업무 및 제설계획
- AD 1.2.1 구조 및 소방업무
- AD 1.2.2 제설계획
- AD 1.3 비행장 및 헬기장에 대한 색인
- AD 1.4 비행장ㆍ헬기장의 분류
- AD 1.5 비행장 인증 상태

② AD 2 비행장

각 항목의 앞부분에 국제민간항공기구 위치부호를 추가하여야 한다.

예 RKSI(인천) AD 2.1

- AD 2.1 비행장 위치부호 및 명칭
- AD 2.2 비행장에 대한 지리적 자료 및 행정적 자료

- AD 2.3 운영시간

  다음의 사항을 포함하여 비행장에서 제공되는 업무의 운영시간에 대한 상세한 설명

  - 비행장 운영자
  - 세관 및 입국
  - 보건 및 위생
  - AIS 브리핑 기관
  - ATS 보고 기관(ARO)
  - MET 브리핑 기관
  - 항공교통업무
  - 급유
  - 취급
  - 보안
  - 제빙
  - 비고

- AD 2.4 취급업무 및 시설

- AD 2.5 승객편의시설

- AD 2.6 구조 및 소방업무

- AD 2.7 계절별 유용성 — 제거

- AD 2.8 에이프런, 유도로 및 점검장소 · 위치에 관한 자료

- AD 2.9 지상 이동 유도 · 통제시스템 및 표지

- AD 2.10 비행장 장애물

- AD 2.11 제공되는 기상정보 : 다음의 사항을 포함하여 비행장에서 제공되는 기상정보에 관한 상세한 설명 및 기상부서가 제공하는 업무에 관한 표시

  - 관련 기상부서의 명칭

  - 운영시간 및 가능할 경우 동 운영시간 외에 업무를 제공할 책임기상부서의 지정에 관한 사항

  - 비행장예보(TAF)의 작성 책임부서, 유효기간 및 예보발행 주기

  - 비행장에서 이용 가능한 경향예보의 종류 및 발행주기

  - 브리핑/자문의 제공 방법에 관한 정보

  - 제공되는 비행 관련 서류의 종류 및 사용 언어

  - 브리핑 또는 자문 시 전시되거나 이용 가능한 지도 및 기타 정보

  - 기상 상태에 관한 정보를 제공하기 위한 보충 장비

  - 기상정보가 제공된 항공교통업무기관

  - 추가 정보(예 업무의 제한에 관한 사항)

- AD 2.12 활주로의 물리적 특성

• AD 2.13 공시거리 : 다음의 사항을 포함하여 가장 가까운 1미터 또는 1피트 단위로 표기한
활주로의 방향별 공시거리에 대한 상세한 설명

    – 활주로 번호   – 이륙가능 활주거리(TORA)

    – 이륙가능 거리(TODA)   – 가속정지 가능거리(ASDA)

    – 착륙가능거리(LDA)

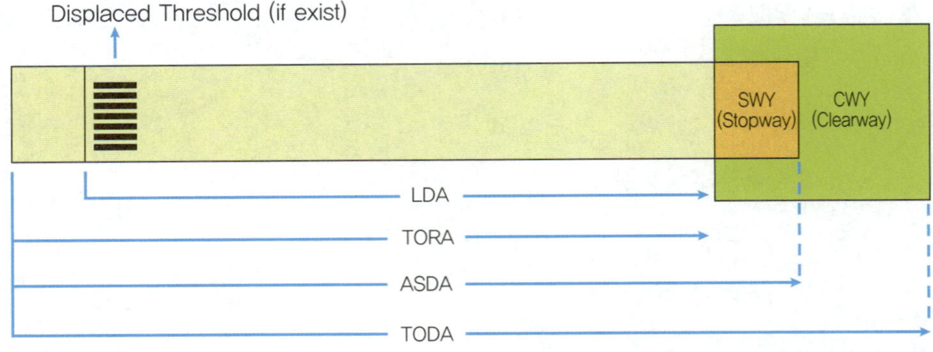

그림 11.20 TORA–TODA–ASDA–LDA–Stopway–Clearway(출처 : aviation file)

• AD 2.14 진입 및 활주로 등화 : 다음의 사항을 포함하여 진입 및 활주로 등화에 대한 상세한
설명

    – 활주로 번호

    – 진입등의 종류, 길이 및 강도

    – 활주로시단등, 색깔 및 연장등

    – 시계진입각지시등(VASIS와 PAPI)의 종류

    – 활주로 접지구역등의 길이

    – 활주로 중심선등의 길이, 간격, 색깔 및 강도

    – 활주로등의 색깔, 강도, 길이, 간격

    – 활주로 종단등 및 연장등의 색깔

    – 정지로등의 길이와 색깔

    – 비고

• AD 2.15 기타 등화 및 예비전력공급시설 : 다음의 사항을 포함하여 기타 등화 및 예비전력
공급시설에 대한 설명

    – 비행장 등대 · 신호 등대의 위치, 특성 및 운영시간

    – 풍력계 · 착륙방향지시기의 위치 및 등화(설치된 경우)

    – 유도로등 및 유도로 중심선 등

– 예비전력공급장치 및 전환 소요시간

– 비고

- AD 2.16 헬리콥터 착륙지역

- AD 2.17 항공교통업무공역 : 다음의 사항을 포함하여 비행장에 설정된 항공교통업무(ATS) 공역에 대한 상세한 설명

  – 공역명칭 및 도, 분, 초 단위로 표기한 수평 범위에 대한 지리좌표

  – 항공교통업무 제공기관의 호출부호 및 사용언어

  – 수직범위　　　　　　　　　– 공역등급

  – 고도계 전환고도　　　　　　– 적용시간

  – 비고

- AD 2.18 항공교통업무 통신시설 : 다음의 사항을 포함하여 비행장에 설치된 항공교통업무 통신시설에 대한 상세한 설명

  – 업무명칭　　　　　　　　　– 호출부호

  – 채널　　　　　　　　　　　– SATVOICE 번호(적용할 경우)

  – logon 주소　　　　　　　　– 운영시간

- AD 2.19 항행안전무선시설(Radio Navigation and Landing Aids)

- AD 2.20 국지 비행장 규정

- AD 2.21 소음 감소 절차 : 비행장에 수립된 소음 감소 절차에 대한 상세한 설명

- AD 2.22 비행 절차 : 비행장의 공역구조를 기초로 하여 설정된 레이더 ADS−B 및/또는 절차를 포함한 규정 및 비행 절차에 대한 상세한 설명. 공항 저시정 절차에 대한 상세 설명이 있는 경우 다음 사항이 포함된다.

  – 저시정 절차 시 사용을 위해 허가된 활주로와 관련 장비

  – 저시정 절차의 시작, 사용, 종료가 발생되는 세부 기상 조건

  – 저시정 절차 사용을 위한 지상 마킹/등화에 대한 설명

  – 비고

- AD 2.23 추가 정보 : 조류의 서식지에서 섭식지 사이의 중요한 일일 이동에 관한 사항과 비행장의 조류 밀집사항과 같은 비행장에 대한 추가 정보

- AD 2.24 비행장 관련 지도 : 다음과 같은 순서로 수록되어야 할 비행장 관련 지도

  – 비행장도 또는 헬기장도−ICAO

  – 항공기 주기도 그리고/또는 접현도−ICAO

- 비행장지상 이동도-ICAO

- 비행장장애물도-ICAO Type A(각 활주로별)

- 비행장지형장애물도-ICAO

- 정밀접근지형도-ICAO(정밀접근 Cat Ⅱ 및 Ⅲ 활주로)

- 지역도-ICAO(출발 및 전이비행로)

- 표준계기출발도-계기-ICAO

- 지역도-ICAO(도착 및 전이비행로)

- 표준계기도착도-계기-ICAO

- 항공교통관제 감시 최저고도도-ICAO

- 계기접근도-ICAO(각 활주로 및 절차별)

- 시계접근도-ICAO

- 비행장 주변 조류 밀집지역

• AD 2.25 시계구간표면(VSS) 침투 : 절차 및 절차상 영향받는 최소 요건을 포함하여 시계구간표면(VSS)을 침투하는 사항

③ AD 3 헬기장

헬리콥터 착륙지역이 비행장에 설정되어 있을 경우 관련 자료는 AD 2.16항에만 수록하여야 하며, 헬기장에 관한 사항을 항공정보간행물에 별도로 수록할 경우 다음 기준에 따라 정보를 수록하여야 한다.

• AD 3.1 헬기장 위치부호 및 명칭

• AD 3.2 헬기장에 대한 지리적 자료 및 행정적 자료

• AD 3.3 운영시간

• AD 3.4 취급업무 및 시설

• AD 3.5 승객편의시설

• AD 3.6 구조 및 소방업무

• AD 3.7 계절별 유용성 – 제거

• AD 3.8 에이프런, 유도로 및 점검장소·위치에 관한 자료

• AD 3.9 표지 및 표지등화

• AD 3.10 헬기장 장애물

• AD 3.11 기상정보

- AD 3.12 헬기장 자료

- AD 3.13 공시거리

- AD 3.14 진입 및 FATO 등화

- AD 3.15 기타 등화 및 예비전력공급시설

- AD 3.16 항공교통업무공역

- AD 3.17 항공교통업무 통신시설

- AD 3.18 항행안전무선시설

- AD 3.19 국지 헬기장 규정

- AD 3.20 소음 감소 절차

- AD 3.21 비행 절차

- AD 3.22 추가 정보

- AD 3.23 헬기장 관련 지도

> **참고**
>
> **참고 문헌**
> - ICAO ANNEX 15
> - ICAO DOC 10066
> - ICAO DOC 10066, Appendix 2/3
> - 항공안전법
> - 항공안전법 시행규칙
> - 항공정보 및 항공지도 등에 관한 업무기준(국토교통부고시)
> - 2023 항공정보 매뉴얼(KAIM)

제12장

항공보안

이준세 중원대학교 항공운항학과 교수, 한국항공운항학회 정회원

항공기 보안은 1960~1970년대 항공기 납치와 테러가 급증하면서 그 필요성이 대두되었고, 이에 따라 ICAO는 1974년 Annex 17을 제정하여 국제 항공보안 기준을 공식화하였다. 우리나라는 1980년대 이후 항공산업의 급성장에 따라 자체적인 항공보안법 체계를 구축하였다. 전 세계의 이해관계가 첨예하게 대립하고 있는 현 상황에서 항공기 테러의 가능성은 더욱 높아지고 있으며, 이에 따라 항공보안의 중요성도 점점 커지고 있다. 따라서 이 책을 통해 항공보안의 개념과 목적을 이해하고, 관련 국제 및 국내 법령을 숙지하며, 항공기 및 공항의 보안 활동을 이해하고, 항공보안 관련 국제기구의 역할을 파악하여 항공보안 계획을 수립하고, 궁극적으로 항공보안의 실무적·정책적 대응 능력을 기른다.

AVIATION SECURITY

제1절 항공보안 개요

국제민간항공에서는 국제민간항공 부속서 17. 2장 제1절(ICAO Annex 17 2.1.1)에 민간항공보안(Aviation Security)은 지상이나 공중에서 일어나는 불법방해행위로부터 공항의 승객, 승무원, 지상 요원, 일반 대중, 항공기 및 시설 등을 보호하는 것이라고 명시하고 있다. 이러한 목적은 불법방해행위로부터 민간항공을 보호하기 위한 인적·물적 요소가 결합된 대책을 통해 이행될 수 있다.

1 항공보안 목적

우리나라 보안정책의 시행은 수립된 항공보안법에 기초한다. 항공보안법에서는 「국제민간항공협약」 등 국제협약에 따라 공항시설, 항행안전시설 및 항공기 내에서의 불법행위를 방지하고 민간항공의 보안을 확보하기 위한 기준·절차 및 의무사항 등을 규정함을 목적으로 하고 있다. 그리고 공항 내 항공테러 대상 시설에 해당하는 항행안전시설, 관제탑, 여객터미널, 화물청사 등을 보호하기 위한 활동이다. 공항보안은 승객, 공항 직원, 항공기 또는 공항 재산을 범죄, 테러 및 기타 위험한 상황으로부터 보호하는 것이다.

공항에는 매일 많은 사람이 지나가므로 범죄와 테러의 잠재적 표적이 될 수 있다. 비행기도 표적이 될 수 있으며, 이는 많은 사람이 탑승하고 있어서 특히 위험하다. 공항보안은 위험한 물품이나 사람을 식별하여 사고나 위협 상황이 발생하지 않도록 예방하는 역할을 한다. 공항보안의 목표는 공항과 국가를 위험으로부터 보호하고, 대중에게 안전하다는 확신을 주며, 국가 안보와 대테러 노력을 지원하는 것이다. 따라서 항공보안은 공항, 항행안전시설, 항공기 내에서 행해지는 불법행위를 방지하는 데 있다.

불법방해행위(Acts of Unlawful Interference)란 항공기의 안전운항을 저해할 우려가 있거나 운항을 불가능하게 하는 행위이며 아래와 같다.

• 지상에 있거나 운항 중인 항공기를 납치하거나 납치를 시도하는 행위

• 항공기 또는 공항에서 사람을 인질로 삼는 행위

- 항공기 · 공항 및 항행안전시설을 파괴하거나 손상시키는 행위

- 항공기 · 항행안전시설 및 보호구역에 무단 침입하거나 운영을 방해하는 행위

- 범죄의 목적으로 항공기 또는 보호구역 안으로 도검류 · 폭발물 등 항공보안법 제21조에 따른 무기 등 위해물품(危害物品)을 반입하는 행위

- 지상에 있거나 운항 중인 항공기의 안전을 위협하는 거짓 정보를 제공하는 행위 또는 공항 · 공항시설 내에 있는 승객 · 승무원 · 지상 근무자의 안전을 위협하는 거짓 정보를 제공하는 행위

- 사람을 사상(死傷)에 이르게 하거나 재산 또는 환경에 심각한 손상을 입힐 목적으로 항공기를 이용하는 행위

- 그 밖에 항공보안법에 따라 처벌받는 행위

2 항행안전시설 보안

항행안전시설은 「공항시설법 시행규칙」 제40조 제1항에 따라 항공교통의 안전을 확보하고, 항행안전무선시설 및 항공정보통신시설 등을 더 효율적으로 관리 및 운영하기 위하여 보안 울타리 또는 장벽 설치와 보안순찰을 통해 보호되어야 한다. 항행안전시설은 항공기 운항의 안전성을 높이는 데 중요한 역할을 하며, 항공기와 공항의 안전을 보장하기 위해 필수적이다. 이러한 시설의 보안이 취약할 경우, 항공기 사고나 보안 위협이 발생할 수 있다. 그리고 항행안전시설에 대한 성능 적합 증명 검사와 같은 절차를 통해 시설의 안전성과 보안성을 지속해서 점검해야 한다.

최근에는 드론과 같은 새로운 기술이 항공보안에 도전 과제가 되고 있다. 드론은 특정 보안 민감 지역에서 비행이 금지되어 있으며, 이러한 규제를 통해 항공보안을 강화하고 있다. 그리고 지능형 영상 분석 시스템과 같은 최신 기술이 항행안전시설의 보안을 더욱 강화하는 데 기여하고 있다.

3 항공기 내의 보안

「항공보안법」 제14조 제2항 및 「국가항공보안계획」 7.6.1에 따라 항공운송사업자가 승객이 탑승한 항공기를 운항하는 경우 테러 등 불법행위로부터 승객의 안전 및 항공기의 보안을 위하여 항공기 내 보안요원을 탑승시키고 있다. 항공운송사업자는 소속 항공기 내 보안요원의 자격 기준, 무기 조작, 범인 제압 및 교육훈련 등에 관한 운영지침을 수립하여야 하고, 이 지침에 따라 다음 사항을 포함한 자체 세부 운영지침을 수립 · 시행하여야 한다.

- 탑재 무기 선정 기준

- 기내 무기 보관

- 기내 무기 인계 · 인수

- 기내 무기 사용 등 불법방해행위 발생 시 위협수준별 대응 기준

- 항공기 내에서「항공보안법」등에서 규정한 불법방해행위를 범한 범인을 관계기관 공무원을 통하여 국가경찰관서에 인도

- 항공기가 공항에 도착한 때는 모든 승객(통과 및 환승 승객 포함)이 항공기 내에 어떠한 물건도 남겨두고 내리지 않도록 하여야 한다. 다만, 수상한 물품이 발견된 경우 즉시 공항상주 보안기관 또는 경찰에 통보한 후 기내 보안점검 실시

- 야간에 항공기를 주기하거나 주간에 5시간 이상 주기가 예상되는 경우 비인가자가 항공기에 접근하거나 항공기 안으로 진입할 수 없도록 대책 수립

- 주기된 항공기에 대한 출입 통제를 위하여「항공보안법 시행규칙」제7조 제3항에 따른 대책 수립

- 탑승교 또는 탑승계단과 접속한 상태로 주기 중인 항공기의 출입문을 잠그지 아니한 경우 비인가자가 항공기 안으로 진입하지 못하도록 하는 조치

- 항공기에 대한 위협이 증가할 경우 항공기 출입문에 봉인조치를 하거나 경비원을 배치하여야 하며 경비원을 배치할 수 없는 경우 이를 대체할 보안대책 수립

- 체약국이 자국으로 운항하는 항공기에 대해 주기하는 동안 경비를 요구하는 경우 경비원 등의 배치

항공운송사업자는 보호되지 않은 항공기 또는 불법방해행위 발생에 대비하여 항공기 출발 전 비인가자의 침입 및 위해물품의 탑재 여부 등을 점검하는 항공기 내 점검 또는 수색절차를 수립하여야 하고, 다음 사항을 포함한 위험평가에 따라 항공기 출발 전 항공기에 대한 보안점검 또는 수색 여부를 결정하여야 한다. 이 경우 항공운송사업자는「국가항공보안 우발계획」에 따라 항공기 보안점검 또는 수색 여부 결정을 위한 위험관리 방법을 자체 우발계획에 포함하여야 한다.

- 항공기 주기 시간

- 항공기 주기장 위치

- 항공기 출발지

- 항공기 목적지

- 그 밖에 항공기 보안에 영향을 줄 수 있는 사항

항공기 보안책임은 항공운송사업자에게 있으며, 불법방해행위로부터 항공기를 보호하기 위해 단계별 보안절차를 이행하여야 한다. 발권단계에서는 승객 여권 · 비자 등 신원 확인, 위탁수하물 본인 소유 여부 질의, 위해물품 반입 여부를 확인하여야 하고, 탑승단계에서는 탑승게이트에서 탑승권

재확인, 승객·위탁수하물 수량 일치 확인, 기내 보안점검, 비인가자 출입 통제 등을 해야 한다. 운항 중일 때는 조종실 출입 통제, 특이 승객 동향 감시, 폭발물 발견 및 난동 승객 발생 등 비상 대비 기내보안장비 운용 등을 할 수 있다. 운항이 끝난 후에는 휴대물품 기내 잔류 여부 등을 확인하기 위해 기내 보안점검을 해야 한다.

항공보안요원은 항공기 안으로 무기를 휴대하고 탑승할 수 있으며, 항공기 내에서 객실 내 불법 행위 및 항공안전을 해치는 범죄행위 등을 녹화할 수 있고, 그 행위를 저지하기 위해 필요한 조치가 가능하다. 항공기 내에서 불법행위가 발생한 경우 신속 대응을 위해 일반 객실승무원에게 임무를 부여하고, 항공기 내 주변 승객에게 협조 요청 등 필요한 조치를 요구할 수 있으며, 객실 내 거동 수상한 행동을 하거나 보안 위반의 경우 운항승무원에게 긴밀히 알릴 수 있다.

4 항공위험물(Dangerous Goods)

국제민간항공기구(ICAO) 부속서 18 및 기술지침서(Doc9284), 「항공안전법」에 따라 항공기에 의하여 운송되는 폭발성 또는 연소성이 높은 물건 및 독성, 부식성, 인화성 가스 혹은 증기를 방출할 가능성이 있어 사람이나 항공기에 해를 입힐 수 있는 물질 또는 물품을 의미한다. 항공위험물(Dangerous Goods)은 위험물 목록에 지정되어 있거나, 기술기준의 원칙과 절차에 따라 분류된 건강과 안전, 재화와 환경에 위해를 줄 수 있는 물질이나 제품을 말한다. 이런 항공위험물은 「항공안전법」 등에서 정한대로 위험물임을 신고하고 포장·적재·저장·운송 또는 처리하는 자의 위험물 취급절차 및 방법 등에 따라 운송이 되어야 하며, 위반 시 2천만원 이하의 벌금 또는 과태료에 처할 수 있다.

5 항공보안 자율신고

국제민간항공협약 부속서 17(Security)에 국가항공보안 수준관리프로그램을 보완할 수 있도록 비밀보고제도(Confidential Reporting System)를 운영할 것을 의무화함에 따라 항공보안을 저해하는 사건·상황·상태 등에 관한 보안위험 정보를 수집하기 위한 제도이다. 「항공보안법」 제33조의2와 같은 법 시행규칙 제19조의2에 따라 항공보안 자율신고의 접수·분석·전파에 관한 업무를 한국교통안전공단에서 운영하고 있다.

공항시설 및 항공기 보안에 저해되는 사실뿐만 아니라 항공보안 전반에 대한 제도 개선 사항에 대해서도 모든 국민이 자율적으로 신고할 수 있다. 신고자는 승객, 승무원, 공항운영자, 항공운송사업자, 항공기취급업체, 항공기정비업체, 공항상주업체 등 항공보안업무 종사자를 포함하여 항공보안을 해치거나 해칠 우려가 있는 사항이 발생했거나 발생한 것을 인지한 사람 또는 발생할 것이 예상된다고 판단하는 사람은 누구든지 신고할 수 있다. 항공보안 자율신고를 한 사람의 의사에 반하여 신고자의 신분을 공개해서는 아니 되며, 그 신고 내용을 보안사고 예방 및 항공보안 확보 목적 외의 다른 목적으로 사용해서는 아니 된다. 또한, 공항운영자 등은 소속 임직원이 항공보안 자율신고를 한 경우에는 그 신고를 이유로 해고, 전보, 징계, 그 밖에 신분이나 처우와 관련하여 불이익한 조치를 해서는 아니 된다.

6 항공보안 계획

1) 항공보안 기본계획

항공보안 기본계획은 공항시설 · 항행안전시설 및 항공기 내에서의 불법행위를 방지하고 민간항공의 보안을 확보하기 위해 수립하는 법정계획이다. 국토교통부는 항공보안에 관한 종합적 · 장기적인 추진 방향이 포함된 항공보안에 관한 기본계획을 5년마다 수립하여 공항운영자, 항공운송사업자, 항공기취급업체, 항공기정비업체, 공항상주업체, 항공여객 · 화물터미널운영자 등에 통보하고 있다. 통보된 항공보안 기본계획에 따라 항공보안 업무 수행을 위한 항공보안 시행계획을 수립 · 시행하고 있다.

기본계획에는 다음과 같은 주요 내용이 포함된다.

- 국내외 항공보안 환경의 변화 및 전망
- 국내 항공보안 현황 및 경쟁력 강화에 관한 사항
- 국가 항공보안정책의 목표, 추진 방향 및 단계별 추진계획
- 항공보안 전문인력의 양성 및 항공보안 기술의 개발에 관한 사항
- 그 밖에 항공보안 발전을 위하여 필요한 사항

국토교통부는 항공보안 주요 정책사항을 관계부처와 협의하기 위해 12개 정부기관 국장급 및 공사 · 항공사 임원진으로 구성된 협의회를 운영해야 한다. 항공보안 기본계획은 공항시설 · 항행안전시설 및 항공기 내에서의 불법행위를 방지하고 민간항공의 보안을 확보하기 위해 수립하는 법정계획이며, 국토교통부는 항공보안에 관한 기본계획을 5년마다 수립하여 공항운영자, 항공운송사업자, 항공기취급업체, 항공기정비업체, 공항상주업체, 항공여객 · 화물터미널운영자 등에 통보한다.

내용에는 항공보안에 관한 종합적 · 장기적인 추진 방향 및 국내외 항공보안 환경의 변화 및 전망, 국내 항공보안 현황 및 경쟁력 강화에 관한 사항, 국가 항공보안정책의 목표, 추진 방향 및 단계별 추진계획, 항공보안 전문인력의 양성 및 항공보안 기술의 개발에 관한 사항과 항공보안 발전을 위하여 필요한 사항 등이 있어야 한다.

2) 국가항공보안계획

국가항공보안계획은 「항공보안법」 제10조 및 「같은 법 시행규칙」 제3조의2에 따라 민간항공에 대한 불법방해행위로부터 승객·승무원·항공기 및 공항시설 등을 보호하기 위한 대책을 수립함으로써 민간항공의 안전성·정시성 및 효율성을 확보하는 등 항공보안을 유지하는 데 그 목적이 있다. 국가항공보안계획은 국제협약 등 국제법에 따라 민간항공을 불법방해행위로부터 보호하기 위하여 타 체약국과 상호 협력할 사항을 정한다. 체약국이 항공기 안전, 승객·승무원 안전, 공항·항행안전시설 보호, 공항 근무직원·방문자 보호 및 위협에 대한 대응 등 민간항공의 불법방해행위 방지를 위한 지원을 요청할 경우 이에 관한 사항을 정한다.

국가항공보안계획은 항공운송사업자들에게 항공기가 상대국의 영토에서 도착·출발·체류할 동안 상대국의 항공보안 요건을 준수하도록 하고, 효율적인 항공보안을 위하여 탑승 전 항공기 보호 및 승객·승무원·휴대물품·위탁수하물·화물·기내물품 등에 대한 검색 방법을 정한다. 또한, 항공기·승객·승무원·공항 또는 항행안전시설에 대한 불법방해행위 또는 불법적인 사건이 발생하였을 경우 이를 신속히 종결시킬 수 있는 대책 및 통신지원 방안을 정한다. 국제민간항공협약 부속서 및 지침서상의 보안 관련 규정을 준수하며, 인천비행정보구역 내의 공항 운영자·항공운송사업자·항공기취급업체·항공기정비업체·공항상주업체·항공여객(화물)터미널운영자, 그 밖에 국토교통부장관이 정하는 자는 국가항공보안계획을 준수하여야 한다.

국가항공보안계획에 따라 공항운영자 등이 수립하거나 변경하는 자체 보안계획은 운영 또는 운항 개시 또는 적용하기 전에 승인받아야 한다. 공항운영자 등이 수립하는 자체 보안계획은 국제민간항공기구의 해당 보안프로그램 모델을 참고하여야 한다.

국가항공보안계획은 민간항공에 대한 불법방해행위로부터 승객, 승무원, 항공기 및 공항시설을 보호하기 위한 대책이다. 이 계획은 공항운영자, 항공운송사업자 및 공항상주업체가 자체적으로 수립하며, 불법행위 방지와 민간항공보안을 확보하고 다양한 측면에서 항공보안을 강화하고 안전한 여행 환경을 조성하는 데 중요한 역할을 한다. 여기에는 항공기 및 공항시설에 대한 위협을 평가하고 테러리즘, 불법 무기 반입, 폭발물, 무단침입에 대한 적절한 대응 방안을 수립해야 한다. 보안 검사에서는 승객, 수하물, 화물, 승무원 등을 검사하여 위협물질을 차단하고 항공기 안전을 유지해야 하고 관계자들에 대한 보안 교육과 훈련 내용이 포함되어야 한다. 그리고 국제적인 협력을 통해 항공보안 표준을 준수하고, 국제민간항공기구(ICAO)의 지침을 따라야만 한다. 이러한 노력을 통해 국가항공보안계획은 항공여행의 안전성을 높이고 승객과 승무원을 보호하며, 항공기 및 공항시설을 안전하게 운영할 수 있도록 해야 한다.

「국가항공보안 우발계획」에 따른 항공보안 등급은 항공보안 위험 수준 심각도에 따라 구분한 보안수준이다. 국가가 정한 「국가항공보안 우발계획」에 따라 평시(Green), 관심(Blue), 주의(Yellow), 경계(Orange), 심각(Red) 등급까지 5단계로 나뉜다.

- 1단계 평시(Green) : 불법행위 위협이 낮은 단계로 도검류 등 기내 반입 금지 물품 검색, 항공기 비인가자 접근·출입 통제 등 우리가 알고 있는 기본적인 항공보안 업무를 수행

- 2단계 관심(Blue) : 테러 징후가 있으나 그 활동 수준이 낮으며 가까운 기간 내 테러로 발생할 가능성도 낮은 상태로 대부분 일반적으로 공항에 적용되는 등급

- 3단계 주의(Yellow) : 테러 징후가 있고 테러로 발전할 수 있는 일정 수준의 경향이 나타나는 단계로 공항·항공기 등에 대한 위협 정보가 있거나 국빈 방문과 같은 국가 행사 시 시행하는 등급

- 4단계 경계(Orange) : 테러 유사 활동이 매우 활발하고 테러 경향이 현저한 수준으로 테러 가능성이 농후한 상태

- 5단계 심각(Red) : 테러 유사 활동이 매우 활발하고 테러 경향이 현저하며 확실히 되는 상태

이러한 항공보안 등급은 국가 항공보안계획에 따라 정해지며, 각 항공보안 등급에 따라 공항과 항공사의 보안조치가 달라진다. 즉, 공항운영자는 승객 및 휴대물품에 대한 무작위 개봉검색·촉수검색·폭발물탐지검색을 실시하여야 한다. 다만, 원형검색장비 이용 시 무작위 검색 비율은 항공보안등급 촉수검색 비율의 10% 범위에서 운영할 수 있다.

국가 항공보안 등급 조정은 항공보안 상황에 따라 위험 수준을 평가하고, 이에 맞춰 보안 조치를 조정하는 것이고 항공사, 공항, 정부 기관 등 다양한 이해관계자들이 협력하여 이루어진다.

민간항공 위험 정도에 따라 5단계로 발령·운영되며, 등급 상향에 따라 보안 조치사항을 강화하며, 발령단계는 평시(Green)–관심(Blue)–주의(Yellow)–경계(Orange)–심각(Red)이 있다.

항공보안등급 조정은 민간항공에 대한 위협상황이 발생하였거나 위협이 증가되는 경우, 국토교통부장관이 발령하는데, 특정 공항 또는 특정 지역 항공노선에 한정하여 발령 가능하다.

◀ 업무처리 흐름도 ▶

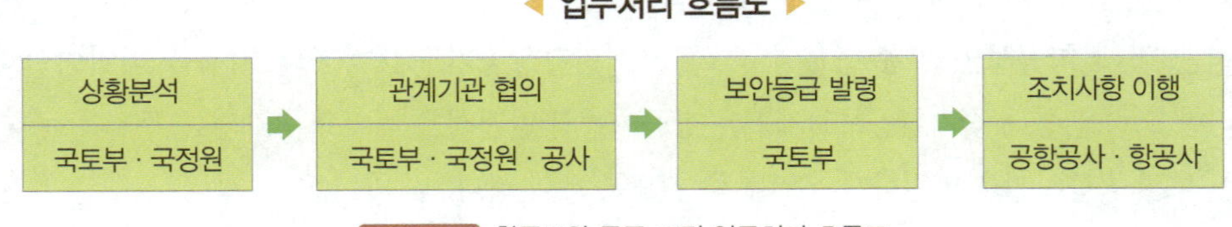

그림 12.1 항공보안 등급 조정 업무처리 흐름도

8 항공보안평가

국제민간항공기구(ICAO)에서 2001년 9·11 항공테러 이후 전 세계 항공보안을 강화하기 위해 항공보안 국제기준의 이행에 대한 항공보안평가(USAP, Universal Security Audit Programme)를 시행하고 있다. ICAO 항공보안평가관은 전 세계 120명이 활동하고 있으며, ICAO 회원국의 국가별 보안능력 및 항공보안 법률체계, 항공보안 감독활동 및 미비점에 대한 개선 절차, 공항보안검색 등 항공보안수준을 평가한다. 정부 조직, 법령·규정 분야, 공항시설·장비 분야, 공항보안검색 및 경비 분야, 항공기보안 분야, 유사시의 비상조치 상황 등 국제민간항공협약 부속서 17(항공보안)의 표준 66개 항목 483개 세부 항목에 대한 평가를 한다.

USAP-CMA의 범위에는 부속서 17 표준 및 부속서 9의 보안 관련 표준이 포함된다. 회원국의 민간항공 시스템에서 효과적인 이행을 보장하기 위해 적절한 시기에 USAP-CMA의 범위를 확대하여 시카고 협약의 다른 부속서에 포함된 다른 보안 관련 조항 및 관련 ICAO 문서에 포함된 보안 관련 표준 및 권장 관행(SARP)의 효과적인 이행을 보장할 수 있도록 하는 기능이다.

모든 국가는 자국 영토 위의 영공에 대한 완전하고 배타적인 주권을 가지고 있다. 이에 따라 ICAO는 확인된 결함과 관련된 시정조치의 이행과 관련된 의사결정 권한을 포함하여 항공보안을 감독하는 주권 국가의 책임과 권한을 전적으로 존중한다. USAP-CMA의 일부로 수집된 민감한 보안 정보는 무단 공개로부터 보호된다. 따라서 USAP-CMA 감사 보고서는 기밀로 유지되며, 감사 대상 국가 및 ICAO 직원이 알아야 할 필요가 있는 경우에만 제공된다. ICAO 가입국들은 효과적인 민간항공보안 감독체계를 수립하고 이행하기 위해 항공보안 감독을 위한 중요 요소(CEs, Critical Elements)를 고려해야 한다. 민간항공보안 감독체계의 중요 요소는 안전 감독 시스템에 도입된 중요 요소에서 파생된 것이며, 이 요소들이 국가의 안전 감독 역량을 향상시키는 데 효과적이라는 것은 이미 입증되었고, 이는 항공보안 감독에도 유사한 방식으로 기여할 것으로 기대된다. 보안 관련 정책과 그에 따른 절차를 효과적으로 이행하기 위해서는 중요 요소들이 필수적이다. 8가지 중요 요소는 아래와 같다.

- CE-1 : 항공보안 법규
  - 민간항공 운영의 환경과 복잡성에 부합하는 포괄적이고 효과적인 입법 체계를 제공한다.
  - 부속서 17 표준 및 다른 부속서에 포함된 관련 보안 관련 표준의 수립 및 구현한다.
  - 항공보안 요구사항의 이행
- CE-2 : 항공보안프로그램 및 규정
  - 항공보안 법률에서 비롯된 국가 요구사항을 해결하기 위해 적절한 국가 수준의 프로그램 및 규정을 제공한다.

- Annex 17 Standards(및 다른 Annex에 포함된 보안 관련 조항)에 따라 표준화된 구현 절차, 장비 및 인프라를 제공한다.

- CE-3 : 항공보안에 대한 국가 해당 기관 및 그 책임
  - 항공보안 문제에 대한 적절한 국가 기관을 지정하고, 적절한 기술 및 비기술 인력의 지원을 받으며 적절한 재정 자원을 제공한다.
  - 정부는 항공보안 규제 기능, 목표 및 정책을 보유해야 하며, 효과적인 국가 민간항공보안 프로그램, 국가 민간항공보안교육 프로그램 및 국가 민간항공보안품질 관리 프로그램을 개발하고 유지해야 한다. 또한 관련 규정의 공포 및 적용, 업무 할당 및 정부 기관 간의 책임 조정을 보장해야 한다.

- CE-4 : 인사 자격 및 교육
  - 국가 항공보안 감독 및 규제 기능을 수행하는 기술 인력에 대한 최소한의 지식 및 경험 요구사항을 수립한다.
  - 해당 직원의 역량을 유지하고 향상시키기 위해 적절한 교육을 제공한다(초기, 현장 및 반복 교육 포함).
  - 적용 가능한 항공보안 요구사항의 구현에 대한 요구사항 및 항공산업에 대한 교육 제공

- CE-5 : 기술 지침, 도구 및 보안에 중요한 정보 제공
  - 해당하는 경우 기술 인력에게 기술 지침, 도구 및 보안에 중요한 정보를 제공하여 기술 인력이 확립된 요구사항에 따라 표준화된 방식으로 보안 감독 기능을 수행할 수 있도록 한다.
  - 해당 당국의 해당 규정 구현에 대한 기술 지침을 제공한다.

- CE-6 : 인증 및 승인 의무
  - 항공보안 활동을 수행하는 직원 및 조직이 심사관 인증, 보안프로그램 승인, 반복적인 인증 및 승인에 대한 요구사항과 같은 관련 활동을 수행하기 전에 설정된 요구사항을 충족하도록 하는 프로세스 및 절차를 구현한다.

- CE-7 : 품질 관리 의무
  - 감사, 검사, 설문 조사 및 테스트와 같은 프로세스를 구현하여 항공보안 기관이 설정된 요구사항을 지속적으로 충족하고, 요구하는 역량 및 보안수준에서 운영되도록 사전 예방적으로 보장한다. 여기에는 해당 기관을 대신하여 보안감독 기능을 수행하는 지정된 직원에 대한 모니터링이 포함된다.

- CE-8 : 보안 문제 해결
  - 식별된 결함을 해결하기 위한 프로세스 및 절차의 구현, 보안 결함 분석, 재발을 방지하기 위한 권장 사항을 제공, 트랙 수정, 불법적인 방해 행위에 대응한다.
  - 시정 조치의 효과적인 구현을 보장하고 적절한 경우 시행조치를 취한다.

항공보안 감독에 대한 개별 국가의 책임은 글로벌 항공보안의 토대가 된다. 한 회원국에서 적절한 항공보안 감독이 부족하면 전 세계 국제 민간항공 운영에 영향을 미칠 수 있고, 항공보안 감독은 또한 국가 항공산업이 SARP에서 정의한 것과 같거나 더 나은 보안 수준을 제공하도록 보장한다. 항공보안과 관련하여, 보안 표준의 구현으로 인해 도출되는 보호 수준은 전 세계 항공 네트워크에서 가장 약한 연결 고리만큼만 강력하기 때문에 전 세계적으로 통일된 표준을 유지하는 것이 특히 중요하다. 따라서 한 국가에서 항공보안 감독이 부족하면 국제 민간항공 운영의 보안이 위협된다.

국제민간항공기구(ICAO)에서 전 세계 항공보안의 증진을 위해 각 체약국을 대상으로 국제민간항공협약 부속서 17(항공보안)의 이행 실태를 종합적으로 평가하는 ICAO 항공보안평가 있는데, 이 평가는 항공보안 분야의 국제기준 이행 현황을 확인하고, 취약한 국가들을 우선적으로 점검하는 제도이다. ICAO는 911 테러 이후 민간항공에 대한 테러 방지를 위해 체약국에 대한 항공보안평가(USAP, Universal Security Audit Programme) 시행을 결의하였고 MOU(ICAO-평가국 간) 체결 후 ICAO 평가관이 직접 방문하여 국제기준 이행 실태를 종합적(서류, 규정, 현장평가 등)으로 평가하는 제도이다. 2015년부터 상시모니터링 방식(USAP-CMA, Continuous Monitering Approach)으로 전환되었다.

표 12.1 USAP와 USAP-CMA 비교

구분	개념	절차	유형	평가국 · 선정기준	평가질의서
USAP	방문 후 서류 · 현장 등 점검	1:1 MOU 체결 → 평가 → 결과 통보	방문평가	취약국가, 지원국가 등	1차: 부속서 17 2차: 부속서 9.17
USAP CMA	서류 점검 후 필요시 방문	1:191개 체약국 일괄 MOU 체결 → 평가 → 결과 통보	서류평가, 서류+방문평가, 방문평가	2차 평가 경과시간, 치약국가 등	부속서 9.17

우리나라는 2004년 11월 1일부터 10일간 정부 및 인천국제공항에 대하여 평가를 받았으며, 국제민간항공협약 부속서 17의 표준 66개 항목 483개 세부 항목에 대한 평가를 통해 우리나라의 항공보안체계가 세계적 수준임을 확인하였고 이는 국제기준을 100% 이행하고 있다는 것을 증명하며, 우리나라의 높은 항공보안 의식과 국제적 공동협력에 중추적인 역할을 할 수 있는 국가로 인식되는 계기가 되었다.

ICAO Annex 17 Security

1 개념 및 배경

국제민간항공기구(ICAO) 부속서 17은 항공보안(Security)에 관한 사항을 제시하고 있다. ICAO에서의 항공보안은 총회의 두 가지 결의안에 따라 개발되었는데, 첫 번째 결의안(A17-10)은 국가들이 총회에서 채택된 보안 규격 및 관행을 시행하도록 요구하며, ICAO가 이와 관련된 추가 작업을 수행하도록 하고 있다. 두 번째 결의안(A18-10)은 국제 민간항공 운송의 보안을 강화하기 위한 추가 기술 조치를 다루고 있다.

2 적용(일반 원칙)

국제민간항공기구(ICAO) 부속서 17은 항공보안을 위한 일반적인 원칙을 제시하고 있다. 일반 원칙에는 목표, 적용, 보안 및 편의성, 국제 협력, 혁신 및 연구 개발이다.

1) 목표

① 각 체약국은 민간항공에 대한 불법 간섭 행위를 방지하는 모든 사항에서 승객, 승무원, 지상 인력 및 일반 대중 등의 안전을 최우선 목표로 하여야 한다.

② 각 체약국은 항공기 운항 안전성, 정시성 및 효율성을 고려하여 불법행위로부터 민간항공을 보호하기 위한 규정, 관례, 절차를 개발하고 이행할 조직을 설립하여야 한다.

③ 각 체약국은 항공보안 관련 당국, 규정, 조치 절차 등은 다음과 같은 목적이 달성되도록 보장하여야 한다.

- 민간항공의 불법방해행위로부터 승객, 승무원, 지상조업원, 일반대중의 안전보호
- 민간항공에 대한 위협 증가에 신속 대응

④ 각 체약국은 항공보안 정보에 대한 적절한 보호가 되도록 하여야 한다.

2) 적용

각 체약국은 불법방해행위로부터 민간항공을 보호하기 위한 조치를 관련 국가기관의 위협분석에 근거하여 적용 가능한 범위까지 국내 항공 운영에도 적용하여야 한다.

3) 보안 및 편의성

각 체약국은 가능한 시점에서 보안통제의 효율성을 저해하지 않는 범위 내에서 국제민간항공의 활동 장애와 방해를 최소화 할 수 있는 보안통제 방법과 절차를 마련하여야 한다.

4) 국제 협력

① 각 체약국은 실현 가능한 한도 내에서 다른 협약 국가들로부터 특정 항공편에 대한 추가 보안 조치 요청을 충족시켜야 한다. 요청하는 국가는 다른 국가가 제안한 대체 조치를 고려하여야 한다.

② 각 체약국은 다른 체약국 운영자의 특정 비행에 대한 추가 보안 조치 요청을 가능한 한 충족시켜야 한다.

③ 각 체약국은 국가 민간항공보안프로그램, 교육 프로그램 및 품질 관리 프로그램에 관한 정보를 개발하고 교환하기 위해 다른 국가와 협력하여야 한다.

④ 각 체약국은 실행할 수 있는 범위 내에서 해당 국가의 항공보안 이익에 적용되는 위협 정보를 다른 체약국과 공유하기 위한 절차를 수립하고 이행하여야 한다.

⑤ 각 체약국은 다른 협약 국가들로부터 공유된 보안 정보 또는 다른 협약 국가들의 보안 이익에 영향을 미치는 보안 정보에 대한 적절한 보호 및 처리 절차를 수립하고 시행하여야 한다. 이는 부적절한 사용이나 공개를 피하기 위함이다.

⑥ 각 체약국은 적절하고 주권과 일치하는 방식으로, 다른 국가의 요청에 따라 ICAO에 의해 수행된 감사 결과 및 감사 된 국가가 취한 시정 조치를 공유하여야 한다.

⑦ 각 체약국은 항공보안과 관련된 조항을 포함하여, ICAO가 개발한 모델 조항을 고려하여 항공 운송에 관한 각각의 양자 협정에 포함하여야 한다.

⑧ 각 체약국은 요청에 따라 자국의 국가 민간항공보안프로그램의 적절한 부분의 서면 버전을 다른 협약 국가들에게 제공하여야 한다.

⑨ 각 체약국은 보안 통제의 중복을 피하고 항공보안 시스템의 지속 가능성을 증진하기 위해 협력적인 조치에 참여하는 것을 고려하여야 한다. 이러한 조치는 출발지에서 효과적인 보안 통제의 적용을 통해 보장된 보안 결과의 동등성 검증을 기반으로 하여야 한다.

5) 혁신 및 연구 개발

각 체약국은 항공보안 목표를 잘 달성할 수 있도록 다음의 4가지 혁신 및 연구 개발 고려 사항을 제시하고 있다.

① 각 체약국은 민간항공보안 목표를 더 잘 달성할 수 있는 새로운 보안 장비, 프로세스 및 절차의 연구 개발을 장려해야 하며, 이 문제와 관련하여 다른 체약국과 협력하여야 한다.

② 각 체약국은 새로운 보안 장비 개발 시 인적요인 원칙을 고려하여야 한다.

③ 각 체약국은 명확히 정의된 기준에 따라 검색 및 보안 통제의 운영상 차별화를 허용하기 위한 혁신적인 프로세스와 절차를 고려하여야 한다.

④ 각 체약국은 새로운 장비에 투자할 때 민간항공보안 목표를 달성하기 위해 첨단 보안 장비의 사용을 고려하여야 한다.

3 조직

1) 국가 조직 및 시행

① 각 체약국은 불법 간섭 행위로부터 민간항공 운영을 보호하기 위해, 비행의 안전, 정규성 및 효율성을 고려한 규정, 관행 및 절차를 통해 서면으로 된 국가 민간항공보안프로그램을 수립하고 시행하여야 한다.

② 각 체약국은 국가 민간항공보안프로그램의 개발, 시행 및 유지 관리를 담당할 적절한 당국을 자국 내에서 지정하고 ICAO에 알려야 한다.

③ 각 체약국은 자국 영토 및 그 위의 영공 내 민간항공에 대한 위협 수준과 성격을 지속적으로 검토하고, 관련 국가 당국이 수행한 보안 위험평가에 기반하여 국가 민간항공보안프로그램의 관련 요소를 조정하기 위한 정책 및 절차를 수립하고 시행하여야 한다.

④ 각 체약국은 국제 운항을 하는 공항에서 정기적인 취약성 평가를 시행해야 하고 관련 부서, 기관(적절한 법 집행 및 정보 당국 포함) 및 기타 기관 간의 조정을 보장하며 이러한 취약성 평가 결과를 위험평가 및 보안 개선에 활용하여야 한다.

⑤ 각 체약국은 관련 공항운영자, 항공기 운영자, 항공교통서비스 제공업체 또는 기타 관련 기관과 실질적이고 적시에 관련 정보를 공유하기 위한 절차를 수립하여 시행하고, 이를 통해 이들 기관이 자신들의 운영과 관련된 효과적인 보안 위험평가를 수행하는 데 도움이 되는 정보를 제공하여야 한다.

⑥ 각 체약국은 관련 당국이 국가 민간항공보안프로그램의 다양한 측면 이행에 관여하거나 책임이 있는 부서, 기관 및 기타 기관 간에 과제를 정의하고 할당하며 활동을 조정하도록 요구하여야 한다.

⑦ 각 체약국은 국가 민간항공보안프로그램의 다양한 측면 이행에 관여하거나 책임이 있는 국가 부서, 기관 및 기타 기관, 공항이나 항공기 운영자, 항공 교통 서비스 제공자 간의 보안 활동을 조정하기 위해 국가항공보안위원회 또는 유사한 체계를 수립하여야 한다.

⑧ 각 체약국은 민간항공을 위해 운영되는 각 공항에 필요한 자원과 시설을 제공하도록 보장하여야 한다.

⑨ 각 체약국은 자국 영토 내에서 운영되는 공항운영자, 항공기 운영자, 항공 교통 서비스 제공자 및 기타 관련 기관들에 자국의 국가 민간항공보안프로그램의 적절한 부분에 대한 서면 버전 또는 관련 정보 및 지침을 제공하여야 한다.

2) 공항 운영

① 각 체약국은 민간항공을 제공하는 각 공항이 국가 민간항공보안프로그램의 요구사항을 충족시키기 위한 적절한 서면 공항보안프로그램을 수립, 시행 및 유지 관리하여야 한다.

② 각 체약국은 민간항공을 제공하는 각 공항에서 보안 통제의 실행을 조정하는 책임이 있는 기관을 확보하여야 한다.

③ 각 체약국은 민간항공을 제공하는 각 공항에서 보안 통제 및 절차의 실행을 조정하는 역할을 지원하기 위해 공항보안위원회를 설립하여야 한다. 이는 공항보안프로그램에 명시된 대로 수행되어야 한다.

④ 각 체약국은 국가 민간항공보안프로그램에서 요구하는 보안 조치의 실행에 필요한 건축 및 인프라 관련 요구사항을 포함하여 공항 설계 요구사항이 공항에서 새로운 시설의 설계 및 건설과 기존 시설의 변경에 통합되도록 하여야 한다.

3) 항공기 운영자

① 각 체약국은 해당 국가에서 서비스를 제공하는 상업용 항공 운송 운영자가 해당 국가의 국가 민간항공보안프로그램의 요구사항을 충족하는 서면 운영자 보안프로그램을 수립, 시행 및 유지하도록 보장하여야 한다.

② 각 체약국은 자국 영토로 운항하는 외국 상업 항공 운송 사업자에게 자국의 국가 민간항공보안프로그램 요구사항을 충족하는 서면 형태의 보완 지점 절차를 수립, 이행 및 유지하도록 요구하여야 한다.

③ 각 체약국은 항공 작업 운영을 수행하는 각 주체가 해당 국가의 국가 민간항공보안프로그램의 요구사항을 충족하는 서면 운영자 보안프로그램을 수립, 시행 및 유지하도록 보장하여야 한다. 프로그램은 수행된 운영 유형에 특정한 운영 특징을 포함하여야 한다.

④ 각 체약국은 자국 영토에서 항공 작업 운영을 수행하는 각 주체가 자국의 국가 민간항공보안프로그램 요구사항을 충족하는 서면 형태의 운영자 보안프로그램을 수립, 이행 및 유지하도록 보장하여야 한다. 이 프로그램에는 수행되는 운영 유형에 특정한 운영 특성이 포함되어야 한다.

4) 교육, 자격과 보안 문화

① 각 체약국은 국가 민간항공보안프로그램의 다양한 측면을 구현하는 데 관여하거나 책임이 있는 모든 인력을 위한 국가 교육 정책의 개발과 이행을 요구하여야 한다. 이 교육 정책은 국가 민간항공보안프로그램의 효과성을 보장하도록 설계되어야 한다.

② 각 체약국은 국가 민간항공보안프로그램 하에서 책임을 지는 인력을 위한 모든 항공보안 교육 프로그램에 초기 및 재발 교육을 위해 획득 및 유지해야 할 역량에 대한 평가가 포함되도록 하여야 한다.

③ 각 체약국은 검색 작업을 수행하는 사람들이 국가 민간항공보안프로그램의 요구사항에 따라 인증되어 성능 기준이 일관되고 신뢰할 수 있게 달성되도록 보장하여야 한다.

④ 각 체약국은 성과 기준이 일관되고 신뢰성 있게 달성되게 하려면 검색 작업을 수행하는 사람들이 국가 민간항공보안프로그램의 요구사항에 따라 인증되도록 하여야 한다.

⑤ 각 체약국은 국가 민간항공보안프로그램에 따라 이러한 업무를 수행하기 위한 적절한 기준에 따라 교육받은 인력이 보안 감사, 테스트 및 검사를 수행하도록 하여야 한다.

⑥ 각 체약국은 국가 민간항공보안프로그램의 다양한 측면을 구현하는 데 관여하거나 책임이 있는 모든 직원과 경비 없이 공항 내부 지역에 출입할 권한이 있는 사람들이 초기 및 지속적인 보안 인식 교육을 받도록 하여야 한다.

⑦ 각 체약국은 국가 민간항공보안프로그램의 다양한 측면을 구현하는 데 관여하거나 책임이 있는 기관들에 강력하고 효과적인 보안 문화를 수립하는 데 이바지하는 조치와 절차를 증진, 개발 및 구현하도록 요구하여야 한다.

4　예방 보안 조치

1) 목표

① 각 체약국은 무기, 폭발물 또는 불법 간섭 행위를 저지를 수 있는 다른 위험한 장치, 물품 또는 물질이 민간항공에 종사하는 항공기 내에 어떤 수단으로든 허가되지 않은 상태로 도입되는 것을 방지하는 조치를 마련하여야 한다.

② 각 체약국은 적절한 경우 보안 조치의 실행에 무작위성과 예측 불가능성을 활용하여야 한다.

③ 각 체약국은 행동 감지를 항공보안 관행 및 절차에 통합하는 것을 고려하여야 한다.

2) 접근 통제 관련 조치

① 각 체약국은 민간항공을 위해 공항에서 에어사이드 지역에 대한 접근을 통제하여 무단 진입을 방지하도록 하여야 한다.

② 각 체약국은 관련 국가 기관에 의해 수행된 보안 위험평가에 기반하여 국가가 지정한 각 민간항공 공항에 보안 제한구역이 설정되도록 하여야 한다.

③ 각 체약국은 에어사이드 지역 및 보안 제한구역에 대한 무단 접근을 방지하기 위해 사람과 차량에 대한 신원 확인 시스템을 마련하여야 한다. 신원은 에어사이드 지역 및 보안 제한구역에 접근이 허용되기 전에 지정된 검문소에서 확인되어야 한다.

④ 각 체약국은 공항의 보안 제한구역 승객이 아닌 사람들에 대해 배경 조사를 시행하여야 한다.

⑤ 각 체약국은 항공기로의 사람과 차량의 이동이 보안 제한구역을 감독하여 항공기에 대한 무단 접근을 방지하도록 하여야 한다.

⑥ 각 체약국은 국제 민간항공 운영을 위한 공항보안 제한구역에 진입하기 전에 승객이 아닌 사람들과 그들이 소지한 물품이 검색 및 보안 통제를 받도록 하여야 한다.

⑦ 각 체약국은 보안 제한구역에 접근이 허용되는 차량과 그 안에 포함된 물품이 관련 국가 기관에 의해 수행된 위험평가에 따라 검색 또는 기타 적절한 보안 통제를 받도록 하여야 한다.

⑧ 각 체약국은 항공기 승무원에게 발급된 신분증이 에어사이드 및 보안 제한구역에 대한 허가된 접근을 허용하기 위해 관련 사양을 준수함으로써 국제적으로 신뢰할 수 있는 인식 및 검증의 기반을 제공하도록 하여야 한다.

⑨ 각 체약국은 보안 제한구역에 동행자 없이 출입이 허용된 모든 사람에 대해 명시된 검사를 정기적으로 재적용하여야 한다.

3) 항공기에 관한 조치

① 각 체약국은 상업용 항공 운송 운동에 참여하는 출발지 항공기의 항공보안 검사가 수행되거나 항공보안 검색이 이루어지도록 하여야 한다. 항공보안 검사 또는 검색 중 어느 것이 적절한지의 결정은 관련 국가 기관이 수행한 보안 위험평가에 기반하여야 한다.

② 각 체약국은 환승 항공편에서 내린 승객이 남긴 물품이 상업 항공편에 참여하는 항공기 출발 전에 항공기에서 제거되거나 적절하게 처리되도록 조처하여야 한다.

③ 각 체약국은 상업용 항공 운송 운영자가 비행 중 비행 승무원 구획에 무단으로 들어가는 사람들을 막기 위한 적절한 조처를 하도록 요구하여야 한다.

④ 각 체약국은 항공기가 항공기 검색 또는 검사가 시작된 시점부터 항공기가 출발할 때까지 무단 간섭으로부터 보호되도록 하여야 한다.

⑤ 각 체약국은 보안 제한구역이 아닌 곳에서 항공기에 대한 불법 간섭 행위를 방지하기 위한 보안 통제가 설정되도록 하여야 한다.

⑥ 각 체약국은 관련 국가 또는 지역 기관이 수행한 위험평가에 따라 공항에서 또는 공항 근처에서 항공기를 대상으로 한 MANPADS(Man-Portable Air Defence Systems) 및 기타 유사한 위협을 가하는 무기에 의해 가능한 공격을 완화하기 위한 적절한 지상 조치 또는 운영 절차를 설정하도록 하여야 한다.

4) 승객이나 기내 수하물 관련 조치

① 각 체약국은 상업용 항공운송에서 승객과 그들의 기내 수하물이 보안 제한구역에서 출발하는 항공기에 탑승하기 전에 검색되도록 조치를 마련하여야 한다.

② 각 체약국은 상업용 항공운송에서 환승 승객과 그들의 기내 수하물이 항공기에 탑승하기 전에 검색되도록 하여야 한다. 단, 출발지에서 적절한 수준으로 검색되었으며 출발지 공항의 검색 지점부터 환승 공항의 출발 항공기까지 무단 간섭으로부터 보호되었다는 것을 보장하기 위해 검증 절차를 설정하고 지속해서 절차를 시행하는 경우는 예외이다.

③ 각 체약국은 승객과 그들의 기내 수하물이 검색 지점부터 항공기에 탑승할 때까지 무단 방해로부터 보호되도록 하여야 한다. 만약 보안 검색을 마친 승객이나 수하물이 검색을 받지 않은 사람이나 물건과 섞이거나 접촉하게 되면, 항공기 탑승 전에 반드시 다시 검색해야 한다.

④ 각 체약국은 환승 작업을 위한 조치를 공항에서 설정하여 환승 승객과 그들의 기내 수하물이 무단 방해로부터 보호되고, 환승 공항의 보안 무결성이 보호되도록 하여야 한다.

⑤ 각 체약국은 공항과 항공기 내에서 민간항공에 위협이 될 수 있는 의심스러운 활동의 식별 및 해결을 돕기 위한 절차를 설정하여야 한다.

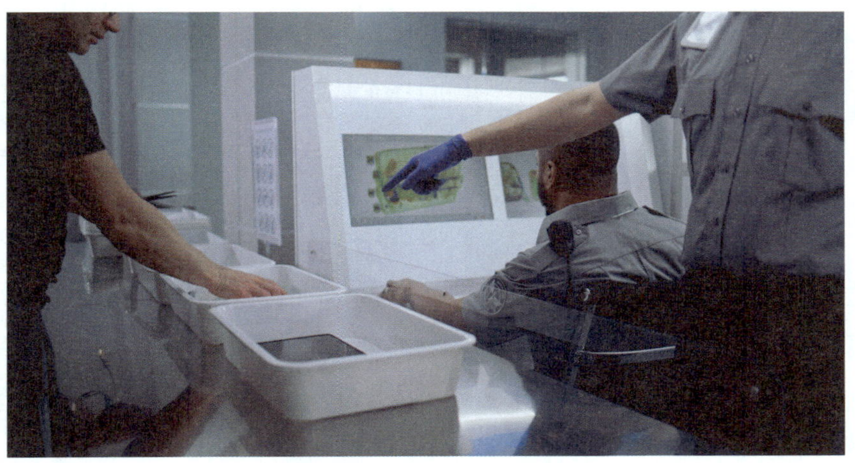

그림 12.2 기내수하물 검색과정

5) 수하물 검색 및 보호 조치

① 각 체약국은 출발 공항에서 부치는 수하물이 상업용 항공기에 적재되기 전에 반드시 검색되도록 조치해야 한다.

② 각 체약국은 상업용 항공기에 실릴 모든 수하물이 검색되거나 운송사에 인계되는 시점(둘 중 이른 시점)부터 해당 항공기가 출발할 때까지 무단 간섭으로부터 보호되도록 하여야 한다. 수하물의 무결성이 위협받는 경우, 해당 수하물은 항공기에 적재되기 전에 다시 검색되어야 한다.

③ 각 체약국은 상업용 항공 운송 운영자가 항공기에 탑승하지 않은 사람들의 수하물을 운송하지 않도록 하여야 한다. 단, 그 수하물이 동반되지 않는 것으로 식별되고 적절한 검색을 거쳤을 경우는 예외이다.

④ 각 체약국은 환승 화물이 상업용 항공 운송 작업에 참여하는 항공기에 적재되기 전에 검색되도록 하여야 한다. 단, 출발지에서 화물이 검색되었으며 출발지 공항에서 환승 공항의 출발 항공기까지 무단 간섭으로부터 보호되었다는 것을 보장하기 위해 검증 절차를 설정하고 지속해서 절차를 시행하는 경우는 예외이다.

⑤ 각 체약국은 상업용 항공 운송 사업자가 개별적으로 동반 또는 미동반 수하물로 확인되고, 적절한 기준에 따라 검색되었으며, 해당 항공편 운송을 위해 항공사에 의해 수락된 위탁 수하물만을 운송하도록 보장해야 한다. 이러한 기준을 충족하는 모든 수하물은 기록되어야 하며, 해당 항공편 운송이 허가되어야 한다.

⑥ 각 체약국은 관련 국가 기관이 수행한 보안 위험평가에 따라 식별되지 않은 수하물을 처리하기 위한 절차를 마련하여야 한다.

6) 화물, 우편 및 기타 물품에 관한 조치

① 각 체약국은 상업용 항공 운송 작업에 참여하는 항공기에 적재되기 전에 화물과 우편에 적절한 보안 통제를 적용하여야 한다. 이는 실현 가능한 경우 검색을 포함한다.

② 각 체약국은 화물과 우편의 검색 또는 기타 보안 통제를 수행하는 데 관여하는 경우 규제된 대리인 또는 알려진 발송인의 승인을 포함하는 공급망 보안 프로세스를 설정하여야 한다.

③ 각 체약국은 상업용 항공기에 실릴 화물과 우편이 검색 또는 기타 보안 통제가 적용된 시점부터 항공기 출발까지 무단 간섭으로부터 보호되도록 하여야 한다.

④ 각 체약국은 고위험 화물과 우편에 대해 강화된 보안 조치를 적용하여 이와 관련된 위협을 적절히 완화하여야 한다.

⑤ 각 체약국은 상업용 항공 운송 운항에 사용되는 항공기에 운송될 화물 또는 우편물에 대해, 검색 또는 기타 보안 통제가 적용되었음이 규제된 대리인 또는 적절한 당국에 의해 승인된 주체에 의해 확인되고 기록되지 않는 한, 운영자(항공사)가 이를 접수하지 않도록 보장해야 한다.

⑥ 각 체약국은 승객 상업 항공편에 실릴 예정인 기내식, 상점이나 용품이 적절한 보안 조치를 받고, 항공기에 적재될 때까지 보호되도록 하여야 한다.

⑦ 각 체약국은 보안 제한구역에 도입되는 상품과 용품이 적절한 보안 조치를 받도록 하여야 한다. 이 조치에는 검색이 포함될 수 있다.

⑧ 각 체약국은 확인되고 기록된 화물과 우편물에 보안 상태를 부여하고, 이 보안 상태가 전자 형식이나 서면으로 화물과 우편물이 함께 안전 공급망을 통해 전달되도록 하여야 한다.

⑨ 각 체약국은 이전 화물과 우편물이 자국 영토에서 출발하는 상업용 항공 운송 작업에 참여하는 항공기에 적재되기 전에 적절한 보안 조치를 받도록 하여야 한다.

⑩ 각 체약국은 화물과 우편물의 검색이 수행될 경우, 화물의 성격을 고려하여 적절한 방법으로 검색이 수행되도록 하여야 한다.

⑪ 각 체약국은 자국 영토로 들어오는 이전 화물과 우편물이 적절한 보안 조치를 받았는지 확인하기 위한 적절한 절차를 마련하여야 한다.

7) 특별 범주 승객에 대한 조치

① 각 체약국은 사법 또는 행정 절차의 대상이 되어 여행해야 하는 잠재적으로 문제가 될 수 있는 승객의 운송에 대한 항공사의 요구사항을 개발하여야 한다.

② 각 체약국은 해당 국가에서 서비스를 제공하는 운영자가 사법 또는 행정 절차의 대상이 되어 여행해야 하는 승객을 운송할 때 항공기 내 안전을 보장하는 조치와 절차를 보안프로그램에 포함하도록 하여야 한다.

③ 각 체약국은 항공기 운영자와 기장이 사법 또는 행정 절차의 대상이 되어 여행해야 하는 승객에 대해 알림을 받아 적절한 보안 조치를 적용할 수 있도록 하여야 한다.

④ 각 체약국은 법 집행관과 기타 승인된 사람들이 직무 수행 중 항공기에 무기를 운반하는 것이 관련 국가의 법률에 따라 특별한 승인을 요구하도록 하여야 한다.

⑤ 각 체약국은 다른 나라가 자기 나라 항공사 비행기에 무장한 인력(기내 보안요원 포함)을 태우게 해달라고 요청하면 그 요청을 검토하고 고려해 줘야 하지만, 그러한 무장 인력의 탑승은 해당 비행과 관련된 모든 나라들(출발, 경유, 도착 국가 등)이 모두 동의했을 때만 허용될 수 있다.

⑥ 각 체약국은 무기 운송이 권한 있고 정식 자격을 갖춘 사람이 무기가 장전되지 않았음을 확인하고, 비행 중 누구도 접근할 수 없는 장소에 보관된 경우에만 허용되도록 보장해야 한다.

⑦ 항공보안요원을 배치하기로 한 각 체약국은 이들이 정부 인력으로서 특별히 선발되고 항공기 내 안전 및 보안 측면을 고려하여 훈련받으며, 관련 권한의 위협 평가에 따라 배치되도록 하여야 한다. 이러한 요원의 배치는 관련 국가와 협조하여 엄격히 비밀로 유지되어야 한다.

⑧ 각 체약국은 기장이 무장한 사람의 수와 그들의 좌석 위치를 알림 받도록 하여야 한다.

8) 랜드사이드에 대한 조치

① 각 체약국은 랜드사이드 지역이 식별되도록 하여야 한다.

② 각 체약국은 관련 기관 또는 기업이 수행한 위험평가에 따라 불법 간섭의 가능한 행위를 완화하고 방지하기 위해 랜드사이드 지역에 대한 보안 조치를 마련해야 한다.

③ 각 체약국은 관련 부서, 기관, 국가의 다른 조직 및 기타 기업 간에 육상 보안 조치를 조정하고, 국가 민간항공보안프로그램에서 육상 보안에 대한 적절한 책임을 식별해야 한다.

9) 사이버 위협에 대한 조치

① 각 체약국은 관련 국가 기관이 수행한 위험평가에 따라 민간항공 목적으로 사용되는 중요 정보 및 통신 기술 시스템과 데이터의 기밀성, 무결성 및 가용성을 보호하기 위한 적절한 조치를 개발하도록 권장한다.

② 각 체약국은 국가 민간항공보안프로그램의 다양한 측면을 구현하는 데 관련되거나 책임이 있는 기업이 중요 정보 및 통신 기술 시스템과 데이터를 포함하여 위협과 취약점을 식별하고, 보안 설계, 공급망 보안, 네트워크 분리, 원격 접근 제어 등을 포함한 보호 조치를 개발하고 구현하도록 권장한다.

국내 항공보안은 국제민간항공기구(ICAO) 부속서 17 항공보안(Security)에 관한 사항을 충족하고, 국내 공항시설, 항행안전시설 및 항공기 내에서의 불법 행위를 방지하고 민간항공의 보안을 확보하기 위한 활동이다.

국내 항공보안은 항공보안법에 따라 수행되고 있다. 항공보안법에서는 국제민간항공기구(ICAO)에서 제시한 사항을 충족하기 위한 국제협약의 준수, 국가의 책무, 공항운영자 협조에 관한 사항, 항공보안협의회, 공항·항공기 등의 보안, 항공기 내의 보안, 항공보안 장비, 항공보안 위협에 대한 대응에 관한 사항을 제시하고 있다.

1 항공보안법

1) 총칙

① **제1조(목적)** 이 법은 「국제민간항공협약」 등 국제협약에 따라 공항시설, 항행안전시설 및 항공기 내에서의 불법 행위를 방지하고 민간항공의 보안을 확보하기 위한 기준·절차 및 의무사항 등을 규정함을 목적으로 한다.

② **제3조(국제협약의 준수)** 민간항공의 보안을 위하여 이 법에서 규정하는 사항 외에는 국제협약에 따른다.

③ **제4조(국가의 책무)** 국토교통부 장관은 민간항공의 보안에 관한 계획 수립, 관계 행정기관 간 업무 협조체제 유지, 공항운영자·항공운송사업자·항공기취급업체·항공기정비업체·공항상주업체 및 항공 여객·화물 터미널운영자 등의 자체 보안계획에 대한 승인 및 실행점검, 항공보안 교육 훈련계획 개발 등의 업무를 수행한다.

④ **제5조(공항운영자 등의 협조의무)** 공항운영자, 항공운송사업자, 항공기취급업체, 항공기정비업체, 공항상주업체, 항공 여객·화물터미널 운영자·공항 이용자, 그 밖에 국토교통부령으로 정하는 자는 항공보안을 위한 국가의 시책에 협조하여야 한다.

2) 항공보안협의회

① **제7조(항공보안협의회)** 항공보안에 관련되는 사항을 협의하기 위하여 국토교통부에 항공보안협의회를 둔다.

② **제8조(지방항공보안협의회)** 지방항공청장은 관할 공항별로 항공보안에 관한 사항을 협의하기 위하여 지방항공보안협의회를 둔다.

③ **제10조(국가항공보안계획 등의 수립)** 국토교통부장관은 항공보안 업무를 수행하기 위하여 국가항공보안계획을 수립·시행하여야 한다.

3) 공항·항공기 등의 보안

① **제11조(공항시설 등의 보안)** 공항운영자는 공항시설과 항행안전시설에 대하여 보안에 필요한 조치를 하여야 한다.

② **제12조(공항시설 보호구역의 지정)** 공항운영자는 보안 검색이 완료된 구역, 활주로, 계류장(繫留場) 등 공항시설의 보호를 위하여 필요한 구역을 국토교통부장관의 승인을 받아 보호구역으로 지정하여야 한다.

③ **제13조(보호구역에의 출입허가)** 다음 각호의 어느 하나에 해당하는 사람은 공항운영자의 허가를 받아 보호구역에 출입할 수 있다.

④ **제14조(승객의 안전 및 항공기의 보안)** 항공운송사업자는 승객의 안전 및 항공기의 보안을 위하여 필요한 조치를 하여야 한다.

⑤ **제15조(승객 등의 검색 등)** 항공기에 탑승하는 사람은 신체, 휴대 물품 및 위탁수하물에 대한 보안 검색을 받아야 한다.

⑥ **제16조(승객이 아닌 사람 등에 대한 검색)** 공항운영자는 제13조 제1항에 따라 허가받아 보호구역으로 들어가는 사람 또는 물품에 대하여도 보안 검색을 하여야 한다.

⑦ **제17조(통과 승객 또는 환승 승객에 대한 보안 검색 등)** 항공운송사업자는 항공기가 공항에 도착하면 통과 승객이나 환승 승객이 휴대 물품을 가지고 내리도록 하여야 한다.

⑧ **제18조(기내식 등의 통제)** 항공운송사업자는 제21조에 따른 위해물품이 기내식(機內食)이나 기내 저장품을 이용하여 항공기 내로 유입되는 것을 방지하는 데 필요한 조치를 하여야 한다.

⑨ **제20조(비행 서류의 보안관리 절차 등)** 항공운송사업자는 탑승권, 수하물 꼬리표 등 비행 서류에 대한 보안관리 대책을 수립·시행하여야 한다.

4) 항공기 내의 보안

① **제21조(위해물품 휴대 금지 및 검색시스템 구축 · 운영)** 누구든지 항공기에 무기[탄저균(炭疽菌), 천연두균 등의 생화학무기를 포함한다], 도검류(刀劍類), 폭발물, 독극물 또는 연소성이 높은 물건 등 국토교통부장관이 정하여 고시하는 위해물품을 가지고 들어가서는 아니 된다.

② **제22조(기장 등의 권한)** 기장이나 기장으로부터 권한을 위임받은 승무원(이하 '기장 등'이라 한다) 또는 승객의 항공기 탑승 관련 업무를 지원하는 항공운송사업자 소속 직원 중 기장의 지원요청을 받은 사람은 다음 각호의 어느 하나에 해당하는 행위를 하려는 사람에 대하여 그 행위를 저지하는 데 필요한 조치를 할 수 있다.

③ **제23조(승객의 협조의무)** 항공기 내에 있는 승객은 항공기와 승객의 안전한 운항과 여행을 위하여 다음 각호의 어느 하나에 해당하는 행위를 하여서는 아니 된다.

④ **제25조(범인의 인도 · 인수)** 기장 등은 항공기 내에서 이 법에 따른 죄를 범한 범인을 직접 또는 해당 관계기관 공무원을 통하여 해당 공항을 관할하는 국가경찰관서에 통보한 후 인도하여야 한다.

5) 항공보안 장비 등

① **제27조(항공보안 장비 성능 인증 등)** 장비운영자가 이 법에 따른 보안 검색을 할 때는 국토교통부장관으로부터 성능을 인증받은 항공보안 장비를 사용하여야 한다.

② **제28조(교육훈련 등)** 국토교통부장관은 항공보안에 관한 업무수행자의 교육에 필요한 사항을 정하여야 한다.

③ **제29조(검색 기록의 유지)** 공항운영자 및 항공운송사업자 또는 보안 검색을 위탁받은 검색업체는 검색요원의 업무, 현장교육훈련 기록 등의 보안 검색에 관한 기록을 국토교통부령으로 정하는 바에 따라 작성 · 유지하여야 한다.

6) 항공보안 위협에 대한 대응

① **제30조(항공보안을 위협하는 정보의 제공)** 국토교통부장관은 항공보안을 해치는 정보를 알게 되었을 때는 관련 행정기관, 국제민간항공기구, 해당 항공기 등록국가의 관련 기관이나 항공기 소유자 등에 그 정보를 제공하여야 한다.

② **제31조(국가항공보안 우발계획 등의 수립)** 국토교통부장관은 민간항공에 대한 불법방해행위에 신속하게 대응하기 위하여 국가항공보안 우발계획을 수립 · 시행하여야 한다.

③ **제32조(보안조치)** 국토교통부장관은 민간항공에 대한 위협에 신속한 대응이 필요한 경우에는 공항운영자 등에 대하여 필요한 조치를 할 수 있다.

④ **제33조(항공보안 감독)** 국토교통부장관은 소속 공무원을 항공보안 감독관으로 지정하여 항공보안에 관한 점검업무를 수행하게 하여야 한다.

⑤ **제33조의2(항공보안 자율신고)** 민간항공의 보안을 해치거나 해칠 우려가 있는 사실로서 국토교통부령으로 정하는 사실을 안 사람은 국토교통부장관에게 그 사실을 신고(이하 이 조에서 '항공보안 자율신고'라 한다)할 수 있다.

7) 벌칙

① **제39조(항공기 파손죄)** 운항 중인 항공기의 안전을 해칠 정도로 항공기를 파손한 사람(「항공안전법」 제138조 제1항에 해당하는 사람은 제외한다)은 사형, 무기징역 또는 5년 이상의 징역에 처한다.

② **제40조(항공기 납치죄 등)** 폭행, 협박 또는 그 밖의 방법으로 항공기를 강탈하거나 그 운항을 강제한 사람은 무기 또는 7년 이상의 징역에 처한다.

③ **제41조(항공시설 파손죄)** 항공기 운항과 관련된 항공시설을 파손하거나 조작을 방해함으로써 항공기의 안전운항을 해친 사람(「항공안전법」 제140조에 해당하는 사람은 제외한다)은 10년 이하의 징역에 처한다.

④ **제42조(항공기 항로 변경죄)** 위계 또는 위력으로써 운항 중인 항공기의 항로를 변경하게 하여 정상 운항을 방해한 사람은 1년 이상 10년 이하의 징역에 처한다.

⑤ **제43조(직무집행방해죄)** 폭행·협박 또는 위계로써 기장 등의 정당한 직무집행을 방해하여 항공기와 승객의 안전을 해친 사람은 10년 이하의 징역에 처한다.

⑥ **제44조(항공기 위험물건 탑재죄)** 제21조를 위반하여 휴대 또는 탑재가 금지된 물건을 항공기에 휴대 또는 탑재하거나 다른 사람으로 하여금 휴대 또는 탑재하게 한 사람은 2년 이상 5년 이하의 징역 또는 2천만원 이상 5천만원 이하의 벌금에 처한다.

⑦ **제45조(공항운영 방해죄)** 거짓된 사실의 유포, 폭행, 협박 및 위계로써 공항운영을 방해한 사람은 5년 이하의 징역 또는 5천만원 이하의 벌금에 처한다.

⑧ **제46조(항공기 내 폭행죄 등)** 제23조 제2항을 위반하여 항공기의 보안이나 운항을 저해하는 폭행·협박·위계행위 또는 출입문·탈출구·기기의 조작을 한 사람은 10년 이하의 징역에 처한다.

⑨ **제49조(벌칙)** 제23조 제1항 제7호를 위반하여 기장 등의 업무를 위계 또는 위력으로써 방해한 사람은 10년 이하의 징역 또는 1억원 이하의 벌금에 처한다.

⑩ **제50조(벌칙)** 제15조의2 제2항 본문에 따라 신분증명서 제시를 요구받은 경우 위조 또는 변조된 신분증명서를 제시하여 본인 일치 여부 확인을 받으려 한 사람은 10년 이하의 징역에 처한다. 이 경우 3천만원 이하의 벌금을 병과할 수 있다.

표 12.2 항공보안법 벌칙조항과 처벌

조항	규정	처벌
제39조	항공기 파손죄	사형, 무기징역 또는 5년 이상
제40조	항공기 납치죄 등	무기 또는 7년 이상의 징역
제41조	항공시설 파손죄	10년 이하의 징역
제42조	항공기 항로 변경죄	1년 이상 10년 이하의 징역
제43조	직무집행 방해죄	10년 이하의 징역
제44조	항공기 위험물건 탑재죄	2년 이상 5년 이하의 징역 또는 2천만원 이상 5천만원 이하의 벌금
제45조	공항운영 방해죄	5년 이하의 징역 또는 5천만원 이하의 벌금
제46조	항공기 내 폭행죄 등	10년 이하의 징역
제49조	기장 업무 방해	10년 이하의 징역 또는 1억원 이하의 벌금
제50조	위조 신분증 제시	10년 이하의 징역, 3천만원 이하의 벌금

제4절 항공보안 활동들

항공보안은 항공산업에서 최우선 순위이자 모든 운영에 필수적인 요소이며, 이는 안전만큼이나 중요하게 여겨진다. 항공을 위협하는 요소들은 끊임없이 변화하고 있으며, 이에 대응하기 위해 항공사, 공항, 정부, 국제기구 및 다양한 항공 관련 주체들이 항공보안 역량을 강화하고 발전시키기 위해 노력하고 있다. 사건 관리, 상호 협력, 그리고 보안 보증의 중요성은 결코 소홀히 되어서는 안 되며, 항공산업은 변화하는 글로벌 보안 환경과 도전에 맞춰 지속적으로 발전하고 적응해 나가야 한다. 보안이 강화되면 조직 내부의 운영 효율성을 높이고, 공항, 항공사, 항공 당국 간의 관계를 개선하며, 나아가 고객 만족도까지 향상시킬 수 있다.

1 항공보안에 대한 위협

1) 테러(Terrorism)

항공보안에서 'Terrorism'은 항공기, 공항, 또는 항공 관련 시설을 대상으로 하는 폭력적이고 위협적인 행위를 의미하며 이러한 행위는 일반적으로 정치적, 종교적, 또는 이념적 목적을 가지고 있으며, 대중의 공포를 조장하거나 특정한 메시지를 전달하기 위해 수행된다.

항공 테러리즘의 예로는 항공기 납치, 폭탄 테러, 화학물질 또는 생물학적 무기를 이용한 공격 등이 있고, 이러한 공격은 승객과 승무원의 생명에 심각한 위협을 가할뿐만 아니라, 항공사와 공항 운영에 큰 영향을 미칠 수 있다.

그림 12.3 항공 테러

2) 파괴(Sabotage)

항공보안에서 'Sabotage'는 항공기나 항공 관련 시설에 대한 고의적인 파괴 또는 방해 행위를 의미한다. 이러한 행위는 항공기의 안전한 운항을 위협하고, 승객과 승무원의 생명에 위험을 초래할 수 있다.

사보타주(Sabotage)는 일반적으로 정치적, 사회적, 또는 경제적 목적을 가지고 수행되며, 예를 들어 항공기 기계의 고의적인 손상, 항공사 운영의 방해, 또는 공항시설의 파괴 등이 포함될 수 있고, 항공 보안에서는 이러한 위협을 예방하고 대응하기 위해 다양한 보안 조치를 취하고 있다.

3) 사이버 위협(Cyber Threats)

공항 사이버 위협은 항공사 및 공항 운영에 영향을 미칠 수 있는 다양한 사이버 공격을 의미하며, 이러한 위협은 정보 시스템, 데이터베이스, 네트워크에 대한 침입 및 파괴 행위를 포함한다. 이러한 위협의 유형은 해커가 시스템을 잠그고, 이를 해제하기 위한 금전을 요구하는 랜섬웨어 공격과 고객의 개인 정보, 결제 정보 등을 해킹하여 불법적으로 유출하는 데이터 유출이 있으며, 특정 시스템이나 네트워크에 과도한 트래픽을 발생시켜 정상적인 서비스 운영을 방해하는 서비스 거부 공격(DoS)이 있고, 항공사 운영 시스템, 예약 시스템, 항공기 관리 시스템에 대한 침입으로 비행 일정이나 승객 정보를 조작하는 정보 시스템 해킹이 있다.

4) 난폭한 승객(Unruly Passenger)

공항보안에서 '불량 승객'은 비행 중 또는 공항 내에서 규칙을 위반하거나 다른 승객, 승무원, 또는 공항 직원에게 위험이 되는 행동을 하는 승객을 의미하며, 이러한 행동은 다양한 형태로 나타날 수 있고 항공사와 공항의 안전에 심각한 영향을 미칠 수 있다. 이러한 승객의 유형으로는 다른 승객이나 승무원에게 신체적 공격을 가하는 경우로, 이는 고의적인 폭력이나 위협적인 행동을 포함한다. 또한 음주, 고성, 불쾌한 언행 등으로 비행 중 다른 승객의 편안함을 방해하는 경우도 있다. 일부 고객은 비행 중 흡연, 기내 규정 무시 등 항공사 정책을 위반하는 행동을 하기도 하며, 금지된 물품을 기내에 반입하려고 시도하는 경우도 있는데, 이는 다른 승객과 항공기의 안전을 위협할 수 있다.

5) 불법 행동(Illegal Activities)

공항보안에서의 불법 활동은 항공사 및 공항 운영의 안전과 효율성을 위협하는 다양한 범죄 행위를 의미하며, 이러한 불법 활동은 여러 형태로 나타날 수 있다. 주요 불법 활동 유형은 공항을 통해 마약이나 불법 약물을 반입하거나 유통하는 행위, 고의적으로 무기를 항공기나 공항시설에 반입하는 행위, 인신매매, 신원 도용, 금지 물품 반입 등이 있다.

이러한 행위를 통해 범죄자들은 금전적 이익을 추구하며 특정 이념이나 정치적 메시지를 전달한다. 또한, 범죄 조직은 공항을 이용하여 범죄를 확대하거나 자금을 세탁하는 경우가 있다. 이를 예방하기 위해 승객과 수하물에 대한 철저한 검문, CCTV 및 모니터링 시스템, 직원 교육과 보안 기관 간의 정보 공유를 통해 불법 활동을 사전에 탐지하고 대응해야 한다.

6) 폭발물(Improvised Explosive Devices)

공항보안에서의 즉석 폭발물(IEDs, Improvised Explosive Devices)은 비공식적으로 제작된 폭발물로, 일반적으로 상업적으로 판매되는 폭발물이나 기폭 장치를 사용하지 않고, 쉽게 구할 수 있는 재료로 만들어지며, 이러한 IED는 공항과 같은 대중교통 시설에서 심각한 안전 위협이 될 수 있다. 이러한 즉석 폭발물은 비행기 및 승객에 대한 위협이 되며, IED가 기내에 반입되거나 공항시설 내에서 폭발할 경우 대규모 인명 피해를 초래할 수 있다. IED의 폭발로 인해 공항 운영이 중단되고, 대규모 대피가 필요할 수 있으며, IED의 위협은 승객들에게 심리적인 두려움을 주어 항공 여행을 기피하게 만들 수 있다.

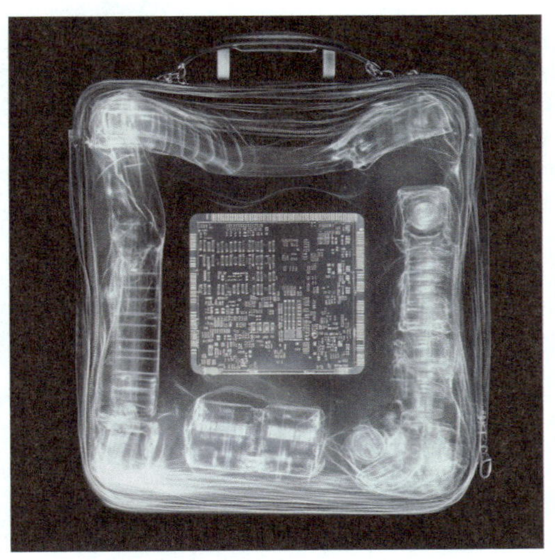

그림 12.4 폭발물 탐지

2 보안 계층화 개념(Security Layering Concept)

보안 계층화(Security Layering) 개념은 정보 시스템과 네트워크의 보안을 강화하기 위해 여러 개의 보안 조치를 여러 계층에서 적용하는 방법론이다. 이 접근 방식은 단일 보안 조치에 의존하지 않고, 여러 방어선을 통해 위험을 줄이려는 목표를 가지고 있다. 아래는 보안 계층화의 주요 요소와 이점이다.

1) 다중 방어선

① 물리적 보안

데이터 센터나 사무실 출입을 제한하는 물리적 보안 조치, 예를 들어 출입 통제시스템이나 감시 카메라이다.

② 네트워크 보안

방화벽, 침입 탐지 시스템(IDS), 침입 방지 시스템(IPS) 등을 통해 네트워크를 보호한다.

③ 애플리케이션 보안

소프트웨어 애플리케이션에 대한 보안 조치를 통해 취약점을 최소화하고, 악성 코드나 해킹 시도를 방지한다.

④ 데이터 보안

데이터 암호화, 백업 및 복구 절차를 통해 중요한 정보를 보호한다.

2) 위험 감소

각 계층이 서로 다른 유형의 위협에 대응하도록 설계되어 있어, 하나의 계층이 뚫리더라도 다른 계층들이 추가적인 보호를 제공하며, 이를 통해 전체 시스템의 보안성을 높인다.

3) 보안 인식 교육

보안 계층화는 기술적 조치뿐만 아니라 사용자 교육과 인식 제고도 포함되며, 직원들이 보안 위협을 인식하고 올바르게 대응할 수 있도록 교육하는 것이 중요하다.

4) 지속적인 모니터링

시스템의 보안을 유지하기 위해 지속적인 모니터링과 평가가 필요하며, 이는 새로운 위협에 대한 대응과 기존 보안 조치의 효과성을 검토하는 데 도움이 된다.

5) 적응성과 유연성

보안 계층화는 변화하는 위협 환경에 맞춰 보안 조치를 조정하고 강화할 수 있는 유연성을 제공하며, 새로운 기술이나 공격 기법에 대응하기 위해 기존 계층을 업데이트할 수 있다.

6) 비용 효과성

다양한 계층에서의 보안 조치는 특정 보안 솔루션에 의존할 때 보다 비용 효율적일 수 있으며, 여러 보안 솔루션을 조합하여 최적의 보안 효과를 달성할 수 있다. 결국, 보안 계층화는 다양한 보안 조치를 통합하여 전반적인 보안 태세를 강화하고, 위협에 대한 저항력을 높이는 전략이며, 이는 정보 시스템과 데이터의 안전성을 유지하는 데 중요한 역할을 한다.

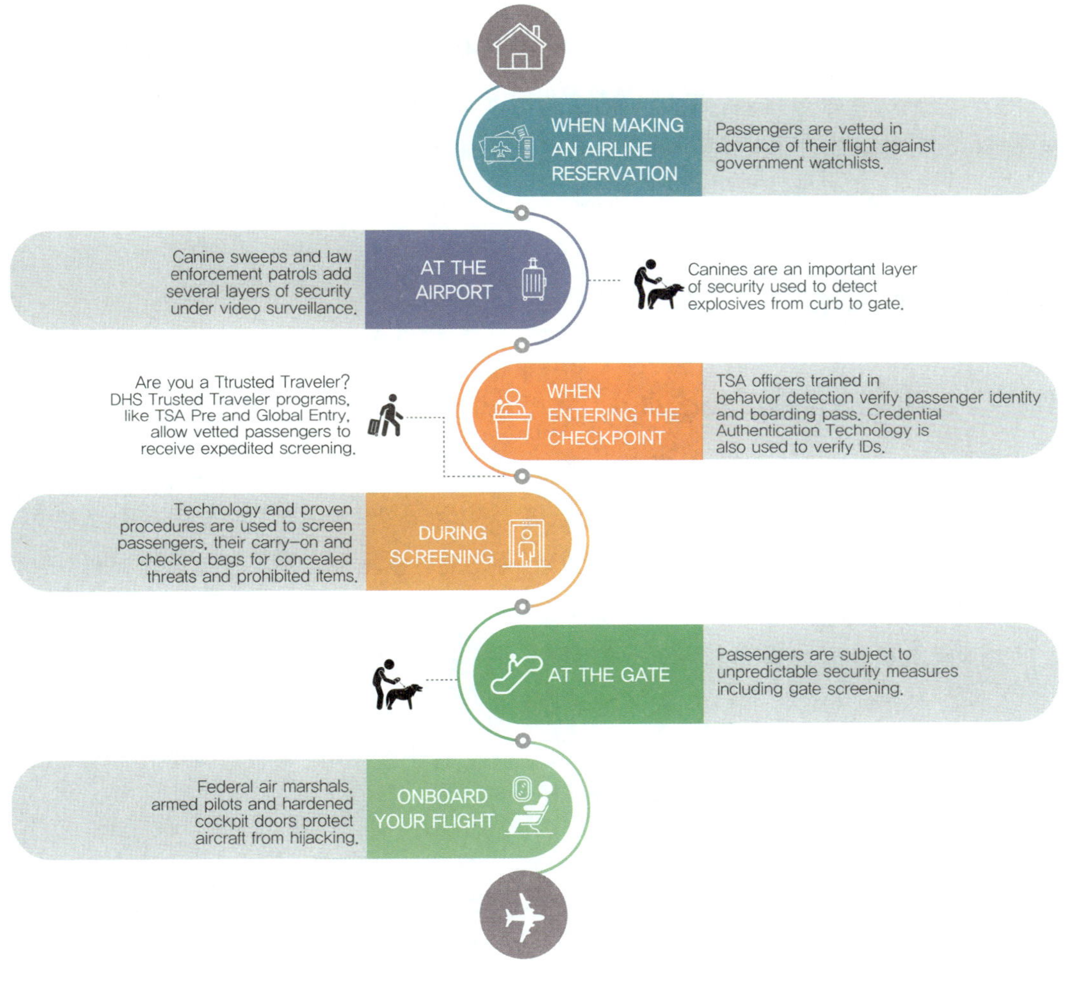

그림 12.5 보안계층화 개념

출처 : 미국 국토안보부(https://www.tsa.gov/news/press/factsheets/layers—security)

3 보안 조치(Security Measures)

공항에서 구현할 수 있는 보안 조치는 위험평가 중에 식별된 특정 위협과 위험에 따라 달라진다. 일반적으로 구현되는 조치로는 보안 카메라 설치, 출입 통제시스템, 공항의 다양한 구역에 출입을 모니터링하고 통제하기 위해 전략적으로 배치된 보안요원과 같은 물리적 보안 조치가 있다.

또 다른 중요한 조치는 승객과 수하물 검사를 포함하며, 금속 탐지기, X-레이 기계, 폭발물 흔적 탐지 장비와 같은 다양한 기술을 사용하여 승객과 수하물을 무기, 폭발물 또는 기타 위험한 물품에 대해 검사하는 것이다. 또한 국제적인 협력을 통해 보안 정보를 공유하고, 글로벌 보안 기준을 준수하여야 하며 다른 국가의 보안 기관과 협력하여 공동 훈련 및 워크숍을 진행할 수 있다.

4 공항보안 활동

1) 승객 보안(Passenger Security)

공항 승객 보안은 항공 여행 중 승객의 안전을 보장하기 위해 시행되는 다양한 절차와 조치를 포함하며, 이러한 보안 조치는 승객, 수하물, 항공기 및 공항시설을 보호하는 데 초점을 맞추고 있다. 신원확인을 위해 승객의 신분증(여권, 운전면허증 등)과 항공권을 확인하여 신원을 검증하고, 체크인 과정에서 승객의 정보를 확인하고 필요한 경우 추가적인 보안 검사를 수행한다. 보안검색을 위해 금속 탐지기와 몸 스캐너를 사용하여 승객의 신체를 검사하고, 이를 통해 무기 및 금지 물품의 반입을 차단한다. 승객이 휴대하는 가방과 물품을 X-ray 기계로 검사하여 의심스러운 물체를 식별하고, 공항보안 규정에 따라 반입이 금지된 물품과 액체, 젤, 에어로졸 제품의 반입에 대한 제한을 확인해야 한다.

2) 기내 수하물 보안(Carry-on Baggage Security)

공항의 기내 반입 수하물 보안은 항공 여행 시 매우 중요한 절차이며, 이러한 절차들은 항공 여행의 안전성을 높이기 위해 마련된 것이므로, 승객들은 이를 준수해야 한다. 모든 기내 반입 수하물은 보안 검색대를 통과해야 하며, 이 과정에서 수하물은 X-ray 기계를 사용하여 내부를 검사하고, 일부 물품은 기내 반입이 금지된다. 각 항공사와 국가의 규정에 따라 다를 수 있으므로 사전에 확인하는 것이 중요하다. 보안 검색 중에는 보안요원의 지시에 따라야 하며, 필요시 추가 검사를 받을 수 있고, 이 과정은 모든 승객의 안전을 위한 것이다.

3) 위탁 수하물 보안(Check-in Baggage Security)

테러를 방지하기 위해 무기나 폭발물과 같은 위험 물품이 있는지 확인하는 것이 중요하다. 9/11 이후, 모든 공항은 체크인 수하물을 X-레이 기계나 기타 기술을 사용하여 100% 검사해야 한다. 위험 물품이 없는 것으로 확인된 수하물만 운송이 허용된다. 일반적으로 수하물은 물리적 검색 없이 검사되지만, 검사가 필요한 경우 통지서가 부착된다. 항공기에 반입 금지 품목은 아래와 같다.

그림 12.6 휴대 및 위탁수하물 둘 다 안되는 품목 (출처 : 한국교통안전공단)

그림 12.7 휴대는 불가능하지만, 위탁수하물은 가능한 품목 (출처 : 한국교통안전공단)

5 드론 공격 보호(Protection Against Drones)

공항에서 드론에 대한 보호 조치는 드론의 비행이 공항 운영 및 항공안전에 미치는 영향을 최소화하기 위해 마련된 다양한 전략과 기술을 포함한다. 이러한 조치들은 드론이 공항 운영에 미치는 위험을 최소화하고, 승객과 항공기의 안전을 보장하기 위해 필수적으로 주요 내용은 다음과 같다.

그림 12.8 드론 공격

1) 탐지 시스템

드론을 조기에 발견하기 위한 레이더, 전파 탐지기 및 카메라 시스템을 사용하여 드론의 비행경로와 위치를 실시간으로 모니터링한다.

2) 물리적 방어 수단

드론의 접근을 차단하기 위해 공항 주변에 방어 시설을 설치하여 드론의 비행을 방해하는 장애물이나 네트워크를 포함할 수 있다.

3) 전자기기 사용

드론을 무력화하기 위해 전자기기(예 드론 제어 신호 방해 장치)를 사용하여 드론의 통신을 차단하거나 자동으로 착륙하도록 유도할 수 있다.

4) 비상 대응 계획

드론이 공항에 접근하거나 비행하는 경우에 대비한 비상 대응 절차를 마련한다. 이에는 보안요원, 경찰 및 관련 기관 간의 협력이 포함된다.

5) 법적 규제

드론 비행에 대한 법적 규제를 강화하여 공항 주변에서의 드론 비행을 제한하여 불법적인 드론 비행을 예방하고, 위협 요소를 줄일 수 있다.

6 공항보안 기술

최근 몇 년 동안 공항보안 기술은 글로벌 보안 위협의 변화하는 환경에 대응하기 위해 크게 발전했다. 이 장에서는 다양한 유형의 공항보안 기술과 여행객의 안전을 지키는 데 있어 이들의 역할을 탐구할 것이다.

1) X-레이 스캐너

X-레이 스캐너는 공항에서 흔히 볼 수 있으며, 기내 반입 수하물과 위탁 수하물을 스캔하는 데 사용된다. 이 스캐너는 X-레이를 사용하여 가방이나 수하물의 내용을 이미지로 생성하는데, 수하물에 숨겨진 폭발물, 무기 및 기타 금지된 물품을 감지하는 데 효과적이다. X-레이 스캐너는 수하물이나 가방을 통해 집중된 X-레이 빔을 방출하여 작동하며, X-레이가 가방을 통과할 때, 옷, 전자기기 및 기타 물체와 같은 내부의 다양한 재료와 상호 작용한다. 일부 X-레이는 재료에 흡수되고, 다른 일부는 통과하여 가방 반대편의 센서에 의해 감지된다.

그림 12.9 X-ray scanner

2) 금속 탐지기

금속 탐지기는 또 다른 일반적인 공항보안 기술이다. 이 장치는 승객이 소지하고 있는 금속 물체를 스캔하는 데 사용하며 총, 칼 및 기타 날카로운 물체와 같은 금속 무기를 감지하는 데 효과적이다.

금속 탐지기는 저주파 전자기장을 방출하여 작동하며, 전자기장은 스캔 되는 개인의 몸을 통과한다. 전자기장이 금속 물체와 만나면 필드에 교란이 발생하며, 금속 탐지기는 이 교란을 감지하고 금속 물체의 존재를 보안요원에게 알린다.

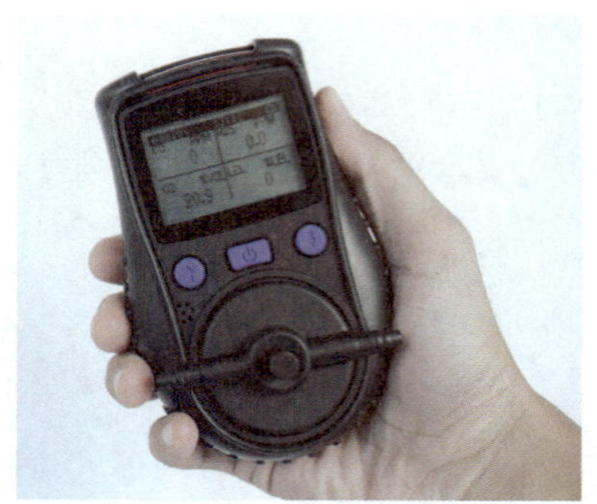

그림 12.10 금속 탐지기

3) 고급 영상 기술(Advanced Imaging Technology)

고급 영상 기술(AIT)은 공항에서 점점 더 많이 사용되고 있는 새로운 기술이다. AIT는 밀리미터파 기술 또는 역산란 X선 기술을 사용하여 승객의 신체와 숨겨진 물품을 포함한 상세한 이미지를 생성한다. 이 기술은 전통적인 신체 수색을 대체하는 방법으로 사용되며, 특히 의복 아래에 숨겨진 물품을 감지하는 데 효과적이다.

4) 폭발물 흔적 탐지(Explosive Trace Detection)

폭발물 흔적 탐지(ETD) 기술은 의류, 수하물 및 기타 물품과 같은 표면에 있는 미량의 폭발물을 감지하는 데 사용된다. 이 기술은 특히 손과 의류에 있는 폭발물 잔여물을 감지하는 데 유용하며, 이는 사람이 최근에 폭발물과 접촉했음을 나타낼 수 있다. ETD 기술은 의심되는 표면에서 샘플을 수집하고 분석하는 다양한 방법을 사용하여 작동한다. 일반적인 방법의 하나는 면봉을 사용하여 표면을 문질러 폭발물 입자나 흔적을 수집한 다음 면봉을 ETD 장치에 삽입하여 폭발물 잔여물의 존재를 감지하고 분석할 수 있다.

5) 생체 인식 기술(Biometric Identification)

생체 인식 기술은 공항에서 승객의 신원을 확인하는 데 점점 더 많이 사용되고 있다. 이 기술은 얼굴 인식, 지문 인식 또는 홍채 인식을 사용하여 승객을 식별하고 여행 서류와 일치시킨다. 이 기술은 신원 사기를 줄이고 공항보안 검사의 효율성을 높이는 데 특히 유용하다.

생체 인식 탑승 게이트는 얼굴 인식 기술을 사용하여 승객의 신원을 확인하고 비행기에 탑승할 수 있도록 한다. 이러한 게이트는 승객의 얼굴을 스캔하여 여행 서류와 일치시켜 빠르고 효율적인 탑승 과정을 가능하게 한다.

그림 12.11 공항 생체 인식 기술

6) 보안 카메라(Security Camera)

보안 카메라는 공항보안 기술의 중요한 구성 요소로 보안 검색대, 수하물 수취 구역, 승객 탑승 구역 등 공항의 다양한 지역을 감시하는 데 사용된다. 이 기술은 의심스러운 행동을 감지하고 잠재적인 보안 위협을 식별하는 데 효과적이다. 의심스러운 활동에는 한 지역에 오랫동안 머무르는 사람, 신경질적이거나 불규칙하게 행동하는 사람, 물건을 숨기려는 사람 등이 포함될 수 있다. 또한 보안 카메라의 사용은 공항 당국이 잠재적인 보안 위협을 큰 문제가 되기 전에 식별하는 데 도움을 준다. 카메라에 의심스러운 행동을 하는 사람이 보이면 보안요원이 신속하게 대응하여 상황을 조사하고, 개인을 조사하여 어떤 피해나 손상이 발생하지 않도록 예방할 수 있다.

7) 승객 행동 분석 기술(Passenger Behavioural Analysis)

승객 행동 분석 기술은 인공지능과 데이터 분석을 사용하여 의심스러운 행동과 잠재적인 보안 위협을 식별한다. 이 기술은 보안 카메라, 소셜 미디어 및 기타 소스의 데이터를 분석하여 의심스러운 행동을 하는 사람들을 식별할 수 있다. 식별된 후, 보안요원은 적절한 조처를 하여 잠재적인 위협을 조사하고 완화할 수 있다.

또한 이 기술은 잠재적인 보안 위험을 나타낼 수 있는 행동 패턴을 식별하는 데 사용될 수 있다. 예를 들어, 이 기술은 신경질적이거나 불규칙한 행동을 보이거나 특정 지역에서 배회하거나 기타 의심스러운 활동을 하는 사람들을 식별할 수 있다.

항공보안 분야에서는 국제기구들이 중요한 역할을 수행하고 있다. 그중에서도 국제민간항공기구(ICAO)는 공항보안을 위해 가장 핵심적인 활동을 하는 기구이다. ICAO는 회원국들과 협력하여 항공보안에 관한 국제표준 및 권고 사항(SARPs)을 개발하고 시행을 지원한다. 이러한 표준과 권고 사항은 전 세계 공항의 보안 수준을 높이기 위해 각 회원국에서 채택된다. ICAO의 항공보안 프로그램은 국가들이 국제표준에 맞는 보안 조치를 어떻게 이행해야 하는지에 대한 구체적인 지침을 제공한다. 또한, 회원국들이 이러한 표준을 잘 따르고 있는지 확인하기 위해 보안 감사를 실시하며, 공항보안 인력의 역량 강화를 위한 교육 프로그램도 운영한다.

또 다른 중요한 국제기구로는 국제항공운송협회(IATA)가 있다. IATA는 전 세계 항공사들을 대표하는 단체로서, 항공사들이 보안 조치를 강화할 수 있도록 지침을 제공한다. 더불어 각국 정부와 협력하여 국제표준에 부합하는 보안 규정을 마련하는 데 기여한다.

국제공항협의회(ACI) 역시 공항보안 분야에서 중요한 역할을 담당한다. ACI는 전 세계 공항운영자들을 대표하며, 공항보안 강화를 위한 조치들에 대해 공항운영자들에게 지침을 제공한다. 또한, 공항운영자들이 국제 보안 표준을 준수하고 있는지 확인하기 위해 보안 감사를 실시하기도 한다.

memo

제13장 항공안전관리

이장룡　한국항공대학교 항공운항학과 교수, 한국항공운항학회 정회원

항공 분야에서는 안전을 어떻게 관리할까? 큰 틀에서 항공 분야의 안전관리 지침은 국제민간항공기구(ICAO, International Civil Aviation Organization)가 제시하고 있다. ICAO는 2013년 11월 국제민간항공협약의 부속서(Annex) 19 Safety Management를 제정·시행함으로써 국제적으로 통일된 항공 분야의 안전관리 틀을 마련하였다. 또한 Document 9859 Safety Management Manual(SMM)을 통해 Annex 19가 제시하는 안전관리 지침을 어떻게 적용할지에 관한 구체적인 방안을 설명하고 있다. 이에 우리나라도 항공안전법 제1조(목적)에 국제민간항공기구가 제시한 지침을 수용한다는 내용을 명문화하고 국가항공안전관리에 적용하고 있다.

AVIATION
SAFETY MANAGEMENT

제1절 ICAO Annex 19 Safety Management

1 항공안전관리의 중점 변화

1903년 12월 17일 라이트 형제가 인류 최초의 동력비행을 성공한 이후 제1차, 제2차 세계대전을 거치면서 항공 기술은 급속히 발전하게 된다. 이후 전쟁에 투입되었던 항공 기술 및 인력들이 민간항공으로 대폭 유입되면서 이 분야도 크게 성장하게 된다. 하지만 항공 분야의 양적 성장, 즉, 항공기 운항의 증가는 다른 한편으로 많은 항공사고를 발생시키는 원인이 되기도 했다. 이에 항공 분야에서는 사고를 줄이기 위한 안전관리의 필요성을 절실히 느끼기 시작했고, 항공사고를 예방하고자 다양한 노력이 전개되었으며, 시대별로 안전관리 중점이 변화해 왔다.

항공 분야의 안전관리 중점은 기술적(Technical) 측면, 인적요인(Human Factors) 측면, 조직적(Organizational) 측면, 그리고 전체 시스템(Total System) 측면으로 진화, 발전해 왔다.

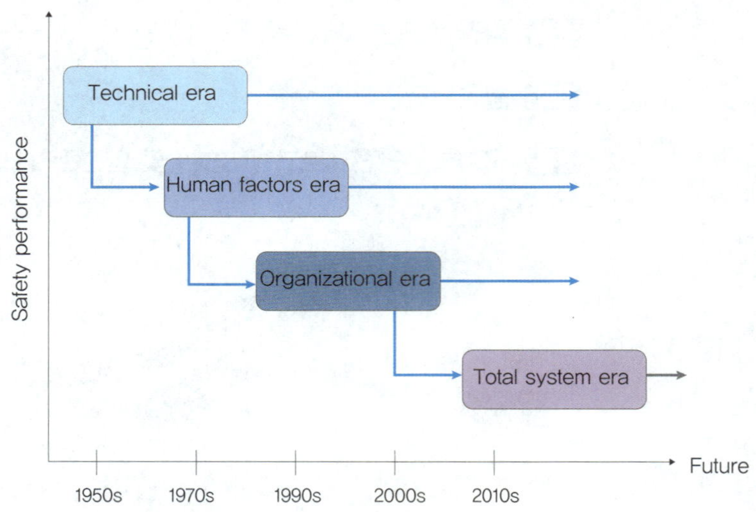

그림 13.1 항공안전관리 중점 변화(출처 : ICAO Doc 9859 Safety Management Manual 4th Ed.)

2 | Annex 19의 탄생

21세기에 들어서면서 세계적 항공활동 및 복잡성이 지속 증가함에 따라 전통적 수단으로는 항공 분야에서의 안전위험(Risk)을 수용 가능한 수준 이내로 관리하기에 그 효과성이 감소하고 비효율적이라는 국제적 인식이 높아졌으며, 이러한 항공안전 위험(Risk)을 이해하고 관리할 수 있는 새로운 수단이 필요하다는 많은 의견이 등장하게 되었다.

또한, 2010년 ICAO의 High Level Safety Conference(고위급 안전회의)에서는 항공안전과 관련된 많은 사항이 여러 부속서에 산재되어 있어 항공 실무자들이 안전업무를 수행할 때 다수의 부속서를 매번 찾아봐야 하고 부속서 간 연관성을 파악하기 어렵다는 문제점이 지적되었다. 이에 따라 안전관리에 집중할 수 있는 새로운 부속서 제정 필요성이 제기되었고, 회원국들이 국가, 즉 정부의 책임하에 안전관리를 수행하도록 하는 것이 중요하다는 결정을 내리게 되었다. 이러한 배경으로 인하여 ICAO는 Annex 19 Safety Management를 제정하고 2013년 11월 14일부로 시행하게 되었다.

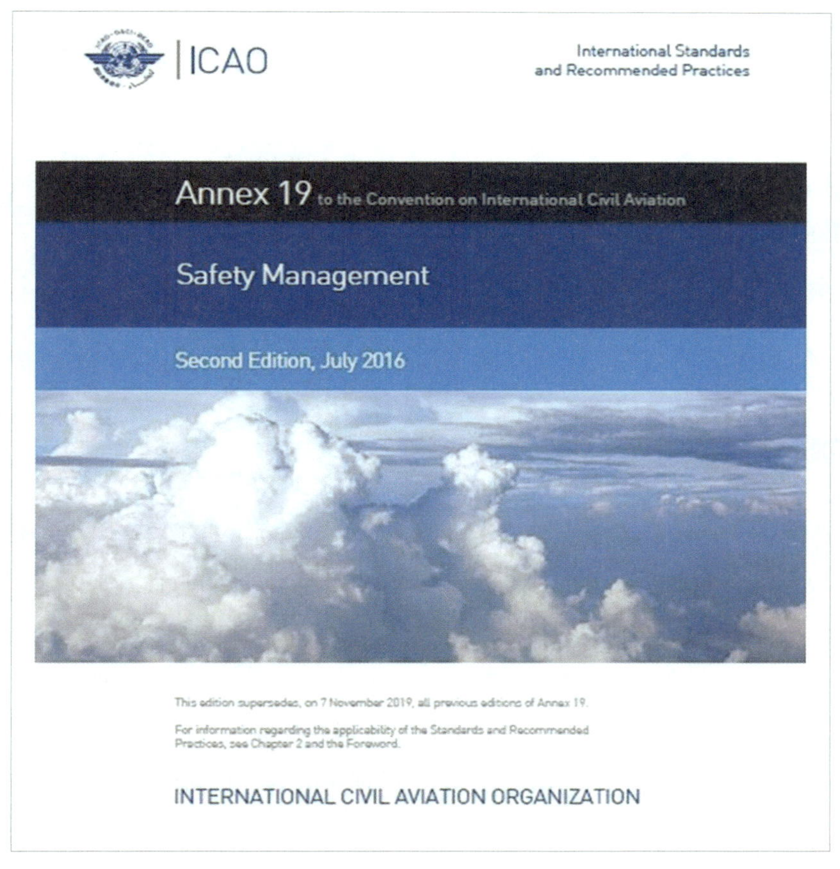

그림 13.2 ICAO Annex 19 표지(출처 : ICAO Annex 19 Safety Management 2nd Ed.)

3 Annex 19의 특징

ICAO Annex 19는 다음과 같은 5가지 특징을 가지고 있다.

첫째, 기존의 Annex 1, 6, 8, 11, 13, 14 등 6개의 부속에 포함되어 있던 안전과 관련된 국제표준 및 권고사항(SARPs, Standards and Recommended Practices)을 발췌하여 단일 Annex로 정리하였다.

둘째, 회원국 정부가 수행하는 국가항공안전프로그램(SSP, State Safety Programme)의 4가지 구성요소(Component)를 국제표준(Standards)으로 강화하였다.

셋째, 국가가 수행하는 안전감독(Safety Oversight)의 대상을 모든 서비스 제공자(Service Provider)로 확대하였다. 과거에는 국가가 지정한 몇 곳에 대해서만 국가가 안전감독을 했다면, 이제는 국가의 안전관리프로그램인 SSP에 의거해서 모든 서비스 제공자들을 안전감독 할 수 있도록 한 것이다.

넷째, 과거 Annex 13이 제시하고 있던 안전데이터의 수집, 분석, 교환과 관련된 내용이 Annex 19로 이관되었다.

다섯째, 항공기 설계 및 제작사들도 SMS를 수립·운영하도록 하였다.

결국, Annex 19는 항공안전관리에 관한 역할을 국가적 수준으로 격상시켰고, 안전관리에 관한 조항들을 한 곳으로 집중시켜 항공과 관련된 다양한 분야의 관계자들이 안전에 대한 통일된 이해와 관리 역량을 높일 수 있게 하였으며, 단일 부속서의 활용으로 안전 관련 국제표준 및 권고사항들을 더욱 발전시킬 수 있는 기초를 다졌다는 점에서 큰 의의를 가진다.

4 Annex 19의 주요 내용

2024년 현재 적용하고 있는 Annex 19는 2016년 7월 개정되어 2019년 11월 7일부로 시행하고 있는 2차 개정판(Edition)이며, 총 5개의 Chapter 및 3개의 별첨(Appendix)으로 구성되어 있다. Chapter 1, 2는 각종 정의와 적용 범위를 적시하고 있고, Chapter 3은 국가항공안전프로그램(SSP, State Safety Programme)에 관한 내용을 수록하고 있으며, Chapter 4는 서비스 제공자들이 수행하는 안전관리시스템(SMS, Safety Management System)에 관한 내용을 담고 있다. 그리고 Chapter 5는 안전데이터와 정보를 어떻게 수집, 분석, 보호하고 공유해야 하는지에 관한 지침을 제시하고 있다.

Annex 19의 명칭은 Safety Management이고, 줄여서 SM이라고 부른다. 큰 틀에서 SM은 국가, 즉 정부가 주도적으로 수행해야 할 SSP(State Safety Programme)와 국가의 조정·통제를 받는 서비스 제공자들이 이행해야 할 SMS(Safety Management System)로 운영되며, SSP나 SMS 모두 안전데이터를 기반으로 한 관리 활동을 전개한다는 내용을 담고 있다.

5 ICAO Document 9859 Safety Management Manual(SMM)

Annex 19의 이행 방법을 설명하는 문서가 ICAO Document 9859 Safety Management Manual(SMM)이다. Annex 19는 2013년 11월부터 시행되었지만, 그 이전에도 Safety Management Manual이라는 ICAO 안전관리지침서는 존재하고 있었다. 2006년에 SMM 1st Edition이 발간되었고, 2009년에 2nd Edition이 나왔으며, 2013년 Annex 19가 제정되면서 Annex 19와 보조를 맞춰 전면 개정된 3rd Edition이 발간되었다. 이후 2018년에는 Annex 19 2nd Edition 내용을 반영한 SMM 4th Edition이 발간되어 현재까지 사용되고 있다.

SMM은 총 9개의 Chapter로 구성되어 있다. Chapter 1과 2는 항공 분야에서 안전관리가 무엇이며 안전관리가 왜 중요한지에 관한 내용을 설명한다. 여기에는 기본적인 안전관리 개념과 안전관리에 활용할 수 있는 이론 및 모델 등의 내용이 포함되어 있다.

Chapter 3은 안전문화에 대하여 설명한다. 안전문화가 무엇이고 이것이 항공안전관리에 왜 필요한지를 강조하며, 안전문화를 강화시키기 위해서 어떤 조치들이 필요한지에 관한 내용을 수록하고 있다.

Chapter 4는 안전성과관리(Safety Performance Management)를 어떻게 해야 하는지에 관한 내용을 담고 있다. 여기에는 안전목표를 달성하기 위해 중간 체크포인트로 설정하고 관리해야 할 안전성과목표(SPT, Safety Performance Target) 및 SPT가 달성되고 있는지를 측정할 수 있도록 해주는 안전성과지표(SPI, Safety Performance Indicator)에 관한 내용이 수록되어 있다.

Chapter 5는 안전데이터의 수집과 처리에 관한 사항을 담고 있고, Chapter 6은 수집, 처리한 데이터를 어떻게 분석하여 활용할 것인지에 관한 내용을 담고 있다. 데이터나 정보를 수집했다면 그것들을 안전관리에 활용할 수 있도록 의미 있는 자료로 정제하는 것이 필요하다. 분석된 안전데이터가 효과적으로 사용되는 것이 위험경감 조치나 안전 의사결정에 중요하게 작용하기 때문이다.

안전데이터나 정보를 지속적으로 확보하기 위해서는 정보원과 자료에 대한 철저한 보호가 필수적인데, 이런 내용이 Chapter 7에 적시되어 있고, Chapter 8과 Chapter 9는 각각 SSP와 SMS의 세부 이행 방법과 고려요소들에 대하여 설명하고 있다.

그림 13.3 ICAO Doc 9859 표지(출처 : ICAO Doc 9859 Safety Management Manual 4th Ed.)

제2절 항공안전관리에 관한 국내 법규

1 항공안전법

우리나라 항공안전법 제1조(목적)는 '이 법은 「국제민간항공협약」 및 같은 협약의 부속서에서 채택된 표준과 권고되는 방식에 따라 항공기, 경량항공기 또는 초경량비행장치의 안전하고 효율적인 항행을 위한 방법과 국가, 항공사업자 및 항공종사자 등의 의무 등에 관한 사항을 규정함을 목적으로 한다'라고 명시하고 있다. 따라서 우리나라는 ICAO 회원국으로서 Annex 19의 지침을 적용한 항공안전관리 수행 의지를 공표하였다고 할 수 있다.

항공안전법 제58조(국가항공안전프로그램 등) 제1항은 국가가 수행할 안전관리 역할을 명시하고 있는데, 국토교통부장관은 국가의 항공안전에 관한 목표를 제시해야 하고, 항공안전 위험도 관리 방안과 항공안전을 보증할 수 있는 제도를 운영해야 하며, 항공안전 증진 방안을 구축해야 한다고 규정하고 있다.

또한 항공안전법 제58조 제2항은 '다음 각호의 어느 하나에 해당하는 자는 제작, 교육, 운항 또는 사업 등을 시작하기 전까지 제1항에 따른 항공안전프로그램에 따라 항공기 사고 등의 예방 및 비행안전의 확보를 위한 항공안전관리시스템을 마련하고, 국토교통부장관의 승인을 받아 운용하여야 한다. 승인받은 사항 중 국토교통부령으로 정하는 중요사항을 변경할 때에도 또한 같다'라고 하며, 그 대상으로 아래와 같은 8가지 부류를 명시하고 있다.

㉠ 형식증명, 부가형식증명, 제작증명, 기술표준품형식승인, 부품 등 제작자증명을 받은 자

㉡ 제35조 제1호부터 제4호까지의 항공종사자 양성을 위하여 제48조 제1항에 따라 지정된 전문교육기관

㉢ 항공교통업무증명을 받은 자

㉣ 항공운송사업자 및 항공기사용사업자

㉤ 항공기정비업자로서 제97조 제1항에 따른 정비조직인증을 받은 자

㉥ 「공항시설법」 제38조 제1항에 따라 공항운영증명을 받은 자

㉦ 「공항시설법」 제43조 제2항에 따라 항행안전시설을 설치한 자

㉧ 국외운항항공기를 소유 또는 임차하여 사용할 수 있는 권리가 있는 자

여기에서 제작자증명을 받은 자에는 ㈜한국항공우주산업과 같은 조직이 해당하며, 한국항공대학교 비행교육원 같은 곳은 전문교육기관에 해당하고, 서울접근관제소 등은 항공교통업무증명을 받은 자에 해당한다. 또한 대한항공, 진에어 같은 항공사들은 항공운송사업자에 해당하고, 민간 헬기 운영사는 항공기사용사업자에 해당한다. 한국공항공사, 인천국제공항공사 등은 공항운영증명을 받은 자에 해당하며, VOR, ILS, 활주로 Light 등을 설치, 보수하는 회사는 항행안전시설을 설치한 자에 해당한다. 특정 회사가 운송이나 사업용으로 사용하지 않지만, 그 회사를 위해 해외를 운항할 수 있는 항공기를 소유하거나 임차하여 운영하는 경우, 그런 조직들도 항공안전관리시스템(SMS)을 의무적으로 구축 운영해야 한다.

참고로 위 8가지 부류 조직들 중에서 ㉠부터 ㉙에 해당하는 조직은 항공 분야의 서비스 제공자(Service Provider)라고 부르고, ◎에 해당하는 조직은 운영자(Operator)라고 칭한다.

2 항공안전법 시행규칙

법을 더욱 구체화하여 실행할 수 있도록 제정된 것이 시행규칙이다. 항공안전법 시행규칙 제131조는 국가항공안전프로그램, 즉 국가가 수행해야 할 State Safety Program(SSP) 관련 사항을 제시하고 있고, 제132조는 서비스 제공자들이 수행해야 하는 안전관리시스템(SMS, Safety Management System) 관련 사항을 명시하고 있다.

항공안전법 시행규칙 제131조에는 다음과 같은 내용이 담겨있다.

첫째, 국가의 항공안전정책 및 목표, 자원에 관한 내용이다. 이 조항에서는 항공안전에 관한 정책, 달성목표 및 조직체계 등을 다루고 있는데, 구체적으로 항공안전 분야의 기본법령에 관한 사항, 기본법령에 따른 세부 기준에 관한 사항, 항공안전 관련 조직의 구성, 기능 및 임무에 관한 사항, 항공안전 관련 법령 등의 이행을 위한 전문인력 확보 및 주요 안전정보의 제공 등에 관한 사항 등이 포함된다.

둘째, 국가 차원의 항공안전 위험(Risk) 관리에 관한 내용으로서 국가 차원에서 항공안전 위험(Risk)을 어떻게 관리할 것인지를 서술하고 있다. 구체적으로 항공안전의 확보를 위해 국토교통부장관이 수행하는 증명, 인증, 승인, 지정 등에 관한 사항, 항공안전관리시스템 이행 의무에 관한 사항, 항공기 사고 및 항공기 준사고 조사에 관한 사항, 항공안전 위해요인의 식별 및 항공안전 위험도 평가에 관한 사항, 항공안전 위험도의 경감 등 항공안전 문제의 해소에 관한 사항 등이 포함된다.

셋째, 국가항공안전보증(State Safety Assurance) 활동에 관한 사항이다. 여기에는 국가의 안전감독 등 감시활동에 관한 사항, 국가의 항공안전 성과관리에 관한 사항 등이 포함된다.

넷째, 국가항공안전증진(State Safety Promotion)에 관한 사항이다. 여기에는 항공 당국의 안전업무담당 공무원에 대한 교육·훈련, 의사소통 및 안전정보의 공유에 관한 사항 등이 포함된다.

또한 항공안전법 시행규칙 제132조는 서비스 제공자들이 구축하고 수행해야 할 안전관리시스템(SMS)에 포함되는 내용들을 구체화하여 제시하고 있다. 안전관리시스템에 포함되어야 할 사항으로는 안전정책 및 목표, 안전위험도관리, 안전보증(Safety Assurance), 안전증진(Safety Promotion)이 있다.

3 항공안전법 시행규칙 별표 20

항공안전법 시행규칙에 서술된 내용 중 더욱 세부적으로 확인해야 할 사항은 시행규칙 별표 20에 명시하고 있다.

첫째, 안전정책 및 목표와 관련된 사항이다. 서비스 제공자는 안전관리 업무 분담에 관하여 내부 규정을 정하고, 권한과 책임을 명확히 해야 하며, 협력하고 분장하는 시스템을 갖춰야 한다 등의 내용을 고려하도록 하고 있다.

둘째, 위험도 관리(Risk Management)에 관해서는 어떻게 위해요인(Hazard)을 식별하고, 이것들의 위험도(Risk)를 평가해서 경감 조치를 수행할지에 관한 구체적인 방안들을 고려하도록 하고 있다. 예를 들어, 위험도 평가 및 경감 조치와 관련하여 최고경영자는 발견된 위험요인에 대하여 항공기 사고에 영향을 주는 정도를 측정하고 그 결과를 종합하는 절차를 마련해야 하며, 심각도 및 발생빈도 등을 평가하여 그 결과를 관리해야 한다 등의 요건이 제시되어 있다.

셋째, 안전성과 검증, 위험도 평가를 통해 부정적인 결과로 전이되지 않도록 노력했던 행위들의 결과가 얼마나 효과가 있었는지 등을 검증할 수 있어야 한다는 조항이 들어 있다. 이에 따라 최고경영자는 안전성과를 측정하여 검증하고 위험도 관리의 효율성을 유지하는 방안을 마련해야 한다. 안전성과는 안전목표를 기반으로 설정한 각종 안전성과지표 및 안전성과목표에 따라 검증되어야 한다. 안전성과지표는 SPI(Safety Performance Indicator)를 의미하고, 안전성과목표는 SPT(Safety Performance Target)를 의미한다. 성과를 검증하는 방법은 미리 설정해 놓은 SPI들이 원하는 수준에 도달하여 SPT가 달성하였는지를 확인하는 형식으로 이루어진다.

4 국토교통부 고시

국토교통부 고시 '국가항공안전프로그램'은 국가가 수행해야 할 구체적인 항공안전관리 기능과 역할을 기술하고 있다. 본 고시의 1장 1조를 살펴보면, 우리나라 국가항공안전프로그램은 법 58조 및 시행규칙에 따라서 항공사고를 예방하고 안전을 확보하기 위한 국가의 항공안전 활동과 안전관리시스템(SMS) 운영자들의 안전증진 활동 기본방향과 운영 절차를 정하는 것을 목적으로 한다고

되어 있다. 이는 큰 틀에서 국가의 안전활동, 그리고 SMS 운영자들의 안전활동에 대한 기본방향과 운영 절차를 정하기 위해서 국가항공안전프로그램이 수립되었다는 의미를 명시하고 있는 부분이다.

또한 본 고시는 국가항공안전관리에 대한 기본방침으로서 항공교통의 안전 확보가 국토교통부의 중요 임무 중 하나이자 최고 가치이며, 국토교통부는 국제민간항공기구가 제시한 기준과 국내 항공법 요건을 준수하고 최고의 안전도를 유지하기 위해 필요한 전략과 프로세스를 수립 시행할 것이며, 이를 지속적으로 개선하기 위하여 노력한다고 명시하고 있다.

아울러, 제12조(항공안전 관련 조직의 구성, 기능 및 임무) 제1항은 국토교통부장관은 관계 행정기관의 장과 협력하여 항공안전프로그램의 운영을 위해 기본법령 및 세부 기준에 따른 조직, 전문인력 및 예산을 확보한다고 명시하며, 국가적 항공안전관리의 중심 기능 수행 역할을 담당하고 있음을 명시하고 있다. 본 고시에 명시된 국가항공안전프로그램 운영조직 현황은 아래 표 13.1과 같다.

표 13.1 항공안전프로그램 운영 관련 조직 현황(출처 : 국토교통부 고시 2023-495호 국가항공안전프로그램)

구분	대분류	소분류	국가항공안전프로그램 관련 주요 임무
항공 정책실	항공 안전 정책	안전정책	• 항공안전프로그램 총괄(법제, 조직 및 예산 등 포함) • 항공자격 분야 항공안전프로그램 총괄
		항공운항	• 항공기 운항안전 관련 정책 및 제도 총괄 • 항공운항 분야 항공안전프로그램 총괄(지방항공청장 위임사항 제외)
		항공기술	• 정비 및 감항 분야 항공안전프로그램 총괄
		항공교통	• 항공교통 · 항공정보 분야 항공안전프로그램 총괄
		ICAO 전략기획	• 국제기준관리 총괄
	공항 항행 정책	공항운영	• 공항운영 분야 항공안전프로그램 총괄
		항행 위성정책	• 항행시설 분야 항공안전프로그램 총괄
지방 항공청	서울지방항공청		• 국내 및 소형 항공운송사업 · 사용사업 · 자가용 관련 제29조에 따른 안전면허 승인 및 제31조에 따른 안전관리시스템 승인
	부산지방항공청		• 공항운영 분야 관련 별표 1 제7호에 따른 감사활동의 수행
	제주지방항공청		• 항공훈련 분야 관련 별표 1 제7호에 따른 감사활동의 수행
항공 · 철도 사고조사위원회	사무국		• 사고 · 준사고에 대한 조사 및 원인의 명확한 규명을 통한 유사 사고의 재발 방지 및 국민의 생명과 재산 보호
행정 안전부	소방청		• 내륙 지역의 수색 · 구조업무에 관한 정책 및 제도 운영
	해양경찰청		• 인천비행정보구역 해상에서의 수색 · 구조업무에 관한 정책 및 제도 운영
기상청	항공기상청		• 항공기상업무에 관한 정책 및 제도 운영
국방부 (공군본부, 해군본부)			• 군비행장을 사용하는 민간항공기에 대한 안전 지원과 비행장 관제탑 및 접근관제소 운영을 포함한 항공교통업무 등 항행서비스 지원에 관한 정책 및 제도 운영

국토교통부 훈령 '항공안전관리시스템 승인 및 모니터링 지침'은 서비스 제공자들이 수행해야 할 구체적인 안전관리 기능과 역할을 기술하고 있다. 본 훈령의 제정 목적은 항공안전법 시행규칙 제130조에 따른 안전관리시스템을 승인하고, 승인한 사항에 대한 적정성을 감독 및 모니터링 하는 것이다. 크게 두 파트로 나눌 수 있는데, 첫째 파트에는 최초 승인 및 이행 상태를 확인하기 위한 요건들이 명시되어 있고, 둘째 파트에는 SMS의 운영 요건들에 관한 내용이 담겨있다.

운영 요건들은 서비스 제공자들이 안전관리시스템을 구축할 때 무엇을 고려하고 준비해야 하는지에 관한 것으로서 안전정책 및 목표, 위험관리, 안전보증, 그리고 안전증진까지 구체적으로 고려해야 할 사항들이다. 안전정책 및 목표에는 책임과 권한, 업무분장, 안전관리자의 지정, 비상대응계획의 수립 및 협조 등과 같은 내용이 포함된다. 안전위험관리는 위해요인을 식별하고, Risk의 평가 및 경감 이후 그 수행 내용을 기록으로 남기는 것 등이 포함된다. 안전보증에는 안전성과 모니터링과 측정방법 등이 포함된다. 그리고 안전증진에는 직원들에 대한 교육 훈련 및 정보전달, 소통 및 안전문화 증진에 관한 내용이 포함된다.

이 훈령의 제정을 통해서 달성하고자 하는 목표는 서비스 제공자들의 항공안전관리시스템(줄여서 '안전관리시스템'이라고도 부름)이 적절한지를 확인하여 승인 여부를 결정하고, 승인되었다면 해당 서비스 제공자가 적합하게 이행하고 있는지를 지도 감독하는 것이다. 하지만, 실제적으로는 서비스 제공자들이 그들의 항공안전관리시스템을 구축하고 적정성을 자체 점검하는데, 이 훈령의 내용을 더 많이 참고하며 활용하고 있다.

서비스 제공자들은 사업을 개시하기 전에 항공안전관리시스템(SMS)을 수립하여 매뉴얼로 정리하게 되며, 이를 기초로 항공안전관리시스템에 대한 항공 당국(국토교통부)의 승인을 받아야 한다. 항공안전관리시스템(SMS)을 승인받으려는 서비스 제공자는 항공안전관리시스템 승인 신청서에 필요한 서류를 첨부하여 사업을 시작하기 30일 전까지 국토교통부에 제출해야 한다. 국토교통부나 지방항공청은 제출된 자료에 대한 검토 및 현장 실사를 통해 승인 기준에 부합한다고 인정될 경우 항공안전관리시스템 승인서를 발급한다. 서비스 제공자는 항공안전관리시스템 승인서를 받아야만 그 사업을 시작할 수 있다.

제3절 항공안전관리의 수행

1 일반 사항

ICAO Document 9859 Safety Management Manual(SMM)은 Annex 19가 국제표준 및 권고(SARPs)를 통해 제시한 항공안전관리를 실무적으로 어떻게 수행할 것인가를 설명하는 국제적 항공안전관리 지침서이다. 따라서 항공 분야에서의 안전관리 수행방법은 이 지침서가 제시하는 방안을 적용하는 것이 필요하다.

SMM은 총 9개 Chapter로 구성되어 있다. Chapter 1은 Introduction으로서, 전반적인 Safety Management에 관한 내용을 소개하고 있다. Chapter 2는 Safety Management Fundamental, 즉 안전관리에 기초가 되는 주요 이론 및 기본적으로 알아야 할 내용을 포함하고 있다. 그리고 Chapter 3은 Safety Culture(안전문화)를 다루며, Chapter 4는 Safety Performance Management(안전성과관리)에 관한 내용을 담고 있다. Chapter 5는 Safety Data Collection and Process(안전데이터의 수집 및 처리)에 관해 설명하고, Chapter 6은 Safety Analysis로서 수집된 데이터를 안전관리에 활용할 수 있도록 어떻게 분석하는가에 관한 내용을 담고 있다. Chapter 7은 지속적으로 안전데이터를 획득하기 위해 수행해야 하는 안전데이터와 정보의 보호에 관한 내용을 언급한다. 그리고, Chapter 8과 Chapter 9는 국가가 수행해야 하는 SSP에 관한 사항과 서비스 제공자들이 수행해야 하는 SMS에 관한 구체적 내용을 각각 서술하고 있다.

종합적으로 보았을 때 SMM은 개요 부분인 Chapter 1을 제외한다면, Chapter 2부터 Chapter 7을 통해 Annex 19 Safety Management 수행에 필요한 요소들을 설명하고, Chapter 8과 Chapter 9를 통해 이러한 요소들을 SSP와 SMS에 어떻게 적용하는지를 설명하는 형태로 작성되었다.

2 항공안전관리의 특징

ICAO SMM은 안전관리를 'Proactively mitigate safety risk before they result in aviation accident'라고 정의하였다. 즉, 안전관리는 항공 분야에서 사고가 발생하기 전에 사전적으로 안전위험을 감소시키는 노력으로 풀이된다. 여기에는 국가가 수행하는 안전관리와 서비스 제공자가

수행하는 안전관리 모두가 포함된다. 안전관리 활동을 수행하게 되면 그 조직의 안전문화가 강화된다. 또한, 안전을 보장하기 위한 행위들이 문서화 되고 절차에 기반하여 수행된다.

과거 항공 분야에서 수행했던 안전관리가 결과(Outcome) 중심의 관리 형태이었다면, Annex 19는 절차(Process) 중심의 관리를 강조하고 있다. 전통적 안전관리는 사고가 발생한 이후 그 결과를 기반으로 수행되었지만, Annex 19가 강조하는 안전관리는 운항이나 임무 수행 과정을 중요하게 고려한다는 것이다.

안전관리를 위해 수행했던 내용은 꼭 기록하고, 기록이 누적됨으로써 배울 수 있는 교훈을 유사 상황에 비교하여 효과적인 관리 방법들을 찾아낼 수가 있다는 개념이 담겨있다. 또한 안전관리를 통해 안전과 관련된 제반 요소들의 연관성과 상호작용이 잘 이해하고, 위해요인(Hazard)을 조기에 식별할 수 있는 역량이 향상된다.

아울러 조직 내에서 안전에 관한 의사소통 역량이 향상되며, 향상된 의사소통 역량은 결국 그 조직의 안전문화(Safety Culture)를 강화시키게 된다.

3 항공안전관리의 적용 범위

안전관리라는 것은 어느 한 사람이 담당하고 수행하는 것이 아니라 조직 전체가 함께 유기적으로 움직이면서 노력하는 형태로 전개된다. 즉, 안전관리는 조직의 시스템적 차원에서 운영된다는 점을 기억해야 한다. 이를 국가와 같은 거시적 차원에서 본다면, 민간항공 분야에 있는 다양한 조직이나 기업들을 함께 묶어 국가항공체계라는 하나의 시스템을 이루게 된다. 그리고 국가항공시스템에 포함된 서비스 제공자들은 국가 시스템의 하위 시스템(Sub-System)으로 볼 수 있다. 국가항공시스템이 잘 운영되려면 당연히 그 밑에 있는 하위 시스템이 잘 운영되어야 한다.

Military Service나 국가 차원의 항공기관들에 대한 SMS 적용 여부는 해당 국가 정부가 결정한다. Military Service는 육군, 해군, 공군 등 국군 조직을 의미하고, 국가 차원의 항공기관은 경찰항공, 해경항공, 소방항공, 산림항공 등 국가기관의 항공조직을 의미한다. 참고로, 우리나라의 육·해·공군 및 국가기관항공은 SMS 구축 운영에 관한 법률의 적용을 받지 않는다.

아울러, ICAO Annex 19의 Chapter 2. Applicability(적용 범위)는 'The Standards and Recommended Practices in this Annex shall be applicable to safety management functions related to, or in direct support of, the safe operation of aircraft.'라고 명시하고 있다. 즉, 이 부속서에 명시된 국제표준 및 권고는 안전한 항공기의 운항 및 이를 직접적으로 지원하는 활동과 관련된 안전의 문제를 관리하는 것이라고 하며, 안전관리의 대상 범위를 한정하고 있다는 것을 알 수 있다.

4 안전 관련 용어 정의

1) 안전(Safety)

ICAO는 '안전(Safety)이란 사람이나 재산상 피해를 유발하는 위험(Risk)이 지속적인 위해요인(Hazard) 식별과 위험관리(Risk Management)를 통해 수용할 수 있는 수준(Acceptable Level) 또는 그 이하로 감소되어 있는 상태'라고 정의하였다.

'Safety is the state in which the risk of harm to persons or property is reduced to, and maintained at or below, an acceptable level through a continuing process of hazard identification and risk management.' (출처 : ICAO Doc 9859 3rd Edition)

또한 ICAO는 이러한 일반적인 안전의 정의를 항공 분야에 적용하였을 때, '안전은 항공활동과 관련되거나 항공기를 직접 지원하는 활동과 연관된 위험이 수용할 수 있는 수준으로 감소되어 통제되는 상태'라고 정의하였다.

'Within the context of aviation, safety is the state in which risks associated with aviation activities, related to, or in direct support of aircraft, are reduced and controlled to an acceptable level.' (출처 : ICAO Doc 9859 4th Edition)

우리나라 국토교통부 훈령 '항공안전관리시스템 승인 및 모니터링 지침'의 제2조(정의)에서도 '안전(Safety)'이란 항공기 운항과 관련되거나 항공기 운항을 직접적으로 지원하는 활동과 관련된 항공안전 위험도(Risk)가 적정수준으로 감소되고 관리되는 상태로 표현하며, ICAO가 항공 분야에 적용하는 안전의 정의와 동일한 정의를 내리고 있다. 요약하자면, 안전이란 위험(Risk)이 해당 조직에서 수용 가능한 수준으로 관리되는 상태를 의미한다고 말할 수 있다.

2) 위해요인(Hazard)

위해요인(Hazard)은 안전사고(Accident)를 유발할 수 있는 상태, 이벤트, 상황 등으로 정의된다. 즉, 안전사고를 발생시키는 원인을 의미한다고 할 수 있으며, 국문으로는 위해요인 외에도 위험요소, 위험요인 등의 용어로 번역된다.

ICAO는 항공 분야에서의 위해요인(Hazard)을 '잠재적인 항공기 사고나 준사고를 유발시키거나 유발할 수 있는 잠재성을 가진 물체나 상태'로 정의하였다.

'A condition or an object with the potential to cause or contribute to an aircraft incident or accident.' (출처 : ICAO Doc 9859 4th Edition)

한가지 유념해야 할 사항은 모든 사고는 위해요인(Hazard)으로 인하여 발생하지만, 모든 위해요인이 사고를 유발한다고는 할 수 없다는 것이다.

3) 위험(Risk)

위험(Risk)은 위해요인(Hazard)이 실제 안전사고(Accident)로 이어질 개연성이라고 정의되며, 국문으로는 위험이라는 용어 외에 위험도라고도 번역된다. ICAO는 위험(Risk)을 예상되는 위험요인(Hazard)으로부터의 부정적 현상이나 결과의 발생 가능성과 심각도로 정의하였다.

'The projected likelihood and severity of the consequences or outcomes of a hazard.' (출처 : ICAO Doc 9859 3rd Edition)

참고할 것은 동일한 위험요인(Hazard)이라 하더라도 상황에 따라 다양한 수준의 위험(Risk)을 내포한다는 것이다. 예를 들어 항공기가 이륙하고 있는 활주로에 정풍 15kts 바람이 분다면 이 바람은 항공기 운항에 도움을 주는 요소로서 위험(Risk)이 거의 없지만, 만약 정측풍으로 바뀐다면 이 바람이 가지는 위험도(Risk)는 매우 높아지게 될 것이다.

4) 안전사고(Accident)

안전사고(Accident)는 고의성 없는 불완전한 인간의 행동, 물리적 상태/조건이 원인이 되어 사망, 부상 등의 인적 피해 또는 물적 피해를 야기한 이벤트로 정의된다.

'An undesirable or unfortunate happening that occurs unintentionally and usually results in harm, injury, damage, or loss.' (출처 : https://www.dictionary.com/browse/Accident)

Accident는 정확하게 번역하면 안전사고라고 해야 한다. 하지만 사회에서는 이를 줄여서 '사고'라는 단어를 사용하는 것이 현실이다. 안전사고(Accident)의 중요한 개념은 물적 피해, 인적 피해를 유발시키는 원인에 '고의성 없다'라는 것이다. 만약 물적 피해, 인적 피해를 유발한 원인에 고의성이 있다면 이것은 안전사고의 범주에 포함되지 않는다.

예를 들어, 30대 남성이 길을 걸어가던 사람을 흉기로 찔러 크게 다치게 했다면 인적 피해가 발생한 이벤트이지만, 이 피해의 원인에 고의성이 있었기 때문에 안전사고(Accident)라 하지 않고 범죄사고(Crime)로 분류한다. 또한 사회, 국가적으로 커다란 파장이나 피해를 발생시킨 안전사고는 사회재난 또는 참사라고 부르기도 한다.

5) 안전관리(Safety Management)

안전(Safety)이란 위험(Risk)이 해당 조직에서 수용할 수 있는 수준으로 감소된 상태로 정의된다. 따라서 안전관리(Safety Management)는 Risk를 관리하기 위한 계획적이고 체계적인 제반 활동을 의미하기 때문에 위험관리(Risk Management)라고도 표현할 수 있다.

5 항공안전관리 고려사항

1) 시스템 내의 인간(Human in The System)

항공시스템 내에서 인간의 역할은 무엇인가? 이를 설명하는 대표적인 이론이 SHELL 모델이다. 1972년 미국의 엘윈 에드워드(Elwyn Edward) 박사가 최초로 제안한 SHEL 모델을 기반으로 1975년 네덜란드의 안전관리 학자이며 KLM 항공사 기장이기도 했던 프랭크 호킨스(Frank Hawkins) 박사가 SHELL이라는 명칭으로 완성한 항공시스템과 인간(운영자)의 관계를 설명하는 이론이다. SHELL 모델은 중앙에 Liveware, 즉 인간(운영자)이 있다. 이 인간을 중심으로 주변에 Software, Hardware, Environment, 그리고 또 다른 Liveware가 있으며, 이들은 서로 상호작용하는 Interface로 연결되어 있다.

그림 13.4 SHELL 모델(출처 : ICAO Doc 9859 Safety Management Manual 4th Ed.)

SHELL 모델은 이 인터페이스들이 얼마나 유기적으로 잘 작동하는지에 따라 운영자의 안전을 보장할 수 있는지가 결정된다고 강조한다. 부적절한 인터페이스는 위해요인(Hazard)으로 작용하고, 이러한 문제를 조치하지 않으면 사고로 이어질 수 있다는 것이다.

예를 들어, 항공기 운항 시 조종사는 중앙에 있는 Liveware이다. 조종사와 인터페이스를 가지고 있는 Software에는 체크리스트, 항공사 규정 등이 있다. Hardware에는 항공기, 지상 조업장비 등이 포함된다. Environment에는 기상, 목적지 공항의 상황, 회사문화 등이 포함된다. 또 다른 Liveware에는 항공기 내 승무원, 관제사, 정비사, 회사 관리자 등이 포함된다.

SHELL 모델은 운영자가 부여된 임무를 안전하게 수행하기 위해서는 운영자인 Liveware와 Software, Hardware, Environment, 또 다른 Liveware와의 원활한 상호작용(Interface) 관리가 매우 중요하다는 것을 강조한다.

2) 사고의 연결고리(Accident Causation)

1990년 영국의 안전관리학자 제임스 리즌(James Reason)은 사고의 연결고리를 설명하기 위한 이론으로 스위스치즈모델(Swiss Cheese Model)을 제안하였다. 스위스치즈모델은 조직(Organization)에서 발생하는 사고의 패러다임을 설명하고 예방할 수 있는 조치를 제시하는데, 어떠한 사고가 발생하기 전에 그 사고를 예방할 수 있도록 조직 차원에서 고려하고 관리할 수 있는 방어기제(Defenses)들이 있다는 것이 핵심이다.

스위스치즈모델에 의하면 사고(Accident)를 유발시키는 요인으로 능동적 실패(Active Failure)라고 하는 인간의 불안전 행위와 3가지의 잠재적 상황(Latent Condition)이 있는데, 이러한 요소들이 잘 관리되지 못했을 때 사고가 발생한다고 한다. 잠재적 상황(Latent Condition)이라 불리는 방어기제들의 실패는 많은 경우 조직의 고위 경영진 결정으로 생성되고, 그 영향은 특정 운영 상황이 발생할 때까지 휴면상태로 존재하다가 능동적 실패(Active Failure)인 인간의 불안전 행위와 맞물려 결국 사고로 이어지게 된다는 것이다.

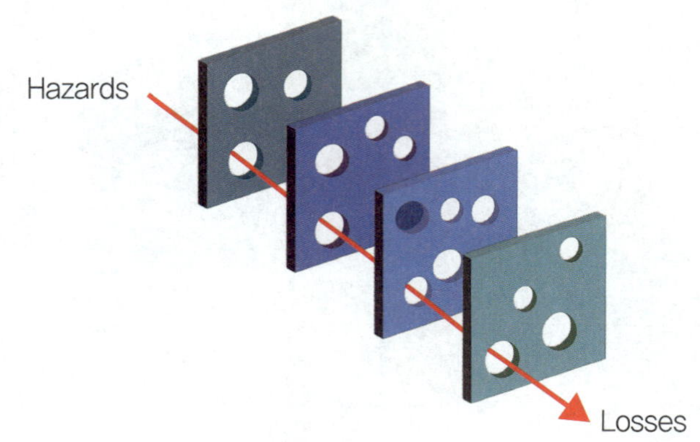

그림 13.5 스위스치즈모델(출처 : ICAO Doc 9859 Safety Management Manual 4th Ed.)

따라서 인간의 불안전 행위인 능동적 실패를 최소화하기 위해서는 잠재적 상황(Latent Condition)을 잘 파악하여 통제하는 것이 매우 중요하다. 잠재적 상황에는 조직의 영향, 불안전한 감독, 불안전 행위의 전제조건 등 3가지가 있다. 조직의 영향에는 자원관리, 조직 분위기, 운영 절차 등이 포함된다. 불안전한 감독에는 부적절한 감독, 부적절한 운영계획, 알려진 위험문제의 수정 실패, 감독자 위반 등이 포함된다. 불안전 행위의 전제조건에는 환경적 요인, 운용자 상태, 개인적 요인 등이 있다.

3) 안전문화(Safety Culture)

항공 분야에서의 안전문화는 항공시스템이 인간에 의해 작동되므로 자연스럽게 생성되는 현상이다. 안전문화는 아무도 보지 않을 때 안전 및 위험과 관련된 인간의 행태라고 할 수 있다. 즉, 관리자 및 직원들의 의식적 또는 무의식적 판단에 의해 설정되는 안전 우선순위에 대한 표현이라는 것이다.

ICAO Annex 19는 국가 및 서비스 제공자가 효율적 안전관리 이행을 통해 긍정적 안전문화 진흥을 요구한다. 현대 항공활동은 세계적 범위에서 수행된다. 따라서 안전한 항공운항을 위해서는 다양한 국가별 문화의 특성과 차이점을 이해해야 하고, 단일 국가 내에서도 많은 항공조직이 국적, 인종, 종교 등 다양한 문화적 배경을 가진 사람들을 고용하고 있지만, 항공기 운항 시 안전의 확보는 각기 다른 그룹 간의 상호작용에 크게 의존하고 있다.

효과적 안전관리는 긍정적 안전문화를 뒷받침하고, 긍정적 안전문화는 효과적 안전관리를 가능하게 한다. 긍정적 안전문화 구축을 위해서는 경영진과 직원 간의 높은 신뢰와 존중이 중요하고, 아울러, 안전문화에 전 조직원의 관심과 노력이 필요하며, 긍정적 안전문화 구축에는 시간이 소요된다. 따라서 안전관리시스템 성숙도는 그 조직의 안전문화를 반영한다고 할 수 있다.

안전보고에 미치는 안전문화의 영향은 매우 크다. 항공안전관리시스템은 안전위험을 해결하는 데 필요한 보고되는 안전데이터 및 안전정보로 유지되는데, 이러한 데이터나 정보를 보고하는 직원은 안전위험에 가장 가깝기 때문에 보고시스템을 통해 위해요인을 적극적으로 확인하고 솔루션을 제안할 수 있다. 보고시스템 운영의 성공 여부는 조직과 개인의 지속적인 정보소통 및 피드백에 달려있고, 지속적 정보 가용성을 보장하려면 안전데이터 및 정보 및 관련 자료원의 보호가 필수적이다. 보호를 통해 경영진은 중요한 안전데이터나 정보를 보고하는 직원들과 신뢰를 쌓을 수 있도록 해야 하며, 이는 그 조직의 안전문화에도 큰 영향을 미치게 된다.

6 안전위험관리(Safety Risk Management)

1) 안전위험관리 프로세스 개요

안전관리(Safety Management)와 동일한 의미를 가지는 위험관리(Risk Management)는 앞에 안전(Safety)라는 단어를 붙여 안전위험관리(Safety Risk Management)라고도 칭한다.

안전위험관리 프로세스는

첫째, 위해요인(Hazard)을 식별하는 것이다. 위해요인의 식별 방법은 크게 보았을 때 이미 발생한 사고의 원인을 조사해서 사고 원인이 되었던 위해요인을 파악하는 사후적(Reactive) 방법과 사고가 발생하기 전에 다양한 활동을 통해 식별하는 사전적(Proactive) 방법이 있고, 일상적 운영 데이터를 활용하는 예측적(Predictive) 방법 등이 있다.

둘째, 위해요인이 품고 있는 위험도(Risk)를 분석하는 것이다. 위험도의 분석은 2가지 요건에 대해 실시하는데, 해당 위험(Risk)을 관리하지 못했을 때 사고(Accident)가 발생할 가능성(Probability)을 분석하고, 해당 위험으로 인해 사고(Accident)가 발생한다면 얼마나 큰 피해(Severity)를 입을 수 있을 것인가를 분석한다.

셋째, 분석된 두 가지 결과의 조합을 통해서 위험도(Risk) 수준을 평가하게 된다. 위험(Risk)의 수준 평가 결과는 크게 3가지 유형으로 나뉜다. 가장 높은 수준의 위험도는 허용불가(Intolerable), 중간 정도 높은 수준의 위험도는 허용(Tolerable), 조직의 안전에 영향을 주지 않는 위험도는 수용(Acceptable)으로 구분한다. 위험(Risk) 평가 결과, 수용(Acceptable) 수준이라면 추가로 조치할 내용은 없다. 그 조직에서 감당할 수 있을 정도로 낮은 Risk로 판명되었기 때문이다.

넷째, 허용불가(Intolerable) 또는 허용(Tolerable) 수준의 위험도(Risk)라면 해당 Risk를 낮추는 작업인 경감(Mitigation) 조치를 수행해야 한다. 이러한 경감 조치에는 회피(Avoidance), 감소(Reduction), 격리(Segregation) 등 3가지 유형의 전략을 사용해 볼 수 있다.

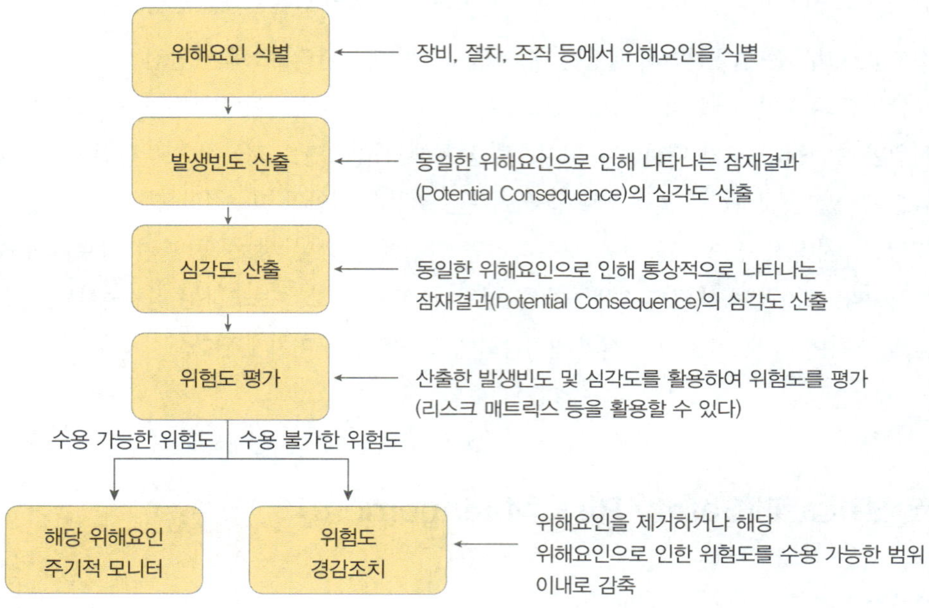

그림 13.6 안전위험관리 프로세스(출처 : 국토교통부 훈령 1685호 항공안전관리시스템 승인 및 모니터링 지침)

2) 위해요인 식별(Hazard Identification)

그림 13.6에서 볼 수 있듯이 위해요인(Hazard)의 식별은 안전위험관리 프로세스의 첫 번째 스텝이라고 할 수 있다. 위해요인은 시스템 또는 환경 내에서 자연적 상태(예 지형) 또는 기술적 상태(예 활주로 표시) 등 단일 혹은 여러 형태로 존재하며 사고를 유발시킬 수 있는 잠재요소로 작용한다. 항공활동에 있어 위해요인(Hazard)은 불가피하게 발생하지만, 안전관리를 통해서 통제만 잘 할 수 있다면 위해요인과도 공존할 수 있다. 중요한 것은 위해요인이 품고 있는 위험(Risk)에 대한 경감 조치를 통해 부정적 결과를 해소하는 것이다.

위해요인은 안전보고시스템, 조사, 감사, 브레인스토밍, 전문가 판단 등 다양한 자료원을 통해 식별할 수 있다. 이 중에서도 능동적으로 위해요인을 식별하기 위한 중요한 수단은 자율안전 보고시스템이며, 조직 내부적으로 수행하는 안전조사 또한 위해요인 식별에 중요한 수단이 된다. 조직 외부적으로는 국가사고조사기관이 제공하는 정보, ICAO 또는 기타 국제기구 등이 배포하는 자료도 활용할 수 있다. 기억할 것은 위해요인 식별이 한두 번으로 끝나는 작업이 아니라 지속적으로 수행해야 하는 안전관리의 시작점이라는 것이다. 이 과정에서 기존에 확인되지 않았던 사고 원인이 알려지거나, 불안전한 상황이나 비정상 상태가 발생될 경우, 조직의 안전성과가 설정된 범위에 크게 못 미치거나 벗어났을 경우, 그리고 조직의 감축이나 합병, 최고경영자 등 핵심 인력의 변동, 새로운 장비의 도입 등 조직에 커다란 변화가 발생하거나 발생이 예측될 경우에는 위해요인 식별에 더욱 특별한 관심을 가져야 한다.

3) 위험분석(Risk Analysis)

위해요인(Hazard)을 식별하면, 해당 위해요인이 품고 있는 위험도를 분석하여 위험평가를 준비하게 되는데, 그림 13.6의 '발생빈도 산출' 및 '심각도 산출'이 위험분석 단계에 해당한다. 발생빈도(Frequency/Likelihood) 분석은 발생 가능성(Probability)이라고도 하며, 해당 위해요인이 품고 있을 위험(Risk)이 부정적 결과(Accident)를 발생시킬 수 있는 개연성을 분석하는 것이다. 이때 고려할 요소로는 유사 사례가 있었는지, 다른 장비 또는 동일 형식의 구성품이 유사한 우려를 가지고 있는지, 문제가 되는 위험에 얼마나 많은 사람이 연관되어 있는지, 위험에 노출되는 양은 얼마나 되는지 등이 있다. 이러한 고려를 기반으로 합리적인 사람이 동일 환경에서 유사한 사건 발생을 기대하는 예측 수준을 판단하는 것을 발생 가능성 분석이라고 하며, 표 13.2와 같은 카테고리 중 하나로 분석결과를 산출한다.

표 13.2 가능성 분석 기준 예시(출처 : ICAO Doc 9859 Safety Management Manual 4th Ed.)

Likelihood	Meaning	Value
Frequent	Likely to occur many times(has occurred frequently)	5
Occasional	Likely to occure sometimes(has occurred infrequently)	4
Remote	Unlikely to occur, but possible(has occurred rarely)	3
Improbable	Very unlikely to occur(not known to have occurred)	2
Extremely improbable	Almost inconceivable that the event will occur	1

다음으로 수행할 분석은 심각도(Severity)로서 식별한 위해요인(Hazard)으로 인해 발생할 수 있는 피해의 수준을 분석하는 것이다. 심각도를 판단할 때 고려 요소는 사망 또는 중상 등 인적 피해 및 항공기, 장비 손상 등의 물적 피해 모두가 포함된다. 중요한 것은 심각도 분석 시 최악의 예측상황을 포함하여 가능한 모든 결과를 고려해야 한다는 것이다. 그림 표 13.3은 심각도 분석기준의 예시 사례로서 해당 조직의 규모, 특성에 따라 단계를 축소 또는 확장할 수 있고, 인적 피해, 물적 피해 모두 반영한 것을 보여주고 있다.

표 13.3 심각도 분석 기준 예시(출처 : ICAO Doc 9859 Safety Management Manual 4th Ed.)

Severity	Meaning	Value
Catastrophic	• Aircraft / equipment destroyed • Multiple deaths	A
Hazardous	• A large reduction in safety margins, physical distress or a workload such that operational personnel cannot be relied upon to perform their tasks accurately or completely • Serious injury • Major equipment damage	B
Major	• A significant reduction in safety margins, a reduction in the ability of operational personnel to cope with adverse operating conditions as a result of an increase in workload or as a result of conditions impairing their efficiency • Serious incident • Injury to persons	C
Minor	• Nuisance • Operating limitations • Use of emergency procedures • Minor incident	D
Negligible	• Few consequences	E

4) 위험평가(Risk Assessment)

위험평가는 발생 가능성(발생빈도) 및 심각도에 대한 위험분석 결과에 기반하여 위해요인이 품고 있는 위험도(Risk) 수준을 평가하는 단계로서, 평가 결과는 위험관리와 의사결정의 기초자료로 활용하게 되며, 위험평가에는 위험 수준의 판정과 조치 수준의 결정 등이 포함된다.

위험 수준의 판정은 기 수행한 발생 가능성과 심각도 분석 결과의 조합으로 이루어지는 위험평가 매트릭스를 활용한다.

표 13.4 위험평가 매트릭스 예시(출처 : ICAO Doc 9859 Safety Management Manual 4th Ed.)

Safety Risk		Severity				
Probability		Catastrophic A	Hazardous B	Major C	Minor D	Negligible E
Frequent	5	5A	5B	5C	5D	5E
Occasional	4	4A	4B	4C	4D	4E
Remote	3	3A	3B	3C	3D	3E
Improable	2	2A	2B	2C	2D	2E
Extremely improbable	1	1A	1B	1C	1D	1E

표 13.4의 위험평가 매트릭스는 총 25개의 옵션을 제공하는데, 앞서 수행한 발생 가능성 및 심각도 분석 결과를 대입하여 위험 수준이 결정된다. 예를 들어 식별한 위해요인(Hazard)에 대한 위험분석 결과, 발생 가능성이 4, 심각도가 C이었다면, 이 값들을 매트릭스에 대입 시 평가 결과는 4C가 된다.

ICAO가 제시한 항공 분야에서의 위험도 수준은 크게 3가지 유형이 있다. 첫째는 해당 조직에서 수용할 수 있는 수준(Acceptable)의 위험도(Risk), 둘째는 수용할 수 있는 수준 이상으로서 중간 정도 높은(Tolerable) 위험도(Risk), 그리고 매우 높은 수준(Intolerable)의 위험도(Risk)이다. 표 13.5에서는 Acceptable 수준의 위험도는 초록색으로 표시되어 있고, Tolerable 수준의 위험도는 오렌지색으로 표시되었으며, Intolerable 수준의 위험도는 붉은색으로 표시되어 있다. 어디까지를 Acceptable, Tolerable, Intolerable 수준으로 정의할 것인지는 해당 조직/회사별 안전관리 역량을 기반으로 결정한다.

위험도 수준이 판정되었다면, 위험도별 조치 수준을 결정하게 된다. 항공 분야에서 위험 수준은 크게 3가지로 분류되어 있기 때문에, 조치 수준 또한 표 13.5와 같은 3가지 유형 중 하나로 결정하게 된다.

Acceptable 수준의 위험도에 대해서는 추가적인 조치가 필요하지는 않지만, Tolerable 수준 위험도에 대해서는 위험경감 조치(Mitigation)가 수행되어야 한다. 다만, 최고관리자가 해당 리스크를 수용하겠다는 결심이 있을 경우에는 위험경감 조치를 유보할 수 있다. 이러한 경우로는 위험경감 조치를 수행하려고 하는데 예산이 부족하거나, 새로운 장비를 주문하여 제작하는 데 시간이 필요할 경우가 있을 것이다. Intolerable 수준 위험에 대해서는 해당 위험과 관련된 운영활동을 즉각 중단하고 최소한 Tolerable 수준으로 위험도가 낮아질 수 있도록 즉각적인 위험경감 조치를 수행해야 한다. 이러한 위험경감 조치를 통해서 Tolerable 한 수준까지 위험도가 낮아졌다면 중단했던 운영활동은 재개할 수 있다.

표 13.5 위험 수준의 분류 예시(출처 : ICAO Doc 9859 Safety Management Manual 4th Ed.)

Safety Risk Index Range	Safety Risk Description	Recommended Action
5A, 5B, 5C, 4A, 4B, 3A	INTOLERABLE	Take immediate action to mitigate the risk or stop the activity. Perform priority safety risk mitigation to ensure additional or enhanced preventative controls are in place to bring down the safety risk index to tolerable.
5D, 5E, 4C, 4D, 4E, 3B, 3C, 3D, 2A, 2B, 2C, 1A	TOLERABLE	Can be tolerated based on the safety risk mitigation. It may require management decision to accept the risk.
3E, 2D, 2E, 1B, 1C, 1D, 1E	ACCEPTABLE	Acceptable as is. No further safety risk mitigation required.

5) 위험경감전략(Risk Mitigation Strategies)

평가된 위험을 수용 가능한 수준으로 관리하기 위해 적용할 수 있는 위험경감전략으로는 크게 3가지 유형을 들 수 있다.

첫째, 회피(Avoidance)다. 회피는 운영 또는 활동을 취소하거나 중지하는 것으로서 관련 위험으로부터 차단시키는 전략이다.

둘째, 감소(Reduction)다. 감소는 잠재결과의 피해(심각도)를 줄이거나 발생 가능성(Probability)을 줄이는 전략으로서 안전보호장치의 설치, 경보장비의 도입, 운용기준 강화 등의 다양한 방법들이 포함된다.

셋째, 노출된 위험으로부터의 격리(Segregation of Exposure)다. 이는 운영을 일부 제한하거나 노출시간을 감소시키는 전략으로서 위험을 부분적으로 회피하도록 하는 조치에 해당한다. 위 위험경감전략은 하나만 적용할 수도 있고, 2개 이상의 복수 전략을 활용할 수도 있다.

6) 안전성과관리(Safety Performance Management)

안전성과관리는 조직의 안전활동과 프로세스가 효과적으로 작용하는지를 판단하는 활동을 의미한다. 여기에는 안전성과지표(SPI) 달성 여부 확인을 통해 안전성과를 모니터링하고 측정하는 것이 포함된다. 이때 수집된 정보는 조직의 현재 안전상황 인식에 도움을 주고, 위험경감 조치에 필요한 의사결정을 지원하게 된다.

안전성과관리는 조직의 안전관리 수행에 있어서 조직의 최대 안전위험이 무엇인지를 파악하고, 조직의 안전목표 달성 여부 확인 수단을 개발하며, 안전과 관련한 의사결정에 필요한 데이터 및 정보 유형을 파악할 수 있게 한다. 아울러, 해당 조직이 수용할 수 있는 수준의 위험 수준을 설정할 수 있게 한다.

안전성과를 관리하기 위해서 필요한 것으로는 안전목표(Safety Objective), 안전성과목표(SPT, Safety Performance Target), 그리고 안전성과지표(SPI, Safety Performance Indicators) 등이 있다. SPT는 안전목표(Safety Objective)를 달성하는 과정에서 점검하는 중간 목표이고, SPI는 SPT 또는 안전목표가 원하는 수준에 도달하였는지를 판단하는 여러 가지 지표들을 의미한다.

지속적인 SPI 값들을 모니터링하고 관리하여 SPT와 안전목표를 달성할 수 있도록 조치하는 행위들을 안전성과관리라고 한다. 이 과정에서 부족한 부분이 발견되면 추가적 조치를 수행해야 하고, 만약 현실성 없는 SPT나 안전목표라고 판단되면 이를 수정하는 작업도 진행할 수 있다.

7) 안전목표(Safety Objectives)

어느 조직이나 목표가 있어야 방향성을 잃지 않고 한길로 갈 수 있다. 그래서 목표를 세우는 것이 매우 중요한데, 안전목표는 안전 측면에서 달성해야 할 Target이다. 목표는 조직의 안전활동

방향을 제공하기 때문에 조직의 안전정책과도 맥락을 같이하도록 설정되어야 한다. 또한 안전목표는 안전과 관련된 의사결정의 기초를 제공한다. 따라서 안전목표는 구체적이고, 측정할 수 있어야 하며, 달성 가능하고, 의미가 있어야 하며, 시간적 제약을 가지는 특징을 지닌다. 이러한 특징들은 영문으로 줄여서 SMART(Specific, Measurable, Achievable, Relevant, Timely)라고 표현하기도 한다.

안전목표는 조직이 안전 측면에서 성취하고자 하는 결과에 관한 고위관리자의 표명으로서 조직의 안전활동 방향성을 제공한다. 따라서 안전목표는 안전성과관리의 전략적 지침을 제공하고, 이에 필요한 의사결정의 기반이 되므로 안전목표는 안전성과관리에 중요한 고려사항이다.

안전목표의 설정은 프로세스 중심 관점(Process-Oriented)과 결과 중심 관점(Outcome-Oriented) 모두를 포함해야 한다. 프로세스 중심 관점의 목표는 직원들에게 기대하는 내용으로 표현되거나, 조직의 이행조치 성과로 표현되고(예 안전보고의 증가), 결과 중심 관점의 목표는 사고/준사고 건수 또는 피해의 수준과 같은 안전관리 이후에 나타나는 현상으로 표현할 수 있다.

8) 안전성과지표 및 안전성과목표(Safety Performance Indicators and Safety Performance Targets)

안전성과지표(SPI, Safety Performance Indicators) 및 안전성과목표(SPT, Safety Performance Targets)는 안전목표(Safety Objective)를 달성하기 위해 안전성과관리에 사용하는 도구들이다.

안전성과지표로는 정량적(Quantitative) 지표와 정성적(Qualitative) 지표를 사용할 수 있다. 또한 선행(Leading)지표와 후행(Lagging)지표로도 분류할 수 있는데, SPT나 안전목표를 달성하기 위해서 사전에 조치하고 투입하는 노력의 수준을 기준으로 판단하는 지표가 선행(Leading)지표다. 예를 들어, 항공기 조류 충돌을 방지하기 위해 조류퇴치활동을 수행한 횟수, 활주로 주변 풀밭에 대한 제초작업 횟수 등은 사고를 예방하기 위해 사전에 조치하는 행위들이기 때문에 선행지표(Leading Indicator)에 포함될 수 있다. 반면, 이러한 관리활동을 통해 나타나는 결과로는 항공기 조류 충돌이나 조류의 엔진 흡입 사례 감소 건수 등을 들 수 있고, 이는 후행지표(Lagging Indicator)로 활용할 수 있다.

역사적으로 항공안전에 대한 평가는 낮은 발생확률/높은 심각도 결과를 반영하는 후행(Lagging) 안전성과지표를 많이 활용했는데, 이유는 사고 또는 준사고 같은 사건들이 계수화에 용이했기 때문이다. 하지만, 안전성과관리 측면에서 본다면 사고/준사고 수치에 지나치게 의존하는 것은 문제가 될 수 있다. 사고 또는 준사고는 자주 발생하지 않는다. 예를 들어 항공기 추락사고는 1년에 한 번 발생하거나 발생하지 않는 경우도 많다. 이처럼 드물게 나타나는 안전결과(성과)에 대한 측정은 추세를 확인하거나 통계적 분석을 어렵게 한다. 이러한 상황에서 사고나 준사고가 발생하지 않았다는 것을 표시하는 후행지표 값은 시스템이 안전하다는 것을 나타낸다고 볼 수 없고, 이러한 데이터에 의존한 결과는 '안전성과가 기대한 대로 나타나고 있다'라는 오류에 빠지게 할 수 있다.

안전성과목표는 안전목표를 달성하기 위해 진행해 가는 과정에서 맞이하는 중간단계의 목표라고 할 수 있다. SPT 달성 여부는 각종 안전성과지표(SPI)들의 종합적인 결과로 판단한다. 따라서 안전성과목표는 안전목표를 달성하기 위해 제대로 방향성을 잡았는지 확인하는 이정표가 되고, 안전성과관리 활동의 효율성을 점검하는 수단이 되기도 한다.

9) 안전성과 모니터링(Safety Performance Monitoring)

안전성과 모니터링이란 안전목표 달성을 위한 노력이 정상적으로 진행되고 있는지를 파악하고, 조치가 필요한 분야가 있는지를 확인, 측정하는 활동이다. 모니터링을 통해서 필요시 현실적이지 않은 SPT, SPI의 조정도 가능하다. 또한, SPT, SPI를 수립할 당시의 운영환경이 크게 변화하지는 않았는지도 모니터링해야 한다. 기 수립된 SPT, SPI들은 수립 당시의 여건과 환경을 기준으로 하였기 때문에 만약 환경, 여건이 크게 변화하였다면 이에 맞춰 SPT, SPI 조정이 필요하기 때문이다. 이를 변화관리(Change Management)라고 하며, 변화관리는 안전성과 모니터링과 연계하여 고려해야 할 중요한 활동 중 하나다.

안전성과 모니터링과 관련하여 Safety Trigger(안전경보)라는 것이 있는데, 모니터링하는 특정 안전성과지표 값이 심하게 높아지거나 저조할 경우 해당 Risk에 대한 즉각적인 결정, 개선 조치를 하도록 미리 설정해 둔 포인트를 의미한다. 통상적으로 통계적인 기준점을 사용하는데, 표준편차(SD, Standard Deviation) 등을 활용하는 경우가 많고, 의사결정자가 필요한 결정과 조처를 내릴 수 있도록 조기경보를 제공한다.

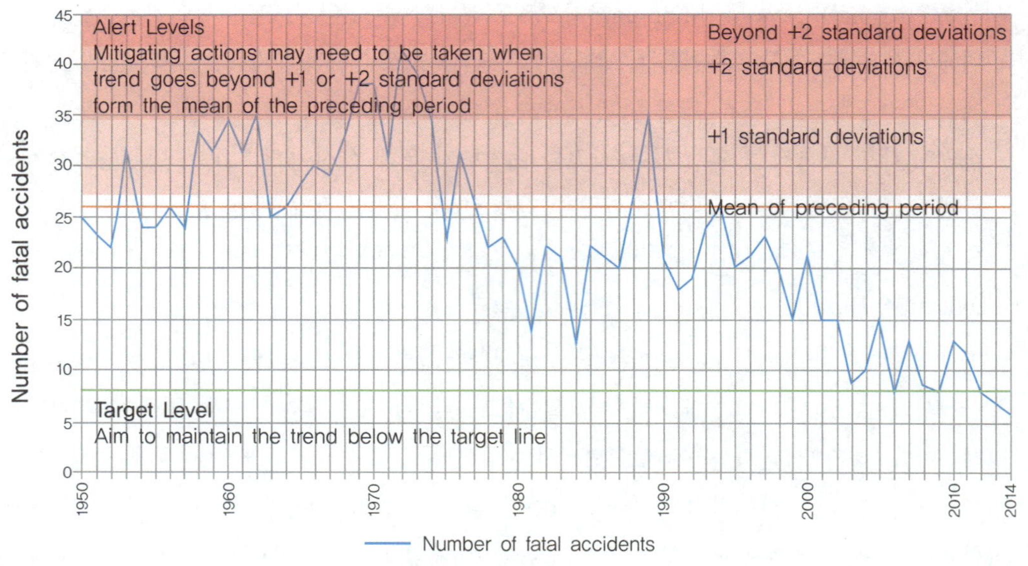

그림 13.7 안전성과 모니터링의 Safety Trigger 활용 예시(출처 : ICAO Doc 9859 Safety Management Manual 4th Ed.)

7 안전데이터 수집 및 처리 시스템(Safety Data Collection & Processing System)

1) 안전데이터 및 정보의 수집(Safety Data, Safety Information Collection)

전통적인 항공안전관리 운영 방법과 ICAO Annex 19가 제시하는 신개념 항공안전관리 운영 방법의 가장 큰 차이점은 안전데이터와 안전정보의 활용 비중이다. 1990년대 중반까지의 항공안전관리 수행은 사고 또는 준사고가 발생하면 그 원인을 조사하여 미흡점을 파악하고 대응방안을 적용하는 방식이 주를 이루었다면, Annex 19는 비즈니스 관리 관점에서 다양한 운영데이터를 수집·분석하여 안전관리에 활용하는 방식으로 운영하도록 하고 있다.

안전데이터는 관찰 또는 측정의 결과로 보고되거나 기록된 것을 의미한다. 그리고 안전데이터는 주어진 상황에 맞춰 처리, 분석될 때 안전정보로 변환되어 안전관리에 유용하게 사용된다. 효과적 안전관리는 안전데이터의 수집, 처리, 관리, 분석의 영향을 받으며, 안전추세 확인 및 안전성과 평가, 위험평가 등을 수행하기 위해서는 신뢰할 수 있는 데이터가 필요하다.

안전관리에 활용할 수 있는 데이터나 정보의 수집은 매우 중요하다. 대표적인 안전데이터와 정보의 수집 소스(Source)로는 사고, 준사고 조사보고서(Accident and Incident Investigation Results), 의무·자율 안전보고(Mandatory·Voluntary Safety Reports), 회사 자체점검결과(Self-Disclosure Reports), 평가, 감사, 설문 결과(Results of Inspections, Audits, or Surveys) 등이 있다.

2) 분류(Taxonomies)

수집된 안전데이터는 적절한 분류체계에 따라 정리되고 관리되어야 한다. 특정 분류체계를 활용함으로써 수집된 데이터가 의미 있는 정보로 활용되도록 통제할 수 있기 때문이다. 공통분류법(Common Taxonomy)의 활용은 수집된 데이터가 제공하는 정보의 질을 보장하고 데이터, 정보의 교환에 큰 도움을 준다. 만약 A라는 서비스 제공자가 1년에 10,000개의 안전데이터를 수집하고, B, C라는 서비스 제공자 또한 각각 10,000개의 데이터를 수집하여 각자가 자신들의 방식으로 수집한 데이터를 분류하여 관리한다고 하면, A, B, C 서비스 제공자들이 상호 간 수집한 데이터를 공유 또는 교환하여 활용하는 것이 매우 어려울 것이다. 분류체계가 다르기 때문에 어떤 데이터가 어디에 들어있는지 확인하는 것이 매우 복잡하고 시간이 많이 소요되기 때문이다.

이러한 문제점을 해결하기 위해 항공 분야에 도입된 공통분류법(Common Taxonomy)의 대표 사례로는 ICAO가 제시한 ADREP(Accident/Incident Data Reporting)가 있다. 공통 분류의 예시로는 항공기 기종을 분류할 때 에어버스사에서 제작된 항공기들은 'A-'로 표시하고, 보잉사에서 제작된 항공기들은 'B-'로 표시하는 것을 들 수 있다.

3) 안전데이터의 처리(Safety Data Processing)

안전데이터의 처리는 의미있는 안전정보를 생성하는 것을 의미한다. 여기에는 수집된 안전데이터를 그룹화시키는 안전데이터의 집계(Aggregation of Safety Data)가 있고, 이를 통해 장소, 기종 등과 같은 특정 변수에 기반 한 정보를 얻을 수 있게 된다.

데이터의 융합(Data Fusion) 또한 안전데이터의 처리에 포함되는 기능이다. 이는 집계된 여러 개의 데이터세트를 통합해서 더욱 일관되고 유용한 안전데이터를 생성하는 과정으로서 중복 자료의 삭제 또는 대체가 가능하여 데이터 품질을 향상시킬 수 있게 한다. 예를 들어 기상 데이터와 레이더 영상 데이터를 융합하면 보다 유용한 기상 데이터를 얻을 수 있다.

4) 안전분석(Safety Analysis)

안전분석은 수집한 안전데이터나 정보를 통해 안전관리에 유용한 자료를 제작하거나, 결론을 제시하고, 데이터에 기반 한 의사결정을 지원하기 위한 자료 추출 과정을 의미한다.

안전분석이 효과적이기 위해서는 그 조직에 존재하고 있는 중요한 도구, 정책, 절차들과 통합하여 진행하는 것이 필요하다. 즉, 안전분석을 통해 나온 정보들이 기업 활동이나 조직의 운영 목적을 달성하는 수단으로도 활용할 수 있도록 하는 것이다.

안전분석의 방법으로는 크게 서술적 분석(Descriptive Analysis), 추론적 분석(Inferential Analysis), 예측적 분석(Predictive Analysis) 등 3가지 유형이 있다. 서술적 분석은 현상이 어떻다는 것을 제시하는 형태의 분석이다. 추론적 분석은 현재의 현상이 발생하게 된 이유가 무엇 때문이라는 귀론적 이유를 설명하는 형태의 분석이고, 예측적 분석은 현재의 현상에 기초하였을 때 향후 미래에 발생할 상황을 예상하는 분석을 의미한다. 위 3가지 유형의 분석 중 2개 이상을 결합하여 사용하는 분석 방법도 고려할 수 있는데, 이를 통합적 분석이라고 부른다.

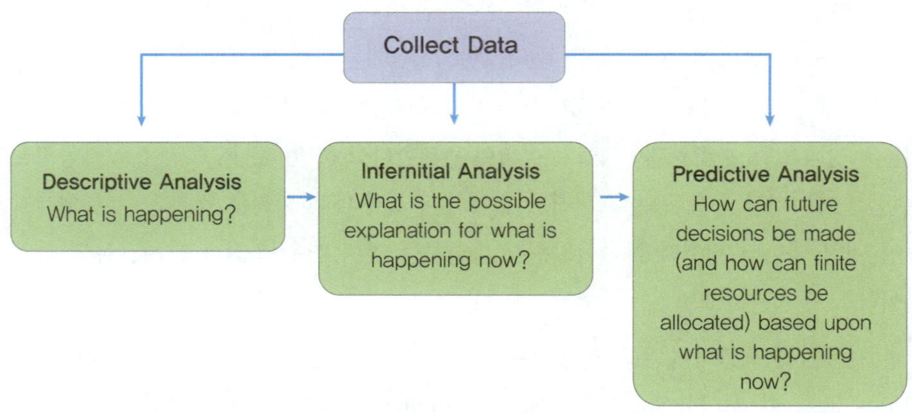

그림 13.8 안전분석 방법(출처 : ICAO Doc 9859 Safety Management Manual 4th Ed.)

5) 분석결과의 보고(Reporting of Analysis Results)

분석된 자료들은 많은 사람이 쉽게 접근하고 활용할 수 있는 방법들로 제공되어야 한다. 분석된 내용이 조직이나 기업의 안전에 위협이 된다고 판단된다면 즉각적인 안전 경고(Safety Alert)를 통해 공지되어야 하고, 이외에도 안전분석보고서(Safety Analysis Report)나 안전회의 등을 활용하여 전파할 수 있다. 이러한 안전분석보고서에 포함된 제안사항, 권고사항들이 이행계획에 어떻게 반영되어야 하는지에 관한 의견이 포함된다면 분석 결과가 더욱 효율적으로 활용될 수 있다.

6) 안전정보의 공유 및 교환(Safety Information Sharing and Exchange)

안전정보를 조직 내부, 외부에 공유하거나 교환하는 노력도 중요하다. 안전정보가 공유되거나 교환되었을 때 안전관리의 효과성이 더욱 커질 수 있기 때문이다. 공유(Sharing)는 해당 조직이 가지고 있는 정보를 다른 기관이나 조직에 알려주는 것을 의미하고, 교환(Exchange)은 해당 조직의 정보를 주고 상대 조직으로부터 그들의 정보를 받는 것을 의미한다.

7) 데이터 기반 의사결정(Data-Driven Decision Making)

안전분석의 목적 중 하나는 데이터에 기반 한 의사결정(Decision Making)을 지원하는 것이다. 의사결정자들이 분석된 안전정보에 기초하여 판단을 내릴 때 합리적이고 긍정적인 결과를 가져올 확률이 높기 때문이다. 데이터에 기반하여 의사결정하는 것을 Data-Driven Decision Making이라고 하며, 다른 용어로 DDDM 또는 D3M이라고도 한다. D3M은 한 번에 완벽한 결정을 내리는 것이 아니라, 단기 또는 중장기적으로 만족할 만한 결정을 내리는 데 도움을 줄 수 있다.

데이터 기반의 의사결정은 결정해야 할 문제를 식별하고, 필요한 데이터를 확인하여 이를 기반으로 의사결정을 수행하며, 그 결과를 관련자들과 공유하는 절차를 밟게 된다.

8) 안전데이터, 정보 그리고 정보원의 보호(Protection of Safety Data, Safety Information & Related Sources)

안전데이터 및 정보, 정보원을 보호해야 하는 이유는 지속적인 안전데이터와 정보의 가용성을 확보하기 위함이다. 이를 위해 조직은 안전데이터, 정보를 제공하는 사람과 제공된 데이터 및 정보를 보호해야 한다. 보호하는 방법은 크게 두 가지다.

첫째, 보고한 사람이 보고했다는 것 때문에 불이익이나 처벌을 받지 않도록 하는 것이다.

둘째, 보고된 데이터나 정보는 안전을 유지하거나 증진 시키는 목적으로만 사용하도록 하는 것이다. 보호해야 할 데이터나 정보에는 자율안전보고시스템(Voluntary Safety Reporting System)을 통해 수집된 자료와 의무안전보고시스템(Mandatory Safety Reporting System)을 통해 수집된 자료가 포함된다. ICAO는 자율안전보고시스템에 대한 보호는 의무사항(Standards)으로 규정하였고, 의무안전보고시스템에 대한 보호는 권고사항(Recommended practices)으로 규정하고 있다.

ICAO Annex 19는 회원국들이 자국의 항공안전을 책임지고 수행해야 한다는 것을 강조하며 각국의 항공안전관리는 국가가 수행하는 국가항공안전프로그램(SSP, State Safety Programme)과 국가의 조정·통제를 받으며 항공활동을 수행하는 지정된 서비스 제공자(Service Providers) 및 항공기 운영자(Operators)가 수행하는 안전관리시스템(Safety Management System)으로 보장하도록 하고 있다.

1 국가항공안전프로그램(SSP, State Safety Programme)

State Safety Programme(SSP)은 국가, 즉 정부가 운영하는 항공안전관리프로그램을 의미한다. SSP의 프레임워크는 4개의 구성요소(Component)로 이루어지고, 여기에는 14개의 세부요인(Element)이 포함된다. 그리고 세부요인 중 8개는 국가의 안전감독(SSO, State Safety Oversight) 기능에 꼭 필요하기 때문에 핵심요인(CE, Critical Element)으로 분류한다. SSP의 Component 1은 국가 안전정책, 목표 및 자원(State Safety Policy, Objective, and Resources)이며, Component 2는 국가안전위험관리(State Safety Risk Management), Component 3은 국가안전보증(State Safety Assurance), Component 4는 국가안전증진(State Safety Promotion)이다.

국가항공안전프로그램(줄여서 '국가안전프로그램'으로 명칭 하기도 함)의 운영 목표는 국가가 구체적 운영 규정을 지원하기 위한 법률적 프레임을 보장하고, 국가 내 항공 관련 기관들의 안전위험관리 수행 및 협력을 조정하며, 서비스 제공자의 효과적 안전관리시스템 이행을 지원하는 한편, 항공산업의 안전성과를 감시, 측정할 수 있도록 하고, 국가 차원의 항공안전 성과 유지 및 지속적 개선을 도모하는 것이다.

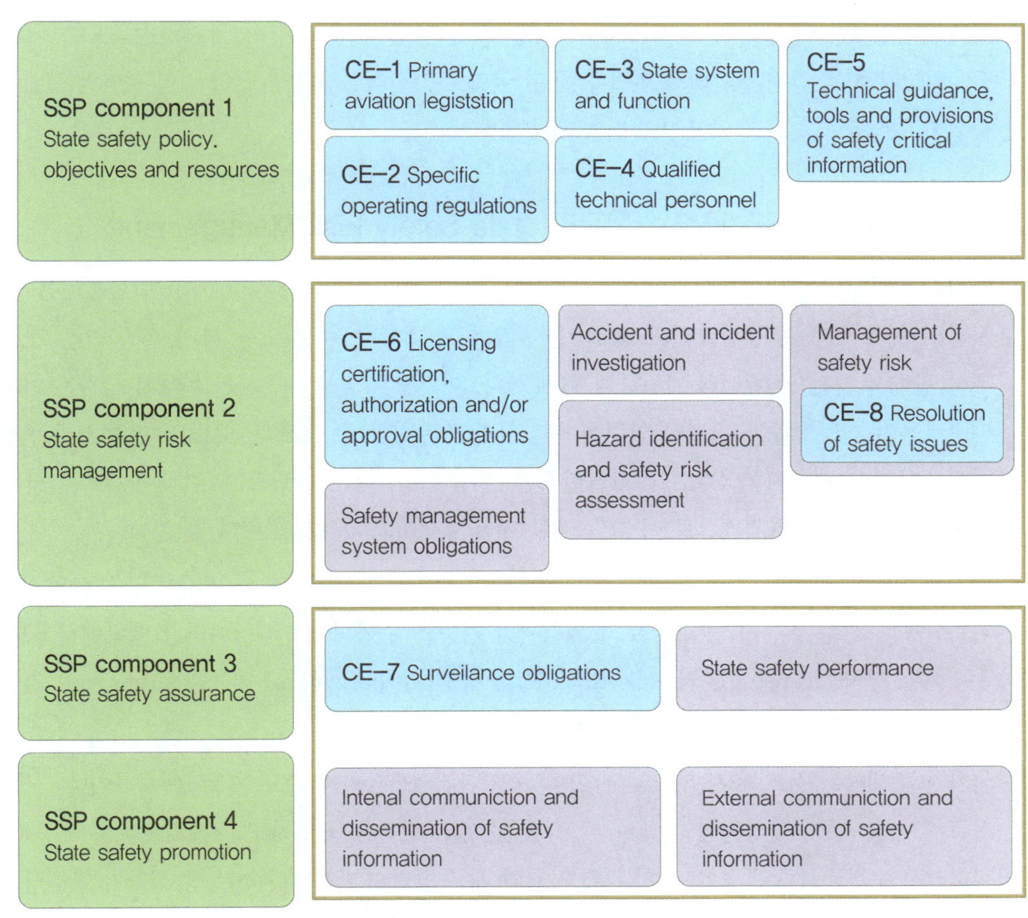

그림 13.9 SSP 프레임워크(출처 : ICAO Doc 9859 Safety Management Manual 4th Ed.)

1) Component 1 : 국가안전정책, 목표 및 자원(State Safety Policy, Objectives and Resources)

국가 차원에서 안전정책과 목표는 분명하게 설정되어야 하고 문서화하여 관련 이해당사자들에게 제공되어야 한다. 아울러 국가는 항공안전이 어떻게 관리될 것인지를 법률로 제시해야 한다. 서비스 제공자들은 법적으로 그들이 제공하는 서비스에 관련된 안전문제를 조치할 책임을 가지는데, 이러한 책임이 있다는 것 또한 법률에 명시되어야 한다.

이 컴포넌트에 포함되어야 할 구성요소로는 항공 당국이 해당 역할을 수행할 수 있도록 하는 기본 항공 법령(Primary Aviation Legislation), 국가가 안전위험을 관리함에 사용할 수 있는 도구 및 규범적 기반과 성능 기반 옵션을 제공하는 세부 운영규정(Specific Operating Regulations), 항공안전과 관련된 국가 시스템 및 기능의 정의, 국가기관의 유자격 기술인력 획득에 관한 사항, 중요한 안전정보의 이해 도모를 위한 기술적 지도, 도구, 조항 등이 포함된다.

국가안전정책은 국가의 안전 의도와 방향을 서술한 공식 문서이며, 국가안전목표는 국가가 달성하고자 하는 안전 결과의 표현이다. 또한 국가는 안전책임기관(항공 당국)이 부여받은 업무를 충실히 수행할 수 있도록 충분한 자원을 제공해야 한다.

2) Component 2 : 국가안전위험관리(State Safety Risk Management)

국가는 항공시스템의 잠재적 안전위험을 전통적 방법과 사전적(Proactive) 위험관리를 통해 사고의 전조증상 및 유발요인(Hazard)을 식별하고 대응할 수 있도록 하며, 항공안전 개선을 위한 전략적 안전자원관리를 가능하게 해야 한다. 이러한 기능을 수행하기 위해서 국가는 서비스 제공자들이 항공활동과 관련된 안전을 향상시키고 유지할 수 있도록 SMS의 이행을 요구해야 하고, 서비스 제공자의 SMS가 적절한지를 결정할 수 있는 수단을 마련해야 하며, 서비스 제공자들의 SMS가 효과적으로 이행되고 있는지를 감독하고 확인해야 한다.

국가의 안전관리에는 서비스 제공자의 SMS 이행이 포함되며, 국가 또한 법, 규정의 제정, 감독활동 우선순위 결정 등 스스로의 위험관리 기능을 수행해야 한다. 이러한 맥락에서 국가가 수행하는 면허(Licensing), 인증(Certification), 승인(Authorization) 및 허가(Approval) 기능은 국가차원의 중요한 안전위험 통제전략에 포함된다.

국가가 수행하는 사고 조사(Accident) 또한 국가안전위험관리의 중요 기능 중 하나이다. 국가는 사고 조사를 통해 활성화된 실패나 사고 및 준사고 원인을 규명하고, 사고 교훈을 제공하며, 항공안전 수정조치의 결정 및 조치 관련 자원의 배분 방법 개발을 지원하는 등 국가가 항공시스템 내의 사고 유발요인 및 결함을 식별하고 대응방안을 마련해야 한다.

3) Component 3 : 국가안전보증(State Safety Assurance)

국가안전보증은 국가가 의도했던 안전목표를 달성하고 있는지를 확인하는 것에 목적을 두며, 항공산업계와의 공동 노력을 통해 각종 안전절차가 효과적으로 기능하여 국가 안전목표를 달성하도록 하는 활동이다. 따라서 서비스 제공자들은 국가안전보증과 맥락을 같이하여 그들의 SMS에 포함된 안전보증활동 수행이 요구된다. 국가안전보증은 국가의 안전 제도들이 효과적으로 작동하고 있는지를 확인하고, 국가 내 항공업체들이 포괄적으로 참여하여 국가 안전목표로 향하고 있는지를 파악할 수 있도록 한다. 이를 위해 국가는 개별 서비스 제공자의 안전위험프로파일에 기초한 안전위험기반 감독(SRBS, Safety Risk Based Surveillance)을 수행하고, 서비스 제공자들의 안전성과를 모니터링한다.

국가의 안전성과 모니터링 및 측정 전략에는 항공시스템 모든 영역을 포괄하는 일련의 안전성과지표들을 활용하여 국가 차원에서의 항공 분야 운영환경을 반영한 안전위험의 통제상태를 확인하는 활동이 포함된다. 안전성과지표는 안전에 대한 결과 중심(Outcome Oriented)의 지표

(예) 사고, 준사고, 규정위반 건수)뿐 아니라 과정 중심(Process Oriented)의 지표(안전위험 경감활동 등) 모두를 반영해야 한다. 이때 결과 중심의 지표를 후행성과지표(Lagging Indicator)라고 하고, 사고를 예방하고 안전을 보장하기 위한 기능 및 활동 중심의 지표를 선행성과지표(Leading Indicator)라고 한다. 후행성과지표와 선행성과지표의 조합은 국가 차원에서의 안전관리에 작동하지 않는 것뿐 아니라 예상된 성과를 생성하게 하는 활동을 함께 고려하여 전반적인 안전성과(Safety Performance)를 평가할 수 있게 한다.

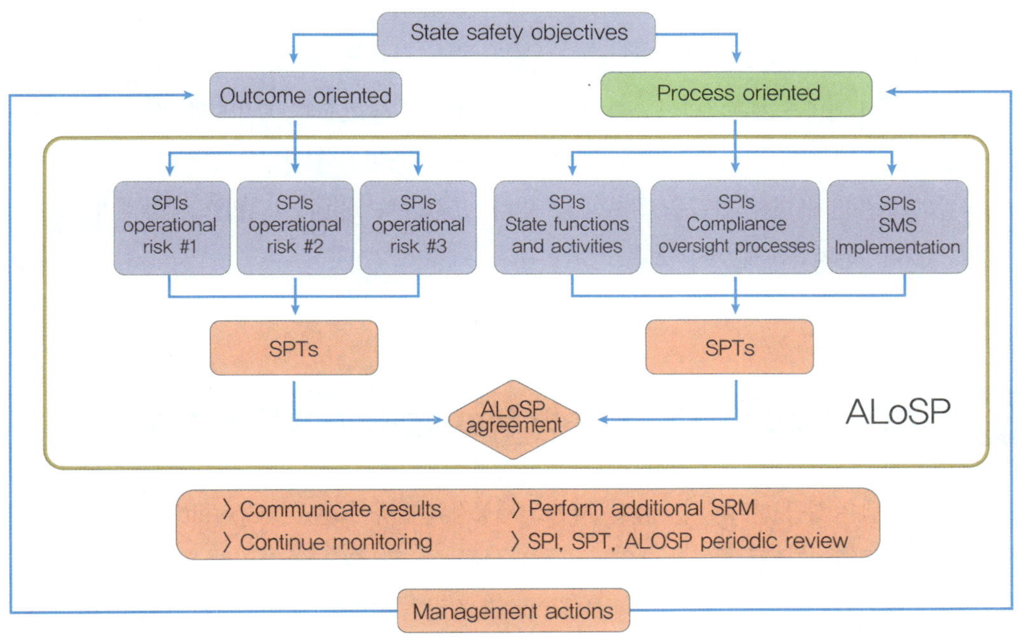

그림 13.10 국가안전보증 운영 흐름도(출처 : ICAO Doc 9859 Safety Management Manual 4th Ed.)

국가는 안전보증활동을 통해 안전 관련 개선이 필요한 사례를 식별한다면, 조치활동을 계획하고, 이행 상태를 모니터링해야 하며, 이를 위해 적절한 자원을 배분해야 한다. 아울러 국가 안전보증활동에 포함되는 중요한 요소 중 하나는 국가 차원의 변화관리다. 국가적 항공시스템에 중요한 변경사항이 발생하면 기존 방어기재의 효과에 영향을 미칠 수 있는 위해요인이 발생할 수 있고, 이로 인해 새로운 위험이 부상하거나 기존 안전위험에 변화를 초래할 수 있기 때문에 국가는 항공시스템상의 커다란 변화가 발생하는지를 모니터링하고 변화 영향을 평가하고 관리해야 한다.

4) Component 4 : 국가안전증진(State Safety Promotion)

국가 차원에서 항공 분야의 안전성능 향상은 안전문화에 크게 의존한다. 항공 분야의 긍정적 안전문화를 기반으로 국가 안전조치가 효과적일 수 있기 때문에 항공 당국은 국가안전프로그램을 발전시키기 위한 수단으로 안전문화 강화를 지원해야 한다.

안전문화 개선을 위한 여러 가지 방안 중 국가 차원의 의사소통과 정보의 제공은 특별히 중요하며, 여기에는 국가 항공기관들 내부 및 항공 당국과 서비스 제공자들과의 의사소통 및 정보 제공 등이 포함된다.

항공기관들의 의사소통 및 정보 제공은 국가항공안전에 대한 여러 조직의 협력을 향상시킬 수 있다. 항공 당국은 국가 내 항공기관들의 역할이 국가안전증진에 모아지도록 관리해야 하며, 이를 통해 국가안전프로그램 운영전략이 항공기관들 간에 공유되도록 해야 한다. 또한 국가안전프로그램 조정그룹(SSP Coordination Group)을 구성하고 그들과의 소통채널 유지에도 노력해야 한다.

항공 당국이 서비스 제공자와의 소통 채널을 활성화하면 사고 교훈, 모범사례, 안전성과지표, 특정 안전위험 등에 대한 정보를 공유할 수 있고, 서비스 제공자들의 안전문제에 대한 인식을 높이며, 국가 안전증진에 대해 협력을 촉진할 수 있다. 또한 항공 당국이 서비스 제공자의 안전관리에 필요한 데이터와 도구를 제공할 수도 있게 된다.

2 안전관리시스템(SMS, Safety Management System)

안전관리시스템은 항공 분야에서 지정된 서비스 제공자와 항공기 운영자(Operator)가 구축·시행해야 하는 안전관리체계이다. 큰 틀에서 SMS는 국가가 수행하는 SSP와 거의 동일한 프레임워크로 구성되어 있으나, SSP와 비교했을 때 범위와 스코프(Scope)가 각각의 서비스 제공자 자신들 내부로 한정한다는 차이가 있다. SMS의 프레임워크는 SSP와 동일한 4개의 구성요소(Component)로 이루어지고, 세부요인(Element)은 12개이다.

안전관리시스템(SMS)의 목적은 서비스 제공자에게 체계적 안전관리 접근방식을 접근토록 하는 것이며, 위해요인의 식별, 안전데이터 및 정보의 수집 및 분석, 안전위험평가를 통해 서비스 제공자들이 안전성과를 지속적으로 향상시키도록 설계되어 있다. 서비스 제공자는 SMS 운영을 통해 항공안전에 대한 이해가 향상되고, 안전성과 및 필요한 자원을 효과적으로 관리할 수 있게 된다. 따라서, 효과적인 안전관리시스템 운용은 서비스 제공자가 안전위험을 잘 관리할 수 있다는 능력을 보여주는 것이라고도 할 수 있다.

표 13.6 SMS 프레임워크(출처 : ICAO Doc 9859 Safety Management Manual 4th Ed.)

COMPONENT	ELEMENT
1. Safety policy and objectives	1.1 Management commitment
	1.2 Safety accountability and responsibilities
	1.3 Appointment of key safety personnel
	1.4 Coordination of emergency response planning
	1.5 SMS documention
2. Safety risk management	2.1 Hazard identification
	2.2 Safety risk assessment and mitigation
3. Safety assurance	3.1 Safety performance monitoring and measurement
	3.2 The management of change
	3.3 Continuous improvement of the SMS
4. Safety promotion	4.1 Training and education
	4.2 Safety communication

1) Component 1 : 안전정책 및 목표(Safety Policy and Objectives)

SMS의 안전정책 및 목표는 서비스 제공자의 안전관리가 효과적으로 시행될 수 있는 환경 조성에 중점을 둔다. 효과적인 SMS의 시행을 위해서는 경영진의 안전에 대한 헌신(Commitment)과 리더십이 중요한데, 이러한 것들이 안전정책과 목표의 수립을 통해 반영된다. 따라서 경영진의 안전의사결정과 조치는 안전정책 및 목표와 일치해야 한다. 안전정책은 고위관리자들에 의해 수립되고, 최고관리자가 서명함으로써 발효된다. 고위관리자들이 안전정책 및 목표를 수립할 때는 핵심 안전인력 및 직원을 대표하는 기관(직원회의체, 노동조합)의 참여와 협의가 필요하다.

SMS 안전정책에 포함되어야 할 내용으로는 안전성과의 지속적 개선에 관한 사항, 안전문화의 진흥 및 관리 방안, 관련 법률이 지시하는 요건들에 대한 조치, 생산/서비스 제공 및 안전에 필요한 자원 배분 지침, 관리자들의 안전관리에 관한 책임, 모든 직원들에게 안전이 잘 이해되고, 실행되고, 관리되는 방법 등이 포함된다.

안전목표는 안전정책을 반영하여 서비스 제공자가 달성하고자 하는 타깃(Target)을 의미하며, 안전목표는 조직의 안전 우선순위에 대한 고위급 표명(Statement)으로서 가장 중요한 안전위험을 다루어야 한다. 또한 안전목표의 성취도 모니터링을 위해 안전성과지표(SPI)와 안전성과목표(SPT)의 설정이 필요하다.

2) Component 2 : 안전위험관리(Safety Risk Management)

안전위험관리는 서비스 제공자들이 그들의 생산 또는 서비스 제공 활동 간에 존재하는 위해요인(Hazard)을 식별하여 위해요인이 품고 있는 위험(Risk)을 조치하는 활동이다. 위해요인(Hazard)은 설계나 기술적 기능, 시스템과 인간의 인터페이스나 상호작용 등이 저하되어 발생하는 시스템상의 결과물이다. 또한 위해요인(Hazard)은 현존하는 절차의 실패 또는 서비스 제공자의 운영환경 변화 적응의 실패 등에 의해서도 발생할 수 있다.

위해요인(Hazard)을 식별하면 그 위해요인이 가지고 있는 위험(Risk)을 평가하기 위해 사고(Accident)가 발생할 수 있는 가능성과 사고가 발생했을 때의 피해 심각도를 분석한다. 위 두 가지 측면에서 분석된 결괏값을 가지고 식별한 위해요인(Hazard)의 위험도(Risk) 수준을 평가하게 된다. 평가를 통해 위험도(Risk) 수준이 수용할 수 있는 것인지 아닌지를 판단하고, 수용할 수 없는 수준의 위험(Risk)이라면 경감시키는 조치를 수행하게 된다. 세부적인 조치는 본 장의 제3절 6항 안전위험관리(Safety Risk Management)에 기술된 내용을 적용한다.

3) Component 3 : 안전보증(Safety Assurance)

서비스 제공자들은 국가와 마찬가지로 자신들의 안전성과와 안전위험통제 효과성을 확인할 수 있는 수단을 개발하고 유지해야 한다. 여기에는 조직의 활동에 대한 지속적인 모니터링 프로세스와 새로운 안전위험을 출현시키거나 기존 안전위험통제 효과의 저하에 영향을 미치는 변화를 감지하기 위한 운영환경 모니터링이 포함된다.

서비스 제공자는 자신들의 안전 성능을 검증하고 안전위험통제의 유효성을 확인하기 위해 안전성과 모니터링 및 측정을 수행해야 하는데, 내부감사와 안전성과지표(SPI)의 관찰 등이 주요한 활동이 된다. 서비스 제공자는 안전성과지표(SPI) 값들을 통해서 안전성과목표(SPT) 달성 여부를 판단하기도 하고, 안전경보(Safety Trigger) 실행 여부를 판단할 수도 있다.

서비스 제공자는 여러 가지 요인으로 인해 운영상 변화를 경험하게 되는데, 이러한 변화는 기존 안전위험통제 효과에 영향을 미칠 수 있기 때문에 새로운 위험을 발생시킬 수 있다. 작고 점진적인 변화는 눈에 잘 띄지 않지만 누적 효과가 상당할 수 있고, 이러한 변화는 조직의 시스템 분석(System Description)에 영향을 미치게 된다.

4) Component 4 : 안전증진(Safety Promotion)

안전증진은 기술적 역량과 결합된 지속적인 교육·훈련 및 효과적 의사소통을 통해 긍정적 안전문화 형성을 도모하여 서비스 제공자의 안전목표 달성을 돕는다. 따라서 고위관리자는 조직의 안전문화를 장려하기 위한 리더십을 발휘해야 한다. 효과적 안전관리는 정책과 절차에 대한 명령과 이행만으로 달성될 수 없다. 안전증진 활동은 개인과 조직의 행동에 영향을 미치고, 조직의 정책, 절차, 프로세스를 보완하며, 안전 노력을 지원하는 가치를 제공하게 된다.

서비스 제공자가 수행하는 주요 안전증진 활동에는 직원들에 대한 안전교육 및 훈련, 그리고 조직원들과의 안전의사소통 등이 포함된다. 이를 위해 서비스 제공자는 직원들의 안전관리 역할(지원부서요원, 운영요원, 관리자 및 감독자, 고위관리자, 최고책임자 등)에 맞게 안전관리시스템 관련 초기 및 보수교육을 이수할 수 있도록 해야 한다.

안전의사소통과 관련하여 서비스 제공자는 조직의 안전관리시스템 목표 및 절차를 직원들에게 잘 알려야 한다. 안전의사소통의 목표는 직원들이 안전관리시스템을 인식하고 있는지를 확인하고, 중요한 안전정보를 전달하며, 안전위험 경감 조치에 대한 지원들의 인식을 제고하는 것이다.

제14장

항공 객실업무

박윤미 청주대학교 항공서비스학과 교수, 한국항공운항학회 정회원

항공기 객실 내에서 수행되는 객실승무원의 주요 직무와 역할에 대한 종합적인 이해를 돕는 데 있다.

첫째, 항공사 조직 내에서 객실승무원이 수행하는 업무의 성격과 책임을 파악하고, 직무의 전문성과 조직 내 중요성을 인식한다.

둘째, 항공기 운항 중 발생할 수 있는 비상상황 및 안전관리 절차를 학습함으로써, 위기 대응 능력과 승객 보호에 대한 실천적 지식을 습득한다.

셋째, 고객 만족을 위한 기내 서비스의 구성 요소와 제공 절차를 이해하고, 승무원의 서비스 역량이 항공사의 이미지 및 고객 경험에 미치는 영향을 설명할 수 있다.

넷째, 항공기 내 보안 개념과 관련 법규를 숙지하고, 객실 내 보안 유지를 위한 승무원의 역할과 테러·위협 상황에 대한 대응 방안을 체계적으로 이해하는 것을 목표로 한다.

제1절 객실승무원의 이해

1 객실승무원의 자격 및 업무

항공사 객실승무원은 항공기 내에서 승객의 안전을 책임지고, 비상상황 발생 시 승객의 탈출을 돕는 역할을 수행하며, 승객에게 편안한 여행 환경을 제공하는 서비스를 수행한다. 이에 객실승무원은 승객 안전관리, 비상상황 대응, 객실 서비스, 항공보안 등의 다양한 업무수행을 위해서 자격 및 자질이 필요하다.

1) 객실승무원의 자격

① 객실승무원의 자격 및 자질

객실승무원은 전 세계를 무대로 업무를 수행하기 때문에 다양한 문화적 배경을 이해해야 한다. 또한, 객실업무 특성상 빠른 판단력과 뛰어난 대인관계 능력을 바탕으로 승객에게 최상의 서비스 제공 및 항공보안 업무를 수행해야 한다. 이러한 업무 수행을 위한 자격을 갖추어야 한다.

㉠ 자격 요구조건

객실승무원은 자격증명과 이에 따른 국제적인 세부 기준은 없고, 따라서 국내 항공법에도 정해진 자격 기준은 없다. 그러나 국토교통부 항공 정책실에서 제공하는 객실승무원 훈련교범에서 국제민간항공기구(ICAO) Doc 10002(객실승무원 안전 훈련 매뉴얼)를 참고하여 일반적인 자격요건을 제공하고 있다.

표 14.1 ICAO 권장 항공사 객실승무원 최소 자격요건

최소 연령	• 18세 이상
학위	• 고교 졸업 이상
언어	• 영어 읽기, 쓰기, 말하기 능력
의사소통	• 객실승무원/승객 간의 적절한 의사소통
장비 사용	• 안전 및 비상장비 사용과 객실 선반 작동 가능
장비/시스템 운영	• 기종에 따른 장비/시스템 운영
전과	• 전과 및 신원조회 통과
기타 요건	• 사업 당국 또는 항공사 요구조건

ⓛ 언어(외국어) 능력

객실승무원은 업무 특성상 다국적 승객들과의 의사소통을 위해 외국어 능력이 필수적이며, 각 항공사에서는 항공사의 기준을 정하여 외국어 능력에 대한 기준을 마련하여 채용하고 있다. 특히, 비상상황에서의 외국인 승객들과의 원활한 소통 능력이 절실히 요구된다.

ⓒ 직업의식과 업무 지식

객실승무원은 승객들에게 전문적인 지식과 정확한 정보를 제공해야 한다. 객실승무원이 전문적인 지식이 부족하면 승객들에게 신뢰를 주지 못하며, 고객 만족도를 이끌어낼 수가 없다. 따라서, 객실승무원은 항상 자기개발을 통하여 전문지식을 습득 및 발전시켜 전문성을 유지해야 한다.

ⓔ 체력

객실승무원 업무는 기내 환경 변화 적응과 체력적 요구도가 높기 때문에 신체적 건강 상태가 매우 중요하다. 따라서 각 항공사에서는 국민체력100 프로그램을 참고 및 반영하여 채용을 진행하고 있다. 이에 객실승무원들은 상시적으로 신체 상태를 점검하고 관리하는 것이 중요하다.

국민체력100   NATIONAL FITNESS AWARD   국민체력100   체력측정   체력증진교실   스포츠활동 인센티브   온라인 건강 컨설팅   커뮤니티

| 성별 | 연령 (만) | 건강 체력 항목 | | | | | 운동 체력 항목 | | | |
| | | 심폐지구력 | | 근력 | 근지구력 | 유연성 | 민첩성 | | 순발력 | |
		20m 왕복 오래달리기 (회)	트레드밀/ 스텝검사 (ml/kg/min)	상대악력 (%)	교차윗몸 일으키기 (회)	앉아 윗몸 앞으로 굽히기 (cm)	10미터 왕복 달리기 (초)	반응시간 (초)	제자리 멀리뛰기 (cm)	체공시간 (초)
	19~24	30	36.8	46.8	36	19.7	12.3	0.332	162	0.479
	25~29	28	36.0	47.0	33	18.5	12.7	0.343	156	0.466
	30~34	26	34.8	49.6	31	18.2	12.9	0.347	154	0.464
	35~39	25	34.2	47.5	31	18.9	13.0	0.348	155	0.453
여	40~44	24	33.8	47.1	30	18.8	13.1	0.345	153	0.442

그림 14.1 국민체력100 측정항목 및 인증기준(출처 : 국민체육진흥공단)

ⓜ 긍정적 사고방식과 밝은 표정

객실승무원이 승객들에게 최상의 서비스를 제공하기 위해서는 긍정적 사고방식과 밝은 표정이 필수적이다. 객실승무원들은 긍정적인 사고와 밝은 표정을 통해 승객들에게 안정감과 신뢰를 형성하기 때문에 이러한 자질을 유지하기 위해 지속적인 노력이 필요하다.

2) 객실승무원의 업무

객실승무원의 주요 업무는 승객 안전관리, 비상상황 대응, 기내 서비스, 항공보안 관리로 나눌 수 있다. 객실승무원은 이를 수행하기 위해 상시적인 훈련과 교육을 통해 다양한 상황에 원활히 대처할 수 있는 능력을 갖추고 배양해야 한다.

① 승객 안전관리

객실승무원의 가장 중요한 책임 중 하나는 승객의 안전을 보장하는 것이다. 승무원은 비행 전이나 비행 중에 다양한 안전 관련 절차를 수행하며, 비상상황에서는 승객의 안전을 지키는 주도적인 역할을 수행해야 한다. 따라서 객실승무원은 안전장비 점검, 승객에게 브리핑 및 사용법 등을 안내해야 한다.

② 비상상황 대응

비상상황은 언제든지 발생할 수 있으므로, 객실승무원은 이러한 비상상황에서 승객을 안전하게 대피시키고 효과적으로 처리하는 능력을 갖추어야 한다. 주요 비상상황 처리에는 비상탈출, 의료 관련 응급상황, 화재 및 폭발상황 대응 등이 있다. 객실승무원은 이러한 상황 대응 능력을 갖추기 위해 정기적인 훈련이 필요하며, 시행되고 있다.

③ 기내 서비스

객실승무원의 또 다른 업무는 승객에게 편안하고 만족스러운 서비스를 제공하는 것이다. 객실승무원은 승객들이 기내에서 좋은 경험을 할 수 있도록 식음료 및 기내용품, 면세품 판매 등의 서비스를 제공한다.

④ 항공보안 관리

항공보안은 승객과 항공기의 안전을 유지하는 중요한 업무이다. 따라서 객실승무원은 기내에서 발생할 수 있는 보안 위협을 신속하게 감지하고 대응해야 한다. 주요 항공보안 관리 업무는 기내 수하물 및 반입금지 물품 점검, 테러 및 보안 위협 대응, 기내 보안절차 숙지 등이 있다.

▲ 유아 승객을 보살피고 있는 모습

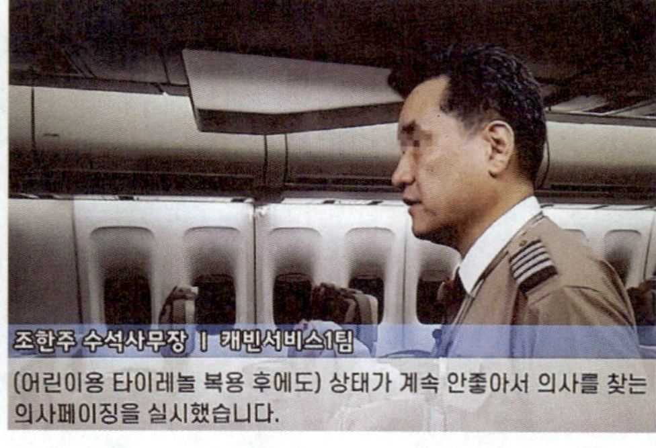

▲ 기내 응급 어린이 환자를 잘 보살핀 수석사무장 인터뷰

그림 14.2 객실승무원의 다양한 업무

2 객실승무원 직급 체계 및 임무

1) 객실승무원 직급 체계

항공사 객실승무원들은 근속 기간과 업무에 따라 직급 체계를 갖추고 있다. 이러한 직급 체계는 항공사마다 다소 상이한 명칭을 가지고 있으나, 승무원 직급 외에도 항공사 소속 직원으로서 일반 직군의 직급 체계와 유사한 구조를 따르고 있다. 대부분의 항공사에서는 유사한 직급 체계를 유지하고 있으며, 승무원들은 입사 후 일정한 절차를 거쳐 승진이 이루어진다. 객실승무원은 신입사원으로 입사한 후, 입사 교육과 직무 훈련을 마친 뒤 정식 객실승무원으로서 활동을 시작한다. 이후 인사 평가와 자격 평가를 통해 선임승무원으로 승격된다. 이후에도 각종 교육 이수와 외국어 자격, 기내 방송 자격 등을 충족하고, 인사 평가를 통해 사무장, 수석 사무장으로 승격된다. 객실승무원 승격에서는 근태 관리가 매우 중요한 요소이며, 개인적인 상황이나 건강도 철저히 관리해야 한다. 또한, 업무 환경 특성상 외국어 능력은 필수적이기 때문에 직급별 승격에 요구되는 외국어 능력이 충족되어야 하며, 이러한 자격을 갖추지 못하면 승진 대상에서 제외된다.

표 14.2 항공사 객실승무원 직급

구분	승무 직급	일반직 직급
CP(Chief Purser)	수석 사무장	부장
SP(Senior Purser)	선임 사무장	차장
PS(Purser)	사무장	과장
AP(Assistant Purser)	부사무장	대리
SN(Senior Stewardess)	선임승무원	사원
SD(Steward), SS(Stewardess)	남승무원, 여승무원	사원

2) 객실승무원 직급별 임무

객실승무원들은 직급에 따라 항공기 운항 중 부여된 역할을 수행한다. 동일한 직급이라도, 각 비행 편마다 부여되는 직급과 임무가 달라지기도 하기 때문에 승무원은 해당 직급에 맞는 업무를 철저히 수행해야 한다. 객실승무원은 크게 객실 사무장, 객실 부사무장, 그리고 각 좌석 클래스별 서비스 담당 승무원으로 구성된다.

① 객실 사무장(Purser)

객실 사무장은 해당 비행편 객실 서비스 업무의 총괄 책임자이다. 따라서 객실 사무장은 다년간의 비행 경력이 필요하다. 객실 사무장은 해당 비행편 서비스 진행과 승무원 관리 전반을 지휘한다. 특히 객실 사무장은 승무원들에게 명확한 지시와 업무를 분배하고, 기내 설비와 장비 점검, 승객 서비스 품질을 책임지며, 비행 후 특이사항 및 개선점을 보고한다.

② 객실 부사무장(Assistant Purser)

객실 부사무장은 최소 4~5년 이상의 경력을 가진 승무원에게 주어지는 직급이다. 객실 부사무장은 객실 사무장의 업무를 보조하며 업무를 분담하여 수행한다. 부사무장은 객실 사무장의 업무 또한 미리 숙지하고 준비해야 한다. 비상상황이나 우발상황이 발생하는 경우, 사무장을 대신하여 업무를 지휘할 준비가 되어 있어야 한다.

③ 승무원(Flight Attendant)

객실승무원은 선임승무원 및 승무원으로 구분되며, 각 비행편에서 서비스 구역(Class Zone)을 나누어 본인이 담당하는 구역에서 서비스를 제공한다. 객실승무원들은 항공기 객실을 일등석(First Class), 비지니스석(Business Class), 일반석(Economy Class)으로 나누어 서비스하며, 직급별로 서비스 담당 승무원들이 정해진 역할을 수행한다. 각 승무원은 자신이 담당한 구역에서 서비스 품질을 유지하며, 승객들이 안전하고 편안한 비행을 할 수 있도록 지원한다.

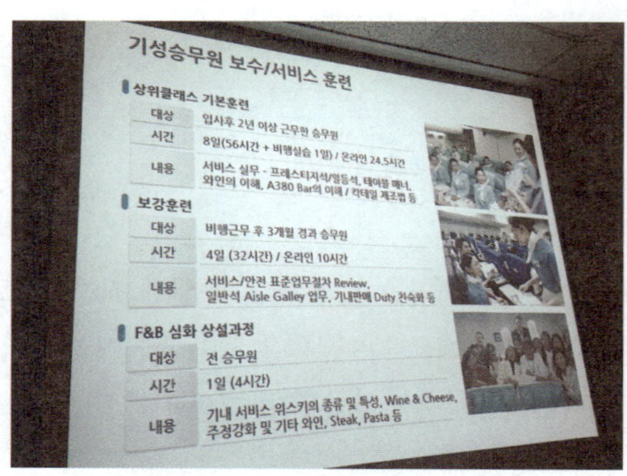

▲ 항공사 승무원 보수/서비스 훈련 내용

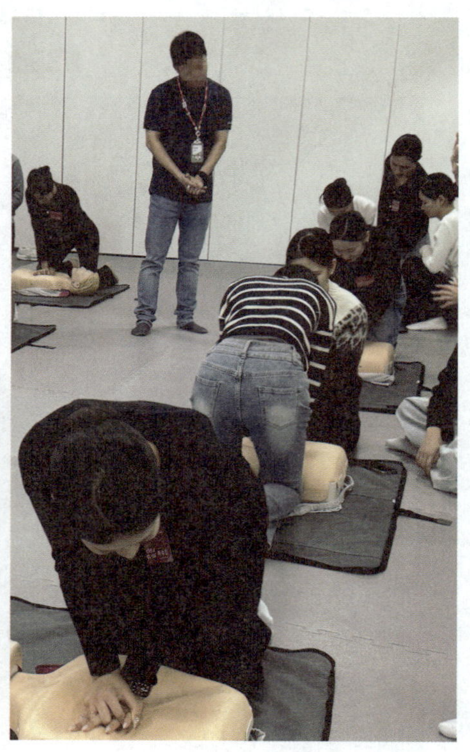

▲ CPR 및 응급처치 교육(훈련) 모습

그림 14.3 항공사 객실승무원의 자격 유지 훈련 모습

객실승무원들은 항공기 객실을 일등석(First Class), 비지니스석(Business Class), 일반석(Economy Class)으로 나누어 서비스한다. 좌석별 서비스의 종류는 일반적으로 다음과 같다.

㉠ 일등석(First Class) : 일등석 승객들에게 최상의 서비스와 개인적인 편의를 제공하며, 고급 식사 및 음료 서비스를 제공·관리한다.

㉡ 비지니스석(Business Class) : 비즈니스 승객들에게 편안하고 효율적인 서비스를 제공하며, 일정한 품질의 식사와 음료를 제공한다.

㉢ 일반석(Economy Class) : 일반석 대다수의 승객을 대상으로 편안하고 안전한 서비스를 제공하며, 일상적인 기내 서비스를 담당한다.

제2절 승객 안전관리 및 비상상황 대응

1 승객 안전관리

1) 안전 규정 및 법규

항공기 내에서 승객의 안전을 보장하는 것은 승무원의 가장 중요한 역할 중 하나이다. 따라서 승무원은 다양한 국제 안전 규정과 법규를 정확하게 이해하고 준수해야 한다. 각 항공사는 물론, 국제민간항공기구(ICAO)와 국제항공운송협회(IATA) 등에서 제공하는 규정에 따라 승객의 안전을 위해 비상상황 대처 절차, 기내 안전 장비 사용법 등을 숙지하고 이를 실제 상황에 맞게 적용해야 한다.

① 국제항공법 및 안전규정

기내 안전을 보장하는 법규와 규정이다. 항공사마다 규정이 조금씩 다를 수 있지만, 국제민간항공기구(ICAO)와 국제항공운송협회(IATA)의 안전규정을 기준으로 대부분의 항공사에서 표준으로 적용하고 있다. 이를 통해 객실승무원은 승객의 안전을 위한 법적 기준을 이해하고 준수한다.

② 항공사 내부 규정

항공사별로 자체적으로 정한 규정을 말한다. 예를 들어, 각 항공사는 특정 승객의 행동에 대한 대응 방법이나 비상상황 발생 시 승무원의 역할을 규정하는 세부 지침을 제공하여 객실승무원의 안전 활동을 더욱 강화하고 지원한다.

③ 각 국가, 지역별 법규

각 국가, 지역별에서 요구하는 추가적인 안전 규정도 적용이 필요하다. 특정 국가 승객의 수하물 제한 규정 또는 기내 반입 물품 등이 다를 수 있기 때문에 객실승무원은 이를 정확히 숙지하고 필요시 승객들에게 안내해야 한다. 각 항공사에서는 객실승무원들에게 주기적인 안전교육을 실시하고 있으며, 비상상황에 대처할 수 있는 훈련을 진행하여 어떤 상황에서도 승객의 안전을 최우선으로 고려하는 업무를 수행할 수 있도록 하고 있다.

2) 안전 브리핑 및 승객 안내

비행이 시작되기 전, 객실승무원은 모든 승객에게 안전 브리핑을 제공해야 한다. 이는 승객들이 기내에서 발생할 수 있는 비상상황에 적절히 대응할 수 있도록 돕기 위한 중요한 절차이다. 또한, 안전 브리핑은 승객들이 비상상황에 대비할 수 있도록 중요한 정보들을 제공하는 시간이므로, 승무원은 이 과정에서 승객들이 이해할 수 있도록 명확하고 침착하게 전달해야 한다. 다양한 언어로 안내가 필요할 수 있기 때문에 특히 국제선 비행의 경우 승무원은 다양한 언어를 구사할 수 있는 능력도 필요하다.

① 안전 벨트 착용

비행 중 기내에서의 안전을 위해 승객들은 반드시 안전 벨트를 착용해야 하며, 승무원은 모든 승객에게 이를 안내해야 한다. 또한, 승무원은 좌석 벨트를 착용하는 방법을 시연하고, 기내에서 가급적 안전을 위해 벨트 착용을 당부해야 한다.

② 산소마스크 사용법

기내 압력이 급격히 떨어지는 경우, 산소마스크가 자동으로 떨어지게 되어 있다. 객실승무원은 승객들에게 산소마스크를 어떻게 사용해야 하는지 시연 또는 안내하고, 어린이나 노약자 승객들에게는 별도로 설명해야 한다.

③ 구명조끼

기내에 구명조끼가 비치되어 있어 비상 착수 시 승객들이 이를 착용토록 해야 한다. 객실승무원은 구명조끼의 위치와 사용법을 설명하고, 비상탈출 상황에서 승객들이 빠르고 정확하게 착용할 수 있도록 안내해야 한다.

④ 비상구 및 탈출 절차

비상탈출구의 위치와 탈출 슬라이드 사용법은 비상탈출을 위한 매우 중요한 안내 사항이다. 객실승무원은 비상구가 열리는 방식과 탈출 시 승객들이 따라야 할 절차들을 자세히 설명하여 비상상황에서 혼란을 줄이고 승객들이 신속하게 대피할 수 있도록 해야 한다.

▲ 산소마스크 착용 방법 안내

▲ 어린이 승객에게 별도의 안내

그림 14.4 안전 관련 브리핑하는 승무원 모습

3) 기내 안전 장비

기내 안전 장비는 승객들이 비상상황에서 안전을 보장받기 위한 필수적인 도구이다. 따라서 객실승무원은 기내 안전 장비를 정확히 이해하고 이를 사용할 수 있는 능력을 갖추어야 한다. 항공사의 승무원은 기내 안전 장비들을 정기적으로 점검하고, 언제든지 사용 가능한 상태로 유지할 수 있도록 관리해야 한다. 또한, 비상상황에서 승객들이 객실 내에 탑재된 장비들을 올바르게 사용할 수 있도록 도움을 제공해야 한다. 안전브리핑에서 시연 또는 설명한 사항을 사용토록 기내 안전 장비의 사용 및 설명 방법이 상시 훈련되어야 한다.

① 구명조끼

항공기 내에서 비상 착수가 발생할 경우, 승객들이 안전하게 수면에 착수할 수 있도록 구명조끼를 착용해야 한다. 승무원은 구명조끼를 어떻게 착용하는지 시연하고, 승객들에게 쉽게 이해할 수 있도록 설명해야 한다.

② 산소마스크

기내 압력이 급격히 떨어지면 산소마스크가 천장에서 자동으로 떨어진다. 객실승무원은 산소마스크의 사용법을 승객에게 미리 알려주고, 이를 올바르게 사용하도록 도와야 한다.

③ 비상탈출 슬라이드

비상 착륙 후 신속하게 승객들이 탈출할 수 있도록 도와주는 장비이다. 객실승무원은 슬라이드가 정상적으로 작동하는지 확인하고, 승객들이 탈출 절차를 원활하게 진행할 수 있도록 유도해야 한다.

④ 화재 진압 장비

비행 중 화재가 발생하는 경우 사용되는 소화기 및 PBE(Protective Breathing Equipment), 화재용 장갑 역시 승무원이 사용하는 중요한 기내 장비이다. 승무원은 화재진압 장비들의 위치를 파악하고 있어야 하며, 화재 발생 시 신속히 대응할 수 있도록 훈련을 받아야 한다.

⑤ 기타 장비

이외에도 휴대용산소통, 마스크, 메가폰, 손전등, ELT(Emergency Location Transmitters), 구급 의약품, AED(Automated External Defibrillator), 감염예방키트 등이 탑재된다. 객실승무원은 각 상황에 맞는 장비를 활용할 수 있도록 상시 훈련해야 한다.

▲ 항공기 MOCK–UP

▲ 비상탈출 슬라이드 & 구명보트

▲ 응급처치 훈련용 마네킹 및 장비

▲ 화재 진압 장비

▲ 화재 진압 훈련을 위한 시설

▲ 항공기 기내 비상장비 훈련 시설

▲ 응급처치를 위한 장비　　　　　　　　▲ 감염예방을 위한 장비

그림 14.5 항공사 안전 훈련 시설

2 비상상황 대응

1) 비상상황 유형과 승무원의 역할

항공기 기내에서 비상상황은 다양한 형태로 발생할 수 있으며, 각 상황에 따라 승무원의 역할은 달라질 수 있다. 객실승무원은 각 비상상황에 적절히 대응할 수 있도록 사전에 충분한 훈련을 받아야 하며, 비상상황이 발생하면 객실승무원은 승객들의 안전을 위해 신속하고 정확한 판단을 내려야 한다.

① 기내 화재

기내에서 화재가 발생하면 승무원은 즉시 화재의 위치를 파악하고, 소화기를 사용해 불을 끄거나, 기내 화재 진압 장비를 이용해 대응해야 한다. 또한, 화재 발생 시 승객들에게 비상탈출 경로를 안내하고, 질서 있게 대피할 수 있도록 유도해야 한다.

② 기체 결함

기체에 결함이 발생하는 경우 객실승무원은 기장의 지휘에 따라, 즉시 기내 시스템을 점검하고 승객들에게 필요한 안전 조치를 취해야 한다. 또한, 압력 문제나 엔진 결함 등의 치명적인 결함이 발생하면 객실승무원은 승객들의 안전을 위해 긴급 착륙을 준비하고, 승객들을 안정시켜야 한다,

③ 기내 폭력 및 난동

승객 간의 폭력 및 난동 상황이 발생하는 경우, 객실승무원은 해당 승객을 제지하고 필요시

기장과 상의하여 경찰이나 공항보안 인력을 요청할 수 있다. 이때 객실승무원은 승객들에게 비상상황임을 알리고, 차분하게 상황을 해결할 수 있도록 해야 한다.

④ 의료 응급상황

승객이 갑작스럽게 질환 혹은 부상으로 증상을 호소하는 경우, 객실승무원은 기본적인 응급처치를 한다. 필요한 경우 기내에 의료진을 호출하거나 탑재된 의약품을 이용하여 승객 상태를 관리해야 한다. 기내에서 처치가 어려운 심각한 상황에서는 항공사 및 공항과 협력하여 긴급 착륙을 결정할 수도 있다.

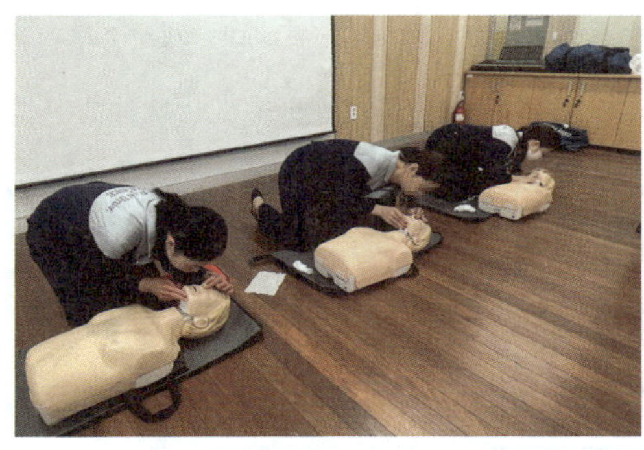

▲ CPR 훈련 모습

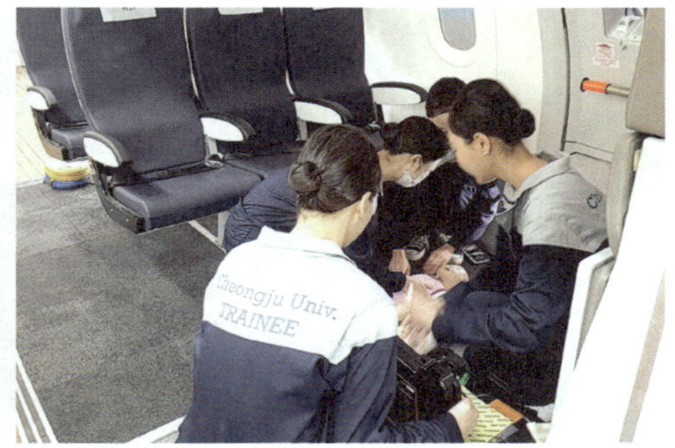

▲ 기내 응급처치 Role Play

그림 14.6 의료 응급상황 대응 훈련

▲ 난기류 피해 항공기 내 모습

▲ 기내 화재를 대비하여 진압 훈련을 하는 모습

그림 14.7 항공기 기내 비상상황 발생과 승무원 역할

2) 비상상황 대처 절차

비상상황 발생 시 승무원은 미리 정해진 대처 절차에 따라 신속하게 행동해야 한다. 이러한 비상상황 대처 절차는 승무원들이 정확하고 효율적으로 승객들의 안전을 보호한다.

① 상황 인지 및 평가

비상상황이 발생하면 객실승무원은 신속하게 상황을 파악하고 기장에게 보고한다. 그리고 상호 협업하여 상황을 해결하기 위해 필요한 조치들을 결정한다.

② 승객 안전관리

승무원은 승객들에게 상황을 설명하고, 비상탈출 및 대처를 위한 지시를 내린다. 이때 승객들이 혼란스러워하지 않도록 침착하게 안내하고 도움을 줘야 한다.

③ 대피 유도

비상탈출구를 열고 승객들이 신속하게 탈출할 수 있도록 도와야 한다. 객실승무원은 탈출 절차에 따라 승객들을 대피시키고, 탈출 슬라이드를 활용하여 승객들의 대피를 지원한다.

④ 상황 종료 및 보고

비상상황이 종료된 후 객실사무장과 객실승무원은 상황 종료를 확인하고, 관련 인원에 보고하고, 필요한 후속 조치를 취한다. 지속적으로 승객들의 상태를 점검하고, 상황에 따라 응급처치나 추가적인 조치를 제공한다.

▲ 항공기 Door 사용법 훈련

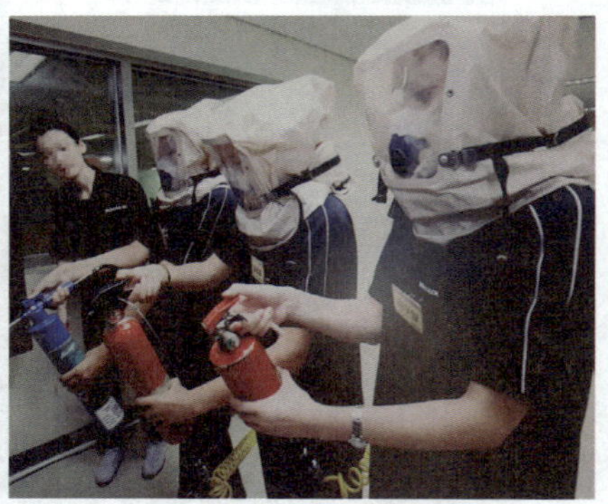
▲ 화재 진압 훈련 및 피드백

그림 14.8 비상상황 대처 숙련도 훈련

3) 심리적 대응과 승객 관리

비상상황에서는 승객들이 당황하고 불안해하므로, 객실승무원은 승객의 심리적인 안정도 고려하여 행동해야 한다. 비상상황에서 승무원 역할은 신체적인 안전을 보장하는 것뿐만 아니라, 승객들의 심리적 안정과 신뢰를 유지하는 것이 중요하다. 승무원은 비상 대처 능력뿐만 아니라 심리적 대응 능력까지 함께 강화할 수 있도록 지속적으로 교육과 훈련이 필요하다.

① 평온한 태도 유지

객실승무원은 비상상황에서도 차분한 태도를 유지해야 한다. 승객들이 불안감을 느끼지 않도록 침착하게 안내하고 객실승무원 스스로의 행동에서 안정감을 전달해야 한다.

② 명확하고 간결한 의사소통

객실승무원은 승객들에게 정확한 정보를 제공하고 명확한 지시를 내려야 한다. 이때 승객들이 비상상황에 대해 혼란스러워하지 않도록 간결하고 쉽게 이해할 수 있도록 전달해야 한다.

③ 불안한 승객에 대한 지원

비상상황에서는 정신적으로 불안해하거나 공포감을 느끼는 승객이 발생할 수 있으므로 객실승무원은 이러한 승객에게 차분하게 설명하고 신뢰감을 줄 수 있도록 행동해야 한다. 또한, 필요시 승객들을 위한 심리적 지원을 제공해야 한다. 비상상황에서의 심리적 대응은 승객들이 공포와 불안을 최소화하고 안전하게 비상 대처를 할 수 있도록 돕는 중요한 요소이다. 객실승무원은 이러한 심리적 대응 능력을 갖추기 위해 교육 및 훈련을 지속적으로 받아야 하고, 실제 상황에서 이를 활용하여 유연하게 대처해야 한다.

④ 스트레스 관리

객실승무원은 기내에서 발생하는 여러 상황에서 받는 스트레스를 관리해야 한다. 이러한 스트레스 관리 능력을 배양할 수 있도록 교육 및 훈련을 받아야 한다. 비상상황 발생 시 냉정함을 유지하고, 승객을 안전하게 대피시키는 데 집중할 수 있도록 해야 한다.

▲ 직무 스트레스 예방 포스터(출처: 고용노동부)

그림 14.9 심리적 대응 능력 함양을 위한 활동

제3절 기내 서비스

1 기내 서비스의 업무 절차

항공기 기내 서비스는 항공사의 핵심 서비스 중 하나이다. 항공기 기내 서비스는 승객들에게 편안하고 안전한 비행 경험을 제공하는 중요한 역할을 한다. 기내 서비스는 비행의 각 단계에 따라 다르게 제공되며, 객실승무원은 각 서비스 절차를 정확히 이해하고 이를 수행해야 한다. 기내 서비스의 주요 내용은 이륙 전·후, 착륙 전·후의 서비스, 그리고 기내 식음료 및 기타 서비스, 특화 서비스로 구분된다.

1) 이륙 전 서비스

이륙 전 서비스는 비행의 시작을 준비하는 단계에 이루어지는 서비스이다. 승객들에게 안전한 비행을 위한 준비와 편안한 비행 환경을 제공하는 서비스이다.

① 기내 시설 점검

객실승무원은 승객들에게 좌석 벨트를 착용하도록 안내하며, 좌석 등받이가 올바르게 위치했는지 확인하고, 승객들이 안전하게 앉을 수 있도록 돕는다. 또한, O.H.B(Over Head Bin)를 비롯한 시설의 잠금 상태를 확인한다.

② 안전 브리핑

승무원은 승객들에게 기내 안전 규정을 설명하며, 구명조끼, 산소마스크, 탈출 슬라이드 사용법 등을 안내하고, 비상상황 시 대처 방법과 비상구 위치를 강조하여 승객들이 비상상황에서 빠르게 대처할 수 있도록 인지시킨다. 또한, 비상구 열 착석 승객에게 추가적인 안전 브리핑을 한다.

③ 기내 환경 점검

승무원은 기내 온도 및 습도 등을 점검하여 승객들이 편안한 비행 환경을 느낄 수 있도록 한다. 또한, 승객들이 필요로 하는 추가적인 물품을 제공하고, 기내 청결 상태를 최종적으로 점검한다.

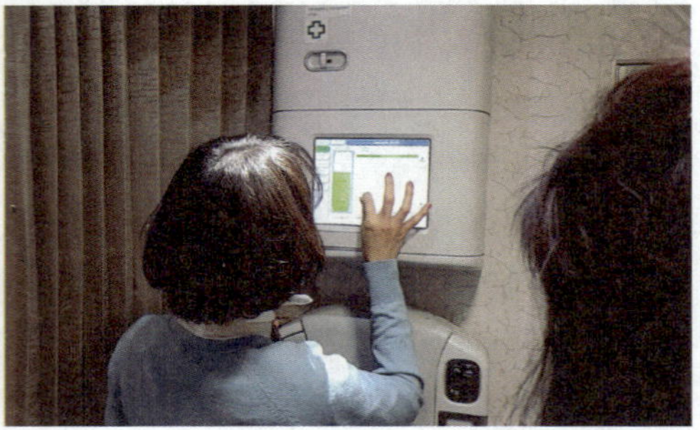

▲ 비상구 열 좌석

▲ O.H.B 잠금 상태 확인

▲ 기내 온도 조절

그림 14.10 항공기 이륙 전 서비스 활동

2) 이륙 후 서비스

비행이 시작된 후 이루어지는 서비스이다. 객실승무원은 승객들이 필요로 하는 다양한 서비스를 제공하며, 비행 중 승객들의 편안함과 안전을 지속적으로 관리한다.

① 음료 서비스(FSC 기준)

이륙 후 승무원은 승객들에게 음료 서비스를 제공한다. 기내에서 제공되는 음료는 물, 주스, 탄산음료, 커피, 알코올음료 등 매우 다양하며, 승객들이 원하는 시점에 제공한다.

② 기내식 준비 및 제공(FSC 기준)

장거리 비행의 경우, 객실승무원은 식사 준비를 한다. 승객들의 식사 종류를 미리 확인하고, 채식, 저염식 등 특별식이 필요한 승객을 파악하여 맞춤형 식사를 제공한다.

③ 면세품 판매

객실승무원들은 승객들의 수요가 많은 면세품을 기내에서 판매한다. 면세품 판매 수익은 항공사 수익 창출에 일정 부분 기여하고 있다.

④ 서비스 지속 점검

객실승무원은 항공기 기내에서 승객들의 상태를 상시적으로 점검해야 한다. 승객들의 추가적인 서비스 요청을 비롯하여 기내 환경 유지에 지속적으로 신경을 써야 한다

3) 착륙 전 서비스

착륙 전 과정은 승객들이 안전하고 원활하게 하기할 수 있도록 준비하는 중요한 과정이다. 이 비행 단계에서는 승객들이 안전하게 착륙 준비를 할 수 있도록 돕는 안전 활동이 주로 이루어진다.

① 좌석 및 안전벨트 점검

객실승무원은 승객들의 좌석벨트 착용 여부를 다시 한번 확인한다. 또한, 좌석 등받이와 테이블이 원위치에 있는지, 시설 및 기물이 잘 고정되어 있는지 점검한다.

② 기내 환경 점검

객실승무원은 기내 온도, 습도 등을 점검하고, 승객들이 편안하게 착륙 준비를 할 수 있도록 기내 환경을 조정한다. 또한, 전자기기가 꺼져 있는지 확인하고, 모든 승객이 착륙에 대비할 수 있도록 한다.

③ 비상 대처 준비

객실승무원은 착륙을 앞두고 비상착륙을 대비한 최종 점검을 실시한다. 비상상황 시 대처 방법을 다시 한번 안내하고, 객실승무원 스스로도 다시 상기하도록 한다.

4) 착륙 후 서비스

착륙 이후에는 승객들이 비행을 마친 후 안전하게 하기할 수 있도록 돕는 과정이다. 객실승무원은 하기 과정이 원활하게 이루어지도록 지원하며, 승객들이 불편함 없이 비행을 마무리할 수 있도록 한다.

① 승객 하기 안내

객실승무원은 승객들에게 하기 순서를 안내하고, 기내에서 모든 짐을 가지고 나갈 준비가 되었는지 다시 한번 확인한다. 또한, 하기 절차가 원활하게 진행될 수 있도록 유도하여 원활한 하기를 돕는다.

② 수하물 안내

객실승무원은 승객들에게 수하물을 받을 위치와 절차를 기내 방송을 통해 자세히 안내하여 승객들이 수하물을 찾는 데 어려움이 없도록 한다.

③ 기내 점검

승객들이 모두 하기한 이후, 객실승무원들은 잔여 승객 및 분실물 등을 체크하여 최종적인 기내 점검을 실시한다.

1) 기내 식사 서비스

기내 식사 서비스는 승객들이 비행 중 편안하게 식사할 수 있도록 다양한 메뉴와 특별식 옵션이 제공된다. 객실승무원은 승객들의 선호도를 파악하여 최적의 서비스를 제공한다.

① 식사 제공

객실승무원은 승객들에게 일괄적으로 식사를 제공하는 것이 일반적이다. 만일 사전에 건강상의 이유나 종교적인 이유 등으로 별도의 요청을 한 경우 맞춤형 식사를 제공한다.

② 식사 후 정리

승객들이 식사를 마친 후에는 객실승무원은 승객의 식사를 정리하고, 기내 환경을 다시 정비하여 청결한 기내 환경을 유지한다.

▲ 항공사 기내식

▲ 1980년대 객실승무원의 식음료 서비스 모습

그림 14.11 항공사 객실승무원의 기내 서비스

2) 기내 음료 서비스

기내 음료 서비스는 승객들에게 다양한 음료를 제공하여 비행 중 수분 공급 및 갈증을 해소하고, 나아가 여정의 즐거움을 제공하는 중요한 서비스이다. 이에 객실승무원은 승객들의 요청에 맞게 음료를 제공하고, 상시적인 서비스를 한다.

① 비알콜성 음료 제공

객실승무원은 다양한 음료를 제공하며, 승객의 선호에 따라 차, 커피, 주스, 탄산음료 등을 제공한다. 음료 서비스는 비행 중 승객이 원할 때마다 제공한다.

② 알콜성 음료 제공

객실승무원이 승객에게 주류를 제공하는 경우, 승객의 연령을 확인하고 과도한 음주로 인해 주변 승객들이 불편함을 겪지 않도록 주의해야 한다. 또한, 알콜성 음료를 제공한 후, 객실승무원은 승객들이 과도하게 알콜성 음료를 섭취하지 않도록 상황을 수시로 관리해야 한다. 동료 객실승무원들과 제공 횟수 등을 공유하여 음주로 인한 사고가 발생하지 않도록 사전에 방지한다.

▲ 기내 탑재 음료를 확인하는 객실승무원　　　▲ 에미레이트항공 Bar에 세팅된 주류

그림 14.12 항공사의 다양한 음료 서비스

3) 기타 서비스

기타 서비스는 승객들이 기내에서 편안하게 비행을 즐길 수 있도록 제공되는 다양한 서비스를 의미하며, 이러한 서비스 제공을 통해 고객의 만족도를 더욱 제고할 수 있다.

① 기내 위생상태

객실승무원은 비행 중, 기내 위생상태를 수시로 점검하고 승객들이 깨끗한 환경에서 편안히 비행할 수 있도록 한다. 또한, 승객들이 남긴 물품들을 수거하여 기내의 청결을 상시 유지한다.

② 기내 엔터테인먼트 서비스

객실승무원은 기내 엔터테인먼트 시스템을 점검한다. 승객들이 원하는 영화나 음악 등이 원활하게 제공되도록 상시적으로 점검하고 확인한다. 만일, 좌석에서 시스템 문제가 발생한다면 시스템 복구를 시도하고, 복구가 불가능하면 좌석 이동, 쿠폰 발급 등 추가적인 조치를 취한다.

③ 특별 승객 서비스

객실승무원은 어린이, 노약자, 장애인 승객 등을 위한 별도의 서비스를 제공하는데, 아동 승객에게는 어린이용 식사나 장난감을 제공하고, 장애인 승객에게는 휠체어나 특별한 좌석 배치 및 도움을 상시 제공한다.

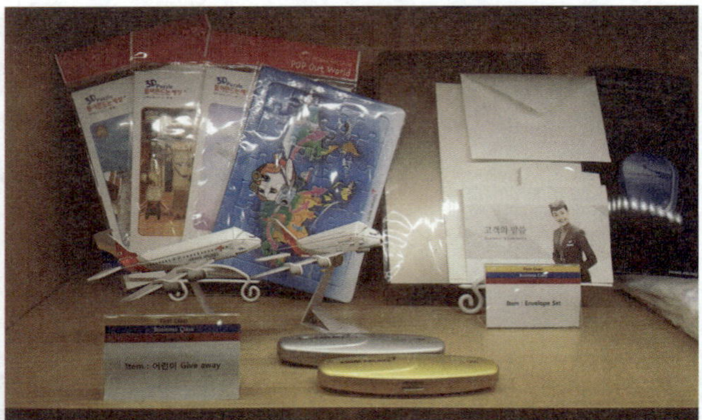

▲ 어린이 승객 응대 및 별도 제작 기념품

▲ 장애인을 위한 기내 휠체어　　　　▲ 유아 동반 승객 별도 안내 서비스

그림 14.13　특별 승객을 위한 다양한 항공사 서비스

3　기내 특화 서비스

1) 기내 특화 서비스

항공사들은 독특한 서비스와 브랜드 가치를 바탕으로 승객에게 차별화된 경험을 제공하고자 한다. 기내 특화 서비스는 고객 만족도를 높이는 핵심 요소로 자리 잡고 있다. 이러한 차별화된 서비스는 고객과의 지속적인 관계를 형성하고, 충성도를 강화하는 중요한 역할을 한다. 특히, 물리적 및 인적 서비스가 조화를 이루며 제공되는 기내 특화 서비스는 고객의 만족을 극대화하고, 브랜드 이미지를 더욱 강화하는 데 기여한다.

① 프리미엄 클래스 서비스

많은 항공사는 일등석, 비즈니스석 등 프리미엄 클래스를 제공한다. 이러한 클래스에는 고급 식사, 개인 맞춤형 서비스, 독점적인 라운지 이용 등을 제공하고 있다. 특히 객실승무원은 프리미엄 클래스 승객에게 세심한 서비스를 제공하며, 승객들의 요청에 맞는 맞춤형 서비스를 제공한다.

② 특별 서비스

일부 항공사들은 가족 여행객에게는 어린이를 위한 기내 서비스를 강화하거나, 비즈니스 승객에게는 특별한 업무 지원을 제공하는 등의 서비스를 제공한다.

③ 항공사 브랜드 경험

각 항공사는 자신만의 브랜드 경험을 제공하기 위해 다양한 서비스를 강화하고 있다. 특히 기내에서 제공되는 음식, 음료, 기내 환경 등 모든 요소가 브랜드 이미지와 일관되게 구성된다. 특히, 기내 특화 서비스는 승객들에게 차별화된 경험을 제공하며, 브랜드 가치를 높이는 데 중요한 역할을 한다.

2) 기내 특화 서비스 사례

기내 특화 서비스는 항공사가 제공하는 독특하고 차별화된 서비스이다. 승객들에게 특별한 경험을 선사하며 항공사의 브랜드 이미지를 강화하는 중요한 요소로서 다양한 항공사들이 이를 통해 승객들에게 높은 만족도를 제공하고 있다. 그 사례들은 각기 다르지만 모두 고객과의 관계를 더욱 돈독하게 만드는 데 중점을 두고 있다.

표 14.3 항공사별 기내 서비스

항공사	물적 서비스	인적 서비스
사우스웨스트 (Southwest)	• 타사에 비해 낮은 운임비 • '유머' 컨셉의 광고	• 'Fun' 경영을 모토로 승객 대상 기내 깜짝 이벤트(기내방송, 유머서비스)
싱가폴항공 (Singapore Airlines)	• 기내 E-mail 무료 전송 • 피부케어 제공(라운지 : 참존 CST 타운 개설)	• '싱가폴 걸'의 컨셉과 특허받은 향(스테판 플로리안 워터스)을 통한 감성 서비스
아시아나항공 (Asiana Airlines)	• 체크인, 수화물 우선 처리, 수화물 추가 허용(임신부, 장애인, 유아동반 손님) • 기내에서 수유가리개, 아기띠, 카시트 제공	• 특화된 기내 서비스(매직쇼, 네일아트, 타로점, 패션쇼, 캐리커처, 승무원 체험, 초코/라떼아트 체험) • 효(孝)서비스(孝도우미를 통한 여정 전반적 안내 및 정보 제공)
대한항공 (Korean Air)	• 다양한 와인, 음료 제공 • 기내 오락물의 다양화	• 차별화된 기내 서비스(플라잉 맘, UM 서비스 : 非동반 소아 승객에 모성애 결합)

항공사	물적 서비스	인적 서비스
말레이시아항공 (Malaysia Airlines)	• 연령, 문화를 고려한 기내식 • 기내 좌석의 차별화(무지개 색깔 구성)	• 승무원과 함께 기내에서의 말레이시아 이색 문화 체험 기회 제공
에미레이트항공 (Emirates Airlines)	• 기내 천장 형광별 데코레이션 • 기내 샤워시설(Timeless Spa) • 어린이 승객을 위한 차별화된 기념품(독일 심바 토이즈 제작 : 쿼크인형, 동화책, 안대)	• 고객입장에서 생각하자는 "Customer Juurney"를 모토로 기내 서비스 제공
캐세이퍼시픽 (Cathay Pacific)	• 차별화된 기념품 제공(남성 : KAPPA제품, 이탈리아 여행가방/여성 : AESOP제품, 여행용 파우치 등)	• 기내 셰프 서비스(즉석요리 제공) • 승무원 감성 DNA 서비스
제주항공 (Jeju Air)	• 'Fun Fun' 컨셉의 홍보 • 타사에 비해 낮은 운임비	• JJ(join & Joy)팀의 이벤트 서비스 (빙고, 로또게임, 가위바위보, 풍선아트, 악기연주, 캐리커처 등) • 국경일 이벤트
에어아시아 (Air Asia)	• 타사에 비해 낮은 운임비(자리선택, 대형수화물, 웹 체크인 허용)	• 직원 유니폼의 차별화(시각화) • 기내 서비스 차별화(기내방송, 친절도)

제4절 항공기 기내 보안

1 기내 보안 관리

1) 기내에서의 보안 위협

항공기 기내에서 발생할 수 있는 다양한 보안 위협은 승객의 생명과 안전을 위협하며, 이를 예방하고 대응하기 위한 시스템은 항공사의 주요 임무 중 하나이다. 항공사는 승객들의 안전을 보장하기 위해 기내의 모든 보안 위협을 사전 예방하고, 위협이 발생했을 경우 신속하게 대응할 수 있는 매뉴얼과 시스템을 갖추고 있다.

① 폭력적인 승객

비행 중 승객 간 갈등이나 폭력적인 행동은 항공기의 안전을 위협할 수 있다. 이러한 행위는 종종 음주나 약물의 영향으로 발생하며, 일부 승객들은 불만을 품고 폭력적인 행동을 보일 수 있다. 이 상황은 객실승무원에게 커다란 도전 과제이며, 신속하게 폭력적인 상황을 진압하고 다른 승객들의 안전을 확보하는 것이 필요하다. 이를 위해 승무원들은 주기적인 훈련을 통해 폭력적인 승객을 다루는 법을 익히고 있다.

② 테러

테러는 폭력을 써서 적이나 상대편을 위협하거나 공포에 빠뜨리게 하는 행위이며, 항공기 납치나 폭발물 탑재와 같은 테러는 항공사의 보안 시스템에서 가장 큰 위험이다. 특히 객실승무원은 테러의 징후를 사전에 식별하고, 이러한 상황에 대한 철저한 대처 방안을 마련해야 한다. 항공사는 테러 위협에 대응하기 위해 보안 절차를 강화하고, 객실승무원 및 공항보안 인력 간의 협력을 강화하는 시스템을 마련하고 있다.

③ 화재

기내에서 화재가 발생할 경우, 승무원들은 신속하게 화재를 진압해야 한다. 화재는 승객들에게 큰 위험을 초래할 수 있기 때문에, 승무원들은 이를 즉시 파악하고 대응할 수 있도록 훈련을 받는다. 화재 발생 시에는 먼저 불이 난 곳을 파악하고, 기내에서의 화재 경고 시스템을 작동시킨 후, 승객들을 대피시키는 절차를 따라야 한다.

④ 무기 및 위험 물품 반입

항공기 내에 무기나 위험 물품이 반입될 경우, 이는 기내의 안전을 위협하는 커다란 위험 요소가 된다. 항공사는 보안 검색을 철저히 하여, 승객들이 기내에 반입할 수 있는 무기나 위험한 물품을 차단하며, 이를 위해 객실승무원들은 기내 물품의 안전성을 점검하고, 의심되는 물품이 있을 경우 즉시 보고한다.

2) 의심스러운 징후

기내에서 승객의 행동이나 물품에 대한 의심을 신속하게 식별하는 것은 항공사 기내 보안에서 매우 중요한 역할을 한다. 의심스러운 승객이나 물품을 신속하게 식별하고 이를 적절히 처리하는 능력 또한 객실승무원의 중요한 자질 중 하나이다.

① 의심스러운 승객

승객의 행동이 비정상적일 경우, 승무원은 이를 신속하게 식별하고 주의를 기울여야 한다. 의심스러운 행동에는 과도한 긴장, 예기치 않은 행동, 다른 승객들과의 불편한 상호작용 등이 포함되며, 객실승무원은 승객이 불안하거나 불편한 감정을 보일 때, 그 원인을 파악하고 필요한 경우 승객과 대화를 통해 상황을 해결해야 한다.

② 의심스러운 물품

기내에서 발견된 의심스러운 물품은 즉시 보고하고, 승객과 협력하여 해당 물품을 안전하게 처리해야 한다. 특히 폭발물, 무기, 화학 물질 등이 포함된 의심스러운 물품은 즉시 격리하고 전문가의 조언을 받아 처리해야 한다.

③ 기타 의심스러운 징후

승객이 기내에서 지나치게 통제를 벗어나거나, 짐을 자신의 좌석에서 멀리 놓거나, 다른 승객들과 불편한 상호작용을 보일 경우, 이를 경계하고 지속적으로 관찰해야 한다. 승무원은 이와 같은 징후를 빠르게 감지하고, 보안요원과 협조하여 승객의 안전과 항공기 기내 보안을 확보해야 한다. 항공사는 이러한 상황을 대비하여 승무원들에게 의심스러운 승객 및 물품 식별에 관한 주기적인 교육과 훈련을 실시하고 있다. 이러한 교육과 훈련을 통해 객실승무원들은 의심스러운 행동이나 상황을 빠르게 인식하고, 신속히 대응할 수 있는 능력을 키우고 있다.

3) 위험 요소 식별 및 조치

기내에서 발생할 수 있는 위험 요소는 여러 가지가 있으며, 이를 정확히 식별하고 적절하게 대응하는 것은 객실승무원에게 매우 중요한 역할이다.

① 기내 화재

기내 화재는 승객과 객실승무원의 생명에 큰 위험을 초래할 수 있다. 승무원들은 기내 화재를 식별하는 법과 화재 발생 시 적절한 대응 절차를 숙지하고 있다. 화재가 발생하면 즉시 화재 경고 시스템을 작동시키고, 승객들을 안전한 곳으로 대피시키는 절차를 따라야 한다.

② 화학 물질 및 유해물질

기내에서 화학 물질이 유출되거나 유해한 물질이 발견되면, 객실승무원들은 이를 신속하게 파악하고, 승객들에게 알리며, 피해를 최소화하기 위해 적절한 조치를 취해야 한다. 이를 위해 객실승무원은 화학 물질 처리 및 유해물질 관리 절차에 대한 훈련을 받는다.

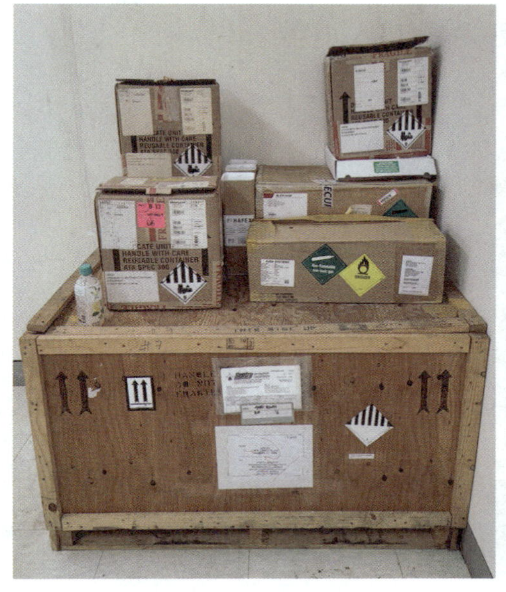

▲ 항공사 위험물 식별 기호 표식   ▲ 위험물 처리 과정 훈련

그림 14.14 위험물 식별 교육 및 처리 과정 훈련

③ 기내 폭력

기내에서 폭력적인 승객이 발생하면, 승무원은 신속하게 상황을 제지해야 한다. 폭력적인 승객은 다른 승객들에게도 위험을 초래할 수 있기 때문에, 승무원들은 승객을 진정시키고 필요시 기장에게 알려서 비상 착륙 등의 조치를 취해야 한다. 항공사는 이를 대비하여 승무원들에게 각종 위험 요소에 대한 훈련과 시나리오를 제공하며, 실제 상황에서의 대응 능력을 높이고 있다.

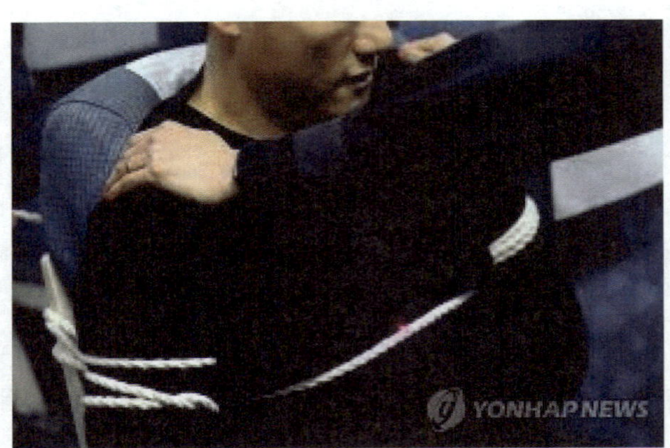

▲ 항공사 기내 난동승객 제압 훈련 (객실승무원이 난동 승객을 제압한 상황)(출처 : 연합뉴스)

그림 14.15 기내 폭력 제압 및 대비를 위한 훈련

2 비상 보안 대응

1) 테러, 폭발물, 기내 폭력 대응

기내에서 발생할 수 있는 가장 심각한 위협 중 하나는 테러와 폭발물의 위협이다. 이러한 위협에 대한 승무원의 대응 능력은 승객의 안전을 확보하는 데 매우 중요하다.

① 테러 대응

기내에서 발생할 수 있는 테러 행위는 항공사의 가장 큰 위협 중 하나이다. 객실승무원들은 기내에서 테러 행위의 징후를 사전에 식별하고, 기내 폭력, 납치, 폭탄 위협 등을 막기 위한 절차를 숙지하고 있어야 한다. 또한 객실승무원은 승객들의 행동을 주의 깊게 살펴보고, 테러리스트를 식별했을 때 기장 및 동료 객실승무원들과 협력하여 상황을 진정시킨다.

② 폭발물 대응

폭발물 반입은 항공기 안전에 매우 심각한 위험을 초래할 수 있다. 객실승무원은 폭발물에 대한 훈련을 사전에 받아, 의심스러운 물품이나 짐을 발견했을 때 즉시 전문가에게 통보하고 폭발물 처리 절차를 시작한다. 이때 승객들의 대피와 기내 환경의 안전을 우선으로 고려해야 한다.

③ 기내 폭력

기내 폭력은 승객 간의 충돌, 난동, 음주로 인한 폭력 등으로 발생하는데, 객실승무원들은 폭력적인 승객을 제지하고, 기내 질서를 유지하기 위해 폭력 사건 발생 시 즉각 대응해야 한다. 또한, 필요시 기장에게 도움을 요청하고, 지상에 있는 보안요원들과 협력하여 사건을 마무리한다.

2) 비상 보안 절차 및 협력 프로세스

항공사는 비상상황이 발생했을 때 신속하고 효율적으로 대응할 수 있도록 비상 보안 절차를 마련하고, 승무원들에게 이에 대한 철저한 교육 및 훈련을 한다.

① 상황 분석

비상상황 발생 시, 승무원은 신속하게 상황을 파악하고 승객들의 안전을 확보하기 위해 필요한 조치를 취한다. 상황을 빠르게 인지하고, 승객 대피 또는 기내 통제 등의 대응 방안을 수립한다.

② 승객 대피

비상상황에서는 승객들이 빠르고 안전하게 대피할 수 있도록 해야 한다. 객실승무원들은 대피 절차를 안내하고, 필요한 경우 탈출구를 조정하여 대피를 유도한다.

③ 협력

비상 보안 상황에서는 경찰, 공항보안팀, 군 당국 등과 협력하여 승객들의 안전을 최우선으로 확보해야 한다. 이에 항공사는 협력 체계 구축 및 객실승무원과의 협력을 통해 위기 상황에서 대처하는 방법을 배운다.

▲ 비상 보안사고 대비 민관 합동 훈련(출처 : 한라일보)

▲ 공항 테러 대응 협력체계 구축 훈련(출처 : 세계일보)

그림 14.16 비상 보안사고 대응 합동 훈련

3) 상황 대응 훈련

항공사에서는 객실승무원들에게 기내 보안 위협과 비상상황 대응에 대해 정기적인 보안 훈련을 제공하며, 실제 상황을 가정한 훈련을 통해 객실승무원들의 대처 능력을 향상시킨다. 훈련은 시뮬레이션을 통해 수행되며, 승무원들은 다양한 비상상황을 경험하고 대응 능력을 강화한다.

① 기내 폭력 및 테러 대응 훈련

승무원들은 실제 폭력적인 승객이나 테러 상황을 시뮬레이션화하여 훈련받는다. 이러한 훈련을 통해 승무원은 실제 상황에서 신속하고 정확하게 대응할 수 있는 능력을 배양한다.

② 폭발물 및 화재 대응 훈련

항공사에서는 기내에서 폭발물이나 화재가 발생한 상황을 가정하여 훈련한다. 객실승무원들은 이러한 훈련을 통해 실제 상황에서 어떻게 대처할지 배우고, 빠르게 안전을 확보할 수 있도록 준비한다.

③ 비상 대피 훈련

객실승무원들은 기내 비상 대피 절차를 숙지하고, 실제 대피 시나리오에 맞춰 훈련받는다. 승객들이 안전하게 대피할 수 있도록 유도하는 훈련을 통해 승무원들은 실제 상황에서의 대처 능력을 향상시킨다. 이러한 훈련을 통해 객실승무원들은 실제 비상상황에서 침착하고 신속하게 대응할 수 있으며, 승객들의 안전을 보호하는 역할을 제대로 수행할 수 있다.

▲ 비상상황 Role Play

▲ 기내 안전 장비 점검

▲ 도어트레이너 사용법 교육

▲ 기내 화재 대응 및 진압 훈련

▲ 기내 안전 장비 점검

▲ 비상탈출 상황 대비 훈련

그림 14.17 실제 상황에 대비하기 위한 점검 및 훈련